U0921946

中 国 国 家 标 准 汇 编

2015 年修订-8

中国标准出版社　编

中国标准出版社

北　京

图书在版编目(CIP)数据

中国国家标准汇编:2015年修订.8/中国标准出版社编.—北京:中国标准出版社,2016.10
ISBN 978-7-5066-8354-8

Ⅰ.①中…　Ⅱ.①中…　Ⅲ.①国家标准-汇编-中国-2015　Ⅳ.①T-652.1

中国版本图书馆CIP数据核字(2016)第211665号

中国标准出版社出版发行
北京市朝阳区和平里西街甲2号(100029)
北京市西城区三里河北街16号(100045)

网址 www.spc.net.cn
总编室:(010)68533533　发行中心:(010)51780238
读者服务部:(010)68523946

中国标准出版社秦皇岛印刷厂印刷
各地新华书店经销

*

开本 880×1230 1/16　印张 36.5　字数 1 105 千字
2016年10月第一版　2016年10月第一次印刷

*

定价 220.00 元

出 版 说 明

1.《中国国家标准汇编》是一部大型综合性国家标准全集。自1983年起，按国家标准顺序号以精装本、平装本两种装帧形式陆续分册汇编出版。它在一定程度上反映了我国建国以来标准化事业发展的基本情况和主要成就，是各级标准化管理机构，工矿企事业单位，农林牧副渔系统，科研、设计、教学等部门必不可少的工具书。

2.《中国国家标准汇编》收入我国每年正式发布的全部国家标准，分为"制定"卷和"修订"卷两种编辑版本。

"制定"卷收入上一年度我国发布的、新制定的国家标准，顺延前年度标准编号分成若干分册，封面和书脊上注明"20××年制定"字样及分册号，分册号一直连续。各分册中的标准是按照标准编号顺序连续排列的，如有标准顺序号缺号的，除特殊情况注明外，暂为空号。

"修订"卷收入上一年度我国发布的、被修订的国家标准，视篇幅分设若干分册，但与"制定"卷分册号无关联，仅在封面和书脊上注明"20××年修订-1，-2，-3，……"字样。"修订"卷各分册中的标准，仍按标准编号顺序排列（但不连续）；如有遗漏的，均在当年最后一分册中补齐。需提请读者注意的是，个别非顺延前年度标准编号的新制定的国家标准没有收入在"制定"卷中，而是收入在"修订"卷中。

读者配套购买《中国国家标准汇编》"制定"卷和"修订"卷则可收齐由我社出版的上一年度我国制定和修订的全部国家标准。

3. 由于读者需求的变化，自1996年起，《中国国家标准汇编》仅出版精装本。

4. 2015年我国制修订国家标准共2 113项。本分册为"2015年修订-8"，收入新制修订的国家标准22项。

中国标准出版社

2016年8月

目　　录

ICS 17.160
J 04

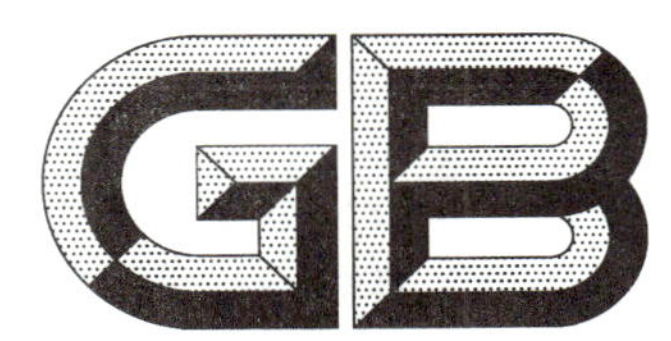

中华人民共和国国家标准

GB/T 6075.4—2015/ISO 10816-4:2009
代替 GB/T 6075.4—2001

机械振动 在非旋转部件上测量评价机器的振动 第4部分:具有滑动轴承的燃气轮机组

Mechanical vibration—Evaluation of machine vibration by measurements on non-rotating parts—Part 4:Gas turbine sets with fluid-film bearings

(ISO 10816-4:2009,IDT)

2015-12-31 发布　　2016-07-01 实施

中华人民共和国国家质量监督检验检疫总局
中国国家标准化管理委员会　发布

前 言

GB/T 6075《机械振动　在非旋转部件上测量评价机器的振动》分为以下七个部分：

——第1部分：总则；

——第2部分：功率50 MW以上，额定转速1 500 r/min、1 800 r/min、3 000 r/min、3 600 r/min陆地安装的汽轮机和发电机；

——第3部分：额定功率大于15 kW额定转速在120 r/min至1 5000 r/min之间的在现场测量的工业机器；

——第4部分：具有滑动轴承的燃气轮机组；

——第5部分：水力发电厂和泵站机组；

——第6部分：功率大于100 kW的往复式机器；

——第7部分：工业应用的旋转动力泵(包括旋转轴测量)。

本部分是GB/T 6075的第4部分。

本部分按照GB/T 1.1—2009给出的规则起草。

本部分代替GB/T 6075.4—2001《在非旋转部件上测量和评价机器的机械振动　第4部分：不包括航空器类的燃气轮机驱动装置》。

本部分与GB/T 6074.4—2001相比，主要修改内容如下：

——修改了标准名称，由原来的“在非旋转部件上测量和评价机器的机械振动　第4部分：不包括航空器类的燃气轮机驱动装置”改为“机械振动　在非旋转部件上测量评价机器的振动　第4部分：具有滑动轴承的燃气轮机组”；

——增加了在燃气轮机安装前由供货方与用户商定的验收规范；

——增加了在瞬态运行工况时对燃气轮机组振动的评价；

——增加了关于在低转速下使用恒定振动速度准则的警告(见附录C)；

——修改了要求使用不同的区域边界值的例子(见4.2.2.4)；

——当新机器没有建立有效的基线数据时，推荐其稳态运行正常工作转速下的报警值不宜超过区域边界B/C(见4.2.3.2)；

——增加了停机值设定一节中有关第二次报警的内容(见4.2.3.3)；

——增加了非稳态工况(瞬态运行)期间的振动量值一节中“停机放大因子”的概念，在稳态工况建立之前，它会自动地提升“报警值”和“停机值”(见4.2.4)；关于“停机放大因子”的使用，4.2.4.4中做了更详细的介绍；

——重新改写了升速、降速和超速期间的振动量值一节，并删去了上一版中的图2(见4.2.4.3)；

——修改了上一版中多处的“振动幅值”的翻译，将其改为“振动量值”。

本部分使用翻译法等同采用ISO 10816-4：2009《机械振动　在非旋转部件上测量评价机器的振动　第4部分：具有滑动轴承的燃气轮机组》。

与本部分中规范性引用的国际文件有一致性对应关系的我国文件如下：

——GB/T 11348.4—20××　机械振动　在旋转轴上测量评价机器的振动　第4部分：具有滑动轴承的燃气轮机组(ISO 7919-4:2009,IDT)

本部分由全国机械振动、冲击与状态监测标准化技术委员会(SAC/TC 53)提出并归口。

本部分起草单位:南京汽轮电机(集团)有限责任公司、郑州机械研究所、湖北电力试验研究院、东南大学、东方电气集团东方电机有限公司、杭州汽轮机股份有限公司。

本部分主要起草人:周忆、屠亚力、王义翠、黄海舟、傅行军、陈昌林、丁旭东、韩国明。

本部分所代替标准的历次版本发布情况为:

——GB/T 6075.4—2001。

引　言

GB/T 6075.1 是 GB/T 6075 的基本技术文件，它规定了在非旋转部件上测量评价不同类型机器振动的一般要求。GB/T 6075 的本部分给出对在燃气轮机轴承箱体或支撑座上测量的振动烈度评价的具体规定。在这些位置上测量能相当好地表征振动状态。在以往经验的基础上提出的评价准则，可作为评价此类机器振动状态的指南。

在稳态工况下运行时，规定了评价机器振动的两个准则。第一个准则考虑地是测得的振动量值；第二个准则是这些振动量值的变化。另外，对瞬态运行工况规定了不同的准则。然而，非旋转部件上的振动不是评价机器振动烈度的唯一基础。对于燃气轮机，也通常依据在旋转轴上测量评价振动；对旋转轴振动测量和评价的要求参见 ISO 7919-1 和 ISO 7919-4。

本部分中提出的评价方法是基于宽带测量。然而，由于技术进步，窄带测量或频谱分析的使用越来越普遍，特别是应用于振动评价、状态监测和诊断。关于这些测量评价的准则已超出本部分的范围，它们在机器振动状态监测的标准 ISO 13373(所有部分)中详细论述。

机械振动 在非旋转部件上测量评价机器的振动 第4部分：具有滑动轴承的燃气轮机组

1 范围

GB/T 6075 的本部分规定了机器现场振动烈度的评价，适用于所有主轴承箱体或轴承座在轴的径向(即横向)和推力轴承的轴向测量的宽带振动。它们包括：

——正常稳态运行工况下的振动；

——瞬态变化(包括升速或降速、初始加负荷和负荷变化)时其他(非稳态)工况期间的振动；

——在正常稳态运行期间发生的振动变化。

本部分适用于正常工作转速范围在 3 000 r/min～30 000 r/min，输出功率大于 3 MW，具有滑动轴承的发电以及机械驱动用重型燃气轮机组，包括直接或通过齿轮箱连接着旋转设备的燃气轮机。在一些情况下，本部分不适用于评价燃气轮机所连接着的其他设备的振动。

例如： 对单轴联合循环机组，燃气轮机与蒸汽轮机及发电机连接在一起，评价燃气轮机的振动使用本部分，评价蒸汽轮机和发电机的振动分别使用 GB/T 6075.1 和 ISO 10816-3。

本部分不适用于以下各项设备的振动：

a) 航空派生型燃气轮机(包括与航空派生型燃气轮机动力特性类似的燃气轮机)；

注： ISO 3977-3 定义了航空派生型机组为航空动力发生器，适用于机械动力、发电或船用动力设备。重型燃气轮机与航空派生型燃气轮机的主要区别在于气缸的挠性、轴承的设计、转子与静子的质量比以及安装结构。因此，这两种类型的燃气轮机适用不同的振动评价准则。

b) 输出功率小于或等于 3 MW 的燃气轮机(参见 ISO 10816-3)；

c) 燃机驱动泵(参见 ISO 10816-7)；

d) 和(或)燃气轮机相连的输出功率小于或等于 50 MW 的蒸汽轮机和发电机(参见 ISO 10816-3)；

e) 和(或)燃气轮机相连的输出功率大于 50 MW 的蒸汽轮机和发电机(参见 ISO 10816-2)；

f) 连接燃气轮机与蒸汽轮机或发电机的同步离合器(参见 ISO 10816-2)；

g) 驱动的压缩机(参见 ISO 10816-3)；

h) 齿轮箱；

i) 滚动轴承。

本部分适用于以上所列设备之外的其他驱动装置。

本部分适用于通过齿轮箱相连的其他机器，但不用作对齿轮的振动条件进行评价。对齿轮振动的评价需要特殊的技术要求，超出了本部分的范围。

本部分所规定的数值并不是评价振动烈度的唯一依据。对于燃气轮机组，通常也用旋转轴的振动来评价。对这些振动测量的要求参见 ISO 7919-1 和 ISO 7919-4。

2 规范性引用文件

下列文件对于本文件的应用是必不可少的。凡是注日期的引用文件，仅注日期的版本适用于本文件。凡是不注日期的引用文件,其最新版本(包括所有的修改单)适用于本文件。

GB/T 6075.1—2012 机械振动 在非旋转部件上测量评价机器的振动 第1部分:总则(ISO 10816-1:1995, IDT)

ISO 7919-4 机械振动 在旋转轴上测量评价机器的振动 第4部分:具有滑动轴承的燃气轮机组(Mechanical vibration—Evaluation of machine vibration by measurements on rotating shafts—Part 4:Gas turbine sets with fluid-film bearings)

3 测量方法

测量方法和使用的仪器应符合 GB/T 6075.1 中的一般要求并说明如下:

用于监测,测量系统应能测量频率范围从10 Hz至少到500 Hz或最高正常工作频率6倍的宽带振动。然而,如果仪器也用于诊断可能需要更宽的频率范围和(或)频谱分析。例如相应于燃气轮机转子的第一临界转速的频率低于10 Hz的时候,测量系统的线性范围的下限应当相应降低。在特殊场合,显著的低频振动可能传至机器(例如在地震区),可能有必要过滤掉仪器的低频响应和(或)提供适当的时间延迟。如果对比不同机器的测量结果,宜保证使用相同的频率范围。

振动测量的位置应对机器动态力有足够的灵敏度。宜保证测量设备不受外部振源(如燃烧震荡、齿轮啮合振动以及空气噪声和结构诱导噪声等)的过分影响。典型地,要求在每个主轴承上两个相互垂直的径向进行测量,如图1和图2所示。传感器可以放置在轴承盖或轴承座上任何角度位置,但一般选择垂直方向和水平方向。

如果已经知道在轴承盖或轴承座上用单个径向传感器能提供机器振动量值足够的信息,可用单个传感器代替更常用的相互垂直的一对传感器。然而,当用测量平面上单个传感器评价振动时应仔细观察,因为它可能不在提供该平面上振动最大的理想近似值的方位。

对于连续运行监测,通常不进行燃气轮机径向承载主轴承的轴向振动测量。轴向振动测量主要在定期振动检查期间或者诊断时使用。然而,在本部分中仅规定在评价推力轴承轴向振动时,其振动烈度可以用径向振动相同的准则(见表A.1)。没有轴向约束的其他轴承,对轴向振动的评价很少有严格的要求。

宜了解环境对测量系统特性的影响,包括:

a) 温度变化;

b) 磁场;

c) 空气噪声和结构诱导噪声;

d) 电源变化;

e) 电缆阻抗;

f) 传感器电缆长度;

g) 传感器方位;

h) 传感器连接刚度。

宜特别注意,确保传感器安装正确,而且安装方案不降低测量的精确度(见ISO 2954和ISO 5348)。

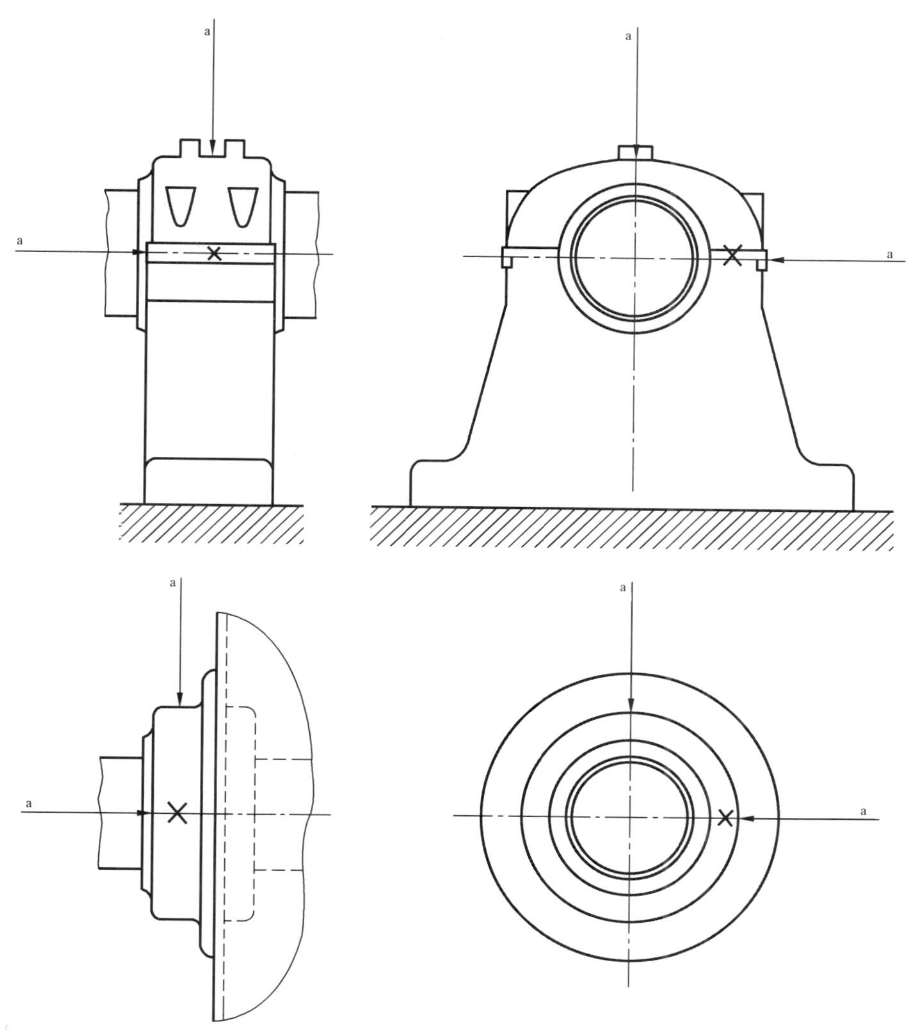

[a] 测量方向。

注：本部分的评价准则适用于所有主轴承径向振动测量和推力轴承轴向振动测量。

图 1　轴承盖和轴承座上典型测点和方向

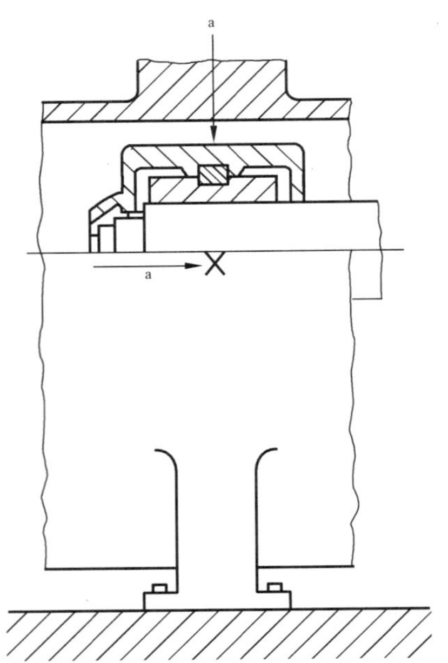

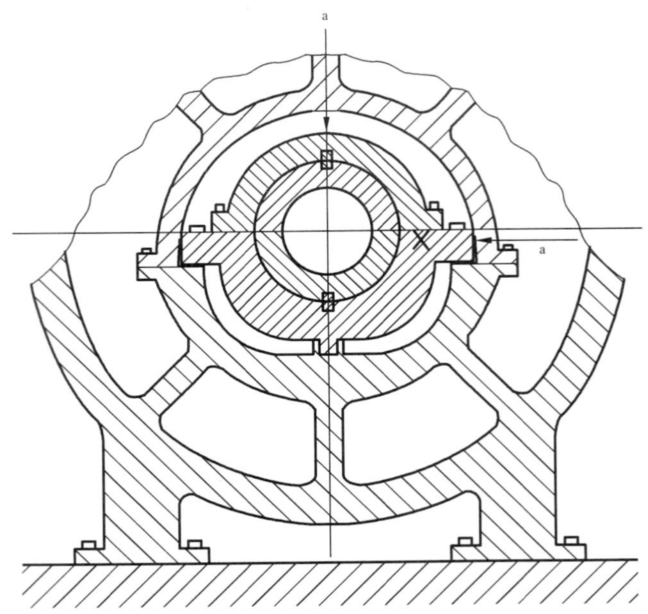

[a] 测量方向。

注：本部分的评价准则适用于所有主轴承的径向振动和推力轴承的轴向振动。

图 2 燃气轮机典型的轴承测点和方向

4 评价准则

4.1 概述

GB/T 6075.1 提供了评价不同类型机器的振动烈度的两个准则的一般描述。第一个准则考虑观测到的宽带振动的量值；第二个准则考虑量值的变化，而不论量值增加或是减少。

测得的最大振动量值称为振动烈度。这些值是根据这类机械的经验数据提出的，如果满足他们，可望得到可接受的运行。

注：这些值是基于以前的国际和国内经验，当初起草 ISO 7919(所有部分)和 GB/T 6075(所有部分)时进行调查的结果以及专家们提供的反馈。

提供的这些准则适用于在规定的一个(或几个)正常工作转速和负荷范围内的稳态运行工况，包括正常输出功率的缓慢变化。也提供了在发生瞬态变化时其他非稳态工况下的替代的准则。这些振动准则提供的目标是保证避免过大的缺陷或不切实际的要求。可以作为规定验收规范的基础(见 4.2.2.3)。

该准则仅涉及燃气轮机组产生的振动，不涉及由机组外界传递的振动。如果怀疑受到明显的传递振动影响(无论是稳态的或间断的)，则宜在燃气轮机组停机状态测量其量值。如果被传振动的量值不能接受，则宜采取措施纠正。

应注意，机器的振动状态通常根据非旋转部件及旋转轴上的测量进行综合评价。

4.2 准则Ⅰ：振动量值

4.2.1 总则

这个准则是关于确定绝对振动量值的，该量值与轴承的许用动载荷以及传至支承结构和基础的许用振动量值的要求一致。

4.2.2 正常稳态运行工况下正常工作转速时的振动量值

4.2.2.1 概述

在每个轴承盖或轴承座处测量到的最大振动量值，按照由经验建立的四个评价区域进行评价。

4.2.2.2 评价区域

下列评价区域可用于评价给定机器在正常稳态工况一个(或几个)正常工作转速时的振动，并提供可能的操作指南。

区域 A：新投产的机器，振动通常在此区域内。

区域 B：振动在此区域内的机器，通常认为可以不受限制地长期运行。

区域 C：通常认为振动在此区域内的机器，不适宜长期连续运行。该机器可在这种状态下运行有限时间，直到有合适时机采取补救措施为止。

区域 D：振动在此区域通常被认为振动剧烈，足以引起机器损坏。

注：对瞬态运行的指南见 4.2.4。

4.2.2.3 验收准则

验收准则均应在机器安装前经供方和买方协商一致。这些评价区域为新机或大修过的机器规定验收准则提供基础。

注：新机器验收准则历来规定在 A 区或 B 区，但通常不超过区域边界 A/B 值的 1.25 倍。

4.2.2.4 评价区域边界

区域边界值在表 A.1 中给出。这些边界值适用于在稳态工况一个(或几个)正常工作转速下，所有轴承的径向振动测量和推力轴承的轴向振动测量。区域边界值是根据制造厂和用户提供的有代表性的数据制定的，数据中不可避免存在较大的分散性。然而，表 A.1 中仍然对这些值做出规定，以保证避免过大的缺陷或不切实际的要求。

在其他的测量位置和瞬态工况时允许较大的振动，见 4.2.4。

在大多数情况下，表 A.1 中给出的值与保证允许传至轴承的支承结构和基础的动载荷是协调一致的。然而，在某些情况下，可能有特殊性能或与特殊类型机器关联的可用经验，可能要求使用不同的区域边界值(较小或较大)。例如：

a) 机器振动可能受它的安装系统以及与转子之间耦合装置的影响。对于柔性轴承支承的转子，当测量方向上轴相对振动小时，表明传给支承结构的动态力也小，因此，较大的轴承振动是允许的。基于类似的成功运行经验，适当提高表 A.1 中给出的区域边界值是可以接受的。

b) 对于载荷相对较轻的轴承或其他更柔性的轴承，可能需要基于机器详细设计的其他准则。

注 1：对于同一旋转轴线上的不同轴承的测量可以取不同的区域边界值。

一般来说，当采用较大的区域边界值时，可能需要技术论证，证实以较大振动运行不损害机器的可靠性。例如，可以根据机器详细的性能或类似结构设计和支承的机器成功的运行经验。

注 2：本部分对安装在刚性基础和柔性基础上的燃气轮机组未提出不同的区域边界值。这与针对同类机器轴振动测量的标准 ISO 7919-4 一致。但是，如果进一步分析这些机器的调查数据表明采取不同的边界值是有保证的话，则将来修订本部分和 ISO 7919-4 时，可望针对支承的柔度给出不同的准则。

评价机器振动烈度常用的测量参数是振动速度。表 A.1 给出了基于宽带的均方根(r.m.s)速度测量的各区域边界值。然而，在某些情况下，习惯于用具有振动速度峰值读数而不是均方根值读数的仪器测量振动。如果振动主要是一个频率分量(例如通常燃气轮机组是其工作频率占主导)，则峰值和均方根值之间存在简单的关系，即表 A.1 的区域边界值乘以$\sqrt{2}$即得单峰值(0-峰值)。同样，将测得的振动峰值除以$\sqrt{2}$，就可以按照表 A.1 的均方根值准则来评价。

注 3：如果是用峰-峰值的测量仪器，则要求不同的因子。

4.2.3 稳态运行的限值

4.2.3.1 概述

为了长期稳态运行，通常的做法是规定运行的振动限值。这些限值采用报警值和停机值的形式。

报警值：振动已经达到规定的限值或者振动值发生显著变化，可能有必要采取补救措施时，进行报警。一般来说，如果发生报警，可继续运行一段时间，同时进行研究（例如考查负荷、转速或其他运行参数的影响）以识别振动变化的原因和确定补救措施。

停机值：规定一个振动量值，振动超过此值继续运行可能引起机器损坏。如果超过停机值，应立即采取措施降低振动或停机。

不同的运行限值反映出动载荷和支承刚度的差异，对于不同的测量位置和方向，可以规定不同的运行限值。

4.2.3.2 报警值的设定

对于每台机器报警值可以不同。推荐选择的报警值通常是相对于基线值来设定，而基线值是根据具体机器的测量位置和方向的经验来确定。

推荐设定的报警值应高出基线某个量，高出的量等于区域边界 B/C 值的 25%。报警值通常不宜超过区域边界 B/C 的 1.25 倍。如果基线值低，报警值可能小于区域边界 B/C 值（见附录 B 的例子）。

在没有建立基线的情况下（例如新机），初始的报警值应根据其他类似机器的经验，或者相对于已同意的验收值来设定。在没有这样有效数据的情况下，稳态运行正常工作转速时报警值不宜超过区域边界 B/C。在运行一段时间后，建立起稳态基线值并对报警值的设定作相应的调整。

振动信号非稳态和不重复的场合，要求用某些平均方法。

如果稳态基线发生变化（例如机器大修后），报警值的设定宜相应地修改。对于机器上不同的测量位置，报警值的设定可以不同，以反映动载荷和支承刚度的差异。

设定报警值的例子在附录 B 中给出。

4.2.3.3 停机值的设定

停机值通常与机器的机械完整性有关，并且取决于提出的使机器能承受异常动载荷的各设计特性。例如，许多重型燃气轮机的轴承安装在柔性支撑上，相对于使用刚性支撑的其他机器，它可以允许较大的许用振动。因此，具有类似设计的所有机器一般采用相同的停机值，而且通常与设定报警值的稳态基线值没有关系。

不同设计的机器停机值可能不同，并且不可能对绝对的停机值给出更精确的指南。一般停机值在区域 C 或 D 内，但推荐停机值应不超过区域边界 C/D 值的 1.25 倍。依据具体机器的经验，可以取不同的限值。

燃气轮机组通常是受自动控制系统控制的，如果超过停机振动值，自动控制系统会使机器停机。为了避免虚假信号引起的不必要的停机，实际上通常采用多个传感器控制逻辑，并在触发机器自动停机的任何自控动作之前，规定一个时间延迟。因此，如果收到振动停机信号，而且至少被两个独立的传感器确认超过了规定的有限延迟时间才可以触发停机。典型的延迟时间是 1 s～3 s。为了慎重，可以在报警值和停机值之间插入第二次报警，以警示操作人员正在接近停机值，使他们可以采取任何校正措施（例如降低负荷或制造商建议的其他措施），避免满负荷停机。

4.2.4 非稳态工况(瞬态运行)期间的振动量值

4.2.4.1 概述

附录A规定了燃气轮机在规定的稳态运行工况下长期运行的振动值。在一个(或几个)正常工作转速下运行工况正在变化,燃气轮机逐渐达到热平衡的过程中,以及升速或降速时,可以允许较大的振动值。这些较大的值可能超过4.2.3中规定的报警值和停机值。在这种情况下,可以引入“停机放大因子”,在稳态工况建立之前(见4.2.4.4),它会自动地提升“报警值”和“停机值”。

对于非稳态工况下运行的燃气轮机,通常瞬态的运行工况变化都伴随着显著的热力状态变化,机组的振动特性会受到很大的影响。机组在设计时已考虑了这些特殊的运行工况条件,但在转速发生变化(升速、降速)以及机组热力状态变化(起动、加载及负荷变化)期间,机组的振动量值会出现较突然的变化。因此,燃气轮机通常允许有较高的瞬态振动量值。

与稳态振动一样,在具体场合采用的任何验收准则应该由机器制造厂家和用户协商一致。然而,本章的规定将保证避免过大的缺陷和不切实际的要求。

4.2.4.2 正常工作转速瞬态运行期间的振动量值

正常工作转速瞬态运行,包括空载、带初始负荷或快速加负荷或功率因数变化的运行工况,以及其他相对短期的任何运行工况。对于这些瞬态工况,振动量值不超过区域边界C/D值,一般认为是可以接受的。停机值和报警值宜相应调整。

4.2.4.3 升速、降速和超速期间的振动量值

燃气轮机组机在升速前应当充分地盘车(或)低速旋转,以保证不出现临时弯曲或弓形,避免可能产生反常的激励。此后,可以进行慢转轴位移测量,以评价低速时的偏摆量大小(该测量不受最低共振转速的影响),此时稳定的轴承油膜已经建立,而离心作用可以忽略。检验在该转速下测量的轴位移及其他的参考参数是否在以前建立的满意的经验之内。这些检验是评价轴线状态是否满意的基础,例如是否存在轴弯曲或者在联轴器之间是否有平行不对中或者夹角不对中(“曲柄效应”)。此外,在升速期间,建议在到达临界(共振)转速之前评估轴的振动,并且与以前满意运转时相同状态下得到的典型振动矢量进行比较。如果发现任何显著的差别,建议在继续下去之前进一步采取措施(例如维持转速或减速直至振动稳定,或者回到以前的值,进行更详细的研究或检查运行参数)。

如果没有盘车或测量慢转轴位移的规定,则遵照供方的替代建议。

升速期间可能需要保持在特定转速运行一段时间(如清吹过程)。如果这样的话,应注意确保在该转速和任意临界(共振)转速之间有足够的裕量,因为共振时会出现很大的振幅。

升速、降速及超速期间振动限值的规定可以变化很大,这取决于具体机器的结构特性或者特定的运行要求。例如,对于启动次数较少、带基本负荷的机组,可允许有较大的振动限值,而对于需经常规则地切换操作运行并需要在规定的时间内达到规定输出功率的机组,可采用较小的振动限值。此外,在升速和降速期间通过共振转速时,振动量值将受到阻尼和转速变化率的强烈影响(参见ISO 10814有关机器不平衡灵敏度的资料)。

适用于升速、降速和超速时的报警值与正常稳态运行工况下所采用的报警值不同。它们通常应当相对特定机器由升速、降速或超速时的经验确定的值设定。建议启动、停机或超速期间的报警值应设定在这些值之上某个量,高出的量等于正常工作转速下区域边界B/C值的25%。

当没有可靠的有效数据时,升速、降速或超速期间的报警值不宜超过区域边界C/D。

用不同的方法设定升速和降速时的停机值。例如,如果升速期间振动过大,可能降低转速比触发停机保护更合适。反之,降速期间很少触发高振动停机保护,因为那样做没有改变已采取的措施(即降

速)。可是,如果燃气轮机有自动控制系统,它可能需要规定升速或降速期间的停机值。这种情况下,停机值应当与报警值采用的相似的比例增加。

注:升速和降速期间,由于动力放大效应,当通过临界(共振)转速时通常发生最大的振动。在其他转速下,一般振动较小。

在较低转速下使用恒定转速准则可能有缺陷,因为虽然传递给轴承(座)的动态力是可接受的,但是相应的振动位移使连接到轴承座上的附属装置(例如油管)令人担心。这种情况下,可能有必要随转速降低相应改变报警值和停机值。特别建议,在转速低于20%的正常工作转速时,上述报警值和停机值不再适用(参见附录C)。

4.2.4.4 "停机放大因子"的使用

某些情况下,如果超过停机值,装有控制系统的燃气轮机会自动停机。在瞬态工况下运行,允许有较大的振动值,为了避免不必要的停机,可以引入"停机放大因子",它会自动地提升稳态的报警值和停机值,以反映4.2.4.2和4.2.4.3中给的修订值。

"停机放大因子"通常适用于以下情况:转子升速或降速过程中;在达到正常工作转速之后带负荷过程中;以及任何突然的、大负荷变化之后,热状态稳定的短期内。基于已有经验,上述每一种运行工况,可以设定不同的"停机放大因子"。实际的"停机放大因子"值对不同的机器是不同的,而且应当根据以前满意的运行经验而定。

4.3 准则Ⅱ:在正常工作转速稳态运行工况下振动量值的变化

本准则提供了对振动量值变化的评价,此变化是指偏离以前建立的特定稳态工况下的参考值。轴承振动量值可能明显地增大或减小,甚至在未达到准则Ⅰ的区域C时,就要求采取某种措施。这种变化可以是瞬时的或者随时间逐渐发展的,它可能表明已产生损坏,或是即将失效或是某些其他异常的警告。准则Ⅱ是在正常工作转速稳态运行工况下发生的轴承振动量值变化的基础上规定的,包括像负荷这样的变量有小的变化,但不包括负荷大而快的变化,此变化在4.2.4.2论述。

注意:这一准则应用于带有同步离合器的机器时宜小心,此时由于轴向膨胀的正常变化,振动可能会发生阶跃变化。

该准则的参考值是基于以前具体运行工况下测量得到的典型的、可重复的正常振动值。如果振动量值变化很大(达到区域B/C边界值的25%),应采取措施查明变化的原因。不管这种变化引起振动量值增大或减小,都要采取这样的措施。宜在考虑振动的最大值和机器在新工况是否已经稳定之后再决定采取什么行动。尤其是,如果振动变化率很大,即使还没有超过以上规定的振动限值,也宜采取行动。

在应用准则Ⅱ时,传感器位置和方位必须相同,同一机器运行工况才能进行比较。

应当了解,基于振动变化的准则有其应用的局限性。因为量值和变化率的明显变化可能发生在个别的频率分量,但这些重要特征在宽带振动信号中未必能反映出来(参见GB/T 6075.1)。例如转子中裂纹的扩展可能引起旋转频率多倍频振动分量的渐进变化。但它们的量值可能比旋转频率分量的幅值小。所以仅查看宽带振动的变化难以识别裂纹扩展的效应。因此,虽然监测宽带振动的变化能给出潜在问题的某些指示,可能有必要在某些应用中,使用能测定单个频率分量振动矢量变化趋势的测量和分析设备。这种设备可能比通常用的监测装置更复杂,它们的应用需要专门知识。对于这种测量规定详细准则已超出本部分的范围(见4.5)。

4.4 补充的方法和准则

本部分中给出的振动测量与评价可以由轴振动测量补充和代替(参见ISO 7919-4)。没有简单办法将轴承座振动转换为轴的相对振动,反之亦然。转轴绝对振动测量和相对振动测量之间的差异和轴承座振动有关,但它在数值上一般并不等于轴承座振动,这是由于在工作转速下轴承油膜与支承结构的相对动柔度、传感器安装位置的差异以及相位角不同等因素的影响。因此，当本部分和 ISO 7919-4 的准则都用于机器振动的评价时，应分别进行转轴振动和轴承座振动的测量。如果应用不同的准则导致不同的振动烈度评价，一般应采用更严格的准则，除非有与此相反的有效经验。

4.5 基于振动矢量信息的评价

在本部分中考虑的评价仅限于宽带振动而未涉及频率分量或相位。在大多数情况下，这样做对验收试验和运行监测就足够了。然而，对于长期状态监测和诊断，使用振动矢量信息对发现和确定机器动态变化特别有用。在某些情况下，这种变化只用宽带振动测量可能检测不到(例如，参见 GB/T 6075.1，附录 D)。

与相位和频率有关的振动信息越来越多地用于状态监测和诊断。然而，规定这种准则已超出了本部分的现有范围。这些在 ISO 13373(所有部分)对机器振动状态监测的规定中详细处理。

附 录 A
(规范性附录)
评价区域边界

表 A.1 中给出的值适用于正常工作转速、稳态运行工况下所有轴承径向振动和推力轴承轴向振动的测量。图 1 和图 2 表明典型的测量位置。给出的这些值可以保证避免重大的缺陷或不切实际的要求。在某些情况下,一些特别的机器可能需要使用不同的区域边界值(见 4.2.2.4)。在其他的测量位置和瞬态工况下可以允许较大的振动(见 4.2.4)。

注:过去,规定验收准则在 A 区或 B 区,但通常不超过 A/B 区域边界的 1.25 倍(见 4.2.2.3)。

表 A.1 燃气轮机轴承箱或轴承座振动速度区域边界的推荐值

区域边界	区域边界振动速度均方根值/(mm/s)
A/B	4.5
B/C	9.3
C/D	14.7

附 录 B
（资料性附录）
报警设定与停机设定的例子

某台 3 000 r/min 的燃气轮机组是没有轴承振动先验知识的新机，一般将运行报警值设定在区域 B 内，具体数值通常由用户和机器制造厂家共同商定。对于本例，假定对每个轴承，最初设定报警值在区域边界 B/C 上，相应于速度均方根值 9.3 mm/s（见表 A.1）。

在机器运行一段时间，正常振动特性已经建立之后，可以考虑改变报警值的设定以反映在每个轴承的典型稳态基线值。使用 4.2.3.2 中的方法，以此为基础，每个轴承的报警值可设定为具体机器的经验得到的典型稳态基线值与区域边界 B/C 值的 25％之和。例如，如果某个具体轴承的典型稳态基线值为 5.0 mm/s，可采用新的报警值设定为 7.3 mm/s（即 5.0 mm/s＋0.25×9.3 mm/s），它位于区域 B 内。另一个轴承的典型稳态基线值为 6.7 mm/s，则它的新报警值为 9.0 mm/s，这与初始设定的报警值差异不大，因此，报警值（9.3 mm/s）可保持不变。

对于每个轴承，根据准则Ⅰ，停机值宜定为均方根值 14.7 mm/s。这是基于停机值是相对于机器能承受的最大振动，是一个固定值。

如 4.2.4 所述，瞬态运行期间上述振动限值可以增大。

附 录 C
(资料性附录)
在低转速下使用振动速度准则的警告

本附录阐明在本部分中提出的速度准则不适用于低频率的原因。为了监测较低速的振动,可能需要按照其他准则(如恒定位移准则)评价,需要更专业的仪器,这些已经超出了本部分的范围。还可选择,考虑监测轴振动(参见 ISO 7919-4)。

用在非旋转部件上测得的振动速度作为表征机器振动烈度的基础原理,已经由现场经验(例如在1930 年代,T.C.Rathbone 的开拓性工作,见参考文献[11])和基础力学的认识中得到。基于此,已经采用许多年的、在 10 Hz~1 000 Hz 频率范围内具有同一的均方根(r.m.s)速度,通常认为是相等的烈度。这样做的独特优点是如果振动速度用作评价参数,而不论振动频率或机器运行速度,则同一评价准则可以适用。反之,如果位移或加速度用于评价,该评价准则将随频率变化,因为振动位移与速度之间的关系是与频率成反比,加速度与速度之间的关系是与频率成正比。

在低频和高频不宜使用恒定速度准则,在那里位移和加速度的影响分量变得重要。对低频,如图C.1 所示,对于恒定振动速度 4.5 mm/s(在正常工作转速下区域 A/B 的边界值),由 3 600 r/min 降速时,基频振动位移分量(如由于不平衡引起的)是如何随转速变化的。

图 C.1 是个简单的数学关系,显示出恒定速度在不同转速下位移是如何变换的。可是,当转速降低时,恒定速度准则能导致轴承座位移渐进的增加。在这种情况下,虽然传递给轴承座的动态力可以接受,在低速时振动位移可能涉及轴承座上安装的附属设备(如油管)。

图 C.1 不要与正常的升速或降速响应曲线混淆,响应曲线通过共振速度(临界转速)离开,当转速降低时,通常振动速度降低。实际上,如果在额定转速下振动速度是可接受的,通常在较低转速下振动速度降低,而且相应的振动位移在较低的转速能够接受。从而,如果在升速期间在低转速下记录到明显的振动速度,即使它们低于本部分所规定的值,尤其是它们严重超出该特定机器在相同转速下正常经历的范围时,必须采取措施查明较高振动值的原因,并且确定继续在较高转速运行是否安全。

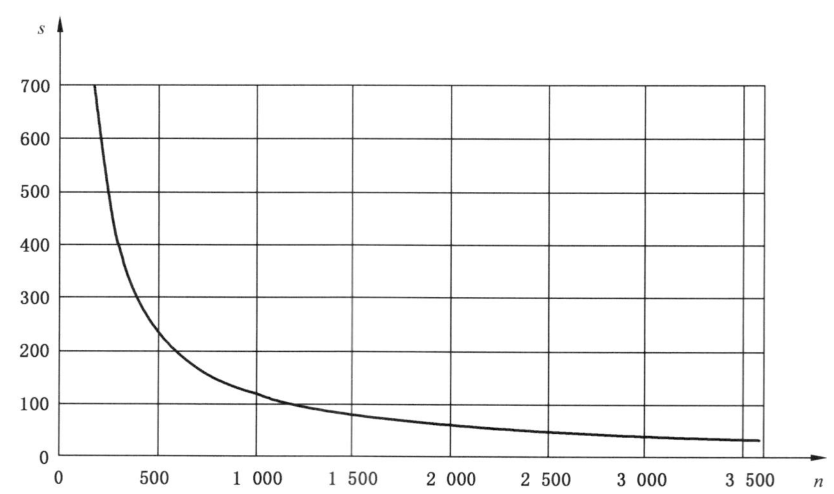

说明:

n ——转速,r/min;

s ——峰-峰振动位移,μm。

图 C.1 恒定均方根速度 4.5 mm/s 的基频振动位移分量随转速的变化

参 考 文 献

[1] ISO 2041 Mechanical vibration, shock and condition monitoring—Vocabulary

[2] ISO 2954 Mechanical vibration of rotating and reciprocating machinery—Requirements for instruments for measuring vibration severity

[3] ISO 3977-3 Gas turbines—Procurement—Part 3: Design requirements

[4] ISO 5348 Mechanical vibration and shock—Mechanical mounting of accelerometers

[5] ISO 7919-1 Mechanical vibration of non-reciprocating machines—Measurements on rotating shafts and evaluation criteria—Part 1:General guidelines

[6] ISO 7919-2 Mechanical vibration—Evaluation of machine vibration by measurements on rotating shafts—Part 2:Land-based steam turbines and generators in excess of 50 MW with normal operating speeds of 1 500 r/min, 1 800 r/min, 3 000 r/min and 3 600 r/min

[7] ISO 7919-3 Mechanical vibration—Evaluation of machine vibration by measurements on rotating shafts—Part 3:Coupled industrial machines

[8] ISO 7919-5 Mechanical vibration—Evaluation of machine vibration by measurements on rotating shafts—Part 5:Machine sets in hydraulic power generating and pumping plants

[9] ISO 8579-2 Acceptance code for gears—Part 2:Determination of mechanical vibrations of gear units during acceptance testing

[10] ISO 10814 Mechanical vibration—Susceptibility and sensitivity of machines to unbalance

[11] ISO 13373-1 Condition monitoring and diagnostics of machines—Vibration condition monitoring—Part 1:General procedures

[12] ISO 13373-2 Condition monitoring and diagnostics of machines—Vibration condition monitoring—Part 2:Processing, analysis and presentation of vibration data

[13] RATHBONE,T.C.,Vibration tolerances,Power Plant Engineering,1939.

ICS 17.160
J 04

中华人民共和国国家标准

GB/T 6075.7—2015/ISO 10816-7:2009

机械振动　在非旋转部件上测量评价机器的振动　第7部分:工业应用的旋转动力泵(包括旋转轴测量)

Mechanical vibration—Evaluation of machine vibration by measurements on non-rotating parts—Part 7:Rotodynamic pumps for industrial applications, including measurements on rotating shafts

(ISO 10816-7:2009,IDT)

2015-12-31 发布　　　　2016-07-01 实施

中华人民共和国国家质量监督检验检疫总局
中国国家标准化管理委员会　发布

前　言

GB/T 6075《机械振动　在非旋转部件上测量评价机器的振动》分为以下7个部分：

——第1部分：总则；

——第2部分：50 MW以上，额定转速1 500 r/min、1 800 r/min、3 000 r/min、3 600 r/min陆地安装的汽轮机和发电机；

——第3部分：额定功率大于15 kW额定转速在120 r/min至15 000 r/min之间的在现场测量的工业机器；

——第4部分：具有滑动轴承的燃气轮机组；

——第5部分：水力发电厂和泵站机组；

——第6部分：功率大于100 kW的往复式机器；

——第7部分：工业应用的旋转动力泵(包括旋转轴测量)。

本部分是GB/T 6075的第7部分。

本部分按照GB/T 1.1—2009给出的规则起草。

本部分使用翻译法等同采用ISO 10816-7:2009《机械振动　在非旋转部件上测量评价机器的振动　第7部分：工业应用的旋转动力泵(包括旋转轴测量)》(英文版)。

与本部分中规范性引用的国际文件有一致性对应关系的我国文件如下：

——GB/T 11348.1—1999　旋转机械转轴径向振动的测量和评定　第1部分：总则(idt ISO 7919-1:1996)

——GB/T 13824—2015　旋转与往复式机器的机械振动　对振动烈度测量仪的要求(ISO 2954:2012,IDT)

本部分由全国机械振动、冲击与状态监测标准化技术委员会(SAC/TC 53)提出并归口。

本部分起草单位：中国石油化工股份有限公司齐鲁分公司、南阳防爆集团股份有限公司、上海旗升电气有限公司、中国人民解放军92330部队装备部、国网河南省电力公司电力科学研究院、上海东昊测试技术有限公司。

本部分主要起草人：邓剑、王泽威、王忠实、赵雷、罗剑斌。

引　　言

旋转动力泵的振动测量有很多用途，例如用于运行监测、验收测试和诊断分析研究（状态监测）。适用于耦合工业机器的振动测量和评定的理论在 GB/T 6075.1（关于非旋转部件振动）和 ISO 7919-1（关于轴振动）中做了一般阐述。

本部分建立在采集大量运行泵振动数据的基础上，调查涵盖了在现场和各种测试设施上，大约 1 500 台不同类型、转速和功率，在宽流量范围内运行的泵。尽管缺乏关于振动测量值与泵平均运行寿命关系的信息，但由于数据量很大，本部分提供的数据可认为是运行良好泵的代表。

将这些数据及相应的流量和功率的统计评价作为最佳工作范围，即最佳效率点的 70%～120%。

振动调查表明，不论泵是刚性支承还是挠性支承，不论在泵的水平还是垂直方向上，只要在本部分规定的位置上测量就没有明显的差别。本部分提出的振动测量与其他标准涉及的振动测量确实存在不同之处。

统计分析表明振动值与泵所消耗的功率有一定的相关性，因此本部分将泵分为 200 kW 以下和 200 kW 以上两个等级。

机械振动　在非旋转部件上测量评价机器的振动　第7部分:工业应用的旋转动力泵(包括旋转轴测量)

1　范围

GB/T 6075 的本部分介绍了额定功率大于 1 kW 的工业应用旋转动力泵的振动评价,规定了在非旋转部件(轴承座)上测量评价振动的具体要求,提供了在现场运行时和在工厂或制造商测试设施上进行验收测试时测量评价旋转动力泵轴承座振动烈度的具体指南。本部分也给出了评价旋转轴相对轴振动的一般信息和指南。

本部分规定了立式泵和卧式泵振动的区域和限值而不考虑它们的支承刚度。这些通用评价准则既适用于旋转动力泵的运行监测,也适用于在现场或制造商测试设施上进行的验收测试[1)]。对于在制造商测试设施上进行的验收测试,本部分专门给出了要求。

对于长期运行机器的全程振动监测,本部分给出了两个准则来评价振动。一个准则考虑所测得振动的量值,另一个准则考虑量值的变化。这些评价准则适用于泵本身产生的振动,不涉及由泵外界传递的振动。这些准则主要用于确保泵的可靠、安全、长周期运行,同时使其对相连设备的有害影响最小。另外,本部分还给出了规定运行限值和设定报警值及停机值的建议。

对于集成电动机(叶轮安装于电机轴上或叶轮轴与电机轴刚性连接)的泵组,本部分适用于整个耦合泵组。

对于挠性连接电机的泵组,本部分仅适用于泵本体。本部分不涉及分开安装的驱动机,这些驱动机在 ISO 10816-3 中涉及。

下列类型的泵不属于本部分的范围:

——往复式和旋转式容积泵;

——往复式发动机驱动的泵;

——水力发电厂和泵站中功率大于 1 MW 的泵(参考标准 ISO 7919-5[4]和 ISO 10816-5);

——固体处理泵、泥浆泵和潜水泵。

本部分没有涉及扭转振动。

2　规范性引用文件

下列文件对于本文件的应用是必不可少的。凡是注日期的引用文件,仅注日期的版本适用于本文件。凡是不注日期的引用文件,其最新版本(包括所有的修改单)适用于本文件。

GB/T 6075.1—2012　机械振动　在非旋转部件上测量评价机器的振动　第1部分:总则(ISO 10816-1:1995,IDT)

ISO 2954　旋转与往复式机器的机械振动　对振动烈度测量仪的要求(Mechanical vibration of rotating and reciprocating machinery—Requirements for instruments for measuring vibration severity)

ISO 7919-1　旋转机械转轴径向振动的测量和评定　第1部分:总则(Mechanical vibration of non-reciprocating machines—Measurements on rotating shafts and evaluation criteria—Part 1:General guidelines)

1)　本部分涉及的验收测试宜注意:所有场地、尺寸和试验方法的细节都是可选的且需要合同双方规定和同意。

3 振动测量

3.1 测量量和方法

用于测量旋转动力泵非旋转部件[2)]振动的测量量是振动速度[mm/s(均方根值)]。转速低于600 r/min 的泵,需要额外测量振动位移[μm(峰峰值)]。测量方法依照 GB/T 6075.1—2012 的规定执行。

3.2 测量仪器和频率范围

3.2.1 总则

测量仪器应符合 GB/T 6075.1—2012 提出的要求,该仪器应能够在很宽的频率范围(至少 10 Hz~1 000 Hz)内测量振动速度均方根值,并且应符合 ISO 2954 的要求。

对于运行转速低于 600 r/min 的泵,测量仪器的下限频率通常应为 2 Hz,以保证量程充分包含工频振动频率分量。另外,应测量振动速度均方根值(mm/s)和振动位移峰峰值(μm)。

事实上,低频的宽带位移峰峰值受流体流动产生的随机脉冲激振的强烈影响,有时量值可能高于正常值,宜采用例如滤波等手段对其进行分析和解释。因此,建议在工频的 0.5 倍、1 倍和 2 倍频率上,以 1 Hz 或更低的带宽滤波,用测得的位移峰峰值来评价泵的质量。

对于转速非常高的泵或者用于诊断目的时(例如 ISO 13373-1[8] 给出了更详细的分析),可能需要使用具有更宽频率范围的测量仪器,通常高于 2.5 倍叶片通过频率,以便充分考虑到叶片通过频率分量。

3.2.2 注意事项

应注意测量仪器不被以下因素影响:

——温度变化;

——磁场;

——声场;

——功率变化;

——接地回路;

——传感器电缆长度;

——传感器方向。

应特别注意,保证正确的安装振动传感器,使其不会降低测量准确度。如果使用带磁座的振动传感器,测量物体的安装表面宜做处理以避免测量误差,适当的安装方法见图 1。

注: ISO 5348[2] 中加速度传感器的机械安装的内容通常也适用于速度传感器。

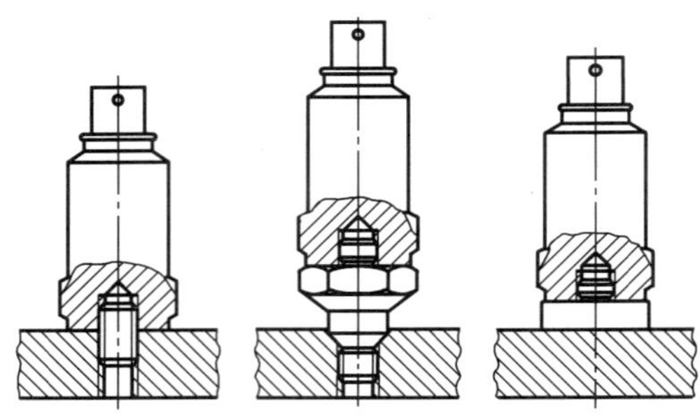

图 1 振动传感器的安装方法

2) 关于旋转轴的测量见附录 B。

3.2.3 连续监测和定期监测

对于大型或重要的泵，通常在关键测点永久安装测量仪器连续在线监测振动。对于多数的泵，主要是小型或小功率的泵，则没有必要连续监测振动。使用手持式仪器进行定期测量，能够可靠地检测到不平衡、轴承状况和对中等的变化。

仅对泵进行定期测量，不会发现突发的缺陷。应重视涉及安全问题的泵，建议对其进行连续在线监测。目前越来越普遍的使用计算机进行趋势分析和故障报警。振动状态监测方法和仪器的详细内容见ISO 13373-1[8]。

3.3 测量位置和方向

3.3.1 通用测量

旋转动力泵非旋转部件的振动宜在泵的轴承座上进行测量，通常在易接近的暴露部位进行振动测量（见图 2 和图 3）。

宜确认测量值正确地反映了轴承座的振动，且不因局部共振而降低或放大。测量位置和传感器方向应能足够灵敏地反映出泵的动载荷，这些位置通常接近轴承的中心线，因此，通常应在每个轴承座两个正交的径向和一个（如有可能）如图 2 和图 3 所示的轴向（见 3.3.2）上进行测量。

对于具有水平轴的泵，通常首选水平和垂直方向，如有可能，也选择轴向。对于具有垂直或倾斜轴的泵，为确保测得最大的读数，在大多数情况下，测量位置应置于朝向最大挠度及其旋转 90°的方向上。

使用的测量位置和方向应该在测量报告上列出。

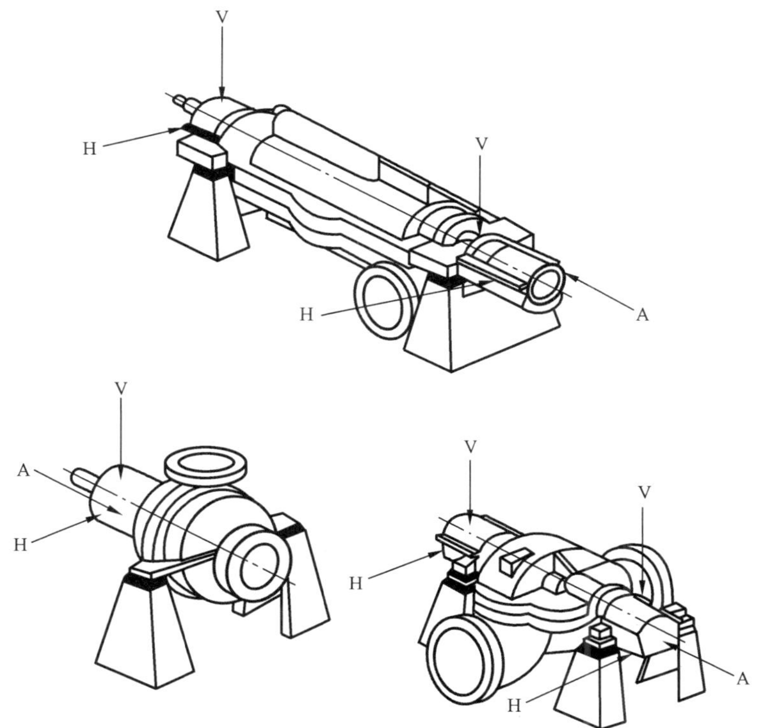

注：H，V（horizontal，vertical）是两个正交的径向测量方向，A 是轴向测量方向。

图 2 卧式泵的测量位置

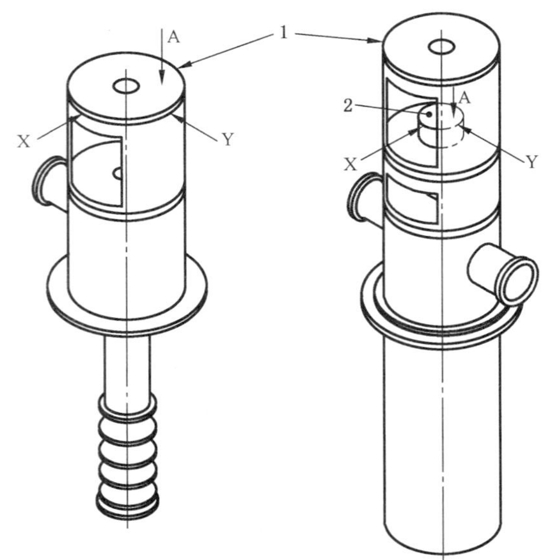

说明：

1——驱动机安装平面/电机下部轴承；

2——泵轴承座。如果易于接近，该位置是最佳选择。此外，可选电机下部轴承。

注：X、Y 是两个正交的径向测量方向，A 是轴向测量方向。

图 3 立式泵的测量位置

3.3.2 专用的轴向测量

在进行连续运行监测时，对主要承受径向载荷的轴承通常不做轴向振动测量。这种轴向测量主要用于定期振动检查和诊断。然而，某些故障更容易通过轴向检测发现。目前轴向振动准则仅适用于推力轴承，其轴向振动及脉动可能导致轴向载荷承载面的损坏。表 A.1 和表 A.2 给出的准则适用于各类轴承的径向振动和推力轴承的轴向振动。

3.4 安装和运行工况

对于泵的安装，系统设计者、泵制造商和用户应特别注意避免相连管道系统与基础在主要激励频率(如工频、2 倍工频或叶片通过频率)下共振，这一点尤为重要，因为这样的共振能引起剧烈振动。

测量应在转子和主要轴承达到其正常稳态运行的温度时进行。泵应在规定的运行工况下运行，即在额定的流量、扬程和转速下，于最佳工作范围内(见图 4)运行。本部分也给出了泵在整个允许工作范围内运行时的测量指南。

应特别注意那些变工况运行的泵，当工况发生了变化(变转速或变负荷)，必须注意应在所有工况(能使泵长周期运行)下进行测量，测得的最大值代表了其振动烈度。在比较测量值时，重要的是对应的工况也要相同(在测试误差范围内)。

旋转动力泵的允许工作范围和最佳工作范围(一般在最佳效率点的 70%～120%之间)应由泵的制造商标明并符合用户的要求。超出允许工作范围可能会出现较高的振动值，这是旋转动力泵在低载和过载运行时较高的动载荷引起的结果。对于短期运行，这些值可以允许；对于连续运行则可能会发生失效或异常磨损。

如果测得的振动远超过验收准则的允许，并且怀疑存在过大的环境振动，则宜在泵停运时测量以确定外部影响的程度。如果泵停运时的振动值超过运行时的 25%，则需要采取矫正措施以减少环境振动的影响。

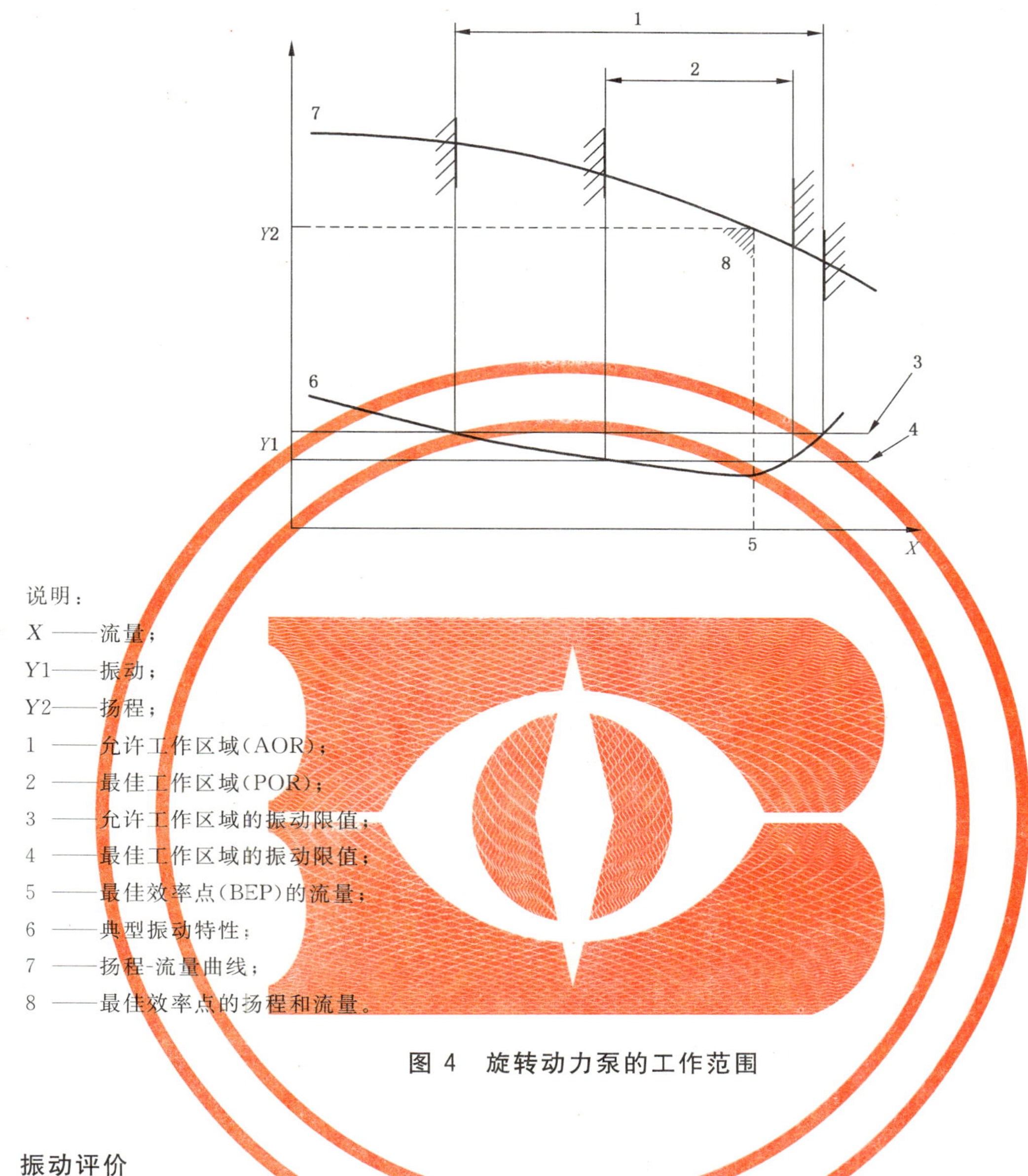

说明：
X ——流量；
Y1——振动；
Y2——扬程；
1 ——允许工作区域(AOR)；
2 ——最佳工作区域(POR)；
3 ——允许工作区域的振动限值；
4 ——最佳工作区域的振动限值；
5 ——最佳效率点(BEP)的流量；
6 ——典型振动特性；
7 ——扬程-流量曲线；
8 ——最佳效率点的扬程和流量。

图 4 旋转动力泵的工作范围

4 振动评价

4.1 概述

GB/T 6075.1—2012 给出了两个评价准则用于评价各类机器的振动烈度，一个准则考虑所测得宽带振动的量值；另一个准则考虑量值的变化，而不论量值是增加还是减少。

这些准则适用于额定转速及额定负荷下的稳态运行工况，不适用于其他工况或高振动值的瞬态工况(例如启停机或通过临界转速区)。然而，有必要限制这些瞬态工况下的振动以避免动静部件之间潜在的破坏性接触(即碰摩)。因此，瞬态运行时最大轴承振动量值及最大轴振动(见附录 B)宜低于区域 C(见第 5 章)上限值。

4.2 轴承座振动的评价

4.2.1 准则Ⅰ：振动量值

本准则规定了振动量值的限值，该限值是按照轴承允许承受的动载荷及传至环境的振动允许值确定的。在每个轴承座上测得的最大振动量值对照由国际经验建立的评价区域(见5.2)进行评价,每个区域的允许限值在表A.1和表A.2中给出。

4.2.2 准则Ⅱ:振动量值的变化

本准则评价振动量值的变化,该变化是指对以前建立的参考值的偏离。宽带振动量值发生的明显变化,在尚未达到区域C限值(表A.1和表A.2中给出)时就需要采取某些措施了。这些变化能够瞬间产生或随时间逐渐发展,并且可能预示早期的损坏或某些其他异常。准则Ⅱ是在稳态运行工况下发生的宽带振动量值变化的基础上规定的,这种工况允许机器的功率或运行状态在测试误差范围内有小的变化。

应用准则Ⅱ时,应在相同的传感器位置及方位上,并在大致相同的泵运行工况下进行振动的测量和比较。宜对偏离正常振动值的显著变化(不论其总量大小)加以研究,以避免危险情况发生。当振动量值的增大或减少超过表A.1和表A.2中区域B上限值的25%时,宜认为这些变化是显著的,特别是当其突然发生时。宜此时开始进行诊断研究(例如使用快速傅里叶变换频谱)以查明变化的原因(不平衡、汽蚀、轴承损坏等),并制定下一步适宜的措施。

4.3 基于振动矢量信息的评价

本部分仅限于对宽带振动进行评价,未涉及频率分量和相位。在多数情况下,这对于验收测试和运行监测是适当的,而对于长期状态监测和诊断,采用振动矢量的信息对于检测和确定泵动态状态的变化是特别有用的。在某些情况下,仅测量宽带振动可能检测不到这些变化(更多细节见GB/T 6075.1—2012附录D)。

与相位和频率相关的振动信息越来越多地用于状态监测和诊断。然而,对其评价的准则超出了本部分现有范围。

5 现场运行及验收测试的评价区域和工况

5.1 概述

本部分的5.2定义了评价区域,以便对给定的机器进行定性的振动评价并提供采取可行措施的指南。

附录A和附录B中给出的数值为确保避免重大的缺陷或不切实际的要求提供了指南。在某些情况下,会涉及特定机器的特性,要求使用不同的区域限值(更高或更低)。在此情况下,通常需要说明理由,尤其要确认泵在较高的振动量值下运行不会发生危险。

本部分将泵分为以下两组:

a) 1组:对可靠性、有效性或安全性有高度要求的泵(例如输送有毒有害液体的泵;在石油天然气、特殊化学品、核或电站中关键用途的泵);

b) 2组:通用或者非关键用途的泵(例如输送非有害液体的泵)。

注:转速超过600 r/min的立式悬挂泵(根据ISO 13709[10]确定为VS1至VS7的泵)通常属于2组。

由于各组使用的振动限值不同,因此用户和制造商应就泵的分组达成一致。

5.2 评价区域

区域A:新交付使用的机器的振动通常处于该区域。

区域B:机器振动处于该区域通常认为可无限制长期运行。

区域C:机器振动处于该区域通常认为不适宜长期连续运行。通常该机器可在此状态下运行有限时间,直到有合适时机采取补救措施为止。

区域 D:机器振动处于该区域通常认为其剧烈程度足以导致机器损坏。

5.3 评价区域限值

附录 A 给出的区域限值是最大宽带速度值,对于验收测试也是滤波(1 倍工频和叶片通过频率分量,$f_n \cdot z_i$)速度值(见表 A.1)。对于低转速的泵,额外列出了滤波(0.5 倍、1 倍和 2 倍工频分量)位移值(见表 A.2)。当使用两个正交径向方向安装的传感器(见 3.3)进行测量时,应取在每个测量面的两个传感器所测得的较大值。

如果振动速度准则和振动位移准则同时适用,速度和位移的最大测量值与表 A.1 和表 A.2 中的对应值进行比较时,应采用最具限制性的评价区域。

表 A.1 和表 A.2 中的准则适用于所有轴承的径向振动和推力轴承的轴向振动(关于轴向振动见 3.3.2)。

5.4 现场运行的工况

正常的现场运行工况是指安装就位的泵在额定转速和额定负荷下稳态运行。对应这些工况的评价区域在 5.2 中详述。

5.5 验收测试的工况

5.5.1 总则

本部分涉及的验收测试宜注意:所有场地、尺寸和试验方法的细节都是可选的且需要合同双方规定和同意。

除非指定了其他工况,验收测试应用于 5.5.2 和 5.5.3 所规定的工况。如果有要求或规定,应进行验收测试。

5.5.2 制造商验收测试

测试台上安装的新泵,在整个允许工作范围内,其振动值通常处于区域 B 内(见表 A.1 给出的限值,除非另有规定)。如果在测试设施上该值不符合此项要求,制造商有必要进行额外的测试(例如 FFT 分析)来说明偏差的原因。

通常振动量值较高的原因是调节阀门过于靠近泵,引起管道、泵壳和轴承座的振动。

如果该值超过振动限值,制造商应进行额外的测量以找到其根本原因,例如临时性固定(支承)的原因。

5.5.3 现场验收测试

现场工况适用于现场安装完毕的泵。

通常认为,泵在最佳工作范围内运行时,现场验收测试的限值是区域 A 和 B 的边界值,在整个允许工作范围内运行时,可能会出现较高的振动值,但仍应处于区域 B 内(更多细节见表 A.1)。

6 运行限值

6.1 概述

为了长期运行,通常设定运行振动限值,这些限值采用报警值和停机值的形式。

报警值:警告振动已经达到设定值或发生显著的变化,可能需要采取补救措施。一般而言,如果发生报警,机器可以继续运行一段时间,同时应进行研究以确定振动变化的原因并制定补救的措施。

停机值:规定一个振动量值,超过该值机器继续运行可能引起损坏。如果超过停机值,应立即采取措施降低振动或停机。

不同的运行限值反映了动载荷和支承刚度的不同,不同的测量位置和方向可以设定不同的运行限值。

6.2 报警值的设定

不同机器的报警限值可能上下变动很大,通常是相对于基线值来设定的,而基线值是根据具体机器的测量位置或方向的经验确定的。

建议设定的报警值比基线值高出区域B上限值的25%。如果基线值低,则报警值可能低于区域C。

在没有建立基线值的情况下(以新机器为例),初始报警值应根据其他类似机器的经验或接受的验收值来设定。在经过一段时间后,建立起稳态基线值,并相应的调整报警值。

建议报警值一般不超过区域B上限值的1.25倍。

如果该稳态基线值发生变化(例如机器检修后),宜相应的修改报警值(例子在附录C中给出)。

6.3 停机值的设定

停机值一般与机器的机械完整性有关,并且取决于能使机器承受异常动载荷的各项设计特性。因此,具有相同设计的所有机器一般采用相同的停机值,而且通常与设定报警值的稳态基线值无关。

具有不同设计的机器的停机值可能不同,并且不可能给出绝对的停机值指南。通常停机值在区域C或D内,但是建议停机值不超过区域C上限的1.25倍。

附　录　A
（规范性附录）
非旋转部件振动的评价区域限值

这些值适用于旋转动力泵在额定转速或指定转速范围内的稳态工况下，对所有轴承、轴承座的径向振动测量和推力轴承的轴向振动测量，与安装方向和支承刚度无关（见附录 D）。这些值不适用于泵的瞬态工况（如变转速或变负荷）。表 A.1 给出了振动速度限值，表 A.2 附加给出了低速泵的振动位移限值。

如果振动速度准则和振动位移准则同时适用，速度和位移的最大测量值与表 A.1 和表 A.2 中的对应值进行比较时，则采用最具限制性的评价区域。

表 A.1　功率大于 1 kW，叶轮叶片数 $z_i \geqslant 3$ 旋转动力泵的非旋转部件振动的评价区域限值

区域	描述（区域的定义详见 5.2）	振动速度限值均方根值 mm/s			
		1 组[a]		2 组[a]	
		≤200 kW	>200 kW	≤200 kW	>200 kW
A	在最佳工作范围内运行的新投用泵	2.5	3.5	3.2	4.2
B	在允许工作范围内无限制长期运行	4.0	5.0	5.1	6.1
C	受限的运行	6.6	7.6	8.5	9.5
D	损坏风险	>6.6	>7.6	>8.5	>9.5
最大报警限值（≈1.25 倍区域 B 上限值）[b]		5.0	6.3	6.4	7.6
最大停机限值（≈1.25 倍区域 C 上限值）[b]		8.3	9.5	10.6	11.9
现场验收测试	最佳工作范围	2.5	3.5	3.2	4.2
	允许工作范围	3.4	4.4	4.2	5.2
制造商验收测试	最佳工作范围	3.3	4.3	4.2	5.2
	允许工作范围	4.0	5.0	5.1	6.1
对于所有验收测试在最佳工作范围内（见 3.4），工频（f_n）分量[c] 和叶轮通过频率（$f_n \cdot z_i$）分量的滤波值分别应为		≤2	≤2	≤3	≤3

[a] 定义见 5.1。

[b] 推荐值，宜在振动量值超过这些限值后保持约 10 s 再触发报警或停机，以避免误报和误停。

[c] 对于验收测试在最佳运行范围以外及允许工作范围以内，工频（f_n）分量和叶轮通过频率（$f_n \times z_i$）分量的滤波值可能会高于在最佳工作范围内的这些值的 1.3 倍。

表 A.2 运行转速低于 600 r/min 的旋转动力泵非旋转部件振动的评价区域限值的附加准则，对 0.5 倍、1 倍和 2 倍工频分量滤波后的位移值有效

区域	描述 （区域的定义详见 5.2）	振动位移限值 峰峰值 μm
A	在最佳工作范围内运行的新投用泵	50
B	在允许工作范围内无限制长期运行	80
C	受限的运行	130
D	损坏风险	>130
最大报警限值[a]		100
最大停机限值[a]		160
现场验收测试	最佳工作范围	50
	允许工作范围	65
制造商验收测试	最佳工作范围	65
	允许工作范围	80
注：这些限值适用于每个涉及的频率分量。		
[a] 推荐值，宜在振动量值超过这些限值后保持约 10 s 再触发报警或停机，以避免误报和误停。		

应注意到，某些专用泵或具有特殊的支承、特定的运行工况、专用的设计和叶片形状的泵，其容许的振动量值可能高于或低于表 A.1 和表 A.2 中的值。在这些情况下，用户和制造商宜对此达成一致。

备用泵可能会受到附近运行泵的影响，导致备用泵尤其是其滚动轴承的损坏。本部分给出的振动量值仅适用于运行泵。如果要测量备用泵，其振动限值宜更低，本部分不涉及这些限值。

附 录 B
（资料性附录）
具有滑动轴承的旋转动力泵相对轴振动的评价准则

B.1 轴振动测量

测量轴的相对振动对于检测转动部件与静止部件的摩擦是很有用处的。ISO 7919-1 给出了测量方法的一般信息。轴振动测量是轴承座振动测量的补充。重要的是要认识到，没有办法将轴承座振动简单的转换为轴的相对振动，反之亦然。表 B.1 中的值适用于具有油润滑滑动轴承的卧式泵。立式泵和物料自润滑轴承不包含在本附录中。

对于轴振动测量，使用的测量仪器应符合 ISO 7919-1 和 ISO 10817-1[7] 的要求。频率范围应符合本部分 3.2 的规定。测量量是通频振动位移峰峰值(μm)。测量平面上的轴的偏摆（电气和机械偏摆之和）宜最小，建议不超过径向轴承间隙的 12.5％或 6 μm，取其较大值。

建议在尽可能垂直于轴的同一径向平面上，在同一轴承半瓦上安装两只相隔 90°±5°的传感器。宜在轴承座内或尽可能靠近轴承处测量相对轴承座的轴振动峰峰值。

如果一个轴承安装单只传感器就能提供机器振动量值的足够信息，则也可代替常用的一对正交传感器。在评价某一测量平面上单个传感器的测量值时通常应谨慎，因为在其测量方向上可能无法测得该平面合理的最大振动值（见 ISO 7919-1）。

鉴于旋转动力泵的转速相对较高，通常采用非接触式传感器测量技术，转速为 3 000 r/min 或更高转速的部件上首选该技术。安装非接触式传感器测量轴的相对振动时，应注意避免因安装引起的传感器共振。

B.2 轴振动评价

振动量值取在两个相互正交方向上测得位移峰峰值的较高值。本附录中给出的值是旋转动力泵的经验值，如果予以关注，会使其运行在可接受的状态下。如果只进行一个方向的测量，宜注意确保其能提供足够的信息。

转轴的绝对振动和相对振动测量值之间的差异与轴承座振动有关，但是由于相位角的不同，它在数值上一般不等于轴承座振动，因此，当本部分的准则用于泵的非旋转部件振动的评价时，应分别进行转轴振动及轴承座振动测量。如果应用不同的准则得出不同的振动烈度评价，则采用更严格的准则。

滑动轴承安全运行的基本假设是，转轴与轴瓦应尽可能远离以避免碰触。因此，转轴在轴瓦内转动产生的振动位移值应小于转轴与轴瓦之间的轴承间隙（假定轴承间隙较之其他部件如密封及气封，是最小的间隙）。对振动量值的评价参考了新泵的径向轴承间隙。轴振动位移值是转轴在轴瓦内转动产生的，与径向轴承间隙有关，因此限制振动位移值的做法是可取的。

新泵的径向轴承间隙应由泵制造商确定，止推轴承的许用止推间隙也由制造商确定。

滑动轴承安全运行的基本假设是，转轴和固定部件如轴瓦没有碰触，且轴承的振动没有超过限值。

本附录规定的轴振动限值仅与径向轴承间隙有关。这些限值不适用于止推轴承的轴向轴振动。

注：ISO 7919-3[3] 给出的轴振动限值与最大工作转速有关。然而，对于某些泵，ISO 7919-3 推荐的位移值可能比实际轴承间隙大。

由于测量点靠近轴承，而更大的挠曲往往会出现在轴的其他位置上，宜注意在这些位置上没有碰触发生，例如在密封位置或多级泵内腔中。

对于瞬态工况，最大限值通常是区域C的上限。

表 B.1 最大轴相对振动位移的推荐值，根据旋转动力泵滑动轴承名义径向间隙确定

区域	描述 （区域的定义详见5.2）	轴相对振动位移限值 峰峰值 与油润滑滑动轴承径向间隙[a]的对应关系
A	在最佳工作范围内运行的新投用泵	0.33×新轴承间隙
B	在允许工作范围内无限制长期运行	0.5×新轴承间隙
C	受限的运行	0.7×新轴承间隙
D	损坏风险	>0.7×新轴承间隙
最大报警限值[b]		0.6×新轴承间隙
最大停机限值[b]		0.9×新轴承间隙
现场验收测试	最佳工作范围	0.33×新轴承间隙
	允许工作范围	0.5×新轴承间隙
制造商验收测试	最佳工作范围	0.33×新轴承间隙
	允许工作范围	0.5×新轴承间隙

[a] 泵制造商应给出滑动轴承间隙的标准值。

[b] 推荐值，宜在振动量值超过这些限值后保持约10 s再触发报警或停机，以避免误报和误停。

附 录 C
（资料性附录）
设定报警值和停机值的例子

某台功率为 100 kW，转速为 1 500 r/min 的离心泵(归为 2 组泵)，没有其轴承振动的测量经验，通常将新机器的运行报警值设定在区域 C 内。具体数值通常由用户和制造商共同商定。对于本例，假定对每个轴承，最初设定报警值接近区域 B/C 边界值，例如为均方根值 6 mm/s(根据表 A.1 该类泵的最大推荐报警值为 6.4 mm/s)。

在本例中，制造商推荐的停机值为均方根值 9 mm/s(2 组泵的最大推荐停机值为 10.6 mm/s)。

在机器运行一段时间之后，用户可以保持原来的报警值设定(对所有轴承)，或者考虑改变报警值的设定以反映每个轴承振动的典型稳态基线值。使用 6.2 中的方法，以此为基础，每个轴承的报警值可以设定为由具体机器经验得到的典型稳态基线值与区域 B 上限值的 25%之和。因此，如果某个轴承的典型稳态基线值为 2.5 mm/s，可采用新的报警值设定为 3.8 mm/s(即 2.5 mm/s+0.25×5.1 mm/s)(见表 A.1)，它位于区域 B 内。如另一个轴承的典型稳态基线值为 4.3 mm/s，应用 6.2 的方法，报警值设定为 5.6 mm/s(4.3 mm/s+0.25×5.1 mm/s)。这(5.6 mm/s)与初始报警值(6.4 mm/s)差异不大，因此，报警值可保持 6.4 mm/s 不变，位于区域 C 内。

对于泵的每个轴承，根据准则Ⅰ(见 4.2.1)，机器停机值可能一致设定为均方根值 9 mm/s。这是因为停机值是相应于机器能承受的最大振动，是一个固定值。

附 录 D
（资料性附录）
支承刚度和安装方向的考虑

通常存在两种不同的支承方式(基础的类型)：

——挠性支承,固有频率低于机器最低激振频率(通常为转速)的 75%;

——刚性支承,固有频率高于最低激振频率的 125%。

在一台机器上,特别是在一个轴承的不同方向上,可能会有差异。通常很难评价支承是刚性的还是挠性的。在任何情况下都应避免固有频率与转速或其他激振频率的共振。

经验表明,失效(例如球轴承损坏)仅取决于振动量值,而不是支承方式。

对超过 1 500 台泵进行调查研究(编制本部分前完成的)发现,支承刚度对于振动值没有太大影响。基于这一事实,本部分并没有区分刚性基础和挠性基础。

本部分没有区分立式泵和卧式泵,因为所采集的测量值没有明显的不同。

因为不同类型立式泵的具体支承条件影响其振动特性,所以很难针对每个不同的设计给出精确的限值。然而对立式泵测量值的调查和分析表明,立式泵也能很好地适用卧式泵的限值。

参 考 文 献

[1] ISO 5199 Technical specifications for centrifugal pumps—Class Ⅱ

[2] ISO 5348 Mechanical vibration and shock—Mechanical mounting of accelerometers

[3] ISO 7919-3 Mechanical vibration—Evaluation of machine vibration by measurements on rotating shafts—Part 3:Coupled industrial machines

[4] ISO 7919-5 Mechanical vibration—Evaluation of machine vibration by measurements on rotating shafts—Part 5:Machine sets in hydraulic power generating and pumping plants

[5] ISO 9905 Technical specifications for centrifugal pumps—Class Ⅰ

[6] ISO 9908 Technical specifications for centrifugal pumps—Class Ⅲ

[7] ISO 10817-1 Rotating shaft vibration measuring systems—Part 1:Relative and absolute sensing of radial vibration

[8] ISO 13373-1 Condition monitoring and diagnostics of machines—Vibration condition monitoring—Part 1:General procedures

[9] ISO 13373-2 Condition monitoring and diagnostics of machines—Vibration condition monitoring—Part 2:Processing analysis and presentation of vibration data

[10] ISO 13709 Centrifugal pumps for petroleum,petrochemical and natural gas industries

[11] ISO 15783 Seal-less rotodynamic pumps—Class Ⅱ—Specification

ICS 21.060.20
J 13

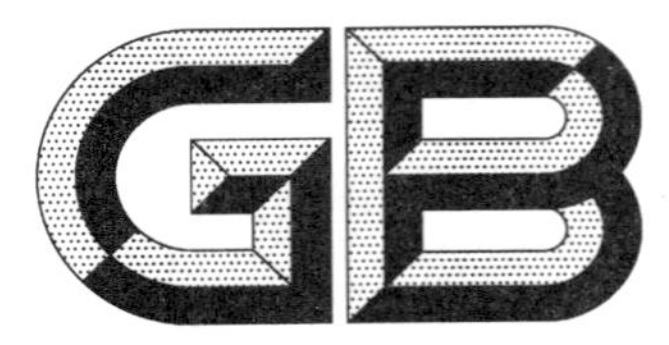

中华人民共和国国家标准

GB/T 6170—2015
代替 GB/T 6170—2000

1 型六角螺母

Hexagon nuts, style 1

[ISO 4032:2012, Hexagon regular nuts(style 1)—
Product grades A and B, MOD]

2015-12-31 发布　　　　2016-04-01 实施

中华人民共和国国家质量监督检验检疫总局
中国国家标准化管理委员会　发布

前　言

GB/T 6170 是“六角螺母(部分)”系列国家标准之一，该系列包括：

——GB/T 41　1 型六角螺母　C 级；

——GB/T 6170　1 型六角螺母；

——GB/T 6171　1 型六角螺母　细牙；

——GB/T 6172.1　六角薄螺母；

——GB/T 6173　六角薄螺母　细牙；

——GB/T 6174　六角薄螺母　无倒角；

——GB/T 6175　2 型六角螺母；

——GB/T 6176　2 型六角螺母　细牙。

本标准按照 GB/T 1.1—2009 给出的规则起草。

本标准代替 GB/T 6170—2000《1 型六角螺母》，与 GB/T 6170—2000 相比，主要技术变化如下：

——删除“如需其他技术要求，……GB/T 3098.2 和 GB/T 3103.1)中选择”(2000 年版第 1 章)；

——增加“注：2 型六角螺母见 GB/T 6175。”(第 1 章)；

——引用螺纹标准统一为 GB/T 193、GB/T 9145(第 2 章)；

——对钢螺母机械性能增加：QT——淬火并回火(表 3)；

——增加钢螺母热浸镀锌层技术要求按 GB/T 5267.3(表 3)；

——增加不锈钢螺母钝化处理技术要求按 GB/T 5267.4。

本标准使用重新起草法修改采用 ISO 4032:2012《六角标准螺母(1 型)　产品等级 A 级和 B 级》。

本标准与 ISO 4032:2012 的技术性差异及其原因如下：

——删除 ISO 4032 规定：“如需其他技术要求，……ISO 4759-1 中选择”(第 1 章)，不属于本标准规定的内容；

——在规范性引用文件中，用我国标准代替国际标准(第 2 章)，增加引用 GB/T 6175(第 1 章)、GB/T 90.2(表 3)、GB/T 193(表 3)、GB/T 5267.4(表 3)、GB/T 9145(表 3)和 GB/T 1237(5.1)，删除对 ISO 724、ISO 965-1 的引用，以符合我国紧固件基础标准；

——增加有色金属螺母性能等级规定(表 3)，扩大标准的适用范围；

——为贯彻基础标准，对钢螺母机械性能增加：QT——淬火并回火(表 3)；

——增加包装技术要求(表 2)，以符合我国紧固件基础标准；

——修改标记示例为简化标记示例(5.2)，以符合 GB/T 1237 的规定。

本标准还做了下列编辑性修改：

——修改标准名称；

——删除 ISO 4032 的参考文献。

本标准由中国机械工业联合会提出。

本标准由全国紧固件标准化技术委员会(SAC/TC 85)归口。

本标准负责起草单位：中机生产力促进中心。

本标准参加起草单位：海盐宇星螺帽有限责任公司、东风汽车紧固件有限公司、无锡市标准件厂有限公司、宁波市明立紧固件有限公司、舟山市正源标准件有限公司、浙江海力股份有限公司、奥展实业有限公司。

本标准由全国紧固件标准化技术委员会秘书处负责解释。

本标准所代替标准的历次版本发布情况为：
——GB 51—1958、GB 51—1976；
——GB 52—1958、GB 52—1976；
——GB/T 6170—1986、GB/T 6170—2000。

1 型 六 角 螺 母

1 范围

本标准规定了1型六角螺母的型式尺寸、技术条件和标记。

本标准适用于螺纹规格M1.6～M64，性能等级为6级、8级和10级、A2-50、A2-70、A4-50、A4-70、CU2、CU3和AL4，产品等级为A级和B级的1型六角螺母。A级用于$D \leqslant 16$ mm的螺母；B级用于$D > 16$ mm的螺母。

注：2型六角螺母见GB/T 6175。

2 规范性引用文件

下列文件对于本文件的应用是必不可少的。凡是注日期的引用文件，仅注日期的版本适用于本文件。凡是不注日期的引用文件，其最新版本（包括所有的修改单）适用于本文件。

GB/T 90.1 紧固件 验收检查(GB/T 90.1—2002,ISO 3269:2000,IDT)

GB/T 90.2 紧固件 标志与包装

GB/T 193 普通螺纹 直径与螺距系列(GB/T 193—2003,ISO 261:1998,MOD)

GB/T 1237 紧固件标记方法(GB/T 1237—2000,eqv ISO 8991:1986)

GB/T 3098.2 紧固件机械性能 螺母(GB/T 3098.2—2015,ISO 898-2:2012,MOD)

GB/T 3098.10 紧固件机械性能 有色金属制造的螺栓、螺钉、螺柱和螺母(GB/T 3098.10—1993,eqv ISO 8839:1986)

GB/T 3098.15 紧固件机械性能 不锈钢螺母(GB/T 3098.15—2014,ISO 3506-2:2009,MOD)

GB/T 3103.1 紧固件公差 螺栓、螺钉、螺柱和螺母(GB/T 3103.1—2002,idt ISO 4759-1:2000)

GB/T 5267.1 紧固件 电镀层(GB/T 5267.1—2002,ISO 4042:1999,IDT)

GB/T 5267.2 紧固件 非电解锌片涂层(GB/T 5267.2—2002,ISO 10683:2000,IDT)

GB/T 5267.3 紧固件 热浸镀锌层(GB/T 5267.3—2008,ISO 10684:2004,IDT)

GB/T 5267.4 紧固件表面处理 耐腐蚀不锈钢钝化处理(GB/T 5267.4—2009,ISO 16048:2003,IDT)

GB/T 5276 紧固件 螺栓、螺钉、螺柱及螺母 尺寸代号和标注(GB/T 5276—2015,ISO 225:2010,MOD)

GB/T 5779.2 紧固件表面缺陷 螺母(GB/T 5779.2—2000,idt ISO 6157-2:1995)

GB/T 6175 2型六角螺母(GB/T 6175—2016,ISO 4033:2012,MOD)

GB/T 9145 普通螺纹 中等精度、优选系列的极限尺寸(GB/T 9145—2003,ISO 965-2:1998,MOD)

GB/T 16938 紧固件 螺栓、螺钉、螺柱和螺母 通用技术条件(GB/T 16938—2008,ISO 8992:2005,IDT)

3 尺寸

螺母的型式尺寸见图1、表1和表2。

尺寸代号和标注应符合 GB/T 5276。

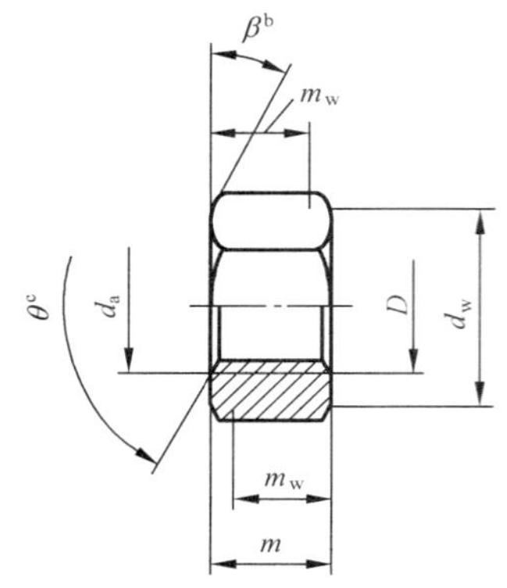

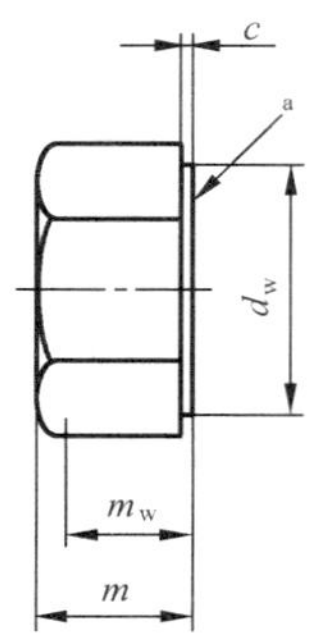

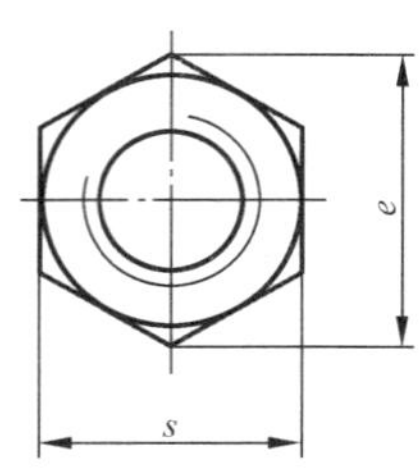

[a] 要求垫圈面型式时，应在订单中注明；

[b] $\beta=15^\circ\sim30^\circ$；

[c] $\theta=90^\circ\sim120^\circ$。

图 1

表 1　优选的螺纹规格

单位为毫米

螺纹规格 *D*		M1.6	M2	M2.5	M3	M4	M5	M6	M8	M10	M12
P[a]		0.35	0.4	0.45	0.5	0.7	0.8	1	1.25	1.5	1.75
c	max	0.20	0.20	0.30	0.40	0.40	0.50	0.50	0.60	0.60	0.60
	min	0.10	0.10	0.10	0.15	0.15	0.15	0.15	0.15	0.15	0.15
d_a	max	1.84	2.30	2.90	3.45	4.60	5.75	6.75	8.75	10.80	13.00
	min	1.60	2.00	2.50	3.00	4.00	5.00	6.00	8.00	10.00	12.00
d_w	min	2.40	3.10	4.10	4.60	5.90	6.90	8.90	11.60	14.60	16.60
e	min	3.41	4.32	5.45	6.01	7.66	8.79	11.05	14.38	17.77	20.03
m	max	1.30	1.60	2.00	2.40	3.20	4.70	5.20	6.80	8.40	10.80
	min	1.05	1.35	1.75	2.15	2.90	4.40	4.90	6.44	8.04	10.37
m_w	min	0.80	1.10	1.40	1.70	2.30	3.50	3.90	5.20	6.40	8.30
s	公称＝max	3.20	4.00	5.00	5.50	7.00	8.00	10.0	13.00	16.00	18.00
	min	3.02	3.82	4.82	5.32	6.78	7.78	9.78	12.73	15.73	17.73

螺纹规格 *D*		M16	M20	M24	M30	M36	M42	M48	M56	M64
P[a]		2	2.5	3	3.5	4	4.5	5	5.5	6
c	max	0.80	0.80	0.80	0.80	0.80	1.00	1.00	1.00	1.00
	min	0.20	0.20	0.20	0.20	0.20	0.30	0.30	0.30	0.30
d_a	max	17.30	21.60	25.90	32.40	38.90	45.40	51.80	60.50	69.10
	min	16.00	20.00	24.00	30.00	36.00	42.00	48.00	56.00	64.00

表 1（续）

螺纹规格 D		M16	M20	M24	M30	M36	M42	M48	M56	M64
d_w	min	22.50	27.70	33.30	42.80	51.10	60.00	69.50	78.70	88.20
e	min	26.75	32.95	39.55	50.85	60.79	71.30	82.60	93.56	104.86
m	max	14.80	18.00	21.50	25.60	31.00	34.00	38.00	45.00	51.00
	min	14.10	16.90	20.20	24.30	29.40	32.40	36.40	43.40	49.10
m_w	min	11.30	13.50	16.20	19.40	23.50	25.90	29.10	34.70	39.30
s	公称＝max	24.00	30.00	36.00	46.00	55.00	65.00	75.00	85.00	95.00
	min	23.67	29.16	35.00	45.00	53.80	63.10	73.10	82.80	92.80

[a] P——螺距。

表 2　非优选的螺纹规格

单位为毫米

螺纹规格 D		M3.5	M14	M18	M22	M27	M33	M39	M45	M52	M60
P[a]		0.6	2	2.5	2.5	3	3.5	4	4.5	5	5.5
c	max	0.40	0.60	0.80	0.80	0.80	0.80	1.00	1.00	1.00	1.00
	min	0.15	0.15	0.20	0.20	0.20	0.20	0.30	0.30	0.30	0.30
d_a	max	4.00	15.10	19.50	23.70	29.10	35.60	42.10	48.60	56.20	64.80
	min	3.50	14.00	18.00	22.00	27.00	33.00	39.00	45.00	52.00	60.00
d_w	min	5.00	19.60	24.90	31.40	38.00	46.60	55.90	64.70	74.20	83.40
e	min	6.58	23.36	29.56	37.29	45.20	55.37	66.44	76.95	88.25	99.21
m	max	2.80	12.80	15.80	19.40	23.80	28.70	33.40	36.00	42.00	48.00
	min	2.55	12.10	15.10	18.10	22.50	27.40	31.80	34.40	40.40	46.40
m_w	min	2.00	9.70	12.10	14.50	18.00	21.90	25.40	27.50	32.30	37.10
s	公称＝max	6.00	21.00	27.00	34.00	41.00	50.00	60.00	70.00	80.00	90.00
	min	5.82	20.67	26.16	33.00	40.00	49.00	58.80	68.10	78.10	87.80

[a] P——螺距。

4　技术条件和引用标准

技术条件和引用标准见表 3。

表 3 技术条件和引用标准

<table>
<tr><td colspan="2">材料</td><td>钢</td><td>不锈钢</td><td>有色金属</td></tr>
<tr><td colspan="2">通用技术条件</td><td colspan="3">GB/T 16938</td></tr>
<tr><td rowspan="2">螺纹</td><td>公差</td><td colspan="3">6H</td></tr>
<tr><td>标准</td><td colspan="3">GB/T 193、GB/T 9145</td></tr>
<tr><td rowspan="5">机械性能</td><td rowspan="4">等级</td><td>D<M5:按协议</td><td rowspan="2">D≤M24:
A2-70、A4-70</td><td rowspan="4">CU2、CU3、AL4</td></tr>
<tr><td>M5≤D≤M16:
6、8、10(QT)</td></tr>
<tr><td>M16<D≤M39:
6、8(QT)、10(QT)</td><td>M24<D≤M39:
A2-50、A4-50</td></tr>
<tr><td>D> M39:按协议</td><td>D> M39:按协议</td></tr>
<tr><td>标准</td><td>GB/T 3098.2</td><td>GB/T 3098.15</td><td>GB/T 3098.10</td></tr>
<tr><td rowspan="2">公差</td><td>产品等级</td><td colspan="3">D≤M16:A级;D> M16:B级</td></tr>
<tr><td>标准</td><td colspan="3">GB/T 3103.1</td></tr>
<tr><td colspan="2">表面缺陷</td><td>GB/T 5779.2</td><td>—</td><td>—</td></tr>
<tr><td colspan="2" rowspan="2">表面处理</td><td>不经处理;
电镀技术要求按 GB/T 5267.1;
非电解锌片涂层技术要求按 GB/T 5267.2;
热浸镀锌层技术要求按 GB/T 5267.3</td><td>简单处理;
钝化处理技术要求按 GB/T 5267.4</td><td>简单处理;
电镀技术要求按 GB/T 5267.1</td></tr>
<tr><td colspan="3">如需其他技术要求或表面处理,应由供需协议</td></tr>
<tr><td colspan="2">验收及包装</td><td colspan="3">GB/T 90.1、GB/T 90.2</td></tr>
<tr><td colspan="5">QT——淬火并回火。</td></tr>
</table>

5 标记

5.1 标记方法

标记方法按 GB/T 1237 规定。

5.2 标记示例

螺纹规格为 M12、性能等级为 8 级、表面不经处理、产品等级为 A 级的 1 型六角螺母的标记:

螺母 GB/T 6170 M12

ICS 21.060.20
J 13

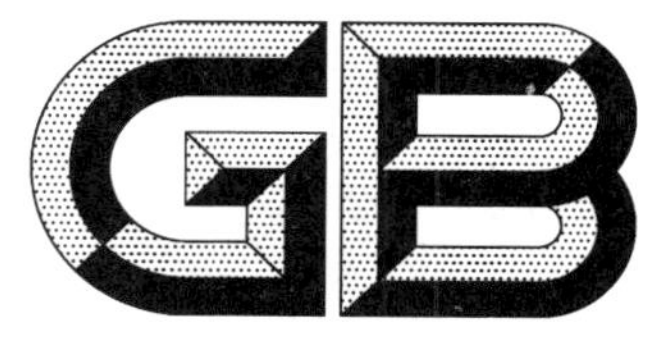

中华人民共和国国家标准

GB/T 6173—2015
代替 GB/T 6173—2000

六角薄螺母 细牙

Hexagon thin nuts—Fine pitch thread

[ISO 8675:2012,Hexagon thin nuts chamfered(style 0) with metric fine pitch thread—Product grades A and B,MOD]

2015-12-31 发布 2016-04-01 实施

中华人民共和国国家质量监督检验检疫总局
中国国家标准化管理委员会 发布

前　　言

GB/T 6173 是“六角螺母(部分)”系列国家标准之一，该系列包括：

——GB/T 41　1 型六角螺母　C 级；

——GB/T 6170　1 型六角螺母；

——GB/T 6171　1 型六角螺母　细牙；

——GB/T 6172.1　六角薄螺母；

——GB/T 6173　六角薄螺母　细牙；

——GB/T 6174　六角薄螺母　无倒角；

——GB/T 6175　2 型六角螺母；

——GB/T 6176　2 型六角螺母　细牙。

本标准按照 GB/T 1.1—2009 给出的规则起草。

本标准代替 GB/T 6173—2000《六角薄螺母　细牙》，与 GB/T 6173—2000 相比，主要技术变化如下：

——删除“如需其他技术要求，……(GB/T 3098.15 和 GB/T 3103.1)中选择。”(2000 年版第 1 章)；

——引用螺纹标准统一为 GB/T 193、GB/T 9145(第 2 章)；

——内倒角修改为 $\theta=110^{\circ}\sim120^{\circ}$(图 1)；

——对钢螺母机械性能增加：QT——淬火并回火(表 3)。

本标准使用重新起草法修改采用 ISO 8675:2012《六角倒角薄螺母(0 型)　米制细牙螺纹　产品等级 A 级和 B 级》(英文版)。

本标准与 ISO 8675:2012 的技术性差异及其原因如下：

——删除 ISO 8675 规定：“如需其他技术要求，……ISO 4759-1 中选择”(第 1 章)，不属于本标准规定的内容；

——在规范性引用文件中，用我国标准代替国际标准(第 2 章)，增加引用 GB/T 90.2(表 3)、GB/T 193(表 3)、GB/T 5267.4(表 3)、GB/T 9145(表 3)和 GB/T 1237(5.1)，删除对 ISO 724、ISO 965-1 的引用，以符合我国紧固件基础标准；

——内倒角修改为 $\theta=110^{\circ}\sim120^{\circ}$(图 1)，增加了有效旋合长度；

——为贯彻基础标准，对钢螺母机械性能增加：QT——淬火并回火(表 3)；

——增加包装技术要求(表 3)，以符合我国紧固件基础标准；

——修改标记示例为简化标记示例(5.2)，以符合 GB/T 1237 的规定。

本标准还做了下列编辑性修改：

——修改标准名称；

——删除 ISO 8675 的参考文献。

本标准由中国机械工业联合会提出。

本标准由全国紧固件标准化技术委员会(SAC/TC 85)归口。

本标准负责起草单位：中机生产力促进中心。

本标准参加起草单位：海盐宇星螺帽有限责任公司。

本标准由全国紧固件标准化技术委员会秘书处负责解释。

本标准所代替标准的历次版本发布情况为：

——GB 53—1958、GB 53—1966、GB 53—1976；

——GB 54—1958、GB 54—1966、GB 54—1976；

——GB/T 6176—1986、GB/T 6176—2000。

六角薄螺母　细牙

1　范围

本标准规定了细牙六角薄螺母的型式尺寸、技术条件和标记。

本标准适用于螺纹公称直径 D=8 mm～64 mm，性能等级为 04、05、A2-025、A2-035、A4-025、A4-035、CU2、CU3 和 AL4，产品等级为 A 级和 B 级，细牙螺纹，倒角的六角薄螺母。A 级用于 D≤16 mm 的螺母；B 级用于 D>16 mm 的螺母。

2　规范性引用文件

下列文件对于本文件的应用是必不可少的。凡是注日期的引用文件，仅注日期的版本适用于本文件。凡是不注日期的引用文件，其最新版本(包括所有的修改单)适用于本文件。

GB/T 90.1　紧固件　验收检查(GB/T 90.1—2002，ISO 3269:2000，IDT)

GB/T 90.2　紧固件　标志与包装

GB/T 193　普通螺纹　直径与螺距系列(GB/T 193—2003，ISO 261:1998，MOD)

GB/T 1237　紧固件标记方法(GB/T 1237—2000，eqv ISO 8991:1986)

GB/T 3098.2　紧固件机械性能　螺母(GB/T 3098.2—2015，ISO 898-2:2012，MOD)

GB/T 3098.10　紧固件机械性能　有色金属制造的螺栓、螺钉、螺柱和螺母(GB/T 3098.10—1993，eqv ISO 8839:1986)

GB/T 3098.15　紧固件机械性能　不锈钢螺母(GB/T 3098.15—2014，ISO 3506-2:2009，MOD)

GB/T 3103.1　紧固件公差　螺栓、螺钉、螺柱和螺母(GB/T 3103.1—2002，idt ISO 4759-1:2000)

GB/T 5267.1　紧固件　电镀层(GB/T 5267.1—2002，ISO 4042:1999，IDT)

GB/T 5267.2　紧固件　非电解锌片涂层(GB/T 5267.2—2002，ISO 10683:2000，IDT)

GB/T 5267.4　紧固件表面处理　耐腐蚀不锈钢钝化处理(GB/T 5267.4—2009，ISO 16048:2003，IDT)

GB/T 5276　紧固件　螺栓、螺钉、螺柱及螺母　尺寸代号和标注(GB/T 5276—2015，ISO 225:2010，MOD)

GB/T 5779.2　紧固件表面缺陷　螺母(GB/T 5779.2—2000，idt ISO 6157-2:1995)

GB/T 9145　普通螺纹　中等精度、优选系列的极限尺寸(GB/T 9145—2003，ISO 965-2:1998，MOD)

GB/T 16938　紧固件　螺栓、螺钉、螺柱和螺母　通用技术条件(GB/T 16938—2008，ISO 8992:2005，IDT)

3　尺寸

螺母的型式尺寸见图 1、表 1 和表 2。

尺寸代号和标注应符合 GB/T 5276。

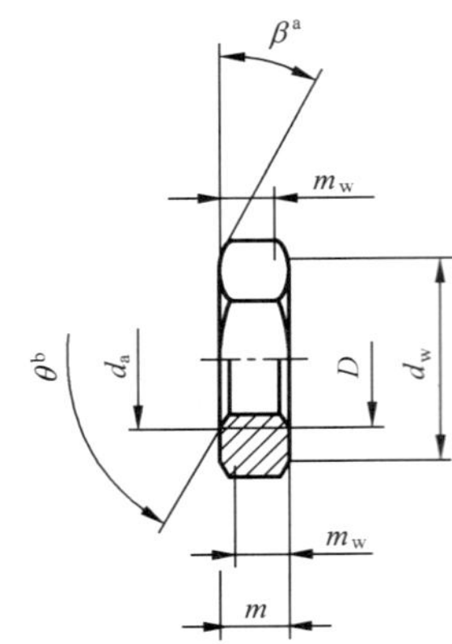

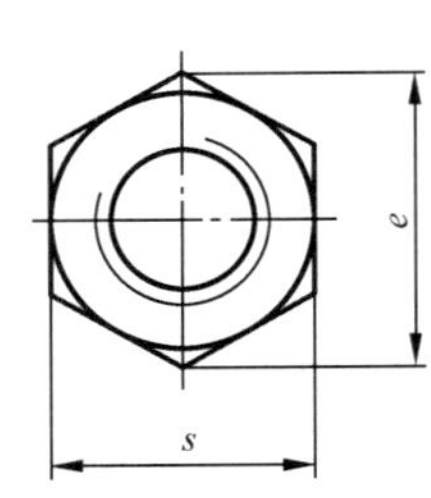

[a] $\beta=15^\circ\sim30^\circ$；

[b] $\theta=110^\circ\sim120^\circ$。

图 1

表 1 优选螺纹规格

单位为毫米

螺纹规格 ($D\times P$)		M8×1	M10×1	M12×1.5	M16×1.5	M20×1.5	M24×2	M30×2	M36×3	M42×3	M48×3	M56×4	M64×4
d_a	max	8.75	10.80	13.00	17.30	21.60	25.90	32.40	38.90	45.40	51.80	60.50	69.10
	min	8.00	10.00	12.00	16.00	20.00	24.00	30.00	36.00	42.00	48.00	56.00	64.00
d_w	min	11.63	14.63	16.63	22.49	27.70	33.25	42.75	51.11	59.95	69.45	78.66	88.16
e	min	14.38	17.77	20.03	26.75	32.95	39.55	50.85	60.79	71.30	82.60	93.56	104.86
m	max	4.00	5.00	6.00	8.00	10.00	12.00	15.00	18.00	21.00	24.00	28.00	32.00
	min	3.70	4.70	5.70	7.42	9.10	10.90	13.90	16.90	19.70	22.70	26.70	30.40
m_w	min	2.96	3.76	4.56	5.94	7.28	8.72	11.12	13.52	15.76	18.16	21.36	24.32
s	公称＝max	13.00	16.00	18.00	24.00	30.00	36.00	46.00	55.00	65.00	75.00	85.00	95.00
	min	12.73	15.73	17.73	23.67	29.16	35.00	45.00	53.80	63.10	73.10	82.80	92.80

表 2 非优选螺纹规格

单位为毫米

螺纹规格 ($D\times P$)		M10×1.25	M12×1.25	M14×1.5	M18×1.5	M20×2	M22×1.5	M27×2	M33×2	M39×3	M45×3	M52×4	M60×4
d_a	max	10.80	13.00	15.10	19.50	21.60	23.70	29.10	35.60	42.10	48.60	56.20	64.80
	min	10.00	12.00	14.00	18.00	20.00	22.00	27.00	33.00	39.00	45.00	52.00	60.00
d_w	min	14.63	16.63	19.64	24.85	27.70	31.35	38.00	46.55	55.86	64.70	74.20	83.41
e	min	17.77	20.03	23.36	29.56	32.95	37.29	45.20	55.37	66.44	76.95	88.25	99.21
m	max	5.00	6.00	7.00	9.00	10.00	11.00	13.50	16.50	19.50	22.50	26.00	30.00
	min	4.70	5.70	6.42	8.42	9.10	9.90	12.40	15.40	18.20	21.20	24.70	28.70
m_w	min	3.76	4.56	5.14	6.74	7.28	7.92	9.92	12.32	14.56	16.96	19.76	22.96
s	公称＝max	16.00	18.00	21.00	27.00	30.00	34.00	41.00	50.00	60.00	70.00	80.00	90.00
	min	15.73	17.73	20.67	26.16	29.16	33.00	40.00	49.00	58.80	68.10	78.10	87.80

4 技术条件和引用标准

技术条件和引用标准见表 3。

表 3　技术条件和引用标准

<table>
<tr><td colspan="2">材料</td><td>钢</td><td>不锈钢</td><td>有色金属</td></tr>
<tr><td colspan="2">通用技术条件</td><td colspan="3">GB/T 16938</td></tr>
<tr><td rowspan="2">螺纹</td><td>公差</td><td colspan="3">6H</td></tr>
<tr><td>标准</td><td colspan="3">GB/T 193、GB/T 9145</td></tr>
<tr><td rowspan="4">机械性能</td><td rowspan="3">等级</td><td rowspan="2">$D\leqslant 39$ mm:04、05(QT)</td><td>$D\leqslant 24$ mm:A2-035、A4-035</td><td rowspan="3">CU2、CU3、AL4</td></tr>
<tr><td>24 mm$<D\leqslant 39$ mm:
A2-025、A4-025</td></tr>
<tr><td>$D>$ 39 mm:按协议</td><td>$D>39$ mm:按协议</td></tr>
<tr><td>标准</td><td>GB/T 3098.2</td><td>GB/T 3098.15</td><td>GB/T 3098.10</td></tr>
<tr><td rowspan="2">公差</td><td>产品等级</td><td colspan="3">$D\leqslant$M16:A 级;$D>$M16:B 级</td></tr>
<tr><td>标准</td><td colspan="3">GB/T 3103.1</td></tr>
<tr><td colspan="2">表面缺陷</td><td>GB/T 5779.2</td><td>—</td><td>—</td></tr>
<tr><td colspan="2" rowspan="2">表面处理</td><td>不经处理;
电镀技术要求按 GB/T 5267.1;
非电解锌片涂层技术要求按 GB/T 5267.2</td><td>简单处理;
钝化处理技术要求按 GB/T 5267.4</td><td>简单处理;
电镀技术要求按 GB/T 5267.1</td></tr>
<tr><td colspan="3">如需其他技术要求或表面处理,应由供需协议</td></tr>
<tr><td colspan="2">验收及包装</td><td colspan="3">GB/T 90.1、GB/T 90.2</td></tr>
<tr><td colspan="5">QT——淬火并回火。</td></tr>
</table>

5　标记

5.1　标记方法

标记方法按 GB/T 1237 规定。

5.2　标记示例

螺纹规格为 M16×1.5、性能等级为 05 级、表面不经处理、产品等级为 A 级、细牙螺纹、倒角的六角薄螺母的标记：

螺母　GB/T 6173　M16×1.5

ICS 31.120
L 38

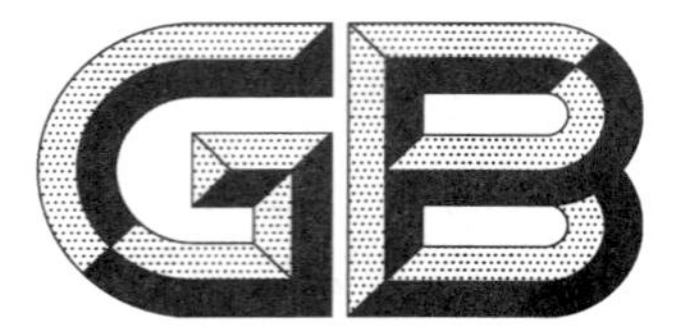

中华人民共和国国家标准

GB/T 6206—2015
代替 GB/T 6206—1986

黑白显像管空白详细规范

Blank detail specification for black and white picture tubes

2015-09-11 发布 2016-05-01 实施

中华人民共和国国家质量监督检验检疫总局
中国国家标准化管理委员会 发布

前　言

本标准按照 GB/T 1.1—2009 给出的规则起草。

本标准代替 GB/T 6206—1986《黑白显象管空白详细规范》。与 GB/T 6206—1986 相比，主要技术变化如下：

——给出了显像管“绝对最大额定值制”的具体项目（见第 3 章）；

——将原标准中“6　工作条件和典型特性（非检验用）”修改为“4　参数特性”，并具体划分为“一般参数和机械参数”“工作条件”和“典型特性值”（见第 4 章，1986 年版第 6 章）；

——给出了“标志”“订货资料”以及“安全要求”的具体内容（见本标准第 5 章、第 6 章和第 7 章），并删除了原“第 10 章 结构相似性”；

——将原 A3 分组的“其他电极漏电流”和“电极电流”的内容具体化（见 8.3.1）；

——在 C 组中增加了“X 射线辐射”的具体检验要求（见 8.3.3）；

——将 D 组中“极间电容”的测试项目具体化（见 8.3.4）。

本标准由中华人民共和国工业和信息化部提出。

本标准由全国电真空器件标准化技术委员会（SAC/TC 167）归口。

本标准起草单位：安徽华东光电技术研究所。

本标准主要起草人：张丽、张杰、禹克轩。

本标准所代替标准的历次版本发布情况为：

——GB/T 6206—1986。

引　　言

本标准是GB/T 5960—1986《阴极射线管总规范》相关的空白详细规范。详细规范可按照总规范的要求适当增加特殊内容。

首页方括号中数字标注的位置上应填写下列相应内容：

详细规范的识别

[1]　授权发布详细规范的国家标准化机构名称。

[2]　空白详细规范的编号、出版日期以及其他必要的资料，连同任一修改单的编号(如出版)。

[3]　国家总规范的编号和年代号。

黑白显像管的识别

[4]　显像管的型号及简要说明。

[5]　典型结构和用途的说明。如果所设计的显像管具备多种用途，应在此说明。针对这些用途应满足特性、极限值和检验的要求(根据具体情况，这些要求列在同一详细规范的不同栏中或不同的详细规范中)。

[6]　外形图(在详细规范中给出)。

[7]　按总规范规定的质量评定类别。

[8]　供各种管型相互比较的主要性能的参考数据。

<table>
<tr><td>[授权发布详细规范的国家标准化机构名称]　[1]</td><td>[详细规范国家标准编号]　[2]</td></tr>
<tr><td colspan="2">评定显像管质量的依据：　[3]
GB/T 5960—1986《阴极射线管总规范》</td></tr>
<tr><td colspan="2">显像管的型号及简要说明：　[4]</td></tr>
<tr><td>1　机械说明</td><td>2　简略说明</td></tr>
<tr><td rowspan="4">外形图：　[6]</td><td>典型结构和用途的说明：　[5]</td></tr>
<tr><td>3　质量评定类别</td></tr>
<tr><td>鉴定批准程序：　[7]</td></tr>
<tr><td>参考数据：　[8]</td></tr>
<tr><td colspan="2">已按本标准鉴定合格的产品，其制造商的有关资料见现行合格产品目录。</td></tr>
</table>

在本标准中，方括号内给出的内容供指导制定详细规范用，而不包括在详细规范内。

黑白显像管空白详细规范

1 范围

本标准规定了黑白显像管产品详细规范的编写格式和基本内容。

本标准适用于黑白电视显像管(以下简称显像管)。

2 规范性引用文件

下列文件对于本文件的应用是必不可少的。凡是注日期的引用文件,仅注日期的版本适用于本文件。凡是不注日期的引用文件,其最新版本(包括所有的修改单)适用于本文件。

GB/T 2828.1—2012 计数抽样检验程序 第1部分:按接收质量限(AQL)检索的逐批检验抽样计划

GB/T 5960—1986 阴极射线管总规范

GB/T 7274 电子管极间电容测试方法

GB 8898—2011 音频、视频及类似电子设备 安全要求

GB/T 14011—1992 阴极射线管X射线辐射测试方法

SJ/T 11082—2000 电子管热丝或灯丝电流和电压的测试方法

SJ/T 11456—2013 黑白电视显像管测试方法

3 绝对最大额定值制[1)]

显像管的绝对最大额定值见表1。

表1 绝对最大额定值

项目	符号	最小	最大	单位
热丝电压	U_h	√	√	V
热丝与阴极间电压 ——热丝相对于阴极为正电位 ——热丝相对于阴极为负电位	U_{hk}	 — —	 √ √	 V V
阴极或调制极电压 ——正电压 ——正峰值电压 ——负电压 ——负峰值电压	U_k 或 U_{g1}	 — — — —	 √ √ √ √	 V V V V
加速极电压	U_{g2}	√	√	V

1) 整个空白详细规范中,当特性或额定值适用时,"√"表示在详细规范中应填入的值。

表 1（续）

项目	符号	最小	最大	单位
聚焦极电压	$U_{\text{ø}}$	√	√	V
阳极电压	U_a	√	√	kV
阴极平均电流	$\overline{I}_k$	—	√	μA
调制极与阴极回路电阻	R_{g1k}	—	√	MΩ

4 参数特性

4.1 一般参数和机械参数

详细规范至少应规定下列一般参数和机械参数：

a) 聚焦和偏转方式；

b) 偏转角；

c) 管颈直径；

d) 显示颜色及余辉；

e) 面板中心光透射比；

f) 外涂层；

g) 防爆方式(适用时)；

h) 质量(不含附件)。

4.2 工作条件

详细规范应按显像管的设计要求，选定下列工作条件和参数特性。当显像管在给定的条件下工作时，其典型特性值是可以达到的。具体条件如下：

a) 热丝电压；

b) 阴极或调制极电压；

c) 加速极电压；

d) 聚焦极电压；

e) 阳极电压。

4.3 典型特性值

显像管的典型特性值见表 2。

表 2 典型特性值

特性		符号	最小	标称	最大	单位
热丝电流		I_h	√	—	√	mA
截止电压		U_c	√	—	√	V
聚焦电压		$U_{\text{ø}}$	√	—	√	V
分辨率		R	√	—	—	线
有效屏面尺寸	球面屏	S_L	√	—	—	mm
	非球面屏	S_L	√ × √	—	—	mm^2
亮度		L	√	—	—	cd/m^2

5 标志

显像管上除应有GB/T 5960—1986中规定的内容外，其他特定标志应在本章规定。

6 订货资料

订货方应在订货单上准确填写以下内容：

a) 产品型号和名称；

b) 详细规范的编号和发布日期；

c) 订货数量；

d) 管外附件(如需要)；

e) 其他。

7 安全要求

显像管的安全性符合下列要求：

a) X射线辐射应符合GB 8898—2011的要求；

b) 防爆性能应符合GB 8898—2011的要求(如适用)。

8 试验条件和检验要求

8.1 总则

在表3～表6中给出了试验条件和检验要求。根据给定管型的要求，所用的试验条件应在详细规范中规定，并与GB/T 5960—1986或SJ/T 11456—2013中相应的试验要求一致。抽样方案按GB/T 2828.1—2012的规定。除非另有规定，所有的引证条款编号应为GB/T 5960—1986或SJ/T 11456—2013中相对应的条款编号。

除非显像管设计所限，详细规范应包括8.3的检验或试验。

8.2 试验条件

除非另有规定，所有的电位都相对于＊电极。

a) 环境温度；

b) 相对湿度；

c) 大气压力；

d) 工作条件见4.2；

e) 其他特殊试验条件按规定。

8.3 检验要求

8.3.1 A组——逐批检验

A组检验要求见表3，所有的试验为非破坏性的。

表 3　A 组——逐批检验

检验项目	符号	试验方法 SJ/T 11456—2013	试验条件	检验要求				
				最小	最大	单位	检验水平	AQL
A1 分组							100% ($c=0$)	
——直观检验	—	GB/T 5960—1986 中 3.3	非工作状态	按详细规范规定				
——含气系数	G	5.15	按详细规范规定	—	√	√		
——截止电压	U_c	5.9	按详细规范规定	√	√	V		
——阴极系数	K	5.10	按详细规范规定	按详细规范规定				
——面板和屏面缺陷	—	GB/T 5960—1986 中 3.3	按详细规范规定	按详细规范规定				
A2 分组							Ⅱ	1.5
——热丝与阴极间耐压	$U_{hk,max}$	5.4	按详细规范规定	无击穿				
——跳火	H	5.8	按详细规范规定	无				
——聚焦电压	U_{ϕ}	5.18	按详细规范规定	√	√	V		
——光点的机械偏移	δ	5.19	按详细规范规定	—	√	mm		
——亮度	L	5.21	按详细规范规定	√	—	cd/m^2		
A3 分组							S-4	6.5
——热丝电流	I_h	SJ/T 11082—2000	U_h	√	√	mA		
——热丝和阴极间漏电流	I_{hk1}	5.5.1	按详细规范规定					
a) 热丝相对阴极为正电位				—	√	μA		
b) 热丝相对阴极为负电位				—	√	μA		
——阴极或调制极漏电流	I_{k1}或I_{g11}	5.5.2	按详细规范规定	—	√	μA		
——加速极漏电流	I_{g21}	5.5.3	按详细规范规定	—	√	μA		
——聚焦极漏电流	I_{g31}或I_{g41}	5.5.3	按详细规范规定	—	√	μA		
——阳极漏电流	I_{a1}	5.5.3	按详细规范规定	—	√	μA		
——加速极电流	I_{g2}	5.6	按详细规范规定	—	√	μA		
——聚焦极电流	I_{g3}或I_{g4}	5.6	按详细规范规定	—	√	μA		
——寄生发射	J	5.7	按详细规范规定	无				
——有效屏面尺寸	S_L	5.16	按详细规范规定					
a) 球面屏				√	—	mm		
b) 非球面屏				√×√	—	mm^2		
——分辨率	R	5.17	按详细规范规定	√	—	线		
——亮度均匀性	Y_L	5.22	按详细规范规定	—	√	%		
——暗中心	D_c	按详细规范规定	按详细规范规定	无				

8.3.2　B 组——逐批检验

B 组检验要求见表 4，一般试验条件(TC)按 8.1 的规定。所有的试验为非破坏性的。

表 4　B 组——逐批检验

检验项目	符号	试验方法 GB/T 5960—1986	试验条件	检验要求				
				最小	最大	单位	检验水平	AQL
——外形尺寸	—	3.4	非工作状态	按详细规范规定			S-4	4.0

8.3.3　C 组——周期检验

C 组检验要求见表 5，一般试验条件(TC)按 8.1 的规定。有标记(D)的试验为破坏性的。

表 5　C 组——周期检验

检验项目	符号	试验方法 SJ/T 11456—2013	试验条件	检验要求					
				最小	最大	单位	p	n	c
C1 分组							3	8	1
——阴极启动时间	t_{kqt}	5.2	按详细规范规定	—	√	s			
——对比度	C	5.20	按详细规范规定	√	—				
C2 分组							3	5	0
——X 射线辐射	—	GB/T 14011—1992	按详细规范规定	—	36	pA/kg			
C3 分组							6	6	0
——爆炸试验(D) (适用时)	—	GB 8898—2011 中 18.2	非工作状态	GB 8898—2011 中 18.2					
C4 分组							12	8	1
——外导电层电阻	R_{ec}	5.13	非工作状态	—	√	Ω			
——外导电层与防爆装置间绝缘电阻(适用时)	—	按详细规范规定	非工作状态	√	—	Ω			
——色度坐标	—	5.23	按详细规范规定	按详细规范规定					
——色度均匀性	Y_L	5.24	按详细规范规定	按详细规范规定					

注 1：如果详细规范列入附加的破坏性试验，则这些试验应加标记(D)。

注 2：表中 p 表示周期(单位为月)，n 表示样本大小(单位为只)，c 表示允许的不合格品数(单位为只)。

8.3.4　D 组——鉴定批准试验

D 组检验要求见表 6，一般试验条件(TC)按 8.1 的规定。有标记(D)的试验为破坏性的。

表 6　D 组——鉴定批准试验

检验项目	试验方法 GB/T 5960—1986	试验条件	检验要求					
			最小	最大	单位	p	n	c
D1 分组						24	8	1
——详细尺寸	3.4	非工作状态	按详细规范规定					
——阴极与其他电极(除阳极外)间电容	GB/T 7274	非工作状态 f=1 kHz	—	√	pF			
——第一栅极与其他电极(除阳极外)间电容	GB/T 7274	非工作状态 f=1 kHz	—	√	pF			
——阳极与外导电层间电容	GB/T 7274	非工作状态 f=1 kHz	√	√	pF			
D2 分组						24	8	1
——低温	3.8.1	按详细规范规定	按详细规范规定					
——高温	3.8.2	按详细规范规定	按详细规范规定					
——恒定湿热	3.8.3	按详细规范规定	按详细规范规定					
——振动(D)	3.8.6	按详细规范规定	按详细规范规定					
D3 分组						24	8	1
——管针强度(D)	3.8.14	按详细规范规定	按详细规范规定					
——管针与玻璃封接强度(D)	3.8.14	按详细规范规定	按详细规范规定					
D4 分组								
——工作寿命(D)	3.9.2	按详细规范规定	按详细规范规定			24	按详细规范规定	

注 1：如果详细规范列入附加的破坏性试验，则这些试验应加标记(D)。

注 2：表中 p 表示周期(单位为月)，n 表示样本大小(单位为只)，c 表示允许的不合格品数(单位为只)。

9　补充说明

适用时，详细规范还应包括下列内容：

a)　直观检验；

b)　缺陷规范；

c)　外形图及电极接线图；

d)　特殊检验项目的要求；

e)　有关的特性曲线。

参 考 文 献

[1] GB/T 191—2008 包装储运图示标志
[2] GB/T 5998 彩色显像管测试方法

ICS 31.100
L 36

中华人民共和国国家标准

GB/T 6257—2015
代替 GB/T 6257—1986，GB/T 9431—1988，GB/T 9587—1988

发射管空白详细规范

Blank detail specification for transmitting tubes

2015-09-11 发布　　　　2016-05-01 实施

中华人民共和国国家质量监督检验检疫总局
中国国家标准化管理委员会　发布

前　言

本标准按照 GB/T 1.1—2009 给出的规则起草。

本标准代替 GB/T 6257—1986《阳极耗散功率不大于 1 kW 的小功率发射管空白详细规范》、GB/T 9431—1988《阳极耗散功率大于 1 kW 的玻壳发射管空白详细规范》和 GB/T 9587—1988《阳极耗散功率大于 1 kW 的金属陶瓷发射管空白详细规范》。

本标准与 GB/T 6257—1986、GB/T 9431—1988 和 GB/T 9587—1988 相比主要变化如下：

——将 GB/T 6257—1986《阳极耗散功率不大于 1 kW 的小功率发射管空白详细规范》、GB/T 9431—1988《阳极耗散功率大于 1 kW 的玻壳发射管空白详细规范》和 GB/T 9587—1988《阳极耗散功率大于 1 kW 的金属陶瓷发射管空白详细规范》合并名称为《发射管空白详细规范》；

——增加了"跨导""放大系数或内放大系数""静态特性参考点""高温试验""低温试验""包装、运输、贮存"要求和试验方法(见本标准 4.3、7.5 和第 8 章)；

——删除了"帘栅极电流"、"阳极电流截止电压"等不适用的内容(见 GB/T 6257—1986 第 3 章、GB/T 9431—1988 第 3 章和 GB/T 9587—1988 第 3 章)；

——将原标准规定 A 组、C 组和 D 组改为 A 组、B 组、C 组和 D 组。

本标准由中华人民共和国工业和信息化部提出。

本标准由全国电真空器件标准化技术委员会(SAC/TC 167)归口。

本标准起草单位：成都旭光电子股份有限公司。

本标准主要起草人：焦红霞、刘南华、方超。

本标准所代替标准的历次版本发布情况为：

——GB/T 6257—1986，GB/T 9431—1988，GB/T 9587—1988。

引　言

本标准是GB/T 6255—2001《空间电荷控制电子管总规范》中相关的空白详细规范。详细规范可按照总规范的要求适当增加特殊内容。

首页方括号中数字标注的位置上应填写下列相应内容：

详细规范的识别

[1] 授权发布详细规范的国家标准化机构名称。

[2] 国家总规范的编号和年代号。

[3] 详细规范的编号、出版日期以及其他必要的资料。

发射管的识别

[4] 发射管的型号及简要说明。

[5] 典型结构和用途说明。如果所设计的发射管能满足多种用途，则应在详细规范中说明。有关这些用途的要求应同时列出（根据具体情况，这些要求可列在同一份详细规范的不同栏中或不同的详细规范中）。

[6] 外形图。

[7] 按总规范规定的质量评定类别。

[8] 参考数据。

<table>
<tr><td>[授权发布详细规范的国家标准化机构名称] [1]</td><td rowspan="2">[详细规范国家标准编号] [3]</td></tr>
<tr><td>评定发射管质量的依据： [2]
GB/T 6255—2001　空间电荷控制电子管总规范</td></tr>
<tr><td colspan="2">发射管的型号及简要说明： [4]</td></tr>
<tr><td>1　机械说明</td><td>2　简略说明</td></tr>
<tr><td rowspan="4">外形图： [6]</td><td>典型结构和用途的说明： [5]</td></tr>
<tr><td>3　质量评定类别</td></tr>
<tr><td>鉴定批准程序： [7]</td></tr>
<tr><td>参考数据： [8]</td></tr>
<tr><td colspan="2">已按本标准鉴定合格的产品，其制造商的有关资料见现行的合格产品目录。</td></tr>
</table>

在本标准中，方括号内给出的内容供指导制定详细规范用，而不包括在详细规范内。

发射管空白详细规范

1 范围

本标准规定了发射管详细规范的编写格式和基本内容。

本标准适用于发射管。

2 规范性引用文件

下列文件对于本文件的应用是必不可少的。凡是注日期的引用文件，仅注日期的版本适用于本文件。凡是不注日期的引用文件，其最新版本(包括所有的修改)适用于本文件。

GB/T 3307—1982 小功率电子管灯丝断续试验方法

GB/T 3789 发射管电性能测试方法

GB/T 4857.5—1992 包装 运输包装件 跌落试验方法

GB/T 4857.10—2005 包装 运输包装件基本试验 第10部分：正弦变频振动试验方法

GB/T 6255—2001 空间电荷控制电子管总规范

GJB 921—1990 电子管包装总规范

SJ 3213—1989 一般电子产品运输包装基本试验方法 汽车运输试验

SJ/T 11082—2000 电子管热丝或灯丝电流和电压的测试方法

3 极限值(绝对最大额定值)[1)]

极限值见表1。

表1 极限值

项目	最小	最大	单位
加热时间	√	—	s
灯丝/热丝冲击电流	—	√	A
管壳温度	—	√	℃
封接处温度	—	√	℃
引出端温度	—	√	℃
冷却条件	√	—	—
阳极耗散功率	—	√	kW
控制栅极耗散功率	—	√	kW
帘栅极耗散功率	—	√	kW

1) 整个空白详细规范中，当特性或额定值适用时，“√”表示在详细规范中应填入的值。

4 参数特性

4.1 一般参数和机械参数

详细规范应规定下列一般参数和机械参数：

a） 质量/重量；

b） 安装要求；

c） 特性曲线，要求如下：

——在规定的控制栅极电压和帘栅极电压下，阳极电流、帘栅极电流和控制栅极电流与阳极电压的关系。（适用时）

——在规定的帘栅极电压和阳极电流或帘栅极电流或控制栅极电流下，控制栅极电压与阳极电压的关系。（适用时）

——在不同的冷却条件下，耗散功率与进口处流量的关系。（适用时）

4.2 工作条件

4.2.1 灯丝电压。

4.2.2 控制栅极电压。

4.2.3 帘栅极电压（适用时）。

4.2.4 阳极电压。

4.2.5 工作环境温度（适用时）。

4.2.6 工作环境湿度。

4.2.7 大气压（适用时）。

4.3 电性能

电性能见表 2。

表 2 电性能

性能	数值		单位
	最小	最大	
灯丝/热丝电流/电压	√	√	A 或 V
阳极电流[a]	√	—	A
零栅压阳极电流	√	—	A
跨导	√	—	mA/V
放大系数或内放大系数	√	√	—
静态特性参考点[a]	√	√	V
控制栅极反向电流[a]	—	√	μA
控制栅极热放射电流[a]	—	√	μA
帘栅极热放射电流[a]	—	√	μA
阴极发射电流[a]	√	—	A
射频输出功率[a]	√	—	kW
电极间绝缘电阻	√	—	MΩ
电极间电容	√	√	pF

[a] 针对不同类别、不同管型发射管的选择参数。

5 标志

发射管和包装上的标志应符合 GB/T 6255—2001 中 2.4 的要求。

6 订货资料

订货单上应规定以下内容：

a) 产品型号；

b) 详细规范编号；

c) 其他。

7 试验条件和检验要求

7.1 通则

在表 3～表 6 中列出了试验条件和检验要求。给定管型的试验条件和检验要求应在表中规定，并与 GB/T 6255—2001 中相应的试验要求一致。

7.2 试验条件

7.2.1 灯丝/热丝电压。

7.2.2 灯丝/热丝电流。

7.2.3 控制栅极电压。

7.2.4 帘栅极电压。

7.2.5 阳极电压。

7.2.6 阳极电流。

7.2.7 脉冲频率。

7.2.8 脉冲宽度。

7.2.9 温度。

7.2.10 相对湿度。

7.2.11 其他特殊试验条件在详细规范中规定。

7.3 A 组——逐批检验

A 组检验见表 3。

表 3 A 组——逐批检验

检验或试验		检验方法	试验条件	检验要求				
				最小值	最大值	单位	检验水平	AQL
A1 分组	外观检验	GB/T 6255—2001 4.3	非工作状态	按详细规范规定			100%	
A2 分组	灯丝/热丝电流 灯丝/热丝电压	SJ/T 11082—2000	按详细规范规定	√	√	A	Ⅱ	1.0
	阳极电流(适用时)	GB/T 6255—2001 4.5.4	按详细规范规定	√	—	A	Ⅱ	1.0
	零栅压阳极电流(适用时)	GB/ T 3789	按详细规范规定	√	—	A	Ⅱ	1.0
	跨导	GB/T 6255—2001 4.5.10	按详细规范规定	√	—	mA/V	Ⅱ	1.0
	放大系数或内放大系数	GB/T 6255—2001 4.5.10	按详细规范规定	√	√	—	Ⅱ	1.0
	静态特性参考点(适用时)	GB/T 3789	按详细规范规定	√	√	V	Ⅱ	1.0
	控制栅极反向电流(适用时)	GB/T 6255—2001 4.5.2	按详细规范规定	—	√	μA	Ⅱ	1.0
	控制栅极热放射电流(适用时)	GB/T 6255—2001 4.5.8	按详细规范规定	—	√	μA	S-3	6.5
	帘栅极热放射电流(适用时)	GB/T 6255—2001 4.5.9	按详细规范规定	—	√	μA	S-3	6.5
	阴极发射电流(适用时)	GB/T 3789	按详细规范规定	√	—	A	Ⅱ	1.0
A3 分组	射频输出功率(适用时)	GB/T 6255—2001 4.5.15	按详细规范规定	√	—	kW	Ⅱ	2.5
A4 分组	电极间绝缘电阻	GB/T 6255—2001 4.5.13	按详细规范规定	√	—	MΩ	Ⅰ	4.0

7.4 B 组——逐批检验

B 组检验见表 4。

表 4 B 组——逐批检验

检验或试验	检验方法	试验条件	检验要求				
			最小值	最大值	单位	检验水平	AQL
尺寸	GB/T 6255—2001 4.4	非工作状态	按详细规范规定			Ⅰ	2.5

7.5 C 组——周期检验

C 组检验见表 5。

表 5 C 组——周期检验

检验或试验		检验方法	试验条件	检验要求					
				最小值	最大值	单位	p	n	A_c
C1 分组	电极间电容	GB/T 6255—2001 4.5.14	非工作状态	√	√	pF	12	2	0
C2 分组	高温试验（适用时）	GB/T 6255—2001 4.6.1.1	按详细规范规定	按详细规范规定					
	低温试验（适用时）	GB/T 6255—2001 4.6.1.2	按详细规范规定	按详细规范规定					
	恒定湿热试验（适用时）	GB/T 6255—2001 4.6.1.3	按详细规范规定	按详细规范规定					
C3 分组	冲击（适用时）	GB/T 6255—2001 4.6.2.2	按详细规范规定	按详细规范规定			12	2	0
	振动（适用时）	GB/T 6255—2001 4.6.2.1	按详细规范规定	按详细规范规定					
C4 分组	引出端强度[a]（适用时）(D)	GB/T 6255—2001 4.6.2.3	按详细规范规定	按详细规范规定			12	2	0
	灯丝断续[a]（适用时）(D)	GB/T 3307—1982	按详细规范规定	按详细规范规定					
C5 分组	寿命试验[a]（适用时）(D)	GB/T 6255—2001 4.7	按详细规范规定	按详细规范规定			12	2	0
注：标注 D 为破坏性试验。									
[a] 可用不影响该项试验结果的某些外观检验不合格的发射管进行。									

7.6 D 组——鉴定批准试验

当要求时，D 组试验项目应在详细规范中加以规定（只供鉴定批准用）。

7.7 包装检验

包装检验要求见表6。

表6 包装检验

<table>
<tr><th rowspan="2">检验项目</th><th rowspan="2">检验方法</th><th rowspan="2">试验条件</th><th colspan="6">检验要求</th></tr>
<tr><th>最小值</th><th>最大值</th><th>单位</th><th>p</th><th>n</th><th>A_c</th></tr>
<tr><td>直观和尺寸检验</td><td>GJB 921—1990
4.5.2</td><td>非工作状态</td><td colspan="6">按GJB 921—1990中表1序号1、4、8要求</td></tr>
<tr><td>功能检验
振动试验或汽车运输试验</td><td>GB/T 4857.10—2005
或SJ 3213—1989</td><td>按详细规范规定</td><td colspan="3" rowspan="2">包装箱不得损坏，不应有影响包装效果的错位现象；电子管不应有机械损伤，测试A2、A4组参数，应符合详细规范的规定</td><td>12</td><td>2</td><td>0</td></tr>
<tr><td>跌落试验(适用时)</td><td>GB/T 4857.5—1992</td><td>按详细规范规定</td><td>12</td><td>2</td><td>0</td></tr>
</table>

8 包装、运输和贮存

按GB/T 6255—2001第5章规定。

9 补充说明

适用时，详细规范还应包括下列内容：

a) 外形图及电极接线图；

b) 有关特性曲线；

c) 其他。

ICS 31.060.40
L 11

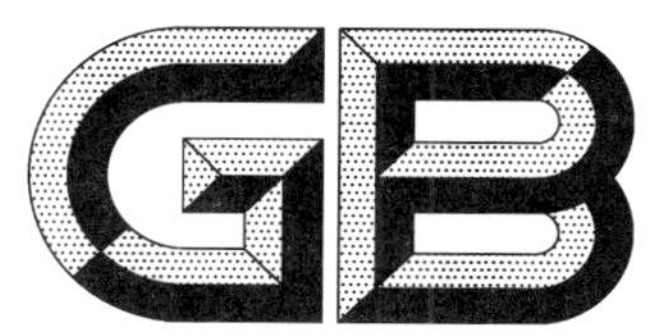

中华人民共和国国家标准

GB/T 6346.3—2015/IEC 60384-3:2006
代替 GB/T 14121—1993

电子设备用固定电容器 第3部分:分规范 表面安装 MnO_2 固体电解质钽固定电容器

**Fixed capacitors for use in electronic equipment—
Part 3:Sectional specification—
Surface mount fixed tantalum electrolytic
capacitors with manganese dioxide solid electrolyte**

(IEC 60384-3:2006,IDT)

2015-07-03 发布　　2016-03-01 实施

中华人民共和国国家质量监督检验检疫总局
中国国家标准化管理委员会　发布

前言

《电子设备用固定电容器》已经或计划发布的国家标准如下：

——第1部分：总规范(GB/T 2693—2001/IEC 60384-1:1999)；

——第2部分：分规范 金属化聚乙烯对苯二甲酸酯膜介质直流固定电容器(GB/T 7332—2011/IEC 60384-2:2005)；

——第2-1部分：空白详细规范 金属化聚乙烯对苯二甲酸酯膜介质直流固定电容器 评定水平E和EZ(GB/T 7333—2012/IEC 60384-2-1:2005)；

——第3部分：分规范 表面安装 MnO_2 固体电解质钽固定电容器(GB/T 6346.3—2015/IEC 60384-3:2006)；

——第3-1部分：空白详细规范 表面安装 MnO_2 固体电解质钽固定电容器 评定水平EZ(GB/T 6346.301—2015/IEC 60384-3-1:2006)；

——第4部分：分规范 固体和非固体电解质铝电容器(GB/T 5993—2003/IEC 60384-4:1998)；

——第4-1部分：空白详细规范 非固体电解质铝电容器 评定水平E(GB/T 5994—2003/IEC 60384-4-1:2000)；

——第6部分：分规范 金属化聚碳酸酯膜介质直流固定电容器(GB/T 14004—1992/IEC 60384-6:1987)；

——第6-1部分：空白详细规范 金属化聚碳酸酯膜介质直流固定电容器 评定水平E(GB/T 14005—1992/IEC 60384-6-1:1987)；

——第7部分：分规范 金属箔式聚苯乙烯膜介质直流固定电容器(GB/T 10185—2012)；

——第7-1部分：空白详细规范 金属箔式聚苯乙烯膜介质直流固定电容器 评定水平E(GB/T 10186—2012)；

——第8部分：分规范 1类瓷介固定电容器(GB/T 5966—2011/IEC 60384-8:2005)；

——第8-1部分：空白详细规范 1类瓷介固定电容器 评定水平EZ(GB/T 5967—2011/IEC 60384-8-1:2005)；

——第9部分：分规范 2类瓷介固定电容器(GB/T 5968—2011/IEC 60384-9:2005)；

——第9-1部分：空白详细规范 2类瓷介固定电容器 评定水平EZ(GB/T 5969—2012/IEC 60384-9-1:2005)；

——第11部分：分规范 金属箔式聚乙烯对苯二甲酸乙二醇酯膜介质直流固定电容器(GB/T 6346.11—2015/IEC 60384-11:2008)；

——第11-1部分：空白详细规范 金属箔式聚乙烯对苯二甲酸乙二醇酯膜介质直流固定电容器 评定水平EZ(GB/T 6346.1101—2015/IEC 60384-11-1:2008)；

——第13部分：分规范 金属箔式聚丙烯膜介质直流固定电容器(GB/T 10188—2013/IEC 60384-13:2006)；

——第13-1部分：空白详细规范 金属箔式聚丙烯膜介质直流固定电容器 评定水平E和EZ(GB/T 10189—2013/IEC 60384-13-1:2006)；

——第14部分：分规范 抑制电源电磁干扰用固定电容器(GB/T 6346.14—2015/IEC 60384-14:2005)；

——第14-1部分：空白详细规范 抑制电源电磁干扰用固定电容器 评定水平D(GB/T 6346.1401—2015/IEC 60384-14-1:2005)；

——第 15 部分:分规范　非固体或固体电解质钽电容器(GB/T 7213—2003/IEC 60384-15:1982,第 1 号修改单:1987,第 2 号修改单:1992);

——第 15-1 部分:空白详细规范　非固体电解质箔电极钽电容器　评定水平 E(GB/T 12794—1991/IEC 60384-15-1:1984);

——第 15-2 部分:空白详细规范　非固体电解质多孔阳极钽电容器　评定水平 E(GB/T 12795—1991/IEC 60384-15-2:1984);

——第 15-3 部分:空白详细规范　固体电解质和多孔阳极钽电容器　评定水平 E(GB/T 7214—2003/IEC 60384-15-3:1992);

——第 16 部分:分规范　金属化聚丙烯膜介质直流固定电容器(GB/T 10190—2012/IEC 60384-16:2005);

——第 16-1 部分:空白详细规范　金属化聚丙烯膜介质直流固定电容器　评定水平 E 和 EZ(GB/T 10191—2011/IEC 60384-16-1:2005);

——第 17 部分:分规范　金属化聚丙烯膜介质交流和脉冲固定电容器(GB/T 14579—2013/IEC 60384-17:2005);

——第 17-1 部分:空白详细规范　金属化聚丙烯膜介质交流和脉冲固定电容器　评定水平 EZ(GB/T 14580—2013/IEC 60384-17-1:2005);

——第 18 部分:分规范　固体(MnO_2)与非固体电解质片式铝固定电容器(GB/T 17206—1998/IEC 60384-18:1993,第 1 号修改单:1998);

——第 18-1 部分:空白详细规范　表面安装固体(MnO_2)电解质铝固定电容器　评定水平 EZ(GB/T 17207—2012/IEC 60384-18-1:2007);

——第 18-2 部分:空白详细规范　非固体电解质片式铝固定电容器　评定水平 E(GB/T 17208—1998/IEC 60384-18-2:1993);

——第 19 部分:分规范　表面安装金属化聚乙烯对苯二甲酸酯膜介质直流固定电容器(GB/T 15448—2013/IEC 60384-19:2005);

——第 19-1 部分:空白详细规范　表面安装金属化聚乙烯对苯二甲酸酯膜介质直流固定电容器　评定水平 EZ(GB/T 16467—2013/IEC 60384-19-1:2005);

——第 21 部分:分规范　表面安装用 1 类多层瓷介固定电容器(GB/T 21041—2007/IEC 60384-21:2004);

——第 21-1 部分:空白详细规范　表面安装用 1 类多层瓷介固定电容器　评定水平 EZ(GB/T 21038—2007/IEC 60384-21-1:2004);

——第 22 部分:分规范　表面安装用 2 类多层瓷介固定电容器(GB/T 21042—2007/IEC 60384-22:2004);

——第 22-1 部分:空白详细规范　表面安装用 2 类多层瓷介固定电容器　评定水平 EZ(GB/T 21040—2007/IEC 60384-22-1:2004)。

本部分为《电子设备用固定电容器》的第 3 部分。

本部分按照 GB/T 1.1—2009 给出的规则起草。

本部分代替 GB/T 14121—1993《电子设备用固定电容器　第 3 部分:分规范　片状钽固定电容器(可供认证用)》。

本部分与 GB/T 14121—1993 相比,主要技术变化如下:

——标准名称改为“表面安装 MnO_2 固体电解质钽固定电容器”;

——增加了“1 类”(见 1.5.3)、“2 类”(见 1.5.4)、“3 类”(见 1.5.5)的术语和要求;

——浪涌电压从“1.15 倍”调整为“1.3 倍”(见 2.2.5);

——增加了电容量和电压标志代码(见 1.6.2);

——增加了安装条件和最后测量要求(见 4.3);

——对测量电容量时施加的直流偏压进行了具体规定(见 4.5.2.1);

——删掉了损耗角正切值的具体规定(见 4.5.3);

——将阻抗测量电压的交流峰值从"100 mV"改为"0.5 V";测量误差从"±5%"改为"±10%"(见 4.5.4.1);

——增加了等效串联电阻(ESR)(要求时)(见 4.5.5);

——增加了高浪涌电流(适用时)(见 4.19);

——增加了附录 A 和附录 B。

本部分使用翻译法等同采用 IEC 60384-3:2006《电子设备用固定电容器　第 3 部分:分规范　表面安装 MnO_2 固体电解质钽固定电容器》。

与本部分中规范性引用的国际文件有一致性对应关系的我国文件如下:

——GB/T 2421.1—2008　电工电子产品环境试验　概述和指南(IEC 60068—1:1988,IDT)

——GB/T 2691—2016　电阻器和电容器的标志代码(IEC 60062:2004,IDT)

为了便于使用,本部分对 IEC 60384-3:2006 进行了编辑性修改,具体内容如下:

——删除了 IEC 60384-3:2006 前言部分;

——表中的脚注采用小写英文字母;

——对文中的表按顺序给出编号及标题。

请注意本文件的某些内容可能涉及专利。本文件的发布机构不承担识别这些专利的责任。

本部分由中华人民共和国工业和信息化部提出。

本部分由全国电子设备用阻容元件标准化技术委员会(SAC/TC 165)归口。

本部分起草单位:中国电子技术标准化研究院、中国振华(集团)新云电子元器件有限责任公司。

本部分主要起草人:张玉芹、周萍。

本部分所代替标准的历次版本发布情况为:

——GB/T 14121—1993。

电子设备用固定电容器 第3部分:分规范 表面安装 MnO_2 固体电解质钽固定电容器

1 总则

1.1 范围

本部分适用于表面安装的固体电解质钽电容器。这类电容器主要用于直接安装在混合电路基板上或印刷电路板上。

包括两种类型:Ⅰ型有防护层的电容器和Ⅱ型无防护层的电容器。

1.2 目的

本部分的目的是对这种类型的电容器规定优先额定值和特性,并从GB/T 2693—2001中选择适用的质量评定程序、试验和测量方法,以及给出这种类型电容器的一般性能要求。引用本部分的详细规范中规定的试验严酷度等级和要求应具有相同或更高的性能水平,不允许降低性能水平。

1.3 规范性引用文件

下列文件对于本文件的应用是必不可少的。凡是注日期的引用文件,仅注日期的版本适用于本文件。凡是不注日期的引用文件,其最新版本(包括所有的修改单)适用于本文件。

GB/T 321—2005 优先数和优先数系(ISO 3:1973, IDT)

GB/T 2471—1995 电阻器和电容器优先数系(idt IEC 60063:1963)

GB/T 2693—2001 电子设备用固定电容器 第1部分:总规范(idt IEC 60384-1:1999)

IEC 60062 电阻器和电容器的标志代码(Marking codes for resistors and capacitors)

IEC 60068-1 电工电子产品环境试验 第1部分:总则(Environmental testing—Part 1:General and guidance)

IEC 60410 计数检查抽样方案和程序(Sampling plans and procedures for inspection by attributes)

1.4 详细规范中应规定的内容

详细规范应根据有关的空白详细规范来编写。

详细规范规定的要求不应低于总规范、分规范或空白详细规范。当包括更严格的要求时,应在详细规范的1.9中列出,并在试验一览表中注明,如:加星号。

每个详细规范应给出下列内容,引用的数值应优先从本部分的相应条款所规定的数值中选取。

1.4.1 外形图和尺寸

为了便于识别并与其他电容器进行比较,应附电容器的外形图。详细规范中应给出影响互换性和安装的尺寸及公差。所有尺寸应优先用毫米为单位标注。

注:为了方便起见,在1.4.1中规定的内容可用表格形式表示。

通常应给出电容器本体长度、宽度和高度。必要时,例如当详细规范中包括几个外壳号时,其尺寸及公差,应列在图形下面的表格中。

当外形不属于上述情况时,详细规范也应给出能足以说明电容器的尺寸数据。

1.4.2 安装

详细规范应给出通常使用时的安装方法。电容器应按正常方法安装。试验和测量时的安装(当有要求时)应符合本部分4.3的规定。

1.4.3 额定值和特性

额定值和特性应符合本部分有关条款的规定,并应符合下列规定:

1.4.3.1 标称电容量

标称电容量范围:见2.2.1。

注:当按详细规范批准的产品可能具有不同电容量范围时,应增加下列说明:"每一电压范围内可提供的电容量范围应在合格产品目录中给出。"

1.4.3.2 附加特性

当认为完整规定元件的设计和用途需要附加特性时,可以列出附加特性。

1.4.3.3 焊接

详细规范应规定适用于可焊性试验和耐焊接热试验的试验方法、严酷度等级和要求。

1.4.4 标志

详细规范应规定电容器上和包装上的标志内容。与本部分1.6有差别应特别说明。

1.5 术语和定义

除了GB/T 2693—2001确立的术语和定义外,下列术语和定义也适用。

1.5.1

表面安装电容器 surface mount capacitor

尺寸小、引出端的特性或形状适用于混合电路和印刷电路板上做表面贴装的电容器。

1.5.2

额定电压 rated voltage

U_R

见GB/T 2693—2001中2.2.16的规定。

注1:施加在电容器上的直流电压与峰值交流电压的总和不应超过额定电压。

注2:然而,在短期内额定电压有可能被超出(见2.2.5和4.14)。

1.5.3

1类 class 1

低损耗和电容量稳定性高的电容器,使用低比容的钽粉。

1.5.4

2类 class 2

应用在损耗和电容量稳定性要求不高场合的电容器,采用中等比容的钽粉。

1.5.5

3类 class 3

允许较高损耗和较低电容量稳定性、体积小并且容量大的电容器,采用高比容钽粉。

1.6 标志

见 GB/T 2693—2001 中 2.4,并应符合下列规定。

1.6.1 标志中所给出的内容通常从下列项目中选取,每项的相对重要性按其在清单的位置来表示:

a) 引出端的极性(有结构识别的除外);

b) 标称电容量,直接标识或以代码形式;

c) 额定电压,直接标识或以代码形式,(直流电压可以用符号"$\overline{\overline{---}}$"或"——"表示);

d) 标称电容量的允许偏差;

e) 类型(按 1.1);

f) 制造年月(或周);

g) 制造厂的名称或商标;

h) 气候类别;

i) 制造厂的型号名称;

j) 引用的详细规范编号。

1.6.2 表面安装电容器通常不在主体上打标志,有的产品如果能打标志,电容器上应尽量多地、清晰地标出上述项目中认为是有用的项目。极性标志是指示标志。电容器上的标志内容应避免重复。按 IEC 60062要求,若没有足够空间在电容器上打标志,可使用下列代码。

a) 容量代码:以皮法为单位的标称电容量按表 1 的数位和字母代码给出:

表 1 标称电容量数位和字母代码

字母	数值
A	1.0
C	1.2
E	1.5
G	1.8
J	2.2
L	2.7
N	3.3
Q	3.9
S	4.7
U	5.6
W	6.8
Y	8.2

数位	系数
9	10^{-1}
0	10^{0}
1	10^{1}
2	10^{2}
3	10^{3}
4	10^{4}
5	10^{5}
6	10^{6}
7	10^{7}
8	10^{8}

b) 电压代码:标志的代码字母见详细规范。

1.6.3 标志应清晰、不易涂抹或用手擦掉。

1.6.4 除了极性以外,装有电容器的包装件上应清晰地标出 1.6.1 所列出的全部内容,但极性与包装方法适用时也应标志。

1.6.5 任何附加标志应以不引起混淆为原则。

2 优先额定值和特性

2.1 优先特性

详细规范中所给出的各种特性值应优先从下列数值中选取。

2.1.1 优先气候类别

本部分包括的电容器是按 IEC 60068-1 总则的规定划分气候类别的。

下限和上限类别温度以及稳态湿热试验的持续时间应从表 2 中选取：

表 2 类别温度

下限类别温度	−55 ℃
上限类别温度	85 ℃和 125 ℃
稳态湿热试验的持续时间	Ⅰ型：21 d 和 56 d Ⅱ型：不适用

寒冷和干热试验的严酷度分别为下限类别温度和上限类别温度。

2.2 优先额定值

2.2.1 标称电容量(C_R)

标称电容量的优先值为：1、1.5、2.2、3.3、4.7、6.8 及其十进倍数。

这些数值符合 GB/T 2471—1995 中规定的 E6 数系。

2.2.2 标称电容量允许偏差

标称电容量的允许偏差的优先值为±10%和±20%。

2.2.3 额定电压(U_R)

额定直流电压的优先值应从 GB/T 321—2005 中的 R5 数系中选取：1.0、1.6、2.5、3.5、4.0、5.0、6.3 和它们的十进倍数，若需要其他数值，应优先从 R10 数系中选取。

2.2.4 类别电压(U_c)

上限类别温度为 125 ℃的电容器，其类别电压在表 3 中给出：

表 3 类别电压

额定电压 U_R V	2.5	4.0	6.3	10	16	25	40	63	100
类别电压 U_C V	1.6	2.5	4.0	6.3	10	16	25	40	63

2.2.5 浪涌电压

浪涌电压应为 1.3 倍的额定电压或 1.3 倍类别电压并化整为最接近的整数电压值。

2.2.6 额定温度

额定温度为 85 ℃。

2.2.7 1 类、2 类、3 类的要求

详细规范应规定电容量偏差的性能要求。

损耗角正切最大值(tanδ)：

a) 1类:≤0.08

b) 2类:≤0.12

c) 3类:≤0.24

注:本要求取决于钽粉的型号、电容器的额定电压和外形尺寸代码。请看下列外形尺寸代码、容量和额定电压的典型组合的例子。

类别	规格	外形尺寸代码*	钽粉(μF·V/g)
1类	6.3 V15 μF	3216-18	<30 000
2类	6.3 V33 μF	2012-12	<70 000
3类	6.3 V68 μF	1608-09	<100 000

* 外形尺寸代码结构(3D)LW-H

其中:

L ——以0.1 mm为单位的标准尺寸;

W ——以0.1 mm为单位的标准尺寸;

H ——以0.1 mm为单位的最大尺寸。

3 质量评定程序

3.1 初始制造阶段

初始制造阶段是钽氧化物介质层的形成。

3.2 结构相似元件

用相似工艺和材料生产的电容器,尽管外形尺寸代码、标称电容量和额定电压可能不同,均认为是结构类似的电容器。

3.3 放行批证明记录

当详细规范中有规定,并且订购方有要求时,应提供GB/T 2693—2001中3.9要求的内容。在耐久性试验以后,要求变化量的参数有电容量、损耗角正切(tanδ)和漏电流。

3.4 鉴定批准

鉴定批准试验的程序在GB/T 2693—2001中3.5给出。

在逐批试验和周期试验为基础上进行鉴定批准试验所用的一览表在3.5中给出。使用固定样本大小试验一览表的程序在3.4.1和3.4.2中规定。

3.4.1 抽样

固定样本检验的程序在GB/T 2693—2001中3.5.3 b)已作说明。该样本应能代表申请批准的电容器范围,这个范围可以是也可以不是详细规范所包括的整个范围。样本应由最低电压和最高电压的电容器组成。这两种电压中都应有最大和最小外形尺寸的电容器。当电容器外形尺寸超过四种时,中间外形尺寸也要进行试验。每种电压、外形尺寸的组合(即规格)中应选择电容量最大的电容器。这样对于一个范围的批准需要有四种规格或六种规格的电容器进行试验。当这个范围少于四种规格时,试验样品的数量则和四种规格所要求的数量一样。

下列情况用备用样品:

每个规格中有两只(对于六个规格)或三只(对于四个规格)备用样品,来替换不属于承制方的差错而造成的不合格品。

“0”组中规定的样品数是假定全部组别都适用时的样品数，如果不是这样，则样品数可相应地减少。

鉴定批准试验一览表中增加试验组时，则“0”组所需的样品数应相应增加，增加的数应与增加的试验组别所需要的样品数相同。

表 A.1 规定了鉴定批准试验的每组或每个分组的样品数及允许不合格品数。

3.4.2 试验

在一个详细规范中的电容器要进行鉴定检验，需包括进行表 A.1 到表 A.3 用于评定水平的全部一系列试验和附录 B 的一览表中的试验。每组的试验应按规定的顺序进行。

全部样品都要经受“0”组试验，然后再分配到其他各组。

在“0”组试验中出现的不合格样品不能用于其他各组。

一个样品不符合某一组的全部或部分试验要求时，算做“一个不合格品”。

当不合格品数不超过每组或每个分组规定的允许不合格品数且不超过允许的不合格品总数时，应给予鉴定批准。

注 1：表 A.1 和表 B.1 一起构成固定样本大小试验一览表。附录 A 中包括了不同的试验或试验组的抽样和允许不合格品数的细节，而附录 B 连同第 4 章中的试验细节给出了完整的试验条件和性能要求摘要，同时指出在详细规范中应作出选择，例如选定的试验方法或试验条件；

注 2：固定样本大小试验一览表中的试验条件和性能要求应与详细规范中质量一致性检验中的规定一致。

3.5 质量一致性检验

3.5.1 检验批的组成

3.5.1.1 A 组和 B 组检验

应按表 A.2 规定的评定水平的试验方案，在逐批检验的基础上进行。

承制方可按下列规定将现行生产的产品组合成检验批。

1） 检验批应由结构类似的电容器组成（见 3.2）。

2a） 试验的样品应能代表该检验批中所包括的各种规格和尺寸的电容器：

——与数量有关；

——任何一种规格至少要 5 只。

2b） 假如样本中任何一种规格的数量少于 5 只，则抽取的样本应由承制方和国家监督检查机构商定。

3.5.1.2 C 组检验

应按表 A.3 规定的试验方案，在周期检验的基础上进行。

样品应能代表规定周期内现行生产的电容器，并按外形尺寸分成大、中、小三组。为了在任何一个周期内覆盖鉴定批准的产品范围，每个外形尺寸组中的每个电压均应进行试验。为了覆盖整个鉴定批准的产品范围，在以后的周期内，应对生产另外的电压或尺寸的产品进行试验。

3.5.2 试验一览表

鉴定批准的试验一览表在附录 B 中给出。

3.5.3 延期交货

按 GB/T 2693—2001 中 3.10 规定。当应进行复验时，应按照 A 组和 B 组规定检查可焊性、电容量和漏电流。

3.5.4 评定水平

空白详细规范中规定的评定水平,应优先从表 A.2 和表 A.3 中选取。

4 试验和测量程序

本章补充 GB/T 2693—2001 第 4 章的规定。

4.1 预先干燥

对Ⅱ型电容器,当详细规范规定时,应按 GB/T 2693—2001 中 4.3 规定。

4.2 测量条件

Ⅱ型电容器,应在 25%~75%相对湿度下测量。

4.3 安装

按 GB/T 2693—2001 中 4.33 规定。

4.3.1 安装条件

详细规范应规定采用的焊接工艺。

4.3.2 最后检查、测量和要求

电容器应进行外观检查和测量,并应符合附录 B 的规定。

4.4 外观和尺寸检查

按 GB/T 2693—2001 中 4.4 及下列规定。

4.4.1 外观检查

应使用适当的设备进行外观检查,该设备应有 10 倍放大倍数和合适的照明,以符合相应试验和质量水平的产品要求。

注:检验设备应具有适用的照明装置,用于照射或发出照明光,还应有一个相应的测量装置。

4.4.2 要求

应检查电容器以核实其材料、设计结构、外形尺寸及加工质量是否符合详细规范的规定。

4.5 电气试验

4.5.1 漏电流

按 GB/T 2693—2001 中 4.9 及下列规定。

4.5.1.1 测量条件

应在电容器和它的保护电阻上施加额定电压。保护电阻的阻值应为 1 000 Ω。

4.5.1.2 要求

在 20 ℃时,漏电流应不超过 $0.02C_RU_R$ μA/(μF·V)或 1 μA,取较大者。

4.5.2 电容量

按 GB/T 2693—2001 中 4.7 及下列规定。

4.5.2.1 测量条件

电容量应在 100 Hz 或 120 Hz 的频率下测量(按详细规范规定),实际加在电容器两个引出端上的交流电压有效值应不超过 0.5 V。

在测量期间施加的直流偏压如下:

——额定电压小于等于 2.5 V 时,施加(1.1～1.5) V 直流偏压。

——额定电压大于 2.5 V 时,施加(2.1～2.5)V 直流偏压。

测量仪器的不确定度无论给出的是绝对值或是电容量的变化均不应超过规定极限值的±2%。

注:可以选择不加直流偏压测量。

4.5.2.2 要求

电容量应在标称电容量允许偏差范围内。

4.5.3 损耗角正切(tanδ)

按 GB/T 2693—2001 中 4.8.1 及下列规定。

4.5.3.1 测量条件

应在 4.5.2 规定的测量条件下进行。测量仪器的不确定度应不超过绝对值的 0.01。

4.5.3.2 要求

在 20 ℃时,损耗角正切应不超过详细规范规定的极限值。

4.5.4 阻抗(适用时)

按 GB/T 2693—2001 中 4.10 及下列规定。

4.5.4.1 测量条件

测量温度为(20±2)℃,测量电压的交流有效值应不超过 0.5 V。测量电压的频率为 100 kHz。测量误差应不超过要求值的±10%。

4.5.4.2 要求

阻抗应符合详细规范的规定。

4.5.5 等效串联电阻(ESR)(要求时)

按 GB/T 2693—2001 中 4.8.2 及下列规定。

4.5.5.1 测量条件

测量温度为(20±2)℃,测量电压的交流有效值应不超过 0.5 V,测量电压的频率应为 100 kHz。测量误差应不超过要求值的 10%。在测量过程中,可施加 2.1 V～2.5 V 的直流偏压。

4.5.5.2 要求

等效串联电阻应符合详细规范的要求。

4.6 耐焊接热

按 GB/T 2693—2001 中 4.14 规定，并采用下列细则。

4.6.1 初始测量

应按 4.5.2 和 4.5.3 的规定对电容量和损耗角正切进行测量。

4.6.2 试验条件

详细规范应规定试验方法和条件。

a) 焊槽法
温度和浸渍时间。

b) 再流焊法
再流焊温度曲线。

4.6.3 最后检查、测量和要求

应下列要求进行外观检查和测量：

a) 在正常的光线和放大 10 倍的条件下，电容器应无损伤现象，如裂纹。
b) 应测量电容量和损耗角正切，而且不应超过详细规范规定的极限值。

4.7 可焊性

按 GB/T 2693—2001 中 4.15 及下列规定。

4.7.1 试验条件

详细规范应规定试验方法和条件。

a) 焊槽法
温度和浸渍时间。

b) 再流焊法
再流焊温度曲线。

4.7.2 最后检查、测量和要求

在正常光线下，用 10 倍放大镜对电容器进行外观检查，应无损伤现象。

按详细规范规定，检查区域应覆盖上一层光滑明亮的锡层。允许锡层仅有少量分散的缺陷，如针孔、未湿润的或欠湿润的地方，但这些缺陷不应集中在一个区域内。

4.8 剪切力试验(附着力)

按 GB/T 2693—2001 中 4.34 及下列规定。

4.8.1 初始测量

不要求(见 3 组)。

4.8.2 最后测量和要求

电容器应进行外观检查和测量，并符合附录 B 的要求。

4.9 衬底弯曲试验

按 GB/T 2693—2001 中 4.35 及下列规定。

对按详细规范规定应仅安装在铝基板上的表面安装电容器不适用。

4.9.1 初始测量

不要求(见3组)。

4.9.2 试验条件

详细规范应规定弯曲度和弯曲次数。

4.9.3 最后测量和要求

电容器应进行外观检查和测量,并符合附录B的要求。

4.10 温度快速变化

按GB/T 2693—2001中4.16及下列规定。

4.10.1 初始测量

不要求(见3组)。

4.10.2 试验

电容器应经受试验Na,五次循环。在每个极限温度下持续时间为30 min。恢复时间1 h~2 h。

4.10.3 最后测量和要求

在恢复后,应对电容器进行测量,并应符合附录B的要求。

4.11 气候顺序(仅适用于Ⅰ型电容器)

按GB/T 2693—2001中4.21及下列规定。

4.11.1 初始测量

不要求。

4.11.2 干热

见GB/T 2693—2001中4.21.2规定。

4.11.3 循环湿热,试验Db,第一次循环

见GB/T 2693—2001中4.21.3规定。

4.11.4 寒冷

见GB/T 2693中4.21.4规定。

4.11.5 循环湿热、试验Db,其余循环

见GB/T 2693—2001中4.21.6规定。恢复1 h~2 h。

4.11.6 最后检查、测量和要求

对电容器进行外观检查和测量,并应符合附录B的要求。

4.12 稳态湿热(仅适用于Ⅰ型电容器)

按 GB/T 2693—2001 中 4.22 规定,并采用下列细则:
电容器按 4.3 规定安装。

4.12.1 初始测量

不要求(见 3 组)。

4.12.2 试验条件

不施加电压。

4.12.3 最后检查、测量和要求

在恢复 1 h~2 h 后,对电容器进行外观检查和测量,并应符合附录 B 的要求。

4.13 高低温特性

按 GB/T 2693—2001 中 4.29 及下列规定:
安装:电容器应按 4.3 规定安装。
测量和要求:应对电容器进行测量,并符合附录 B 的要求。

4.14 浪涌电压

按 GB/T 2693—2001 中 4.26 及下列规定。

4.14.1 试验程序

电容器应经受 1 000 次循环试验,每次循环由下面所规定的充电,接着是 5.5 min 的放电期组成。将浪涌电压通过一只电阻器施加 30 s。该电阻器与电容器和电源串联,其总阻值为(1 000±100)Ω。

试验应在表 4 规定的温度下进行。

表 4 试验温度

上限类别温度	试验温度
85 ℃	所有样品都在上限类别温度下试验
125 ℃	50%的样品在 85 ℃下试验,其余的 50%样品在上限类别温度下试验

每个浪涌电压循环应按下述方式进行:在加电压 30 s 结束时,通过一只大约为 1 000 Ω 的电阻器使电容器放电。试验应在循环的放电期后结束。

4.14.2 最后测量和要求

应对电容器进行测量,并符合附录 B 的要求。

4.15 耐久性

按 GB/T 2693—2001 中 4.23 及下列规定。
电容器应按 4.3 规定安装。

4.15.1 初始测量

不要求(见 3 组)。

4.15.2 试验条件

试验条件见表 5。应逐渐地施加试验电压(不少于 2 min 但不超过 5 min)。可以缓慢地升高电压，也可以通过一个电阻器来施加电压，但该电阻器应在 5 min 内被短路。从每个电容器引出端看进去电源的阻抗应不超过 3 Ω。

当有一只电容器短路时，蓄电池或电路电源至少应能提供 1 A 的电流。

表 5 试验条件

持续时间	2 000 h
试验温度	上限类别温度
施加的电压	除详细规范另有规定外，应施加类别电压

注：当类别电压和(或)类别温度与额定电压和(或)额定温度不同时，被样品分成两部分，分别经受额定电压、类别电压和额定温度、类别温度的试验。

4.15.3 最后检验、测量和要求

恢复 1 h～2 h 之后，应对电容器进行外观检查和测量，并应符合附录 B 的要求。

4.16 反向电压(要求时)

4.16.1 初始测量

不要求(见 3 组)。

4.16.2 试验条件

电容器应经受 a)项试验，试验条件见表 6；接着进行 b)项试验，试验条件见表 7。

表 6 a)项试验条件

试验温度	上限类别温度
施加的电压	除详细规范另有规定外，反向施加直流电压 3 V 或 10%的额定电压，取两者中较小值
持续时间	125 h

表 7 b)项试验条件

试验温度	上限类别温度
施加的电压	正向施加等于类别电压的直流电压
持续时间	125 h

4.16.3 最后测量和要求

恢复之后，应对电容器进行外观检查和测量，并符合附录 B 的要求。

4.17 元件耐溶剂(适用时)

见 GB/T 2693—2001 中 4.31 规定。

4.18 标志耐溶剂(适用时)

见 GB/T 2693—2001 中 4.32 规定。

4.19 高浪涌电流(适用时)

按 GB/T 2693—2001 中 4.39 及下列规定。

4.19.1 初始测量

不要求。

4.19.2 最后测量和要求

适用时,最后测量和要求是对于 0 组或空白详细规范中 A 组试验。

附　录　A
（规范性附录）
评定水平 EZ 的试验方案

表 A.1　鉴定批准试验方案　评定水平 EZ

组别	试验章条号[a]	样品数(n)和允许不合格品数(c)		
		n[d]	c	c 总数
0	4.19　高浪涌电流(当详细规范要求时) 4.4　外观检查 4.4　尺寸 4.5.1　漏电流 4.5.2　电容量 4.5.3　损耗角正切 4.5.4　阻抗[c] 4.5.5　等效串联电阻[c] 备用样品	124 16	0	0
1A	4.6　耐焊接热 4.17　元件耐溶剂[c]	12	0	
1B	4.7　可焊性 4.18　标志耐溶剂[c]	12	0	
2	4.9　衬底弯曲试验[e]	12	0	
3	4.3　安装[b] 4.4　外观检查 4.5.1　漏电流 4.5.2　电容量 4.5.3　损耗角正切 4.5.4　阻抗[c] 4.5.5　等效串联电阻[c]	88	0	
3.1	4.8　剪切力试验(附着力) 4.10　温度快速变化 4.11　气候顺序(仅适用于Ⅰ型电容器)	20	0	
3.2	4.12　稳态湿热(仅适用于Ⅰ型电容器)	20	0	
3.3	4.15　耐久性	20	0	
3.4	4.13　高低温特性	12	0	
3.5A	4.14　浪涌电压	8	0	
3.5B	4.16　反向电压[c]	8	0	

[a] 参考本部分第 4 章。

[b] 在计算下列试验中的不合格品数时不应把电容器安装以后发现的不合格品计入。这种不合格品应用备用样品替换。

[c] 当详细规范要求时。

[d] 对于电容量/电压组合，见 3.4.1。

[e] 详细规范规定，应仅安装在铝基板上的表面安装电容器不适用。

表 A.2 质量一致性检验试验方案-逐批试验 评定水平 EZ

组别	试验章条号[a]	检验水平 IL	样本大小 *n*	允许不合格品数 *c*
A0	4.19 高浪涌电流(当详细规范要求时) 4.5.1 漏电流 4.5.2 电容量 4.5.3 损耗角正切 4.5.4 阻抗[e] 4.5.5 等效串联电阻[e]		100%[b]	0
A1	4.4 外观检查 4.4 尺寸[c]	S-3	[d]	0
B1	4.7 可焊性 4.18 标志耐溶剂[e]	S-3	[d]	0

[a] 参考本部分的第 4 章。

[b] 100%试验后,为了用每百万分之几的不合格品数(ppm)来检测产品出厂质量水平,应进行抽样复验。抽样水平由承制方决定。计算 ppm 数值时,任何参数值的不合格即判定一个不合格项。如果在批次中出现一只或多只不合格品,则该批应拒收。

[c] 如果承制方外形尺寸测量采用了 SPC 技术或其他途径以避免元件尺寸超差,则该试验可以用生产检验来代替。

[d] 受试数量:样品大小在 IEC 60410 的 2A 表中的 IL 中有相应的代码(对于普通检验有一个独立的抽样方案)。

[e] 当要求时。

表 A.3 质量一致性检验试验方案-周期试验 评定水平 EZ

组别	试验章条号[a]	周期 (月)	样品数 *n*	允许不合格品数 *c*
C1	4.6 耐焊接热 4.17 元件耐溶剂[d]	3	12	0
C2	4.9 衬底弯曲试验[e]	3	12	0
C3	4.3 安装[c] 4.4 外观检查 4.5.1 漏电流 4.5.2 电容量 4.5.3 损耗角正切 4.5.4 阻抗[d] 4.5.5 等效串联电阻[d]	3	78[b]	0
C3.1	4.8 剪切力试验(附着力) 4.10 温度快速变化 4.11 气候顺序(仅适用于 1 型电容器)	6	18	0
C3.2	4.12 稳态湿热(仅适用于 1 型电容器)	6	9	0
C3.3	4.15 耐久性	3	24	0
C3.4	4.13 高低温特性	6	15	0

表 A.3(续)

组别	试验章条号[a]	周期(月)	样品数 n	允许不合格品数 c
C3.5A	4.14 浪涌电压	12	6	0
C3.5B	4.16 反向电压[d]	12	6	0

[a] 参考本部分的第 4 章;
[b] 这些测量值作为 3 组试验的初始测量值;
[c] 在计算下列试验中的不合格品数时不应把电容器安装后发现的不合格品计入。这种不合格品应用备用样品替换;
[d] 要求时;
[e] 详细规范规定,应仅安装在铝基板上的表面安装电容器不适用。

附 录 B
(规范性附录)
评定水平 EZ 的试验一览表

表 B.1 鉴定批准试验一览表 评定水平 EZ

试验章条号[a]	试验条件[a]	n 和 c[b]	性能要求[a]
0 组	ND	见表 A.1	
4.19 高浪涌电流(当要求时)			
4.4 外观检查			按 4.4.2 标志清晰,并符合详细规范中的规定
4.4 尺寸(详细的)			见详细规范(表 1)
4.5.1 漏电流	保护电阻:1 000 Ω		$\leqslant 0.02C_RU_R$ μA/(μF·V) 或≤1 μA(取较大者)
4.5.2 电容量	频率:… Hz[d] 偏压:… V[d,e]		在规定允许偏差范围内 见详细规范
4.5.3 损耗角正切	频率:… Hz[d] 偏压:… V[d,e]		1 类≤0.08 2 类≤0.12 3 类≤0.24
4.5.4 阻抗[d]	频率:100 kHz		见详细规范
4.5.5 等效串联电阻[d]	频率:100 kHz		见详细规范
1A 组	D	见表 A.1	
4.6.1 初始测量	电容量 损耗角正切		
4.6 耐焊接热	方法:…[d] 溶剂:…[d]		见详细规范
4.17 元件耐溶剂[d]	溶剂温度:…[d] 方法 2 恢复:…[d]		
4.6.3 最后测量	外观检查 电容量 损耗角正切		按 4.6.3 见详细规范 见详细规范
1B 组	D	见表 A.1	
4.7 可焊性	温度:…[d] 时间:…[d]		
4.18 标志耐溶剂[e]	溶剂:…[d] 溶剂温度:…[d] 方法 1 擦拭材料:棉花 恢复:…[d]		标志清晰
4.7.2 最后测量	外观检查		按 4.7.2

表 B.1（续）

试验章条号[a]	试验条件[a]	n 和 c[b]	性能要求[a]
2 组 4.9 衬底弯曲试验 4.9.3 最后测量	ND 电容量(在电路板弯曲状态下) 偏差:… mm[d] 弯曲次数:…[d] 外观检查	见表 A.1	 见详细规范 无可见损伤
3 组 4.3 安装	ND 外观检查 漏电流 电容量 损耗角正切 阻抗[c] 等效串联电阻[e]	见表 A.1	 无可见损伤 ≤初始极限值 见详细规范 ≤初始极限值 ≤初始极限值 见详细规范
3.1 组 4.8 剪切力试验 4.10.1 初始测量 4.10 温度快速变化 4.10.3 最后测量 4.11 气候顺序 (仅适用于Ⅰ型电容器) 4.11.1 初始测量 4.11.2 干热 4.11.3 循环湿热、试验 Db，第一次循环 4.11.4 寒冷 4.11.5 循环湿热、试验 Db，其余循环 4.11.6 最后测量	D 外观检查 不要求(见组 3) T_A=下限类别温度 T_B=上限类别温度 5 次循环 持续时间 t=30 min 恢复:1 h～2 h 漏电流 电容量 损耗角正切 不要求 温度:上限类别温度 持续时间:16 h 温度:下限类别温度 持续时间:2 h 恢复:1 h～2 h 外观检查 漏电流 电容量 损耗角正切	见表 A.1	 无可见损伤 ≤初始极限值 见详细规范 ≤初始极限值 无可见损伤，标志清晰 ≤初始极限值 $\|\Delta C/C\|$≤3 组测量值的 10% ≤1.2 倍初始极限值

表 B.1（续）

试验章条号[a]	试验条件[a]	n 和 c[b]	性能要求[a]
3.2 组	D	见表 A.1	
4.12　稳态湿热(仅适用于Ⅰ型电容器)	恢复:1 h～2 h		
4.12.1　初始测量	不要求(见 3 组)		
4.12.3　最后检查、测量	外观检查		无可见损伤,标志清晰
	漏电流		≤初始极限值
	电容量		$\|\Delta C/C\|$≤3 组测量值的 10%
	损耗角正切		≤1.2 倍初始极限值
3.3 组	D	见表 A.1	
4.15　耐久性	持续时间:2 000 h		
	周围温度:… ℃[d](当适用时)		
	施加电压:… V[d]		
	恢复:1 h～2 h		
4.15.1　初始测量	不要求(见 3 组)		
4.15.3　最后检验、测量	外观检查		无可见损伤,标志清晰
	漏电流		≤2 倍初始极限值
	电容量		见详细规范
	损耗角正切		≤1.5 倍初始极限值
	阻抗[e] 或等效串联电阻[e]		见详细规范
3.4 组	D	见表 A.1	
4.13　高低温特性	电容器在每个温度步骤下测量		
	步骤 1:20 ℃		
	漏电流		≤初始极限值
	电容量		作为基准值
	损耗角正切		≤初始极限值
	步骤 2:下限类别温度		
	电容量		见详细规范
	损耗角正切		见详细规范
	步骤 3:20 ℃		
	漏电流		≤初始极限值
	电容量		$\|\Delta C/C\|$≤阶段 1 的测量值的 5%
	损耗角正切		≤初始极限值
	步骤 4:85 ℃		
	漏电流		≤$0.2C_RU_R$ μA/(μF · V)或≤10 μA,取较大者
	电容量		见详细规范
	损耗角正切		见详细规范

表 B.1(续)

试验章条号[a]	试验条件[a]	n 和 c[b]	性能要求[a]
	步骤 5:125 ℃(适用时) 漏电流 电容量 损耗角正切 步骤 6:20 ℃ 漏电流 电容量 损耗角正切		 ≤$0.25C_RU_R$ μA/(μF·V)或≤12.5 μA,取较大者 见详细规范 见详细规范 按步骤 3
3.5A 组 4.14 浪涌电压 4.14.1 初始测量 4.14.2 最后测量	D 循环次数:1 000 温度:… ℃[d] 电压:$1.3U_R$ 和或 $1.3U_C$(当适用时) 保护电阻:(1 000±100)Ω 充电时间:30 s 放电时间:5.5 min 不要求(见 3 组) 漏电流 电容量 损耗角正切	见表 A.1	 ≤初始极限值 | $\Delta C/C$ |≤3 组测量值的 10% ≤初始极限值
3.5B 组 4.16 反向电压 4.16.1 初始测量 4.16.3 最后测量	D 持续时间:在上限类别温度下,加…V[d] 反向电压 125 h 后,在上限类别温度下,按正极方向施加类别电压 125 h。 不要求(见 3 组) 漏电流 电容量 损耗角正切	见表 A.1	 ≤初始极限值 | $\Delta C/C$ |≤3 组测量值的 10% ≤1.15 倍初始极限值

[a] 参考本部分的第 4 章。

[b] n=样品数,c=允许不合格品数。

[c] 详细规范规定,应仅安装在铝基板上的表面安装电容器不适用。

[d] 在详细规范中规定。

[e] 要求时。

ICS 31.060.20
L 11

中华人民共和国国家标准

GB/T 6346.11—2015/IEC 60384-11:2008
代替 GB/T 6346—1986

电子设备用固定电容器 第 11 部分:分规范 金属箔式聚乙烯对苯二甲酸乙二醇酯膜介质直流固定电容器

Fixed capacitors for use in electronic equipment—Part 11:Sectional specification—Fixed polyethylene-terephthalate film dielectric metal foil d.c.capacitors

(IEC 60384-11:2008,IDT)

2015-07-03 发布　　　　2016-03-01 实施

中华人民共和国国家质量监督检验检疫总局
中国国家标准化管理委员会　发布

前　言

《电子设备用固定电容器》已经或计划发布的国家标准如下：

——第1部分：总规范(GB/T 2693—2001/IEC 60384-1:1999)；

——第2部分：分规范　金属化聚乙烯对苯二甲酸酯膜介质直流固定电容器(GB/T 7332—2011/IEC 60384-2:2005)；

——第2-1部分：空白详细规范　金属化聚乙烯对苯二甲酸酯膜介质直流固定电容器　评定水平E和EZ(GB/T 7333—2012/IEC 60384-2-1:2005)；

——第3部分：分规范　表面安装 MnO_2 固体电解质钽固定电容器(GB/T 6346.3—2015/IEC 60384-3:2006)；

——第3-1部分：空白详细规范　表面安装 MnO_2 固体电解质钽固定电容器　评定水平EZ(GB/T 6346.301—2015/IEC 60384-3-1:2006)；

——第4部分：分规范　固体和非固体电解质铝电容器(GB/T 5993—2003/IEC 60384-4:1998)；

——第4-1部分：空白详细规范　非固体电解质铝电容器　评定水平E(GB/T 5994—2003/IEC 60384-4-1:2000)；

——第6部分：分规范　金属化聚碳酸酯膜介质直流固定电容器(GB/T 14004—1992/IEC 60384-6:1987)；

——第6-1部分：空白详细规范　金属化聚碳酸酯膜介质直流固定电容器　评定水平E(GB/T 14005—1992/IEC 60384-6-1:1987)；

——第7部分：分规范　金属箔式聚苯乙烯膜介质直流固定电容器(GB/T 10185—2012)；

——第7-1部分：空白详细规范　金属箔式聚苯乙烯膜介质直流固定电容器　评定水平E(GB/T 10186—2012)；

——第8部分：分规范　1类瓷介固定电容器(GB/T 5966—2011/IEC 60384-8:2005)；

——第8-1部分：空白详细规范　1类瓷介固定电容器　评定水平EZ(GB/T 5967—2011/IEC 60384-8-1:2005)；

——第9部分：分规范　2类瓷介固定电容器(GB/T 5968—2011/IEC 60384-9:2005)；

——第9-1部分：空白详细规范　2类瓷介固定电容器　评定水平EZ(GB/T 5969—2012/IEC 60384-9-1:2005)；

——第11部分：分规范　金属箔式聚乙烯对苯二甲酸乙二醇酯膜介质直流固定电容器(GB/T 6346.11—2015/IEC 60384-11:2008)；

——第11-1部分：空白详细规范　金属箔式聚乙烯对苯二甲酸乙二醇酯膜介质直流固定电容器　评定水平EZ(GB/T 6346.1101—2015/IEC 60384-11-1:2008)；

——第13部分：分规范　金属箔式聚丙烯膜介质直流固定电容器(GB/T 10188—2013/IEC 60384-13:2006)；

——第13-1部分：空白详细规范　金属箔式聚丙烯膜介质直流固定电容器　评定水平E和EZ(GB/T 10189—2013/IEC 60384-13-1:2006)；

——第14部分：分规范　抑制电源电磁干扰用固定电容器(GB/T 6346.14—2015/IEC 60384-14:2005)；

——第14-1部分：空白详细规范　抑制电源电磁干扰用固定电容器　评定水平D(GB/T 6346.1401—2015/IEC 60384-14-1:2005)；

——第15部分：分规范　非固体或固体电解质钽电容器(GB/T 7213—2003/IEC 60384-15:1982，

第 1 号修改单:1987,第 2 号修改单:1992);

——第 15-1 部分:空白详细规范　非固体电解质箔电极钽电容器　评定水平 E(GB/T 12794—1991/IEC 60384-15-1:1984);

——第 15-2 部分:空白详细规范　非固体电解质多孔阳极钽电容器　评定水平 E(GB/T 12795—1991/IEC 60384-15-2:1984);

——第 15-3 部分:空白详细规范　固体电解质和多孔阳极钽电容器　评定水平 E(GB/T 7214—2003/IEC 60384-15-3:1992);

——第 16 部分:分规范　金属化聚丙烯膜介质直流固定电容器(GB/T 10190—2012/IEC 60384-16:2005);

——第 16-1 部分:空白详细规范　金属化聚丙烯膜介质直流固定电容器　评定水平 E 和 EZ(GB/T 10191—2011/IEC 60384-16-1:2005);

——第 17 部分:分规范　金属化聚丙烯膜介质交流和脉冲固定电容器(GB/T 14579—2013/IEC 60384-17:2005);

——第 17-1 部分:空白详细规范　金属化聚丙烯膜介质交流和脉冲固定电容器　评定水平 EZ(GB/T 14580—2013/IEC 60384-17-1:2005);

——第 18 部分:分规范　固体(MnO_2)与非固体电解质片式铝固定电容器(GB/T 17206—1998/IEC 60384-18:1993,第 1 号修改单:1998);

——第 18-1 部分:空白详细规范　表面安装固体(MnO_2)电解质铝固定电容器　评定水平 EZ(GB/T 17207—2012/IEC 60384-18-1:2007);

——第 18-2 部分:空白详细规范　非固体电解质片式铝固定电容器　评定水平 E(GB/T 17208—1998/IEC 60384-18-2:1993);

——第 19 部分:分规范　表面安装金属化聚乙烯对苯二甲酸酯膜介质直流固定电容器(GB/T 15488—2013/IEC 60384-19:2005);

——第 19-1 部分:空白详细规范　表面安装金属化聚乙烯对苯二甲酸酯膜介质直流固定电容器　评定水平 EZ(GB/T 16467—2013/IEC 60384-19-1:2005);

——第 21 部分:分规范　表面安装用 1 类多层瓷介固定电容器(GB/T 21041—2007/IEC 60384-21:2004);

——第 21-1 部分:空白详细规范　表面安装用 1 类多层瓷介固定电容器　评定水平 EZ(GB/T 21038—2007/IEC 60384-21-1:2004);

——第 22 部分:分规范　表面安装用 2 类多层瓷介固定电容器(GB/T 21042—2007/IEC 60384-22:2004);

——第 22-1 部分:空白详细规范　表面安装用 2 类多层瓷介固定电容器　评定水平 EZ(GB/T 21040—2007/IEC 60384-22-1:2004)。

本部分为《电子设备用固定电容器》的第 11 部分。

本部分按照 GB/T 1.1—2009 给出的规则起草。

本部分代替 GB/T 6346—1986《电子设备用固定电容器　第 11 部分:分规范　金属箔式聚乙烯对苯二甲酸乙二醇酯膜介质直流固定电容器(可供认证用)》。

本部分与 GB/T 6346—1986 相比,主要技术变化如下:

——优先气候类别增加 105 ℃上限类别温度及其对应的类别电压 $0.75U_R$(见 2.1.1);

——额定电压优先值增加 R10 基本系列;

——耐久性试验时间由 2 000 h 改为 1 000 h;

——纠正下限类别温度特性"电容量的温度特性"表述错误,－55 ℃时电容量的温度特性由 $-8\% \leqslant \Delta C/C \leqslant 0\%$ 改为 $-10\% \leqslant \Delta C/C \leqslant 0\%$;

——增加上限类别温度特性 105 ℃时电容量的温度特性 0%≤$\Delta C/C$≤13%(见 4.2.5);
——增加 4.13 元件耐溶剂和 4.14 标志耐溶剂试验项目(见 4.13 和 4.14);
——绝缘电阻和耐电压测量点删除 1d)(见 1986 版);
——评定水平由 E 改为 EZ;
——鉴定批准试验的样品数由原规定:4 种值各 29 只和备份各 2 只、6 种值各 29 只和备份各 2 只改为固定样品 108 只和 12 只备份,允许不合格品数由原规定 4 种值允许 4 只、6 种值允许 6 只改为 0 只;
——逐批检验增加 A0 组,检验水平(IL)由 A1 组 S-4、A2 组Ⅱ、B1 组 S-3 改为 A0 组 100%、其他组均为 S-3;
——合格质量水平(AQL%)由 A1 组 2.5、A2 组 1.0、B1 组 2.5 改为零失效;
——周期检验的周期:C3 组由 3 个月改为 6 个月,C4 组由 12 个月改为 6 个月;
样品数:C1A 组由 9 只改为 5 只,C1B 组由 18 只改为 5 只,C1 组由 27 只改为 10 只,C2 组由 15只改为 10 只,C3 组由 21 只改为 10 只,C4 组由 9 只改为 10 只;
允许不合格品数:C1A 和 C1B 组各 1 只改为 0 只,C1 组由 2 只改为 0 只,C2、C3、C4 组由各 1 只改为 0 只。

本部分使用翻译法等同采用 IEC 60384-11:2008《电子设备用固定电容器　第 11 部分:金属箔式聚乙烯对苯二甲酸乙二醇酯膜介质直流固定电容器》。

与本部分中规范性引用的国际文件有一致性对应关系的我国文件如下:
——GB/T 2421.1—2008　电工电子产品环境试验　概述和指南(IEC 60068-1:1988,IDT)
——GB/T 2691—2016　电阻器和电容器的标志代码(IEC 60062:2004,IDT)

为了便于使用,对 IEC 60384-11:2008 还进行了编辑性修改,具体修改如下:
——删除了 IEC 前言,增加 GB 前言;
——IEC 第 2 页注 2 改为注 1;
——IEC 60068 的无日期引用改为注日期引用;
——将 4.2.1.1 中“R_P 应限制放电电流等于或小于 1 A”修改为“R_2 应限制放电电流等于或小于 1 A”,以符合 GB/T 2693—2001;
——将 4.2.5 中“……,并应符合表 3 规定的要求”修正为“……,并应符合表 2 规定的要求”;
——4.12.3 采用公式法描述耐久性试验时限流电阻器电阻值的确定方法。

本部分由中华人民共和国工业和信息化部提出。

本部分由全国电子设备用阻容元件标准化技术委员会(SAC/TC 165)归口。

本部分起草单位:国营第七一五厂。

本部分主要起草人:赵映林、董小婕。

本部分所代替标准的历次版本发布情况为:
——GB/T 6346—1986。

电子设备用固定电容器 第11部分:分规范 金属箔式聚乙烯对苯二甲酸乙二醇酯膜介质直流固定电容器

1 总则

1.1 范围

本部分适用于额定电压不超过6 300 V的直流固定电容器,这类电容器采用聚乙烯对苯二甲酸乙二醇酯薄膜作介质,金属箔作电极。对于额定电压超过1 000 V的电容器,详细规范中可以规定附加的试验和要求。

本部分覆盖的电容器预定使用于电子设备中。

注:对于无线电干扰抑制用电容器不包括在本部分中,而包括在GB/T 14472中。

1.2 目的

本部分的目的是对这类电容器规定其优先额定值和特性,并且从GB/T 2693—2001中选择适当的质量评定程序、试验和测量方法,以及给出一般特性的要求。与本部分相关的详细规范中规定的试验严酷等级和要求,应与本部分相同或更高。因为,性能水平降低是不允许的。

1.3 规范性引用文件

下列文件对于本文件的应用是必不可少的。凡是注日期的引用文件,仅注日期的版本适用于本文件。凡是不注日期的引用文件,其最新版本(包括所有的修改单)适用于本文件。

GB/T 321—2005 优先数和优先数系(ISO 3:1973,IDT)

GB/T 2471—1995 电阻器和电容器优先数系(idt IEC 60063:1963)

GB/T 2693—2001 电子设备用固定电容器 第1部分:总规范(idt IEC 60384-1:1999)

IEC 60062 电阻器和电容器的标志代码(Marking codes fot resistors and capacitors)

IEC 60068-1 电工电子产品环境试验 第1部分:总则(Environmental testing—Part 1:General and guidance)

IEC 60410:1973 计数检查抽样方案和程序(Sampling plans and procedures for inspection by attributes)

1.4 详细规范中应规定内容

详细规范应根据有关的空白详细规范来编写。

详细规范规定的要求不应低于总规范、分规范或空白详细规范所规定的要求。当包括更严格的要求时,应列在详细规范的1.9中,并应在试验一览表中注明,例如,用一个“*”表示。

注:为了方便起见,在1.4.1中规定的内容可用表格形式表示。

每个详细规范中应规定下列内容,而且引用的值应优先从本部分相应条款给出的值中选取。

1.4.1 外形图和尺寸

为了便于识别并与其他电容器进行比较,应附电容器的外形图。详细规范中应给出影响互换性和安装的尺寸及其公差。所有的尺寸应优先用毫米为单位。如果原始尺寸是英寸时,应换算成毫米值。

通常应给出电容器本体长度、宽度、高度以及引线的间距。对于圆柱形电容器,则应给出本体的直径、长度以及引出端的直径。必要时,例如当详细规范中包括若干个数值(电容量/电压)范围时,其尺寸及其允许公差应列在图下的表格中。

当电容器外形尺寸与上述不同时,详细规范应规定足以说明该电容器的尺寸数据。当电容器不是设计用于印刷电路板时,详细规范应明确说明。

1.4.2 安装

详细规范应规定正常使用时的安装方法,以及振动、碰撞或冲击试验所采用的安装方法。电容器应采用正常方法安装。如果电容器设计在其使用中需要专用的安装夹具,在这种情况下,详细规范应对安装夹具加以说明,而且在振动、碰撞或冲击试验中应能使用这种安装夹具。

1.4.3 额定值和特性

额定值和特性应符合本部分的有关条款,同时应符合下列规定。

1.4.3.1 标称电容量范围

见 2.2.1。

注:当按详细规范批准的产品可能具有不同电容量范围时,应增加下列说明:"每一电压范围内可提供的电容量范围在合格产品一览表中给出"。

1.4.3.2 特殊特性

为设计和应用的目的,认为需要对电容器适当地规定特殊特性时,可以列出附加的特性。

1.4.3.3 焊接

详细规范应规定可焊性和耐焊接热的试验方法试验严酷等级和要求。

1.4.4 标志

详细规范应规定电容器和包装上的标志内容。与本部分 1.6 的差异应特别加以说明。

1.5 术语和定义

除了采用 GB/T 2693—2001 术语和定义外,下列定义也适用。

1.5.1

额定电压 rated voltge

U_R

在额定温度下可持续施加在电容器上的最大直流电压。

注:加在电容器上的直流电压和峰值交流电压的总和不应超过额定电压。峰值交流电压的值不得超过下列规定频率所对应的额定电压百分比,并不应大于 280 V,除非详细规范另有规定。

50 Hz:20%

100 Hz:15%

1 000 Hz:3%

10 000 Hz:1%

1.6 标志

按 GB/T 2693—2001 中 2.4 及下列规定:

1.6.1 标志中给出的内容通常从下列项目中选取;每项的相对重要性由它在项目顺序中的位置来表示

a) 标称电容量(应清晰标志或按 IEC 60062 规定);
b) 额定电压(直流电压可以用符号⎓或——来表示);
c) 标称电容量的允许偏差;
d) 类别电压;
e) 制造年月(或周);
f) 制造厂名称或商标;
g) 气候类别;
h) 制造厂的型号命名;
i) 引用的详细规范。

1.6.2 电容器应清晰地标出 a)、b)及 c)项的内容,并尽可能地标出其余认为必要的项目。应避免在电容器上所标的内容有任何重复。

1.6.3 电容器的包装上应清楚地标出在 1.6.1 中所列项目的全部内容。

1.6.4 使用任何附加标志均不应引起混淆。

2 优先额定值和特性

2.1 优先特性

详细规范中规定的数值应优先从下列数值中选取。

2.1.1 优先气候类别

本部分包括的电容器应按 IEC 60068-1 的规定划分气候类别。

注:对于 IEC 60068-1 系列标准中的试验,引用一般规范适用的试验条款是有效的。

下限类别温度和上限类别温度以及稳态湿热试验的持续时间应从下列数值中选取:

下限类别温度:−55 ℃,−40 ℃和−25 ℃;

上限类别温度:85 ℃,100 ℃,105 ℃和 125 ℃;

稳态湿热试验的持续时间:4 d,10 d,21 d 和 56 d。

寒冷和干热试验的严酷等级分别为下限类别温度和上限类别温度。

2.2 优先额定值

2.2.1 标称电容量(C_R)

标称电容量的优先值为:1 μF,1.5 μF,2.2 μF,3.3 μF,4.7 μF,6.8 μF 以及其十进倍数。

这些数值符合 GB/T 2471—1995 中规定的 E6 系列。

如需其他数值时,应优先从 E12 系列中选取。

2.2.2 标称电容量的允许偏差

标称电容量的优选允许偏差是:±5%,±10%和±20%。

2.2.3 额定电压(U_R)

额定电压的优先值为:40 V,63 V,100 V,160 V,250 V 及其它们的十进倍数。

这些数值符合 GB/T 321—2005 中规定的优先值 R5 和 R10 基本系列。

2.2.4 类别电压(U_C)

类别电压为:

对于上限类别温度 100 ℃时:$0.8U_R$;

对于上限类别温度 105 ℃时:$0.75U_R$;

对于上限类别温度 125 ℃时:$0.5U_R$。

2.2.5 额定温度

额定温度为 85 ℃。

3 质量评定程序

3.1 初始制造阶段

初始制造阶段是电容器芯子的卷绕或等效的操作。

3.2 结构相似元件

结构上相似的电容器是用相似的工艺和材料生产的,但它们可以是不同的外形尺寸和不同的额定值。

3.3 放行批证明记录

当详细规范有规定而且订货方要求时,应按 GB/T 2693—2001 中 3.9 要求的内容编制。在耐久性试验后,对其变量数据有要求的参数是电容量变化、tan δ 和绝缘电阻。

3.4 鉴定批准

鉴定批准试验的程序按 GB/T 2693—2001 中 3.5 的规定。

以逐批和周期试验为基础的鉴定批准试验一览表在本部分 3.5 规定。以固定样本大小为基础的鉴定批准试验一览表在本部分 3.4.1 和 3.4.2 中规定。

3.4.1 以固定样本大小程序为依据的鉴定批准

3.4.1.1 抽样

GB/T 2693—2001 中 3.5.3 b)规定了固定样本大小的程序。样本应能代表申请批准的电容器的范围。这范围可以是也可以不是详细规范所覆盖的全部范围。

当只有一种温度系数要求批准时,样本应由最低和最高电压以及这些电压中的最小和最大电容量的样品组成。当额定电压多于 4 种值时,其中的一个中间电压也应进行试验。这样,对一个范围内的批准,就需要对每一个温度系数按 4 种值或 6 种值(电容量/电压组合)进行试验。当组成的总范围少于 4 种值时,应按 4 种值所要求的样品数进行试验。

下列情况允许使用备份样品:

a) 每种值有一个可用来替换 0 组中允许的不合格品。

b) 每种值有一个可用来替换不属于制造厂原因而引起的不合格品。

“0 组”给出的样本大小是所有各组均适用时所用样品的总和。如果不是这样,则样本大小可以相应地减少。

在鉴定批准试验一览表中增加试验组时,“0 组”试验所需的样本大小应按增加的试验组所要求的样本大小来增加。

表 1 给出了鉴定批准试验的每个组或每个分组需要进行试验的样本大小以及允许不合格品数。

3.4.2 试验

由一个详细规范所包括的电容器，在鉴定批准时，应经过表1和表2所规定的全系列试验。每组的试验应按规定的顺序进行。

全部样品应经受“0”组试验，然后再分配到其他各组。

“0”组试验中发现不合格的样品，不得用于其他各组。

当一个电容器未能满足某一试验组的全部或一部分试验要求时，就算作一个不合格品。

当不合格品数不超过对每一组或分组规定的允许不合格品数以及总的允许不合格品数时，则给予批准。

注：表1和表2一起构成固定样本大小试验一览表，其中表1包括不同试验或试验组的抽样和允许不合格品的细节，而表2与第4章中所包括的试验的详细规定给出了试验条件和性能要求的整个摘要，并且还指出了在详细规范中应选定的试验方法或试验条件等。对于固定样本大小试验一览表，试验条件和性能要求应与详细规范中对于质量一致性检验规定的那些试验条件和性能要求相同。

表1 鉴定批准试验用固定样本抽样方案-评定水平EZ

序号	试验项目	本部分条款	样品数 n[a]	允许的不合格品数 c
0	外观检查 尺寸 电容量 损耗角正切(tan δ) 耐电压 绝缘电阻 备份样品	4.1 4.1 4.2.2 4.2.3 4.2.1 4.2.4	108 12	0
1A	引出端强度 耐焊接热 元件耐溶剂	4.3 4.4 4.13	12	0
1B	可焊性 标志耐溶剂 温度快速变化 振动 碰撞或冲击[b]	4.5 4.14 4.6 4.7 4.8 或 4.9	12	0
1	气候顺序	4.10	24	0
2	稳态湿热	4.11	24	0
3	耐久性	4.12	36	0
4	随温度变化的特性[b]	4.2.5	24	0

[a] 电容量/电压组合按3.4.1规定。

[b] 如果详细规范要求时。

表 2 鉴定批准试验一览表

章条号及试验项目[a]	D 或 ND[b]	试验条件[a]	样品数(n)及允许的不合格品数(c)	性能要求[a]
0 组	ND		见表 1	
4.1 外观检查			↓	按 4.1 规定 标志清晰及符合详细规范规定
4.1 尺寸(详细的)				见详细规范
4.2.1 耐电压		方法:见详细规范		无击穿或飞弧
4.2.2 电容量				在规定允许偏差范围内
4.2.3 损耗角正切(tan δ)		频率:1 kHz		按 4.2.3.2
4.2.4 绝缘电阻		方法:见详细规范		按 4.2.4.2
1A 组	D		见表 1	
4.3.1 初始测量		电容量 损耗角正切(tan δ) 对于 C_R≤10 μF:在 1 kHz 对于 C_R>10 μF:在 50 Hz~120 Hz	↓	
4.3 引出端强度		外观检查		无可见损伤
4.4 耐焊接热		无预先干燥 试验方法见详细规范(1A 或 1B)		
4.4.2 最后测量		外观检查 电容量		无可见损伤,标志清晰 $\Delta C/C$≤按 4.3.1 测量值的 2%
4.13 元件耐溶剂(适用时)		溶剂:… 溶剂温度:… 方法 2 恢复时间:…		见详细规范
1B 组	D		见表 1	
4.5 可焊性		不老化 方法见详细规范	↓	以湿润引出端的焊料自由流动或焊料在…s 内流合来说明镀锡良好,按适用。
4.14 标志耐溶剂(适用时)		溶剂:… 溶剂温度:… 方法 1 摩擦材料:脱脂棉 恢复时间:…		见详细规范
4.6.1 初始测量		电容量 损耗角正切(tan δ): 对于 C_R≤10 μF:在 1 kHz 对于 C_R>10 μF:在 50 Hz~120 Hz		

表 2（续）

章条号及试验项目[a]	D 或 ND[b]	试验条件[a]	样品数(n)及允许的不合格品数(c)	性能要求[a]
		T_B＝上限类别温度 5 次循环 持续时间：t_1＝30 min 外观检查	↓	无可见损伤
4.7　振动		安装方法：见详细规范 B4 程序 频率范围：从…Hz 至…Hz 振幅：0.75 mm 或 加速度：98 m/s² (取严酷等级较低者) 总持续时间：6 h		
4.7.2　最后检查		外观检查		无可见损伤
4.8　碰撞(或冲击见 4.9)		安装方法见详细规范 碰撞次数：… 加速度：…m/s² 脉冲持续时间：…ms		
4.9　冲击(或碰撞见 4.8)		安装方法见详细规范 加速度：…m/s² 脉冲持续时间：…ms		
4.8.3 或 4.9.3　最后测量		外观检查 电容量 损耗角正切(tan δ)		无可见损伤 $\Delta C/C$≤按 4.6.1 测量值的 5% 见详细规范

表 2（续）

章条号及试验项目[a]	D 或 ND[b]	试验条件[a]	样品数(*n*)及允许的不合格品数(*c*)	性能要求[a]
1 组	D		见表 1	
4.10 气候顺序			↓	
4.10.2 干热		温度:上限类别温度 持续时间:16 h		
4.10.3 循环湿热,试验 Db,第一次循环				
4.10.4 寒冷		温度:下限类别温度 持续时间:2 h		
4.10.5 低气压(当详细规范要求时)		大气压强:8.5 kPa(85 mbar)		
4.10.5.3 中间检查		外观检查		无永久性击穿,飞弧或外壳的有害变形
4.10.6 循环湿热,试验 Db,其余循环				
		恢复:1 h～2 h		
4.10.6.2 最后测量		外观检查		无可见损伤,标志清晰
		电容量		$\Delta C/C$≤按 4.4.2,4.8.3 或 4.9.3 测量值的 5%,按适用
		损耗角正切(tan δ)		tan δ≤0.01 或按 4.3.1 或 4.6.1 测量值 1.2 倍,取较大者
		绝缘电阻		≥4.2.4.2 规定值的 50%
2 组	D		见表 1	
4.11 稳态湿热		电容量	↓	
4.11.1 初始测量		损耗角正切(tan δ): 对于 C_R≤10 μF:在 1 kHz 对于 C_R>10 μF:在 50 Hz～120 Hz		
4.11.3 最后测量		外观检查		无可见损伤,标志清晰
		电容量		$\Delta C/C$≤按 4.11.1 测量值的 5%
		损耗角正切(tan δ)		tan δ≤0.01 或按 4.11.1 测量值 1.2 倍,取较大者
		绝缘电阻		≥4.2.4.2 规定值的 50%

表 2（续）

章条号及试验项目[a]	D或ND[b]	试验条件[a]	样品数(*n*)及允许的不合格品数(*c*)	性能要求[a]
3组 4.12 耐久性 4.12.1 初始测量 4.12.5 最后测量	D	 持续时间:1 000 h 电容量 损耗角正切(tan δ) 对于 $C_R \leqslant 10\ \mu F$:在 1 kHz 对于 $C_R > 10\ \mu F$:在 50 Hz～120 Hz 恢复 1 h～2 h 外观检查 电容量 损耗角正切(tan δ) 绝缘电阻	见表1 ↓	 无可见损伤,标志清晰 $\Delta C/C \leqslant$ 按 4.12.1 测量值的 5% tan $\delta \leqslant 0.01$ 或按 4.11.1 测量值 1.2 倍,取较大者 $\geqslant$4.2.4.2 规定值的 50%
4组 4.2.5 随温度变化的特性(要求时)	ND	 电容量	见表1 ↓	 按 4.2.5

[a] 试验的章条号和性能要求引自第4章——试验和测量方法。

[b] 本表中:D——破坏性的;ND——非破坏性的。

3.5 质量一致性检验

3.5.1 检验批的构成

a) A组和B组检验

这些试验应在逐批检验的基础上进行。

制造厂可按下列规定将当前生产的产品组合成检验批。

1) 检验批应由结构相似的电容器组成(见3.2)。

2a) 试验样品应可以代表检验批中所包括的每种尺寸和每种值组成:

——与检验批的数量有关;

——任一种值至少有5只样品。

2b) 如样品中任一规格的样品数量少于5只,则抽样基数应由制造厂和国家监督检查机构协商确定。

b) C组检验

这些试验应在周期检验的基础上进行。

样本应能代表规定周期内现行生产的代表性产品,并应划分成高、中和低额定电压值。为了覆盖任一周期内的批准,应对每个电压值中的一种外形尺寸产品进行试验。为了包括整个范围,对随后的周期内生产的其他外形尺寸和(或)额定电压值的产品做试验。

3.5.2 试验一览表

质量一致性检验的逐批检验和周期试验的一览表在GB/T 6346.1101—2015第2章表4中作了规定。

3.5.3 延期交货

当按GB/T 2693—2001中3.10的程序，进行重新检验时，应按A组和B组的规定检查可焊性和电容量。

3.5.4 评定水平

在空白详细规范中规定的评定水平应优先地从表3和表4中选择。

表3 逐批检验

检验分组[b]	D[c]		EZ			F[c]		G[c]	
	IL[a]	AQL[a] %	IL[a]	n[a]	c[a]	IL[a]	AQL[a] %	IL[a]	AQL[a] %
A0			100%[d]						
A1			S-3	[e]	0				
A2			S-3	[e]	0				
B1			S-3	[e]	0				

[a] IL=检验水平
AQL=合格质量水平
n=样品数
c=允许的不合格品数

[b] 检验分组的内容在有关空白详细规范的第2章中给出。

[c] 评定水平D、F和G在考虑中。

[d] 100%检验后，为了用每百万分之几不合格品数(10^{-6})来检测产品出厂的质量水平，应进行抽样复验，抽样水平应由制造厂决定。计算10^{-6}数值时，任何参数值的不合格即判定一个不合格项，如果在批次中出现一只或多只不合格品，则该项批应拒收。

[e] 样品数：按IEC 60410:1973表2a中的IL的字母代码直接分配样本大小(常规检查采用单个样品方案)。

表4 周期检验

检查分组[b]	D[c]			EZ			F[c]			G[c]		
	p[a]	n[a]	c[a]	p[a]	n[a]	c[a]	p[a]	n[a]	c[a]	p[a]	n[a]	c[a]
C1A				6	5	0						
C1B				6	5	0						
C1				6	10	0						
C2				6	10	0						
C3				6	10	0						
C4				6	10	0						

[a] p=周期(月)
n=样品数
c=允许的不合格品数

[b] 检验分组的内容在有关空白详细规范的第2章中给出。

[c] 评定水平D、F和G正在考虑中。

4 试验和测量方法

4.1 外观和尺寸检查

按 GB/T 2693—2001 中 4.4。

4.2 电气试验

4.2.1 耐电压

按 GB/T 2693—2001 中 4.6 和下列规定。

4.2.1.1 试验电路：

R_1 和标称电容量 C_x 的乘积应小于或等于 1 s 并大于 0.01 s。

R_1 包括电源的内阻。

R_2 应限制放电电流等于或小于 1 A。

4.2.1.2 电压应加在 GB/T 2693—2001 中 4.5.3 表 3 中规定的测量点之间，试验点的试验电压值按表 5 的规定，对鉴定批准试验时间为 1 min，对质量一致性逐批试验时间为 1 s。

表 5 试验电压

试验点	试验电压
1 a)	$2U_R$
1 b)和 1 c)	$2U_R$，最低为 200 V

4.2.2 电容量

按 GB/T 2693—2001 中 4.7 和下列规定。

4.2.2.1 电容量应在(或校正到)1 000 Hz 频率下测量，对标称电容量大于 10 μF 的电容器，可以使用 50 Hz～120 Hz 频率测量。

在 1 000 Hz 频率下施加的峰值电压应不超过额定电压的 3%，而在 50 Hz～120 Hz 频率下施加的峰值电压应不超过 20%，且最大为 100 V(有效值为 70 V)。

4.2.2.2 电容量应在规定的允许偏差范围内。

4.2.3 损耗角正切(tan δ)

按 GB/T 2693—2001 中 4.8 和下列规定。

4.2.3.1 在 1 000 Hz 测量时的测量条件

频率：1 000 Hz；

峰值电压：≤额定电压的 3%；

不确定度：$\leqslant 10\times10^{-4}$(绝对值)。

4.2.3.2 在 1 000 Hz 测量时的要求

tan δ 应不超过 100×10^{-4}。

4.2.4 绝缘电阻

按 GB/T 2693—2001 中 4.5 和下列规定。

4.2.4.1 测量前,电容器应充分放电。放电电路的电阻与被试电容器的标称电容量的乘积应不小于0.01 s或不小于详细规范中规定的值。

4.2.4.2 测量电压

应按 GB/T 2693—2001 中 4.5.2 规定。

电压应以准确的数值通过电压源内阻直接加到电容器上。

电源的内阻与电容器的标称电容量的乘积应小于 1 s 或按详细规范规定的数值。

绝缘电阻应符合表 6 的要求。

表 6 绝缘电阻的要求

测试点 按 GB/T 2693—2001 中 4.5.3 表 3 的规定	要 求		
	RC 最小乘积 (R=引出端绝缘电阻) (C_R=标称电容量) s	引出端间最小绝缘电阻 MΩ	引出端与外壳间最小绝缘电阻 MΩ
	$C_R>0.33\ \mu F$	$C_R\leqslant 0.33\ \mu F$	
1 a)	10 000	30 000	—
1 b)和 1 c)	—	—	3 000

4.2.4.3 当试验不是在温度 20 ℃下进行时,如有必要,应将测量结果乘以适当的修正因子修正到 20 ℃时的值。在有疑问的情况下,以 20 ℃时的测量值为准。

表 7 列出的修正因子可认为是金属箔式聚乙烯对苯二甲酸乙二醇酯薄膜介质电容器的平均值。

表 7 与试验温度有关的修正因子

温度/℃	修正因子
15	0.79
16	0.83
17	0.87
18	0.91
19	0.95
20	1.00
21	1.05
22	1.10
23	1.15
24	1.20
25	1.26
26	1.32
27	1.38
28	1.45
29	1.52
30	1.59
31	1.66
32	1.74
33	1.82
34	1.91
35	2.00

4.2.5 随温度变化的特性(要求时)

按 GB/T 2693—2001 中 4.24.1 静态法和下列规定。

应在 b)、d)和 f)点上测量电容量,电容量温度特性符合表 8 和表 9 的规定。

表 8 下限类别温度时的特性

在 b)点的试验温度	电容量温度特性
−10～−25 ℃	$-5\% \leqslant \Delta C/C \leqslant 0\%$
−40 ℃	$-7\% \leqslant \Delta C/C \leqslant 0\%$
−55 ℃	$-10\% \leqslant \Delta C/C \leqslant 0\%$

表 9 上限类别温度时的特性

在 f)点的试验温度	电容量温度特性
85 ℃	$0\% \leqslant \Delta C/C \leqslant 5\%$
100 ℃	$0\% \leqslant \Delta C/C \leqslant 10\%$
105 ℃	$0\% \leqslant \Delta C/C \leqslant 13\%$
125 ℃	$0\% \leqslant \Delta C/C \leqslant 20\%$

4.3 引出端强度

按 GB/T 2693—2001 中 4.13 和下列规定。

4.3.1 初始测量

电容量应按照 4.2.2 进行测量;

损耗角正切应按 4.2.3.1 进行测量。

4.4 耐焊接热

按 GB/T 2693—2001 中 4.14 和下列规定。

4.4.1 条件

不预先干燥。

4.4.2 最后检查、测量和要求

电容器应进行外观检查和测量,并应符合表 2 所规定的要求。

4.5 可焊性

按 GB/T 2693—2001 中 4.15 和下列规定。

4.5.1 试验条件

不老化,对球焊法的要求应在详细规范中规定。当既不适用焊槽法,也不适合球焊法时,可用烙铁法进行试验,应采用 A 号烙铁。

4.5.2 性能要求

在表 2 中给出。

4.6 温度快速变化

按 GB/T 2693—2001 中 4.16 和下列规定。

4.6.1 初始测量

初始测量应按 4.3.1 规定进行。

4.6.2 循环次数

循环次数 5 次,在极限温度下保持时间:30 min。

4.7 振动

按 GB/T 2693—2001 中 4.17 和下列规定。

4.7.1 采用程序 B4 和试验 Fc 的下列严酷等级:位移 0.75 mm 或 98 m/s^2,取振幅较小者。试验是在下列频率范围之一进行的:10 Hz～55 Hz,10 Hz～500 Hz,10 Hz～2 000 Hz。总持续时间为 6 h。

详细规范中应规定频率范围,也应规定所采用的安装方法。对于具有轴向引线并只靠引线安装的电容器,电容器本体与安装点之间的距离应为 6 mm±1 mm。

4.7.2 最后检查、测量和要求:见表 2。

4.8 碰撞

按 GB/T 2693—2001 中 4.18 和下列规定。

详细规范应规定采用碰撞试验还是冲击试验。

4.8.1 初始测量

不要求。

4.8.2 严酷等级

详细规范应规定采用下列一种严酷等级:

总碰撞次数:1 000 或 4 000;

$$\left.\begin{array}{l}\text{加速度:}400\ m/s^2\\ \text{脉冲持续时间:}6\ ms\end{array}\right\}\quad\text{或}\quad\left\{\begin{array}{l}100\ m/s^2;\\ 16\ ms;\end{array}\right.$$

详细规范也应规定所采用的安装方法。对于具有轴向引线并只靠引线安装的电容器,电容器本体与安装点之间距离应为 6 mm±1 mm。

4.8.3 最后检查、测量和要求

电容器应进行外观检查和测量,并应符合表 2 规定的要求。

4.9 冲击

按 GB/T 2693—2001 中 4.19 和下列规定。

详细规范应规定采用碰撞试验还是冲击试验。

4.9.1 初始测量

不要求。

4.9.2 严酷等级

详细规范应规定采用表 10 列出的优先的一种严酷等级，脉冲形状：半正弦波。

表 10 优先严酷等级

峰值加速度 m/s²	相应的脉冲持续时间 ms
300	18
500	11
1 000	6

详细规范也应规定所采用的安装方法。对于具有轴向引线并只靠引线安装的电容器，电容器本体与安装点之间距离应为 6 mm±1 mm。

4.9.3 最后检查、测量和要求

电容器应进行外观检查和测量，并应符合表 2 规定的要求。

4.10 气候顺序

按 GB/T 2693—2001 中 4.21 和下列规定。

4.10.1 初始测量

不要求，适用时按 4.4.2、4.8.3 或 4.9.3。

4.10.2 干热

按 GB/T 2693—2001 中 4.21.2。

4.10.3 循环湿热试验 Db，第一次循环

按 GB/T 2693—2001 中 4.21.3。

4.10.4 寒冷

按 GB/T 2693—2001 中 4.21.4。

4.10.5 低气压

按 GB/T 2693—2001 中 4.21.5 和下列规定。

4.10.5.1 如果详细规范有要求，试验应在温度为 15 ℃～35 ℃，大气压强为 8.5 kPa 下进行。试验持续时间为 1 h。

4.10.5.2 当仍在规定的低气压，并在 1 h 周期的最后 5 min 时，应施加额定电压。

提交做本试验的电容器应按需要划分成 2 个组或 3 个组，每组按 GB/T 2693—2001 中 4.5.6 表 3 中规定做其中的一项试验。

4.10.5.3 最后检查、测量和要求：电容器应进行外观检查和测量，并应符合表 2 规定的要求。

4.10.6 循环湿热试验 Db，其余循环

按 GB/T 2693—2001 中 4.21.6 和下列规定。

湿热试验结束后15 min内，采用如4.2.1规定的试验电路条件，在试验点A上施加额定电压1 min。

4.10.6.1 最后检查和要求

恢复后，电容器应进行外观检查，并应符合表2规定的要求。

4.11 稳态湿热

按GB/T 2693—2001中4.22和下列规定。

4.11.1 初始测量

按4.3.1规定进行测量。

4.11.2 耐电压

湿热试验结束后15 min内，应按4.2.1进行耐电压试验，但应施加额定电压。

4.11.3 最后检查、测量和要求

恢复后，电容器应进行外观检查和测量，并应符合表2规定的要求。

4.12 耐久性

按GB/T 2693—2001中4.23和下列规定。

4.12.1 初始测量：应按4.3.1规定进行。

4.12.2 电容器应按表11的规定试验1 000 h。

表11 耐久性试验

类别	—/085/—	—/100/—		—/105/—		—/125/—	
温度	85 ℃	100 ℃	85 ℃	105 ℃	85 ℃	125 ℃	85 ℃
电压(d.c.)	$1.5U_R$	$1.5U_C$	$1.5U_R$	$1.5U_C$	$1.5U_R$	$1.5U_C$	$1.5U_R$
分成的样品组	1个组	2个组		2个组		2个组	

4.12.3 试验电压应分别通过电阻器施加到每个电容器上，电阻器的阻值按式(1)计算：

$$阻值=施加电压\times 1\ \frac{\Omega}{V} \qquad (1)$$

4.12.4 在规定的试验周期后，应允许电容器恢复，然后通过4.12.3规定的同一电阻器放电。

4.12.5 最后检查、测量和要求：对电容器进行检查和测量，并应符合表2规定的要求。

4.13 元件耐溶剂(适用时)

见GB/T 2693—2001中4.31。

4.14 标志耐溶剂(适用时)

见GB/T 2693—2001中4.32。

ICS 31.060.30
L 11

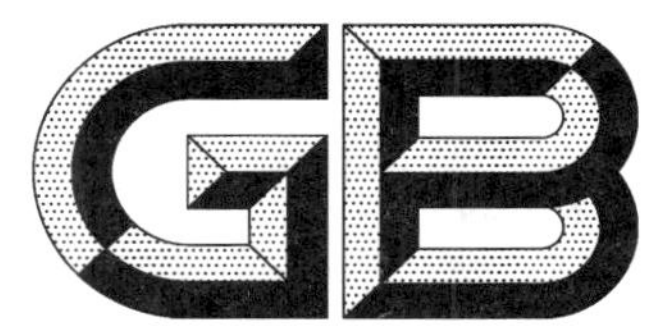

中华人民共和国国家标准

GB/T 6346.14—2015/IEC 60384-14:2005
代替 GB/T 14472—1998

电子设备用固定电容器 第14部分:分规范 抑制电源电磁干扰用固定电容器

**Fixed capacitors for use in electronic equipment—
Part 14: Sectional specification—
Fixed capacitors for electromagnetic interference suppression and connection to the supply mains**

(IEC 60384-14:2005, IDT)

2015-07-03 发布 2016-03-01 实施

中华人民共和国国家质量监督检验检疫总局
中国国家标准化管理委员会 发布

前　言

《电子设备用固定电容器》已经或计划发布的国家标准如下：

——第1部分：总规范(GB/T 2693—2001/IEC 60384-1:1999)；

——第2部分：分规范　金属化聚乙烯对苯二甲酸酯膜介质直流固定电容器(GB/T 7332—2011/IEC 60384-2:2005)；

——第2-1部分：空白详细规范　金属化聚乙烯对苯二甲酸酯膜介质直流固定电容器　评定水平E和EZ(GB/T 7333—2012/IEC 60384-2-1:2005)；

——第3部分：分规范　表面安装 MnO_2 固体电解质钽固定电容器(GB/T 6346.3—2015/IEC 60384-3:2006)；

——第3-1部分：空白详细规范　表面安装 MnO_2 固体电解质钽固定电容器　评定水平EZ(GB/T 6346.301—2015/IEC 60384-3-1:2006)；

——第4部分：分规范　固体和非固体电解质铝电容器(GB/T 5993—2003/IEC 60384-4:1998)；

——第4-1部分：空白详细规范　非固体电解质铝电容器　评定水平E(GB/T 5994—2003/IEC 60384-4-1:2000)；

——第6部分：分规范　金属化聚碳酸酯膜介质直流固定电容器(GB/T 14004—1992/IEC 60384-6:1987)；

——第6-1部分：空白详细规范　金属化聚碳酸酯膜介质直流固定电容器　评定水平E(GB/T 14005—1992/IEC 60384-6-1:1987)；

——第7部分：分规范　金属箔式聚苯乙烯膜介质直流固定电容器(GB/T 10185—2012)；

——第7-1部分：空白详细规范　金属箔式聚苯乙烯膜介质直流固定电容器　评定水平E(GB/T 10186—2012)；

——第8部分：分规范　1类瓷介固定电容器(GB/T 5966—2011/IEC 60384-8:2005)；

——第8-1部分：空白详细规范　1类瓷介固定电容器　评定水平EZ(GB/T 5967—2011/IEC 60384-8-1:2005)；

——第9部分：分规范　2类瓷介固定电容器(GB/T 5968—2011/IEC 60384-9:2005)；

——第9-1部分：空白详细规范　2类瓷介固定电容器　评定水平EZ(GB/T 5969—2012/IEC 60384-9-1:2005)；

——第11部分：分规范　金属箔式聚乙烯对苯二甲酸乙二醇酯膜介质直流固定电容器(GB/T 6346.11—2015/IEC 60384-11:2008)；

——第11-1部分：空白详细规范　金属箔式聚乙烯对苯二甲酸乙二醇酯膜介质直流固定电容器　评定水平EZ(GB/T 6346.1101—2015/IEC 60384-11-1:2008)；

——第13部分：分规范　金属箔式聚丙烯膜介质直流固定电容器(GB/T 10188—2013/IEC 60384-13:2006)；

——第13-1部分：空白详细规范　金属箔式聚丙烯膜介质直流固定电容器　评定水平E和EZ(GB/T 10189—2013/IEC 60384-13-1:2006)；

——第14部分：分规范　抑制电源电磁干扰用固定电容器(GB/T 6346.14—2015/IEC 60384-14:2005)；

——第14-1部分：空白详细规范　抑制电源电磁干扰用固定电容器　评定水平D(GB/T 6346.1401—2015/IEC 60384-14-1:2005)；

——第 15 部分:分规范 非固体或固体电解质钽电容器(GB/T 7213—2003/IEC 60384-15:1982,第 1 号修改单:1987,第 2 号修改单:1992);
——第 15-1 部分:空白详细规范 非固体电解质箔电极钽电容器 评定水平 E(GB/T 12794—1991/IEC 60384-15-1:1984);
——第 15-2 部分:空白详细规范 非固体电解质多孔阳极钽电容器 评定水平 E(GB/T 12795—1991/IEC 60384-15-2:1984);
——第 15-3 部分:空白详细规范 固体电解质和多孔阳极钽电容器 评定水平 E(GB/T 7214—2003/IEC 60384-15-3:1992);
——第 16 部分:分规范 金属化聚丙烯膜介质直流固定电容器(GB/T 10190—2012/IEC 60384-16:2005);
——第 16-1 部分:空白详细规范 金属化聚丙烯膜介质直流固定电容器 评定水平 E 和 EZ(GB/T 10191—2011/IEC 60384-16-1:2005);
——第 17 部分:分规范 金属化聚丙烯膜介质交流和脉冲固定电容器(GB/T 14579—2013/IEC 60384-17:2005);
——第 17-1 部分:空白详细规范 金属化聚丙烯膜介质交流和脉冲固定电容器 评定水平 EZ(GB/T 14580—2013/IEC 60384-17-1:2005);
——第 18 部分:分规范 固体(MnO_2)与非固体电解质片式铝固定电容器(GB/T 17206—1998/IEC 60384-18:1993,第 1 号修改单:1998);
——第 18-1 部分:空白详细规范 表面安装固体(MnO_2)电解质铝固定电容器 评定水平 EZ(GB/T 17207—2012/IEC 60384-18-1:2007);
——第 18-2 部分:空白详细规范 非固体电解质片式铝固定电容器 评定水平 E(GB/T 17208—1998/IEC 60384-18-2:1993);
——第 19 部分:分规范 表面安装金属化聚乙烯对苯二甲酸酯膜介质直流固定电容器(GB/T 15448—2013/IEC 60384-19:2005);
——第 19-1 部分:空白详细规范 表面安装金属化聚乙烯对苯二甲酸酯膜介质直流固定电容器 评定水平 EZ(GB/T 16467—2013/IEC 60384-19-1:2005);
——第 21 部分:分规范 表面安装用 1 类多层瓷介固定电容器(GB/T 21041—2007/IEC 60384-21:2004);
——第 21-1 部分:空白详细规范 表面安装用 1 类多层瓷介固定电容器 评定水平 EZ(GB/T 21038—2007/IEC 60384-21-1:2004);
——第 22 部分:分规范 表面安装用 2 类多层瓷介固定电容器(GB/T 21042—2007/IEC 60384-22:2004);
——第 22-1 部分:空白详细规范 表面安装用 2 类多层瓷介固定电容器 评定水平 EZ(GB/T 21040—2007/IEC 60384-22-1:2004)。

本部分为《电子设备用固定电容器》的第 14 部分。

本部分按照 GB/T 1.1—2009 给出的规则起草。

本部分代替 GB/T 14472—1998《电子设备用固定电容器 第 14 部分:抑制电源电磁干扰用固定电容器》。

与 GB/T 14472—1998 相比,主要技术变化如下:

——对标准中产品应用中的电气和电子设备的电源线之间的电压从 500 V 提高到 1 000 V;
——优先气候类别中下限类别温度新增了 −65 ℃档,上限类别温度新增了 105 ℃、155 ℃档(见 2.1.1);
——额定电压中删除了 380 V 档,新增加 275 V、500 V 和 760 V 三档。X 类电容器最高额定电压提高到 760 V，Y1 类电容器最高额定电压提高到 500 V，Y2 类电容器最高额定电压提高到 300 V；

——对抽样做出调整，增加了 RC 组件的抽样方案；对测试条件做出了明确规定(见表 3)；

——增加了附录 D、附录 E、附录 F 和附录 G。

本部分使用翻译法等同采用 IEC 60384-14:2005《电子设备用固定电容器　第 14 部分：分规范　抑制电源电磁干扰用固定电容器》。

与本部分中规范性引用的国际文件有一致性对应关系的我国文件如下：

——GB/T 2421.1—2008　电工电子产品环境试验　概述和指南(IEC 60068-1:1988，IDT)

——GB/T 2423.23—2013　环境试验　第 2 部分：试验方法　试验 Q：密封(IEC 60068-2-17:1994，IDT)

——GB/T 16935.1—2008　低压系统内设备的绝缘配合　第 1 部分：原理、要求和试验(IEC 60664-1:2007，IDT)

——GB/T 17045—2008　电击防护　装置和设备的通用部分(IEC 61140:2001，IDT)

为了便于使用，对 IEC 60384-14:2005 进行了编辑性修改，具体内容如下：

——删除了 IEC 60384-14:2005 前言部分；

——表中的脚注采用小写英文字母；

——对文中的表按顺序给出编号及标题。

请注意本文件的某些内容可能涉及专利。本文件的发布机构不承担识别这些专利的责任。

本部分由中华人民共和国工业和信息化部提出。

本部分由全国电子设备用阻容元件标准化技术委员会(SAC/TC 165)归口。

本部分起草单位：中国电子技术标准化研究院。

本部分主要起草人：张玉芹。

本部分所代替标准的历次版本发布情况为：

——GB/T 14472—1993、GB/T 14472—1998。

电子设备用固定电容器
第14部分:分规范
抑制电源电磁干扰用固定电容器

1 总则

1.1 范围

本部分适用于抑制电源电磁干扰用固定电容器和电阻器-电容器的组件,这些电容器和电阻器-电容器组件连接电源上,且电源线之间电压不超过1 000 V直流或交流有效值,频率不超过100 Hz。

1.2 目的

本部分的目的是对这种类型的电容器规定优先额定值和特性,并从GB/T 2693—2001中选择适用的质量评定程序、试验和测量方法,以及给出这种类型电容器的一般性能要求。引用本部分的详细规范中规定的试验严酷等级和要求应具有相同或更高的性能水平,不允许降低性能水平。

本部分的另一目的是向国家批准的试验室提供安全性试验一览表。

1.3 规范性引用文件

下列文件对于本部分的应用是必不可少的。凡是注日期的引用文件,仅注日期的版本适用于本文件。凡是不注日期的引用文件,其最新版本(包括所有的修改单)适用于本文件。

GB/T 2471—1995 电阻器和电容器优先数和优先数系[idt IEC 60063:1963,包括第一号修订单(1967)第二号修改单(1977)]

GB/T 2693—2001 电子设备用固定电容器 第1部分:总规范(idt IEC 60384-1:1999)

GB 4706.1—2005 家用和类似用途固定电容器的安全要求 第1部分:一般要求(IEC 60335-1:2001,IDT)

GB/T 6346.1401—2015 电子设备用固定电容器 第14-1部分:空白详细规范 抑制电源电磁干扰用固定电容器 评定水平D(IEC 60384-14-1:2005,IDT)

IEC 60060-1 高电压试验技术 第1部分:一般定义和试验要求(High-voltage test techniques—Part 1:General definitions and test requirements)

IEC 60068-1 电工电子产品环境试验 第1部分 通用要求和导则(Environmental testing—Part 1:General and guidance)

IEC 60068-2-17 电工电子产品环境试验 第2部分 试验Q:密封(Environmental testing—Part 2:Tests—Test Q:Sealing)

IEC 60664-1 低压系统内绝缘配合设备 第1部分:原理、要求和试验(Insulation coordination for equipment within low-voltage systems—Part 1:Principles,requirements and tests)

IEC 60760 扁平快接端子(Flat,quick-connect terminations)

IEC 60940 抑制射频干扰用电容器、电阻器、电感器和滤波器单元应用导则(Guidance information on the application of capacitors,resistors,inductors and complete filter units for radio interference suppression)

IEC 61140 防电击保护:安装和设备一般问题(Protection against electric shock—Common aspects for installation and equipment)

CISPR 17 抑制射频干扰用无源滤波器和元器件抑制特性的测量方法(Methods of measurement of the suppression characteristics of passive radio interference filters and suppression components)

IEC QC 001005 IEC电子元器件质量评定体系[IEC Quality Assessment System for Electronic Components(IECQ)—Register of Firms,Products and Services approved under the IECQ System,including ISO 9000]

ISO 7000-DB[1] 设备用制图符号的索引和大纲(Graphical symbols for use on equipment—Index and synopsis)

1.4 详细规范中应规定的内容

详细规范应根据有关的空白详细规范来填写。

详细规范规定的要求不应低于总规范、分规范或空白详细规范。当包括更严格的要求时,应把这些要求列入详细规范1.9中,并在试验一览表中注明,如:加星号。

每个详细规范应给出下列内容,并且采用的数值最好从本分规范有关条款中选择。

注:为了方便起见,在1.4.1中规定的内容可用表格形式表示。

1.4.1 外形图和尺寸

为了便于识别并与其他电容器进行比较,应附电容器的外形图。详细规范中应给出影响互换性和安装的尺寸及公差。所有尺寸应优先采用毫米。如果原始尺寸是英寸时,应附上换算的毫米值。

通常应给出电容器本体长度、宽度、高度以及引线的间距。对圆柱形电容器,则应给出本体的长度、直径以及引出端的直径。必要时,例如当详细规范中包括若干个数值(电容量/电压)范围时,其尺寸及其允许公差应列在图下的表格中。

当电容器外形尺寸与上述不同时,详细规范应规定逐一说明该电容器的尺寸数据,当电容器不是设计用于印刷电路板时,详细规范应明确说明。

1.4.2 安装

详细规范应规定正常使用时的安装方法以及振动、碰撞或冲击试验所采取的安装方法。电容器应采用正常装置安装。如果电容器设计在其使用中需要专用的安装夹具,在这种情况下,详细规范应对安装夹具进行说明,而且在振动、碰撞或冲击试验中应使用这种安装夹具。

1.4.3 额定值和特性

额定值和特性应符合本部分第2章的有关条款,同时应符合下列规定。

1.4.3.1 标称电容量

标称电容量范围:见2.2.1。

注:当按详细规范批准的产品可能具有不同电容量范围时,应增加下列说明:“每一电压范围内可提供的电容量范围应在合格产品目录中给出。”

1.4.3.2 标称电阻值(若适用)

标称电阻值:见2.2.4。

1) DB查阅ISO在线数据库。

1.4.3.3 特殊特性

当认为完整规定电容器的设计和用途需要特殊特性时，可以列出特殊特性。

1.4.4 标志

详细规范应规定电容器和包装件的标志内容，见 1.6。

1.5 术语和定义

除了采用 GB/T 2693—2001 术语和定义外，下列术语和定义也适用。

注：GB/T 2693—2001 中的一些定义已经被扩展，这种扩展在这些定义中利用参见本注来表示。

1.5.1

交流电容器 a.c.cpacitor

主要设计用于工频交流电压的电容器。

注：交流电容器可以用在与电容器额定电压交流有效值相同的直流电源。

1.5.2

抑制电磁干扰电容器(抑制射频干扰电容器) electromagnetic interference suppression capacitor (radio interference suppression capacitor)

用于降低电气、电子设备或其他干扰源所产生的电磁干扰的电容器。

1.5.3

X 类电容器或 RC 组件 capacitor or RC-unit of class X

一种适用于在电容器失效时不会导致电击危险的场合的电容器或 RC 组件。

X 类电容器按迭加到电源电压上的峰值脉冲电压(在使用中可能承受的)大小分为三个小类(见表 1)。此脉冲电压可以是由于外部线路受到雷击而引起，也可以是由于开关相邻设备而引起，也可以是由于开关使用该电容器的设备而引起。

表 1 X 类电容器分类

小类	使用时的峰值脉冲电压 kV	绝缘类型 IEC 60664-1	应用	耐久性试验前施加的峰值脉冲电压 U_p kV
X1	>2.5 ≤4.0	Ⅲ	高脉冲应用	$C_R \leqslant 1.0$ μF，4 $C_R > 1.0$ μF，$4/\sqrt{C_R}$
X2	≤2.5	Ⅱ	一般用途	$C_R \leqslant 1.0$ μF，2.5 $C_R > 1.0$ μF，$2.5/\sqrt{C_R}$
X3	≤1.2	—	一般用途	—
注：电容量大于 1.0 μF 时，U_p 减额因子均为 $1/2C_RU_p^2$。C_R 单位为 μF。				

1.5.4

Y 类电容器或 RC 组件 capacitor or RC-unit of class Y

一种适用于在电容器失效时会导致电击危险的场合的电容器或 RC 组件。

Y 类电容器按表 2 可进一步分为 4 个小类：Y1、Y2、Y3 和 Y4。

表 2 Y 类电容器分类

小类	跨街的绝缘类型	额定电压 V	耐久性试验前施加的峰值脉冲电压 kV
Y1	双重绝缘或增强绝缘	≤500	8.0
Y2	基本绝缘或辅助绝缘	≥150 ≤300	5.0
Y3	基本绝缘或辅助绝缘	≥150 ≤250	—
Y4	基本绝缘或辅助绝缘	<150	2.5
注 1：基本绝缘、辅助绝缘、双重绝缘和增强绝缘的定义见 IEC 61140。 注 2：当 Y1 类电容器的额定电压大于等于 Y2 类电容器额定电压时，Y1 可代替 Y2 类电容器。			

Y1 类电容器外壳内不得装有其他元件，此外 Y 类电容器与 X 类电容器可以组装成组件，但是这些电容器应完全满足 X 和 Y 类电容器有关条款的要求。

一个 Y 类电容器可以跨接基本绝缘，也可以跨接辅助绝缘。如果用两个 Y2 类、Y3 类或 Y4 类电容器串联组合跨街基本和辅助绝缘，则这些电容器应有相同的标称值。

注：当需要时，引出端绝缘层应优先采用透明或白色。

1.5.5

两引出端电容器 two-terminal capacitor

具有两个引出端的抑制电磁干扰电容器（见图 1）。

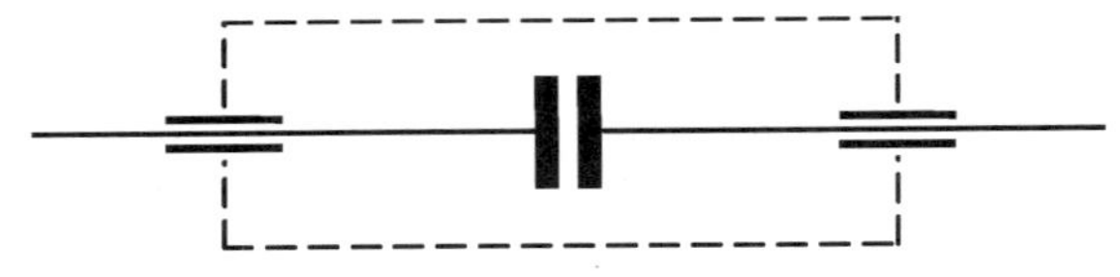

图 1 两引出端电容器

1.5.6

串联 RC 组件 series RC unit

电阻器与 X 类或 Y 类电容器串联的功能组合（见图 2）。

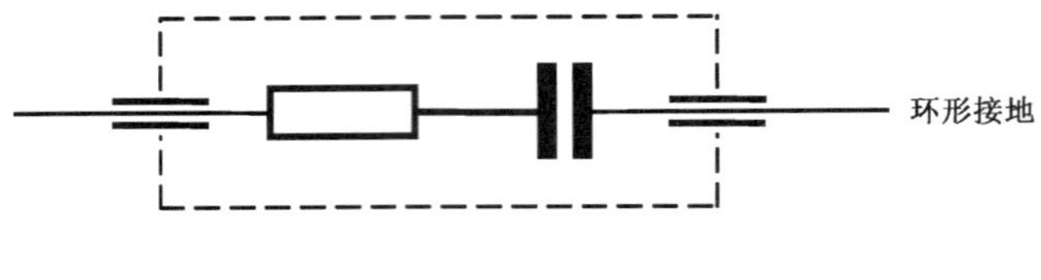

图 2 RC 组件

1.5.7

穿心电容器（同轴式） lead-through capacitor（coaxial）

带有中心电流导体的电容器，导体由电容器芯子围绕着，且电容器芯子对称地接到中心导体和外壳形成一个同轴式结构。

该电容器应轴向安装（见图 3）。

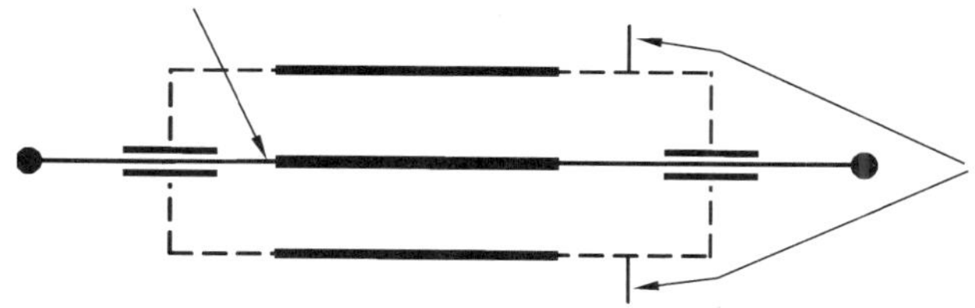

图 3 穿心电容器(同轴式)

1.5.8

穿心电容器(非同轴式) lead-through capacitor(non-coaxial)

一种电源电流流过或横贯各电极的电容器。(见图 4)

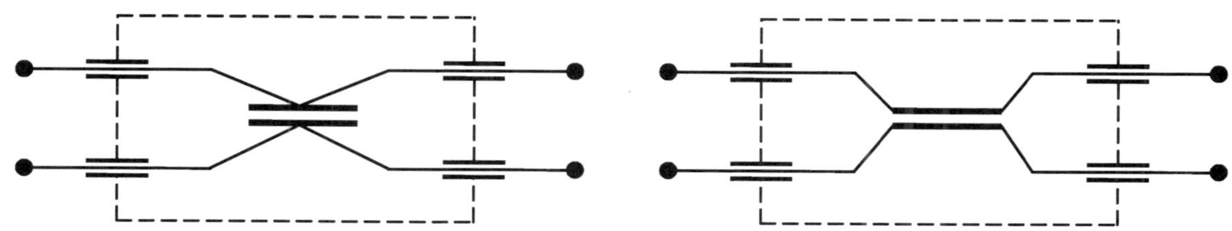

a) 对称使用的穿心电容器(非同轴式)

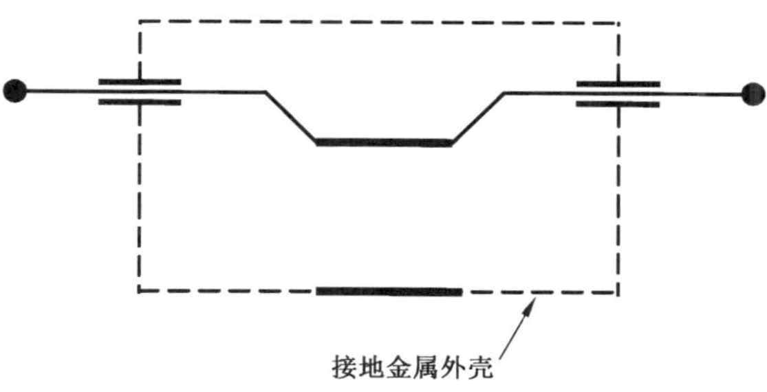

b) 非对称使用的穿心电容器(非同轴式)

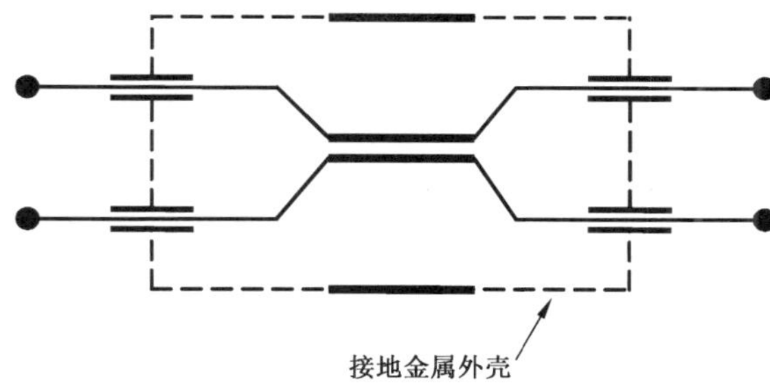

c) 对称和非对称使用的多单元穿心电容器(非同轴式)

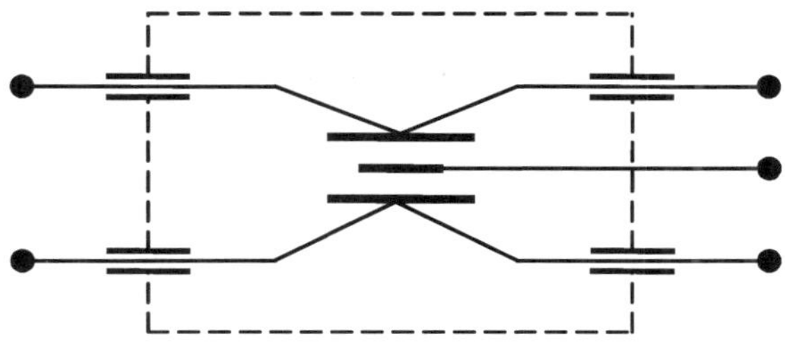

d) 多单元穿心电容器

图 4 穿心电容器

1.5.9

旁路电容器　by-pass capacitor

一种将电磁干扰电流旁路的电容器,有三种常用的连接形式:单线连接、三角形连接和 T 型连接。单线连接的电容器应是电容器装入一个接地的金属外壳内,金属外壳与电容器的一个引出端相连接[如图 5a)所示];三角形连接的电容器由一个 X 类电容器和两个 Y2 类或 Y3 类电容器按图 5b)所示连接成三角形网络;T 形连接由 C_A、C_B 和 C_C 三个电容器按图 5c)所示连接成 T 形网络。

三角形和 T 形在电气上是等效的(星形-三角形转换)。在 T 形连接中,X 类电容器是由 C_B 和 C_C 串联构成,Y 类电容器是由 C_A 和 C_B 以及 C_A 和 C_C 串联构成。

当 T 形连接电容器提交试验,且规定电压施加在 X 类电容器两端,则电压应施加在接相线引出端和接中线引出端之间。同样,当规定电压应施加在 Y 类电容器两端时,这时电压应施加在接相线引出端与接中线引出端的连接点和接地引出端之间。

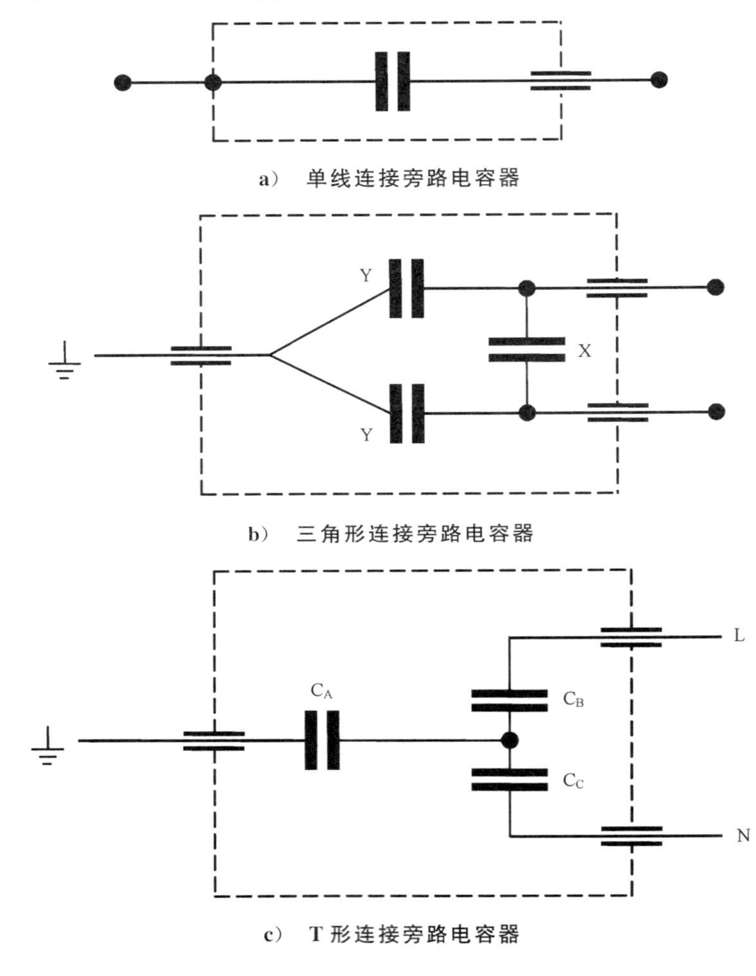

a)　单线连接旁路电容器

b)　三角形连接旁路电容器

c)　T 形连接旁路电容器

图 5　旁路电容器

注:非金属封装的电容器,接地连接应作为单独引出端。

1.5.10

额定电压　rated voltage

U_R

在额定功率下的交流有效值或直流工作电压。该电压可以在下限类别温度和上限类别温度之间的任一温度下连续施加到电容器的引出端上。

也就是说,本部分所包括的电容器,其类别电压与额定电压相同。

1.5.11

额定功率(串联 RC 组件)　rated power(of a series RC unit)

连续工作期间在额定温度下,RC 组件可以消耗的最大功率。

1.5.12

上限类别温度　upper category temperature

电容器设计在连续工作时的最高表面温度(见 1.5 注)。

注 1:穿心电容器和串联 RC 组件,由于穿心电流引起的内部发热可能影响表面的温度。电容器的引出端应看作表面的一部分。

注 2:本定义将代替 GB/T 2693—2001 的 2.2.14,因为符合本部分的抑制干扰电容器将接入主电网,因此产生内部发热。

1.5.13

下限类别温度　lower category temprature

电容器设计在连续工作时的最低表面温度(见 1.5 注)。

注:本定义代替 GB/T 2693—2001 的 2.2.15(见上述 1.5.12 的注 2)。

1.5.14

额定温度(穿心电容器或串联 RC 组件)　rated temperature(of lead-through capacitor or series RC unit)

穿心电容器可以承受其额定穿心电流时,或串联 RC 组件可以消耗且其额定功率时的最高环境温度。

注:本定义将代替 GB/T 2693—2001 的 2.2.16(见上述 1.5.12 的注 2)。

1.5.15

插入损耗　insertion loss

插入抑制电容器前后在线端所测得的电压之比。

注:当用分贝表示测量值时,则插入损耗是规定比值的以 10 为底的对数的 20 倍。

1.5.16

导体额定电流(穿心电容器)　rated current of the conductors(lead-through capacitor)

在额定温度下连续工作时允许流过电容器导体的最大电流。

1.5.17

主谐振频率(两引出端电容器)　main resonant frequency(two-terminal capacitor)

施加正弦电压时,电容器的阻抗最小时的最低频率。

1.5.18

脉冲电压　impulse voltage

脉冲电压是一种质期性的具有 IEC 60060-1 规定波形的瞬变电压。

1.5.19

阻燃性　passive flammability

电容器施加外部热源火焰燃烧时的承受能力。

1.5.20

自燃性　active flammability

电容器由电负载引起的火焰燃烧时的承受能力。

1.6 标志

按 GB/T 2693—2001 中 2.4 及下列规定:

a) 制造商名称或商标;

b) 制造商的型号或详细规范中给出的型号;

c) 电容器的类别或小类;

d) 认可批准标志;

e) 标称电容量和标称电阻值;

f) 额定电压和电源性质(交流电压可以用符号～表示,直流电压可以用符号 ⎓ 或—来表示);

g) 连接方法(若需要);

h) 导体的额定电流(穿心电容器);

i) 标称电容量的允许偏差(若不是±20%);

j) 气候类别,紧跟一个字母表示阻燃性类别;

k) 额定温度;

l) 制造年和月(或周);

m) 相关详细规范编号。

1.6.1 电容器应清楚的标出 a)、b)、c)和 d)项的内容,若 b)项不包括 e)和 f)的内容时,还应标出 e)和 f)项,并尽可能多地标出认为有必要标出的其他项目。

注:对表面安装的元件,只有 a)和 b)应标出(见附录 F)。

建议在安装安全电容器的电路板上给出警告标志。警告标志应按 ISO 7000-0434(DB:2004-01)。标志是含一个感叹号的直立正三角形标志的形状。

1.6.2 装有电容器的包装箱应清楚的标出上面所列的全部内容。可以选择国家批准的标志信息。

1.6.3 允许采用不致引起混淆的任何附加标志。

2 优先额定值和特性

2.1 优先特性

详细规范中给出的各种特性应优先从下列数值中选取。

2.1.1 优先气候类别

本部分所包括的电容器是按 GB/T 2693—2001 总则的规定划分气候类别的。

下限和上限类别温度以及稳态湿热试验的持续时间应从下列数值中选取:

a) 下限类别温度:−65 ℃;−55 ℃;−40 ℃;−25 ℃和−10 ℃;

b) 上限类别温度:85 ℃;100 ℃;105 ℃;125 ℃和 155 ℃;

c) 稳态湿热试验的持续时间:21 d 和 56 d;

d) 寒冷和干热试验的严酷等级分别为下限和上限类别温度;

e) 对于上述类别的应用导则见 IEC 60940。

2.2 优先额定值

2.2.1 标称电容量(C_R)

标称电容量的优先值为:1,1.5,2.2,3.3,4.7,6.8 及其十进倍数。

这些数值符合 GB/T 2471—1995 中规定的 E6 数系。

2.2.2 标称电容量的允许偏差

标称电容量的允许偏差为±20%。

2.2.3 额定电压(U_R)

交流额定电压的优先值为:125 V,250 V,275 V,400 V,440 V,500 V 和 760 V。

注 1:X 类电容器可用于星形连接。

注 2:抑制电磁干扰电容器应选择额定电压等于或大于所连接电源系统的标称电压。电容器的设计应考虑到系统电压可能高出其标称电压的 10%。

2.2.4 标称电阻值(R_R)

标称电阻值的优先值应从 GB/T 2471—1995 中规定的 E6 系列中选取。

2.2.5 额定温度

穿心电容器和串联 RC 组件的额定温度应不低于 40 ℃。

2.2.6 阻燃性

阻燃性所允许的最低类别为 C,见 4.17。

3 质量评定程序

3.1 初始阶段制造

对于卷绕型电容器,其初始阶段是电容器芯组的卷绕;对于单层瓷介电容器,其初始制造阶段是介质和电极的形成;对于其他类型电容器,其初始制造阶段应与所使用介质的分规范的规定相同。

3.2 结构类似元件

有基本相同的工艺和材料制造,具有相同的类别和额定电压,但可能有不同的外形尺寸和电容量的电容器,可以认为是结构类似的电容器。

3.3 放行批证明记录

当详细规范有规定和顾客有要求时,应按 GB/T 2693—2001 中 3.10 要求的内容。在耐久性试验后,需要提供变化量的参数是电容量变化、电阻值变化(RC 组件)、损耗角正切和绝缘电阻。

3.4 批准试验

3.4.1 安全试验批准

表 3 和表 6 试验一览表所列的试验仅限于进行安全要求试验。安全试验的固定样本大小应按3.4.3及表 3 的规定。在申请进行鉴定试验前,应提供认证产品的设计数据说明(按附录 D)和电容器基本设计的详细资料。

3.4.2 鉴定批准

鉴定批准试验应使用表 4、表 5 和表 7。

鉴定批准试验程序在 GB/T 2693—2001 中 3.5 给出。以逐批和周期检验为基础的鉴定批准试验用一览表在本部分 3.5 和表 8 中规定。符合 GB/T 2693—2001 中 3.5.3b)规定的以固定样本大小为基础的鉴定批准试验一览表在本部分 3.4.3 和表 4、表 5 中规定。这两种程序的样本大小和允许不合格品数应是等效的级别。试验条件和要求也应相同。鉴定批准试验应优先采用表 4 和表 5 固定样本大小。

3.4.3 固定样本大小的鉴定批准

3.4.3.1 抽样

每一种工艺、额定电压、类别和小类的电容器应分别鉴定。每一分组中每一种额定电压的电容器的总数在表3、表4和表5中给出。含有不同类型电容器芯子的多芯电容器和穿心电容器应按相应规定抽取更多的电容器。

样本应由鉴定范围内最大和最小电容量的相同数量样品组成。但4.17的阻燃性试验和4.18的自燃性试验除外。对阻燃性试验应按4.17中表3注f和表4注i中的抽样规则进行。对RC组件，样本应选取鉴定范围内最大和最小电容量的样品，并尽可能每一电容量选取由最大和最小电阻值的相同数量样品组成。当仅包括一种电容量时，应对表3、表4和表5中所规定总数的电容器进行试验。

备份样品按下列规定提供：

a) 每种电容量提供一个电容器用来替换0组试验中允许不合格的样品；

b) 若需要按照表2或表3注a)的规定，当需要进行重复试验时，可以使用其他的备份样品。

0组中给出的样品数假定适用所有的各试验组。如果不是这样，样品数可以相应的减少。

鉴定批准试验一览表中增加试验组时，0组试验所需增加的样品与所增加的试验组所要求的样品数相同。

表3、表4和表5给出每一组或每一分组应试验的样品数以及允许不合格数。

若被鉴定的瓷介电容器包含不同温度系数或者采用了明显不同的材料，2组、3组和7组的样品应包含每一种介质材料指定数量的样品。

3.4.3.2 试验

表3、表4或表5中给出的一系列完整试验是一个详细规范所包括的一种额定电压电容器的批准所要求的。每组试验应按规定的顺序进行。

全部样品应经受0组试验，然后再分配到其他各试验组。在0组试验中发现不合格的样品，不能用于其他各组。

一只电容器没有满足某一试验组的全部或部分试验时算做一个不合格。

当不合格品数不超过规定的每个组或分组的允许不合格数以及总的允许不合格数时应给予批准。

注：表3和表6或表4、表5和表7构成固定样本大小试验一览表，表3、表4或表5包括了各种或各分组试验的抽样和允许不合格品数的细节，而表6、表7以及第4章所包括的试验细节给出了完整的试验条件和性能要求，并指出了在哪些项目详细规范应进行选择的试验方法或试验条件。

固定样本大小试验一览表的试验条件和性能要求应与详细规范中质量一致性检验的规定相同。

表3 抽样方案(仅涉及安全要求的试验)

分组	试验项目	本部分章条号	每一额定电压和小类的被试样品数	每一额定电压和小类的允许不合格品数	
				每组	总计
0	外观检查	4.1	28+12[d]+6[e]+(6～18)[f]+24	1[b]	
	电容量	4.2.2			
	电阻值[c]	4.2.4			
	耐电压	4.2.1			
	绝缘电阻	4.2.5			
	备份		14+6[e]		

表 3(续)

分组	试验项目	本部分章条号	每一额定电压和小类的被试样品数	每一额定电压和小类的允许不合格品数	
				每组	总计
1A	爬电距离和电气间隙	4.1.1	6	0[a,b]	1
	引出端强度	4.3			
	耐焊接热[c]	4.4			
	标志耐溶剂	4.20			
2	稳态湿热	4.12	10	0[a,b]	
3	脉冲电压	4.13	12[d] 12[d] 6[e]	0[a,b]	
	耐久性	4.14			
	X 类和 RC 组件	4.14.3			
	Y 类和 RC 组件	4.14.4			
	穿心[g]	4.14.5			
6	阻燃性	4.17	6～18[f]	0	
7	自燃性	4.18	24	0	

[a] 如果出现一个不合格品,可用一新样品代替,并重新进行全组试验,不允许再出现不合格品。第 1 次样本中出现的不合格品应计算在最后一栏总的允许不合格品内。

[b] 对于 Y 类电容器不允许出现永久性短路失效。

[c] 若适用。

[d] 若被试电容器是由 X 和 Y 类电容器组成的多芯电容器,则应取 12 个样品作 X 类电容器试验,对其余 12 个样品作 Y 类电容器试验。

[e] 若试验的是穿心电容器应增加电容器的数量。

[f] 应对最小、中间(多于四种外壳号时)和最大外壳号进行试验。对于每一种外壳号,应对最大电容量的三个样品和最小电容量的三个样品进行试验。每种外壳号总共有六个样品进行试验。

[g] 注意选择进行 4.14.6 规定的电压/电流组合试验。

表 4 抽样方案 安全和性能试验 鉴定批准 评定水平 D/DZ

分组	试验项目	本部分章条号	每一额定电压和小类的被试样品数	每一额定电压和小类的允许不合格品数			
				每组		总计	
				D	DZ	D	DZ
0	外观检查	4.1	50+12[e]+6[f]+(6～18)[i]+24	1[b]	0[a]		
	尺寸(规检的)	4.1					
	电容量	4.2.2					
	电阻值[c]	4.2.4					
	损耗角正切[h]	4.2.3					
	耐电压	4.2.1					
	绝缘电阻	4.2.5					
	备份		20				

表 4（续）

分组	试验项目	本部分章条号	每一额定电压和小类的被试样品数	每一额定电压和小类的允许不合格品数			
				每组		总计	
				D	DZ	D	DZ
1A	尺寸(详细的)	4.1	6	0[a]	0[a]	2	0
	引出端强度	4.3					
	耐焊接热[c]	4.4					
	元件耐溶剂[c]	4.19					
1B	可焊性[c]	4.5	12	0[a]	0[a]		
	标志耐溶剂[c]	4.20					
	温度快速变化	4.6					
	振动	4.7					
	碰撞或冲击[g]	4.8 或 4.9					
1	密封[c,d]	4.10	18	1[b]	0[b]		
	气候顺序	4.11					
2	稳态湿热	4.12	10	0[a,b]	0[a,b]		
3	脉冲电压	4.13		0[a,b]	0[a,b]		
	耐久性	4.14					
	X 类和 RC 组件	4.14.3	12[e]				
	Y 类和 RC 组件	4.14.4	12[e]				
	穿心[j]	4.14.5	6[f]				
4	充电和放电[c]	4.15	6	0[a]	0[a]		
5	高频特性[d]	4.16	4	1	0[a]		
6	阻燃性	4.17	6～18[i]	0	0		
7	自燃性	4.18	24	0	0		

[a] 如果出现一个不合格品，可用一新样品代替，并重新进行全组试验，不允许再出现不合格品。第 1 次样本中出现的不合格品应计算在最后一栏总的允许不合格品内。

[b] 对于 Y 类电容器不允许出现永久性短路失效。

[c] 若适用。

[d] 若详细规范有要求。

[e] 若被试电容器是由 X 和 Y 类电容器组成的多芯电容器，则应取 12 个样品作 X 类电容器试验，对其余 12 个样品作 Y 类电容器试验。

[f] 若试验的是穿心电容器应增加电容器的数量。

[g] 详细规范中规定采用哪一种试验。

[h] 仅适用于金属化和瓷介电容器。

[i] 应对最小、中间(多于四种外壳号时)和最大外壳号进行试验。对于每一种外壳号，应对最大电容量的三个样品和最小电容量的三个样品进行试验。每种外壳号总共有六个样品进行试验。

[j] 注意选择进行 4.14.6 规定的电压/电流组合试验。

表 5 试验一览表和逐批检验抽样方案

仅用于安全试验

分组	本部分章条号	检查水平 IL	允许不合格品数
A0	4.2.2 电容量	100%[b]	
	4.2.4 电阻值[a]		
	4.2.1 耐电压[d]		
A1	4.1 外观检查:尺寸[c]	S-4	0
	4.2.5 绝缘电阻(试验 A)	I	0

[a] 若适用。

[b] 可以用于最终测试抽样。

[c] 如果在制造过程中制造商在产品尺寸测量中实施了 SPC 或其他措施避免尺寸超差,该项目可用生产过程测量数据替代。

[d] 耐电压试验应采用适当的监测方法以发现产品的绝缘电阻缺陷。

鉴定批准-评定水平 D

分组	本部分章条号	IL	AQL
A1	4.1 外观检查	Ⅱ	1.5
	4.1 尺寸(规检法)		
A2	4.2.2 电容量	Ⅱ	0.25
	4.2.4 电阻值[a]		
	4.2.3 损耗角正切 (仅对金属化和瓷介电容器)		
	4.2.1 耐电压(试验 A)		
	4.2.5 绝缘电阻(试验 A)		
B1	4.5 可焊性[a]	S-3	2.5

[a] 若适用。

鉴定批准-评定水平 DZ

分组	本部分章条号	IL	允许不合格品数[b]
A1	4.1 外观检查	S-4	0
	4.1 尺寸(规检法)		
A2	4.2.2 电容量	1	0
	4.2.4 电阻值[a]		
	4.2.3 损耗角正切(仅对金属化和瓷介电容器)		
	4.2.1 耐电压(试验 A)		
	4.2.5 绝缘电阻(试验 A)		
B1	4.5 可焊性[a]	S-3	0

[a] 若适用;

[b] 如果发现一个不合格,该组的所有试验应在新的样本上重新抽样,不允许再次出现不合格。

表 6 仅用于安全试验的试验一览表

分组	试验项目和章条号[a]	D 或 ND[c]	试验条件[a]	n 和 c[b]	性能要求[a]
0 组	4.1 外观检查	ND		见表 3	无可见损伤,标志清晰
	4.2.2 电容量				在规定的允许偏差范围内
	4.2.4 电阻值(若适用)				在规定的允许偏差范围内
	4.2.1 耐电压		方法:__		无永久性击穿或飞弧
	4.2.5 绝缘电阻		方法:__		按表 11
1A 组	4.1.1 爬电距离和电气间隙	D		见表 3	按 4.1.1
	4.3 引出端强度		严酷等级:按详细规范		无可见损伤
	4.4 耐焊接热(若适用)		不预干燥 方法(1A 或 1B),按详细规范		
	4.20 标志耐溶剂				标志清晰
	4.4.2 最后测量		外观检查		无可见损伤
			电容量		按表 13
			电阻值(若适用)		按表 13
2 组	4.12 稳态湿热	D		见表 3	
	4.12.1 初始测量		采用在 0 组的试验测量值		
	4.12.2 试验条件		瓷介电容器:一半样品施加电压 U_R 另一半电容器:不施加电压		
	4.12.3 最后检查和测量		外观检查		无可见损伤,标志清晰
			电容量		按表 15
			电阻值(若适用)		按表 15
			耐电压		按表 15
			绝缘电阻		按表 15
3 组	4.13.1 初始测量	D	采用在 0 组的试验测量值	见表 3	
	4.13 脉冲电压		脉冲次数:3 次,全波 峰值电压:按表 1 和表 2		按 4.13.2 和 4.13.3
	4.14 耐久性		持续时间:1 000 h 电压、电流和温度:按 4.14.3、4.14.4、4.14.5 和 4.14.6		
	4.14.6 最后检查和测量		外观检查		无可见损伤,标志清晰
			电容量		按表 16
			电阻值(若适用)		按表 16
			耐电压		按表 16
			绝缘电阻		按表 16
6 组	4.17 阻燃性	D		见表 3	按 4.17.1
7 组	4.18 自燃性	D		见表 3	按 4.18.4

[a] 试验条件和要求的章条号引自第 4 章试验和测量程序。

[b] n=样品数,c=允许不合格品数。

[c] D=破坏性试验,ND=非破坏性试验。

表 7 安全和性能试验用试验一览表 鉴定批准-评定水平 D/DZ

分组	试验项目和章条号[a]	D 或 ND[d]	试验条件[a]	n 和 c[b]	性能要求[a]
0 组	4.1 外观检查	ND		见表 4	无可见损伤，标志清晰 按详细规范规定
	4.1 尺寸(规检法)				按详细规范规定
	4.2.2 电容量				在规定的允许偏差范围内
	4.2.4 电阻值(若适用)				在规定的允许偏差范围内
	4.2.3 损耗角正切 (仅对金属化和瓷介电容器)		频率：__		按详细规范规定
	4.2.1 耐电压		方法：__		无永久性击穿或飞弧
	4.2.5 绝缘电阻		方法：__		按表 12
1A 组	4.1 尺寸(详细的)	D		见表 3	按详细规范和表 9
	4.3 引出端强度		严酷等级：按详细规范		无可见损伤
	4.4 耐焊接热(若适用)		不预干燥 方法(1A 或 1B)，按详细规范		
	4.19 元件耐溶剂(若适用)		溶剂：__ 溶剂温度：__ 方法 2		按详细规范
	4.4.2 最终测量		外观检查		无可见损伤
			电容量		按表 13
			电阻值(若适用)		按表 13
1B 组	4.5 可焊性(若适用)	D	不老化 方法按详细规范	见表 4	镀锡良好，焊料流动性良好，焊料在 3 s 内润湿引出端或焊点，按适用
	4.20 标志耐溶剂		溶剂：__ 溶剂温度：__ 方法 1 擦拭材料：脱脂棉		标志清晰
	4.6 温度快速变化[c]		恢复时间：__ T_A——下限类别温度 T_B——上限类别温度 五次循环 持续时间：t_1 = 30 min		
	4.6.1 最后检查		外观检查		无可见损伤
	4.7 振动		安装方法和严酷等级按详细规范		
	4.7.2 最后检查		外观检查		无可见损伤
	4.8 碰撞或 4.9 冲击		安装方法和严酷等级按详细规范		
	4.8.2 最后测量 或 4.9.2		外观检查		无可见损伤
			电容量		按 4.8.2 或 4.9.2
			电阻值(若适用)		按表 14

表 7(续)

分组	试验项目和章条号[a]	D 或 ND[d]	试验条件[a]	n 和 c[b]	性能要求[a]
1 组	4.10　密封(若适用)	D	IEC 60068-2-17 的试验 Qc 或试验 Qd,按详细规范	见表 4	无泄漏痕迹
	4.11　气候顺序				
	4.11.1　初始测量		按 4.4.2、4.8.2 或 4.9.2(若适用)测量		
	4.11.2　干热		温度:上限类别温度 持续时间 16 h		
	4.11.3　循环湿热试验 Db,第一次循环				
	4.11.4　寒冷		温度:下限类别温度 持续时间 2 h		
	4.11.5　循环湿热试验 Db,第一次循环				
	4.11.6　最后测量		外观检查		无可见损伤,标志清晰
			电容量		按表 14
			电阻值(若适用)		按表 14
			损耗角正切(若适用)		按表 14
			耐电压		按表 14
			绝缘电阻		按表 14
2 组	4.12　稳态湿热	D		见表 4	
	4.12.1　初始测量		采用在 0 组试验测量值		
	4.12.2　试验条件		瓷介电容器: 一半样品施加电压:U_R 另一半样品不施加电压 其他电容器: 不施加电压		
	4.12.3　最后测量		外观检查		无可见损伤,标志清晰
			电容量		按表 15
			电阻值(若适用)		按表 15
			损耗角正切(若适用)		按表 15
			耐电压		按表 15
			绝缘电阻		按表 15

表 7(续)

分组	试验项目和章条号[a]	D 或 ND[d]	试验条件[a]	n 和 c[b]	性能要求[a]
3 组	4.13.1 初始测量	D	采用在 0 组试验测量值	见表 4	
	4.13 脉冲电压		加脉冲次数:24 max 峰值电压:按表 1 和表 2		见 4.13.2 和 4.13.3
	4.14 耐久性		持续时间:1 000 h 电压、电流和温度:按 4.14.3、4.14.4、4.14.5 和 4.14.6		
	4.14.7 最后测量		外观检查		无可见损伤,标志清晰
			电容量		按表 16
			电阻值(若适用)		按表 16
			损耗角正切(若适用)		按表 16
			耐电压		按表 16
			绝缘电阻		按表 16
4 组	4.15 充电和放电	D	仅对金属化和瓷介电容器以及使用这类电容器的 RC 组件	见表 4	
	4.15.1 初始测量		采用在 0 组试验测量值 除 RC 组件外,应测量损耗角正切:对于 $C_R \leqslant 1\ \mu F$,10 kHz;对于 $C_R > 1\ \mu F$,1 kHz		
	4.15.3 最后测量		电容量		按表 17
			损耗角正切,按初始测量的频率(除 RC 组件)		按表 17
			电阻值(若适用)		按表 17
			绝缘电阻		按表 17
5 组	4.16 高频特性	ND	若详细规范有要求,测量方法见详细规范	见表 4	见详细规范
6 组	4.17 阻燃性	D		见表 4	按 4.17.1
7 组	4.18 自燃性	D		见表 4	按 4.18.4

[a] 试验条件和要求的章条号引自第 4 章试验和测量程序。

[b] n=样品数,c=允许不合格品数。

[c] 对 2 类瓷介固定电容器,当要求精确测试电容量漂移时,应采用制造商的建议进行预处理(见附录 G)。

[d] D=破坏性试验,ND=非破坏性试验。

3.5 质量一致性检验

提交质量一致性检验以前,应按表 10 的要求在引出端之间进行 100% 耐电压试验。试验细则由制造商决定,但时间不应少于 1 s。如果试验时间在 1 s~2 s 之间,施加的试验电压应按图 6 的 B 曲线的系数对表 10 规定的试验电压进行增加。

如果对 Y 类电容器采用直流试验电压代替交流试验电压进行试验,直流试验电压应不小于表 10

中交流试验电压的1.8倍,并按图6的B曲线的电压系数进行增加。

所有的不合格品应在提交逐批试验前从批中剔除。

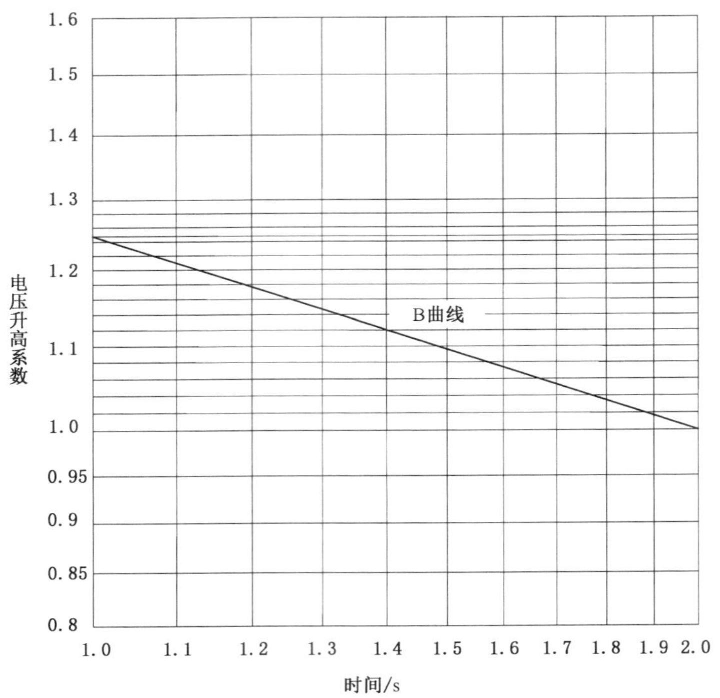

图6 试验持续时间

3.5.1 检验批的组成

3.5.1.1 A组和B组检验

这些试验应根据表8的要求在逐批检验的基础上进行。

制造商应按下列规定将现行生产的产品集合成检验批:

a) 检查批应由结构类似的电容器组成(见3.2)。

b1) 试验的样本应有检验批所包括的各种尺寸和各种值的代表性产品组成:

——与尺寸和电容量的数量有关;

——一种值至少5只样品。

b2) 如果样品中任何一种少于5只时,则抽样的基数应由制造商和国家监督检查机构商定。

A组试验的检验批应由同一额定电压、同类别和小类的电容器组成,并应属于一个连续生产周期的产品。

Y类电容器在耐电压试验中不允许出现不合格品。

B组试验的检验批应由相似工艺和材料生产的电容器组成。

3.5.1.2 C组检验

3.5.1.2.1 仅限于安全批准用试验

当产品设计发生改变时应根据附录D的规定按表6重新进行鉴定。应当由鉴定机构确认发生的变化并决定是否需要重新鉴定。

3.5.1.2.2 鉴定批准

这些试验应在周期的基础上进行。

样本应是规定周期内现行生产的代表性产品，并应按表 8 从同一额定电压、相同类别和小类中抽取。为了覆盖整个批准范围，应在下一个周期内对生产的其他外壳尺寸产品进行试验。

Y 类电容器耐电压试验不允许出现不合格品。

3.5.2 试验一览表

3.5.2.1 仅限于安全批准用试验

逐批检验和重新批准试验一览表在表 5 和附录 D 中给出。

3.5.2.2 鉴定批准

用于质量一致性检验的逐批和周期试验一览表在空白详细规范，例如 GB/T 6346.1401—2015 中第 2 章表 4 中给出。

3.5.3 延期交货

延期交货时的重新检验时间间隔应不超过 3 个月。当执行 GB/T 2693—2001 中 3.10 的程序进行重新检验时，额定试验电压的耐电压、电容量、电阻（若适用）和绝缘电阻应按 A 组检验的规定检验，可焊性应按 B 组检验要求检验。

3.5.4 评定水平

在空白详细规范中给出的评定水平应优先从表 8 中选择。

表 8 评定水平

分组[b]	D		DZ	
	IL	AQL %	IL	允许不合格品数
A1	Ⅱ	1.5	S-4	0
A2	Ⅱ	0.25	Ⅰ	0
B1	S-3	2.5	S-3	0

分组[b]		D			DZ		
		p	n	c	p	n	c[a]
C1A		6	6	0	6	6	0
C1B[c]		6	12	0	6	12	0
C1		6	18	1	6	18	0
C2		6	10	0	6	10	0
C3	X 类	3	12	0	3	12	0
	Y 类		12			12	
	穿心		6			6	

表 8（续）

分组[b]	D			DZ		
	p	n	c	p	n	c[a]
C4	6	6	1	6	6	0
C5	12	4	1	12	5	0
C6	12	6～18	0	12	6～18	0
C7	12	24	0	12	24	0

IL ——检查水平；
AQL——合格评定水平；
p ——周期(按月计)；
n ——样本大小；
c ——允许不合格品数。

[a] 如果发现一个不合格，该组的所有试验应在新的样本上重新抽样，不允许再次出现不合格。
[b] 各个检验分组的内容在有关的空白详细规范第 2 章中规定。
[c] 该分组中，振动、碰撞和冲击试验仅要求每 12 个月进行一次。

4 试验和测量程序

本章补充 GB/T 2693—2001 第 4 章中规定的内容。

交流试验频率可以采用 50 Hz～100 Hz。

4.1 外观检查和尺寸检验

按 GB/T 2693—2001 及以下规定。

4.1.1 爬电距离和电气间隙

电容器外部不同极性的带电件之间或带电件与金属外壳之间的爬电距离和电气间隙应不小于表 9 中规定的相应值。

本表数据摘自 GB 4706.1—2005 第 29 章，更多的细节参见完整的表。

应按照 GB 4706.1—2005 规定的规则，对电容器的外部进行测量，以检查它是否符合要求。有些电容器，例如防滴水和防溅水电容器，可能要满足其他补充要求。

表 9 爬电距离和电气间隙

测量点	额定电压范围 V							
	$U_R \leqslant 130$		$130 < U_R \leqslant 250$		$250 < U_R \leqslant 500$		$500 < U_R \leqslant 760$	
	爬电距离 mm	电气间隙 mm	爬电距离 mm	电气间隙 mm	爬电距离 mm	电气间隙 mm	爬电距离 mm	电气间隙 mm
不同极性带电件之间[a]	2.0	1.5	3.0	2.5	4.0	3.0	6.3	5.5
基本绝缘上的带电件与其他金属部件之间[b]	2.0	1.5	4.0	3.0	6.3	5.5	6.3	5.5

表 9（续）

测量点	额定电压范围 V							
	U_R≤130		130<U_R≤250		250<U_R≤500		500<U_R≤760	
	爬电距离 mm	电气间隙 mm	爬电距离 mm	电气间隙 mm	爬电距离 mm	电气间隙 mm	爬电距离 mm	电气间隙 mm
增强绝缘上的带电件与其他金属部件之间[c]	8.0	8.0	8.0	8.0	8.0	8.0	—	—

[a] 这些限制值适用于 X 类电容器引出端之间的测量。

[b] 这些限制值适用于 X 类电容器任一引出端与金属外壳之间的测量，以及适用于 Y2 类、Y3 类或 Y4 类电容器的引出端之间或某一引出端与金属外壳之间的测量。

[c] 这些限制值适用于 Y1 类电容器引出端之间的测量。

4.2 电气试验

4.2.1 耐电压

按 GB/T 2693—2001 中 4.6 及下列规定：

4.2.1.1 直流试验的试验电路

如果被试电容器或电容器芯子为金属化薄膜或金属化纸介电容器，则电容器 C_1 应省去。

R_1 与 C_1+C_x 乘积应小于或等于 1 s 并且大于 0.01 s。

R_1 包括电源内阻。

R_2 应将放电电流限制到等于或小于 0.05 A。

4.2.1.2 交流试验用试验电路和方法

鉴定批准和周期试验，施加 50 Hz/60 Hz 试验时，可用自耦变压器施加电压。电压应以不超过 150 V/s 的速率从零升高到试验电压，试验时间应从达到试验电压时计算，在试验结束时，试验电压应减少至接近零，并且电容器应通过一只适当的电阻器放电。

对于逐批检验和 100％试验，应直接施加额定试验电压，但应注意避免过电压峰值。

4.2.1.3 施加的电压

表 10 中规定的电压应施加在 GB/T 2693—2001 表 3 中规定的测量点之间，施加电压时间，鉴定批准和周期试验为 1 min，逐批检验不应少于 1 s 并符合下列要求：

a) GB/T 2693—2001 表 3 中 2C 试验不进行；

b) 非金属封装的产品，仅在鉴定批准试验和周期试验时进行试验 C 的耐电压试验；

c) 除非详细规范另有规定，试验 C 施加试验电压的方法应在详细规范中规定。除非详细规范另有规定，鉴定试验应采用 GB/T 2693—2001 中 4.5.3.1 规定的绕箔法。

应注意，由使用方进行的重复耐电压试验可能损坏电容器。

表 10 耐电压

<table>
<tr><th>类别</th><th>额定电压范围
V</th><th>试验 A</th><th>试验 B 或试验 C</th></tr>
<tr><td>X1
X2
X3</td><td>≤760</td><td>$4.3U_R$(d.c.)</td><td>$2U_R$+1 500 V(a.c.)
最小值为 2 000 V(a.c.)[a]</td></tr>
<tr><td>Y1</td><td>≤500</td><td>4 000 V(a.c.)</td><td>4 000 V(a.c.)</td></tr>
<tr><td>Y2</td><td>≥150
≤300</td><td>1 500 V(a.c.)[b]</td><td rowspan="2">$2U_R$+1 500 V(a.c.)
最小值为 2 000 V(a.c.)[b]</td></tr>
<tr><td>Y3</td><td>≤250</td><td>1 500 V(a.c.)[b]</td></tr>
<tr><td>Y4</td><td><150</td><td>900 V(a.c.)[b]</td><td>900 V(a.c.)[b]</td></tr>
<tr><td colspan="4">[a] 图 5b)和图 5c)的三角形和 T 型连接电容器组件，引出端与外壳之间的试验电压应为 Y 类电容器的相应试验电压。
[b] Y2 类、Y3 类和 Y4 类电容器的逐批试验，交流试验电压可以用规定交流电压 1.5 倍的直流电压代替。</td></tr>
</table>

4.2.1.4 要求

试验期间应无永久性击穿或飞弧。

4.2.2 电容量

按 GB/T 2693—2001 中 4.7 及下列规定：

4.2.2.1 测量条件

电容器的测量应符合以下条件：

a) 测得的电容量应是串联等效电容量。
b) 测量频率为 1 kHz。仅对瓷介电容器，当 C_R≤100 pF，测量频率为 1 MHz。
c) 测量温度按 GB/T 2693—2001 中 4.2.1 规定。
d) 测量电压应不超过额定电压，瓷介电容器的测量电压为(1.0±0.2)V。
e) 当按上述方法测得的瓷介电容器的标称电容量是小信号电容量时，制造商应提供瓷介电容器下列资料：
   1) 考虑到电容器的电容量允许偏差和电容量的温度特性时，在额定电压下预期通过电容器的 50 Hz/60 Hz 最大电流；
   2) 考虑到电容器的电容量允许偏差和电容量的温度特性时，预期的最小电容量。

4.2.2.2 要求

电容量应在规定的允许偏差范围。

4.2.3 损耗角正切

本试验一般仅适用于金属化和瓷介电容器。

按 GB/T 2693—2001 中 4.8 及下列规定：

测量频率：C_R≤1 μF，应为 10 kHz；

C_R>1 μF，应为 1 kHz。

4.2.4 电阻值(等效串联电阻 ESR)(仅对 RC 组件)

等效串联电阻(ESR)应以串联等效电路进行测量,测量频率为:

$R_R C_R < 50\ \mu s$,100 kHz;

$R_R C_R \geq 50\ \mu s$,1 kHz。

其中:R_R——标称电阻,Ω;

C_R——标称电容量,F。

4.2.5 绝缘电阻

按 GB/T 2693—2001 中 4.5 及下列规定:

在逐批检验的测量中,当 RC 低于 60 s,绝缘电阻(R)超过表 11 或表 12 的极限值时,可不进行测量。

4.2.5.1 温度修正

当详细规范规定时,应注明测量时的温度。如果此测量温度不是 20 ℃,则应对测量值乘以适当的校正因子进行修正。校正因子可采用有关介质材料的分规范中规定的校正因子,或在详细规范中规定。

4.2.5.2 要求

绝缘电阻应大于表 11 或表 12 的要求,按适用。

表 11 绝缘电阻(仅对安全试验)

试验 A		试验 B 或试验 C
$C_R > 0.33\ \mu F$ 时,RC s	$C_R \leq 0.33\ \mu F$ 时,R MΩ	R MΩ
2 000[a]	6 000	6 000

[a] 对浸渍纸介质电容器,表后三栏中的数值分别应改为 500,1 500 和 2 000。

表 12 绝缘电阻(安全和性能试验)

介质	试验 A		试验 B 或试验 C
	$C_R > 0.33\ \mu F$ 时,RC s	$C_R \leq 0.33\ \mu F$ 时,R MΩ	R MΩ
纸[a,b]	2 000	6 000	6 000
薄膜	5 000	15 000	30 000
陶瓷	—	6 000	3 000

[a] 也适用于塑料膜/纸介质电容器。

[b] 对浸渍纸介质电容器,表后三栏中的数值分别应改为 500,1 500 和 2 000。

表 11 和表 12 的注:

注 1:C_R 为标称电容量,R 为测得的绝缘电阻。

注 2:在可以引用有关 IEC 标准时,在性能试验中,详细规范可以规定与介质相关的更严格的绝缘电阻要求。

注 3:有一个引出端与外壳连接的电容器,应采用试验 A 的绝缘电阻极限值。

注 4：带有放电电阻器的电容器，应切断放电电阻器进行测量，若不毁坏电容器就不能切断放电电阻器时，则此试验在 A 组中不进行。而鉴定批准和周期试验，应对样本中的一半样本进行试验，这一半样本应由特制的没有放电电阻器的电容器组成。

4.3 引出端强度

按 GB/T 2693—2001 中 4.13 及下列规定：

引出端试验方法和采用的严酷等级应在详细规范中规定。

铆接连接试验应在详细规范中规定，其试验方法和严酷等级应符合 IEC 60760 相应部分的规定。

4.4 耐焊接热

本试验不适用于绝缘引线长于 10 mm 的电容器或非焊接引出端(例如螺纹和快速连接引出端)的电容器。

对 2 类瓷介固定电容器，当要求精确测试电容量漂移时，应采用制造商的建议进行预处理(见附录 G)。

按 GB/T 2693—2001 中 4.14 及下列规定。

4.4.1 试验条件

不预干燥。

4.4.2 最后检查、测量和要求

本试验的最后测量是 1A 分组试验后和 1 组的其余试验之前的中间测量。电容器应进行外观检查和测量并符合表 13 规定。

表 13 耐焊接热要求

检查或测量	检查或测量方法	要求
外观检查	4.1	无可见损伤
电容量	4.2.2	最后测量的电容量与表 3 或表 4 中 0 组的测量值比较，其变化量应不超过 5%[a]
电阻值(若适用)	4.2.4	$\lvert\Delta R/R\rvert \leqslant 5\%$
[a] 瓷介电容器，电容量变化应不超过 10%。		

4.5 可焊性

本试验不适用于非焊接引出端(例如螺纹和铆接连接的引出端)的电容器。按 GB/T 2693—2001 中 4.15 及下列规定。

4.5.1 试验条件

不要求老化。采用方法 2 时，应采用 A 号烙铁。

4.5.2 要求

在表 7 中给出。

4.6 温度快速变化

对 2 类瓷介固定电容器，当要求精确测试电容量漂移时，应采用制造商的建议进行预处理(见附

录G)。

按GB/T 2693—2001中4.16及下列规定：

a) 循环次数：5次。

b) 在极限温度下的保持时间：30 min。

4.6.1 最后检查

电容器应进行外观检查并无可见损伤。

4.7 振动

按GB/T 2693—2001中4.17及下列规定。

4.7.1 试验条件

使用试验Fc的程序及下列严酷等级：位移0.75 mm或加速度98 m/s^2，取较小者，并选取下列频率范围之一：10 Hz～55 Hz、10 Hz～500 Hz、10 Hz～2 000 Hz，总持续时间为：6 h。

详细规范应规定频率范围和采用的安装方法，对由引线安装的轴向引线电容器，本体与安装点之间的距离应为6 mm±1 mm。

4.7.2 最后检查

电容器应进行外观检查并无可见损伤。

4.8 碰撞

详细规范应规定是采用碰撞试验还是冲击试验。

按GB/T 2693—2001中4.18及下列规定。

4.8.1 试验条件

优先采用下列严酷等级：

a) 总碰撞次数：1 000次或4 000次；

b) 加速度：400 m/s^2；

c) 脉冲持续时间：6 ms；

d) 安装方法和严酷等级应在详细规范中规定。

4.8.2 最后检查、测量和要求

本试验的最后测量是1B分组试验之后和1组的其余试验之前的中间测量。

电容器应进行外观检查和测量并符合下列规定：

a) 无可见损伤。

b) 电容量与表4中0组的测量值相比较，其变化量不超过5%；瓷介电容器不超过10%。

c) 损耗角正切值不超过详细规范中规定的极限值。

d) 电阻值变化(若适用)应不超过表14中的极限值。

4.9 冲击

详细规范应规定是采用碰撞试验还是冲击试验。

按GB/T 2693—2001中4.19及下列规定。

4.9.1 试验条件

优先采用下列严酷等级：

峰值加速度 m/s^2	脉冲持续时间 ms
500	11
1 000	6

脉冲形状为半正弦波。

详细规范应规定安装方法、严酷等级和沿每个轴向冲击次数。

4.9.2 最后检查、测量和要求

本试验的最后测量是1B分组试验之后和1组的其余试验之前的中间测量。

电容器应进行外观检查和测量并符合下列规定：

a) 无可见损伤。

b) 电容量与表4中0组的测量值相比较，其变化量不超过5%；瓷介电容器不超过10%。

c) 损耗角正切值不超过详细规范中规定的极限值。

d) 电阻值变化(若适用)应不超过表14中的极限值。

4.10 密封

本试验仅在详细规范有规定时适用。

按GB/T 2693—2001中4.20及下列规定。

4.10.1 试验条件

电容器应经受IEC 60068-2-17中的试验Qc或试验Qd，按适用。除非详细规范中另有规定，采用试验Qc时，应采用方法1。

4.10.2 要求

试验期间或试验后，按适用，应无泄漏痕迹。

4.11 气候顺序

对2类瓷介固定电容器，当要求精确测试电容量漂移时，应采用制造商的建议进行预处理(见附录G)。

按GB/T 2693—2001中4.21及下列规定。

4.11.1 初始测量

气候顺序的初始测量为4.4.2，4.8.2或4.9.2按适用的最后测量值。

4.11.2 干热

按GB/T 2693—2001中4.21.2及下列规定：

在上限类别温度下不要求测量。

4.11.3 循环湿热，试验Db第一次循环

按GB/T 2693—2001中4.21.3。

4.11.4 寒冷

按 GB/T 2693—2001 中 4.21.4 及下列规定：
在下限类别温度下不要求测量。

4.11.5 循环湿热，试验 Db 其余循环

按 GB/T 2693—2001 中 4.21.6。

4.11.6 最后检查、测量和要求

按 GB/T 2693—2001 中 4.21.7 及下列规定：
在试验的标准大气压条件下恢复 24 h±2 h。
恢复后，电容器应进行外观检查和测量并符合表 14 的要求。

表 14 气候顺序要求

检查或测量	检查或测量方法	要求
外观检查	4.1	无可见损伤，标志清晰
电容量	4.2.2	最后测量的电容量与 4.4.2、4.8.2 或 4.9.2(按适用)的测量值比较，其变化应不超过 5%[a]
损耗角正切 (仅对金属化电容器)	4.2.3	与 0 组中的测量值比较，tanδ 的增加应不超过： $C_R \leqslant 1\ \mu F$，0.008； $C_R > 1\ \mu F$，0.005
电阻值(若适用)	4.2.4	$\lvert \Delta R/R \rvert \leqslant 5\%$
耐电压	4.2.1	按表 10 中的试验电压，无击穿或飞弧
绝缘电阻	4.2.5	大于表 11 或表 12 中相应极限值的 50%

[a] 瓷介电容器电容量变化应不超过 10%。

4.12 稳态湿热

对 2 类瓷介固定电容器，当要求精确测试电容量漂移时，应采用制造商的建议进行预处理(见附录 G)。

按 GB/T 2693—2001 中 4.22 及下列规定。

4.12.1 初始测量

初始测量已在表 3 或表 4 的 0 组中进行。

4.12.2 试验条件

瓷介电容器进行试验时，一半样品应施加额定电压，而另一半样本不施加电压。
所有其他类型电容器试验期间不施加电压。

4.12.3 最后检查、测量和要求

在试验的标准大气压下恢复(1～2)h。
恢复后，电容器应进行外观检查和测量并符合表 15 的规定。

表 15 稳态湿热要求

检查或测量	检查或测量方法	要求
外观检查	4.1	无可见损伤,标志清晰
电容量	4.2.2	最后测量的电容量与 4.4.2,4.8.2 或 4.9.2(按适用)的测量值比较,其变化应不超过 5%[a]
损耗角正切 (仅对金属化电容器)	4.2.3	与 0 组中的测量值比较,tanδ 的增加应不超过: $C_R \leqslant 1$ μF,0.008; $C_R > 1$ μF,0.005
电阻值(若适用)	4.2.4	$\lvert \Delta R/R \rvert \leqslant 5\%$
耐电压	4.2.1	按表 10 中的试验电压,无击穿或飞弧
绝缘电阻	4.2.5	大于表 11 或表 12 中相应极限值的 50%

[a] 瓷介电容器电容量变化应不超过 15%。

4.13 脉冲电压

本试验作为 4.14 规定的耐久性试验的一个程序。

4.13.1 初始测量

初始测量已在表 3 或表 4 的 0 组中进行。

4.13.2 试验条件

除 X3 类和 Y3 类电容器外,所有电容器应承受脉冲电压试验。

每个电容器应分别施加最多 24 次相同极性的脉冲。脉冲间隔应不少于 10 s,脉冲电压峰值应按表 1 和表 2 的规定。

上升时间 $t_r=(t_{90}-t_{30})\times1.67$,$t_r$ 的定义按 IEC 60060-1 中 18.1.4。

衰减时间 t_d 的定义按 IEC 60060-1。

波形由试验电路参数决定,试验电路的细则在附录 A 中给出。

在电路工作前应检查电容器 C_x 的值(0.01 μF~0.1 μF)以及作为其他电路元件为表 A1 规定的数值。上升时间 t_r 和衰减时间 t_d 应在表 A2 规定值的(0~50)%之内。做检查用的电容器 C_x 不应该使用高介电常数陶瓷材料。

如果波形出现阻尼震荡,振荡的峰—峰值 U_{pp} 应不大于峰值脉冲电压(U_{CR})(见图 7)。

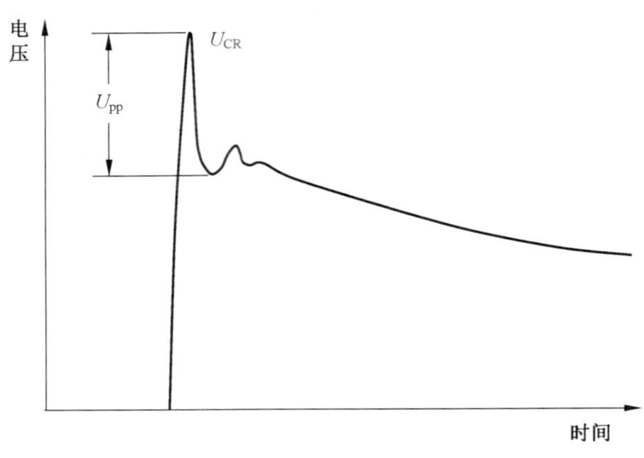

图 7 脉冲波形

4.13.3 要求

无永久性击穿或飞弧。

如果监视器显示有三次连续脉冲波形表示电容器未发生自愈性击穿,则可以停止施加脉冲,认为电容器合格。若电容器施加全部 24 次脉冲后,有三次或更多次的波形表示未发生自愈性击穿,则认为电容器也合格。但若规定波形的脉冲少于三次,则认为电容器失效。

4.14 耐久性

对 2 类瓷介固定电容器,当要求精确测试电容量漂移时,应采用制造商的建议进行预处理(见附录 G)。

本试验在脉冲电压试验完成后的一周内进行。按 GB/T 2693—2001 中 4.23 及下列规定。

4.14.1 试验条件

应将电容器放置在试验箱内,其放置方式应使电容器之间的间距不小于 25 mm。

当电容器的宽度或直径小于 25 mm 时,电容器之间的间距可以减少到该宽度值或直径值,只要不引起电容器产生过度发热即可。有争议时,应使用 25 mm 的间距。

电容器不应以直接辐射方式加热,试验箱中的空气循环应保证电容器放置点的温度与规定的试验箱的偏差不超过±3 ℃。

注:可以在每个电容器的电路中连接保险丝或其他具有适当灵敏度的器件,以指示是否发生失效。

抽样:

若需要,耐久性试验的样本应按表 3、表 4 或表 5 规定的数量分成两部分或三部分,以便分别对 X 类电容器、Y 类电容器以及穿心电容器进行试验。

例如,试验三角形连接电容器组件时(见 1.5.9),12 个电容器组件按 4.14.3 进行试验,另外 12 个电容器组件则按 4.14.4 进行试验;试验 Y 类穿心电容器时(见 1.5.8),12 个电容器组件按 4.14.4 进行试验,另外 6 个电容器组件则按 4.14.5 进行试验。

4.14.2 初始测量

初始测量已在 4.13.1 中进行。

4.14.3 X 类电容器和含有 X 类电容器的 RC 组件的耐久性试验

多芯电容器的所有 X 类电容器芯子应并联试验,若需要,应将所有的 Y 类电容器芯子短路。T 型连接电容器(见 1.5.9)的试验应在接地与接中线引出端之间进行。

电容器应在上限类别温度和 $1.25U_R$ 的电压下承受 1 000 h 的耐久性试验,每间隔 1 h 应将电压升高到 1 000 V(有效值),持续时间 0.1 s。该电压应分别通过一只 47(1±5%)Ω 的电阻器施加到每只电容器上,使用的试验电路在附录 B 中给出。

注:选择此电阻值是模拟电源的射频阻抗。

试验电路的设计应保证在转换时不出现电压瞬变和电流浪涌。在转换到新的电压之前,将电容器放电,即可达到此目的,但转换到 1 000 V(有效值)并再回到原电压的总时间应不超过 30 s。

4.14.4 Y 类电容器和含有 Y 类电容器的 RC 组件的耐久性试验

多芯电容器的所有 Y 类电容器芯子应并联试验,若需要,应将所有的 X 类电容器芯子短路。T 型连接电容器(见 1.5.9)的试验应在接地与接中线引出端之间进行。

电容器应在上限类别温度和 $1.7U_R$ 的电压下承受 1 000 h 的耐久性试验,每间隔 1 h 应将电压升高到 1 000 V(有效值),持续时间 0.1 s。该电压应分别通过一只 47(1±5%)Ω 的电阻器施加到每只电容器上,使用的试验电路在附录 B 中给出。

试验电路的设计应保证在转换时不出现电压瞬变和电流浪涌。在转换到新的电压之前,将电容器放电,即可达到此目的,但转换到 1 000 V(有效值)并再回到原电压的总时间应不超过 30 s。

4.14.5 穿心电容器的耐久性试验

除按 4.14.3 和 4.14.4 进行耐久性试验外,还应对穿心结构电容器的载流容量进行试验。将电容器的穿心导线串联,并将 1.1U_R 电流流过穿心导线进行 1 000 h 的耐久性试验。试验期间电容器不施加电压。

电容器应按制造商规定的方式进行安装,烘箱温度稳定在额定温度,并无电流流过电容器。然后接通电流并开始计时。

当电容器再次达到热稳定后,测量其中一只电容器外壳的温度。这个温度不应该超过上限类别温度。

4.14.6 电压/电流组合试验

某些类型电容器,如穿心电容器,同时对电容器施加试验电压和电流可能是不困难的。如果详细规范规定,可以进行 1 000 h 的组合耐久性试验代替按 4.14.3(或 4.14.4)和 4.14.5 规定的试验。试验时按 4.14.3(或 4.14.4)的相应样本数并以 1.1 倍额定电流通过穿心电容器。

应按 4.14.5 测量一只电容器的外壳温度,且应不超过上限类别温度。

4.14.7 最后检查、测量和要求

电容器应按表 16 的顺序进行外观检查和测量。

表 16 耐久性要求

检查或测量项目	检查或测量方法	性能要求
外观检查	4.1	无可见损伤,标志清晰
电容量	4.2.2	最后测量的电容量与表 3 或表 4 中 0 组的测量值比较,其变化应不超过±10%[a]
损耗角正切 (仅对金属化电容器)	4.2.3	与 0 组中的测量值比较,tanδ 的增加应不超过: $C_R \leqslant 1\ \mu F$,0.008; $C_R > 1\ \mu F$,0.005
电阻值(若适用)	4.2.4	$\|\Delta R/R\| \leqslant 10\%$
耐电压	4.2.1	按表 10 中的试验电压,无击穿或飞弧
绝缘电阻	4.2.5	大于表 11 或表 12 中相应极限值的 50%
[a] 瓷介电容器电容量变化应不超过 20%。		

4.15 充电和放电

本试验仅适用于金属化电容器、瓷介电容器和使用这类电容器的 RC 组件。

按 GB/T 2693—2001 中 4.27 及下列规定。

4.15.1 初始测量

初始测量已在表 3 或表 4 的 0 组中进行，另外，除 RC 组件外，损耗角正切应按 GB/T 2693—2001 中 4.8 及下列规定：

电容量：≤1 μF	电容量：>1 μF
频率：10 kHz	频率：1 kHz
电压：1 V(最大有效值)	峰值电压：≤额定电压的 3%

4.15.2 试验条件

电容器应承受 10 000 次循环的充放电试验，其速率约为 1 次/s。

电容器的一次充电和放电为一次循环。交流电容器的试验电压为 $\sqrt{2}U_R$，直流电容器的试验电压为 U_R。

每个电容器应分别通过一个电阻器充电，该电阻器的阻值为：

$$R = \frac{220 \times 10^{-6}}{C_R}\Omega$$

或是将充电电流限制到 1 A(或是详细规范中规定的更高电流值，取其较大者)。

每个电容器应分别通过一只电阻器放电，该电阻器的阻值应使电压变化率(dU/dt)的最大值约为 100 V/μs。RC 组件如果不可能获得 100 V/μs 的放电率，则应短路放电。适用的电路在附录 C 中给出。

4.15.3 最后测量和要求

电容器应进行测量并符合表 17 的要求。

表 17 充放电要求

检查或测量	检查或测量方法	要求
电容量	4.2.2	最后测量的电容量与表 3 或表 4 中 0 组的测量值比较，其变化应不超过±10%[a]
损耗角正切(对 $C \leqslant 1$ μF，$f=10$ kHz)(若适用)	4.15.1	相对于 4.15.1 中 tanδ 的增加应不超过：80×10^{-4}
损耗角正切(对 $C>1$ μF，$f=1$ kHz)(若适用)	4.15.1	相对于 4.15.1 中 tanδ 的增加应不超过：50×10^{-4}
电阻值(若适用)	4.2.4	$\lvert\Delta R/R\rvert \leqslant 10\%$
绝缘电阻	4.2.5	大于表 11 或表 12 中相应极限值的 50%

[a] 瓷介电容器电容量变化应不超过 20%。

4.16 高频特性

详细规范应规定下列一个或几个射频频率特性的测量方法和要求：

a) 电容器的主谐振频率；

b) 插入损耗(可能时应使用 CISPR17 的方法)；

c) 谐振频率下的电阻值；

d) 电容器的阻抗；

e) 电容器的感抗。

4.17 阻燃性试验

按 GB/T 2693—2001 中 4.38 及下列规定：

a) 不要求预处理。

b) 根据试验的外壳号数量，应对 6～18 个样品进行试验。应对要求鉴定的最小、中间（鉴定的外壳号多于四种时）和最大外壳号进行试验。

c) 每一种外壳号电容器，应对要求鉴定的最大和最小电容量的各三个样品进行试验。

d) 根据样品的体积和详细规范中规定的阻燃性类别，按总规范中规定的时间施加火焰。

e) 如果详细规范没有规定，则试验应按类别 C 进行。

注：当阻燃性试验中有焰燃烧等级高于类别 C 时，可能需要阻燃添加剂，这可能会对环境产生影响。这些类别的试验应在制造商和顾客协商后进行。

任一样品应不超过总规范规定的燃烧时间，薄绵纸不应引燃。不要求电气测量。

4.18 自燃性试验

4.18.1 本试验不适用于 Y1 类电容器。

4.18.2 试验样品 24 只，并应包括要求鉴定最大、最小和中间电容量的样品，若仅有两种电容量鉴定，则每种电容量试验 12 个样品。若仅有一种电容量，则应试验该电容量的 24 只样品。

样品应分别用薄纱布完整的缠绕至少一层，但不能多于两层。纱布应是未处理过的纯棉布，其质量为 20 g/m^2～60 g/m^2，规格为 22×27 和 45×34 之间的支纱，并在试验的标准大气条件下预处理 24 h。

每一试验电容器应用其引出端安装，引出端的自由长度最好至少 25 mm。采用图 8 所示的试验电路，其中：

$U_{\sim}=U_R(1\pm5\%)$

$U_i=5\ \text{kV}^{+7}_{\ 0}\%$（Y2 类电容器）

$=4\ \text{kV}^{+7}_{\ 0}\%$（X1 类电容器）

$=2.5\ \text{kV}^{+7}_{\ 0}\%$（X2 类，Y3 类，Y4 类电容器）

$=1.2\ \text{kV}^{+7}_{\ 0}\%$（X3 类电容器）

每一只样品应承受一只贮能电容器放电 20 次，贮能电容器放电后给被试电容器充电到 U_i 的电压。每两次放电之间的间隔应为 $5^{+1}_{\ 0}$ s。

试验中 $U_{\sim}$ 一直施加在被试电容器两端，并在最后一次放电后保持 $120^{+10}_{\ \ 0}$ s，除非熔断保险丝使电路开路。

图 9 给出了已叠加随机的非同步高压脉冲的基波交流波形。

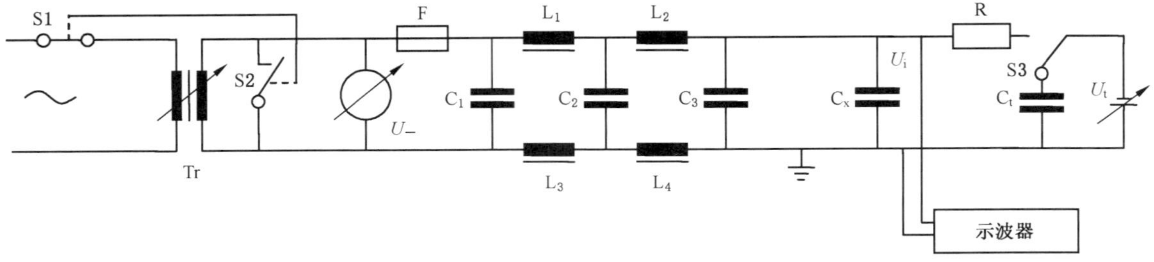

图 8 电容器承受交流电压脉冲典型电路

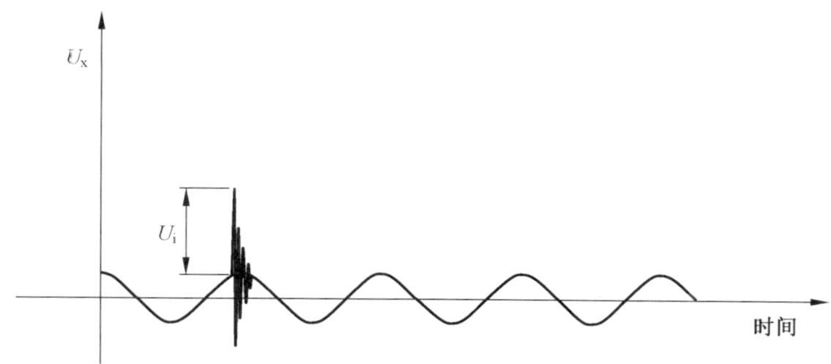

图 9 已叠加随机的非同步高压脉冲的基波交流波形

其中：

Tr ——次级电压为 $U_\sim$ 的隔离变压器，具有足够容量对电压不小于 $0.9\times U_\sim$ 的试验电路提供 16 A 电流。

C_1，C_2 ——1 μF(1±10%)的滤波电容器。

L_1～L_4——1.5 mH(1±20%)，16 A 棒状磁芯的扼流圈。

C_3 ——0.033 μF(1±5%)，10 kV。

R ——5 Ω(1±2%)(C_x≥1 μF)；
——10 Ω(1±2%)(0.22 μF≤C_x<1 μF)；
——40 Ω(1±2%)(0.068 μF≤C_x<0.22 μF)；
——100 Ω(1±2%)(C_x<0.068 μF)。

C_x ——被试电容器。

U_t ——施加在贮能电容器 C_t 上的电压。

C_t ——3 μF(1±5%)，10 kV。

F ——额定电流 16 A 的慢熔断保险丝。

注 1：C_1，C_2 和 L_1～L_4 构成一个电源保护滤波器。这一滤波器也可使用其他结构形式。

注 2：C_3 和 C_t 在试验期间应施加与 U_t 匹配的电压。

4.18.3 U_i 的调节

交流电压应由 S1 断开，而变压器次级线圈应由 S2 短路。电容量为 C_x(1±5%)准备好的电容器应接入电路 C_x 的位置。然后调节 U_t，用示波器证实电容器 C_x 两端为所要求的峰值电压 U_i，然后将所调的 U_t 加于被试电容器进行试验。

4.18.4 要求

缠绕在电容器上的纱布应不被火焰燃烧，电测量不要求。

4.19 元件耐溶剂(若适用)

按 GB/T 2693—2001 中 4.31 规定。

详细规范应规定是否还需要使用总规范未规定的溶剂进行试验。

要求：应在详细规范中规定。

4.20 标志耐溶剂

按 GB/T 2693—2001 中 4.32 规定。

详细规范应规定是否还需要使用总规范未规定的溶剂进行试验。

要求：标志应清晰。

附 录 A
（规范性附录）
脉冲电压试验电路

4.13 中所规定的试验应采用图 A.1 中电路。

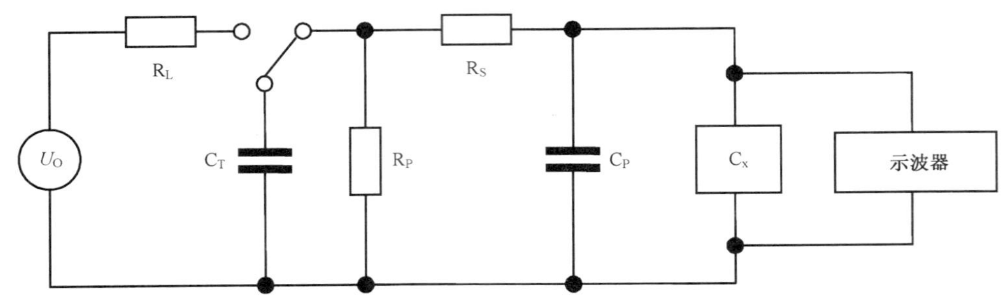

说明：

C_T ——充电（或储能）电容器；

C_P ——并联电容；

C_x ——被试电容器；

R_L ——负载电阻器；

R_S ——串联电阻器，或充电电阻器；

R_P ——并联电阻器，或放电电阻器；

U_O ——直流电源。

图 A.1 脉冲电压试验电路

图 A.1 中的各种元件的参数值见表 A.1、表 A.2。

表 A.1 C_x、C_T、R_P、R_S、C_P 的值

标称电容量 C_x μF	C_T ±10% μF	R_P ±10% Ω	R_S ±10% Ω	C_P ±10% pF
C_x≤0.003 9	0.25	234	62	7 800
0.003 9<C_x≤0.012	0.25	234	45	7 800
0.001 2<C_x≤0.018	0.25	234	27	7 800
0.001 8<C_x≤0.027	0.25	234	27	—
0.027<C_x≤0.039	20	3	25	3 300
0.039<C_x≤0.056	20	3	13	3 300
0.056<C_x≤0.082	20	3	9	3 300
0.082<C_x≤0.12	20	3	7	3 300
0.12<C_x≤0.18	20	3	5	3 300
C_x>0.18	20	3	3	3 300

表 A.2　C_x、t_r、t_d 的值及偏差

标称电容量 C_x ±2% μF	t_r $^{+50}_{\ 0}$% μs	t_d $^{+50}_{\ 0}$% μs
0.01	1.7	46
0.1	1.6	47

附 录 B
（规范性附录）
耐久性试验电路

4.14 中所规定的试验采用图 B.1 中电路。

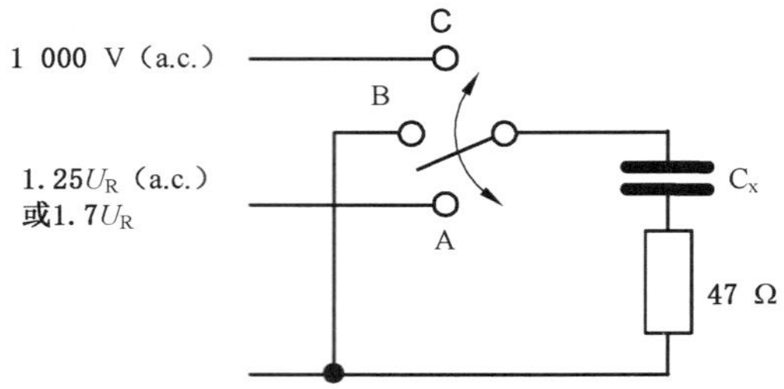

说明：

C_x——被试电容器。

图 B.1 耐久性试验电路

如果两个电源之间的转换是发生在正弦波的零电压点，则电容器的放电电路部分可以省略。

使用放电电路时，对每次施加 1 000 V，其转换应按下列顺序进行：

a) 将开关从位置 A 转换到位置 B。转换和保持在位置 B 的时间之和为 t_1；

b) 将开关从位置 B 到位置 C。转换和保持在位置 C 的时间之和为 t_2。在位置 C 的时间为 0.1 s；

c) 将开关从位置 C 到位置 B。转换和保持在位置 B 的时间之和为 t_3；

d) 将开关从位置 B 到位置 A。转换时间为 t_4。

每只被试电容器应满足下列条件：

$$t_1+t_2+t_3+t_4 \leqslant 30\ \text{s}。$$

附　录　C
（规范性附录）
充放电试验电路

4.15 中规定的试验应采用图 C.1 中电路。

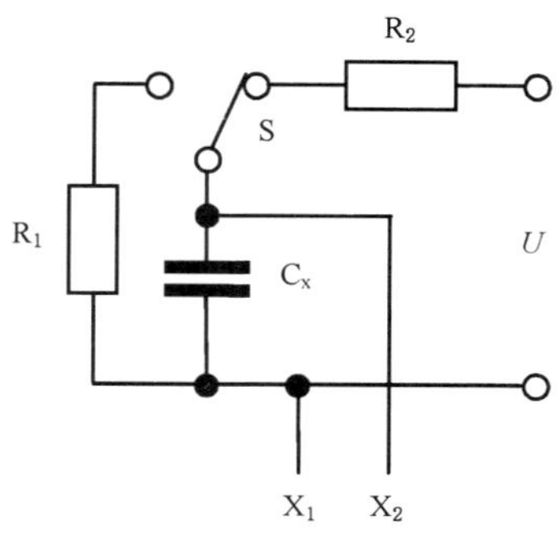

说明：

C_x ——被试电容器；

R_1 ——限流电阻(放电)；

R_2 ——限流电阻(充电)；

S ——开关；

U ——试验电压；

X_1,X_2——接到示波器的引出端,以观测电压最大变化速率。

图 C.1　充放电试验电路

附 录 D
（规范性附录）
设计说明（制造商和鉴定机构秘密）

本附录规定了申请进行鉴定试验的电容器应提供的基本设计资料。应在鉴定试验前向鉴定机构提供完整的资料。向其他部门提供的资料份数由制造商决定。

设计更改应向鉴定机构提出书面报告，并经同意后才能进行。否则，鉴定机构有权采取进一步行动，也有可能需要进行重新鉴定。

提供内容包括（提交给鉴定机构）：

1 供应商

2 制造商

3 制造地点

4 型号名称

5 类别/小类

6 电路图

7 介质

7.1 材料

7.2 厚度

7.3 密度（仅纸介）

7.4 层数

8 电极

8.1 材料

8.2 制造电极的方法（例如，箔式，薄膜或纸介蒸镀）

9 单体电容的范围

10 浸渍剂（若适用）

11 包装

11.1 外壳材料：如树脂等（若适用）

11.2 外部绝缘材料（若适用）

12 外形尺寸

________	________	________	________
地点	日期	姓名	签字

附 录 E
(规范性附录)
脉冲试验电路

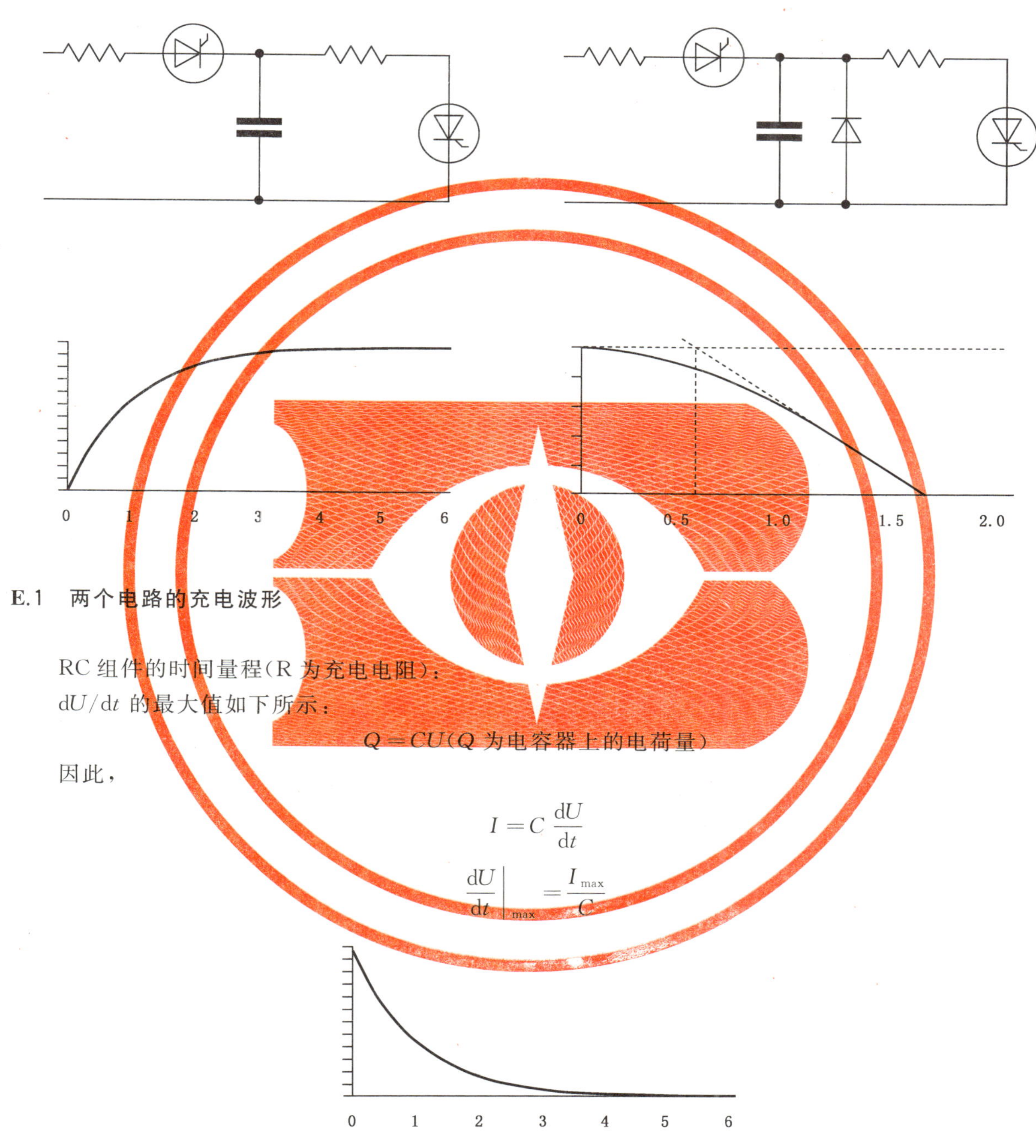

E.1 两个电路的充电波形

RC 组件的时间量程(R 为充电电阻):

dU/dt 的最大值如下所示:

$$Q=CU(Q\text{ 为电容器上的电荷量})$$

因此,

$$I=C\frac{dU}{dt}$$

$$\left.\frac{dU}{dt}\right|_{max}=\frac{I_{max}}{C}$$

E.2 感性电路的放电波形

$\sqrt{LC}$ 组件的时间量程:

对感抗电路,如果损耗忽略不计,感抗能和电容能的关系为:

$$\frac{1}{2}LI_{\max}^2=\frac{1}{2}CU_0^2$$

$$I_{\max}=U_0\sqrt{\frac{C}{L}}$$

$$\left.\frac{\mathrm{d}U}{\mathrm{d}t}\right|_{\max}=\frac{U_0}{\sqrt{LC}}$$

当 $t=\pi/2\sqrt{LC}$ 时，

$$U=L\frac{\mathrm{d}L}{\mathrm{d}t}$$

$$\left.\frac{\mathrm{d}L}{\mathrm{d}t}\right|_{\max}=\frac{U_0}{L}$$

上式给出了$\left.\frac{\mathrm{d}L}{\mathrm{d}t}\right|_{\max}$的控制值。

在放电电路中，应避免超过开关的额定值。在阻性电路中，当超过峰值放电次数 100 或更多次时，可不必按上述值进行控制。

E.3 阻性电路的放电波形

RC 组件的时间量程（R 为放电电阻）：

当 $t=0$ 时：

$$I_{\max}=\frac{U_0}{R}$$

$$\left.\frac{\mathrm{d}U}{\mathrm{d}t}\right|_{\max}=\frac{U_0}{RC}$$

附 录 F
（规范性附录）
表面安装电容器安全试验的特别要求

表面安装电容器通常应满足 GB/T 2693—2001 中的全部安全要求。由于其设计、材料和安装技术不同，有必要采取新的试验方法，对现有的方法和要求进行必要的调整。

F.1 总则

以下章节代替 GB/T 2693—2001 的相关章节。

1.4.2 安装

按 GB/T 2693—20C1 中 4.33 规定，在进行安全试验时应按图 F.1 进行安装。对未安装的元件，制造商应提供测试夹具，或提供已安装在符合图 F.1 要求的基板上的元件。制造商和鉴定试验室应讨论决定合适的安装基板。试验基板的详细要求应列入试验报告中。图 F.1 是导体基板的示例。

1.5.21 表面安装电容器

一种小体积、形状规则的电容器，适用于表面安装的混合电路和印制板电路。

1.6.1 标志

电容器应清楚的标出 1.6 中的 a）和 b）项的内容。尽可能多地标出认为有必要标出的其他项目。标志应能充分标出制造信息。

F.2 试验和测量程序

电容器的试验应按表 F.1 和下列规定进行：
非密封的电容器，4.2.1 和 4.2.5 中的试验 C 应省略。

4.3 引出端强度

在 2 组和 3 组前试验，可代替 GB/T 2693—2001 中 4.34 和 4.35 试验。弯曲试验中的电容量测量可省略。

4.4 耐焊接热

若适用，可按 GB/T 2693—2001 中 4.14.2 的规定分别试验。

4.4.2 最后检查、测量和要求

应对电容器进行外观检查和测量，并应符合表 13 的要求。

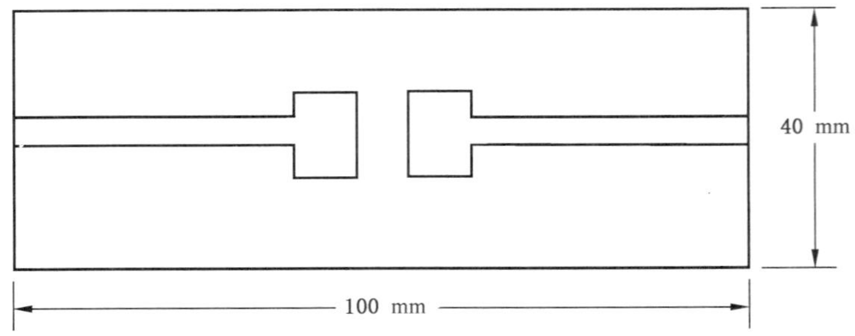

图 F.1　安装基板示例

表 F.1　表面安装电容器安全试验和抽样一览表

分组	试验项目和条款号	每一额定电压和小类的被试样品数	每一额定电压和小类的允许不合格品数	
			每组	总计
0	4.1　外观检查[a]	28＋12[e]＋6[f]＋(6～18)[g]＋24	1[c]	
	4.2.2　电容量			
	4.2.4　电阻值[d]			
	4.2.1　耐电压			
	4.2.5　绝缘电阻			
	备份	14＋6[f]		
1A	4.1.1　爬电距离和电气间隙[a]	6	0[b,c]	1
	4.4　引出端强度[a,d]			
	4.20　耐焊接热[a]			
	4.17　阻燃性[a]	6～18[g]		
安装按 1.4.2		10＋12[e]＋6[f]＋24		
2	GB/T 2693—2001 中 4.34 附着力[h]	10	0[b,c]	
	GB/T 2693—2001 中 4.35 衬底弯曲试验			
	4.12　稳态湿热			
3	GB/T 2693—2001 中 4.34 附着力[h]		0[b,c]	
	GB/T 2693—2001 中 4.35 衬底弯曲试验			
	4.13　脉冲电压			
	4.14　耐久性			
	4.14.3　X 类和 RC 组件	12[e]		
	4.14.4　Y 类和 RC 组件	12[e]		
	4.14.5　穿心	6[f]		
4	4.18　自燃性	24	0	

表 F.1（续）

分组	试验项目和条款号	每一额定电压和小类的被试样品数	每一额定电压和小类的允许不合格品数	
			每组	总计
注：注意选择进行 4.14.6 规定的电压/电流组合试验。				

[a] 4.1、4.1.1、4.4、4.20 和 4.17 的样品在试验时不用安装。

[b] 如果出现一个不合格品，可用一新样本代替，并重新进行全组试验，不允许再出现不合格品。第 1 次样本中出现的不合格品应计算在最后一栏总的允许不合格品内。

[c] 对于 Y 类电容器不允许出现永久性短路失效。

[d] 若适用。

[e] 若被试电容器是由 X 和 Y 类电容器组成的多芯电容器，则应取 12 个样品作 X 类电容器试验，对其余 12 个样品作 Y 类电容器试验。

[f] 若试验的是穿心电容器应增加电容器的数量。

[g] 最小尺寸、中间尺寸（当多于四种外壳号时）和最大尺寸的产品进行试验。对每种尺寸抽取最高电容量和最低电容量各三只产品。

[h] 仅在详细规范规定安装在硬性基板（如铝板）上时，选择进行衬底弯曲试验。

附 录 G
（规范性附录）
2类瓷介电容器电容量的老化

G.1 引言

瓷介电容器所采用的大多数2类陶瓷介质，都具有铁电特性并呈现出一个居里温度特性。

介质在这个温度以上具有高度对称的立方晶体结构，而低于居里温度时，立方晶体结构的对称性就降低。即使在单晶体内这种状态的转变也是很明显的。在实际陶瓷中通常被扩大到一个有限的温度范围之内，但在所有的情况下，它是电容量/温度曲线上的某一个峰值。

在热波动的影响下，介质冷却至居里温度之后的很长一段时间内，晶体点阵中的离子会连续运动到势能较小的位置，这就引起了电容量老化现象。从此电容器的电容量不断地减小。

如果将电容器加热至高于居里温度的某一温度，则就会起到消除老化的作用，即通过老化而使电容量减小的部分恢复，而在电容器再次冷却时，会重新开始老化。

G.2 电容量老化规律

从冷却至居里温度之后的第1小时内，电容量的减小是不好确定的。但从这时间之后它按对数规律减小（见 K.Wplessner，phys.soc.vol.69B，p1261，1956），这个规律可用一个老化常数表示。

老化常数K用介质老化过程中引起的电容量减小的百分比来表示。其介质的老化过程是以“十倍”的变化方式进行的，即使在某一个时间内，例如1 h到10 h，电容器的老化增加十倍。

由于电容量减小的规律呈对数的，在1 h到100 h之间老化，则电容量减小的百分比将是2 K，在1 h到1 000 h之间老化将是3 K。

这可以用下式表示：

$$C_t = C_1\left(1 - \frac{K}{100} \times \lg t\right)$$

式中：

C_t ——老化过程开始后 t 小时的电容量；

C_1 ——老化过程开始后1小时的电容量；

K ——老化常数用每十倍的（与上述定义相同）百分比表示；

t ——从老化过程开始起经过的时间，h。

对于一种具体的陶瓷介质，其老化常数可由制造商给出或可以由电容器消除老化并在两个已知的时间之后测量的电容量来确定。

K 由下式算出：

$$K = \frac{100 \times (C_{t1} - C_{t2})}{C_{t1} \times \lg t_2 - C_{t2} \times \lg t_1}$$

如果电容量进行过三次或多次测量的话，则它可以从 C_t 与 $\lg t$ 的关系图中给出的斜率推导出 K 值。它也可以是 $\lg C$ 与 $\lg t$ 所绘出的图。

在电容器老化期内的测量应保持在一个恒定的温度下，这样由温度特性而引起的电容量的变化才不致掩盖由于老化所引起的变化。

G.3 电容量的测量和电容量允许偏差

因为老化,应规定电容量在允许偏差范围内的老化标准。老化时间固定在 1 000 h,因为在实用中,在此时间以后,电容量再进一步减小是不多的。

为了推算 1 000 h 后的电容量 $C_{1\,000}$,老化常数应知道或按上述条款进行测定,可以采用下式:

$$C_{1\,000}=C_{t}\left[1-\frac{K}{100}(3-\lg t)\right]$$

对于制造商测量,应了解从测量时间老化到 1 000 h 电容量减小量,并可以采用不对称的检验偏差来补偿。

例如:如果知道电容量的减小量为 5%,那么电容器可以按 25%～－15%的极限检验而不是按±20%检验。

电容量通常是以 20 ℃下的值标示的,而且应在这个温度下测量或应将结果校正到这个温度下的值。误差可能是由于手上的热引起的,因此电容器应用塑料夹子取放。

G.4 专门预处理

在本部分许多试验中要求测量电容量变化,电容量变化是由一个给定的条件(如气候顺序)引起的,为了避免老化的干扰作用,在这些试验之前应进行专门预处理,在上限类别温度下保持 1 h,接着在试验用标准大气条件下保持 24 h。

对居里温度低于上限类别温度的电容器,可以消除老化。如果能使电容器进行 24 h 老化,就会使老化引起的电容量变化减至最小。

如果介质的居里温度高于上限类别温度,那么专门预处理不会完全使电容器消除老化,但是将仍然会使电容器变成一种状态,在这种状态下,它的电容量与以前的历史无关。为了使电容器完全消除老化,可以要求温度升高达 160 ℃,在这个温度可能对包封层有损伤。因此,在要求这种电容器完全消除老化的少数情况下,各种必要措施的细节应在详细规范中考虑。

ICS 31.060.40
L 11

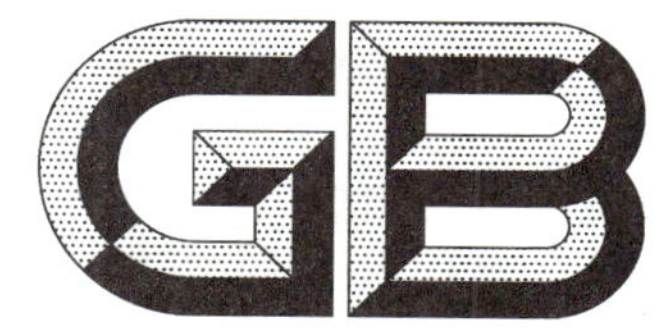

中华人民共和国国家标准

GB/T 6346.301—2015/IEC 60384-3-1:2006
代替 GB/T 14122—1993

电子设备用固定电容器 第3-1部分:空白详细规范 表面安装 MnO_2 固体电解质钽固定电容器 评定水平 EZ

Fixed capacitors for use in electronic equipment—Part 3-1: Blank detail specification—Surface mount fixed tantalum electrolytic capacitors with manganese dioxide solid electrolyte—Assessment level EZ

(IEC 60384-3-1:2006,IDT)

2015-07-03 发布　　2016-03-01 实施

中华人民共和国国家质量监督检验检疫总局
中国国家标准化管理委员会　发布

前　言

《电子设备用固定电容器》已经或计划发布的国家标准如下：

——第1部分：总规范(GB/T 2693—2001/IEC 60384-1:1999)；

——第2部分：分规范　金属化聚乙烯对苯二甲酸酯膜介质直流固定电容器(GB/T 7332—2011/IEC 60384-2:2005)；

——第2-1部分：空白详细规范　金属化聚乙烯对苯二甲酸酯膜介质直流固定电容器　评定水平E和EZ(GB/T 7333—2012/IEC 60384-2-1:2005)；

——第3部分：分规范　表面安装 MnO_2 固体电解质钽固定电容器(GB/T 6346.3—2015/IEC 60384-3:2006)；

——第3-1部分：空白详细规范　表面安装 MnO_2 固体电解质钽固定电容器　评定水平EZ(GB/T 6346.301—2015/IEC 60384-3-1:2006)；

——第4部分：分规范　固体和非固体电解质铝电容器(GB/T 5993—2003/IEC 60384-4:1998)；

——第4-1部分：空白详细规范　非固体电解质铝电容器　评定水平E(GB/T 5994—2003/IEC 60384-4-1:2000)；

——第6部分：分规范　金属化聚碳酸酯膜介质直流固定电容器(GB/T 14004—1992/IEC 60384-6:1987)；

——第6-1部分：空白详细规范　金属化聚碳酸酯膜介质直流固定电容器　评定水平E(GB/T 14005—1992/IEC 60384-6-1:1987)；

——第7部分：分规范　金属箔式聚苯乙烯膜介质直流固定电容器(GB/T 10185—2012)；

——第7-1部分：空白详细规范　金属箔式聚苯乙烯膜介质直流固定电容器　评定水平E(GB/T 10186—2012)；

——第8部分：分规范　1类瓷介固定电容器(GB/T 5966—2011/IEC 60384-8:2005)；

——第8-1部分：空白详细规范　1类瓷介固定电容器　评定水平EZ(GB/T 5967—2011/IEC 60384-8-1:2005)；

——第9部分：分规范　2类瓷介固定电容器(GB/T 5968—2011/IEC 60384-9:2005)；

——第9-1部分：空白详细规范　2类瓷介固定电容器　评定水平EZ(GB/T 5969—2012/IEC 60384-9-1:2005)；

——第11部分：分规范　金属箔式聚乙烯对苯二甲酸乙二醇酯膜介质直流固定电容器(GB/T 6346.11—2015/IEC 60384-11:2008)；

——第11-1部分：空白详细规范　金属箔式聚乙烯对苯二甲酸乙二醇酯膜介质直流固定电容器　评定水平EZ(GB/T 6346.1101—2015/IEC 60384-11-1:2008)；

——第13部分：分规范　金属箔式聚丙烯膜介质直流固定电容器(GB/T 10188—2013/IEC 60384-13:2006)；

——第13-1部分：空白详细规范　金属箔式聚丙烯膜介质直流固定电容器　评定水平E和EZ(GB/T 10189—2013/IEC 60384-13-1:2006)；

——第14部分：分规范　抑制电源电磁干扰用固定电容器(GB/T 6346.14—2015 /IEC 60384-14:2005)；

——第14-1部分：空白详细规范　抑制电源电磁干扰用固定电容器　评定水平D(GB/T 6346.1401—2015/IEC 60384-14-1:2005)；

——第 15 部分:分规范 非固体或固体电解质钽电容器(GB/T 7213—2003/IEC 60384-15:1982,第 1 号修改单:1987,第 2 号修改单:1992);
——第 15-1 部分:空白详细规范 非固体电解质箔电极钽电容器 评定水平 E(GB/T 12794—1991/IEC 60384-15-1:1984);
——第 15-2 部分:空白详细规范 非固体电解质多孔阳极钽电容器 评定水平 E(GB/T 12795—1991/IEC 60384-15-2:1984);
——第 15-3 部分:空白详细规范 固体电解质和多孔阳极钽电容器 评定水平 E(GB/T 7214—2003/IEC 60384-15-3:1992);
——第 16 部分:分规范 金属化聚丙烯膜介质直流固定电容器(GB/T 10190—2012/IEC 60384-16:2005);
——第 16-1 部分:空白详细规范 金属化聚丙烯膜介质直流固定电容器 评定水平 E 和 EZ(GB/T 10191—2011/IEC 60384-16-1:2005);
——第 17 部分:分规范 金属化聚丙烯膜介质交流和脉冲固定电容器(GB/T 14579—2013/IEC 60384-17:2005);
——第 17-1 部分:空白详细规范 金属化聚丙烯膜介质交流和脉冲固定电容器 评定水平 EZ(GB/T 14580—2013/IEC 60384-17-1:2005);
——第 18 部分:分规范 固体(MnO_2)与非固体电解质片式铝固定电容器(GB/T 17206—1998/IEC 60384-18:1993,第 1 号修改单:1998);
——第 18-1 部分:空白详细规范 表面安装固体(MnO_2)电解质铝固定电容器 评定水平 EZ(GB/T 17207—2012/IEC 60384-18-1:2007);
——第 18-2 部分:空白详细规范 非固体电解质片式铝固定电容器 评定水平 E(GB/T 17208—1998/IEC 60384-18-2:1993);
——第 19 部分:分规范 表面安装金属化聚乙烯对苯二甲酸酯膜介质直流固定电容器(GB/T 15448—2013/IEC 60384-19:2005);
——第 19-1 部分:空白详细规范 表面安装金属化聚乙烯对苯二甲酸酯膜介质直流固定电容器 评定水平 EZ(GB/T 16467—2013/IEC 60384-19-1:2005);
——第 21 部分:分规范 表面安装用 1 类多层瓷介固定电容器(GB/T 21041—2007/IEC 60384-21:2004);
——第 21-1 部分:空白详细规范 表面安装用 1 类多层瓷介固定电容器 评定水平 EZ(GB/T 21038—2007/IEC 60384-21-1:2004);
——第 22 部分:分规范 表面安装用 2 类多层瓷介固定电容器(GB/T 21042—2007/IEC 60384-22:2004);
——第 22-1 部分:空白详细规范 表面安装用 2 类多层瓷介固定电容器 评定水平 EZ(GB/T 21040—2007/IEC 60384-22-1:2004)。

本部分为《电子设备用固定电容器》的第 3-1 部分。

本部分按照 GB/T 1.1—2009 给出的规则起草。

本部分代替 GB/T 14122—1993《电子设备用固定电容器 第 3 部分:空白详细规范 片状钽固定电容器 评定水平 E(可供认证用)》。

本部分与 GB/T 14122—1993 相比,主要技术变化如下:

——将产品名称改为表面安装 MnO_2 固体电解质钽固定电容器;
——评定水平从 E 改为 EZ;
——根据其上层规范的修改而进行相应的变更。

本部分使用翻译法等同采用 IEC 60384-3-1:2006《电子设备用固定电容器 第 3-1 部分:空白详细

规范 表面安装 MnO_2 固体电解质钽固定电容器 评定水平 EZ》。为了便于使用，本部分作了下列编辑性修改：

——删除了 IEC 60384-3-1:2006 前言部分；

——表中的脚注采用小写英文字母。

请注意本文件的某些内容可能涉及专利。本文件的发布机构不承担识别这些专利的责任。

本部分由中华人民共和国工业和信息化部提出。

本部分由全国电子设备用阻容元件标准化技术委员会(SAC/TC 165)归口。

本部分起草单位：中国电子技术标准化研究院、中国振华(集团)新云电子元器件有限责任公司。

本部分主要起草人：张玉芹、杨立明。

本部分所代替标准的历次版本发布情况为：

——GB/T 14122—1993。

电子设备用固定电容器
第3-1部分:空白详细规范
表面安装 MnO_2 固体电解质
钽固定电容器　评定水平 EZ

空白详细规范

空白详细规范是分规范的一种补充性文件,它包括详细规范的格式、编排和最少内容要求。不遵守这些要求的详细规范,认为是不符合电子元件质量评定体系要求的标准。

制定详细规范时应考虑分规范1.4的内容。

首页括号中数字标注的位置上应填写下列相应内容:

详细规范的识别

[1]　授权起草本详细规范的组织:IEC或国家标准机构。

[2]　IEC或国家的详细规范标准编号、发布日期以及国家标准体系所要求的任何其他的内容。

[3]　IEC或国家的总规范编号及其版本号。

[4]　IEC或国家标准的空白详细规范编号。

电容器的识别

[5]　该类型电容器的简要说明。

[6]　典型结构的说明(适用时)。

注:当电容器不是设计用于印制电路板时,在详细规范的这个位置上应该明确地加以说明。

[7]　影响互换性的主要尺寸的外形图,和(或)引用国家标准或国际文件的外形图。这种图形也可以在详细规范附录中给出。

[8]　用途或涉及的应用类别和/或评定水平。

[9]　重要特性的参考数据,以便在各种类型电容器之间进行比较。

[1]	[2]
电子元器件质量评定按 GB/T 2693—2001/IEC 60384-1:1999 [3]	GB/T 6346.301—2015/IEC 60384-3-1:2007 [4]
外形图(…角视图) [7] 在给定尺寸范围内允许形状有所不同(见表1)	表面安装 MnO_2 固体电解质钽固定电容器 [5]
	[6]
	评定水平:EZ [8]

[9]

按本详细规范鉴定合格的元件的有效资料在合格产品一览表中给出

1 一般资料

1.1 推荐的安装方法

按 GB/T 6346.3—2015 中 1.4.2 和 4.3。

1.2 尺寸

外壳号与尺寸见表 1。

表 1 外壳号与尺寸

外壳号	尺 寸 mm						
	Φ	l	h	d	…	…	

当没有外壳号时，表 1 可以省略，且尺寸应在表 2 给出，并将表 2 改为表 1。尺寸应给出最大尺寸或标称尺寸及其公差。

1.3 额定值和特性

电容量范围：见表 2；
标称电容量允许偏差；
额定电压：见表 2；
类别电压（当适用时）：见表 2；
气候类别；
额定温度；
电容量随温度的变化：见表 3；
损耗角正切；
漏电流：见表 3；
阻抗（当适用时）：见表 4；
等效串联电阻（ESR）（当要求时）：见表 5；
浪涌电压。

表 2 与外壳号有关的电容量值和电压值

额定电压 V				
类别电压[a] V				
标称电容量 μF	外壳号	外壳号	外壳号	外壳号

[a] 如与额定电压不同。

表 3 高低温特性

额定电压 U_R V	标称 电容量 C_R μF	电容量变化 %			最大值							
					损耗角正切 %				漏电流 μA			
		T_A	T_R	T_B	T_A	20 ℃	T_R	T_B	20 ℃	T_R	T_B[a]

T_A:下限类别温度。

T_B:上限类别温度。

T_R:额定温度。

[a] 用类别温度测量。

表 4 100 kHz 时的阻抗(要求时)

外壳号	阻抗 Ω

表 5 100 kHz 时的等效串联电阻(ESR)(要求时)

额定电压 U_R V			
标称电容量 C_R μF	ESR 最 大 值 mΩ		

1.4 规范性引用文件

下列文件对于本文件的应用是必不可少的。凡是注日期的引用文件，仅注日期的版本适用于本文件。凡是不注日期的引用文件，其最新版本(包括所有的修改单)适用于本文件。

GB/T 2693—2001 电子设备用固定电容器 第1部分：总规范(IEC 60384-1:1999,IDT)

GB/T 6346.3—2015 电子设备用固定电容器 第3部分：分规范 表面安装 MnO_2 固体电解质钽固定电容器(IEC 60384-3:2006,IDT)

IEC 60286-3 自动处理的产品包装 第3部分：连续编带上的无引线产品的包装(Packaging of components for automatic handling—Part 3: Packaging of surface mount components on continuous tapes)

IEC 60410 计数抽样和检验程序(Sampling plans and procedures for inspection by attributes)

1.5 标志

电容器的标志(如适用)和包装上的标志应按分规范 GB/T 6346.3—2015 中 1.6。

详细规范中应详尽地规定元件和包装上标志的内容。

1.6 订货资料

本部分所包括的电容器的订单，应用文字或代号形式至少应包括下列内容：

a) 标称电容量；

b) 标称电容量允许偏差；

c) 额定直流电压；

d) 详细规范的编号及版本号和型号规格；

e) 包装(散装或编带。如果编带，按照 IEC 60286-3)。

1.7 放行批证明记录

要求或不要求。

1.8 附加内容(不作检验用)。

1.9 增加或提高总规范和分规范所规定的严酷度等级或要求。

注：仅在必要时才规定增加要求或提高要求。

表6 其他特性

此表用于规定补充的或比分规范的规定更严酷的特性。

2 检验要求

2.1 程序

2.1.1 鉴定批准程序应按 GB/T 6346.3—2015 中的 3.4。

2.1.2 质量一致性检验的试验一览表(表7)包括抽样、周期、严酷度和要求。检验批的构成按 GB/T 6346.3—2015 中 3.5.1。

表 7 质量一致性检验一览表(A 组、B 组和 C 组)评定水平 EZ

条款号和试验[a]	D 或 ND	试验条件[a]	样品数和允许不合格品数[b]			性能要求[a]
			IL	n[d]	c	
A 组检验(逐批) A0 分组 4.21 高浪涌电流 (当详细规范要求时)	ND		100%			
4.5.1 漏电流		保护电阻:1 000 Ω				≤0.02 $C_R U_R$ μA 或 1 μA,取大者。详见表 3。
4.5.2 电容量		频率:…Hz 偏压:…V				在规定的允许偏差范围内
4.5.3 损耗角正切(tanδ)		频率:…Hz 偏压:…V				类别 1≤0.08 类别 2≤0.12 类别 3≤0.24 详见表 3。
4.5.4 阻抗[c]		频率:100 kHz				按表 4
4.5.5 等效串联电阻(ESR)[c]		频率:100 kHz				按表 5
A1 分组 4.4 外观检查	ND		S-3	[d]	0	按 4.4.2 标志清晰,并按本部分 4.5 的规定
4.4 尺寸(详细)						见本部分表 1
B 组检验(逐批) 4.7 可焊性[c]	D	方法:… 温度和持续时间:… 或 温度曲线图:…	S-3	[d]	0	
4.7.2 最后测量		外观检查				按 4.7.2
4.18 标志耐溶剂性(适用时)		溶剂:… 溶剂温度:… 方法 1 擦拭材料:棉花 恢复时间:…				标志清晰

表 7（续）

条款号和试验[a]	D 或 ND	试验条件[a]	样品数和允许不合格品数[b]			性能要求[a]
			p	n	c	
C 组检验(周期)						
C1 分组	D		3	12	0	
4.6.1 初始测量		电容量				
		损耗角正切				
4.6 耐焊接热		方法：…[d]				
4.6.3 最后测量		电容量				$\lvert \Delta C/C \rvert \leqslant$ …%[d]
		损耗角正切($\tan\delta$)				……[d]
4.17 元件耐溶剂性(当适用时)		溶剂：…[d]				在详细规范中规定
		溶剂温度：…[d]				
		方法：2				
		恢复：…[d]				
		外观检查				按 4.6.3
C2 分组	D		3	12	0	
4.9 衬底弯曲试验[e]		电容量(印制板在弯曲状态下)				$\lvert \Delta C/C \rvert \leqslant$ …%[d]
		偏差：…mm[d]				
		弯曲次数：…[d]				
4.9.6 最后测量		外观检查				无可见损伤
C3 分组	D					
4.3 安装		外观检查				无可见损伤
		漏电流				$\leqslant 0.02C_R \times U_R$ μA 或 1 μA(取较大者)
		电容量				在详细规范中规定
		损耗角正切($\tan\delta$)				在详细规范中规定
		阻抗[c]				按表 4
		或等效串联电阻(ESR)[c]				按表 5
C3.1 分组	D		6	8	0	
4.8 剪切力试验		外观检查				无可见损伤
4.10.1 初始测量		不要求(见 C3 组)				
4.10 温度快速变化		T_A＝下限类别温度				
		T_B＝上限类别温度				
		5 次循环				
		持续时间 t_1＝30 min				
		恢复：1 h～2 h				
4.10.3 最后测量		漏电流				≤初始极限值
		电容量				Ⅰ型：$\lvert \Delta C/C \rvert \leqslant$ C3 组测量值的 5% Ⅱ型：$\lvert \Delta C/C \rvert \leqslant$ C3 组测量值的 10%
		损耗角正切($\tan\delta$)				≤初始极限值
4.11 气候顺序(仅适用于Ⅰ类)						
4.11.1 初始测量		不要求				

表 7（续）

条款号和试验[a]	D或ND	试验条件[a]	样品数和允许不合格品数[b]			性能要求[a]
			p	n	c	
4.11.2　干热	D	温度：上限类别温度 持续时间：16 h	6	8	0	
4.11.3　循环湿热试验 Db 第一次循环						
4.11.4　寒冷		温度：下限类别温度 持续时间：2 h 恢复：1 h～2 h				
4.11.5　循环湿热试验 Db 其余的循环						
4.11.6　最后测量		外观检查				无可见损伤、标志清晰
		漏电流				≤初始极限值
		电容量				$\lvert \Delta C/C \rvert$≤C3 组测量值的10%
		损耗角正切（tanδ）				≤1.2 倍初始极限值
C3.2 分组	D		6	9	0	
4.12　稳态湿热（仅适于Ⅰ型）		恢复：1 h～2 h				
4.12.1　初始测量		不要求（见 C3 组）				
4.12.2　最后测量		外观检查				无可见损伤、标志清晰
		漏电流				≤初始极限值
		电容量				$\lvert \Delta C/C \rvert$≤C3 组测量值的10%
		损耗角正切（tanδ）				≤1.2 倍初始极限值
C3.3 分组	D		3	4	0	
4.15　耐久性		持续时间：2 000 h 周围温度：… ℃[d] （当适用时） 施加电压：…V[d] 恢复：1 h～2 h				
4.15.1　初始测量		不要求（见 C3 组）				
4.15.3　最后测量		外观检查				无可见损伤、标志清晰
		漏电流				≤2 倍初始极限值
		电容量				在详细规范中规定
		损耗角正切（tanδ）				≤1.5 倍初始极限值
		阻抗[c]或等效串联电阻[c]				见详细规范
C3.4 分组	D		6	15	0	
4.13　高低温特性		电容器应在每个温度阶段下测量				
		步骤 1：20 ℃				
		漏电流				≤初始极限值
		电容量				作为基准值
		损耗角正切（tanδ）				≤初始极限值
		步骤 2：下限类别温度				
		电容量				在详细规范中规定
		损耗角正切（tanδ）				在详细规范中规定
		步骤 3：20 ℃				
		漏电流				≤初始极限值

表 7（续）

条款号和试验[a]	D 或 ND	试验条件[a]	样品数和允许不合格品数[b]			性能要求[a]
			p	n	c	
C3.4 分组	D		6	15	0	
4.13 高低温特性		电容量				$\lvert\Delta C/C\rvert$≤阶段 1 测量值的 5%
		损耗角正切（$\tan\delta$）				≤初始极限值
		步骤 4:85 ℃				
		漏电流				≤$0.2C_RU_R$ μA 或 ≤10 μA，取大者
		电容量				在详细规范中规定
		损耗角正切（$\tan\delta$）				在详细规范中规定
		步骤 5:125 ℃（当适用时）				
		漏电流				≤$0.25C_RU_R$ μA 或 ≤10 μA，取大者
		电容量				在详细规范中规定
		损耗角正切（$\tan\delta$）				在详细规范中规定
		步骤 6:20 ℃				
		漏电流				≤初始极限值
		电容量				$\lvert\Delta C/C\rvert$≤阶段 1 测量值的 5%
		损耗角正切（$\tan\delta$）				≤初始极限值
C3.5A 分组	D		12	6	0	
4.14 浪涌		循环数：1 000 温度：… ℃[d] 电压：$1.3U_R$ 和/或 $1.3U_C$，如适用 保护电阻：(1 000 ± 100)Ω 充电时间：30 s 放电时间：5 min 30 s				
4.14.1 初始测量		不要求（见 C3 组）				
4.14.2 最后测量		漏电流				≤初始极限值
		电容量				$\lvert\Delta C/C\rvert$≤C3 组测量值的 10%
		损耗角正切（$\tan\delta$）				≤初始极限值
C3.5B 分组	D		12	6	0 0	
4.16 反向电压（当要求时）		持续时间：在上限类别温度下加 __ V[d] 反极向电压 125 h，接着在上限类别温度下，加正极向类别电压 125 h				
4.16.1 初始测量		不要求（见 C3 组）				
4.16.3 最后测量		漏电流				≤初始极限值
		电容量				$\lvert\Delta C/C\rvert$≤C3 组测量值的 10 %
		损耗角正切（$\tan\delta$）				≤1.15 倍初始极限值

表 7（续）

条款号和试验[a]	D或ND	试验条件[a]	样品数和允许不合格品数[b]			性能要求[a]
			p	n	c	

[a] 试验项目章条号和性能要求引自 GB/T 6346.3—2015 和本部分的第 1 章；

[b] 本表中：

D 代表破坏性的；

ND 代表非破坏性的；

IL 代表检查水平(从 IEC 60410 中选出)；

p 为周期(月数)；

n 为样本大小；

c 为接收判据(允许的不合格品数)；

[c] 当详细规范要求时；

[d] 在详细规范中规定；

[e] 详细规范，仅安装在铝基板上的表面安装电容器不适用。

ICS 31.060.20
L 11

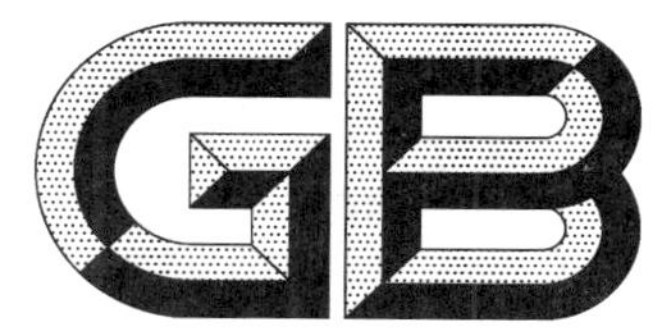

中华人民共和国国家标准

GB/T 6346.1101—2015/IEC 60384-11-1:2008
代替 GB/T 6347—1986

电子设备用固定电容器 第 11-1 部分:空白详细规范 金属箔式聚乙烯对苯二甲酸乙二醇酯膜介质直流固定电容器 评定水平 EZ

Fixed capacitors for use in electronic equipment—Part 11-1:Blank detail specification—Fixed polyethylene-terephthalate film dielectric metal foil d.c. capacitors—Assessment level EZ

(IEC 60384-11-1:2008,IDT)

2015-07-03 发布　　2016-03-01 实施

中华人民共和国国家质量监督检验检疫总局
中国国家标准化管理委员会　发布

前 言

《电子设备用固定电容器》已经或计划发布的国家标准如下：

——第1部分：总规范(GB/T 2693—2001/IEC 60384-1:1999)；

——第2部分：分规范 金属化聚乙烯对苯二甲酸酯膜介质直流固定电容器(GB/T 7332—2011/IEC 60384-2:2005)；

——第2-1部分：空白详细规范 金属化聚乙烯对苯二甲酸酯膜介质直流固定电容器 评定水平E和EZ(GB/T 7333—2012/IEC 60384-2-1:2005)；

——第3部分：分规范 表面安装 MnO_2 固体电解质钽固定电容器(GB/T 6346.3—2015/IEC 60384-3:2006)；

——第3-1部分：空白详细规范 表面安装 MnO_2 固体电解质钽固定电容器 评定水平EZ(GB/T 6346.301—2015/IEC 60384-3-1:2006)；

——第4部分：分规范 固体和非固体电解质铝电容器(GB/T 5993—2003/IEC 60384-4:1998)；

——第4-1部分：空白详细规范 非固体电解质铝电容器 评定水平E(GB/T 5994—2003/IEC 60384-4-1:2000)；

——第6部分：分规范 金属化聚碳酸酯膜介质直流固定电容器(GB/T 14004—1992/IEC 60384-6:1987)；

——第6-1部分：空白详细规范 金属化聚碳酸酯膜介质直流固定电容器 评定水平E(GB/T 14005—1992/IEC 60384-6-1:1987)；

——第7部分：分规范 金属箔式聚苯乙烯膜介质直流固定电容器(GB/T 10185—2012)；

——第7-1部分：空白详细规范 金属箔式聚苯乙烯膜介质直流固定电容器 评定水平E(GB/T 10186—2012)；

——第8部分：分规范 1类瓷介固定电容器(GB/T 5966—2011/IEC 60384-8:2005)；

——第8-1部分：空白详细规范 1类瓷介固定电容器 评定水平EZ(GB/T 5967—2011/IEC 60384-8-1:2005)；

——第9部分：分规范 2类瓷介固定电容器(GB/T 5968—2011/IEC 60384-9:2005)；

——第9-1部分：空白详细规范 2类瓷介固定电容器 评定水平EZ(GB/T 5969—2012/IEC 60384-9-1:2005)；

——第11部分：分规范 金属箔式聚乙烯对苯二甲酸乙二醇酯膜介质直流固定电容器(GB/T 6346.11—2015/IEC 60384-11:2008)；

——第11-1部分：空白详细规范 金属箔式聚乙烯对苯二甲酸乙二醇酯膜介质直流固定电容器 评定水平EZ(GB/T 6346.1101—2015/IEC 60384-11-1:2008)；

——第13部分：分规范 金属箔式聚丙烯膜介质直流固定电容器(GB/T 10188—2013/IEC 60384-13:2006)；

——第13-1部分：空白详细规范 金属箔式聚丙烯膜介质直流固定电容器 评定水平E和EZ(GB/T 10189—2013/IEC 60384-13-1:2006)；

——第14部分：分规范 抑制电源电磁干扰用固定电容器(GB/T 6346.14—2015/IEC 60384-14:2005)；

——第14-1部分：空白详细规范 抑制电源电磁干扰用固定电容器 评定水平D(GB/T 6346.1401—2015/IEC 60384-14-1:2005)；

——第 15 部分:分规范　非固体或固体电解质钽电容器(GB/T 7213—2003/IEC 60384-15:1982,第 1 号修改单:1987,第 2 号修改单:1992);

——第 15-1 部分:空白详细规范　非固体电解质箔电极钽电容器　评定水平 E(GB/T 12794—1991/IEC 60384-15-1:1984);

——第 15-2 部分:空白详细规范　非固体电解质多孔阳极钽电容器　评定水平 E(GB/T 12795—1991/IEC 60384-15-2:1984);

——第 15-3 部分:空白详细规范　固体电解质和多孔阳极钽电容器　评定水平 E(GB/T 7214—2003/IEC 60384-15-3:1992);

——第 16 部分:分规范　金属化聚丙烯膜介质直流固定电容器(GB/T 10190—2012/IEC 60384-16:2005);

——第 16-1 部分:空白详细规范　金属化聚丙烯膜介质直流固定电容器　评定水平 E 和 EZ(GB/T 10191—2011/IEC 60384-16-1:2005);

——第 17 部分:分规范　金属化聚丙烯膜介质交流和脉冲固定电容器(GB/T 14579—2013/IEC 60384-17:2005);

——第 17-1 部分:空白详细规范　金属化聚丙烯膜介质交流和脉冲固定电容器　评定水平 EZ(GB/T 14580—2013/IEC 60384-17-1:2005);

——第 18 部分:分规范　固体(MnO_2)与非固体电解质片式铝固定电容器(GB/T 17206—1998/IEC 60384-18:1993,第 1 号修改单:1998);

——第 18-1 部分:空白详细规范　表面安装固体(MnO_2)电解质铝固定电容器　评定水平 EZ(GB/T 17207—2012/IEC 60384-18-1:2007);

——第 18-2 部分:空白详细规范　非固体电解质片式铝固定电容器　评定水平 E(GB/T 17208—1998/IEC 60384-18-2:1993);

——第 19 部分:分规范　表面安装金属化聚乙烯对苯二甲酸酯膜介质直流固定电容器(GB/T 15448—2013/IEC 60384-19:2005);

——第 19-1 部分:空白详细规范　表面安装金属化聚乙烯对苯二甲酸酯膜介质直流固定电容器　评定水平 EZ(GB/T 16467—2013/IEC 60384-19-1:2005);

——第 21 部分:分规范　表面安装用 1 类多层瓷介固定电容器(GB/T 21041—2007/IEC 60384-21:2004);

——第 21-1 部分:空白详细规范　表面安装用 1 类多层瓷介固定电容器　评定水平 EZ(GB/T 21038—2007/IEC 60384-21-1:2004);

——第 22 部分:分规范　表面安装用 2 类多层瓷介固定电容器(GB/T 21042—2007/IEC 60384-22:2004);

——第 22-1 部分:空白详细规范　表面安装用 2 类多层瓷介固定电容器　评定水平 EZ(GB/T 21040—2007/IEC 60384-22-1:2004)。

本部分为《电子设备用固定电容器》的第 11-1 部分。

本部分按照 GB/T 1.1—2009 和 GB/T 20000.2—2009 给出的规则起草。

本部分代替 GB/T 6347—1986《电子设备用固定电容器　第 11 部分:空白详细规范　金属箔式聚乙烯对苯二甲酸乙二醇酯膜介质直流固定电容器　评定水平 E(可供认证用)》。

本部分与 GB/T 6347—1986 相比,主要技术变化如下:

——耐久性试验时间由 2 000 h 改为 1 000 h;

——增加 4.13 元件耐溶剂和 4.14 标志耐溶剂试验项目(见 4.13、4.14);

——评定水平由 E 改为 EZ;

——鉴定批准试验的样品数由原规定"4 种值各 29 只和备份各 2 只、6 种值各 29 只和备份各 2 只"

改为“固定样品 108 只和 12 只备份”，允许不合格品数由原规定“4 种值允许 4 只、6 种值允许 6 只”改为 0 只；

——逐批检验增加 A0 组，检验水平(IL)由 A1 组 S-4、A2 组Ⅱ、B1 组 S-3 改为 A0 组 100%、其他组均为 S-3；合格质量水平(AQL%)由 A1 组 2.5、A2 组 1.0、B1 组 2.5 改为零失效；

——周期检验的周期：C3 组由 3 个月改为 6 个月，C4 组由 12 个月改为 6 个月；

样品数：C1A 组由 9 只改为 5 只，C1B 组由 18 只改为 5 只，C1 组由 27 只改为 10 只，C2 组由 15 只改为 10 只，C3 组由 21 只改为 10 只，C4 组由 9 只改为 10 只；

允许不合格品数：C1A 和 C1B 组各 1 只改为 0 只，C1 组由 2 只改为 0 只，C2、C3、C4 组由各 1 只改为 0 只；

——规范名称由“第 11 部分”改为“第 11-1 部分”。

本部分使用翻译法等同采用 IEC 60384-11-1:2008《电子设备用固定电容器　第 11-1 部分：空白详细规范　金属箔式聚乙烯对苯二甲酸乙二醇酯膜介质直流固定电容器　评定水平 EZ》，为了便于使用，对 IEC 60384-11-1:2008 还进行了编辑性修改，具体修改如下：

——删除了 IEC 前言，增加 GB 前言；

——IEC 第 2 页注 2 改为注 1；

——IEC 60068 的无日期引用改为注日期引用。

本部分由中华人民共和国工业和信息化部提出。

本部分由全国电子设备用阻容元件标准化技术委员会(SAC/TC 165)归口。

本部分起草单位：国营第七一五厂。

本部分主要起草人：王珏、董小婕。

本部分所代替标准的历次版本发布情况为：

——GB/T 6347—1986。

电子设备用固定电容器
第11-1部分:空白详细规范
金属箔式聚乙烯对苯二甲酸乙二醇酯膜介质直流固定电容器 评定水平EZ

空白详细规范

空白详细规范是分规范的一种补充性文件,它包括对详细规范的格式、编排和最少内容的要求。不遵守这些要求的详细规范,认为是不符合电子元件质量评定体系要求的规范。

制定详细规范时,应考虑分规范1.4的内容。

首页括号内数字标注的位置上应填写下列相应内容:

详细规范的识别

[1] 授权起草本详细规范的组织:IEC或国家标准机构。

[2] IEC或国家标准的详细规范编号、发布日期以及国家标准体系需要的其他内容。

[3] IEC或国家标准的总规范编号及其版本号。

[4] IEC或国家标准的空白详细规范编号。

电容器的识别

[5] 该型号电容器的简述。

[6] 典型结构的简述(适用时)。

注:当电容器不是设计用于印制电路板时,在详细规范的这个位置上应该明确地加以说明。

[7] 对影响互换性的主要尺寸的外形图和/或引用国家或国际的外形方面的文件。或者也可以在详细规范附录中给出这种图形。

[8] 应用或涉及的应用组别和/或评定水平。

注:详细规范中采用的一个或几个评定水平,应从分规范GB/T 6346.11—2015中3.5.4中选取。这意味着只要试验组的划分不变,几个评定水平可以共用一个空白详细规范。

[9] 重要性的参考数据,以便在各种类型电容器之间进行比较。

<table>
<tr><td>[1]</td><td>[2]</td></tr>
<tr><td>电子元器件质量评定水平按：
GB/T 2693—2001/IEC 60384-1:1999
[3]</td><td>GB/T 6346.1101—2015/IEC 60384-11-1:2008
[4]</td></tr>
<tr><td rowspan="3">外形图
(……角示图)
[7]

在规定尺寸范围内允许用其他形状(见表 1)</td><td>金属箔式聚乙烯对苯二甲酸乙二醇酯膜介质
直流固定电容器
[5]</td></tr>
<tr><td>[6]</td></tr>
<tr><td>评定水平:EZ [8]</td></tr>
<tr><td colspan="2">注：[1]到[9]填写内容见前页。</td></tr>
</table>

[9]

按本详细规范鉴定合格的元器件有效数据在鉴定合格产品一览表中给出

1 一般数据

1.1 推荐的安装方法(应填入)

见 GB/T 6346.11—2015 中 1.4.2。

1.2 尺寸

当电容器外形尺寸需要用代码表征时，应按表 1 规定给出电容器的外形尺寸。

表 1 外形尺寸代号和尺寸

<table>
<tr><td rowspan="2">外形尺寸代号</td><td colspan="7">尺寸
mm</td></tr>
<tr><td>ϕ</td><td>L</td><td>H</td><td>d</td><td>……</td><td></td><td></td></tr>
<tr><td></td><td></td><td></td><td></td><td></td><td></td><td></td><td></td></tr>
<tr><td></td><td></td><td></td><td></td><td></td><td></td><td></td><td></td></tr>
<tr><td></td><td></td><td></td><td></td><td></td><td></td><td></td><td></td></tr>
<tr><td colspan="8">注 1：当没有规定外形尺寸代码时，表 1 可以省略，其尺寸应在表 2 中给出，此时表 2 变为表 1。
注 2：尺寸应给出最大尺寸或标称尺寸及允许偏差。</td></tr>
</table>

1.3 额定值和特性

电容量范围(见表 2);
标称电容量的允许偏差;
额定直流电压(见表 2);
类别电压(适用时)(见表 2);
气候类别;
额定温度;
最高交流电压(适用时);
损耗角正切(tanδ);
绝缘电阻。

表 2 外形尺寸对应的电容量和电压

额定电压				
类别电压[a]				
标称电容量 nF 和/或 μF	外形尺寸	外形尺寸	外形尺寸	外形尺寸
[a] 如与额定电压不同。				

1.4 规范性引用文件

下列文件对于本文件的应用是必不可少的。凡是注日期的引用文件,仅注日期的版本适用于本文件。凡是不注日期的引用文件,其最新版本(包括所有的修改单)适用于本文件。

GB/T 2693—2001 电子设备用固定电容器 第 1 部分:总规范(IEC 60384:2008,IDT)

GB/T 6346.11—2015 电子设备用固定电容器 第 11 部分:分规范:金属箔式聚乙烯对苯二甲酸乙二醇酯膜介质直流固定电容器(IEC 60384-11:2008,IDT)

1.5 标志

电容器和包装的标志应符合 GB/T 6346.11—2015 中 1.6 的要求。
应在详细规范中规定电容器和包装上的标志细节。

1.6 订货资料

订购本部分所包括的电容器的订货单,应用一般文字或代码形式至少应包括下列内容:

a) 标称电容量;
b) 标称电容量的允许偏差;
c) 额定直流电压;
d) 详细规范的编号及版本号,以及型号标记;
e) 包装说明。

1.7 放行批证明记录

要求/不要求。

1.8 附加内容

本章节内容不作检验用。

1.9 补充或提高通用规范和(或)分规范中规定的严酷等级或要求,应在表3中给出。

注:仅当必要时,方规定补充或提高要求。

表3 其他特性

此表用于对分规范特性的增加或严酷等级的增加。

2 检验要求

2.1 程序

2.1.1 对鉴定批准程序应符合GB/T 6346.11—2015中3.4规定。

2.1.2 对质量一致性检验。其检验一览表(表4)包括了抽样方案、周期、严酷等级和要求。GB/T 6346.11—2015中3.5.1包含了检验批次的构成。

表4 质量一致性检验一览表

章条号和检验项目[a]	D或ND[c]	试验条件[a]	样品数和合格判定数[c]			性能要求[a]
			IL	n	c	
A组检验(逐批) A0分组 4.4.2 电容量 4.2.3 损耗角正切(tanδ) 4.2.1 耐电压(试验A) 4.2.4 绝缘电阻(试验A)	ND	频率:1 kHz适用全部容量值 方法:…… 测量点1a 测量点1a	100%[d]			在规定允许偏差内 符合4.2.3.2的规定 无击穿或飞弧 符合4.2.4.2的规定
A组检验(逐批) A1分组 4.1 外观检查	ND		S-3	[b]	0	按4.1要求,标志清晰并符合本部分1.5的规定
A2分组 4.1尺寸 (量规检查)[e]	ND		S-3	[b]	0	符合详细规范表1规定
B组检验(逐批) B1分组 4.5 可焊性(适用时) 4.15 标志耐溶剂(适用时)	ND	不老化 方法:…… 溶剂:…… 溶剂温度:…… 方法1 摩擦材料:脱脂棉 恢复时间:……	S-3	[b]	0	以湿润引出端的焊料自由流动或焊料在…s内流合来说明镀锡良好,按适用。 标志清晰

表 4（续）

章条号和检验项目[a]	D 或 ND[c]	试验条件[a]	样品数和合格判定数[c] p	n	c	性能要求[a]
C 组检验 （周期）						
C1A 分组 C1 分组的部分样品	D		6	5	0[f]	
4.1 尺寸（详细的）						见详细规范
4.3.1 初始测量		电容量 损耗角正切（tanδ）： 对于C_R≤10 μF：在 1 kHz C_R>10 μF： 在 50 Hz～120 Hz				
4.3 引出端强度		外观检查				无可见损伤
4.4 耐焊接热		方法：……				
4.4.2 最后测量		外观检查 电容量				无可见损伤 ΔC/C≤初始测量值的 2%
4.14 元件耐溶剂（适用时）	D	溶剂：…… 溶剂温度：…… 方法 2 恢复时间：……				见详细规范
C1B 分组 C1 分组的其余样品			6	5	0[f]	
4.6.1 初始测量		电容量 损耗角正切（tanδ）： 对于C_R≤10 μF：在 1 kHz C_R>10 μF： 在 50 Hz～120 Hz				
4.6 温度快速变化		T_A=下限类别温度 T_B=上限类别温度 5 次循环 持续时间 t_1=30 min 外观检查				无可见损伤

表 4（续）

章条号和检验项目[a]	D或ND[c]	试验条件[a]	样品数和合格判定数[c]			性能要求[a]
			p	n	c	
	D		6	5	0[f]	
4.7 振动		安装方法：见本部分 1.1 程序 B4 频率范围：…Hz～…Hz 振幅：0.75 mm 或加速度 98 m/s²（取严酷等级较低者） 总持续时间：6 h				
4.7.2 最后检查		外观检查				无可见损伤
4.8 碰撞 （或冲击，见 4.9）		安装方法：见本部分 1.1 碰撞次数：…… 加速度：…m/s² 脉冲持续时间：…ms				
4.9 冲击 （或碰撞，见 4.8）		安装方法：见本部分 1.1 加速度：…m/s² 脉冲持续时间：…ms				
4.8.3 或 4.9.3 最后测量		外观检查				无可见损伤
		电容量				$\Delta C/C \leqslant$4.6.1 测量值的 5%
		损耗角正切（$\tan\delta$）				见详细规范
C1 分组 由 C1A 和 C1B 分组组成的样品	D		6	10	0[f]	
4.10 气候顺序						
4.10.2 干热		温度：上限类别温度 持续时间：16 h				
4.10.3 循环湿热，试验 Db， 第一次循环						
4.10.4 寒冷		温度：下限类别温度 持续时间：2 h				
4.10.5 低气压（详细规范要求时）		大气压力：8.5 kPa(85 mbar)				
4.10.5.3 最后检测		外观检查和测量				无永久性击穿、飞弧或外壳有害的变形

表 4（续）

章条号和检验项目[a]	D 或 ND[c]	试验条件[a]	样品数和合格判定数[c]			性能要求[a]
			p	n	c	
4.10.6 循环湿热，试验 Db，其余循环 4.10.6.2 最后测量		恢复时间：1 h～2 h 外观检查 电容量 损耗角正切($\tan\delta$) 绝缘电阻	6	10	0[f]	无可见损伤 标志清晰 $\Delta C/C \leqslant$ 4.4.2，4.8.3 或 4.9.3测量值的 5%，按适用 $\tan\delta \leqslant 0.01$ 或为 4.3.1 或 4.6.1测量值的 1.2 倍（取较大者） $\geqslant$4.2.4.2 规定值的 50%
C2 分组 4.11 稳态湿热 4.11.1 初始测量 4.11.3 最后测量	D	电容量 损耗角正切： 对于 $C_R \leqslant 10\ \mu F$：在 1 kHz $C_R > 10\ \mu F$：在 50 Hz～120 Hz 恢复时间：1 h～2 h 外观检查 电容量 损耗角正切($\tan\delta$) 绝缘电阻	6	10	0[f]	无可见损伤 标志清晰 $\Delta C/C \leqslant$ 4.11.1 测量值的 5% $\tan\delta \leqslant 0.01$ 或为 4.11.1 测量值的 1.2 倍（取较大者） $\geqslant$4.2.4.2 规定值的 50%
C3 分组 4.12 耐久性 4.12.1 初始测量	D	持续时间：1 000 h 电容量 损耗角正切($\tan\delta$)： 对于 $C_R \leqslant 10\ \mu F$：在 1 kHz $C_R > 10\ \mu F$： 在 50 Hz～120 Hz 恢复：1 h～2 h	6	10	0[f]	

表 4（续）

章条号和检验项目[a]	D或ND[c]	试验条件[a]	样品数和合格判定数[c]			性能要求[a]
			p	n	c	
4.12.5　最后测量	D	外观检查 电容量 损耗角正切(tanδ) 绝缘电阻				无可见损伤 $\Delta C/C\leqslant$ 4.12.1 测量值的5% tanδ≤0.01 或为 4.12.1 测量值的 1.2 倍(取较大者) ≥4.2.4.2 规定值的 50%
C4 分组 4.2.5　随温度变化的特性	ND	电容量	6	10	0[f]	按 4.2.5 的规定

[a] 试验项目和性能要求的条款号引自分规范 GB/T 6346.11—2015 表 1 及本部分第 1 章。

[b] 检查水平(IL)和合格质量水平(AQL)选自 IEC 60410 中表 2a 计数检查抽样方案和程序。

[c] 本表中：

IL＝检查水平

p＝周期(月数)

n＝样品数

c＝允许的不合格品数

D＝破坏性的

ND＝非破坏性的

[d] 为了用每百万分之几不合格品数来监测产品出厂的质量水平，100%检验后应进行抽样复检。抽样水平应由制造厂决定。计算每百万分之几不合格品数时，任何一个参数失效都应算作一个不合格项。存在一个或多个不合格项时，这批应被拒收。

[e] 如果制造厂对尺寸测量设有统计过程控制(SPC)程序或其他方法以避免元件超出极限值，则该检验可由生产检验代替。

[f] 如果出现一个不合格品，应使用新的样本重新进行该分组的全部试验，且不允许再有不合格品。在重新试验期间可以继续放行产品。

ICS 31.060.30
L 11

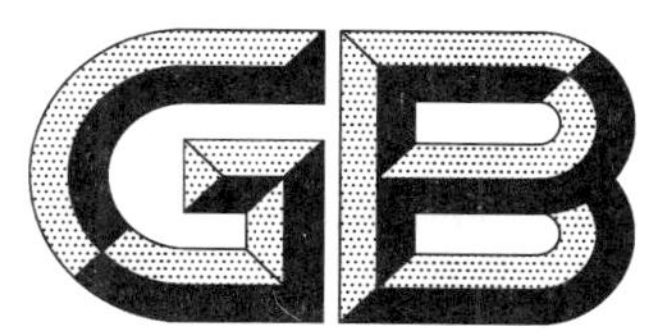

中华人民共和国国家标准

GB/T 6346.1401—2015/IEC 60384-14-1:2005
代替 GB/T 14473—1998

电子设备用固定电容器 第14-1部分:空白详细规范 抑制电源电磁干扰用固定电容器 评定水平D

**Fixed capacitors for use in electronic equipment—
Part 14-1: Blank detail specification—
Fixed capacitors for electromagnetic interference
suppression and connection to the supply mains—Assessment level D**

(IEC 60384-14-1:2005 IDT)

2015-07-03 发布　　2016-03-01 实施

中华人民共和国国家质量监督检验检疫总局
中国国家标准化管理委员会　发布

前　言

《电子设备用固定电容器》已经或计划发布的国家标准如下：

——第1部分：总规范(GB/T 2693—2001/IEC 60384-1:1999)；

——第2部分：分规范　金属化聚乙烯对苯二甲酸酯膜介质直流固定电容器(GB/T 7332—2011/IEC 60384-2:2005)；

——第2-1部分：空白详细规范　金属化聚乙烯对苯二甲酸酯膜介质直流固定电容器　评定水平E和EZ(GB/T 7333—2012/IEC 60384-2-1:2005)；

——第3部分：分规范　表面安装 MnO_2 固体电解质钽固定电容器(GB/T 6346.3—2015/IEC 60384-3:2006)；

——第3-1部分：空白详细规范　表面安装 MnO_2 固体电解质钽固定电容器　评定水平EZ(GB/T 6346.301—2015/IEC 60384-3-1:2006)；

——第4部分：分规范　固体和非固体电解质铝电容器(GB/T 5993—2003/IEC 60384-4:1998)；

——第4-1部分：空白详细规范　非固体电解质铝电容器　评定水平E(GB/T 5994—2003/IEC 60384-4-1:2000)；

——第6部分：分规范　金属化聚碳酸酯膜介质直流固定电容器(GB/T 14004—1992/IEC 60384-6:1987)；

——第6-1部分：空白详细规范　金属化聚碳酸酯膜介质直流固定电容器　评定水平E(GB/T 14005—1992/IEC 60384-6-1:1987)；

——第7部分：分规范　金属箔式聚苯乙烯膜介质直流固定电容器(GB/T 10185—2012)；

——第7-1部分：空白详细规范　金属箔式聚苯乙烯膜介质直流固定电容器　评定水平E(GB/T 10186—2012)；

——第8部分：分规范　1类瓷介固定电容器(GB/T 5966—2011/IEC 60384-8:2005)；

——第8-1部分：空白详细规范　1类瓷介固定电容器　评定水平EZ(GB/T 5967—2011/IEC 60384-8-1:2005)；

——第9部分：分规范　2类瓷介固定电容器(GB/T 5968—2011/IEC 60384-9:2005)；

——第9-1部分：空白详细规范　2类瓷介固定电容器　评定水平EZ(GB/T 5969—2012/IEC 60384-9-1:2005)；

——第11部分：分规范　金属箔式聚乙烯对苯二甲酸乙二醇酯膜介质直流固定电容器(GB/T 6346.11—2015/IEC 60384-11:2008)；

——第11-1部分：空白详细规范　金属箔式聚乙烯对苯二甲酸乙二醇酯膜介质直流固定电容器　评定水平EZ(GB/T 6346.1101—2015/IEC 60384-11-1:2008)；

——第13部分：分规范　金属箔式聚丙烯膜介质直流固定电容器(GB/T 10188—2013/IEC 60384-13:2006)；

——第13-1部分：空白详细规范　金属箔式聚丙烯膜介质直流固定电容器　评定水平E和EZ(GB/T 10189—2013/IEC 60384-13-1:2006)；

——第14部分：分规范　抑制电源电磁干扰用固定电容器(GB/T 6346.14—2015/IEC 60384-14:2005)；

——第14-1部分：空白详细规范　抑制电源电磁干扰用固定电容器　评定水平D(GB/T 6346.1401—2015/IEC 60384-14-1:2005)；

——第 15 部分:分规范　非固体或固体电解质钽电容器(GB/T 7213—2003/IEC 60384-15:1982,第 1 号修改单:1987,第 2 号修改单:1992);

——第 15-1 部分:空白详细规范　非固体电解质箔电极钽固定电容器　评定水平 E(GB/T 12794—1991/IEC 60384-15-1:1984);

——第 15-2 部分:空白详细规范　非固体电解质多孔阳极钽电容器　评定水平 E(GB/T 12795—1991/IEC 60384-15-2:1984);

——第 15-3 部分:空白详细规范　固体电解质和多孔阳极钽电容器　评定水平 E(GB/T 7214—2003/IEC 60384-15-3:1992);

——第 16 部分:分规范　金属化聚丙烯膜介质直流固定电容器(GB/T 10190—2012/IEC 60384-16:2005);

——第 16-1 部分:空白详细规范　金属化聚丙烯膜介质直流固定电容器　评定水平 E 和 EZ(GB/T 10191—2011/IEC 60384-16-1:2005);

——第 17 部分:分规范　金属化聚丙烯膜介质交流和脉冲固定电容器(GB/T 14579—2013/IEC 60384-17:2005);

——第 17-1 部分:空白详细规范　金属化聚丙烯膜介质交流和脉冲固定电容器　评定水平 EZ(GB/T 14580—2013/IEC 60384-17-1:2005);

——第 18 部分:分规范　固体(MnO_2)与非固体电解质片式铝固定电容器(GB/T 17206—1998/IEC 60384-18:1993,第 1 号修改单:1998);

——第 18-1 部分:空白详细规范　表面安装固体(MnO_2)电解质铝固定电容器　评定水平 EZ(GB/T 17207—2012/IEC 60384-18-1:2007);

——第 18-2 部分:空白详细规范　非固体电解质片式铝固定电容器　评定水平 E(GB/T 17208—1998/IEC 60384-18-2:1993);

——第 19 部分:分规范　表面安装金属化聚乙烯对苯二甲酸酯膜介质直流固定电容器(GB/T 15448—2013/IEC 60384-19:2005);

——第 19-1 部分:空白详细规范　表面安装金属化聚乙烯对苯二甲酸酯膜介质直流固定电容器　评定水平 EZ(GB/T 16467—2013/IEC 60384-19-1:2005);

——第 21 部分:分规范　表面安装用 1 类多层瓷介固定电容器(GB/T 21041—2007/IEC 60384-21:2004);

——第 21-1 部分:空白详细规范　表面安装用 1 类多层瓷介固定电容器　评定水平 EZ(GB/T 21038—2007/IEC 60384-21-1:2004);

——第 22 部分:分规范　表面安装用 2 类多层瓷介固定电容器(GB/T 21042—2007/IEC 60384-22:2004);

——第 22-1 部分:空白详细规范　表面安装用 2 类多层瓷介固定电容器　评定水平 EZ(GB/T 21040—2007/IEC 60384-22-1:2004)。

本部分为《电子设备用固定电容器》的第 14-1 部分。

本部分按照 GB/T 1.1—2009 给出的规则起草。

本部分代替 GB/T 14473—1998《电子设备用固定电容器　第 14 部分:空白详细规范　抑制电源电磁干扰用固定电容器　评定水平 D》。

与 GB/T 14473—1998 相比,主要技术变化如下:

——根据其上层规范的修改而进行相应的变更;

——对部分试验条款及试验条件作了明确的补充。

本部分使用翻译法等同采用 IEC 60384-14-1:2005《电子设备用固定电容器　第 14-1 部分:空白详细规范　抑制电源电磁干扰用固定电容器　评定水平 D》。

请注意本文件的某些内容可能涉及专利。本文件的发布机构不承担识别这些专利的责任。

本部分由中华人民共和国工业和信息化部提出。

本部分由全国电子设备用阻容元件标准化技术委员会(SAC/TC 165)归口。

本部分起草单位:中国电子技术标准化研究院。

本部分主要起草人:张玉芹。

本部分所代替标准的历次版本发布情况为:

——GB/T 14473—1993、GB/T 14473—1998。

电子设备用固定电容器 第14-1部分:空白详细规范 抑制电源电磁干扰用固定电容器 评定水平D

引言

空白详细规范

空白详细规范是分规范的一种补充文件,它包括对详细规范的格式、编排和最少内容的要求。在制定详细规范时应考虑分规范1.4的内容。

详细规范和电容器的识别

详细规范首页括号中的数字表明在对应的位置应填写下列内容:

[1] 授权起草本详细规范的组织:IEC或国家标准机构。

[2] IEC或国家标准的详细规范编号、发布日期以及国家体制需要的其他内容。

[3] IEC或国家标准的总规范编号及其版本号。

[4] IEC或国家标准的空白详细规范编号。

电容器的识别

[5] 电容器类型的简要说明。

[6] 典型结构的说明(当适用时)。

注:为进行IECQ鉴定批准,[5]、[6]应在详细规范的合适位置上给出说明。

[7] 标有影响互换性的主要尺寸的外形图和/或引用国家或国际的外形方面的文件。此外,这种图也可以在详细规范附录中给出。

[8] 涉及的应用或应用组别和(或)评定水平。

[9] 最重要特性的参考数据,以便在各种不同类型电容器之间进行比较。

<table>
<tr><td>[1]</td><td>[2]</td></tr>
<tr><td>电子元器件质量评定按
GB/T 2693—2001/IEC 60384-1:1999
[3]</td><td>GB/T 6346.1401—2015/IEC 60384-14-1:2005
[4]</td></tr>
<tr><td rowspan="3">外形图(____角视图)
[7]
(在给定尺寸范围内允许形状有所不同,见表1)</td><td>[5]
抑制电源电磁干扰用固定电容器</td></tr>
<tr><td>[6]</td></tr>
<tr><td>评定水平:D [8]</td></tr>
</table>

[9]

按本详细规范鉴定合格的元器件的有效资料在鉴定合格产品一览表中给出

1 一般资料

1.1 振动、碰撞和冲击的安装方法

见 GB/T 6346.14—2015 分规范 1.4.2。

1.2 尺寸(见表 1)

表 1 外形尺寸

外壳号	尺 寸 mm						
	L_1	W	H	L_2	L_3	L_4	…
注 1:当没有外壳号时,表 1 可以省略,且尺寸应在表 2 给出,并将表 2 改为表 1。 注 2:尺寸应给出最大尺寸或标称尺寸及其公差。							

1.3 额定值和特性

额定值和特性要求:

a) 电容量范围:见表 2;

b) 标称电容量的允许偏差;

c) 额定电压,见表 2;

d) 气候类别;

e) 额定温度;

f) 损耗角正切;

g) 绝缘电阻。

表 2 外壳号及电容量和电压

额定电压				
标称电容量 pF,nF 或 μF	外壳号	外壳号	外壳号	外壳号

1.4 规范性引用文件

下列文件对于本文件的应用是必不可少的。凡是注日期的引用文件,仅注日期的版本适用于本文件。凡是不注日期的引用文件,其最新版本(包括所有的修改单)适用于本文件。

GB/T 2693—2001 电子设备用固定电容器 第 1 部分:总规范(IEC 60384-1:1999,IDT)

GB/T 6346.14—2015 电子设备用固定电容器 第14部分:分规范 抑制电源电磁干扰用固定电容器(IEC 60384-14:2005,IDT)

1.5 标志

电容器和包装件的标志应符合GB/T 6346.14—2015中1.6的要求。

注:电容器和包装件的标志细节,应在详细规范中完整地给出。

1.6 订货资料

本部分所包括的电容器的订单,应用文字或代号形式,至少应包括下列内容:

a) 标称电容量;

b) 标称电容量的允许偏差;

c) 额定电压;

d) 制造商型号命名;

e) 详细规范编号及其版本号,型号规格。

1.7 放行批证明纪录

要求或不要求。

1.8 附加要求

不用于检验目的。

1.9 总规范和(或)分规范中补充或提高的严酷等级或要求

见表3。

注:必要时,才补充或提高要求。

表3 其他特性

此表用于明确与总规范和(或)分规范相比所补充特性或提高的严酷等级

2 检验要求

2.1 程序

2.1.1 鉴定批准程序应符合GB/T 6346.14—2015中3.4。

2.1.2 质量一致性检验试验一览表(表4和表5)包括抽样、周期、严酷等级和要求。检验批的组成按GB/T 6346.14—2015中3.5.1。

表4 逐批检验一览表(A组和B组检验)评定水平D

分组	试验项目和章条号[a]	D或ND[c]	试验条件[a]	IL[b]	AQL %[b]	性能要求[a]
A1	4.1 外观检查	ND		Ⅱ	1.5	无可见损伤,电容器上的标志清晰并正确
	4.1 尺寸(规检法)					按本部分表1规定

表 4（续）

分组	试验项目和章条号[a]	D或ND[c]	试验条件[a]	IL[b]	AQL %[b]	性能要求[a]
A2	4.2.2 电容量	ND		Ⅱ	0.25	在规定的允许偏差范围内
	4.2.4 电阻值(若适用)					在规定的允许偏差范围内
	4.2.3 损耗角正切		频率：____			在规定的极限范围内
	4.2.1 耐电压(试验 A)		方法：____			无永久性击穿或飞弧
	4.2.5 绝缘电阻(试验 A)		方法：____			见表 12
B	4.5 可焊性(若适用)	D	不老化 方法：____	S-3	2.5	方法 1 和 2:镀锡良好 方法 3:<3 s

[a] 试验项目和性能要求的章条号、表号引自 GB/T 6346.14—2015。

[b] IL=检查水平，AQL=合格质量水平。

[c] D=破坏性试验，ND=非破坏性试验。

表 5　周期试验一览表(C 组检验)评定水平 D

分组	试验项目和章条号[a]	D或ND[e]	试验条件[a]	p[b]	n[b]	c[b]	性能要求[a]
C1A	4.1 尺寸(详细的)	D		6	6	0	按表 9 和本部分的表 1
	4.4.1 初始测量		电容量 损耗角正切(若适用) 电阻值(若适用)				
	4.3 引出端强度		严酷等级： 外观检查				无可见损伤
	4.4 耐焊接热		不预干燥 方法:1A 或 1B				
	4.19 元件耐溶剂(若适用)		溶剂： 溶剂温度： 方法 2： 恢复：				
	4.4.2 最后测量		外观检查				无可见损伤
			电容量				按表 13
			损耗角正切(若适用)				仅作参考
			电阻值(若适用)				按表 13
C1B	4.5 可焊性(若适用)		不老化 方法：	6	12	0	方法 1 和 2:镀锡良好 方法 3:<3 s

表 5（续）

分组	试验项目和章条号[a]	D 或 ND[e]	试验条件[a]	b			性能要求[a]
				p	n	c	
C1B	4.20 标志耐溶剂	D	溶剂： 溶剂温度： 方法 1 擦拭材料：脱脂棉 恢复：	6	12	0	标志清晰
	4.6 温度快速变化		T_A=下限类别温度 T_B=上限类别温度 五次循环 持续时间：30 min				
	4.6.1 最后检查		外观检查				无可见损伤
	4.7 振动[c]		安装：按本部分 1.1 严酷等级：				
	4.7.2 最后检查		外观检查				无可见损伤
	4.8 碰撞[c] 或 4.9 冲击[c]		安装：按本部分 1.1 严酷等级：				
	4.8.2 最后测量 或 4.9.2		外观检查				无可见损伤
			电容量				按 4.8.2 或 4.9.2
			损耗角正切（若适用）				按详细规范规定
			电阻值（若适用）				按表 14
C1	4.10 密封（若适用和有要求时）	D	试验 Qc 或试验 Qd（若适用）	6	18	1	无泄漏
	4.11 气候顺序						
	4.11.1 初始测量		按 4.4.2、4.8.2 或 4.9.2 方法测量				
	4.11.2 干热		无测量				
	4.11.3 循环湿热 试验 Db，第一次循环						
	4.11.4 寒冷		无测量				
	4.11.5 循环湿热 试验 Db，其余循环		无测量				
	4.11.6 最后测量		外观检查				无可见损伤，标志清晰
			电容量				按表 14
			电阻值（若适用）				按表 14
			损耗角正切（若适用				按表 14
			耐电压				按表 14
			绝缘电阻				按表 14

表 5（续）

分组	试验项目和章条号[a]	D或ND[c]	试验条件[a]	p[b]	n[b]	c[b]	性能要求[a]
C2	4.12 稳态湿热	D		6	10	0	
	4.12.1 初始测量		电容量 电阻值(若适用) 损耗角正切(仅对金属化电容器)				
	4.12.2 试验条件		瓷介电容器:一半样本施加额定电压 U_R;另一半样本不施加电压 其他电容器:不施加电压 外观检查				无可见损伤,标志清晰
	4.12.3 最后测量		电容量				按表 14
			电阻值(若适用)				按表 14
			损耗角正切(若适用)				按表 14
			耐电压				按表 14
			绝缘电阻				按表 14
C3	4.13.1 初始测量	D	电容量	3	12[d]	0	
			电阻值(若适用)				
			损耗角正切(仅对金属化电容器)				
	4.13 脉冲电压		脉冲次数:3 次,全波 峰值电压:按表 1 和表 2				按 4.13.2 和 4.13.3
	4.14 耐久性		持续时间:1 000 h 电压、电流和温度:按 4.14.3、4.14.4、4.14.5 和 4.14.6				
	4.14.7 最后检查和测量		外观检查				无可见损伤,标志清晰
			电容量				按表 16
			电阻值(若适用)				按表 16
			损耗角正切(若适用)				按表 16
			耐电压				按表 16
			绝缘电阻				按表 16

表 5（续）

分组	试验项目和章条号[a]	D 或 ND[e]	试验条件[a]	p[b]	n[b]	c[b]	性能要求[a]
C4	4.15 充电和放电(若适用)	D	仅对金属化纸介和瓷介电容器以及使用这类电容器的 RC 组件	6	6	1	
	4.15.1 初始测量		电容量				
			电阻值(若适用)				
			损耗角正切(不适用于 RC 组件)： 对于 $C \leqslant 1\ \mu F$，10 kHz 对于 $C > 1\ \mu F$，1 kHz				
	4.15.3 最后测量		电容量				按表 17
			损耗角正切(不适用于 RC 组件)：测量频率和初始测量相同				按表 17
			电阻值(若适用)				按表 17
			绝缘电阻				按表 17
C5	4.16 高频特性(若要求)	ND	规定方法	12	4	1	按详细规范规定
C6	4.17 阻燃性	D		12	6～18	0	按 4.17.1
C7	4.18 自燃性	D		12	24	0	按 4.18.4

[a] 试验项目和性能要求的章条号、表号引自 GB/T 6346.14—2015。

[b] p＝周期(月)，n＝样品数，c＝合格判定数(允许不合格品数)。

[c] 这些试验要求每 12 个月进行 1 次。

[d] 对穿心电容器，样品数为 6。

[e] D＝破坏性试验，ND＝非破坏性试验。

ICS 29.180
K 41

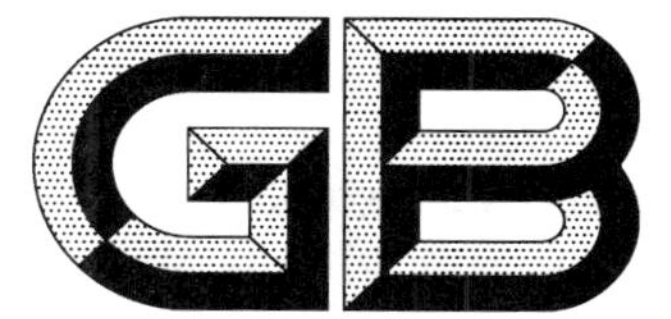

中华人民共和国国家标准

GB/T 6451—2015
代替 GB/T 6451—2008

油浸式电力变压器
技术参数和要求

Specification and technical requirements for oil-immersd power transformers

2015-09-11 发布　　2016-04-01 实施

中华人民共和国国家质量监督检验检疫总局
中国国家标准化管理委员会　发布

前　言

本标准按照 GB/T 1.1—2009 给出的规则起草。

本标准代替 GB/T 6451—2008《油浸式电力变压器技术参数和要求》，与 GB/T 6451—2008 相比，主要技术变化如下：

——对于 10 kV 和 35 kV 级配电变压器，增补了 2 000 kV·A 和 2 500 kV·A 的容量规格及性能参数。

——对于 35 kV 级有载调压电力变压器，增补了 25 000 kV·A 和 31 500 kV·A 的容量规格及性能参数。

——对于部分 220 kV 和 500 kV 级的变压器，增补了相关的容量规格及性能参数。

——对 6 kV、10 kV、35 kV、66 kV、110 kV、220 kV、330 kV 和 500 kV 级变压器的性能参数进行了调整。其中 6 kV、10 kV 级配电变压器的空载损耗分别平均下降约 20%，6 kV、10 kV 级电力变压器的空载损耗和负载损耗分别平均下降约 20% 和 5%；35 kV、66 kV、110 kV 和 220 kV 级变压器的空载损耗和负载损耗分别平均下降约 20%和 5%；330 kV 和 500 kV 级变压器的空载损耗和负载损耗分别平均下降约 15%和 5%。此外，各电压等级变压器的空载电流分别平均下降约 30%。

——对部分性能参数表中的分接范围、电压和短路阻抗等参数值进行了调整，并在表中增加了实际选取变压器损耗时，应注意负载率与运行效率间关系的说明。

——对所有电压等级变压器的技术要求和试验项目均统一进行了增减和修改。

请注意本文件的某些内容可能涉及专利。本文件的发布机构不承担识别这些专利的责任。

本标准由中国电器工业协会提出。

本标准由全国变压器标准化技术委员会(SAC/TC 44)归口。

本标准起草单位：沈阳变压器研究院股份有限公司、华东电网有限公司、特变电工沈阳变压器集团有限公司、保定天威保变电气股份有限公司、西安西电变压器有限责任公司、明珠电气有限公司、特变电工衡阳变压器有限公司、中国电力科学研究院、正泰电气股份有限公司、吉林省电力科学研究院、吴江变压器有限公司、福州天宇电气股份有限公司、三变科技股份有限公司、山东达驰电气有限公司、特变电工股份有限公司新疆变压器厂、广东钜龙电力设备有限公司、海南威特电气集团有限公司、保定保菱变压器有限公司、保定天威集团(江苏)五洲变压器有限公司、广州骏发电气有限公司、新华都特种电气股份有限公司、广东电网公司电力科学研究院、安徽省电力科学研究院、卧龙电气银川变压器有限公司、上海置信电气股份有限公司、卧龙电气集团北京华泰变压器有限公司、广东海鸿变压器有限公司、江苏上能新特变压器有限公司、浙江江山变压器股份有限公司、广东中鹏电气有限公司。

本标准主要起草人：章忠国、刘爽、姜益民、安振、张栋、高建国、蔡定国、孙树波、郭慧浩、李智、李锦彪、敖明、林灿华、林诚文、徐秋元、许长华、孟杰、王文光、朱燕春、郑泉、屈卫民、樊建平、邓旭峰、徐林峰、丁国成、鲁玮、凌健、何宝振、许凯旋、郭跃光、姜振军、梁生。

本标准所代替标准的历次版本发布情况为：

——GB/T 6451—1986；GB/T 6451—1995；GB/T 6451—1999；GB/T 6451—2008。

油浸式电力变压器 技术参数和要求

1 范围

本标准规定了油浸式电力变压器的性能参数、技术要求、检验规则及方法、标志、起吊、包装、运输和贮存。

本标准适用于额定容量为 30 kV·A 及以上，额定频率为 50 Hz，电压等级为 6 kV、10 kV、35 kV、66 kV、110 kV、220 kV、330 kV 和 500 kV 的三相油浸式电力变压器和电压等级为 500 kV 的单相油浸式电力变压器。

2 规范性引用文件

下列文件对于本文件的应用是必不可少的。凡是注日期的引用文件，仅注日期的版本适用于本文件。凡是不注日期的引用文件，其最新版本(包括所有的修改单)适用于本文件。

GB 1094.1 电力变压器 第 1 部分：总则

GB 1094.2 电力变压器 第 2 部分：液浸式变压器的温升

GB 1094.3 电力变压器 第 3 部分：绝缘水平、绝缘试验和外绝缘空气间隙

GB 1094.5 电力变压器 第 5 部分：承受短路的能力

GB/T 1094.7 电力变压器 第 7 部分：油浸式电力变压器负载导则

GB/T 2900.95 电工术语 变压器、调压器和电抗器

JB/T 10088 6 kV～500 kV 级电力变压器声级

3 术语和定义

GB 1094.1 和 GB/T 2900.95 界定的术语和定义适用于本文件。

4 6 kV、10 kV 电压等级

4.1 性能参数

额定容量、电压组合、分接范围、联结组标号、空载损耗、负载损耗、空载电流及短路阻抗应符合表 1～表 3 的规定。

表1 6 kV、10 kV级30 kV·A～2 500 kV·A三相双绕组无励磁调压配电变压器

额定容量 kV·A	电压组合及分接范围			联结组标号	空载损耗 kW	负载损耗 kW	空载电流 %	短路阻抗 %
	高压 kV	高压分接范围 %	低压 kV					
30	6 6.3 10 10.5	±2×2.5 ±5	0.4	Dyn11 Yzn11 Yyn0	0.100	0.630/0.600	1.5	4.0
50					0.130	0.910/0.870	1.3	
63					0.150	1.09/1.04	1.2	
80					0.180	1.31/1.25	1.2	
100					0.200	1.58/1.50	1.1	
125					0.240	1.89/1.80	1.1	
160					0.280	2.31/2.20	1.0	
200					0.340	2.73/2.60	1.0	
250					0.400	3.20/3.05	0.90	
315					0.480	3.83/3.65	0.90	
400					0.570	4.52/4.30	0.80	
500					0.680	5.41/5.15	0.80	
630				Dyn11 Yyn0	0.810	6.20	0.60	4.5
800					0.980	7.50	0.60	
1 000					1.15	10.3	0.60	
1 250					1.36	12.0	0.50	
1 600					1.64	14.5	0.50	
2 000					1.94	18.3	0.40	5.0
2 500					2.29	21.2	0.40	

注1：对于额定容量为500 kV·A及以下的变压器，表中斜线上方的负载损耗值适用于Dyn11或Yzn11联结组，斜线下方的负载损耗值适用于Yyn0联结组。

注2：当变压器年平均负载率介于35%～40%之间时，采用表中的损耗值可获得最高运行效率。

表 2 6 kV、10 kV 级 630 kV·A～6 300 kV·A 三相双绕组无励磁调压电力变压器

额定容量 kV·A	电压组合及分接范围			联结组 标号	空载损耗 kW	负载损耗 kW	空载电流 %	短路 阻抗 %
	高压 kV	高压分接范围 %	低压 kV					
630	6 6.3 10 10.5	±2×2.5 ±5	3 3.15 6.3	Yd11 Dy11	0.820	6.92	0.60	5.5
800					1.00	8.46	0.60	
1 000					1.18	9.91	0.60	
1 250					1.40	11.7	0.50	
1 600					1.68	14.1	0.40	
2 000					2.01	16.9	0.40	
2 500					2.37	19.6	0.40	
3 150					2.80	23.0	0.40	
4 000	10 10.5		3.15 6.3		3.45	27.3	0.40	
5 000					4.10	31.3	0.40	
6 300					4.89	35.0	0.40	
注：当变压器年平均负载率介于 35%～40%之间时，采用表中的损耗值可获得最高运行效率。								

表 3 6 kV、10 kV 级 200 kV·A～2 500 kV·A 三相双绕组有载调压配电变压器

额定容量 kV·A	电压组合及分接范围			联结组 标号	空载损耗 kW	负载损耗 kW	空载电流 %	短路 阻抗 %
	高压 kV	高压分接范围 %	低压 kV					
200	6 6.3 10 10.5	±4×2.5	0.4	Dyn11 Yyn0	0.380	2.90	1.0	4.0
250					0.440	3.42	0.90	
315					0.530	4.10	0.90	
400					0.640	4.95	0.80	
500					0.760	5.89	0.80	
630					0.960	7.26	0.60	4.5
800					1.12	8.89	0.60	
1 000					1.36	10.4	0.60	
1 250					1.56	12.3	0.50	
1 600					1.92	14.7	0.50	
2 000					2.27	18.6	0.40	5.0
2 500					2.68	21.6	0.40	
注：当变压器年平均负载率介于 35%～40%之间时，采用表中的损耗值可获得最高运行效率。								

4.2 技术要求

4.2.1 基本要求

4.2.1.1 变压器应符合 GB 1094.1、GB 1094.2、GB 1094.3、GB 1094.5、GB/T 1094.7 和 JB/T 10088 的规定。

4.2.1.2 变压器组件、部件的设计、制造及检验等应符合相关标准及法规的要求。

4.2.2 安全保护装置

800 kV·A 及以上的变压器宜装有气体继电器。

气体继电器的接点容量在交流 220 V 或 110 V 时不小于 66 V·A,直流有感负载时,不小于 15 W。积聚在气体继电器内的气体数量达到 250 mL～300 mL 或油速在整定范围内时,应分别接通相应的接点。流经气体继电器的油流速度达到 1.0 m/s(偏差为±20%)时,接点应接通。气体继电器的安装位置及其结构应能观察到分解气体的数量和油速标尺,而且应便于取气体。

注 1:根据用户与制造方协商,800 kV·A 以下的变压器也可供应气体继电器。

注 2:对于波纹油箱、带有弹性片式散热器或油箱内部充有气体的密封式变压器不装气体继电器。

变压器均应装有压力保护装置。

对于密封式变压器,应保证在最高环境温度与允许过负载状态下,压力保护装置不动作,在最低环境温度与变压器空载状态下,变压器能正常运行。

4.2.3 油保护装置

4.2.3.1 变压器应装有储油柜(波纹式油箱、带有弹性片式散热器或油箱内部充有气体的密封式变压器除外),其结构应便于清理内部。储油柜的一端应具有油位显示功能,储油柜的容积应保证在最高环境温度与允许的过负载状态下油位不超过上限,在最低环境温度与变压器未投入运行时,应能观察到油位指示。

4.2.3.2 储油柜应有注油和放油装置。

4.2.3.3 储油柜(如果有)上一般应加装带有油封的吸湿器。

4.2.4 油温测量装置

4.2.4.1 变压器应有供温度计用的管座。管座应设在油箱的顶部,并伸入油内 120 mm±10 mm。

4.2.4.2 1 000 kV·A 及以上的变压器,需装设户外测温装置,其接点容量在交流 220 V 时,不低于 50 V·A,直流有感负载时,不低于 15 W。测温装置的安装位置应便于观察,且其准确度应符合相应标准。

4.2.5 变压器油箱及其附件

4.2.5.1 变压器一般不供给小车,如箱底焊有支架,则其焊接位置应符合图 1 的规定。

注:根据用户需要也可供给小车。

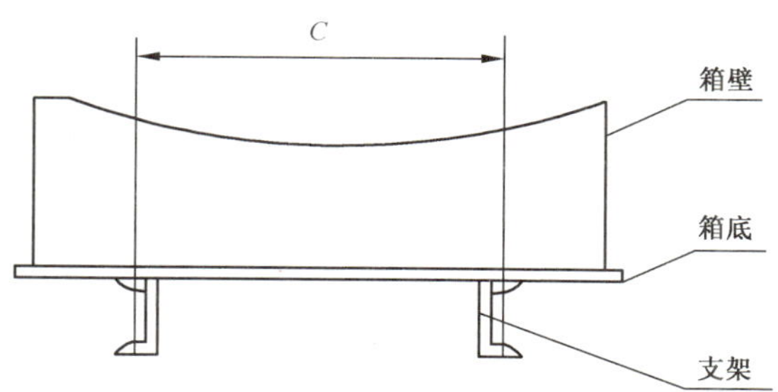

注：C 尺寸可按变压器大小选择为 300 mm、400 mm、550 mm、660 mm、820 mm、1 070 mm。

图 1 6 kV、10 kV 级箱底支架位置(面对长轴方向)

4.2.5.2 在变压器油箱的下部壁上可装有放油用阀门。

4.2.5.3 套管接线端子连接处，在环境空气中对空气的温升应不大于 55 K，在油中对油的温升应不大于 15 K。

4.2.5.4 套管的安装位置和相互距离应便于接线，且其带电部分的空气间隙应能满足 GB 1094.3 的要求。

4.2.5.5 对于油箱内部充有气体的密封式变压器，在最低油位条件下应满足绝缘要求。

4.2.5.6 变压器结构应便于拆卸和更换套管、瓷件或电缆接头。

4.2.5.7 变压器铁心应单点接地，金属结构件均应通过油箱可靠接地。接地处应有明显的接地符号"⏚"或"接地"字样。

4.3 检验规则及方法

4.3.1 变压器除应进行 GB 1094.1 所规定的试验项目外，还应进行 4.3.2～4.3.10 所规定的试验。

4.3.2 绕组直流电阻不平衡率：相为不大于 4%，线为不大于 2%。如果由于线材及引线结构等原因而使绕组直流电阻不平衡率超过上述值时，除应在例行试验记录中记录实测值外，尚应写明引起这一偏差的原因。用户应与同温度下的例行试验实测值进行比较，其偏差应不大于 2%。本试验为例行试验。

绕组直流电阻不平衡率应以三相实测最大值减最小值作分子，三相实测平均值作分母计算。

对所有引出的相应端子间的电阻值均应进行测量比较。

4.3.3 应提供变压器绝缘电阻的实测值，测试通常在 5 ℃～40 ℃和相对湿度小于 85%时进行。本试验为例行试验。当测量温度不同时，绝缘电阻可按式(1)换算：

$$R_2 = R_1 \times 1.5^{(t_1 - t_2)/10} \quad \cdots\cdots(1)$$

式中：

R_1、R_2——分别为温度 t_1、t_2 时的绝缘电阻值。

4.3.4 变压器应进行压力密封试验。本试验为例行试验，试验要求如下：

a) 一般结构油箱的变压器(包括储油柜带隔膜的密封式变压器)，按 GB 1094.1 的规定；

b) 波纹式油箱(包括带有弹性片式散热器油箱)的变压器，315 kV·A 及以下者应承受 20 kPa 的试验压力，400 kV·A 及以上者应承受 15 kPa 的试验压力，历经 12 h 应无泄漏；

c) 油箱内部充有气体的密封式变压器，油面上部应承受 60 kPa 的试验压力(波纹式油箱除外)，历经 12 h 应无泄漏。

4.3.5 有载分接开关试验合格后，应将有载分接开关装入变压器中，对分接开关油室进行密封试验，应无渗漏现象。本试验为例行试验。

4.3.6 对于油箱内部充有气体的密封式变压器，应进行最低油位条件下的绝缘试验，试验应满足相关要求。本试验为型式试验。

4.3.7 变压器应进行短时过负载能力试验。本试验为型式试验，试验要求如下：

在最高运行油位下完成温升试验后再施加 1.5 倍额定负载，持续运行 2 h 后应满足下列要求：

a) 压力保护装置不动作；

b) 无渗漏现象；

c) 油箱波纹及片式散热器的变形量在规定范围内；

d) 油箱外壳及套管的温升不大于 85 K。

4.3.8 变压器应进行压力变形试验。本试验为特殊试验，试验要求如下：

a) 一般结构油箱的变压器（包括储油柜带隔膜的密封式变压器），按 GB 1094.1 的规定；

b) 波纹式油箱（包括带有弹性片式散热器油箱）的变压器，315 kV·A 及以下者，试验压力为 25 kPa，400 kV·A 及以上者，试验压力为 20 kPa，历经 5 min 应无损伤及不应出现不允许的永久变形；

c) 油箱内部充有气体的密封式变压器，试验压力为 70 kPa（波纹式油箱除外），历经 5 min 应无损伤及不应出现不允许的永久变形。

4.3.9 变压器应进行油箱开裂试验。本试验为特殊试验，试验要求如下：

在系列产品中抽取一台变压器油箱，对其施加 103 kPa 正压力（液压），历经 10 min 后，不应出现开裂现象。

4.3.10 变压器应进行运输颠簸试验。本试验为特殊试验，试验方法及要求由用户与制造方协商。

4.4 标志、起吊、包装、运输和贮存

4.4.1 变压器应有接线端子、运输及起吊标志，标志内容应符合相关标准规定。

4.4.2 变压器的套管排列顺序位置一般如图 2 和图 3 所示。

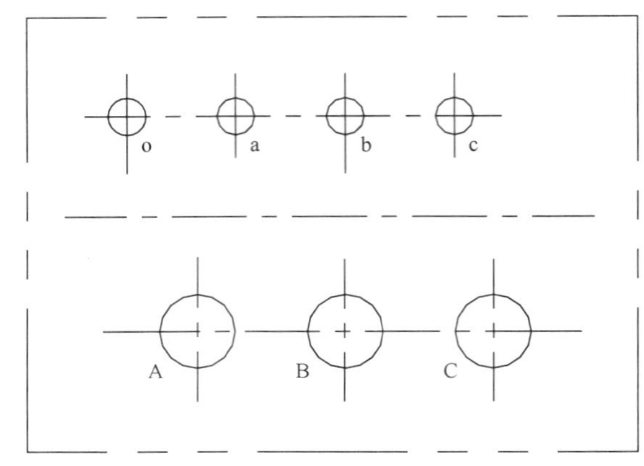

图 2 6 kV、10 kV 级联结组标号为 Dyn11、Yzn11、Yyn0 的双绕组变压器

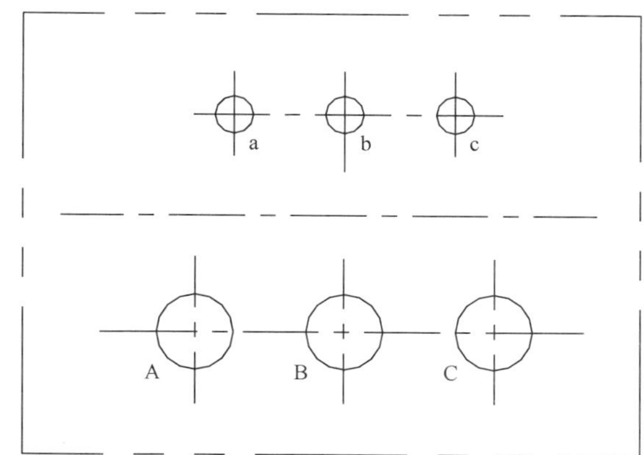

图3 6 kV、10 kV 级联结组标号为 Yd11 或 Dy11 的双绕组变压器

4.4.3 变压器需具有承受变压器总重的起吊装置。变压器器身、油箱、可拆卸结构的储油柜(如果有)和散热器等均应有起吊装置。

4.4.4 成套拆卸的组件和零件(如气体继电器、套管、测温装置及紧固件等)的包装,应保证经过运输、贮存直到安装前不损坏和不受潮。

4.4.5 变压器内部结构应在经过正常的铁路、公路及水路运输后相互位置不变,紧固件不松动。变压器的组件、部件[如套管、散热器、阀门和储油柜(如果有)等]的结构及布置位置应不妨碍吊装、运输及运输中紧固定位。

4.4.6 在运输、贮存直至安装前,应保证变压器本体及其所有组件、部件[如储油柜(如果有)、套管、阀门及散热器等]不损坏和不受潮。

5 35 kV 电压等级

5.1 性能参数

5.1.1 额定容量、电压组合、分接范围、联结组标号、空载损耗、负载损耗、空载电流及短路阻抗应符合表4～表6的规定。

表 4　35 kV 级 50 kV·A～2 500 kV·A 三相双绕组无励磁调压配电变压器

额定容量 kV·A	电压组合及分接范围			联结组 标号	空载损耗 kW	负载损耗 kW	空载电流 %	短路 阻抗 %
	高压 kV	高压分接范围 %	低压 kV					
50	35 38.5	±2×2.5 ±5	0.4	Dyn11 Yyn0	0.160	1.20/1.14	1.3	6.5
100					0.230	2.01/1.91	1.1	
125					0.270	2.37/2.26	1.1	
160					0.280	2.82/2.68	1.0	
200					0.340	3.32/3.16	1.0	
250					0.400	3.95/3.76	0.95	
315					0.480	4.75/4.53	0.95	
400					0.580	5.74/5.47	0.85	
500					0.680	6.91/6.58	0.85	
630					0.830	7.86	0.65	
800					0.980	9.40	0.65	
1 000					1.15	11.5	0.65	
1 250					1.40	13.9	0.60	
1 600					1.69	16.6	0.60	
2 000					1.99	19.7	0.55	
2 500					2.36	23.2	0.55	

注 1：对于额定容量为 500 kV·A 及以下的变压器，表中斜线上方的负载损耗值适用于 Dyn11 联结组，斜线下方的负载损耗值适用于 Yyn0 联结组。

注 2：当变压器年平均负载率介于 30%～36%之间时，采用表中的损耗值可获得最高运行效率。

表 5　35 kV 级 630 kV·A～31 500 kV·A 三相双绕组无励磁调压电力变压器

额定容量 kV·A	电压组合及分接范围			联结组标号	空载损耗 kW	负载损耗 kW	空载电流 %	短路阻抗 %
	高压 kV	高压分接范围 %	低压 kV					
630	35	±2×2.5 ±5	3.15 6.3 10.5	Yd11	0.830	7.86	0.65	6.5
800					0.980	9.40	0.65	
1 000					1.15	11.5	0.65	
1 250					1.40	13.9	0.55	
1 600					1.69	16.6	0.45	
2 000					2.17	18.3	0.45	
2 500					2.56	19.6	0.45	
3 150	35～38.5	±2×2.5 ±5	3.15 6.3 10.5		3.04	23.0	0.45	7.0
4 000					3.61	27.3	0.45	
5 000					4.32	31.3	0.45	
6 300					5.24	35.0	0.45	8.0
8 000	35～38.5	±2×2.5	3.15 3.3 6.3 6.6 10.5	YNd11	7.20	38.4	0.35	
10 000					8.70	45.3	0.35	
12 500					10.0	53.8	0.30	
16 000					12.1	65.8	0.30	
20 000					14.4	79.5	0.30	
25 000					17.0	94.0	0.25	10.0
31 500					20.2	112	0.25	

注 1：对于低压电压为 10.5 kV 的变压器，可提供联结组标号为 Dyn11 的产品。

注 2：额定容量为 3 150 kV·A 及以上的变压器，－5%分接位置为最大电流分接。

注 3：当变压器年平均负载率介于 35%～45%之间时，采用表中的损耗值可获得最高运行效率。

表 6　35 kV 级 2 000 kV·A～31 500 kV·A 三相双绕组有载调压电力变压器

<table>
<tr><th rowspan="2">额定容量
kV·A</th><th colspan="3">电压组合及分接范围</th><th rowspan="2">联结组
标号</th><th rowspan="2">空载损耗
kW</th><th rowspan="2">负载损耗
kW</th><th rowspan="2">空载电流
%</th><th rowspan="2">短路
阻抗
%</th></tr>
<tr><th>高压
kV</th><th>高压分接范围
%</th><th>低压
kV</th></tr>
<tr><td>2 000</td><td rowspan="2">35</td><td rowspan="2">±3×2.5</td><td rowspan="2">6.3
10.5</td><td rowspan="6">Yd11</td><td>2.30</td><td>19.2</td><td>0.50</td><td rowspan="2">6.5</td></tr>
<tr><td>2 500</td><td>2.72</td><td>20.6</td><td>0.50</td></tr>
<tr><td>3 150</td><td rowspan="4">35～38.5</td><td rowspan="4">±3×2.5</td><td rowspan="4">6.3
10.5</td><td>3.23</td><td>24.7</td><td>0.50</td><td rowspan="3">7.0</td></tr>
<tr><td>4 000</td><td>3.87</td><td>29.1</td><td>0.50</td></tr>
<tr><td>5 000</td><td>4.64</td><td>34.2</td><td>0.50</td></tr>
<tr><td>6 300</td><td>5.63</td><td>36.7</td><td>0.50</td><td rowspan="6">8.0</td></tr>
<tr><td>8 000</td><td rowspan="7">35～38.5</td><td rowspan="7">±3×2.5</td><td rowspan="7">6.3
6.6
10.5</td><td rowspan="7">YNd11</td><td>7.87</td><td>40.6</td><td>0.40</td></tr>
<tr><td>10 000</td><td>9.28</td><td>48.0</td><td>0.40</td></tr>
<tr><td>12 500</td><td>10.9</td><td>56.8</td><td>0.35</td></tr>
<tr><td>16 000</td><td>13.1</td><td>70.3</td><td>0.35</td></tr>
<tr><td>20 000</td><td>15.5</td><td>82.7</td><td>0.35</td></tr>
<tr><td>25 000</td><td>18.3</td><td>97.8</td><td>0.30</td><td rowspan="2">10.0</td></tr>
<tr><td>31 500</td><td>21.8</td><td>116</td><td>0.30</td></tr>
<tr><td colspan="9">注 1：对于低压电压为 10.5 kV 的变压器，可提供联结组标号为 Dyn11 的产品。
注 2：最大电流分接为－7.5%分接位置。
注 3：当变压器年平均负载率介于 35%～45%之间时，采用表中的损耗值可获得最高运行效率。</td></tr>
</table>

5.1.2　在分接级数和级电压不变的情况下，允许增加负分接级数，减少正分接级数，或增加正分接级数，减少负分接级数，如：$35^{+1\times2.5\%}_{-3\times2.5\%}$、$35^{+3\times2.5\%}_{-1\times2.5\%}$ 等。

5.2　技术要求

5.2.1　基本要求

5.2.1.1　变压器应符合 GB 1094.1、GB 1094.2、GB 1094.3、GB 1094.5、GB/T 1094.7 和 JB/T 10088 的规定。

5.2.1.2　变压器组件、部件的设计、制造及检验等应符合相关标准及法规的要求。

5.2.2　安全保护装置

800 kV·A 及以上的变压器宜装有气体继电器。

气体继电器的接点容量在交流 220 V 或 110 V 时不小于 66 V·A，直流有感负载时，不小于 15 W。积聚在气体继电器内的气体数量达到 250 mL～300 mL 或油速在整定范围内时，应分别接通相应的接点。流经气体继电器的油流速度达到1.0 m/s(偏差为±20%)时,接点应接通。气体继电器的安装位置及其结构应能观察到分解气体的数量和油速标尺,而且应便于取气体。

注1:根据用户与制造方协商,800 kV·A以下的变压器也可供应气体继电器。

注2:对于波纹油箱、带有弹性片式散热器或油箱内部充有气体的密封式变压器不装气体继电器。

变压器均应装有压力保护装置。

对于密封式变压器,应保证在最高环境温度与允许过负载状态下,压力保护装置不动作,在最低环境温度与变压器空载状态下,变压器能正常运行。

5.2.3 油浸风冷却系统

对于油浸风冷变压器,应供给全套风冷却装置(如散热器、风扇电动机和控制装置等)。

风扇电动机的电源电压为三相、380 V、50 Hz,风扇电动机应有短路保护和缺相保护。

5.2.4 油保护装置

5.2.4.1 1 000 kV·A及以上变压器应装有储油柜(波纹式油箱、带有弹性片式散热器或油箱内部充有气体的密封式变压器除外),其结构应便于清理内部。储油柜的一端应具有油位显示功能,储油柜的容积应保证在最高环境温度与允许的过负载状态下油位不超过上限,在最低环境温度与变压器未投入运行时,应能观察到油位指示。

5.2.4.2 储油柜应有注油、放油和排污油装置。

5.2.4.3 储油柜(如果有)上一般应加装带有油封的吸湿器。

5.2.5 油温测量装置

5.2.5.1 变压器应有供温度计用的管座。管座应设在油箱的顶部,并伸入油内120 mm±10 mm。

5.2.5.2 1 000 kV·A及以上的变压器,需装设户外测温装置,其接点容量在交流220 V时,不低于50 V·A,直流有感负载时,不低于15 W。测温装置的安装位置应便于观察,且其准确度应符合相应标准。

5.2.5.3 8 000 kV·A及以上的变压器,应装有远距离测温用的测温元件。

5.2.6 变压器油箱及其附件

5.2.6.1 变压器一般不供给小车,如箱底焊有支架,则其支架焊接位置应符合图4和图5的规定。

注:根据用户需要也可供给小车。

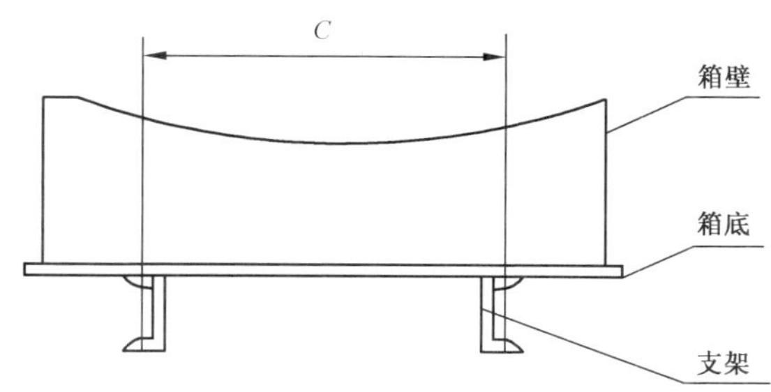

注:C尺寸可按变压器大小选择为300 mm、400 mm、550 mm、660 mm、820 mm、1 070 mm、1 475 mm、2 040 mm。

图4 35 kV级箱底支架位置一(面对长轴方向)

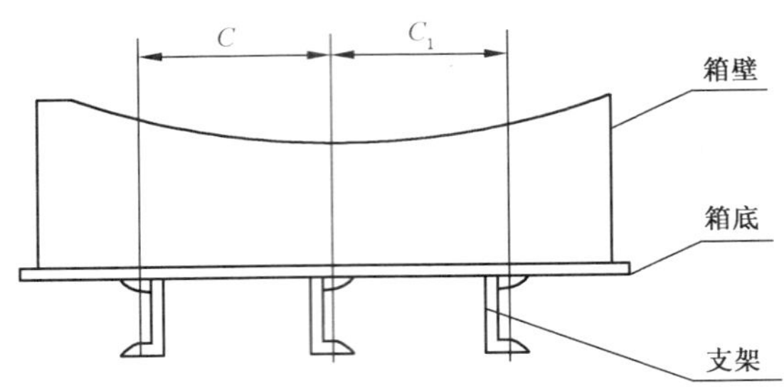

注：C、C_1 尺寸可按变压器大小选择，C 为 1 475 mm、2 040 mm，C_1 为 1 505 mm、2 070 mm。

图 5　35 kV 级箱底支架位置二(面对长轴方向)

5.2.6.2　在变压器油箱的下部壁上应装有取油样或放油用阀门。

5.2.6.3　套管接线端子连接处，在环境空气中对空气的温升应不大于 55 K，在油中对油的温升应不大于 15 K。

5.2.6.4　变压器油箱应具有能承受住表 7 中规定的真空度和正压力的机械强度的能力，不应有损伤和不允许的永久变形。

表 7　35 kV 级油箱真空度和正压力值

油箱型式	容量范围 kV・A	真空度 kPa	正压力 kPa
一般结构	4 000 及以上	50	60
	4 000 以下	—	
波纹油箱	400 及以上	—	20
	400 以下	—	25
充有气体的密封式	—	—	70

5.2.6.5　8 000 kV・A 及以上变压器油箱下部应有供千斤顶顶起变压器的装置。根据需要，可提供牵引装置。

5.2.6.6　可根据需要在变压器油箱壁上设置适当高度的梯子，以便于取油样及观察气体继电器。

5.2.6.7　套管的安装位置和相互距离应便于接线，且其带电部分的空气间隙应能满足 GB 1094.3 的要求。

5.2.6.8　对于油箱内部充有气体的密封式变压器，在最低油位条件下应满足绝缘要求。

5.2.6.9 变压器结构应便于拆卸和更换套管或瓷件。

5.2.6.10 变压器铁心应单点接地，金属结构件均应通过油箱可靠接地。16 000 kV·A 及以上的变压器，铁心应单独引出并可靠接地。接地处应有明显的接地符号“⏚”或“接地”字样。

5.3 检验规则及方法

5.3.1 变压器除应进行 GB 1094.1 所规定的试验项目外，还应进行 5.3.2～5.3.13 所规定的试验。

5.3.2 对于配电变压器，绕组直流电阻不平衡率：相为不大于 4%，线为不大于 2%；对于电力变压器，绕组直流电阻不平衡率：相(有中性点引出时)为不大于 2%，线(无中性点引出时)为不大于 1%。如果由于线材及引线结构等原因而使绕组直流电阻不平衡率超过上述值时，除应在例行试验记录中记录实测值外，尚应写明引起这一偏差的原因。用户应与同温度下的例行试验实测值进行比较，其偏差应不大于 2%。本试验为例行试验。

绕组直流电阻不平衡率应以三相实测最大值减最小值作分子，三相实测平均值作分母计算。

对所有引出的相应端子间的电阻值均应进行测量比较。

5.3.3 应提供变压器绝缘电阻(容量为 4 000 kV·A 及以上的变压器还应提供吸收比 R_{60}/R_{15})的实测值，测试通常在 5 ℃～40 ℃和相对湿度小于 85%时进行。本试验为例行试验。当测量温度不同时，绝缘电阻可按式(2)换算：

$$R_2 = R_1 \times 1.5^{(t_1-t_2)/10} \tag{2}$$

式中：

R_1、R_2——分别为温度 t_1、t_2 时的绝缘电阻值。

5.3.4 容量为 8 000 kV·A 及以上的变压器应提供介质损耗因数($\tan\delta$)值，测试通常在 5 ℃～40 ℃温度下进行。本试验为例行试验。不同温度下的 $\tan\delta$ 值一般可按式(3)换算：

$$\tan\delta_2 = \tan\delta_1 \times 1.3^{(t_2-t_1)/10} \tag{3}$$

式中：

$\tan\delta_1$、$\tan\delta_2$——分别为温度 t_1、t_2 时的 $\tan\delta$ 值。

5.3.5 容量为 16 000 kV·A 及以上的变压器，应提供铁心对地和夹件的绝缘电阻值，其值应不小于 500 MΩ(20 ℃)。本试验为例行试验。当测量温度不同时，绝缘电阻可按式(2)进行换算。

5.3.6 变压器应进行压力密封试验。本试验为例行试验，试验要求如下：

a) 一般结构油箱的变压器(包括储油柜带隔膜的密封式变压器)，按 GB 1094.1 的规定；

b) 波纹式油箱(包括带有弹性片式散热器油箱)的变压器，315 kV·A 及以下者应承受 20 kPa 的试验压力，400 kV·A 及以上者应承受 15 kPa 的试验压力，历经 24 h 应无泄漏；

c) 油箱内部充有气体的密封式变压器，油面上部应承受 60 kPa 的试验压力(波纹式油箱除外)，历经 24 h 应无泄漏。

5.3.7 对于油箱内部充有气体的密封式变压器，应进行最低油位条件下的绝缘试验，试验应满足相关要求。本试验为型式试验。

5.3.8 有载分接开关试验合格后，应将有载分接开关装入变压器中，对分接开关油室进行密封试验，应无渗漏现象。本试验为例行试验。

5.3.9 对于配电变压器，应进行短时过负载能力试验。本试验为型式试验，试验要求如下：

在最高运行油位下完成温升试验后再施加 1.5 倍额定负载，持续运行 2 h 后应满足下列要求：

a) 压力保护装置不动作；

b) 无渗漏现象;

c) 油箱波纹及片式散热器的变形量在规定范围内;

d) 油箱外壳及套管的温升不大于 85 K。

5.3.10 容量为 8 000 kV·A 及以上的变压器如果进行温升试验或过电流(施加 1.1 倍额定电流,持续时间不少于 4 h)试验,则试验前后应取油样进行气相色谱分析试验,试验结果应符合相关标准规定。本试验为型式试验。

5.3.11 容量为 20 000 kV·A 及以上且具有独立调压绕组的变压器,应测量各分接档位的负载损耗值,并应符合设计要求。本试验为特殊试验。

5.3.12 变压器应进行压力变形试验。本试验为特殊试验,试验要求如下:

a) 一般结构油箱的变压器(包括储油柜带隔膜的密封式变压器),按 GB 1094.1 的规定;

b) 波纹式油箱(包括带有弹性片式散热器油箱)的变压器,315 kV·A 及以下者,试验压力为 25 kPa,400 kV·A 及以上者,试验压力为 20 kPa,历经 5 min 应无损伤及不应出现不允许的永久变形;

c) 油箱内部充有气体的密封式变压器,试验压力为 70 kPa(波纹式油箱除外),历经 5 min 应无损伤及不应出现不允许的永久变形。

5.3.13 对于配电变压器,应进行运输颠簸试验。本试验为特殊试验,试验方法及要求由用户与制造方协商。

5.4 标志、起吊、包装、运输和贮存

5.4.1 变压器应有接线端子、运输及起吊标志,标志内容应符合相关标准规定。

5.4.2 变压器的套管排列顺序位置一般如图 6～图 8 所示。

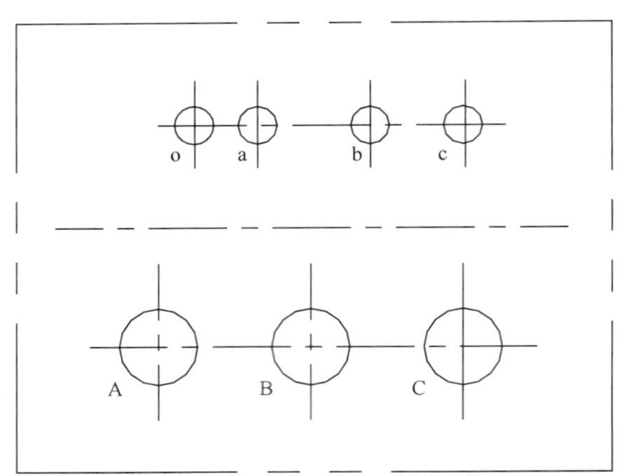

图 6 35 kV 级联结组标号为 Dyn11、Yyn0 的双绕组变压器

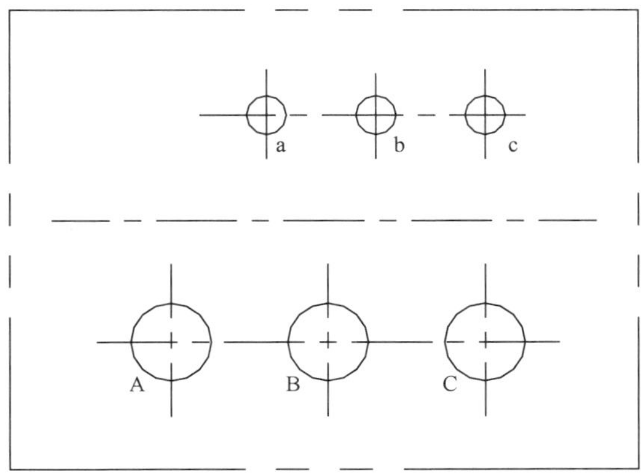

图 7　35 kV 级联结组标号为 Yd11 的双绕组变压器

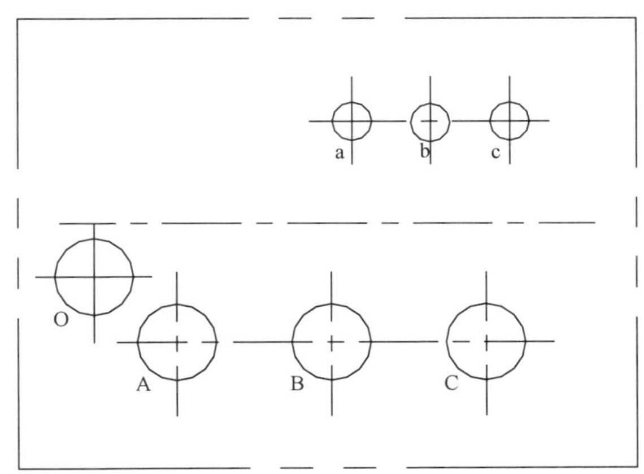

图 8　35 kV 级联结组标号为 YNd11 的双绕组变压器

5.4.3　变压器需具有承受变压器总重的起吊装置。变压器器身、油箱、可拆卸结构的储油柜(如果有)和散热器等均应有起吊装置。

5.4.4　成套拆卸的组件和零件(如气体继电器、套管、测温装置及紧固件等)的包装应保证经过运输、贮存直到安装前不损伤和不受潮。

5.4.5　变压器内部结构应在经过正常的铁路、公路及水路运输后相互位置不变,紧固件不松动。变压器的组件、部件[如套管、散热器、阀门和储油柜(如果有)等]的结构及布置位置应不妨碍吊装、运输及运输中紧固定位。

5.4.6　在运输、贮存直至安装前,应保证变压器本体及其所有的组件、部件[如储油柜(如果有)、套管、阀门及散热器等]不损坏和不受潮。

6 66 kV 电压等级

6.1 性能参数

6.1.1 额定容量、电压组合、分接范围、联结组标号、空载损耗、负载损耗、空载电流及短路阻抗应符合表 8 或表 9 的规定。

表 8 66 kV 级 630 kV·A～63 000 kV·A 三相双绕组无励磁调压电力变压器

<table>
<tr><th rowspan="2">额定容量
kV·A</th><th colspan="2">电压组合及分接范围</th><th rowspan="2">联结组
标号</th><th rowspan="2">空载损耗
kW</th><th rowspan="2">负载损耗
kW</th><th rowspan="2">空载电流
%</th><th rowspan="2">短路
阻抗
%</th></tr>
<tr><th>高压及分接范围
kV</th><th>低压
kV</th></tr>
<tr><td>630</td><td rowspan="10">63±5
66±5
69±5</td><td rowspan="10">6.3
6.6
10.5</td><td rowspan="7">Yd11</td><td>1.20</td><td>7.10</td><td>1.1</td><td rowspan="10">8</td></tr>
<tr><td>800</td><td>1.50</td><td>8.50</td><td>1.0</td></tr>
<tr><td>1 000</td><td>1.70</td><td>9.80</td><td>1.0</td></tr>
<tr><td>1 250</td><td>2.00</td><td>11.9</td><td>1.0</td></tr>
<tr><td>1 600</td><td>2.40</td><td>14.0</td><td>1.0</td></tr>
<tr><td>2 000</td><td>2.80</td><td>16.6</td><td>0.96</td></tr>
<tr><td>2 500</td><td>3.40</td><td>19.6</td><td>0.88</td></tr>
<tr><td>3 150</td><td rowspan="14">YNd11</td><td>4.00</td><td>23.0</td><td>0.84</td></tr>
<tr><td>4 000</td><td>4.80</td><td>27.3</td><td>0.80</td></tr>
<tr><td>5 000</td><td>5.70</td><td>30.7</td><td>0.68</td></tr>
<tr><td>6 300</td><td rowspan="11">63±2×2.5
66±2×2.5
69±2×2.5</td><td rowspan="11">6.3
6.6
10.5</td><td>7.30</td><td>34.2</td><td>0.60</td><td rowspan="11">9</td></tr>
<tr><td>8 000</td><td>8.90</td><td>40.5</td><td>0.60</td></tr>
<tr><td>10 000</td><td>10.5</td><td>47.8</td><td>0.56</td></tr>
<tr><td>12 500</td><td>12.4</td><td>56.8</td><td>0.56</td></tr>
<tr><td>16 000</td><td>15.0</td><td>69.8</td><td>0.52</td></tr>
<tr><td>20 000</td><td>17.6</td><td>84.6</td><td>0.52</td></tr>
<tr><td>25 000</td><td>20.8</td><td>100</td><td>0.48</td></tr>
<tr><td>31 500</td><td>24.6</td><td>120</td><td>0.44</td></tr>
<tr><td>40 000</td><td>29.4</td><td>141</td><td>0.44</td></tr>
<tr><td>50 000</td><td>35.2</td><td>167</td><td>0.40</td></tr>
<tr><td>63 000</td><td>41.6</td><td>198</td><td>0.36</td></tr>
<tr><td colspan="8">注 1：额定容量为 3 150 kV·A 及以上的变压器，－5%分接位置为最大电流分接。
注 2：当变压器年平均负载率介于 41%～46%之间时，采用表中的损耗值可获得最高运行效率。</td></tr>
</table>

表 9　66 kV 级 6 300 kV·A～63 000 kV·A 三相双绕组有载调压电力变压器

额定容量 kV·A	电压组合及分接范围		联结组 标号	空载损耗 kW	负载损耗 kW	空载电流 %	短路 阻抗 %
	高压及分接范围 kV	低压 kV					
6 300				8.00	34.2	0.60	
8 000				9.60	40.5	0.60	
10 000				11.3	47.8	0.56	
12 500				13.4	56.8	0.56	
16 000	63±8×1.25	6.3		16.1	69.8	0.52	9～11
20 000	66±8×1.25	6.6	YNd11	19.2	84.6	0.52	
25 000	69±8×1.25	10.5		22.7	100	0.48	
31 500				26.9	120	0.44	
40 000				32.2	141	0.44	
50 000				38.0	167	0.40	10～12
63 000				44.9	198	0.36	

注 1：除用户另有要求外，－10%分接位置为最大电流分接。

注 2：当变压器年平均负载率介于 47%～49%之间时，采用表中的损耗值可获得最高运行效率。

6.1.2　在分接级数和级电压不变的情况下，允许增加负分接级数，减少正分接级数，或增加正分接级数，减少负分接级数，如：$66^{+1\times2.5\%}_{-3\times2.5\%}$、$66^{+3\times2.5\%}_{-1\times2.5\%}$等。

6.1.3　当用户需要不同于表中规定短路阻抗值的变压器时，其损耗等性能参数应与制造方协商，并在合同中规定。

6.2　技术要求

6.2.1　基本要求

6.2.1.1　变压器应符合 GB 1094.1、GB 1094.2、GB 1094.3、GB 1094.5、GB/T 1094.7 和 JB/T 10088 的规定。

6.2.1.2　变压器组件、部件的设计、制造及检验等应符合相关标准及法规的要求。

6.2.2　安全保护装置

6.2.2.1　变压器应装有气体继电器。

气体继电器的接点容量在交流 220 V 或 110 V 时不小于 66 V·A，直流有感负载时，不小于 15 W。变压器油箱和联管的设计应使气体易于汇集在气体继电器内，变压器不得有存气现象。积聚在气体继电器内的气体数量达到 250 mL～300 mL 或油速在整定范围内时，应分别接通相应的接点。流经气体继电器的油流速度达到整定值时，接点应接通。气体继电器的安装位置及其结构应能观察到分解气体的数量和油速标尺，而且应便于取气体。

6.2.2.2　变压器应装有压力保护装置，当变压器油箱内压力达到安全限值时，压力保护装置应可靠地释放压力。

6.2.2.3　变压器宜供给信号测量和保护装置辅助回路用的端子箱。

6.2.2.4　变压器所有管道最高处或容易窝气处应设置放气塞。

6.2.2.5　有载调压变压器的有载分接开关应有自己的安全保护装置。

6.2.3　油浸风冷却系统

对于油浸风冷变压器，应供给全套风冷却装置(如散热器、风扇电动机和控制装置等)。

风扇电动机的电源电压为三相、380 V、50 Hz，风扇电动机应有短路、过载和缺相保护。

6.2.4　油保护装置

6.2.4.1　变压器均应装有储油柜，其结构应便于清理内部。储油柜的一端应具有油位显示功能，储油柜的容积应保证在最高环境温度与允许的过负载状态下油位不超过上限，在最低环境温度与变压器未投入运行时，应能观察到油位指示。

6.2.4.2　储油柜应有注油、放油和排污油装置。

6.2.4.3　储油柜上一般应装有带有油封的吸湿器。

6.2.4.4　变压器应采取防油老化措施，以确保变压器油不与大气相接触，如：在储油柜内部加装胶囊、隔膜或采用金属波纹密封式储油柜。

6.2.5　油温测量装置

6.2.5.1　变压器应有供温度计用的管座。管座应设在油箱的顶部，并伸入油内 120 mm±10 mm。

6.2.5.2　1 000 kV·A 及以上的变压器，需装设户外测温装置，其接点容量在交流 220 V 时，不低于 50 V·A，直流有感负载时，不低于 15 W。对于强油循环的变压器应装设两个测温装置。测温装置的安装位置应便于观察，且其准确度应符合相应标准。

6.2.5.3　8 000 kV·A 及以上的变压器，应装有远距离测温用的测温元件。

6.2.6　变压器油箱及其附件

6.2.6.1　变压器一般不供给小车，如箱底焊有支架，则其支架焊接位置应符合图 9 和图 10 的规定。

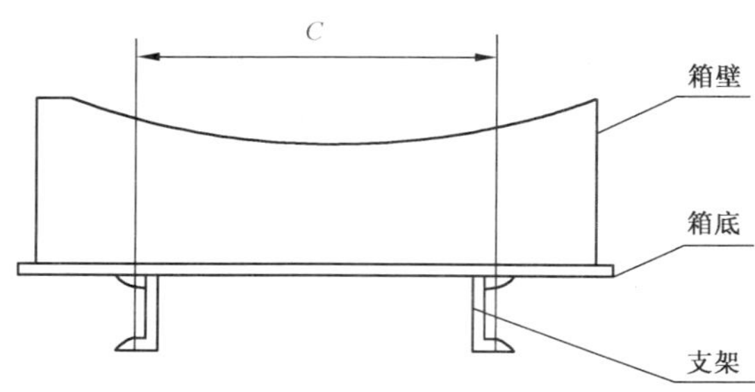

注：C 尺寸可按变压器大小选择为 550 mm、660 mm、820 mm、1 070 mm、1 475 mm、2 040 mm。

图 9　66 kV 级箱底支架位置一(面对长轴方向)

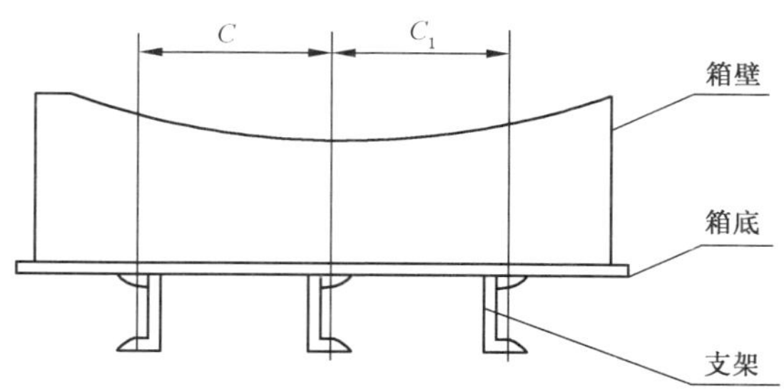

注：C、C_1 尺寸可按变压器大小选择，C 为 1 475 mm、2 040 mm，C_1 为 1 505 mm、2 070 mm。

图 10　66 kV 级箱底支架位置二(面对长轴方向)

注 1：根据用户需要也可供给小车。

注 2：纵向轨距为 1 435 mm，横向轨距为 1 435 mm、2 000 mm。

6.2.6.2　在变压器油箱的下部壁上应装有油样阀门，油箱下部还应装有放油阀。

6.2.6.3　套管接线端子连接处，在环境空气中对空气的温升应不大于 55 K，在油中对油的温升应不大于 15 K。

6.2.6.4　变压器油箱应具有能承受住表 10 中规定的真空度和正压力的机械强度的能力，不应有损伤和不允许的永久变形。

表 10　66 kV 级油箱真空度和正压力值

容量范围 kV·A	真空度 kPa	正压力 kPa
20 000 及以上	20	80
20 000 以下	50	60

6.2.6.5　6 300 kV·A 及以上变压器油箱下部应有供千斤顶顶起变压器的装置。根据需要，可提供牵引装置。

6.2.6.6　可根据需要在变压器油箱壁上设置适当高度的梯子，以便于取油样及观察气体继电器。

6.2.6.7　套管的安装位置和相互距离应便于接线，且其带电部分的空气间隙应能满足 GB 1094.3 的要求。

6.2.6.8　变压器结构应便于拆卸和更换套管。

6.2.6.9　变压器铁心和金属结构件均应通过油箱可靠接地。20 000 kV·A 及以上的变压器，铁心应单独引出并可靠接地。变压器油箱应保证两点接地(分别位于油箱长轴或短轴两侧)。接地处应有明显的接地符号“⏚”或“接地”字样。

6.2.6.10　根据需要，可提供一定数量的套管式电流互感器。

6.3 检验规则及方法

6.3.1 变压器除应进行 GB 1094.1 所规定的试验项目外，还应进行 6.3.2～6.3.8 所规定的试验。

6.3.2 对于 1 600 kV·A 及以下的变压器，绕组直流电阻不平衡率：相为不大于 4%，线为不大于 2%；2 000 kV·A 及以上的变压器，绕组直流电阻不平衡率：相（有中性点引出时）为不大于 2%，线（无中性点引出时）为不大于 1%。如果由于线材及引线结构等原因而使绕组直流电阻不平衡率超过上述值时，除应在例行试验记录中记录实测值外，尚应写明引起这一偏差的原因。用户应与同温度下的例行试验实测值进行比较，其偏差应不大于 2%。本试验为例行试验。

绕组直流电阻不平衡率应以三相实测最大值减最小值作分子，三相实测平均值作分母计算。

对所有引出的相应端子间的电阻值均应进行测量比较。

6.3.3 应提供变压器绝缘电阻和吸收比（R_{60}/R_{15}）的实测值，测试通常在 5 ℃～40 ℃和相对湿度小于 85%时进行。本试验为例行试验。当测量温度不同时，绝缘电阻可按式(4)换算：

$$R_2 = R_1 \times 1.5^{(t_1 - t_2)/10} \qquad \cdots\cdots(4)$$

式中：

R_1、R_2——分别为温度 t_1、t_2 时的绝缘电阻值。

6.3.4 应提供变压器介质损耗因数（$\tan\delta$）值，测试通常在 5 ℃～40 ℃温度下进行。本试验为例行试验。不同温度下的 $\tan\delta$ 值一般可按式(5)换算：

$$\tan\delta_2 = \tan\delta_1 \times 1.3^{(t_2 - t_1)/10} \qquad \cdots\cdots(5)$$

式中：

$\tan\delta_1$、$\tan\delta_2$——分别为温度 t_1、t_2 时的 $\tan\delta$ 值。

6.3.5 容量为 20 000 kV·A 及以上的变压器，应提供铁心对地和夹件的绝缘电阻值，其值应不小于 500 MΩ(20 ℃)。本试验为例行试验。当测量温度不同时，绝缘电阻可按式(4)进行换算。

6.3.6 有载分接开关试验合格后，应将有载分接开关装入变压器中，对分接开关油室进行密封试验，应无渗漏现象。本试验为例行试验。

6.3.7 变压器如果进行温升试验或过电流（施加 1.1 倍额定电流，持续时间不少于 4 h）试验，则试验前后应取油样进行气相色谱分析试验，试验结果应符合相关标准规定。本试验为型式试验。

6.3.8 容量为 20 000 kV·A 及以上且具有独立调压绕组的变压器，应测量各分接档位的负载损耗值，并应符合设计要求。本试验为特殊试验。

6.4 标志、起吊、包装、运输和贮存

6.4.1 变压器应有接线端子、运输及起吊标志，标志内容应符合相关标准规定。

6.4.2 变压器的套管排列顺序位置一般如图 11 和图 12 所示。

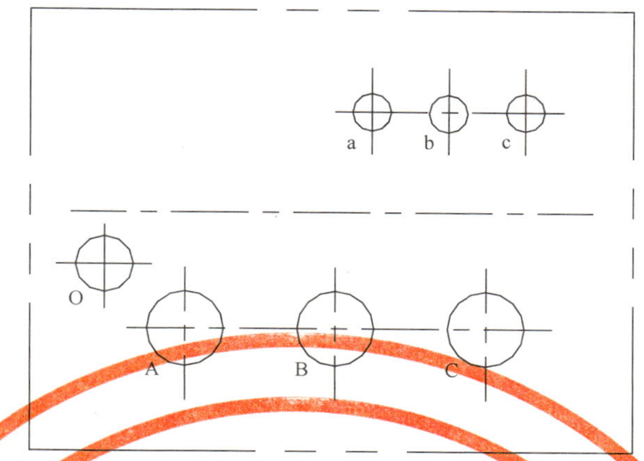

图 11　66 kV 级联结组标号为 YNd11 的双绕组变压器

图 12　66 kV 级联结组标号为 Yd11 的双绕组变压器

6.4.3　变压器需具有承受变压器总重的起吊装置。变压器器身、油箱、可拆卸结构的储油柜和散热器或冷却器等均应有起吊装置。

6.4.4　成套拆卸的组件和零件(如气体继电器、套管、测温装置及紧固件等)的包装,应保证经过运输、贮存直到安装前不损伤和不受潮。

6.4.5　变压器内部结构应在经过正常的铁路、公路及水路运输后相互位置不变,紧固件不松动。变压器的组件、部件(如套管、散热器、阀门和储油柜等)的结构及布置位置应不妨碍吊装、运输及运输中紧固定位。

6.4.6　31 500 kV·A 及以上的变压器在运输中应装三维冲撞记录仪。

6.4.7　在运输、贮存直至安装前,应保证变压器本体及其所有的组件、部件(如储油柜、套管、阀门及散热器或冷却器等)不损坏和不受潮。

7 110 kV 电压等级

7.1 性能参数

7.1.1 额定容量、电压组合、分接范围、联结组标号、空载损耗、负载损耗、空载电流及短路阻抗应符合表 11～表 15 的规定。

注 1：对于多绕组变压器，表中所给出的损耗值适用于 GB 1094.1 中定义的第一对绕组。

注 2：表 11～表 15 适用于高压绕组为分级绝缘的变压器(中性点端子的额定绝缘水平为：额定外施耐受电压方均根值 95 kV，额定雷电冲击耐受电压峰值 250 kV)。

表 11 110 kV 级 6 300 kV·A～180 000 kV·A 三相双绕组无励磁调压电力变压器

<table>
<tr><th rowspan="2">额定容量
kV·A</th><th colspan="2">电压组合及分接范围</th><th rowspan="2">联结组
标号</th><th rowspan="2">空载损耗
kW</th><th rowspan="2">负载损耗
kW</th><th rowspan="2">空载电流
%</th><th rowspan="2">短路
阻抗
%</th></tr>
<tr><th>高压及分接范围
kV</th><th>低压
kV</th></tr>
<tr><td>6 300</td><td rowspan="16">110±2×2.5%
115±2×2.5%
121±2×2.5%</td><td rowspan="11">6.3
6.6
10.5</td><td rowspan="16">YNd11</td><td>7.40</td><td>35.0</td><td>0.62</td><td rowspan="11">10.5</td></tr>
<tr><td>8 000</td><td>8.90</td><td>42.0</td><td>0.62</td></tr>
<tr><td>10 000</td><td>10.5</td><td>50.0</td><td>0.58</td></tr>
<tr><td>12 500</td><td>12.4</td><td>59.0</td><td>0.58</td></tr>
<tr><td>16 000</td><td>15.0</td><td>73.0</td><td>0.54</td></tr>
<tr><td>20 000</td><td>17.6</td><td>88.0</td><td>0.54</td></tr>
<tr><td>25 000</td><td>20.8</td><td>104</td><td>0.50</td></tr>
<tr><td>31 500</td><td>24.6</td><td>123</td><td>0.48</td></tr>
<tr><td>40 000</td><td>29.4</td><td>148</td><td>0.45</td></tr>
<tr><td>50 000</td><td>35.2</td><td>175</td><td>0.42</td></tr>
<tr><td>63 000</td><td>41.6</td><td>208</td><td>0.38</td></tr>
<tr><td>75 000</td><td rowspan="5">13.8
15.75
18
21</td><td>47.2</td><td>236</td><td>0.33</td><td rowspan="5">12～14</td></tr>
<tr><td>90 000</td><td>54.4</td><td>272</td><td>0.30</td></tr>
<tr><td>120 000</td><td>67.8</td><td>337</td><td>0.27</td></tr>
<tr><td>150 000</td><td>80.1</td><td>399</td><td>0.24</td></tr>
<tr><td>180 000</td><td>90.0</td><td>457</td><td>0.20</td></tr>
<tr><td colspan="8">注 1：−5%分接位置为最大电流分接。
注 2：对于升压变压器，宜采用无分接结构。如运行有要求，可设置分接头。
注 3：当变压器年平均负载率介于 42%～46%之间时，采用表中的损耗值可获得最高运行效率。</td></tr>
</table>

表 12 110 kV 级 6 300 kV·A～63 000 kV·A 三相三绕组无励磁调压电力变压器

<table>
<tr><th rowspan="2">额定容量
kV·A</th><th colspan="3">电压组合及分接范围</th><th rowspan="2">联结组
标号</th><th rowspan="2">空载
损耗
kW</th><th rowspan="2">负载
损耗
kW</th><th rowspan="2">空载
电流
%</th><th colspan="2">短路阻抗
%</th></tr>
<tr><th>高压及分接范围
kV</th><th>中压
kV</th><th>低压
kV</th><th>升压</th><th>降压</th></tr>
<tr><td>6 300</td><td rowspan="11">110±2×2.5%
115±2×2.5%
121±2×2.5%</td><td rowspan="11">36
37
38.5</td><td rowspan="11">6.3
6.6
10.5
21</td><td rowspan="11">YNyn0d11</td><td>8.90</td><td>44.0</td><td>0.66</td><td rowspan="11">高—中
17.5～18.5
高—低
10.5
中—低
6.5</td><td rowspan="11">高—中
10.5
高—低
18～19
中—低
6.5</td></tr>
<tr><td>8 000</td><td>10.6</td><td>53.0</td><td>0.62</td></tr>
<tr><td>10 000</td><td>12.6</td><td>62.0</td><td>0.59</td></tr>
<tr><td>12 500</td><td>14.7</td><td>74.0</td><td>0.56</td></tr>
<tr><td>16 000</td><td>17.9</td><td>90.0</td><td>0.53</td></tr>
<tr><td>20 000</td><td>21.1</td><td>106</td><td>0.52</td></tr>
<tr><td>25 000</td><td>24.6</td><td>126</td><td>0.48</td></tr>
<tr><td>31 500</td><td>29.4</td><td>149</td><td>0.48</td></tr>
<tr><td>40 000</td><td>34.8</td><td>179</td><td>0.44</td></tr>
<tr><td>50 000</td><td>41.6</td><td>213</td><td>0.44</td></tr>
<tr><td>63 000</td><td>49.2</td><td>256</td><td>0.40</td></tr>
<tr><td colspan="10">注 1：高、中、低压绕组容量分配为(100/100/100)%。
注 2：根据需要联结组标号可为 YNd11y10。
注 3：根据用户要求，中压可选用不同于表中的电压值或设分接头。
注 4：−5%分接位置为最大电流分接。
注 5：对于升压变压器，宜采用无分接结构。如运行有要求，可设置分接头。
注 6：当变压器年平均负载率为 45%左右时，采用表中的损耗值可获得最高运行效率。</td></tr>
</table>

表 13 110 kV 级 6 300 kV·A～63 000 kV·A 三相双绕组有载调压电力变压器

<table>
<tr><th rowspan="2">额定容量
kV·A</th><th colspan="2">电压组合及分接范围</th><th rowspan="2">联结组
标号</th><th rowspan="2">空载损耗
kW</th><th rowspan="2">负载损耗
kW</th><th rowspan="2">空载电流
%</th><th rowspan="2">短路
阻抗
%</th></tr>
<tr><th>高压及分接范围
kV</th><th>低压
kV</th></tr>
<tr><td>6 300</td><td rowspan="11">110±8×1.25%</td><td rowspan="11">6.3
6.6
10.5
21</td><td rowspan="11">YNd11</td><td>8.00</td><td>35.0</td><td>0.64</td><td rowspan="8">10.5</td></tr>
<tr><td>8 000</td><td>9.60</td><td>42.0</td><td>0.64</td></tr>
<tr><td>10 000</td><td>11.3</td><td>50.0</td><td>0.59</td></tr>
<tr><td>12 500</td><td>13.4</td><td>59.0</td><td>0.59</td></tr>
<tr><td>16 000</td><td>16.1</td><td>73.0</td><td>0.55</td></tr>
<tr><td>20 000</td><td>19.2</td><td>88.0</td><td>0.55</td></tr>
<tr><td>25 000</td><td>22.7</td><td>104</td><td>0.51</td></tr>
<tr><td>31 500</td><td>27.0</td><td>123</td><td>0.51</td></tr>
<tr><td>40 000</td><td>32.3</td><td>156</td><td>0.46</td><td rowspan="3">12～18</td></tr>
<tr><td>50 000</td><td>38.2</td><td>194</td><td>0.46</td></tr>
<tr><td>63 000</td><td>45.4</td><td>232</td><td>0.42</td></tr>
</table>

表 13（续）

额定容量 kV·A	电压组合及分接范围		联结组标号	空载损耗 kW	负载损耗 kW	空载电流 %	短路阻抗 %
	高压及分接范围 kV	低压 kV					

注 1：有载调压变压器，暂提供降压结构产品。

注 2：根据用户要求，可提供其他电压组合的产品。

注 3：－10％分接位置为最大电流分接。

注 4：当变压器年平均负载率介于 45％～50％之间时，采用表中的损耗值可获得最高运行效率。

表 14　110 kV 级 6 300 kV·A～63 000 kV·A 三相三绕组有载调压电力变压器

额定容量 kV·A	电压组合及分接范围			联结组标号	空载损耗 kW	负载损耗 kW	空载电流 %	短路阻抗 %
	高压及分接范围 kV	中压 kV	低压 kV					
6 300	110±8×1.25％	36 37 38.5	6.3 6.6 10.5 21	YNyn0d11	9.60	44.0	0.76	高—中 10.5 高—低 18～19 中—低 6.5
8 000					11.5	53.0	0.76	
10 000					13.6	62.0	0.71	
12 500					16.1	74.0	0.71	
16 000					19.3	90.0	0.67	
20 000					22.8	106	0.67	
25 000					27.0	126	0.62	
31 500					32.1	149	0.62	
40 000					38.5	179	0.58	
50 000					45.5	213	0.58	
63 000					54.1	256	0.53	

注 1：有载调压变压器，暂提供降压结构产品。

注 2：高、中、低压绕组容量分配为(100/100/100)％。

注 3：根据需要联结组标号可为 YNd11y10。

注 4：－10％分接位置为最大电流分接。

注 5：根据用户要求，中压可选用不同于表中的电压值或设分接头。

注 6：当变压器年平均负载率为 47％左右时，采用表中的损耗值可获得最高运行效率。

表 15　110 kV 级 6 300 kV·A～63 000 kV·A 三相双绕组低压为 35 kV 无励磁调压电力变压器

额定容量 kV·A	电压组合及分接范围		联结组 标号	空载损耗 kW	负载损耗 kW	空载电流 %	短路 阻抗 %
	高压及分接范围 kV	低压 kV					
6 300				8.00	37.0	0.67	
8 000				9.60	44.0	0.67	
10 000				11.2	52.0	0.62	
12 500				13.1	62.0	0.62	
16 000				15.6	76.0	0.57	
20 000	110±2×2.5% 115±2×2.5% 121±2×2.5%	36 37 38.5	YNd11	18.5	94.0	0.57	10.5
25 000				21.9	110	0.53	
31 500				25.9	133	0.53	
40 000				30.8	155	0.49	
50 000				36.9	193	0.49	
63 000				43.6	232	0.45	

注 1：−5%分接位置为最大电流分接。

注 2：对于升压变压器，宜采用无分接结构。如运行有要求，可设置分接头。

注 3：当变压器年平均负载率介于 44%～47%之间时，采用表中的损耗值可获得最高运行效率。

7.1.2　在分接级数和级电压不变的情况下，允许增加负分接级数，减少正分接级数，或增加正分接级数，减少负分接级数，如 $110^{+1\times2.5\%}_{-3\times2.5\%}$、$110^{+3\times2.5\%}_{-1\times2.5\%}$ 等。

7.1.3　当用户需要不同于表中规定短路阻抗值的变压器时，其损耗等性能参数应与制造方协商，并在合同中规定。

7.2　技术要求

7.2.1　基本要求

7.2.1.1　变压器应符合 GB 1094.1、GB 1094.2、GB 1094.3、GB 1094.5、GB/T 1094.7 和 JB/T 10088 的规定。

7.2.1.2　变压器组件、部件的设计、制造及检验等应符合相关标准及法规的要求。

7.2.2　安全保护装置

7.2.2.1　变压器应装有气体继电器。

气体继电器的接点容量在交流 220 V 或 110 V 时不小于 66 V·A，直流有感负载时，不小于 15 W。变压器油箱和联管的设计应使气体易于汇集在气体继电器内，变压器不得有存气现象。积聚在气体继电器内的气体数量达到 250 mL～300 mL 或油速在整定范围内时，应分别接通相应的接点。流经气体继电器的油流速度达到整定值时，接点应接通。气体继电器的安装位置及其结构应能观察到分解气体的数量和油速标尺，而且应便于取气体。

7.2.2.2　变压器应装有压力保护装置，当变压器油箱内压力达到安全限值时，压力保护装置应可靠地释放压力。

7.2.2.3 变压器宜供给信号测量和保护装置辅助回路用的端子箱。

7.2.2.4 有载调压变压器的有载分接开关应有自己的安全保护装置。

7.2.2.5 变压器所有管道最高处或容易窝气处应设置放气塞。

7.2.3 冷却系统及控制箱

7.2.3.1 应根据冷却方式供给全套冷却装置，但若为水冷却方式，则不供给水路装置(如水泵、水箱、管路、阀门及控制箱等)。

7.2.3.2 对于采用散热器冷却的变压器，其冷却方式可能存在多种组合方式(如OFAF变压器，另外还可产生ONAN、ONAF、OFAN三种方式)，各种冷却方式下的容量分配及控制程序由用户与制造方协商。

7.2.3.3 对于风冷变压器，应供给吹风装置控制箱。当负载电流达到额定电流的2/3或油面温度达到65 ℃时，应当投入吹风装置。当负载电流低于额定电流的1/2或油面温度低于50 ℃时，可切除风扇电动机。

7.2.3.4 对于水冷变压器，若冷却水是循环中间介质，则水的入口温度为最高环境温度加上8 ℃；若冷却水是最终取之不尽的冷却介质(即水热容量无穷大，如水电厂水库水)，则水的入口温度为25 ℃。

7.2.3.5 对于强油风冷和强油水冷的变压器需供给冷却系统及控制箱。

7.2.3.5.1 控制箱的强油循环装置控制线路应满足下列要求：

a) 变压器在运行中，其冷却系统应按负载和温度情况自动投入或切除相应数量的冷却器；
b) 当切除故障冷却器时，作为备用的冷却器应自动投入运行；
c) 当冷却系统的电源发生故障或电压降低时，应自动投入备用电源；
d) 当投入备用电源、备用冷却器或切除冷却器、电动机损坏时，均应发出相应的信号。

7.2.3.5.2 强油风冷及强油水冷冷却器的油泵电动机及风扇电动机应分别有过载、短路和断相保护。

7.2.3.5.3 强油风冷及强油水冷冷却器的动力电源电压应为三相交流380 V，控制电源电压为交流220 V。

7.2.3.5.4 强油风冷及强油水冷变压器，当冷却系统发生故障切除全部冷却器时，在额定负载下允许运行30 min。当油面温度尚未达到75 ℃时，允许上升到75 ℃，但切除冷却器后的最长运行时间不得超过1 h。

7.2.3.5.5 对于采用强迫油循环冷却方式的变压器，其冷却油流系统中不应出现负压。

7.2.4 油保护装置

7.2.4.1 变压器均应装有储油柜，其结构应便于清理内部。储油柜的一端应具有油位显示功能，储油柜的容积应保证在最高环境温度与允许的过负载状态下油位不超过上限，在最低环境温度与变压器未投入运行时，应能观察到油位指示。

7.2.4.2 储油柜应有注油、放油和排污油装置。

7.2.4.3 储油柜上一般应装有带有油封的吸湿器。

7.2.4.4 变压器应采取防油老化措施，以确保变压器油不与大气相接触，如：在储油柜内部加装胶囊、隔膜或采用金属波纹密封式储油柜。

7.2.5 油温测量装置

7.2.5.1 变压器应有供温度计用的管座。管座应设在油箱的顶部，并伸入油内120 mm±10 mm。

7.2.5.2 变压器需装设户外测温装置，其接点容量在交流 220 V 时，不低于 50 V·A，直流有感负载时，不低于 15 W。对于强油循环的变压器应装设两个测温装置。测温装置的安装位置应便于观察，且其准确度应符合相应标准。

7.2.5.3 8 000 kV·A 及以上的变压器，应装有远距离测温用的测温元件。对于强油循环的变压器应装有两个远距离测温元件，且应放于油箱长轴的两端，其放置位置应便于检修、更换。

7.2.5.4 当变压器采用集中(两组以上冷却器或三组以上片式散热器)冷却方式时，应在靠油箱进出口总管路处装测油温用的温度计管座。

7.2.6 变压器油箱及其附件

7.2.6.1 变压器一般不供给小车，如箱底焊有支架，则其支架焊接位置应符合图 13 和图 14 的规定。

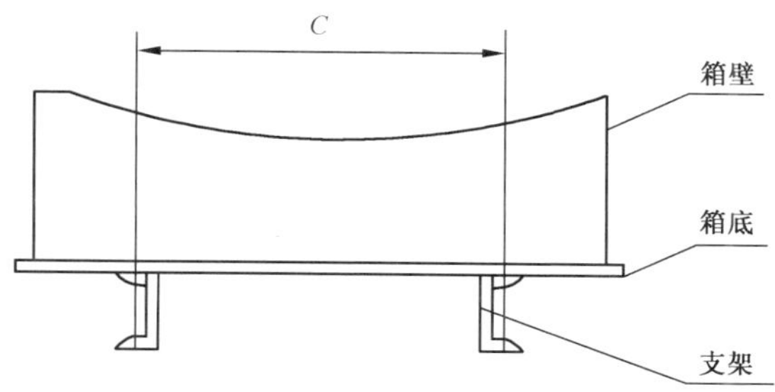

注：C 尺寸可按变压器大小选择为 1 070 mm、1 475 mm、2 040 mm。

图 13 110 kV 级箱底支架位置一(面对长轴方向)

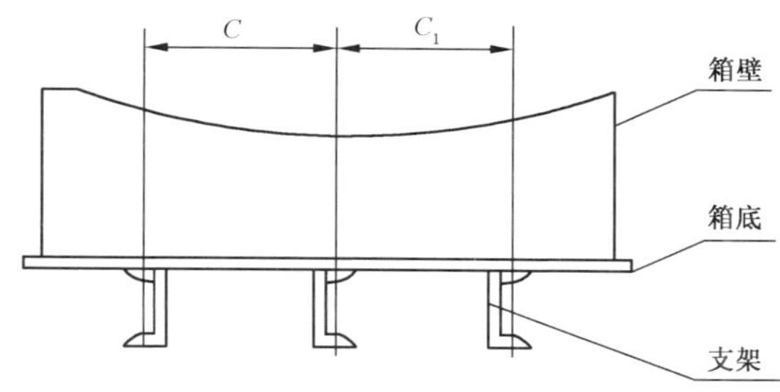

注：C、C_1 尺寸可按变压器大小选择，C 为 1 475 mm、2 040 mm，C_1 为 1 505 mm、2 070 mm。

图 14 110 kV 级箱底支架位置二(面对长轴方向)

注 1：根据用户需要也可供给小车。

注 2：纵向轨距为 1 435 mm，横向轨距为 1 435 mm、2 000 mm(2×2 000 mm、3×2 000 mm)。

7.2.6.2 对于 40 000 kV·A 及以上的变压器，在油箱的中部和下部壁上均应装有油样阀门。31 500 kV·A 及以下的变压器在油箱下部壁上应装有油样阀门。变压器油箱下部还应装有放油阀。

7.2.6.3 套管接线端子连接处，在环境空气中对空气的温升应不大于 55 K(封闭母线除外)，在油中对油的温升应不大于 15 K。

7.2.6.4 变压器油箱应具有能承受住真空度为 133 Pa 和正压力为 100 kPa 的机械强度的能力，不应有损伤和不允许的永久变形。

7.2.6.5 变压器油箱下部应有供千斤顶顶起变压器的装置。根据需要，可提供牵引装置。

7.2.6.6 应在变压器油箱壁上设置适当高度的梯子，以便于取油样及观察气体继电器。

7.2.6.7 套管的安装位置和相互距离应便于接线，且其带电部分的空气间隙应能满足 GB 1094.3 的要求。

7.2.6.8 变压器结构应便于拆卸和更换套管。

7.2.6.9 变压器铁心应单独引出并可靠接地，其他金属结构件均应通过油箱可靠接地。变压器油箱应保证两点接地（分别位于油箱长轴或短轴两侧）。接地处应有明显的接地符号“⏚”或“接地”字样。

7.2.6.10 根据需要，可提供一定数量的套管式电流互感器。

7.2.6.11 变压器整体（包括气体继电器等所有充油附件）应能承受 133 Pa 的真空度。

7.3 检验规则及方法

7.3.1 变压器除应进行 GB 1094.1 所规定的试验项目外，还应进行 7.3.2～7.3.9 所规定的试验。

7.3.2 应提供所有绕组线端和分接档位的直流电阻值。绕组直流电阻不平衡率：相（有中性点引出时）为不大于 2%，线（无中性点引出时）为不大于 1%。如果由于线材及引线结构等原因而使绕组直流电阻不平衡率超过上述值时，除应在例行试验记录中记录实测值外，尚应写明引起这一偏差的原因。用户应与同温度下的例行试验实测值进行比较，其偏差应不大于 2%。本试验为例行试验。

绕组直流电阻不平衡率应以三相实测最大值减最小值作分子，三相实测平均值作分母计算。

对所有引出的相应端子间的电阻值均应进行测量比较。

7.3.3 应提供变压器绝缘电阻和吸收比（R_{60}/R_{15}）的实测值，测试通常在 5 ℃～40 ℃ 和相对湿度小于 85%时进行。本试验为例行试验。当测量温度不同时，绝缘电阻可按式(6)换算：

$$R_2 = R_1 \times 1.5^{(t_1-t_2)/10} \quad \cdots\cdots(6)$$

式中：

R_1、R_2——分别为温度 t_1、t_2 时的绝缘电阻值。

7.3.4 应提供变压器介质损耗因数（$\tan\delta$）值，测试通常在 5 ℃～40 ℃ 温度下进行。本试验为例行试验。不同温度下的 $\tan\delta$ 值一般可按式(7)换算：

$$\tan\delta_2 = \tan\delta_1 \times 1.3^{(t_2-t_1)/10} \quad \cdots\cdots(7)$$

式中：

$\tan\delta_1$、$\tan\delta_2$——分别为温度 t_1、t_2 时的 $\tan\delta$ 值。

7.3.5 应提供铁心对地和夹件的绝缘电阻值，其值应不小于 500 MΩ（20 ℃）。本试验为例行试验。当测量温度不同时，绝缘电阻可按式(6)进行换算。

7.3.6 有载分接开关试验合格后，应将有载分接开关装入变压器中，对分接开关油室进行密封试验，应无渗漏现象。本试验为例行试验。

7.3.7 变压器如果进行温升试验或过电流（施加 1.1 倍额定电流，持续时间不少于 4 h）试验，则试验前后应取油样进行气相色谱分析试验，试验结果应符合相关标准规定。本试验为型式试验。

7.3.8 应对强迫油循环变压器的冷却油流系统进行负压测试，以监测冷却油流系统的进油端是否存在负压。测试时，通常在进油端的放气处安装真空压力表，在开启所有的油泵后，不应出现负压。本试验为型式试验。

7.3.9 具有独立调压绕组的变压器，应测量各分接档位的负载损耗值，并应符合设计要求。本试验为特殊试验。

7.4 标志、起吊、包装、运输和贮存

7.4.1 变压器应有接线端子、运输及起吊标志，标志内容应符合相关标准规定。

7.4.2 变压器的套管排列顺序位置一般如图 15 和图 16 所示。

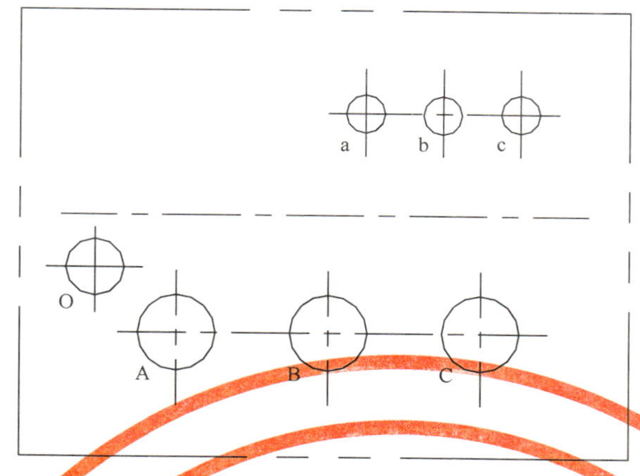

图 15 110 kV 级联结组标号为 YNd11 的双绕组变压器

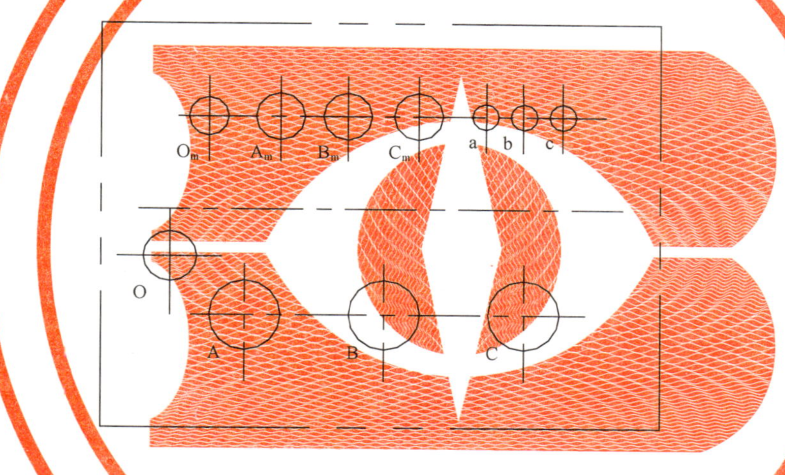

图 16 110 kV 级联结组标号为 YNyn0d11 的三绕组变压器

7.4.3 变压器需具有承受变压器总重的起吊装置。变压器器身、油箱、可拆卸结构的储油柜和散热器或冷却器等均应有起吊装置。

7.4.4 成套拆卸的组件和零件(如气体继电器、套管、测温装置及紧固件等)的包装应保证经过运输、贮存直到安装前不损伤和不受潮。

7.4.5 变压器内部结构应在经过正常的铁路、公路及水路运输后相互位置不变,紧固件不松动。变压器的组件、部件(如套管、散热器或冷却器、阀门和储油柜等)的结构及布置位置应不妨碍吊装、运输及运输中紧固定位。

7.4.6 变压器如不带油运输,则需充以干燥的气体(露点低于－40 ℃)。运输前应进行密封试验,以确保在充以 20 kPa～30 kPa 压力的气体时密封良好。变压器主体在运输中及到达现场后,油箱内的气体压力应保持正压,并有压力表进行监视。在现场贮存期间应维持正压,并有压力表进行监视。

7.4.7 31 500 kV·A 及以上的变压器在运输中应装三维冲撞记录仪。

7.4.8 在运输、贮存直至安装前,应保证变压器本体及其所有的组件、部件(如储油柜、套管、阀门及散热器或冷却器等)不损坏和不受潮。

8 220 kV 电压等级

8.1 性能参数

8.1.1 额定容量、电压组合、分接范围、联结组标号、空载损耗、负载损耗、空载电流及短路阻抗应符合表 16～表 22 的规定。

注 1：对于多绕组变压器，表中所给出的损耗值适用于 GB 1094.1 中定义的第一对绕组。

注 2：表 16～表 18、表 20 及表 21 的高压绕组中性点为不直接接地，表 19 及表 22 的高压绕组中性点为直接接地。

表 16 220 kV 级 31 500 kV·A～420 000 kV·A 三相双绕组无励磁调压电力变压器

额定容量 kV·A	电压组合及分接范围		联结组标号	空载损耗 kW	负载损耗 kW	空载电流 %	短路阻抗 %
	高压分接范围 kV	低压 kV					
31 500	220±2×2.5% 242±2×2.5%	6.3 6.6 10.5	YNd11	28.0	128	0.56	12～14
40 000	220±2×2.5% 242±2×2.5%	6.3 6.6 10.5	YNd11	32.0	149	0.56	12～14
50 000	220±2×2.5% 242±2×2.5%	6.3 6.6 10.5	YNd11	39.0	179	0.52	12～14
63 000	220±2×2.5% 242±2×2.5%	6.3 6.6 10.5	YNd11	46.0	209	0.52	12～14
75 000	220±2×2.5% 242±2×2.5%	10.5 13.8	YNd11	53.0	237	0.48	12～14
90 000	220±2×2.5% 242±2×2.5%	10.5 13.8	YNd11	61.0	273	0.44	12～14
120 000	220±2×2.5% 242±2×2.5%	10.5 13.8	YNd11	75.0	338	0.44	12～14
150 000	220±2×2.5% 242±2×2.5%	10.5 13.8 15.75 18 20	YNd11	89.0	400	0.40	12～14
160 000	220±2×2.5% 242±2×2.5%	10.5 13.8 15.75 18 20	YNd11	93.0	420	0.39	12～14
180 000	220±2×2.5% 242±2×2.5%	10.5 13.8 15.75 18 20	YNd11	102	459	0.36	12～14
240 000	220±2×2.5% 242±2×2.5%	10.5 13.8 15.75 18 20	YNd11	128	538	0.33	12～14
300 000	220±2×2.5% 242±2×2.5%	15.75 18 20	YNd11	151	641	0.30	12～14
360 000	220±2×2.5% 242±2×2.5%	15.75 18 20	YNd11	173	735	0.30	12～14
370 000	220±2×2.5% 242±2×2.5%	15.75 18 20	YNd11	176	750	0.30	12～14
400 000	220±2×2.5% 242±2×2.5%	15.75 18 20	YNd11	187	795	0.28	12～14
420 000	220±2×2.5% 242±2×2.5%	15.75 18 20	YNd11	193	824	0.28	12～14

注 1：根据要求也可提供额定容量小于 31 500 kV·A 的变压器及其他电压组合的变压器。

注 2：根据要求也可提供低压为 35 kV 或 38.5 kV 的变压器。

注 3：优先选用无分接结构。如运行有要求，可设置分接头。

注 4：当变压器年平均负载率介于 45%～50%之间时，采用表中的损耗值可获得最高运行效率。

表 17　220 kV 级 31 500 kV・A～300 000 kV・A 三相三绕组无励磁调压电力变压器

<table>
<tr><th rowspan="2">额定
容量
kV・A</th><th colspan="3">电压组合及分接范围</th><th rowspan="2">联结组
标号</th><th rowspan="2">空载
损耗
kW</th><th rowspan="2">负载
损耗
kW</th><th rowspan="2">空载
电流
%</th><th colspan="2">短路阻抗
%</th></tr>
<tr><th>高压及分接范围
kV</th><th>中压
kV</th><th>低压
kV</th><th>升压</th><th>降压</th></tr>
<tr><td>31 500</td><td rowspan="11">220±2×2.5%
230±2×2.5%
242±2×2.5%</td><td rowspan="11">69
115
121</td><td rowspan="4">6.3
6.6
10.5
21
36
37
38.5</td><td rowspan="11">YNyn0d11</td><td>32.0</td><td>153</td><td>0.56</td><td rowspan="11">高—中
22～24
高—低
12～14
中—低
7～9</td><td rowspan="11">高—中
12～14
高—低
22～24
中—低
7～9</td></tr>
<tr><td>40 000</td><td>38.0</td><td>183</td><td>0.50</td></tr>
<tr><td>50 000</td><td>44.0</td><td>216</td><td>0.44</td></tr>
<tr><td>63 000</td><td>52.0</td><td>257</td><td>0.44</td></tr>
<tr><td>90 000</td><td rowspan="2">10.5
13.8
21
36
37
38.5</td><td>68.0</td><td>333</td><td>0.39</td></tr>
<tr><td>120 000</td><td>84.0</td><td>410</td><td>0.39</td></tr>
<tr><td>150 000</td><td rowspan="4">10.5
13.8
15.75
21
36
37
38.5</td><td>100</td><td>487</td><td>0.33</td></tr>
<tr><td>180 000</td><td>113</td><td>555</td><td>0.33</td></tr>
<tr><td>240 000</td><td>140</td><td>684</td><td>0.28</td></tr>
<tr><td>300 000</td><td>166</td><td>807</td><td>0.24</td></tr>
<tr><td colspan="10">注 1：表中负载损耗的容量分配为(100/100/100)%。升压结构的容量分配可为(100/50/100)%，降压结构的容量分配可为(100/100/50)% 或(100/50/100)%。
注 2：根据要求也可提供额定容量小于 31 500 kV・A 的变压器及其他电压组合的变压器。
注 3：根据要求也可提供低压为 35 kV 的变压器。
注 4：优先选用无分接结构。如运行有要求，可设置分接头。
注 5：当变压器年平均负载率为 45%左右时，采用表中的损耗值可获得最高运行效率。</td></tr>
</table>

表 18　220 kV 级 31 500 kV・A～240 000 kV・A 低压为 66 kV 级三相双绕组无励磁调压电力变压器

<table>
<tr><th rowspan="2">额定容量
kV・A</th><th colspan="2">电压组合及分接范围</th><th rowspan="2">联结组
标号</th><th rowspan="2">空载损耗
kW</th><th rowspan="2">负载损耗
kW</th><th rowspan="2">空载电流
%</th><th rowspan="2">短路
阻抗
%</th></tr>
<tr><th>高压及分接范围
kV</th><th>低压
kV</th></tr>
<tr><td>31 500</td><td rowspan="9">220±2×2.5%
230±2×2.5%</td><td rowspan="9">63
66
69</td><td rowspan="9">YNd11</td><td>30.0</td><td>143</td><td>0.71</td><td rowspan="9">12～14</td></tr>
<tr><td>40 000</td><td>36.0</td><td>167</td><td>0.71</td></tr>
<tr><td>50 000</td><td>42.0</td><td>200</td><td>0.65</td></tr>
<tr><td>63 000</td><td>50.0</td><td>234</td><td>0.65</td></tr>
<tr><td>90 000</td><td>66.0</td><td>306</td><td>0.60</td></tr>
<tr><td>120 000</td><td>81.0</td><td>367</td><td>0.60</td></tr>
<tr><td>150 000</td><td>97.0</td><td>430</td><td>0.54</td></tr>
<tr><td>180 000</td><td>110</td><td>487</td><td>0.54</td></tr>
<tr><td>240 000</td><td>136</td><td>603</td><td>0.48</td></tr>
<tr><td colspan="8">注 1：优先选用无分接结构。如运行有要求，可设置分接头。
注 2：当变压器年平均负载率介于 45%～50%之间时，采用表中的损耗值可获得最高运行效率。</td></tr>
</table>

表 19　220 kV 级 31 500 kV·A～240 000 kV·A 三相三绕组无励磁调压自耦电力变压器

额定容量 kV·A	电压组合及分接范围			联结组标号	升压组合			降压组合			短路阻抗 %	
	高压及分接范围 kV	中压 kV	低压 kV		空载损耗 kW	负载损耗 kW	空载电流 %	空载损耗 kW	负载损耗 kW	空载电流 %	升压	降压
31 500	220± 2×2.5% 230± 2×2.5% 242± 2×2.5%	115 121	6.6 10.5 21 36 37 38.5	YNa0d11	20.0	111	0.45	17.0	94.0	0.40	高—中 12～14 高—低 8～12 中—低 14～18	高—中 8～10 高—低 28～34 中—低 18～24
40 000					23.0	136	0.45	20.0	114	0.40		
50 000					27.0	161	0.40	24.0	136	0.34		
63 000					32.0	190	0.40	28.0	162	0.34		
90 000					40.0	262	0.34	36.0	222	0.28		
120 000			10.5 13.8 15.75 18 21 36 37 38.5		49.0	323	0.34	44.0	273	0.28		
150 000					58.0	384	0.28	52.0	324	0.26		
180 000					67.0	439	0.28	60.0	367	0.26		
240 000					79.0	545	0.26	71.0	478	0.20		

注 1：升压结构的容量分配为(100/50/100)%，降压结构的容量分配为(100/100/50)%。
注 2：表中短路阻抗为 100%额定容量时的数值。
注 3：根据要求也可提供低压为 35 kV 的变压器。
注 4：优先选用无分接结构。如运行有要求，可设置分接头。
注 5：当变压器年平均负载率为 40%左右时，采用表中的损耗值可获得最高运行效率。

表 20　220 kV 级 31 500 kV·A～240 000 kV·A 三相双绕组有载调压电力变压器

额定容量 kV·A	电压组合及分接范围		联结组标号	空载损耗 kW	负载损耗 kW	空载电流 %	短路阻抗 %
	高压及分接范围 kV	低压 kV					
31 500	220±8×1.25% 230±8×1.25%	6.3 6.6 10.5 21 36 37 38.5	YNd11	30.0	128	0.57	12～14
40 000				36.0	149	0.57	
50 000				43.0	179	0.53	
63 000				50.0	209	0.53	
90 000				64.0	273	0.45	
120 000		10.5 21 36 37 38.5		79.0	338	0.45	
150 000				92.0	400	0.41	
180 000				108	459	0.38	
120 000		66 69		81.0	337	0.45	
150 000				96.0	394	0.41	
180 000				112	451	0.38	
240 000				140	560	0.30	

注 1：根据要求也可提供低压为 35 kV 的变压器。
注 2：当变压器年平均负载率为 50%左右时，采用表中的损耗值可获得最高运行效率。

表 21　220 kV 级 31 500 kV·A～240 000 kV·A 三相三绕组有载调压电力变压器

额定容量 kV·A	电压组合及分接范围			联结组标号	空载损耗 kW	负载损耗 kW	空载电流 %	容量分配 %	短路阻抗 %
	高压及分接范围 kV	中压 kV	低压 kV						
31 500	220±8×1.25% 230±8×1.25%	69 115 121	6.3 6.6 10.5 21 36 37 38.5	YNyn0d11	35.0	153	0.63	100/100/100 100/50/100 100/100/50	高—中 12～14 高—低 22～24 中—低 7～9
40 000					41.0	183	0.60		
50 000					48.0	216	0.60		
63 000					56.0	257	0.55		
90 000			10.5 21 36 37 38.5		73.0	333	0.44		
120 000					92.0	410	0.44		
150 000					108	487	0.39		
180 000					124	598	0.39		
240 000					154	741	0.35		

注 1：表中所列数据适用于降压结构产品，根据需要也可提供升压结构产品。

注 2：根据要求也可提供低压为 35 kV 的变压器。

注 3：当变压器年平均负载率介于 45%～50%之间时，采用表中的损耗值可获得最高运行效率。

表 22　220 kV 级 31 500 kV·A～240 000 kV·A 三相三绕组有载调压自耦电力变压器

额定容量 kV·A	电压组合及分接范围			联结组标号	空载损耗 kW	负载损耗 kW	空载电流 %	容量分配 %	短路阻抗 %
	高压及分接范围 kV	中压 kV	低压 kV						
31 500	220±8×1.25% 230±8×1.25%	115 121	6.3 6.6 10.5 21 36 37 38.5	YNa0d11	20.0	102	0.44	100/100/50	高—中 8～11 高—低 28～34 中—低 18～24
40 000					24.0	125	0.44		
50 000					28.0	149	0.39		
63 000					33.0	179	0.39		
90 000					40.0	234	0.33		
120 000			10.5 21 36 37 38.5		51.0	292	0.33		
150 000					60.0	346	0.28		
180 000					68.0	398	0.28		
240 000					83.0	513	0.24		

注 1：表中所列数据适用于降压结构产品。

注 2：根据要求也可提供低压为 35 kV 的变压器。

注 3：当变压器年平均负载率介于 40%～45%之间时，采用表中的损耗值可获得最高运行效率。

8.1.2　在分接级数和级电压不变的情况下，允许增加负分接级数，减少正分接级数，或增加正分接级数，减少负分接级数，如：$220^{+1\times2.5\%}_{-3\times2.5\%}$、$220^{+3\times2.5\%}_{-1\times2.5\%}$等。

8.1.3　当用户需要不同于表中规定短路阻抗值的变压器时，其损耗等性能参数应与制造方协商，并在合同中规定。

8.2 技术要求

8.2.1 基本要求

8.2.1.1 变压器应符合 GB 1094.1、GB 1094.2、GB 1094.3、GB 1094.5、GB/T 1094.7 和 JB/T 10088 的规定。

8.2.1.2 变压器组件、部件的设计、制造及检验等应符合相关标准及法规的要求。

8.2.1.3 变压器组件、部件的运行寿命应符合相关标准的规定。

8.2.2 安全保护装置

8.2.2.1 变压器应装有气体继电器。

气体继电器的接点容量在交流 220 V 或 110 V 时不小于 66 V·A，直流有感负载时，不小于 15 W。变压器油箱和联管的设计应使气体易于汇集在气体继电器内，变压器不得有存气现象。积聚在气体继电器内的气体数量达到 250 mL～300 mL 或油速在整定范围内时，应分别接通相应的接点。流经气体继电器的油流速度达到整定值时，接点应接通。气体继电器的安装位置及其结构应能观察到分解气体的数量和油速标尺，而且应便于取气体。

8.2.2.2 变压器应装有压力保护装置，当变压器油箱内压力达到安全限值时，压力保护装置应可靠地释放压力。

8.2.2.3 变压器宜供给信号测量和保护装置辅助回路用的端子箱。

8.2.2.4 有载调压变压器的有载分接开关应有自己的安全保护装置。

8.2.2.5 变压器所有管道最高处或容易窝气处应设置放气塞。

8.2.3 冷却系统及控制箱

8.2.3.1 应根据冷却方式供给全套冷却装置，但若为水冷却方式，则不供给水路装置（如水泵、水箱、管路、阀门及控制箱等）。

8.2.3.2 对于采用散热器散热的变压器，其冷却方式可能存在多种组合方式（如 OFAF 变压器，另外还可产生 ONAN、ONAF、OFAN 三种方式），各种冷却方式下的容量分配及控制程序由用户与制造方协商。

8.2.3.3 对于风冷变压器，应供给吹风装置控制箱。当负载电流达到额定电流的 2/3 或油面温度达到 65 ℃时，应当投入吹风装置。当负载电流低于额定电流的 1/2 或油面温度低于 50 ℃时，可切除风扇电动机。

8.2.3.4 对于水冷变压器，若冷却水是循环中间介质，则水的入口温度为最高环境温度加上 8 ℃；若冷却水是最终取之不尽的冷却介质（即水热容量无穷大，如水电厂水库水），则水的入口温度为 25 ℃。

8.2.3.5 对于强油风冷和强油水冷的变压器需供给冷却系统及控制箱。

8.2.3.5.1 控制箱的强油循环装置控制线路应满足下列要求：

a) 变压器在运行中，其冷却系统应按负载和温度情况自动投入或切除相应数量的冷却器；

b) 当切除故障冷却器时，作为备用的冷却器应自动投入运行；

c) 当冷却系统的电源发生故障或电压降低时，应自动投入备用电源；

d) 当投入备用电源、备用冷却器或切除冷却器、电动机损坏时，均应发出相应的信号。

8.2.3.5.2 强油风冷及强油水冷冷却器的油泵电动机及风扇电动机应分别有过载、短路和断相保护。

8.2.3.5.3 强油风冷及强油水冷冷却器的动力电源电压应为三相交流 380 V，控制电源电压为交流

220 V。

8.2.3.5.4 强油风冷及强油水冷变压器，当冷却系统发生故障切除全部冷却器时，在额定负载下允许运行 30 min。当油面温度尚未达到 75 ℃时，允许上升到 75 ℃，但切除冷却器后的最长运行时间不得超过 1 h。

8.2.3.5.5 对于采用强迫油循环冷却方式的变压器，其冷却油流系统中不应出现负压。

8.2.4 油保护装置

8.2.4.1 变压器均应装有储油柜，其结构应便于清理内部。储油柜的一端应具有油位显示功能，储油柜的容积应保证在最高环境温度与允许的过负载状态下油位不超过上限，在最低环境温度与变压器未投入运行时，应能观察到油位指示。

8.2.4.2 储油柜应有注油、放油和排污油装置。

8.2.4.3 储油柜上一般应装有带有油封的吸湿器。

8.2.4.4 变压器应采取防油老化措施，以确保变压器油不与大气相接触，如：在储油柜内部加装胶囊、隔膜或采用金属波纹密封式储油柜。

8.2.5 油温测量装置

8.2.5.1 变压器应有供温度计用的管座。管座应设在油箱的顶部，并伸入油内 120 mm±10 mm。

8.2.5.2 变压器需装设户外测温装置，其接点容量在交流 220 V 时，不低于 50 V·A，直流有感负载时，不低于 15 W。对于强油循环的变压器应装设两个测温装置。测温装置的安装位置应便于观察，且其准确度应符合相应标准。

8.2.5.3 变压器应装有两个远距离测温元件，且应放于油箱长轴的两端，其放置位置应便于检修、更换。

8.2.5.4 当变压器采用集中(两组以上冷却器或三组以上片式散热器)冷却方式时，应在靠油箱进出口总管路处装测油温用的温度计管座。

8.2.6 变压器油箱及其附件

8.2.6.1 变压器一般不供给小车，如箱底焊有支架，则其支架焊接位置应符合轨距的要求。

注 1：根据用户需要也可供给小车。

注 2：纵向轨距为 1 435 mm，横向轨距为 1 435 mm、2 000 mm(2×2 000 mm、3×2 000 mm)。

8.2.6.2 在变压器油箱的上部和下部壁上均应设有油样阀门，下部还应装有放油阀。

8.2.6.3 套管接线端子连接处，在环境空气中对空气的温升应不大于 55 K(封闭母线除外)，在油中对油的温升应不大于 15 K。

8.2.6.4 变压器油箱应具有能承受住真空度为 133 Pa 和正压力为 100 kPa 的机械强度的能力，不应有损伤和不允许的永久变形。

8.2.6.5 变压器油箱下部应有供千斤顶顶起变压器的装置，并应设置水平牵引装置。

8.2.6.6 在变压器油箱壁上应设置适当高度的梯子，以便于取油样及观察气体继电器。

8.2.6.7 套管的安装位置和相互距离应便于接线，且其带电部分的空气间隙应能满足 GB 1094.3 的要求。

8.2.6.8 变压器结构应便于拆卸和更换套管。

8.2.6.9 变压器铁心应单独引出并可靠接地，其他金属结构件均应通过油箱可靠接地。变压器油箱应保证两点接地(分别位于油箱长轴或短轴两侧)。接地处应有明显的接地符号“⏚”或“接地”字样。

8.2.6.10 根据需要，可提供一定数量的套管式电流互感器。

8.2.6.11 在变压器油箱上部、下部均应装有滤油阀接口(成对角线放置)。

8.2.6.12 变压器整体(包括气体继电器等所有充油附件)应能承受 133 Pa 的真空度。

8.3 检验规则及方法

8.3.1 变压器除应进行 GB 1094.1 所规定的试验项目外,还应进行 8.3.2～8.3.10 所规定的试验。

8.3.2 应提供所有绕组线端和分接档位的直流电阻值。绕组直流电阻不平衡率:相(有中性点引出时)为不大于 2%,线(无中性点引出时)为不大于 1%。如果由于线材及引线结构等原因而使绕组直流电阻不平衡率超过上述值时,除应在例行试验记录中记录实测值外,尚应写明引起这一偏差的原因。用户应与同温度下的例行试验实测值进行比较,其偏差应不大于 2%。本试验为例行试验。

绕组直流电阻不平衡率应以三相实测最大值减最小值作分子,三相实测平均值作分母计算。

对所有引出的相应端子间的电阻值均应进行测量比较。

8.3.3 应提供变压器绝缘电阻、吸收比(R_{60}/R_{15})和极化指数($R_{10\,\mathrm{min}}/R_{1\mathrm{min}}$)的实测值,测试通常在 5 ℃～40 ℃和相对湿度小于 85%时进行。本试验为例行试验。当测量温度不同时,绝缘电阻可按式(8)换算:

$$R_2 = R_1 \times 1.5^{(t_1 - t_2)/10} \qquad (8)$$

式中:

R_1、R_2——分别为温度 t_1、t_2 时的绝缘电阻值。

8.3.4 应提供变压器介质损耗因数($\tan\delta$)值,测试通常在 5 ℃～40 ℃温度下进行。本试验为例行试验。不同温度下的 $\tan\delta$ 值一般可按式(9)换算:

$$\tan\delta_2 = \tan\delta_1 \times 1.3^{(t_2 - t_1)/10} \qquad (9)$$

式中:

$\tan\delta_1$、$\tan\delta_2$——分别为温度 t_1、t_2 时的 $\tan\delta$ 值。

8.3.5 应提供铁心对地和夹件的绝缘电阻值,其值应不小于 500 MΩ(20 ℃)。本试验为例行试验。当测量温度不同时,绝缘电阻可按式(8)进行换算。

8.3.6 有载分接开关试验合格后,应将有载分接开关装入变压器中,对分接开关油室进行密封试验,应无渗漏现象。本试验为例行试验。

8.3.7 变压器如果进行温升试验或过电流(施加 1.1 倍额定电流,持续时间不少于 4 h)试验,则试验前后应取油样进行气相色谱分析试验,试验结果应符合相关标准规定。本试验为型式试验。

8.3.8 应对强迫油循环变压器的冷却油流系统进行负压测试,以监测冷却油流系统的进油端是否存在负压。测试时,通常在进油端的放气处安装真空压力表,在开启所有的油泵后,不应出现负压。本试验为型式试验。

8.3.9 具有独立调压绕组的变压器,应测量各分接档位的负载损耗值,并应符合设计要求。本试验为特殊试验。

8.3.10 经用户与制造方协商可进行下列试验,见附录 A。本试验为特殊试验:

a) 长时间空载试验;

b) 油流静电试验;

c) 转动油泵时的局部放电测量。

8.4 标志、起吊、包装、运输和贮存

8.4.1 变压器应有接线端子、运输及起吊标志,标志内容应符合相关标准规定。

8.4.2 变压器的套管排列顺序位置一般如图 17～图 20 所示。

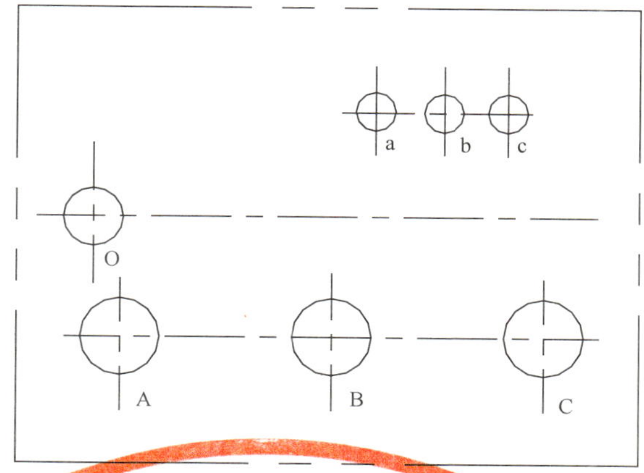

图 17　220 kV 级低压为 6.3 kV～21 kV、联结组标号为 YNd11 的双绕组变压器

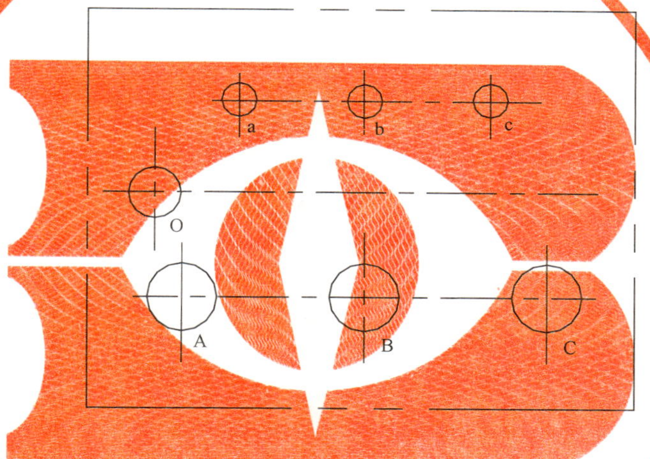

图 18　220 kV 级低压为 36 kV～69 kV、联结组标号为 YNd11 的双绕组变压器

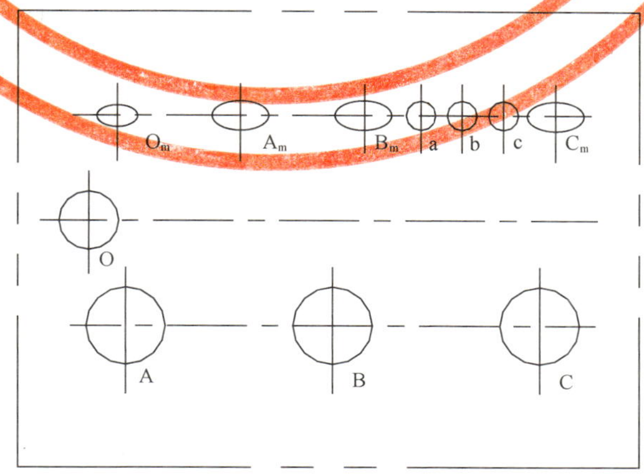

图 19　220 kV 级联结组标号为 YNyn0d11 的三绕组变压器

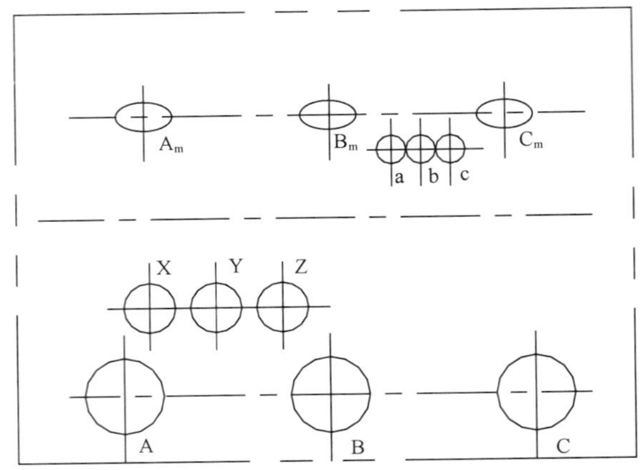

图 20 220 kV 级联结组标号为 YNa0d11 的三绕组自耦变压器

8.4.3 变压器需具有承受变压器总重的起吊装置。变压器器身、油箱、储油柜和散热器或冷却器等均应有起吊装置。

8.4.4 成套拆卸的组件和零件(如气体继电器、套管、测温装置及紧固件等)的包装应保证经过运输、贮存直到安装前不损伤和不受潮。

8.4.5 变压器内部结构应在经过正常的铁路、公路及水路运输后相互位置不变,紧固件不松动。变压器的组件、部件(如套管、散热器或冷却器、阀门和储油柜等)的结构及布置位置应不妨碍吊装、运输及运输中紧固定位。

8.4.6 变压器如不带油运输,则需充以干燥的气体(露点低于－40 ℃)。运输前应进行密封试验,以确保在充以 20 kPa～30 kPa 压力的气体时密封良好。变压器主体在运输中及到达现场后,油箱内的气体压力应保持正压,并有压力表进行监视。在现场贮存期间应维持正压,并有压力表进行监视。

8.4.7 变压器在运输中应装三维冲撞记录仪。

8.4.8 在运输、贮存直至安装前,应保证变压器本体及其所有的组件、部件(如储油柜、套管、阀门及散热器或冷却器等)不损坏和不受潮。

9 330 kV 电压等级

9.1 性能参数

9.1.1 额定容量、电压组合、分接范围、联结组标号、空载损耗、负载损耗、空载电流及短路阻抗应符合表 23～表 29 的规定。

注 1:对于多绕组变压器,表中所给出的损耗值适用于 GB 1094.1 中定义的第一对绕组。

注 2:表 23 及表 24 的高压绕组中性点为不直接接地,表 25～表 29 的高压绕组中性点为直接接地。

表 23 330 kV 级 90 000 kV·A～720 000 kV·A 三相双绕组无励磁调压电力变压器

额定容量 kV·A	电压组合及分接范围		联结组标号	空载损耗 kW	负载损耗 kW	空载电流 %	短路阻抗 %
	高压及分接范围 kV	低压 kV					
90 000	345 345±2×2.5% 363 363±2×2.5%	10.5 13.8 15.75 18 20	YNd11	68.0	274	0.44	14～15
120 000				85.0	340	0.44	
150 000				101	402	0.41	
180 000				116	461	0.38	
240 000				145	572	0.34	
360 000				198	802	0.34	
370 000				202	818	0.30	
400 000				214	867	0.30	
720 000				332	1 347	0.20	

注 1：根据用户要求，低压可选择表中任一电压。

注 2：优先选用无分接结构。如运行有要求，可设置分接头。

表 24 330 kV 级 90 000 kV·A～240 000 kV·A 三相三绕组无励磁调压电力变压器

额定容量 kV·A	电压组合及分接范围			联结组标号	空载损耗 kW	负载损耗 kW	空载电流 %	短路阻抗 %	容量分配 %
	高压及分接范围 kV	中压 kV	低压 kV						
90 000	330±2×2.5% 345±2×2.5%	121	10.5 13.8 15.75	YNyn0d11	77.0	335	0.46	高—中 24～26 高—低 14～15 中—低 8～9	100/100/100
120 000					96.0	415	0.46		
150 000					114	491	0.43		
180 000					130	563	0.43		
240 000					162	699	0.40		

注 1：表中所列数据适用于升压结构产品。

注 2：升压结构的容量分配也可为(100/50/100)%。

注 3：根据要求可提供降压结构产品，其短路阻抗：高—低为 24%～26%；高—中为 14%～15%；中—低为 8%～9%。其容量分配可为(100/100/50)%或(100/50/100)%。

注 4：表中短路阻抗为 100%额定容量时的数值。

注 5：优先选用无分接结构。如运行有要求，可设置分接头。

表 25　330 kV 级 90 000 kV·A～360 000 kV·A 三相三绕组无励磁调压自耦电力变压器(串联绕组调压)

额定容量 kV·A	电压组合及分接范围			联结组 标号	空载损耗 kW	负载损耗 kW	空载电流 %	短路阻抗 %	容量分配 %
	高压及分接范围 kV	中压 kV	低压 kV						
90 000	330±2×2.5%	121	10.5 11 35 38.5	YNa0d11	45.0	263	0.36	高—中 10～11 高—低 24～26 中—低 12～14	100/100/30
120 000					56.0	324	0.36		
150 000					68.0	385	0.32		
180 000					77.0	440	0.32		
240 000					96.0	547	0.28		
360 000					130	742	0.28		

注 1：表中所列数据适用于降压结构产品。

注 2：根据要求可提供升压结构产品，其短路阻抗：高—低为 10%～11%；高—中为 24%～26%；中—低为 12%～14%。

注 3：表中短路阻抗为 100%额定容量时的数值。

注 4：优先选用无分接结构。如运行有要求，可设置分接头。

注 5：当变压器年平均负载率为 40%左右时，采用表中的损耗值可获得最高运行效率。

表 26　330 kV 级 90 000 kV·A～360 000 kV·A 三相三绕组有载调压自耦电力变压器(串联绕组末端调压)

额定容量 kV·A	电压组合及分接范围			联结组 标号	空载损耗 kW	负载损耗 kW	空载电流 %	短路阻抗 %	容量分配 %
	高压及分接范围 kV	中压 kV	低压 kV						
90 000	330±8×1.25% 345±8×1.25%	121	10.5 11 35 38.5	YNa0d11	47.0	261	0.40	高—中 10～11 高—低 24～26 中—低 12～14	100/100/30
120 000					59.0	324	0.40		
150 000					69.0	383	0.36		
180 000					79.0	440	0.36		
240 000					99.0	547	0.32		
360 000					134	742	0.32		

注 1：表中所列数据适用于降压结构产品，根据要求也可提供升压结构产品。

注 2：表中短路阻抗为 100%额定容量时的数值。

注 3：当变压器年平均负载率为 42%左右时，采用表中的损耗值可获得最高运行效率。

表 27　330 kV 级 90 000 kV·A～360 000 kV·A 三相三绕组有载调压自耦电力变压器(中压线端调压一)

额定容量 kV·A	电压组合及分接范围 高压 kV	中压及分接范围 kV	低压 kV	联结组标号	空载损耗 kW	负载损耗 kW	空载电流 %	短路阻抗 %	容量分配 %
90 000	330 345	121±8×1.25%	10.5 11 35 38.5	YNa0d11	49.0	279	0.40	高—中 10～11 高—低 26～28 中—低 16～17	100/100/30
120 000					61.0	346	0.40		
150 000					72.0	410	0.36		
180 000					83.0	470	0.36		
240 000					102	584	0.32		
360 000					139	792	0.32		

注 1：表中所列数据适用于降压结构产品，根据要求也可提供升压结构产品。

注 2：表中短路阻抗为 100%额定容量时的数值。

注 3：当变压器年平均负载率为 42%左右时，采用表中的损耗值可获得最高运行效率。

表 28　330 kV 级 90 000 kV·A～360 000 kV·A 三相三绕组无励磁调压自耦电力变压器(中压线端调压)

额定容量 kV·A	电压组合及分接范围 高压 kV	中压及分接范围 kV	低压 kV	联结组标号	空载损耗 kW	负载损耗 kW	空载电流 %	短路阻抗 %	容量分配 %
90 000	330 345	230±2×2.5% 230±3×2.5% 242±2×2.5% 242±3×2.5%	10.5 11 35 38.5	YNa0d11	23.0	293	0.32	高—中 10～11	100/100/30
120 000					29.0	363	0.28		
150 000					34.0	431	0.24		
180 000					39.0	494	0.24		
240 000					49.0	613	0.20		
360 000					67.0	836	0.20		

注 1：表中所列数据适用于降压结构产品，根据要求也可提供升压结构产品。

注 2：表中短路阻抗为 100%额定容量时的数值。

注 3："高—低"和"中—低"的短路阻抗由制造方与用户协商确定。

注 4：优先选用无分接结构。如运行有要求，可设置分接头。

注 5：当变压器年平均负载率为 30%左右时，采用表中的损耗值可获得最高运行效率。

表 29 330 kV 级 90 000 kV·A～360 000 kV·A 三相三绕组有载调压自耦电力变压器(中压线端调压二)

额定容量 kV·A	电压组合及分接范围			联结组标号	空载损耗 kW	负载损耗 kW	空载电流 %	短路阻抗 %	容量分配 %
	高压 kV	中压及分接范围 kV	低压 kV						
90 000	330 345 363	230±4×1.25% 230±8×1.25% 242±4×1.25% 242±8×1.25%	10.5 11 35 38.5	YNa0d11	25.0	293	0.32	高—中 10～11	100/100/30
120 000					31.0	363	0.28		
150 000					37.0	431	0.24		
180 000					42.0	494	0.24		
240 000					53.0	613	0.20		
360 000					72.0	837	0.20		

注 1：表中所列数据适用于降压结构产品，根据要求也可提供升压结构产品。

注 2：表中短路阻抗为 100%额定容量时的数值。

注 3：“高—低”和“中—低”的短路阻抗由制造方与用户协商确定。

注 4：当变压器年平均负载率为 30%左右时，采用表中的损耗值可获得最高运行效率。

9.1.2 在分接级数和级电压不变的情况下，允许增加负分接级数，减少正分接级数，或增加正分接级数，减少负分接级数，如：$330^{+1\times2.5\%}_{-3\times2.5\%}$、$330^{+3\times2.5\%}_{-1\times2.5\%}$ 等。

9.1.3 当用户需要不同于表中规定短路阻抗值的变压器时，其损耗等性能参数应与制造方协商，并在合同中规定。

9.2 技术要求

9.2.1 基本要求

9.2.1.1 变压器应符合 GB 1094.1、GB 1094.2、GB 1094.3、GB 1094.5、GB/T 1094.7 和 JB/T 10088 的规定。

9.2.1.2 变压器组件、部件的设计、制造及检验等应符合相关标准及法规的要求。

9.2.1.3 变压器组件、部件的运行寿命应符合相关标准的规定。

9.2.2 安全保护装置

9.2.2.1 变压器应装有气体继电器。

气体继电器的接点容量在交流 220 V 或 110 V 时不小于 66 V·A，直流有感负载时，不小于 15 W。变压器油箱和联管的设计应使气体易于汇集在气体继电器内，变压器不得有存气现象。积聚在气体继电器内的气体数量达到 250 mL～300 mL 或油速在整定范围内时，应分别接通相应的接点。流经气体继电器的油流速度达到整定值时，接点应接通。气体继电器的安装位置及其结构应能观察到分解气体的数量和油速标尺，而且应便于取气体。

9.2.2.2 变压器应装有压力保护装置，当变压器油箱内压力达到安全限值时，压力保护装置应可靠地释放压力。

9.2.2.3 变压器宜供给信号测量和保护装置辅助回路用的端子箱。

9.2.2.4 有载调压变压器的有载分接开关应有自己的安全保护装置。

9.2.2.5 变压器所有管道最高处或容易窝气处应设置放气塞。

9.2.3 冷却系统及控制箱

9.2.3.1 应根据冷却方式供给全套冷却装置，但若为水冷却方式，则不供给水路装置(如水泵、水箱、管路、阀门及控制箱等)。

9.2.3.2 对于采用散热器散热的变压器，其冷却方式可能存在多种组合方式(如 OFAF 变压器，另外还可产生 ONAN、ONAF、OFAN 三种方式)，各种冷却方式下的容量分配及控制程序由用户与制造方协商。

9.2.3.3 对于风冷变压器，应供给吹风装置控制箱。当负载电流达到额定电流的 2/3 或油面温度达到 65 ℃时，应当投入吹风装置。当负载电流低于额定电流的 1/2 或油面温度低于 50 ℃时，可切除风扇电动机。

9.2.3.4 对于水冷变压器，若冷却水是循环中间介质，则水的入口温度为最高环境温度加上 8 ℃；若冷却水是最终取之不尽的冷却介质(即水热容量无穷大，如水电厂水库水)，则水的入口温度为 25 ℃。

9.2.3.5 对于强油风冷和强油水冷变压器需供给冷却系统及控制箱。

9.2.3.5.1 控制箱的强油循环装置控制线路应满足下列要求：

a) 变压器在运行中，其冷却系统应按负载和温度情况自动投入或切除相应数量的冷却器；

b) 当切除故障冷却器时，作为备用的冷却器应自动投入运行；

c) 当冷却系统的电源发生故障或电压降低时，应自动投入备用电源；

d) 当投入备用电源、备用冷却器或切除冷却器、电动机损坏时，均应发出相应的信号。

9.2.3.5.2 强油风冷及强油水冷冷却器的油泵电动机及风扇电动机应分别有过载、短路和断相保护。

9.2.3.5.3 强油风冷及强油水冷冷却器的动力电源电压应为三相交流 380 V，控制电源电压为交流 220 V。

9.2.3.5.4 强油风冷及强油水冷变压器，当冷却系统发生故障切除全部冷却器时，在额定负载下允许运行 30 min。当油面温度尚未达到 75 ℃时，允许上升到 75 ℃，但切除冷却器后的最长运行时间不得超过 1 h。

9.2.3.5.5 对于采用强迫油循环冷却方式的变压器，其冷却油流系统中不应出现负压。

9.2.4 油保护装置

9.2.4.1 变压器均应装有储油柜，其结构应便于清理内部。储油柜的一端应具有油位显示功能，储油柜的容积应保证在最高环境温度与允许的过负载状态下油位不超过上限，在最低环境温度与变压器未投入运行时，应能观察到油位指示。

9.2.4.2 储油柜应有注油、放油和排污油装置。

9.2.4.3 储油柜上一般应装有带有油封的吸湿器。

9.2.4.4 变压器应采取防油老化措施，以确保变压器油不与大气相接触，如：在储油柜内部加装胶囊、隔膜或采用金属波纹密封式储油柜。

9.2.5 油温测量装置

9.2.5.1 变压器应有供温度计用的管座。管座应设在油箱的顶部，并伸入油内 120 mm±10 mm。

9.2.5.2 变压器需装设户外测温装置，其接点容量在交流 220 V 时，不低于 50 V·A，直流有感负载时，不低于 15 W。对于强油循环的变压器应装设两个测温装置。测温装置的安装位置应便于观察，且其准确度应符合相应标准。

9.2.5.3 变压器应装有两个远距离测温元件，且应放于油箱长轴的两端，其放置位置应便于检修、更换。

9.2.5.4 当变压器采用集中(两组以上冷却器或三组以上片式散热器)冷却方式时，应在靠油箱进出口总管路处装测油温用的温度计管座。

9.2.6 变压器油箱及其附件

9.2.6.1 变压器一般不供给小车。如果供给小车，则应带小车固定装置。其箱底底座或小车支架焊装位置应符合轨距的要求。轨距：纵向为 1 435 mm，横向为 1 435 mm、2 000 mm(2×2 000 mm、3×2 000 mm)。

9.2.6.2 在变压器油箱的上部、中部和下部壁上均应设有油样阀门，下部还应装有放油阀。

9.2.6.3 套管接线端子连接处，在环境空气中对空气的温升应不大于 55 K(封闭母线除外)，在油中对油的温升应不大于 15 K。

9.2.6.4 变压器油箱应具有能承受住真空度为 133 Pa 和正压力为 100 kPa 的机械强度的能力，不应有损伤和不允许的永久变形。

9.2.6.5 变压器油箱下部应有供千斤顶顶起变压器的装置，并应设置水平牵引装置。

9.2.6.6 应在变压器油箱壁上设置适当高度的梯子，以便于取油样及观察气体继电器。

9.2.6.7 套管的安装位置和相互距离应便于接线，且其带电部分的空气间隙应能满足 GB 1094.3 的要求。

9.2.6.8 变压器结构应便于拆卸和更换套管。

9.2.6.9 变压器铁心应单独引出并可靠接地，其他金属结构件均应通过油箱可靠接地。变压器油箱应保证两点接地(分别位于油箱长轴或短轴两侧)。接地处应有明显的接地符号“⏚”或“接地”字样。

9.2.6.10 根据需要，可提供一定数量的套管式电流互感器。

9.2.6.11 在变压器油箱上部、下部均应装有滤油阀接口(成对角线放置)。

9.2.6.12 变压器整体(包括气体继电器等所有充油附件)应能承受 133 Pa 的真空度。

9.3 检验规则及方法

9.3.1 变压器除应进行 GB 1094.1 所规定的试验项目外，还应进行 9.3.2～9.3.11 所规定的试验。

9.3.2 应提供所有绕组线端和分接档位的直流电阻值。绕组直流电阻不平衡率：相(有中性点引出时)为不大于 2%，线(无中性点引出时)为不大于 1%。如果由于线材及引线结构等原因而使绕组直流电阻不平衡率超过上述值时，除应在例行试验记录中记录实测值外，尚应写明引起这一偏差的原因。用户应与同温度下的例行试验实测值进行比较，其偏差应不大于 2%。本试验为例行试验。

绕组直流电阻不平衡率应以三相实测最大值减最小值作分子，三相实测平均值作分母计算。

对所有引出的相应端子间的电阻值均应进行测量比较。

9.3.3 应提供变压器绝缘电阻、吸收比(R_{60}/R_{15})和极化指数($R_{10\min}/R_{1\min}$)的实测值，测试通常在 5 ℃～40 ℃和相对湿度小于 85%时进行。本试验为例行试验。当测量温度不同时，绝缘电阻可按式(10)换算：

$$R_2 = R_1 \times 1.5^{(t_1-t_2)/10} \quad \cdots\cdots(10)$$

式中：

R_1、R_2——分别为温度 t_1、t_2 时的绝缘电阻值。

9.3.4 应提供变压器介质损耗因数($\tan\delta$)值,测试通常在 5 ℃～40 ℃温度下进行。本试验为例行试验。不同温度下的 $\tan\delta$ 值一般可按式(11)换算:

$$\tan\delta_2 = \tan\delta_1 \times 1.3^{(t_2 - t_1)/10} \qquad (11)$$

式中:

$\tan\delta_1$、$\tan\delta_2$——分别为温度 t_1、t_2 时的 $\tan\delta$ 值。

9.3.5 应提供铁心对地和夹件的绝缘电阻值,其值应不小于 500 MΩ(20 ℃)。本试验为例行试验。当测量温度不同时,绝缘电阻可按式(10)进行换算。

9.3.6 有载分接开关试验合格后,应将有载分接开关装入变压器中,对分接开关油室进行密封试验,应无渗漏现象。本试验为例行试验。

9.3.7 变压器如果进行温升试验或过电流(施加 1.1 倍额定电流,持续时间不少于 4 h)试验,则试验前后应取油样进行气相色谱分析试验,试验结果应符合相关标准规定。本试验为型式试验。

9.3.8 应对强迫油循环变压器的冷却油流系统进行负压测试,以监测冷却油流系统的进油端是否存在负压。测试时,通常在进油端的放气处安装真空压力表,在开启所有的油泵后,不应出现负压。本试验为型式试验。

9.3.9 具有独立调压绕组的变压器,应测量各分接档位的负载损耗值,并应符合设计要求。本试验为特殊试验。

9.3.10 变压器全部试验合格后,如结构允许且用户要求,可对 330 kV 油纸绝缘套管取油样进行试验,试验结果应符合相关标准规定。本试验为特殊试验。

9.3.11 经用户与制造方协商可进行下列试验,见附录 A。本试验为特殊试验:

a) 长时间空载试验;

b) 油流静电试验;

c) 转动油泵时的局部放电测量。

9.4 标志、起吊、包装、运输和贮存

9.4.1 变压器应有接线端子、运输及起吊标志,标志内容应符合相关标准规定。

9.4.2 变压器的套管排列顺序位置一般如图 21～图 23 所示。

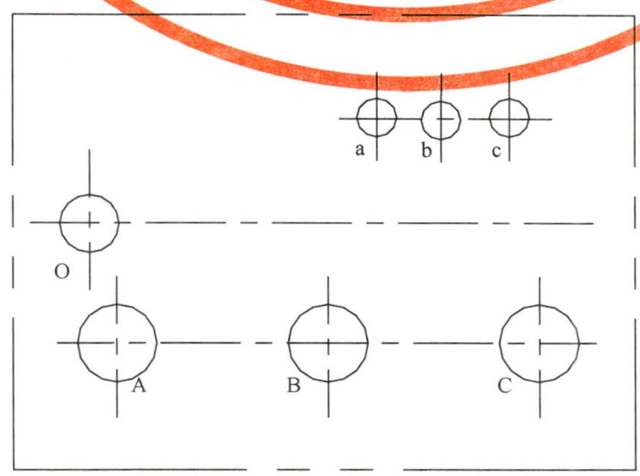

图 21 330 kV 级联结组标号为 YNd11 的双绕组变压器

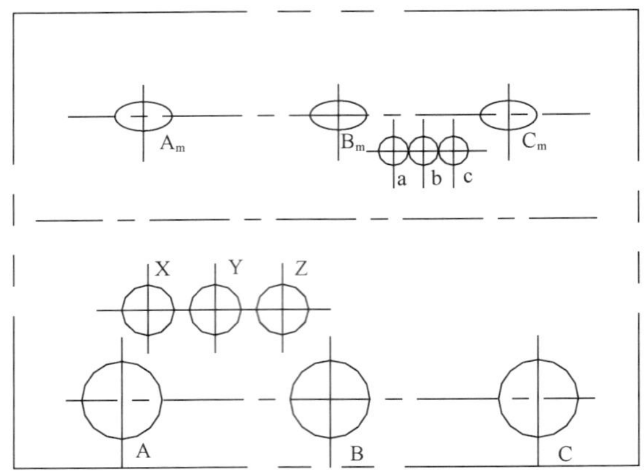

图 22 330 kV 级联结组标号为 YNa0d11 的三绕组自耦变压器

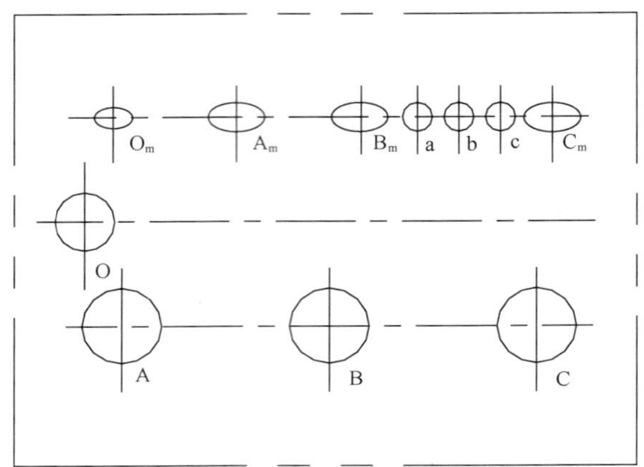

图 23 330 kV 级联结组标号为 YNyn0d11 的三绕组变压器

9.4.3 变压器需具有承受变压器总重的起吊装置。变压器器身、油箱、储油柜和散热器或冷却器等均应有起吊装置。

9.4.4 成套拆卸的组件和零件(如气体继电器、套管、测温装置及紧固件等)的包装应保证经过运输、贮存直到安装前不损伤和不受潮。

9.4.5 变压器内部结构应在经过正常的铁路、公路及水路运输后相互位置不变,紧固件不松动。变压器的组件、部件(如套管、散热器或冷却器、阀门和储油柜等)的结构及布置位置应不妨碍吊装、运输及运输中紧固定位。

9.4.6 变压器如不带油运输,则需充以干燥的气体(露点低于−40 ℃)。运输前应进行密封试验,以确保在充以 20 kPa～30 kPa 压力的气体时密封良好。变压器主体在运输中及到达现场后,油箱内的气体压力应保持正压,并有压力表进行监视。在现场贮存期间应维持正压,并有压力表进行监视。

9.4.7 变压器在运输中应装三维冲撞记录仪。

9.4.8 在运输、贮存直至安装前，应保证变压器本体及其所有的组件、部件(如储油柜、套管、阀门及散热器或冷却器等)不损坏和不受潮。

10 500 kV 电压等级

10.1 性能参数

10.1.1 额定容量、电压组合、分接范围、联结组标号、空载损耗、负载损耗、空载电流及短路阻抗应符合表30～表33的规定。

注1：对于多绕组变压器，表中所给出的损耗值适用于GB 1094.1中定义的第一对绕组。

注2：表30及表31的高压绕组中性点为经小电抗接地，表32及表33的高压绕组中性点为直接接地。

注3：如受运输条件限制，经制造方与用户协商，表中的损耗值可适当增加。

表30 500 kV级100 MV·A～484 MV·A单相双绕组无励磁调压电力变压器

<table>
<tr><th rowspan="2">额定容量
MV·A</th><th colspan="2">电压组合</th><th rowspan="2">联结组
标号</th><th rowspan="2">空载损耗
kW</th><th rowspan="2">负载损耗
kW</th><th rowspan="2">空载电流
%</th><th rowspan="2">短路阻抗
%</th></tr>
<tr><th>高压
kV</th><th>低压
kV</th></tr>
<tr><td>100</td><td rowspan="10">500/√3
525/√3
535/√3
550/√3</td><td>13.8;15.75</td><td rowspan="10">Ii0</td><td>61.0</td><td>225</td><td>0.20</td><td rowspan="6">14</td></tr>
<tr><td>120</td><td>15.75;18;20</td><td>70.0</td><td>260</td><td>0.20</td></tr>
<tr><td>200</td><td>15.75;18;20;24</td><td>114</td><td>380</td><td>0.15</td></tr>
<tr><td>223</td><td>18</td><td>124</td><td>412</td><td>0.15</td></tr>
<tr><td>240</td><td>18;20;24</td><td>131</td><td>435</td><td>0.15</td></tr>
<tr><td>260</td><td>18;20</td><td>140</td><td>460</td><td>0.15</td></tr>
<tr><td>380</td><td rowspan="4">24;27</td><td>186</td><td>610</td><td>0.15</td><td rowspan="4">16或18</td></tr>
<tr><td>400</td><td>193</td><td>633</td><td>0.15</td></tr>
<tr><td>410</td><td>197</td><td>645</td><td>0.15</td></tr>
<tr><td>484</td><td>223</td><td>730</td><td>0.15</td></tr>
<tr><td colspan="8">注1：优先选用无分接结构。如运行有要求，可设置分接头。
注2：根据用户的特殊要求，也可带分接，分接范围由用户与制造方协商确定。
注3：当变压器年平均负载率为55%左右时，采用表中的损耗值可获得最高运行效率。</td></tr>
</table>

表 31　500 kV 级 120 MV·A～1 170 MV·A 三相双绕组无励磁调压电力变压器

<table>
<tr><th rowspan="2">额定容量
MV·A</th><th colspan="2">电压组合</th><th rowspan="2">联结组标号</th><th rowspan="2">空载损耗
kW</th><th rowspan="2">负载损耗
kW</th><th rowspan="2">空载电流
%</th><th rowspan="2">短路阻抗
%</th></tr>
<tr><th>高压
kV</th><th>低压
kV</th></tr>
<tr><td>120</td><td rowspan="15">500
525
550</td><td rowspan="3">13.8;15.75</td><td rowspan="15">YNd11</td><td>75.0</td><td>395</td><td>0.25</td><td rowspan="6">14</td></tr>
<tr><td>160</td><td>90.0</td><td>490</td><td>0.20</td></tr>
<tr><td>240</td><td>125</td><td>665</td><td>0.20</td></tr>
<tr><td>300</td><td>13.8;15.75;18</td><td>145</td><td>785</td><td>0.20</td></tr>
<tr><td>370</td><td>15.75;18;20</td><td>170</td><td>900</td><td>0.15</td></tr>
<tr><td>400</td><td>18;20;24</td><td>175</td><td>950</td><td>0.15</td></tr>
<tr><td>420</td><td>15.75;18;20</td><td>185</td><td>955</td><td>0.15</td><td rowspan="4">14 或 16</td></tr>
<tr><td>480</td><td>15.75;18;20</td><td>200</td><td>1 060</td><td>0.15</td></tr>
<tr><td>600</td><td>15.75;18;20;24</td><td>260</td><td>1 335</td><td>0.15</td></tr>
<tr><td>720</td><td>18;20;24</td><td>305</td><td>1 535</td><td>0.10</td></tr>
<tr><td>750</td><td>20;22</td><td>315</td><td>1 580</td><td>0.10</td><td rowspan="5">16 或 18</td></tr>
<tr><td>780</td><td rowspan="2">22</td><td>320</td><td>1 630</td><td>0.10</td></tr>
<tr><td>860</td><td>345</td><td>1 750</td><td>0.10</td></tr>
<tr><td>1 140</td><td rowspan="2">27</td><td>430</td><td>2 165</td><td>0.10</td></tr>
<tr><td>1 170</td><td>440</td><td>2 200</td><td>0.10</td></tr>
<tr><td colspan="8">注 1：优先选用无分接结构。如运行有要求，可设置分接头。
注 2：根据用户的特殊要求，也可带分接，分接范围由用户与制造方协商确定。
注 3：当变压器年平均负载率为 45%左右时，采用表中的损耗值可获得最高运行效率。</td></tr>
</table>

表 32　500 kV 级 120 MV·A～400 MV·A 单相三绕组无励磁调压自耦电力变压器(中压线端调压)

额定容量 MV·A	电压组合及分接范围			联结组标号	空载损耗 kW	负载损耗 kW	空载电流 %	短路阻抗 %	容量分配 MV·A
	高压 kV	中压及分接范围 kV	低压 kV						
120	500/$\sqrt{3}$ 525/$\sqrt{3}$ 550/$\sqrt{3}$	230/$\sqrt{3}$ 230/$\sqrt{3}$±2×2.5% 242/$\sqrt{3}$±2×2.5%	35 36 37 38.5 63 66	Ia0i0	50.0	230	0.20	高—中 12 高—低 34～38 中—低 20～22	120/120/40
167					60.0	275	0.20		167/167/40
									167/167/60
250					85.0	370	0.15		250/250/60
									250/250/80
334					105	475	0.10		334/334/100
400					120	545	0.10		400/400/120
120					50.0	245	0.20	高—中 12 高—低 42～46 中—低 28～30	120/120/40
167					60.0	290	0.20		167/167/60
250					85.0	395	0.15		250/250/60
									250/250/80
334					105	510	0.10		334/334/80
									334/334/100
400					120	580	0.10		400/400/120
120					50.0	245	0.20	高—中 14～15 高—低 42～46 中—低 28～30	120/120/40
167					60.0	290	0.20		167/167/60
250					85.0	395	0.15		250/250/80
334					105	510	0.10		334/334/80
									334/334/100
400					120	580	0.10		400/400/120

注 1：短路阻抗为 100%额定容量时的数值。

注 2：当变压器年平均负载率介于 45%～48%之间时，采用表中的损耗值可获得最高运行效率。

表 33 500 kV 级 120 MV·A～400 MV·A 单相三绕组有载调压自耦电力变压器(中压线端调压)

<table>
<tr><th rowspan="2">额定容量
MV·A</th><th colspan="3">电压组合及分接范围</th><th rowspan="2">联结组标号</th><th rowspan="2">空载损耗
kW</th><th rowspan="2">负载损耗
kW</th><th rowspan="2">空载电流
%</th><th rowspan="2">短路阻抗
%</th><th rowspan="2">容量分配
MV·A</th></tr>
<tr><th>高压
kV</th><th>中压及分接范围
kV</th><th>低压
kV</th></tr>
<tr><td>120</td><td rowspan="20">$500/\sqrt{3}$
$525/\sqrt{3}$
$550/\sqrt{3}$</td><td rowspan="20">$230/\sqrt{3}\pm8\times1.25\%$</td><td rowspan="20">35
36
37
38.5
63
66</td><td rowspan="20">Ia0i0</td><td>50.0</td><td>230</td><td>0.20</td><td rowspan="7">高—中
12
高—低
34～38
中—低
20～22</td><td>120/120/40</td></tr>
<tr><td rowspan="2">167</td><td rowspan="2">60.0</td><td rowspan="2">285</td><td rowspan="2">0.20</td><td>167/167/40</td></tr>
<tr><td>167/167/60</td></tr>
<tr><td rowspan="2">250</td><td rowspan="2">85.0</td><td rowspan="2">380</td><td rowspan="2">0.15</td><td>250/250/40</td></tr>
<tr><td>250/250/80</td></tr>
<tr><td>334</td><td>110</td><td>490</td><td>0.10</td><td>334/334/100</td></tr>
<tr><td>400</td><td>150</td><td>560</td><td>0.10</td><td>400/400/120</td></tr>
<tr><td>120</td><td>50.0</td><td>250</td><td>0.20</td><td rowspan="7">高—中
12
高—低
42～46
中—低
28～30</td><td>120/120/40</td></tr>
<tr><td>167</td><td>60.0</td><td>300</td><td>0.20</td><td>167/167/60</td></tr>
<tr><td rowspan="2">250</td><td rowspan="2">85.0</td><td rowspan="2">405</td><td rowspan="2">0.15</td><td>250/250/60</td></tr>
<tr><td>250/250/80</td></tr>
<tr><td rowspan="2">334</td><td rowspan="2">110</td><td rowspan="2">530</td><td rowspan="2">0.10</td><td>334/334/80</td></tr>
<tr><td>334/334/100</td></tr>
<tr><td>400</td><td>130</td><td>610</td><td>0.10</td><td>400/400/120</td></tr>
<tr><td>120</td><td>50.0</td><td>250</td><td>0.20</td><td rowspan="6">高—中
14～15
高—低
42～48
中—低
28～30</td><td>120/120/40</td></tr>
<tr><td>167</td><td>60.0</td><td>300</td><td>0.20</td><td>167/167/60</td></tr>
<tr><td>250</td><td>85.0</td><td>405</td><td>0.15</td><td>250/250/80</td></tr>
<tr><td rowspan="2">334</td><td rowspan="2">110</td><td rowspan="2">530</td><td rowspan="2">0.10</td><td>334/334/80</td></tr>
<tr><td>334/334/100</td></tr>
<tr><td>400</td><td>130</td><td>610</td><td>0.10</td><td>400/400/120</td></tr>
<tr><td colspan="10">注 1：短路阻抗为 100%额定容量时的数值。
注 2：当变压器年平均负载率介于 45%～50%之间时，采用表中的损耗值可获得最高运行效率。</td></tr>
</table>

10.1.2 在分接级数和级电压不变的情况下，允许增加负分接级数，减少正分接级数，或增加正分接级数，减少负分接级数，如：$242^{+1\times2.5\%}_{-3\times2.5\%}$、$242^{+3\times2.5\%}_{-1\times2.5\%}$等。

10.1.3 当用户需要不同于表中规定短路阻抗值的变压器时，其损耗等性能参数应与制造方协商，并在合同中规定。

10.2 技术要求

10.2.1 基本要求

10.2.1.1 变压器应符合 GB 1094.1、GB 1094.2、GB 1094.3、GB 1094.5、GB/T 1094.7 和 JB/T 10088 的规定。

10.2.1.2 变压器组件、部件的设计、制造及检验等应符合相关标准及法规的要求。

10.2.1.3 变压器组件、部件的运行寿命应符合相关标准的规定。

10.2.2 安全保护装置

10.2.2.1 变压器应装有气体继电器。

气体继电器的接点容量在交流 220 V 或 110 V 时不小于 66 V·A，直流有感负载时，不小于 15 W。变压器油箱和联管的设计应使气体易于汇集在气体继电器内，变压器不得有存气现象。积聚在气体继电器内的气体数量达到 250 mL～300 mL 或油速在整定范围内时，应分别接通相应的接点。流经气体继电器的油流速度达到整定值时，接点应接通。气体继电器的安装位置及其结构应能观察到分解气体的数量和油速标尺，而且应便于取气体。

10.2.2.2 变压器应装有压力保护装置，当变压器油箱内压力达到安全限值时，压力保护装置应可靠地释放压力。

10.2.2.3 变压器宜供给信号测量和保护装置辅助回路用的端子箱。

10.2.2.4 有载调压变压器的有载分接开关应有自己的安全保护装置。

10.2.2.5 变压器所有管道最高处或容易窝气处应设置放气塞。

10.2.3 冷却系统及控制箱

10.2.3.1 应根据冷却方式供给全套冷却装置，但若为水冷却方式，则不供给水路装置(如水泵、水箱、管路、阀门及控制箱等)。

10.2.3.2 对于采用散热器散热的变压器，其冷却方式可能存在多种组合方式(如 OFAF 变压器，另外还可产生 ONAN、ONAF、OFAN 三种方式)，各种冷却方式下的容量分配及控制程序由用户与制造方协商。

10.2.3.3 对于风冷变压器，应供给吹风装置控制箱。当负载电流达到额定电流的 2/3 或油面温度达到 65 ℃时，应当投入吹风装置。当负载电流低于额定电流的 1/2 或油面温度低于 50 ℃时，可切除风扇电动机。

10.2.3.4 对于水冷变压器，若冷却水是循环中间介质，则水的入口温度为最高环境温度加上 8 ℃；若冷却水是最终取之不尽的冷却介质(即水热容量无穷大，如水电厂水库水)，则水的入口温度为 25 ℃。

10.2.3.5 对于强油风冷或强油水冷变压器需供给冷却系统及控制箱。

10.2.3.5.1 控制箱的强油循环装置控制线路应满足下列要求：

a) 变压器在运行中，其冷却系统应按负载和温度情况自动投入或切除相应数量的冷却器；
b) 当切除故障冷却器时，作为备用的冷却器应自动投入运行；
c) 当冷却系统的电源发生故障或电压降低时，应自动投入备用电源；
d) 当投入备用电源、备用冷却器或切除冷却器、电动机损坏时，均应发出相应的信号。

10.2.3.5.2 强油风冷及强油水冷冷却器的油泵电动机及风扇电动机应分别有过载、短路和断相保护。

10.2.3.5.3 强油风冷及强油水冷冷却器的动力电源电压应为三相交流 380 V，控制电源电压为交流 220 V。

10.2.3.5.4 强油风冷及强油水冷变压器，当冷却系统发生故障切除全部冷却器时，在额定负载下允许运行 30 min。当油面温度尚未达到 75 ℃时，允许上升到 75 ℃，但切除冷却器后的最长运行时间不得超过 1 h。

10.2.3.5.5 对于采用强迫油循环冷却方式的变压器，其冷却油流系统中不应出现负压。

10.2.4 油保护装置

10.2.4.1 变压器均应装有储油柜，其结构应便于清理内部。储油柜的一端应具有油位显示功能，储油柜的容积应保证在最高环境温度与允许的过负载状态下油位不超过上限，在最低环境温度与变压器未投入运行时，应能观察到油位指示。

10.2.4.2 储油柜应有注油、放油、放气和排污油装置。

10.2.4.3 储油柜上一般应装有带有油封的吸湿器。

10.2.4.4 变压器应采取防油老化措施，以确保变压器油不与大气相接触，如：在储油柜内部加装胶囊、隔膜或采用金属波纹密封式储油柜。

10.2.5 油温测量装置

10.2.5.1 变压器应有供温度计用的管座。管座应设在油箱的顶部，并伸入油内 120 mm±10 mm。

10.2.5.2 变压器需装设户外测温装置，其接点容量在交流 220 V 时，不低于 50 V・A，直流有感负载时，不低于 15 W。对于强油循环的变压器应装设两个测温装置。测温装置的安装位置应便于观察，且其准确度应符合相应标准。

10.2.5.3 变压器应装有两个远距离测温元件，且应放于油箱长轴的两端，其放置位置应便于检修、更换。

10.2.5.4 当变压器采用集中(两组以上冷却器或三组以上片式散热器)冷却方式时，应在靠油箱进出油口总管路处装测油温用的温度计管座。

10.2.6 变压器油箱及其附件

10.2.6.1 变压器一般不供给小车。如果供给小车，则应带小车固定装置。其箱底底座或小车支架焊装位置应符合轨距的要求。轨距：纵向为 1 435 mm，横向为 1 435 mm、2 000 mm(2×2 000 mm、3×2 000 mm)。

10.2.6.2 在油箱的上部、中部和下部壁上应设有油样阀门，下部还应装有放油阀。

10.2.6.3 套管接线端子连接处，在环境空气中对空气的温升应不大于 55 K(封闭母线除外)，在油中对油的温升应不大于 15 K。

10.2.6.4 变压器油箱应具有能承受住真空度为 133 Pa 和正压力为 100 kPa 的机械强度的能力，不应有损伤和不允许的永久变形。

10.2.6.5 变压器油箱下部应有供千斤顶顶起变压器的装置，并应设置水平牵引装置。

10.2.6.6 应在变压器油箱壁上设置适当高度的梯子，以便于取油样及观察气体继电器。

10.2.6.7 套管的安装位置和相互距离应便于接线，而且其带电部分的空气间隙应能满足 GB 1094.3 的要求。

10.2.6.8 变压器结构应便于拆卸和更换套管。

10.2.6.9 变压器铁心应单独引出并可靠接地，其他金属结构件均应通过油箱可靠接地。变压器油箱应保证两点接地(分别位于油箱长轴或短轴两侧)。接地处应有明显的接地符号“⏚”或“接地”字样。

10.2.6.10 根据需要，可提供一定数量的套管式电流互感器。

10.2.6.11 在变压器油箱上部、下部均应装有滤油阀接口(成对角线放置)。

10.2.6.12 变压器整体(包括气体继电器等所有充油附件)应能承受 133 Pa 的真空度。

10.3 检验规则及方法

10.3.1 变压器除应进行 GB 1094.1 所规定的试验项目外，还应进行 10.3.2～10.3.11 所规定的试验。

10.3.2 应提供所有绕组线端和分接档位的直流电阻值。绕组直流电阻不平衡率：相(有中性点引出时)为不大于2%,线(无中性点引出时)为不大于1%。对于联结成三相组的三台单相变压器,各相彼此间的绕组直流电阻不平衡率应不大于2%。如果由于线材及引线结构等原因而使绕组直流电阻不平衡率超过上述值时,除应在例行试验记录中记录实测值外,尚应写明引起这一偏差的原因。用户应与同温度下的例行试验实测值进行比较,其偏差应不大于2%。本试验为例行试验。

绕组直流电阻不平衡率应以三相或三台单相实测最大值减最小值作分子,三相或三台单相实测平均值作分母计算。

对所有引出的相应端子间的电阻值均应进行测量比较。

10.3.3 应提供变压器绝缘电阻、吸收比(R_{60}/R_{15})和极化指数($R_{10\min}/R_{1\min}$)的实测值,测试通常在5 ℃～40 ℃和相对湿度小于85%时进行。本试验为例行试验。当测量温度不同时,绝缘电阻可按式(12)换算:

$$R_2 = R_1 \times 1.5^{(t_1 - t_2)/10} \qquad \cdots\cdots (12)$$

式中:

R_1、R_2——分别为温度 t_1、t_2 时的绝缘电阻值。

10.3.4 应提供变压器介质损耗因数($\tan\delta$)值,测试通常在5 ℃～40 ℃温度下进行。本试验为例行试验。不同温度下的 $\tan\delta$ 值一般可按式(13)换算:

$$\tan\delta_2 = \tan\delta_1 \times 1.3^{(t_2 - t_1)/10} \qquad \cdots\cdots (13)$$

式中:

$\tan\delta_1$、$\tan\delta_2$——分别为温度 t_1、t_2 时的 $\tan\delta$ 值。

10.3.5 应提供铁心对地和夹件的绝缘电阻值,其值应不小于500 MΩ(20 ℃)。本试验为例行试验。当测量温度不同时,绝缘电阻可按式(12)进行换算。

10.3.6 有载分接开关试验合格后,应将有载分接开关装入变压器中,对分接开关油室进行密封试验,应无渗漏现象。本试验为例行试验。

10.3.7 变压器如果进行温升试验或过电流(施加1.1倍额定电流,持续时间不少于4 h)试验,则试验前后应取油样进行气相色谱分析试验,试验结果应符合相关标准规定。本试验为型式试验。

10.3.8 应对强迫油循环变压器的冷却油流系统进行负压测试,以监测冷却油流系统的进油端是否存在负压。测试时,通常在进油端的放气处安装真空压力表,在开启所有的油泵后,不应出现负压。本试验为型式试验。

10.3.9 具有独立调压绕组的变压器,应测量各分接档位的负载损耗值,并应符合设计要求。本试验为特殊试验。

10.3.10 变压器全部试验合格后,如结构允许且用户要求,可对500 kV油纸绝缘套管取油样进行试验,试验结果应符合相关标准规定。本试验为特殊试验。

10.3.11 经用户与制造方协商可进行下列试验,见附录A。本试验为特殊试验:

a) 长时间空载试验;

b) 油流静电试验;

c) 转动油泵时的局部放电测量。

10.4 标志、起吊、安装、运输和贮存

10.4.1 变压器应有接线端子、运输及起吊标志,标志内容应符合相关标准规定。

10.4.2 变压器需具有承受变压器总重的起吊装置。变压器器身、油箱、储油柜和散热器或冷却器等均应有起吊装置。

10.4.3 成套拆卸的组件和零件(如气体继电器、套管、测温装置及紧固件等)的包装应保证经过运输、贮存直到安装前不损伤和不受潮。

10.4.4 变压器内部结构应在经过正常的铁路、公路及水路运输后相互位置不变,紧固件不松动。变压器的组件、部件(如套管、散热器或冷却器、阀门和储油柜等)的结构及布置位置应不妨碍吊装、运输及运输中紧固定位。

10.4.5 变压器如不带油运输,则需充以干燥的气体(露点低于-40 ℃)。运输前应进行密封试验,以确保在充以 20 kPa～30 kPa 压力的气体时密封良好。变压器主体在运输中及到达现场后,油箱内的气体压力应保持正压,并有压力表进行监视。在现场贮存期间应维持正压,并有压力表进行监视。

10.4.6 变压器在运输中应装三维冲撞记录仪。

10.4.7 在运输、贮存直至安装前,应保证变压器本体及其所有的组件、部件(如储油柜、套管、阀门及散热器或冷却器等)不损坏和不受潮。

附 录 A
（规范性附录）
用户与制造方协商的试验

A.1 长时间空载试验

对变压器施加 1.1 倍额定电压，开启正常运行时的全部油泵，运行 12 h。试验过程中，应无明显的局部放电的声、电信号。试验前、后油中应无乙炔，总烃含量应无明显变化。该试验应在绝缘试验后进行。

A.2 油流静电试验

断开电源，开启所有油泵，历时 4 h 后，测量各绕组端子及铁心对地的泄漏电流，直至电流达到稳定值。试验中应无放电信号。

A.3 转动油泵时的局部放电测量

启动全部油泵运行 4 h，其间连续测量中性点、铁心对地的泄漏电流，并监视有无放电信号。然后在不停油泵的情况下进行局部放电试验（对低压线端施加电压，使高压绕组线端电压为 1.5 $U_m/\sqrt{3}$，并维持 60 min，其间连续观察测量局部放电量），与油泵不运转时的试验相比，内部放电量应无明显变化，同时油中应无乙炔。

ICS 77.140.10
H 44

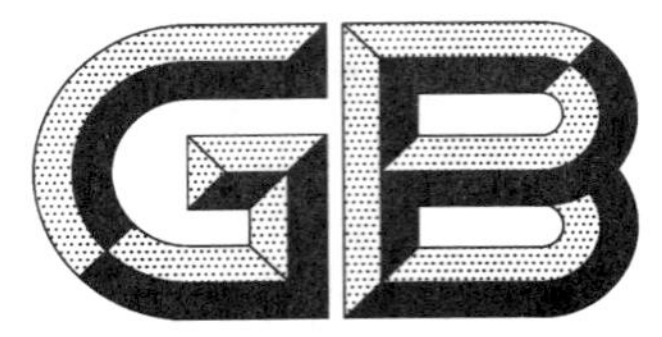

中华人民共和国国家标准

GB/T 6478—2015
代替 GB/T 6478—2001

冷镦和冷挤压用钢

Steels for cold heading and cold extruding

(ISO 4954:1993,MOD)

2015-09-11 发布　　2016-06-01 实施

中华人民共和国国家质量监督检验检疫总局
中国国家标准化管理委员会　发布

前　言

本标准按照 GB/T 1.1—2009 给出的规则起草。

本标准代替 GB/T 6478—2001《冷镦和冷挤压用钢》。

本标准与 GB/T 6478—2001 相比，主要技术变化如下：

——适用的盘条直径的上限由 40 mm 扩大至 60 mm；

——在“分类”中增加了非调质型冷镦和冷挤压用钢；

——明确了热轧盘条尺寸允许偏差应符合 GB/T 14981—2009 中 B 级精度的规定；

——增加了 ML06Al、ML10、ML12Al、ML12，ML15Cr、ML30Cr、ML45Cr、ML20CrMo、ML25CrMo、ML45CrMo、ML25B、ML25MnB、ML30MnB、ML40MnB 等 14 个牌号及相关技术要求；

——增加了 MFT8、MFT9 和 MFT10 三个非调质型冷镦和冷挤压用钢及相关要求；

——ML30～ML45 牌号的锰含量由 0.30%～0.60% 提高到 0.60%～0.90%，并删除了 ML30Mn、ML35Mn、两个牌号及相关要求；

——将 ML22Mn 调整为 ML20Mn，ML37Cr 调整为 ML35Cr，将 ML42CrMo 调整为 ML40CrMo，将 ML28B 调整为 ML30B；

——调质型冷镦和冷挤压用钢的磷含量和硫含量由“≤0.035%”加严至“≤0.025%”；

——增加了炉外精炼要求；

——修改了脱碳层要求；

——修改了低倍要求；

——修改了表面质量要求；

——增加了数值修约相关规定；

——修改了复验与判定规则；

——增加了附录 B“本标准与 ISO 4954:1993 等标准的牌号对照表”；

——增加了附录 C“本标准章条号与 ISO 4954:1993 部分章条号对照表”；

——增加了附录 D“本标准与 ISO 4954:1993 技术性差异及其原因”。

本标准使用重新起草法修改采用 ISO 4954:1993《冷镦和冷挤压用钢》。

本标准与 ISO 4954:1993 相比，在结构上有较多调整，附录 C 中列出了本标准与 ISO 4954:1993 章条编号变化对照一览表。

考虑到我国国情，本标准在采用 ISO 4954:1993 时进行了修改，有关技术性差异已编入正文中在它们所涉及的条款的页边空白处用垂直单线标识。在附录 D 中给出了技术性差异及其原因的一览表，以供参考。

本标准还做了下列编辑性修改：

——用“本标准”代替“本国际标准”；

——用小数点“.”代替作为小数点的逗号“,”；

——删除了国际标准的前言。

本标准由中国钢铁工业协会提出。

本标准由全国钢标准化技术委员会(SAC/TC 183)归口。

本标准起草单位：江苏沙钢集团有限公司、张家港联峰钢铁研究所有限公司、青岛钢铁有限公司、方大特钢科技股份有限公司、宁波市镇海金力高强度紧固件有限公司、杭州钢铁集团公司、冶金工业信息标准研究院、邢台钢铁有限责任公司、北京交通大学、首钢总公司、马钢(集团)控股有限公司。

本标准主要起草人:李晓波、袁长生、栾燕、惠卫军、黄正玉、张先轶、胡海平、庄娜、鲁欣武、吴锦圆、于同仁。

本标准所代替标准的历次版本发布情况为:

——GB/T 6478—1986、GB/T 6478—2001。

冷镦和冷挤压用钢

1 范围

本标准规定了冷镦和冷挤压用非合金钢和合金结构钢的分类、牌号、订货内容、尺寸、外形、重量及允许偏差、技术要求、试验方法、检验规则、包装、标志和质量证明书等。

本标准适用于公称直径为5.0 mm～60 mm的热轧盘条和公称直径为12 mm～100 mm的热轧圆钢(以下简称钢材)。

2 规范性引用文件

下列文件对于本文件的应用是必不可少的。凡是注日期的引用文件,仅注日期的版本适用于本文件。凡是不注日期的引用文件,其最新版本(包括所有的修改单)适用于本文件。

GB/T 222 钢的成品化学成分允许偏差

GB/T 223.3 钢铁及合金化学分析方法 二安替比林甲烷磷钼酸重量法测定磷量

GB/T 223.4 钢铁及合金 锰含量的测定 电位滴定或可视滴定法

GB/T 223.5 钢铁 酸溶硅和全硅含量的测定 还原型硅钼酸盐分光光度法(GB/T 223.5—2008,ISO 4829-1:1996、ISO 4829-2:1998,MOD)

GB/T 223.8 钢铁及合金化学分析方法 氟化钠分离-EDTA滴定法测定铝含量

GB/T 223.9 钢铁及合金 铝含量的测定 铬天青S分光光度法

GB/T 223.11 钢铁及合金 铬含量的测定 可视滴定或电位滴定法(GB/T 223.11—2008,ISO 4937:1986,MOD)

GB/T 223.12 钢铁及合金化学分析方法 碳酸钠分离-二苯碳酰二肼光度法测定铬量

GB/T 223.13 钢铁及合金化学分析方法 硫酸亚铁铵滴定法测定钒含量

GB/T 223.14 钢铁及合金化学分析方法 钽试剂萃取光度法测定钒含量

GB/T 223.16 钢铁及合金化学分析方法 变色酸光度法测定钛量

GB/T 223.17 钢铁及合金化学分析方法 二安替比林甲烷光度法测定钛量

GB/T 223.18 钢铁及合金化学分析方法 硫代硫酸钠分离-碘量法测定铜量

GB/T 223.19 钢铁及合金化学分析方法 新亚铜灵-三氯甲烷萃取光度法测定铜量

GB/T 223.23 钢铁及合金 镍含量的测定 丁二酮肟分光光度法

GB/T 223.26 钢铁及合金 钼含量的测定 硫氰酸盐分光光度法

GB/T 223.37 钢铁及合金化学分析方法 蒸馏分离-靛酚蓝光度法测定氮量

GB/T 223.40 钢铁及合金 铌含量的测定 氯磺酚S分光光度法

GB/T 223.53 钢铁及合金化学分析方法 火焰原子吸收分光光度法测定铜量

GB/T 223.54 钢铁及合金化学分析方法 火焰原子吸收分光光度法测定镍量

GB/T 223.58 钢铁及合金化学分析方法 亚砷酸钠-亚硝酸钠滴定法测定锰量

GB/T 223.59 钢铁及合金 磷含量的测定 铋磷钼蓝分光光度法和锑磷钼蓝光度法

GB/T 223.60 钢铁及合金化学分析方法 高氯酸脱水重量法测定硅含量

GB/T 223.61 钢铁及合金化学分析方法 磷钼酸铵容量法测定磷量

GB/T 223.62 钢铁及合金化学分析方法 乙酸丁酯萃取光度法测定磷量

GB/T 223.63 钢铁及合金化学分析方法 高碘酸钠(钾)光度法测定锰量

GB/T 223.64 钢铁及合金 锰含量的测定 火焰原子吸收光谱法

GB/T 223.67 钢铁及合金 硫含量的测定 次甲基蓝分光光度法(GB/T 223.67—2008,ISO 10701:1994,IDT)

GB/T 223.68 钢铁及合金化学分析方法 管式炉内燃烧后碘酸钾滴定法测定硫含量

GB/T 223.69 钢铁及合金 碳含量的测定 管式炉内燃烧后气体容量法

GB/T 223.71 钢铁及合金化学分析方法 管式炉内燃烧后重量法测定碳含量

GB/T 223.72 钢铁及合金 硫含量的测定 重量法

GB/T 223.75 钢铁及合金 硼含量的测定 甲醇蒸馏-姜黄素光度法

GB/T 223.76 钢铁及合金化学分析方法 火焰原子吸收光谱法测定钒量

GB/T 223.78 钢铁及合金化学分析方法 姜黄素直接光度法测定硼含量

GB/T 223.79 钢铁 多元素含量的测定 X-射线荧光光谱法(常规法)

GB/T 223.81 钢铁及合金 总铝和总硼含量的测定 微波消解-电感耦合等离子体质谱法

GB/T 223.84 钢铁及合金 钛含量的测定 二安替比林甲烷分光光度法

GB/T 223.85 钢铁及合金 硫含量的测定 感应炉燃烧后红外吸收法

GB/T 223.86 钢铁及合金 总碳含量的测定 感应炉燃烧后红外吸收法

GB/T 224 钢的脱碳层深度测定法(GB/T 224—2008,ISO 3887:2003,MOD)

GB/T 225 钢 淬透性的末端淬火试验方法(Jominy 试验)(GB/T 225—2006,ISO 642:1999,IDT)

GB/T 226 钢的低倍组织及缺陷酸蚀检验法

GB/T 228.1 金属材料 拉伸试验 第1部分:室温试验方法(GB/T 228.1—2010,ISO 6892-1:2009,MOD)

GB/T 230.1 金属材料 洛氏硬度试验 第1部分:试验方法(A、B、C、D、E、F、G、H、K、N、T标尺)(GB/T 230.1—2009,ISO 6508-1:2005,MOD)

GB/T 231.1 金属材料 布氏硬度试验 第1部分:试验方法(GB/T 231.1—2009,ISO 6506-1:2005,MOD)

GB/T 702 热轧钢棒尺寸、外形、重量及允许偏差(GB/T 702—2008,ISO 1035-1-4:1980,MOD)

GB/T 1979 结构钢低倍组织缺陷评级图

GB/T 2101 型钢验收、包装、标志及质量证明书的一般规定

GB/T 2975 钢及钢产品 力学性能试验取样位置及试样制备(GB/T 2975—1998,eqv,ISO 377:1997)

GB/T 4336 碳素钢和中低合金钢 火花源原子发射光谱分析方法(常规法)

GB/T 6394 金属平均晶粒度测定法

GB/T 8170 数值修约规则与极限数值的表示和判定

GB/T 10561 钢中非金属夹杂物含量的测定 标准评级图显微检验法(GB/T 10561—2005,ISO 4967:1998,IDT)

GB/T 14981—2009 热轧圆盘条尺寸、外形、重量及允许偏差(GB/T 14981—2009,ISO 16124:2004,MOD)

GB/T 17505 钢及钢产品交货一般技术要求

GB/T 20066 钢和铁 化学成分测定用试样取样和制样方法(GB/T 20066—2006,ISO 14284:1996,IDT)

GB/T 20123 钢铁 总碳硫含量的测定 高频感应炉燃烧后红外吸收法(常规方法)(GB/T 20213—2006,ISO 15350:2000,IDT)

GB/T 20125 低合金钢 多元素含量的测定 电感耦合等离子体发射光谱法(GB/T 20214—2006,ISO 15351:1999,IDT)

GB/T 21834 中低合金钢 多元素成分分布的测定 金属原位统计分布分析法

GB/T 22368 低合金钢 多元素含量的测定 辉光放电原子发射光谱法(常规法)

GB/T 28300 热轧棒材和盘条表面质量等级交货技术条件

YB/T 5293 金属材料 顶锻试验方法

3 订货内容

按照本标准订货的合同应包括下列内容:

a) 产品名称;

b) 标准编号;

c) 牌号;

d) 规格;

e) 尺寸、外形及精度级别;

f) 重量和(或)数量;

g) 交货状态;

h) 包装方式及标识要求(未注明时,按供方提供的包装方式及标识);

i) 其他特殊要求。

4 分类与牌号表示方法

4.1 分类

本标准按钢的使用状态分为四类:非热处理型、表面硬化型、调质型(包括含硼钢)和非调质型冷镦和冷挤压用钢。

4.2 牌号表示方法

4.2.1 对于非热处理型、表面硬化型、调质型(包括含硼钢)冷镦和冷挤压用钢,钢的牌号由代表“铆螺”的汉语拼音首字母“ML”、平均碳含量与合金元素含量三部分组成。

示例:ML20MnTiB

其中:

ML ——“铆螺”的汉语拼音首字母;

20 ——平均碳含量(以万分之几计);

MnTiB ——合金元素含量。

4.2.2 对于非调质型冷镦和冷挤压用钢,钢的牌号由代表“铆”汉语拼音第一个首字母“M”、“非调质”汉语拼音前两个首字母“FT”、紧固件强度级别数字三部分组成。

示例:MFT8

其中:

M ——“铆”汉语拼音第一个首字母;

FT ——“非调质”汉语拼音前两个首字母;

8 ——紧固件强度级别数字。

5 尺寸、外形、重量及允许偏差

5.1 热轧圆钢的尺寸、外形、重量及允许偏差应符合 GB/T 702 的规定。

5.2 热轧盘条的尺寸、外形、重量及允许偏差应符合 GB/T 14981—2009 的规定，其中尺寸和外形允许偏差应符合 B 级精度的规定。

5.3 根据供需双方协商，可供应其他规格及精度的圆钢和盘条。

6 技术要求

6.1 牌号和化学成分

6.1.1 非热处理型冷镦和冷挤压用钢的牌号和化学成分(熔炼分析)应符合表 1 的规定。

表 1 非热处理型冷镦和冷挤压用钢的牌号和化学成分

序号	统一数字代号	牌号	化学成分(质量分数)/%					
			C	Si	Mn	P	S	Al_t[a]
1	U40048	ML04Al	≤0.06	≤0.10	0.20～0.40	≤0.035	≤0.035	≥0.020
2	U40068	ML06Al	≤0.08	≤0.10	0.30～0.60	≤0.035	≤0.035	≥0.020
3	U40088	ML08Al	0.05～0.10	≤0.10	0.30～0.60	≤0.035	≤0.035	≥0.020
4	U40108	ML10Al	0.08～0.13	≤0.10	0.30～0.60	≤0.035	≤0.035	≥0.020
5	U40102	ML10	0.08～0.13	0.10～0.30	0.30～0.60	≤0.035	≤0.035	—
6	U40128	ML12Al	0.10～0.15	≤0.10	0.30～0.60	≤0.035	≤0.035	≥0.020
7	U40122	ML12	0.10～0.15	0.10～0.30	0.30～0.60	≤0.035	≤0.035	—
8	U40158	ML15Al	0.13～0.18	≤0.10	0.30～0.60	≤0.035	≤0.035	≥0.020
9	U40152	ML15	0.13～0.18	0.10～0.30	0.30～0.60	≤0.035	≤0.035	—
10	U40208	ML20Al	0.18～0.23	≤0.10	0.30～0.60	≤0.035	≤0.035	≥0.020
11	U40202	ML20	0.18～0.23	0.10～0.30	0.30～0.60	≤0.035	≤0.035	—
[a] 当测定酸溶铝 Al_s 时，Al_s≥0.015%。								

6.1.2 表面硬化型冷镦和冷挤压用钢的牌号和化学成分(熔炼分析)应符合表 2 的规定。

表 2 表面硬化型冷镦和冷挤压用钢的牌号和化学成分

序号	统一数字代号	牌号	化学成分(质量分数)/%						
			C	Si	Mn	P	S	Cr	Al_t[a]
1	U41188	ML18Mn	0.15～0.20	≤0.10	0.60～0.90	≤0.030	≤0.035	—	≥0.020
2	U41208	ML20Mn	0.18～0.23	≤0.10	0.70～1.00	≤0.030	≤0.035	—	≥0.020
3	A20154	ML15Cr	0.13～0.18	0.10～0.30	0.60～0.90	≤0.035	≤0.035	0.90～1.20	≥0.020
4	A20204	ML20Cr	0.18～0.23	0.10～0.30	0.60～0.90	≤0.035	≤0.035	0.90～1.20	≥0.020
表 1 中序号 4～11 八个牌号也适于表面硬化型钢。									
[a] 当测定酸溶铝 Al_s 时，Al_s≥0.015%。									

6.1.3 调质型冷镦和冷挤压用钢(包括含硼钢)的牌号和化学成分(熔炼分析)应符合表 3 和表 4 的规定。

表 3 调质型冷镦和冷挤压用钢的牌号和化学成分

序号	统一数字代号	牌号	化学成分(质量分数)/%						
			C	Si	Mn	P	S	Cr	Mo
1	U40252	ML25	0.23～0.28	0.10～0.30	0.30～0.60	≤0.025	≤0.025	—	—
2	U40302	ML30	0.28～0.33	0.10～0.30	0.60～0.90	≤0.025	≤0.025	—	—
3	U40352	ML35	0.33～0.38	0.10～0.30	0.60～0.90	≤0.025	≤0.025	—	—
4	U40402	ML40	0.38～0.43	0.10～0.30	0.60～0.90	≤0.025	≤0.025	—	—
5	U40452	ML45	0.43～0.48	0.10～0.30	0.60～0.90	≤0.025	≤0.025	—	—
6	L20151	ML15Mn	0.14～0.20	0.10～0.30	1.20～1.60	≤0.025	≤0.025	—	—
7	U41252	ML25Mn	0.23～0.28	0.10～0.30	0.60～0.90	≤0.025	≤0.025	—	—
8	A20304	ML30Cr	0.28～0.33	0.10～0.30	0.60～0.90	≤0.025	≤0.025	0.90～1.20	—
9	A20354	ML35Cr	0.33～0.38	0.10～0.30	0.60～0.90	≤0.025	≤0.025	0.90～1.20	—
10	A20404	ML40Cr	0.38～0.43	0.10～0.30	0.60～0.90	≤0.025	≤0.025	0.90～1.20	—
11	A20454	ML45Cr	0.43～0.48	0.10～0.30	0.60～0.90	≤0.025	≤0.025	0.90～1.20	—
12	A30204	ML20CrMo	0.18～0.23	0.10～0.30	0.60～0.90	≤0.025	≤0.025	0.90～1.20	0.15～0.30
13	A30254	ML25CrMo	0.23～0.28	0.10～0.30	0.60～0.90	≤0.025	≤0.025	0.90～1.20	0.15～0.30
14	A30304	ML30CrMo	0.28～0.33	0.10～0.30	0.60～0.90	≤0.025	≤0.025	0.90～1.20	0.15～0.30
15	A30354	ML35CrMo	0.33～0.38	0.10～0.30	0.60～0.90	≤0.025	≤0.025	0.90～1.20	0.15～0.30
16	A30404	ML40CrMo	0.38～0.43	0.10～0.30	0.60～0.90	≤0.025	≤0.025	0.90～1.20	0.15～0.30
17	A30454	ML45CrMo	0.43～0.48	0.10～0.30	0.60～0.90	≤0.025	≤0.025	0.90～1.20	0.15～0.30

表 4 含硼调质型冷镦和冷挤压用钢的牌号和化学成分

<table>
<tr><th rowspan="2">序号</th><th rowspan="2">统一数字代号</th><th rowspan="2">牌号</th><th colspan="8">化学成分(质量分数)/%</th></tr>
<tr><th>C</th><th>Si[a]</th><th>Mn</th><th>P</th><th>S</th><th>B[b]</th><th>Al_t[c]</th><th>其他</th></tr>
<tr><td>1</td><td>A70204</td><td>ML20B</td><td>0.18～0.23</td><td>0.10～0.30</td><td>0.60～0.90</td><td rowspan="12">≤
0.025</td><td rowspan="12">≤
0.025</td><td rowspan="12">0.000 8
～
0.003 5</td><td rowspan="12">≥
0.020</td><td>—</td></tr>
<tr><td>2</td><td>A70254</td><td>ML25B</td><td>0.23～0.28</td><td>0.10～0.30</td><td>0.60～0.90</td><td>—</td></tr>
<tr><td>3</td><td>A70304</td><td>ML30B</td><td>0.28～0.33</td><td>0.10～0.30</td><td>0.60～0.90</td><td>—</td></tr>
<tr><td>4</td><td>A70354</td><td>ML35B</td><td>0.33～0.38</td><td>0.10～0.30</td><td>0.60～0.90</td><td>—</td></tr>
<tr><td>5</td><td>A71154</td><td>ML15MnB</td><td>0.14～0.20</td><td>0.10～0.30</td><td>1.20～1.60</td><td>—</td></tr>
<tr><td>6</td><td>A71204</td><td>ML20MnB</td><td>0.18～0.23</td><td>0.10～0.30</td><td>0.80～1.10</td><td>—</td></tr>
<tr><td>7</td><td>A71254</td><td>ML25MnB</td><td>0.23～0.28</td><td>0.10～0.30</td><td>0.90～1.20</td><td>—</td></tr>
<tr><td>8</td><td>A71304</td><td>ML30MnB</td><td>0.28～0.33</td><td>0.10～0.30</td><td>0.90～1.20</td><td>—</td></tr>
<tr><td>9</td><td>A71354</td><td>ML35MnB</td><td>0.33～0.38</td><td>0.10～0.30</td><td>1.10～1.40</td><td>—</td></tr>
<tr><td>10</td><td>A71404</td><td>ML40MnB</td><td>0.38～0.43</td><td>0.10～0.30</td><td>1.10～1.40</td><td>—</td></tr>
<tr><td>11</td><td>A20374</td><td>ML37CrB</td><td>0.34～0.41</td><td>0.10～0.30</td><td>0.50～0.80</td><td>Cr:0.20～0.40</td></tr>
<tr><td>12</td><td>A73154</td><td>ML15MnVB</td><td>0.13～0.18</td><td>0.10～0.30</td><td>1.20～1.60</td><td>V:0.07～0.12</td></tr>
</table>

表 4（续）

序号	统一数字代号	牌号	化学成分(质量分数)/%							
			C	Si[a]	Mn	P	S	B[b]	Al_t[c]	其他
13	A73204	ML20MnVB	0.18～0.23	0.10～0.30	1.20～1.60	≤0.025	≤0.025	0.000 8～0.003 5	≥0.020	V:0.07～0.12
14	A74204	ML20MnTiB	0.18～0.23	0.10～0.30	1.30～1.60					Ti:0.04～0.10

[a] 经供需双方协商，硅含量下限可低于 0.10%。
[b] 如果淬透性和力学性能能满足要求，硼含量下限可放宽到 0.000 5%。
[c] 当测定酸溶铝 Al_s 时，Al_s≥0.015%。

6.1.4 非调质型冷镦和冷挤压用钢的牌号和化学成分(熔炼分析)应符合表 5 的规定。

表 5 非调质型冷镦和冷挤压用钢的牌号和化学成分

序号	统一数字代号	牌号	化学成分(质量分数)/%						
			C	Si	Mn	P	S	Nb	V
1	L27208	MFT8	0.16～0.26	≤0.30	1.20～1.60	≤0.025	≤0.015	≤0.10	≤0.08
2	L27228	MFT9	0.18～0.26	≤0.30	1.20～1.60	≤0.025	≤0.015	≤0.10	≤0.08
3	L27128	MFT10	0.08～0.14	0.20～0.35	1.90～2.30	≤0.025	≤0.015	≤0.20	≤0.10

根据不同强度级别和不同规格的需求，可添加 Cr、B 等其他元素。

6.1.5 钢中残余铬、镍和铜的质量分数各不大于 0.20%。

6.1.6 经供需双方协议，也可供应其他牌号的冷镦和冷挤压用钢。

6.1.7 钢材的化学成分允许偏差应符合 GB/T 222 的规定。

6.2 冶炼方法

钢由转炉或电炉冶炼，必要时经炉外精炼。除非需方有特殊要求，冶炼方法一般由供方选择。

6.3 交货状态

钢材一般以热轧状态交货。经供需双方协商，并在合同中注明，也可以退火状态交货。

6.4 力学性能

6.4.1 非热处理型冷镦和冷挤压用钢

热轧状态交货的非热处理型钢材的力学性能应符合表 6 的规定。

表 6 热轧状态非热处理型钢材的力学性能

统一数字代号	牌号	抗拉强度 R_m MPa 不大于	断面收缩率 Z % 不小于
U40048	ML04Al	440	60
U40088	ML08Al	470	60

表 6（续）

统一数字代号	牌号	抗拉强度 R_m MPa 不大于	断面收缩率 Z % 不小于
U40108	ML10Al	490	55
U40158	ML15Al	530	50
U40152	ML15	530	50
U40208	ML20Al	580	45
U40202	ML20	580	45
表中未列牌号钢材的力学性能按供需双方协议。未规定时，供方报实测值，并在质量证明书中注明。			

6.4.2 表面硬化型和调质型（包括含硼钢）冷镦和冷挤压用钢

6.4.2.1 热轧状态交货的钢材一般不做力学性能试验。根据需方要求，经供需双方协商，并在合同中注明，可进行力学性能试验，其热处理试样的力学性能值可参考附录 A。

6.4.2.2 退火状态交货的钢材的力学性能应符合表 7 的规定。

表 7 退火状态交货的表面硬化型和调质型钢材的力学性能

类型	统一数字代号	牌号	抗拉强度 R_m MPa 不大于	断面收缩率 Z % 不小于
表面硬化型	U40108	ML10Al	450	65
	U40158	ML15Al	470	64
	U40152	ML15	470	64
	U40208	ML20Al	490	63
	U40202	ML20	490	63
	A20204	ML20Cr	560	60
调质型	U40302	ML30	550	59
	U40352	ML35	560	58
	U41252	ML25Mn	540	60
	A20354	ML35Cr	600	60
	A20404	ML40Cr	620	58
含硼调质型	A70204	ML20B	500	64
	A70304	ML30B	530	62
	A70354	ML35B	570	62
	A71204	ML20MnB	520	62
	A71354	ML35MnB	600	60
	A20374	ML37CrB	600	60
表中未列牌号钢材的力学性能按供需双方协议。未规定时，供方报实测值，并在质量证明书中注明。 钢材直径大于 12 mm 时，断面收缩率可降低 2%（绝对值）。				

6.4.3 非调质型冷镦和冷挤压用钢

热轧状态交货的非调质型钢材的力学性能应符合表8的规定。

表8 热轧状态交货的非调质型钢材的力学性能

统一数字代号	牌号	抗拉强度 R_m MPa	断后伸长率 A % 不小于	断面收缩率 Z % 不小于
L27208	MFT8	630～700	20	52
L27228	MFT9	680～750	18	50
L27128	MFT10	≥800	16	48

6.5 冷顶锻

6.5.1 公称直径5 mm～40 mm的钢材应进行冷顶锻试验。根据试样冷顶锻后与冷顶锻前的高度之比，钢材的冷顶锻性能分为：

a) 高 级……1/4；
b) 较高级……1/3；
c) 普通级……1/2。

需方要求较高级或高级冷顶锻性能时，应在合同中注明。

注：含碳量大于或等于0.30%的钢材或含合金元素的钢材，当要求高级或较高级冷顶锻性能时，试样可先球化退火。

6.5.2 经冷顶锻试验后，试样表面不应出现裂纹。

6.6 脱碳层

调质型(包括含硼钢)和非调质型钢材应进行脱碳层检验。脱碳层深度应符合表9的规定。

表9 调质型(包括含硼钢)和非调质型钢材的脱碳层

单位为毫米

公称直径	完全脱碳层深度	总脱碳层深度(铁素体+过渡层)[a]
＜7	≤0.01	≤0.10
≥7～15	≤0.02	≤0.15
＞15～25	≤0.03	≤0.25
＞25～32	≤0.04	≤0.32
＞32	按供需双方协议	

[a] 对公称直径大于16 mm、使用加勒特卷取机生产的盘条，总脱碳层深度可适度放宽，具体要求由供需双方协商确定。

6.7 晶粒度

非调质型冷镦和冷挤压钢材的铁素体晶粒度应为11级或更细。若供方工艺上有保证，可不做检验。

6.8 非金属夹杂物

根据需方要求，经供需双方协商，并在合同中注明，钢材可进行非金属夹杂物检验，其合格级别由供需双方协商确定。

6.9 低倍

根据需方要求，可对钢材进行低倍酸浸检验。在横向酸浸试片上不允许有目视可见的缩孔、气泡、分层、裂缝、夹杂和白点。酸浸低倍组织中一般疏松、中心疏松、中心(或锭型)偏析应各不大于2.5级。

6.10 末端淬透性

根据需方要求，并在合同中注明，表面硬化型和调质型(包括含硼钢)冷镦和冷挤压用钢可进行末端淬透性试验。推荐的淬火温度和距淬火端部9 mm处的洛氏硬度值参见表10。

表10 表面硬化型和调质型(包括含硼钢)钢材的末端淬透性[a]

统一数字代号	牌号	推荐的淬火温度 ℃	距淬火端部9 mm处的 洛氏硬度HRC
A20204	ML20Cr	900±5	23～38
A20354	ML35Cr	850±5	35～52
A20404	ML40Cr	850±5	41～58
U40352	ML35	870±5	≥28
A70204	ML20B	880±5	≤37
A70304	ML30B	850±5	22～44
A70354	ML35B	850±5	24～52
A71154	ML15MnB	880±5	≥28
A71204	ML20MnB	880±5	20～41
A71354	ML35MnB	850±5	36～55
A73154	ML15MnVB	880±5	≥30
A73204	ML20MnVB	880±5	≥32
A20374	ML37CrB	850±5	30～54

表中未列牌号，供方报实测值，并在质量证明书中注明。

注：淬透性指数以距离 d mm处的洛氏硬度值表示，即为 J_{XX}-d。

[a] 公称直径小于30 mm钢材允许在中间坯上取样进行实测。

6.11 表面质量

6.11.1 钢材表面不应有裂纹、结疤、夹杂、耳子和折叠等影响使用的缺陷。

6.11.2 钢材表面允许有深度不超过公差之半的个别划痕和麻点，以及深度不超过0.10 mm的个别发纹。

6.11.3 根据供需双方协商，可按GB/T 28300的规定执行。

7 试验方法

7.1 每批钢材的检验项目、取样数量、取样方法及试验方法应符合表 11 的规定。

7.2 力学性能和化学成分试验结果应采用修约值比较法进行修约，修约规则按 GB/T 8170 的规定执行。

表 11 钢材的检验项目、取样数量、取样方法及试验方法一览表

序号	检验项目	取样数量	取样方法及部位	试验方法
1	化学成分	1 个/炉	GB/T 20066	GB/T 4336、GB/T 223（见第 2 章）、GB/T 20123、GB/T 20125、GB/T 21834、GB/T 22368
2	拉 伸	1 个/批	GB/T 2975	GB/T 228.1
3	冷顶锻	3 个/批	不同根（盘）钢材	YB/T 5293
4	脱碳层	2 个/批	不同根（盘）钢材	GB/T 224
5	晶粒度	1 个/批	任一根（盘）钢材	GB/T 6394
6	非金属夹杂物	2 个/批	不同根（盘）钢材	GB/T 10561
7	低倍组织	2 个/批	GB/T 226	GB/T 226、GB/T 1979
8	末端淬透性	1 个/炉	任一根（盘）钢材或钢坯，GB/T 225	GB/T 225
9	硬 度	3 个/批	不同根（盘）钢材	GB/T 230.1、GB/T 231.1
10	尺寸、外形	逐根（盘）	—	千分尺、游标卡尺
11	表面质量	逐根（盘）	—	目测

8 检验规则

8.1 检查和验收

钢材由供方质量监督部门进行检查和验收。供方应保证交货的钢材符合本标准的规定，需方有权按本标准的规定进行检查和验收。

8.2 组批规则

钢材应按批验收，每批由同一炉号、同一牌号、同一规格和同一热处理炉次的钢材组成。

8.3 复验与判定

8.3.1 钢材的复验与判定应符合 GB/T 17505 的规定。

8.3.2 若供方能保证钢材合格时，对于同一炉号的钢材的低倍检验结果允许以坯代材，以大代小。

9 包装、标志和质量证明书

除非另有规定，钢材包装、标志和质量证明书应符合 GB/T 2101 的规定。

附 录 A
（资料性附录）
热处理试样的力学性能

A.1 引言

本附录中的力学性能不是交货条件，仅作为本标准所列牌号有关力学性能的参考，不能作为采购、设计、开发、生产或其他用途的依据。使用者应了解实际所能达到的力学性能。

A.2 表 A.1 至 A.4 包含以下的信息

A.2.1 表面硬化型冷镦和冷挤压用钢热轧状态的硬度及试样经热处理后（按表 A.2 推荐的热处理制度）的力学性能参见表 A.1。

表 A.1 表面硬化型钢材热轧状态的硬度及试样的力学性能

统一数字代号	牌号[a]	规定塑性延伸强度 $R_{p0.2}$ MPa 不小于	抗拉强度 R_m MPa	断后伸长率 A % 不小于	热轧状态 布氏硬度 HBW 不大于
U40108	ML10Al	250	400～700	15	137
U40158	ML15Al	260	450～750	14	143
U40152	ML15	260	450～750	14	—
U40208	ML20Al	320	520～820	11	156
U40202	ML20	320	520～820	11	—
A20204	ML20Cr	490	750～1 100	9	—
试样毛坯直径为 25 mm；公称直径小于 25 mm 的钢材，按钢材实际尺寸。					
[a] 表中未列牌号，供方报实测值，并在质量证明书中注明。					

A.2.2 表面硬化型冷镦和冷挤压用钢试样推荐的热处理制度见表 A.2。

表 A.2 表面硬化型钢材试样推荐的热处理制度

统一数字代号	牌号[a]	渗碳温度[b] ℃	直接淬火温度 ℃	双重淬火温度 ℃		回火温度[c] ℃
				心部淬硬	表面淬硬	
U40108	ML10Al	880～980	830～870	880～920	780～820	150～200
U40158	ML15Al	880～980	830～870	880～920	780～820	150～200
U40152	ML15	880～980	830～870	880～920	780～820	150～200
U40208	ML20Al	880～980	830～870	880～920	780～820	150～200
U40202	ML20	880～980	830～870	880～920	780～820	150～200

表 A.2（续）

统一数字代号	牌号[a]	渗碳温度[b] ℃	直接淬火温度 ℃	双重淬火温度 ℃		回火温度[c] ℃
				心部淬硬	表面淬硬	
A20204	ML20Cr	880～980	820～860	860～900	780～820	150～200
表中给出的温度只是推荐值。实际选择的温度应以性能达到要求为准。 淬火剂的种类取决于产品形状、冷却条件和炉子装料的数量。						
[a] 表中未列牌号，供方报实测值，并在质量证明书中注明。 [b] 渗碳温度取决于钢的化学成分和渗碳介质。一般情况下，如果钢直接淬火，不宜超过 950 ℃。 [c] 回火时间，推荐为最少 1 h。						

A.2.3 调质型冷镦和冷挤压用钢（包括含硼钢）的热轧状态的硬度及试样经热处理后（按表 A.4 推荐的热处理制度）的力学性能见表 A.3。

表 A.3 调质型钢（包括含硼钢）的热轧状态的硬度及试样经热处理后的力学性能

统一数字代号	牌号[a]	规定塑性延伸强度 $R_{p0.2}$ MPa	抗拉强度 R_m MPa	断后伸长率 A %	断面收缩率 Z %	热轧状态布氏硬度 HBW
		不小于				不大于
U40252	ML25	275	450	23	50	170
U40302	ML30	295	490	21	50	179
U40352	ML35	430	630	17	—	187
U40402	ML40	335	570	19	45	217
U40452	ML45	355	600	16	40	229
L20151	ML15Mn	705	880	9	40	—
U41252	ML25Mn	275	450	23	50	170
A20354	ML35Cr	630	850	14	—	—
A20404	ML40Cr	660	900	11	—	—
A30304	ML30CrMo	785	930	12	50	—
A30354	ML35CrMo	835	980	12	45	—
A30404	ML40CrMo	930	1 080	12	45	—
A70204	ML20B	400	550	16	—	—
A70304	ML30B	480	630	14	—	—
A70354	ML35B	500	650	14	—	—
A71154	ML15MnB	930	1 130	9	45	—
A71204	ML20MnB	500	650	14	—	—
A71354	ML35MnB	650	800	12	—	—
A73154	ML15MnVB	720	900	10	45	207

表 A.3（续）

统一数字代号	牌号[a]	规定塑性延伸强度 $R_{p0.2}$ MPa	抗拉强度 R_m MPa	断后伸长率 A %	断面收缩率 Z %	热轧状态布氏硬度 HBW
		不小于				不大于
A73204	ML20MnVB	940	1 040	9	45	—
A74204	ML20MnTiB	930	1 130	10	45	—
A20374	ML37CrB	600	750	12	—	—
试样的热处理毛坯直径为 25 mm。公称直径小于 25 mm 的钢材，按钢材实际尺寸。						
[a] 表中未列牌号，供方报实测值，并在质量证明书中注明。						

A.2.4 调质型冷镦和冷挤压用钢（包括含硼钢）试样推荐的热处理制度见表 A.4。

表 A.4 调质型钢（包括含硼钢）试样推荐的热处理制度

统一数字代号	牌号[a]	正火温度 ℃	淬火温度 ℃	淬火介质[b]	回火温度[c] ℃
U40252	ML25	$AC_3+30\sim50$	—	—	—
U40302	ML30	$AC_3+30\sim50$	—	—	—
U40352	ML35	$AC_3+30\sim50$	—	—	—
U40402	ML40	$AC_3+30\sim50$	—	—	—
U40452	ML45	$AC_3+30\sim50$	—	—	—
L20151	ML15Mn	—	880～900	水	180～220
U41252	ML25Mn	$AC_3+30\sim50$	—	—	—
A20354	ML35Cr	—	830～870	水或油	540～680
A20404	ML40Cr	—	820～860	油或水	540～680
A30304	ML30CrMo	—	860～890	水或油	490～590
A30354	ML35CrMo	—	830～870	油	500～600
A30404	ML40CrMo	—	830～870	油	500～600
A70204	ML20B	880～910	860～890	水或油	550～660
A70304	ML30B	870～900	850～890	水或油	550～660
A70354	ML35B	860～890	840～880	水或油	550～660
A71154	ML15MnB	—	860～890	水	200～240
A71204	ML20MnB	880～910	860～890	水或油	550～660
A71354	ML35MnB	860～890	840～880	油	550～660
A73154	ML15MnVB	—	860～900	油	340～380
A73204	ML20MnVB	—	860～900	油	370～410

表 A.4（续）

统一数字代号	牌号[a]	正火温度 ℃	淬火温度 ℃	淬火介质[b]	回火温度[c] ℃
A74204	ML20MnTiB	—	840～880	油	180～220
A20374	ML37CrB	855～885	835～875	水或油	550～660
奥氏体化时间不少于 0.5 h，回火时间不少于 1 h。					
[a] 供方应报告性能指标实测值。 [b] 选择淬火介质时，宜考虑其他参数(形状、尺寸和淬火温度等)对性能和裂纹敏感性的影响。其他的淬火介质(如合成淬火剂)也可以使用。 [c] 标准件行业按 GB/T 3098.1—2010 的规定，回火温度范围是 380 ℃～425 ℃。在这种条件下的力学性能值与表 A.3 的数值有较大的差异。					

附　录　B
（资料性附录）
本标准牌号与国内外牌号对照表

B.1　非热处理型冷镦钢牌号与国内外牌号对照表牌号的对照表

见表B.1。

表B.1　非热处理型冷镦钢牌号与国内外牌号对照表牌号的对照表

统一数字代号	本标准	GB/T 6478—2001	ISO 4954：1993	EN 10263-2：2001	JIS G3507-1：2010	ASTM A29/A29M-12
U40048	ML04Al	ML04Al	CC4A	C4C	—	1005
U40068	ML06Al	—	—	—	SWRCH6A	1006
U40088	ML08Al	ML08Al	CC8A	C8C	SWRCH8A	1008
U40108	ML10Al	ML10Al	CC11A	C10C	SWRCH10A	1010
U40102	ML10	—	CC11A	C10C	SWRCH10K	1010
U40128	ML12Al	—	—	—	SWRCH12A	1012
U40122	ML12	—	—	—	SWRCH12K	1012
U40158	ML15Al	ML15Al	CC15A	C15C	SWRCH15A	1015
U40152	ML15	ML15	CC15K	C15C	SWRCH15K	1015
U40208	ML20Al	ML20Al	CC21A	C20C	SWRCH20A	1020
U40202	ML20	ML20	CC21K	C20C	SWRCH20K	1020

B.2　表面硬化型冷镦钢牌号与国内外牌号的对照表

见表B.2。

表B.2　表面硬化型冷镦钢牌号与国内外牌号的对照表

统一数字代号	本标准	GB/T 6478—2001	ISO 4954：1993	EN 10263-2：2001	JIS G3507-1：2010	ASTM A29/A29M-12
U41188	ML18Mn	ML18Mn	CE16E4	C17E2C	SWRCH18A	1018
U41208	ML20Mn	ML22Mn	CE20E4	C17E2C	SWRCH22A	1022
A20154	ML15Cr	—	—	—	SCr415	5115
A20204	ML20Cr	ML20Cr	20Cr4E	17Cr3	SCr420	5120

B.3 调质型冷镦钢(包括含硼钢)牌号与国内外牌号的对照表

见表 B.3、表 B.4 和表 B.5。

表 B.3 调质型冷镦钢牌号与国内外牌号的对照表

统一数字代号	本标准	GB/T 6478—2001	ISO 4954：1993	EN 10263-4：2001	JIS G3507-1：2010	ASTM A29/A29M-12
U40252	ML25	ML25	—	—	SWRCH25K	1025
U40302	ML30	ML30Mn	CE28E4	—	SWRCH30K	1030
U40352	ML35	ML35Mn	CE35E4	C35EC	SWRCH35K	1035
U40402	ML40	ML40	CE40E4	—	SWRCH40K	1040
U40452	ML45	ML45	CE45E4	C45EC	SWRCH45K	1045
U41252	ML25Mn	ML25Mn	CE28E4	—	SWRCH25K	1026

表 B.4 调质型冷镦钢牌号与国内外牌号的对照表

统一数字代号	本标准	GB/T 6478—2001	ISO 4954：1993	EN 10263-2：2001	JIS G4053：2008	ASTM A29/A29M-12
A20304	ML30Cr	—	—	—	SCr430	5130
A20354	ML35Cr	ML37Cr	34Cr4E	34Cr4	SCr435	5135
A20404	ML40Cr	ML40Cr	41Cr4E	41Cr4	SCr440	5140
A20454	ML45Cr	—	—	—	SCr445	5145
A30204	ML20CrMo	—	—	—	SCM420	4120
A30254	ML25CrMo	—	25CrMo4E	25CrMo4	SCM425	—
A30304	ML30CrMo	ML30CrMo	—	—	SCM430	4130
A30354	ML35CrMo	ML35CrMo	34CrMo4E	34CrMo4	SCM435	4135
A30404	ML40CrMo	ML42CrMo	42CrMo4E	42CrMo4	SCM440	4140
A30454	ML45CrMo	—	—	—	SCM445	4145

表 B.5 含硼调质型冷镦钢牌号与国内外牌号的对照表

统一数字代号	本标准	GB/T 6478—2001	ISO 4954：1993	EN 10263-4：2001	JIS G3508-1：2010	ASTM A29/A29M-12 ASTM A510/A510M-13
A70204	ML20B	ML20B	CE20BG1	17B2	SWRCHB223	10B21
A70254	ML25B	—	—	25B2	SWRCHB526	10B26
A70304	ML30B	ML28B	CE28B	28B2	SWRCHB331	10B30
A70354	ML35B	ML35B	CE35B	38B2	SWRCHB234	10B35
A71154	ML15MnB	ML15MnB	—	17MnB4	SWRCHB620	—

表 B.5（续）

统一数字代号	本标准	GB/T 6478—2001	ISO 4954：1993	EN 10263-4：2001	JIS G3508-1：2010	ASTM A29/A29M-12 ASTM A510/A510M-13
A71204	ML20MnB	ML20MnB	CE20BG2	20MnB4	SWRCHB320	10B22
A71254	ML25MnB	—	—	27MnB4、23MnB4	SWRCHB526	—
A71304	ML30MnB	—	—	30MnB4	SWRCHB331	—
A71354	ML35MnB	ML35MnB	35MnB5E	37MnB5	SWRCHB734	—
A71404	ML40MnB	—	—	—	—	—
A20374	ML37CrB	—	37CrB1E	—	—	—
A74204	ML20MnTiB	ML20MnTiB	—	—	—	—
A73154	ML15MnVB	ML15MnVB	—	—	—	—
A73204	ML20MnVB	ML20MnVB	—	—	—	—

附　录　C
（资料性附录）
本标准章条编号与 ISO 4954:1993 章条编号对照

表 C.1 给出了本标准章条编号与 ISO 4954:1993 章条编号对照一览表。

表 C.1　本标准章条编号与 ISO 4954:1993 章条编号对照

本标准章条编号	对应的 ISO 4954:1993 章条编号
1	1.1、2.1、3.1、4.1
2	1.2
3	1.3
4	1.1.1、1.4.1.2
5	1.4.11
6.1	1.4.5、2.2.2、3.2.2、4.2.2
6.2	1.4.1.1
6.3	1.4.3、2.2.4、3.2.4、4.2.4
6.4	1.4.6、2.2.3、3.2.3、4.2.3
6.5	1.5.3.6.2、1.5.4.6.1
6.6	1.4.8.2
6.7	1.4.7.1
6.8	1.4.9.2
6.9	—
6.10	1.4.6、3.2.3、4.2.3
6.11	1.4.8.1
7	1.5.4
8	1.5(不包括 1.5.4)
9	—
附录 A	附录 A
附录 B	—
附录 C	—
附录 D	—
参考文献	附录 B

附 录 D
（资料性附录）
本标准与采用的国际标准的技术性差异及其原因

表 D.1 给出了本标准与 ISO 4954:1993 国际标准之间的技术性差异及其原因。

表 D.1 本标准与 ISO 4954:1993 技术性差异及其原因

本标准的章条编号	技术性差异	原因
1	1)在结构和内容上均有较大的修改，有关“分类”说明移至第 4 章；2)适用钢材的公称直径下限由 2 mm 改为 5.0 mm；3)不包括钢丝、冷拉钢材，也不包括不锈钢材	1)符合我国国家标准的编写习惯；2)因为本标准不包括钢丝；3)符合标准体系：钢丝参见 GB/T 5953.1～GB/T 5953.1，冷拉材参见 GB/T 3078，不锈钢材参见 GB/T 4356 和 GB/T 4232
2	增加了我国标准并替代了相应的国际标准	增加可操作性，适应钢产品技术条件
3	修改了订货内容	以适应国内标准现状
4	1)增加了非调质型； 2)取消了非热处理型钢中沸腾钢； 3)修改了牌号命名规则	1)产品开发、应用已成熟，有利于节约能源，降低制造成本；2)因国内无生产、订货；3)牌号命名应符合 GB/T 221 的规则
5	尺寸偏差执行相应的国家标准	增加可操作性，适应我国钢产品技术条件
6.1	非热处理型：增加了 ML06Al 等 4 个牌号；表面硬化型：增加了 ML15Cr，删除了 CE10 等 5 个牌号；调质型(包括含硼钢)：增加了 ML30Cr 等 12 个牌号，删除了 42Mn6E 等 9 个牌号；非调质型：增加了 MFT8 等 3 个牌号，修改 C、Si、P、S、B 等元素的化学成分要求	以适应我国实际生产及应用情况
6.4 附录 A	对 6.1 中增加牌号的性能及热处理制度提出了要求	以满足我国实际生产与应用的需要
6.5	试验范围由 6 mm～30 m 修改为 5 mm～40 m，冷顶锻前后试样高度比增加了 1/4 和 1/2	以满足用户的要求
6.6	对完全脱碳层深度给出了限制指标值要求	根据紧固件行业的要求作了调整，以满足用户要求
6.7	增加了晶粒度要求	以保证 GB/T 3098.22 非调质型冷镦钢的质量与应用
6.9	增加低倍检验的要求	以满足用户要求
6.10	仅给出了距淬火端部 9 mm 处的硬度值	还有待于积累数据，完善标准
6.11	明确了不允许有的缺陷类型，对允许有的缺陷给出了限值	以符合我国钢产品技术要求，增加可操作性
7	做了结构和编制性修改，并增加了数值修约要求	以符合我国钢产品技术要求，增加可操作性
8	做了编制性修改	以符合我国钢产品技术要求，增加可操作性
9	增加了钢材包装、标志和质量证明书的要求	以符合我国钢产品技术要求，增加可操作性
附录 B	增加了与国内外牌号对照表	供标准使用者参考
参考文献	用我国标准替代 ISO 附录 B 的国际标准	增加可操作性，便于标准的执行

参 考 文 献

[1] GB/T 221—2008 钢铁产品牌号表示方法
[2] GB/T 3078—2008 优质结构钢冷拉钢材
[3] GB/T 3098.1—2010 紧固件机械性能 螺栓、螺钉和螺柱
[4] GB/T 3098.22—2009 紧固件机械性能 细晶非调质钢螺栓、螺钉和螺柱
[5] GB/T 4232—2009 冷顶锻用不锈钢丝
[6] GB/T 4356—2002 不锈钢盘条
[7] GB/T 5953.1—2009 冷镦钢丝 第1部分:热处理型冷镦钢丝
[8] GB/T 5953.2—2009 冷镦钢丝 第2部分:非热处理型冷镦钢丝
[9] GB/T 5953.3—2012 冷镦钢丝 第3部分:非调质型冷镦钢丝
[10] ISO 4954:1993 冷镦和冷挤压钢
[11] EN 10263-2:2001 冷镦和冷挤压盘条、钢棒和钢丝 第2部分:非热处理钢的交货技术条件
[12] EN 10263-4:2001 冷镦和冷挤压盘条、钢棒和钢丝 第4部分:调质型钢的交货技术条件
[13] JIS G3507-1:2010 冷镦用碳素钢 第1部分:盘条
[14] JIS G3508-1:2010 冷镦用含硼钢 第1部分:线材
[15] JIS G4053:2008 机械制造用合金钢
[16] ASTM A29/A29M—12 热锻及冷加工碳素钢和合金钢棒
[17] ASTM A510/A510M—13 碳素钢盘条和粗拔圆钢丝一般要求

ICS 77.140.60
H 44

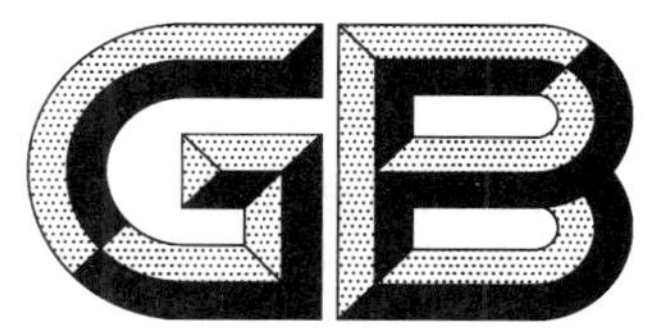

中华人民共和国国家标准

GB/T 6480—2015
代替 GB/T 6480—2002

凿岩用硬质合金钎头

Carbide detachable bit for rock drilling

2015-09-11 发布 2016-06-01 实施

中华人民共和国国家质量监督检验检疫总局
中国国家标准化管理委员会 发布

前　言

本标准按照 GB/T 1.1—2009 给出的规则起草。

本标准代替 GB/T 6480—2002《凿岩用硬质合金钎头》，与 GB/T 6480—2002 相比，主要技术变化如下：

——扩大了直径范围；

——修改了“球齿”代号为“柱齿”，其代号由“Q”更改为“Z”；

——增加了复合型钎头的相应要求；

——在波形螺纹中增加 R32 公制螺纹、螺纹代号 Rm；增加梯形螺纹和双头梯形螺纹连接钎头相关内容。

本标准由中国钢铁工业协会提出。

本标准由全国钢标准化技术委员会(SAC/TC 183)归口。

本标准起草单位：首钢贵阳特殊钢有限责任公司、冶金工业信息标准研究院、钢铁研究总院。

本标准主要起草人：熊家泽、杨云、刘宝石、张春红、王筑生、董鑫业、王玉婕、丁楝、程晋阳、徐斌。

本标准所代替标准的历次版本发布情况为：

——GB/T 6480—1986、GB/T 6480—1994、GB/T 6480—2002。

凿岩用硬质合金钎头

1 范围

本标准规定了硬质合金钎头的规格型号、技术要求、试验方法、检验规则、标志、包装、运输和贮存。

本标准适用于凿岩用直径 28 mm～152 mm 的硬质合金钎头。

2 规范性引用文件

下列文件对于本文件的应用是必不可少的。凡是注日期的引用文件，仅注日期的版本适用于本文件。凡是不注日期的引用文件，其最新版本(包括所有的修改单)适用于本文件。

GB/T 2527 矿山、油田钻头用硬质合金齿

YS/T 296 凿岩工具用硬质合金制品

3 订货内容

按本标准订货的合同或订单应包括下列内容：

a) 标准编号；
b) 产品名称；
c) 合金牌号；
d) 规格型号；
e) 数量；
f) 特殊要求。

4 规格型号

4.1 钎头型号

4.1.1 表示规则

钎头规格型号由类型代号、钎头直径、主要尺寸、连接形式和裤体类型代号组成。

注：锥体连接钎头主要尺寸采用锥度(锥度带小数点的，小数点后保留一位)和锥孔大端直径(锥孔大端直径按四舍五入法小数点后保留一位)。螺纹连接钎头主要尺寸采用螺纹公称直径。

4.1.2 钎头类型

4.1.2.1 钎头根据其头部类型不同，可分为片状型(一字形、三刃形、十字形、X 形)、柱齿型(根据头部平面形状可分为：柱齿平面形、柱齿凹面形和柱齿凸面形)和复合型。典型图形实例见图 1～图 8。

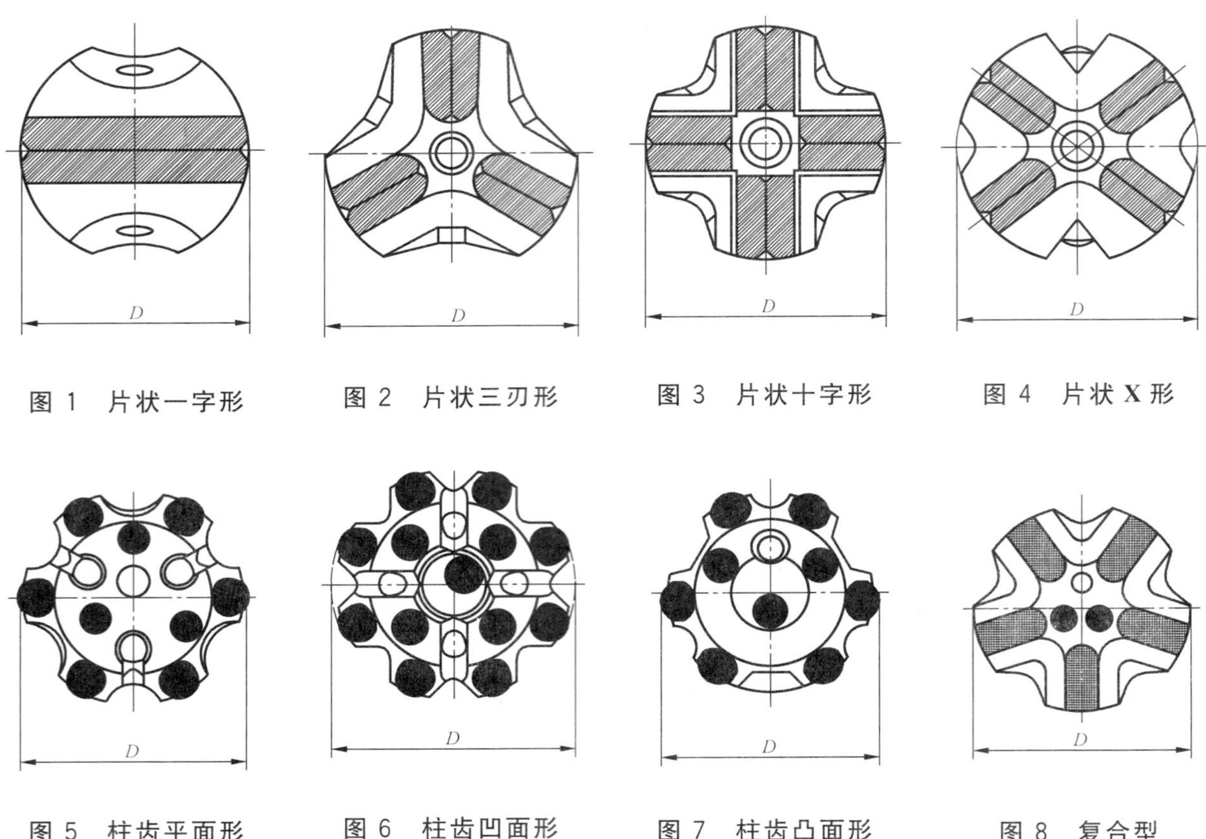

图 1　片状一字形　　图 2　片状三刃形　　图 3　片状十字形　　图 4　片状 X 形

图 5　柱齿平面形　　图 6　柱齿凹面形　　图 7　柱齿凸面形　　图 8　复合型

4.1.2.2　钎头根据其裤体类型不同，分为“普通型(P)”和“易返型(Y)”，具体图型见图 9 和图 10。

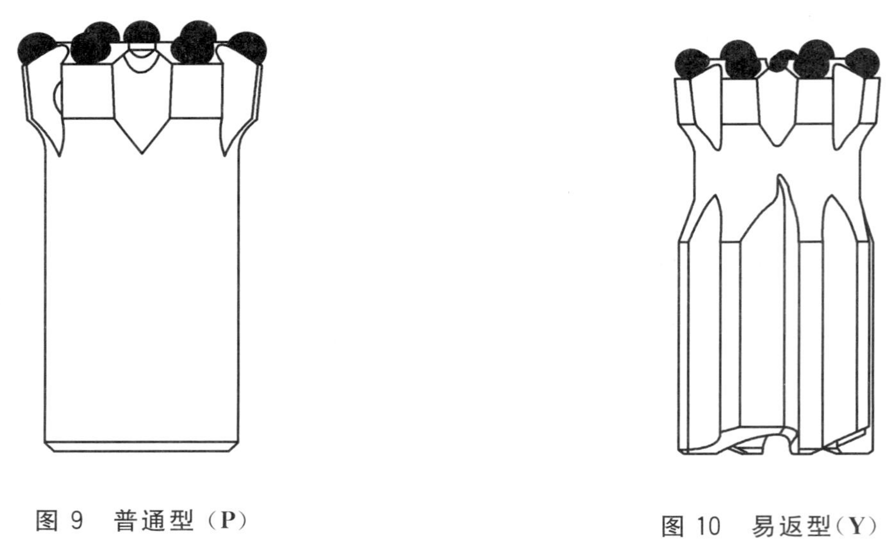

图 9　普通型（P）　　图 10　易返型(Y)

4.1.2.3　钎头根据其连接方式不同，分为“锥体连接型”和“螺纹连接型”，具体图型见图 11 和图 12。

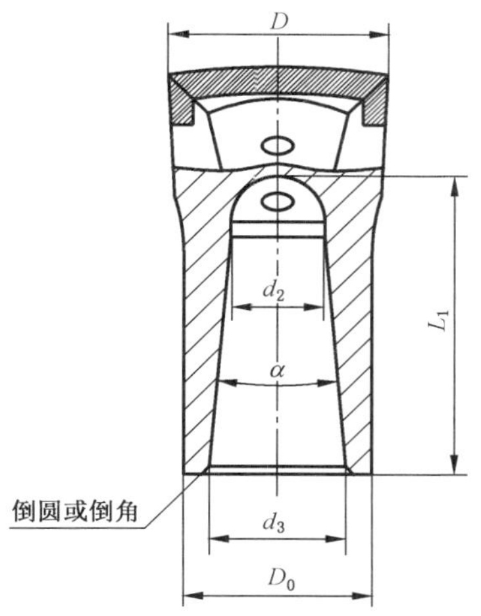

图 11 锥体连接型

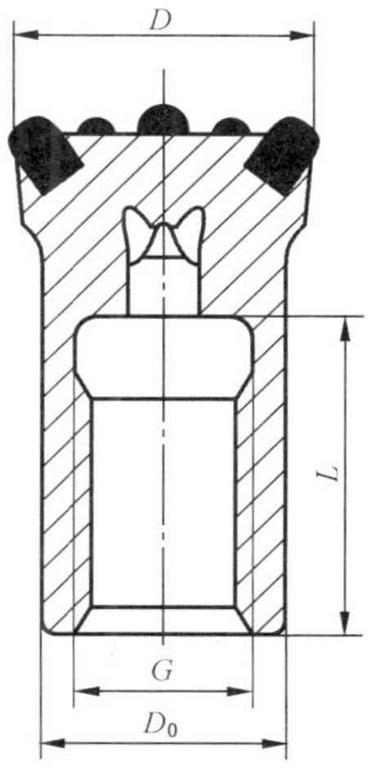

图 12 螺纹连接型

4.1.3 代号

钎头类型代号和裤体类型代号、螺纹形式代号见表 1。

表 1 类型代号、裤体代号及螺纹形式代号

类型及代号		裤体类型及代号	螺纹形式及代号
片状一字形	Y	普通型(P)[a] 易返型(Y)	波形(R)[c] 梯形(T) 双头梯形(ST)
片状三刃形	SR		
片状十字形	S		
片状“X”形	X		
柱齿平面型	ZP[b]		
柱齿凹面型	ZA		
柱齿凸面型	ZT		
复合型	F		

[a] 裤体类型为普通型代号 P 可省略。

[b] 柱齿平面型代号 ZP,其中 P 可省略。

[c] 螺距为 12 mm 的公制波形螺纹形式的代号为 Rm。

4.1.4 型号

钎头型号按下列方式表示:

示例 1:Y 40-7 -22

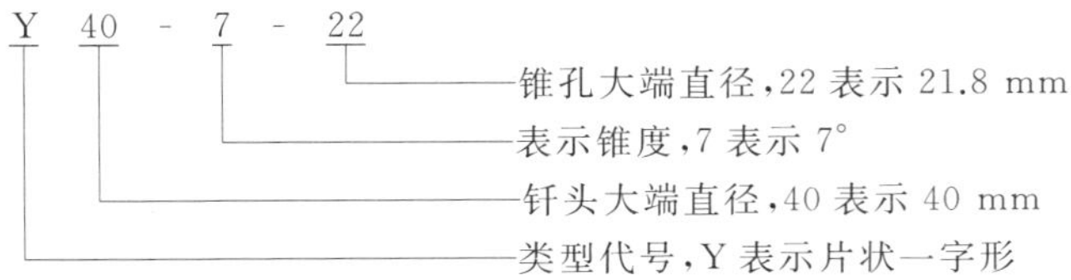

示例 2：S48-32Rm P

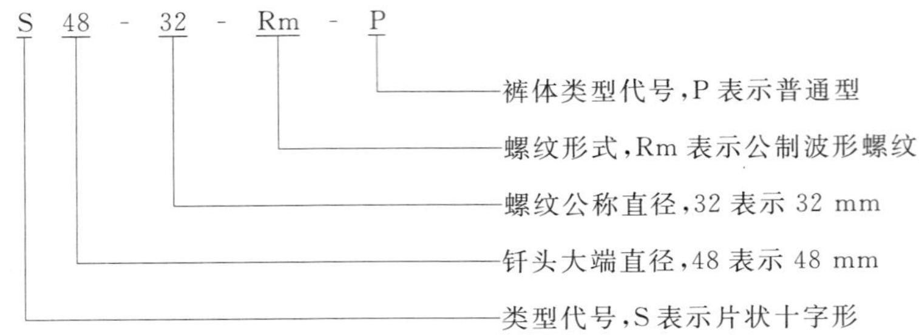

示例 3：ZA 89-45 T Y

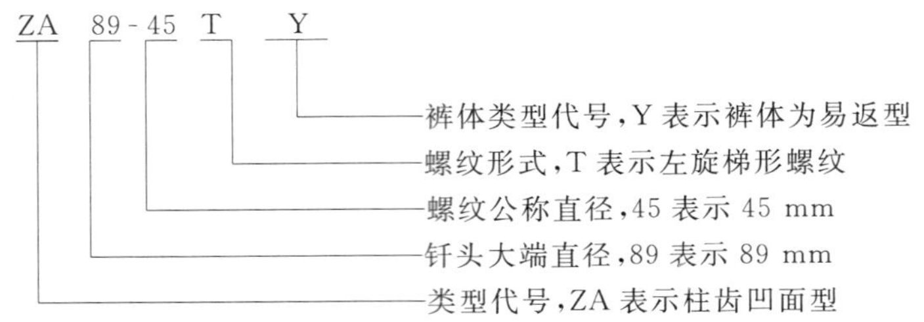

4.2 钎头连接尺寸参数

4.2.1 锥体连接钎头尺寸应符合图 13、表 2 和表 3 的规定。

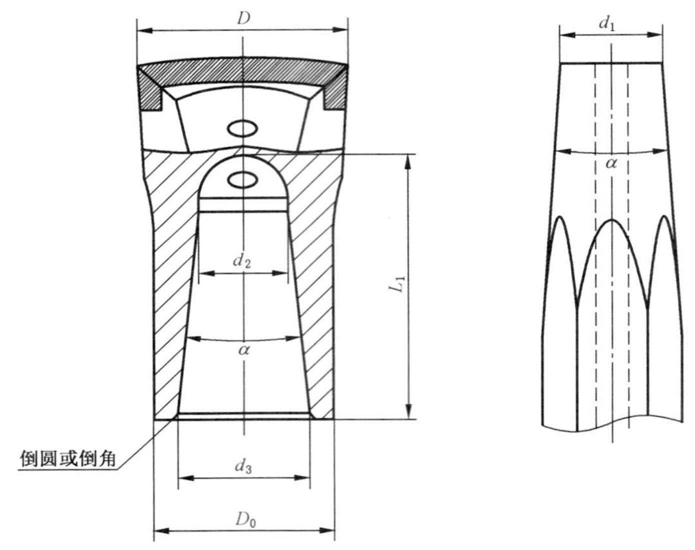

说明：

D ——钎头大端直径；

D_0 ——钎头小端直径；

d_2 ——钎头锥孔小端直径；

α ——锥度；

d_3 ——钎头锥孔大端直径；

L_1 ——钎头锥孔深度；

d_1 ——钎杆锥体小端直径。

图 13 锥体连接钎头

表 2　锥体连接钎头尺寸

单位为毫米

钎头类型	D					D_0
	公称尺寸	允许偏差				
		一字型	三刃型	十字型	柱齿型	
一字型 三刃型 十字型 柱齿型 复合型	28	+0.6 −0.3	+0.4 −0.1	+0.4 −0.1	+3.0 +0.5	≤D−3
	30					
	32					
	34					
	36					
	38					
	40					
	41					
	42					
	43					
	45					
	46					

表 3　锥体尺寸

单位为毫米

d_3		d_2		L_1	α	配用钎杆代号	d_1	
公称尺寸	允许偏差	公称尺寸	允许偏差	公称尺寸	(°)		公称尺寸	允许偏差
18.9	+0.2 0	16.2	+0.2 0	≥48	4.8	H19	16.0	0 −0.2
22.0		19.5		≥51		H22[a]	19.1	
19.0		15.2		≥47	7	H19	15.0	
21.8		18.2				H22	18.0	
22.2		19.2				H22	19.0	±0.3
23.5		20.2				H25	20.0	0 −0.2
21.8		16.2		≥54	7	H22[a]	16.0	
24.4		20.0				H25[a]	19.7	
22.0		15.4		≥48	12	H22[a]	14.9	
25.1		18.4				H25[a]	17.9	

[a] 采用国际标准生产的钎杆锥体尺寸。

4.2.2　螺纹连接钎头尺寸应符合图 14、图 15 和表 4、表 5 和表 6 的规定。

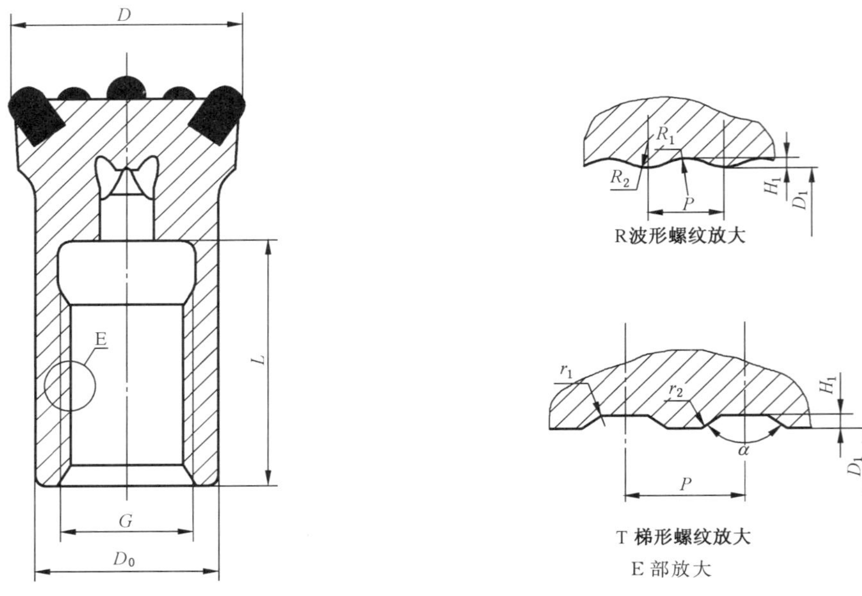

图 14 波形螺纹和梯形螺纹连接钎头

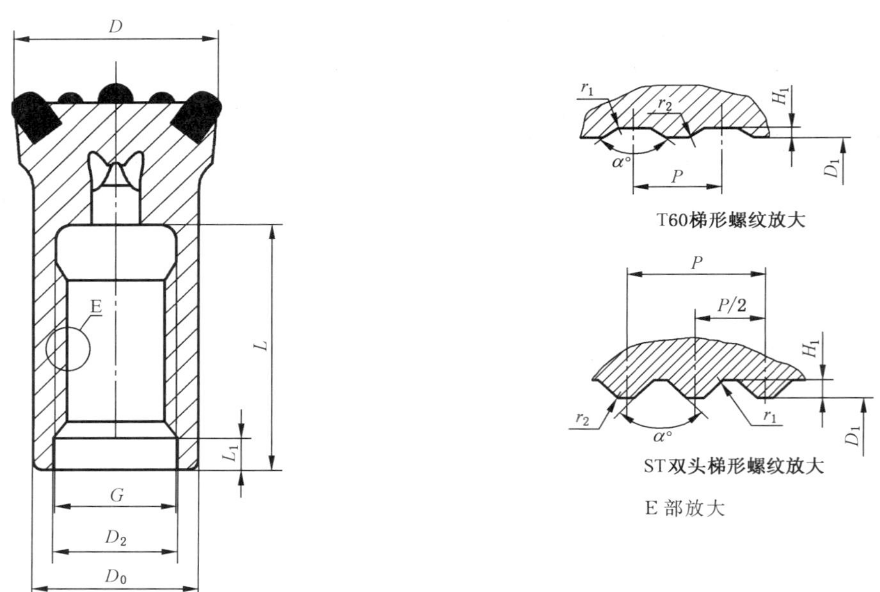

图 15 ST 和 T60 螺纹连接钎头

表 4　螺纹连接钎头尺寸

单位为毫米

<table>
<tr><th rowspan="3">钎头类型</th><th colspan="4">D</th><th rowspan="3">D_0</th><th rowspan="3">G</th><th rowspan="3">L[a]</th><th rowspan="3">L_1</th><th rowspan="3">D_2</th></tr>
<tr><th rowspan="2">公称尺寸</th><th colspan="3">允许偏差</th></tr>
<tr><th>十字型</th><th>“X”型号</th><th>柱齿型</th></tr>
<tr><td rowspan="7">十字型
柱齿型
复合型</td><td>36
38
41</td><td rowspan="7">$^{+0.40}_{-0.10}$</td><td rowspan="7">$^{+0.60}_{0}$</td><td rowspan="6">$^{+2.0}_{+0.5}$</td><td rowspan="2">≤D−3</td><td>R22</td><td>≤70</td><td rowspan="9">—</td><td rowspan="9">—</td></tr>
<tr><td>41
42
44
45</td><td rowspan="2">R25</td><td rowspan="6">≤80</td></tr>
<tr><td>48
51</td><td>≤D−5</td></tr>
<tr><td>41
42
44
45</td><td>≤D−3</td><td rowspan="2">R28</td></tr>
<tr><td>48
51</td><td rowspan="5">≤D−5</td></tr>
<tr><td>48
50
51</td><td rowspan="2">R32</td></tr>
<tr><td>55
57
60
64</td><td rowspan="2">$^{+3.0}_{+0.5}$</td></tr>
<tr><td rowspan="2">X 型
柱齿型</td><td>64
70
76
89</td><td rowspan="2">$^{+0.90}_{0}$</td><td>$^{+0.60}_{0}$</td><td>R38
T38</td><td>≤90</td></tr>
<tr><td>102
115
127</td><td>—</td><td>$^{+3.0}_{+0.5}$</td><td>T45
T51</td><td>≤110</td></tr>
<tr><td rowspan="3">柱齿型</td><td rowspan="3">89
92
102
115
127
140
152</td><td rowspan="3">—</td><td rowspan="3">—</td><td rowspan="3">$^{+3.0}_{+0.5}$</td><td rowspan="3">≤D−10</td><td>ST58</td><td>≥120</td><td>13</td><td>$60^{+0.30}_{0}$</td></tr>
<tr><td>ST68</td><td>≥130</td><td>20</td><td>$70^{+0.30}_{0}$</td></tr>
<tr><td>T60</td><td>≥$160^{+0.3}_{0}$</td><td>14</td><td>$61^{+0.25}_{0}$</td></tr>
<tr><td colspan="10">[a] 当客户要求钎头的 L 值超出表中的规定时，应在合同中注明。</td></tr>
</table>

表 5 波形螺纹尺寸

单位为毫米

<table>
<tr><th rowspan="2">螺纹形式</th><th rowspan="2">螺纹公称直径 G</th><th colspan="2">D_1</th><th colspan="2">H_1</th><th colspan="2">R_1</th><th colspan="2">R_2</th><th rowspan="2">P</th><th rowspan="2">螺纹旋向</th></tr>
<tr><th>公称尺寸</th><th>允许偏差</th><th>公称尺寸</th><th>允许偏差</th><th>公称尺寸</th><th>允许偏差</th><th>公称尺寸</th><th>允许偏差</th></tr>
<tr><td rowspan="6">波形螺纹</td><td>R22</td><td>18.86</td><td rowspan="6">$^{+0.25}_{0}$</td><td rowspan="6">1.5</td><td rowspan="6">$^{+0.20}_{0}$</td><td rowspan="6">5.5</td><td rowspan="6">±0.40</td><td rowspan="6">6.0</td><td rowspan="6">±0.40</td><td rowspan="5">12.7</td><td rowspan="6">左旋</td></tr>
<tr><td>R25</td><td>21.76</td></tr>
<tr><td>R28</td><td>24.95</td></tr>
<tr><td>R32</td><td>28.36</td></tr>
<tr><td>R38</td><td>35.01</td></tr>
<tr><td>R32 公制</td><td>28.36</td><td>12</td></tr>
</table>

表 6 梯形螺纹尺寸

单位为毫米

<table>
<tr><th rowspan="2">螺纹形式</th><th rowspan="2">螺纹公称直径 G</th><th colspan="2">D_1</th><th colspan="2">H_1</th><th colspan="2">r_1</th><th colspan="2">r_2</th><th rowspan="2">P</th><th rowspan="2">α (°)</th><th rowspan="2">螺纹旋向</th></tr>
<tr><th>公称尺寸</th><th>允许偏差</th><th>公称尺寸</th><th>允许偏差</th><th>公称尺寸</th><th>允许偏差</th><th>公称尺寸</th><th>允许偏差</th></tr>
<tr><td rowspan="4">梯形螺纹</td><td>T38</td><td>34.10</td><td rowspan="4">$^{+0.25}_{0}$</td><td>2.15</td><td rowspan="4">$^{+0.20}_{0}$</td><td>1</td><td rowspan="4">+1</td><td>3</td><td rowspan="4">+2</td><td>15.63</td><td>110</td><td rowspan="6">左旋</td></tr>
<tr><td>T45</td><td>40.20</td><td>2.25</td><td>1</td><td>3.5</td><td>18.47</td><td>110</td></tr>
<tr><td>T51</td><td>45.60</td><td rowspan="2">2.7</td><td>1</td><td>4</td><td>20.32</td><td>110</td></tr>
<tr><td>T60</td><td>54.7</td><td>1</td><td>4</td><td>20.32</td><td>110</td></tr>
<tr><td rowspan="2">双头梯形螺纹</td><td>ST58</td><td>52.7</td><td rowspan="2">$^{+0.25}_{0}$</td><td rowspan="2">3.15</td><td rowspan="2">$^{+0.20}_{0}$</td><td>2</td><td rowspan="2">+0.5</td><td>2</td><td rowspan="2">+0.5</td><td>24</td><td>90</td></tr>
<tr><td>ST68</td><td>62.7</td><td>2</td><td>2.5</td><td>30</td><td>110</td></tr>
</table>

4.2.3 根据需方要求，经供需双方协议，可供应其他尺寸的钎头，相对应尺寸的允许偏差应符合表 2、表 3、表 4、表 5 和表 6 的规定，其他要求以双方协议为准。

5 技术要求

5.1 螺纹连接钎头几何尺寸应符合表 4 要求，波纹螺纹钎头几何尺寸应符合表 5 要求，梯形螺纹钎头几何尺寸应符合表 6 的要求。

5.2 钎头裤体材料采用适应凿岩条件的钢材，钢的技术条件应符合相应标准的要求。

5.3 钎头用硬质合金应符合 GB/T 2527 和 YS/T 296 的规定。

5.4 采用焊接工艺钎头的焊缝每处允许缺焊小于 3 mm，累计允许缺焊小于焊缝总长度的 5%。

5.5 钎头不允许有裂纹、毛刺和掉角。

5.6 压、镶柱齿钎头硬质合金与裤体应配合牢固。

5.7 钎头应进行防腐处理。

6 检验方法

钎头的检验项目、取样数量和检验方法应符合表 7 的规定。

表 7 钎头的检验项目、取样数量和检验方法

序　号	项　　目	取样数量	检验方法
1	焊缝	逐个	目视、量具
2	几何尺寸		量具、量板、专用塞规
3	表面质量		目测、五倍读数放大镜

7 检验规则

7.1 检查和验收

钎头的检查和验收由供方技术监督部门进行。

7.2 组批规则

钎头应成批验收，每一批由同一规格型号、同一材料和同一热处理炉次的钎头组成。

7.3 取样数量

钎头检验的取样数量应符合表 7 规定。

8 标志、包装、运输、贮存

8.1 钎头外表面应有供方的商品标志和产品规格型号。

8.2 同一规格型号、同一材料钎头装一箱，每箱总重小于 25 kg，包装应牢固可靠。

8.3 包装箱内应有质量证明书，质量证明书应包括下述内容：供方名称或商标、产品规格型号、数量、检验日期、标准编号。

8.4 包装箱上应注明供方名称、规格型号、数量和生产批号。

8.5 钎头运输时应加遮篷，以防雨(雪)水浸入。

8.6 钎头贮存采用库存方式。

ICS 59.060.20
W 50

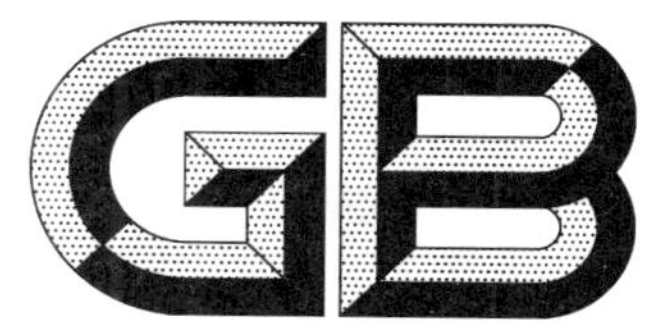

中华人民共和国国家标准

GB/T 6508—2015
代替 GB/T 6508—2001

涤纶长丝染色均匀度试验方法

Test method for dyeing uniformity of polyester filament yarns

2015-09-11 发布　　2016-04-01 实施

中华人民共和国国家质量监督检验检疫总局
中国国家标准化管理委员会　发布

前　言

本标准按照 GB/T 1.1—2009 给出的规则起草。

本标准代替 GB/T 6508—2001《涤纶长丝染色均匀度试验方法》。本标准与 GB/T 6508—2001 的主要差异为：

——取消了方法 B 仪器法(见第 1 章,2001 年版第 1 章)；

——单喂纱圆形袜机改为:试验编织机,相应的标准中所有的“袜机”都改为“试验编织机”(见 6.1,2001 年版 4.1.4.1)；

——修改了煮练条件,采用 5 g/L 的中性皂粉(皂片)、1∶25 以上的浴比、85 ℃的温度、煮练30 min(见 7.3.1,2001 年版 4.1.6.2)；

——染料浓度改成:分散蓝 2BLN 推荐浓度在 1%～2%(对织物质量)(见 7.4.1,2001 年版 4.1.6.3)；

——修改了染色浴比,改为:浴比:1∶20～1∶60(对织物质量),按有关的染色机的要求确定(见 7.4.1, 2001 年版 4.1.6.3)；

——染色保温时间改为:仲裁时采用 60 min(见 7.4.1,2001 年版 4.1.6.3)。

本标准由中国纺织工业联合会提出并归口。

本标准起草单位:上海市纺织工业技术监督所、太仓振辉化纤有限公司、江苏中鲈科技发展股份有限公司、桐昆集团股份有限公司、江苏华亚化纤有限公司、荣盛石化股份有限公司、海盐海利环保纤维有限公司、中国石化仪征化纤股份有限公司。

本标准主要起草人:李红杰、杨艳、李忠军、陈洁秋、孙燕琳、王金香、俞传坤、陈浩、何蓉。

本标准所代替标准的历次版本发布情况为：

——GB/T 6508—1986、GB/T 6508—2001。

涤纶长丝染色均匀度试验方法

1 范围

本标准规定了涤纶长丝染色均匀度试验方法——织袜染色法。

本标准适用于涤纶低弹丝和牵伸丝。其他类型长丝可参照使用。

2 规范性引用文件

下列文件对于本文件的应用是必不可少的。凡是注日期的引用文件，仅注日期的版本适用于本文件。凡是不注日期的引用文件，其最新版本(包括所有的修改单)适用于本文件。

GB/T 250 纺织品 色牢度试验 评定变色用灰色样卡

GB/T 3291.1 纺织 纺织材料性能和试验术语 第1部分:纤维和纱线

GB/T 3291.3 纺织 纺织材料性能和试验术语 第3部分:通用

GB/T 4146.1 纺织品 化学纤维 第1部分:属名

GB/T 4146.3 纺织品 化学纤维 第3部分:检验术语

GB/T 6502 化学纤维 长丝取样方法

GB/T 14343 化学纤维 长丝线密度试验方法

FZ/T 01047 目测评定纺织品色牢度用标准光源条件

3 术语和定义

GB/T 3291.1、GB/T 3291.3、GB/T 4146.1、GB/T 4146.3 界定的以及下列术语和定义适用于本文件。

3.1

卷缩丝 crimp yarn

片段性变形不良，造成卷曲不明显，有原丝风格，织物表面发亮，手感变薄，较正常丝透明的丝或卷缩率过高，织物变厚、发毛的丝。

4 原理

将涤纶长丝试样(丝筒)依次织成袜筒，并在规定的条件下染色，对照变色用灰色样卡，目测评定试样的染色均匀度等级。

5 试剂与材料

5.1 染料

分散蓝 2BLN(又名分散艳蓝 E-4R)，结构式：

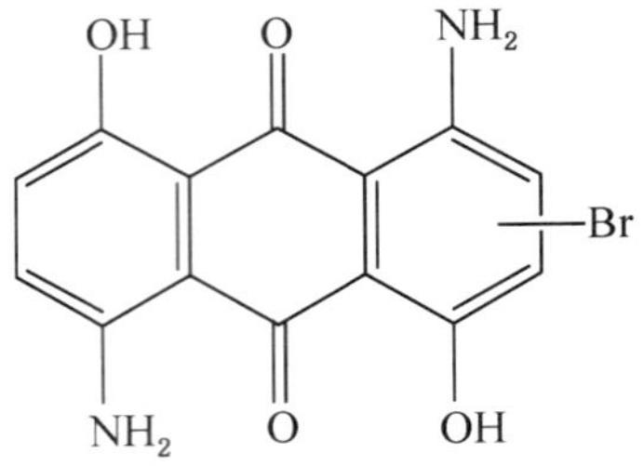

5.2 醋酸-醋酸钠缓冲溶液(pH=5)

称 100 g 醋酸钠溶于 600 mL 的蒸馏水中,加入 200 mL 醋酸,充分搅拌,用蒸馏水稀释至 1 L。

5.3 中性皂粉或中性皂片

含脂肪酸 80%以上,不含加白或着色物质。

5.4 去离子水、蒸馏水或软水

本试验方法中用的水为去离子水、蒸馏水或软水三种水中的一种。

对软水的要求是:氯化物$<100\times10^{-6}$,总硬度$<5\times10^{-6}$,铁$<0.25\times10^{-6}$,总碱度$<100\times10^{-6}$。

6 装置

6.1 试验编织机:具有张力调节装置。

6.2 染色机:具有控制升温速率的温度控制系统和能使试样在运动状态下染色的装置。

6.3 天平:具有适当的称量范围,称量精度为±1%。

6.4 D65 标准光源:满足 FZ/T 01047 要求,光源周围为中性灰色调。

6.5 标准样品:GB/T 250 规定的评定变色用灰色样卡。

6.6 脱水机:家用脱水机或其他离心脱水装置。

6.7 判色用框:用 ϕ10 mm 左右的不锈钢管制成的约 900 mm×90 mm,两端成圆弧形的框。

6.8 判色用板:用厚度约 3 mm 的乳白色半透明塑料板或黑色塑料板制成宽度分别为 110 mm、100 mm、90 mm,长约 900 mm 两端成圆弧形的板。视袜带松紧选择使用。要求套进袜带后平整,没有横向拉伸。

6.9 超声波发生器或研钵。

6.10 量筒、量杯、烧杯、温度计及特种记号笔等。

6.11 烘箱(可选)。

7 试验程序

7.1 取样

出厂检验为全数检验;验收和仲裁时按 GB/T 6502 规定取样。

7.2 编制袜带

编制袜带按照下列要求进行：

a) 根据试样名义线密度，参考表1选择相应的针数。若无名义线密度，按照GB/T 14343测试线密度。

表1 试样编织机针数规格推荐表

产品类型	线密度/dtex	试样编织机针数/针	织物密度/(根/100 mm)
牵伸丝	<55	280～320	200±10
	55～222	240～280	160±10
	>222	160～240	120±10
变形丝	<55	280～320	150±10
	55～222	170～300	130±10
	>222	<200	80±10

b) 摇袜前必须预先调节试样编织机的张力螺丝，使进丝张力为0.003 cN/dtex～0.065 cN/dtex（按名义线密度计算）。在摇袜的过程中视卷装的位置要左右移动筒子车，调整丝车位置，使丝退绕顺畅，进丝张力基本保持一致。

c) 依次将实验室样品引出丝头，在试样编织机上织约5 cm的试样段。每织完一个卷装丝后与第二个卷装丝打结换头，并留适当长度的尾丝，继续编织，直到所有实验室样品编织完毕，按顺序在袜带上作出标识。

d) 将袜带在天平上称量(精确至1%)。

7.3 煮练

7.3.1 煮练条件

煮练条件如下所述：

——中性皂粉(皂片)：5 g/L；

——浴比：1∶25以上(对织物质量)，按有关的煮练设备要求确定；

——温度：85 ℃；

——时间：30 min。

7.3.2 煮练程序

煮练可以直接在染色机内进行，也可以在其他能达到煮练温度并有搅拌装置的设备内进行。按下列程序操作：

——根据袜带质量按7.3.1规定称取中性皂粉(皂片)(精确至1%)，用60 ℃的少量水溶解成皂液；

——根据煮练设备要求，确定浴比，在煮练设备内倒入水、皂液，配成煮练液浴，充分搅拌后放入袜带，升温至85 ℃后，保温30 min；

——排放废液，取出袜带，用85 ℃左右的软水洗至中性后，脱水待染。

7.4 染色

7.4.1 染色条件

染色条件如下所述：

——染料：分散蓝 2BLN 推荐浓度在 1%～2%(对织物质量)，根据产品的吸色性能确定加入量；

——浴比：1∶20～1∶60(对织物质量)，按有关的染色机的要求确定；

——染色温度：沸染(沸点温度视不同地区的大气压不同而略有不同)或按有关染色机的要求确定；

——缓冲剂：醋酸-醋酸钠缓冲溶液，pH=5，每升染浴加 1 mL；

——保温时间：仲裁时采用 60 min，或按有关染色机的要求确定。

7.4.2 染色程序

按下列程序操作：

——按袜带质量称取相应质量的染料，用超声波溶解或用少量软水在玻璃研钵中研成糊状(注意不能有细小染料颗粒存在)，然后分多次洗入 1 000 mL 内有适量近沸水的烧杯中充分溶解；

——按 7.4.1 确定的浴比，在染色机中加入相应量的水，并开始升温。当温度升至 60 ℃时，加入上述制备的染料溶液，搅拌均匀后，用醋酸-醋酸钠缓冲溶液调节至 pH 值呈酸性，放入袜带，并将袜带整理平服，用 30 min 左右将染浴温度升至规定的温度，并保持规定的保温时间；

——排放废液，冷却后取出袜带，用水洗净、脱水后在阴凉处晾干或 45 ℃左右烘干。

注：染色程序也可以按有关染色机规定。

7.5 染色均匀度评定

7.5.1 照明条件

照明条件按 FZ/T 01047，采用 D65 标准光源，照度为 600 lx～1 000 lx，光线来自样品上方。

7.5.2 袜带的观测

将牵伸丝、低弹丝袜带套在判色用框或判色用板上，织物表面与入射光成 45°、观察方向大致垂直于织物表面，观测距离 30 cm～40 cm，在观测不清楚时，可将织物表面与入射光成 70°，与观察人员目光成 30°，逐段观测。

注：贸易双方必须用同一判色工具。

7.5.3 评定

试样袜带平整展开，缓缓平移，逐段观察袜带的深、浅、斑、条、带、纹，将袜带中最深段和最浅段之间的色差用 GB/T 250 提供的框架压框压住，按灰色样卡目测评定等级并做好记录。

8 试验报告

试验报告包括：

a) 试样信息：产品名称、规格、批号等；

b) 使用标准(本标准编号)；

c) 主要试验参数，包括染料浓度、染色保温时间等；

d) 试验结果；

e) 与基本步骤的差异；

f) 观察到的异常现象；

g) 试验日期及操作者。

ICS 55.100
Y 22

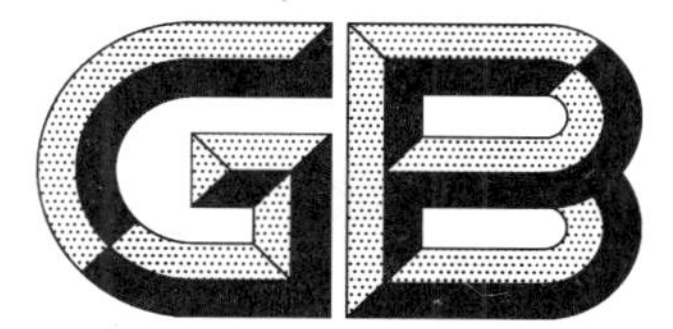

中华人民共和国国家标准

GB/T 6552—2015
代替 GB/T 6552—1986

玻璃容器　抗机械冲击试验方法

Glass containers—Test method for impact resistance

2015-09-11 发布　　　　2016-04-01 实施

中华人民共和国国家质量监督检验检疫总局
中国国家标准化管理委员会　发布

前　言

本标准按照 GB/T 1.1—2009 给出的规则起草。

本标准代替 GB/T 6552—1986《玻璃瓶罐抗机械冲击试验方法》，与 GB/T 6552—1986 相比，主要技术变化如下：

——增加了范围、规范性引用文件、方法概述；

——增加了试验步骤；

——增加了确定不同类型容器冲击点的规定；

——增加了试样破裂鉴别。

本标准由中国轻工业联合会提出。

本标准由全国日用玻璃标准化技术委员会(SAC/TC 377)归口。

本标准起草单位：东华大学、国家眼镜玻璃搪瓷制品质量监督检验中心、安徽德力日用玻璃股份有限公司。

本标准起草人：张尼尼、孙环宝、施卫东、张达。

本标准 1986 年首次发布，本次为第一次修订。

玻璃容器　抗机械冲击试验方法

1　范围

本标准规定了用固定质量的摆锤冲击试样，测量玻璃容器的抗冲击强度的机械试验方法。

本标准适用于测定玻璃瓶罐及类似玻璃容器的抗冲击强度，不适用于扁平玻璃容器抗冲击强度的测定。

2　规范性引用文件

下列文件对于本文件的应用是必不可少的。凡是注日期的引用文件，仅注日期的版本适用于本文件。凡是不注日期的引用文件，其最新版本(包括所有修改单)适用于本文件。

GB/T 308　滚动轴承　钢球

GB/T 699　优质碳素结构钢

3　方法概述

本方法是利用金属摆锤与钢性材料玻璃碰撞过程中接触时间极短，在将摆锤提升至规定高度所具有的势能转化为动能并与试样碰撞时，产生较大的冲击力，以此模拟玻璃容器在运输和使用过程中遇到的碰撞，预测产品抗冲击破坏性的能力。

4　装置

冲击试验机由机身、刻度盘、摆锤及防护罩等组成(见图1)，应符合下列要求：

a)　摆锤

1)　摆锤由摆杆和冲击锤组成，质量为 612 g±4 g；

2)　冲击锤端点所用钢球的公称直径(D_W)为 25.4 mm，钢球质量符合 GB/T 308 要求；

3)　摆锤重心应位于摆杆的中心线上，重心到支承中心的距离(L_2)为 239 mm±0.5 mm。在摆动过程中，摆锤重心轨迹应在同一平面内；

4)　当摆锤处于水平状态时，冲击锤端点的重力为 4.90 N±5 N；

5)　冲击锤端点到支承中心的距离(L_1)为 293 mm±0.5 mm。

b)　刻度盘

1)　刻度盘应能调节，并有摆锤角度(°)和冲击能量(J)指示；

2)　当冲击能量小于 0.54 J 时，其分度值应不大于 0.06 J；当冲击能量大于 0.54 J 时，其分度值应不大于 0.12 J。

c)　机身

1)　机身由底座、立柱、试样支承台、V 形后支座和半圆柱试样靠件、高度调节杆和水平调节台组成；

2)　V 形后支座材质为 45 号钢，材质技术要求应符合 GB/T 699。半圆柱试样靠件的半径 R 为 19 mm±0.3 mm，硬度应为 HRC40～45；

3） 立柱材质应采用硬铝；

4） 底座应能被固定在试验台或基础上。

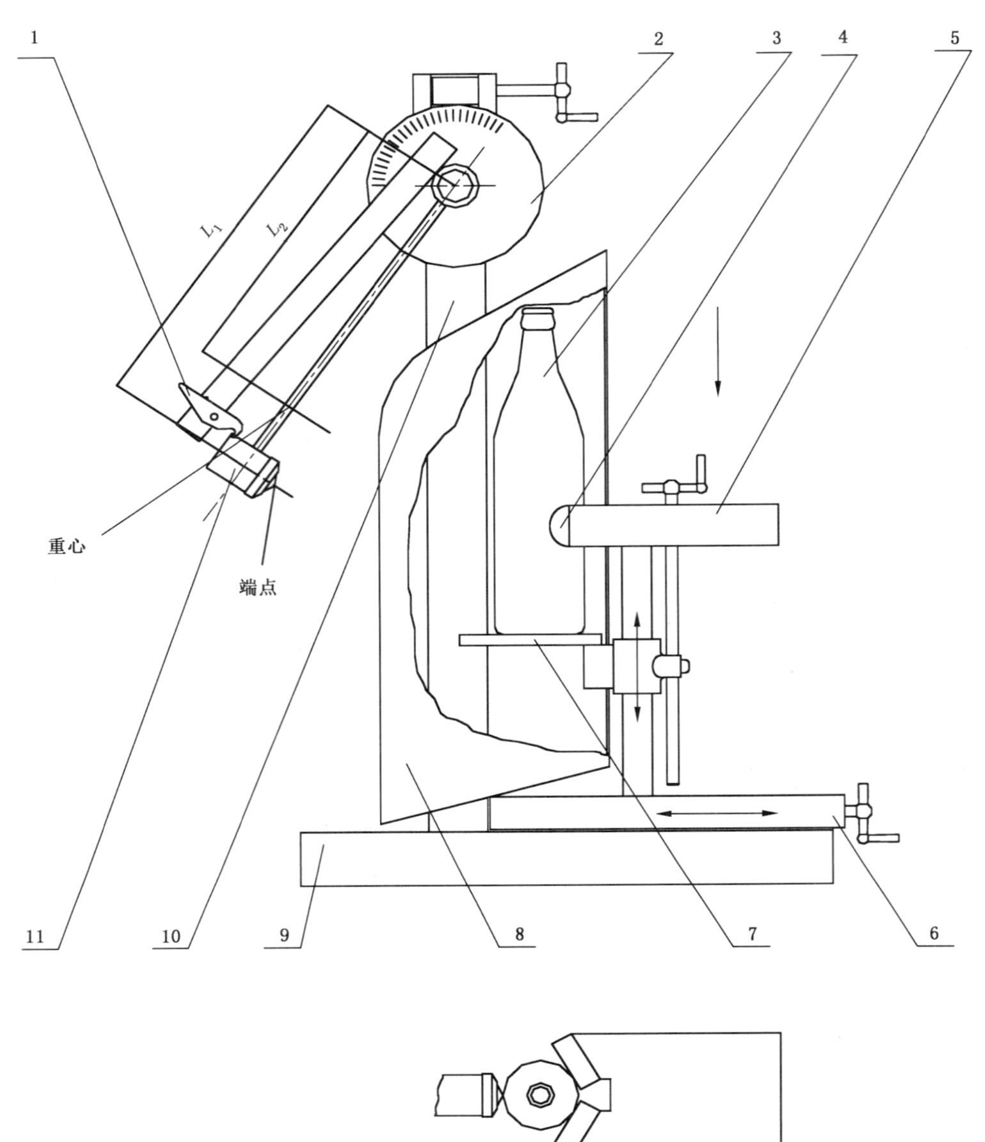

说明：

1——摆钩；

2——刻度盘；

3——试样；

4——半圆柱试样靠件；

5——V形后支座；

6——水平调节台；

7 ——试样支承台；

8 ——防护罩；

9 ——底座；

10——立柱；

11——冲击锤。

注： 此图仅以测试圆形或类似圆形容器试样为例而作，当试样为方形、多边形或其他异形时，冲击锤、V形后支座的形状会有所改变，以保证冲击锤端点能接触试样且支座能使试样固定紧靠。

图1 冲击试验机示意图

5 试验步骤

5.1 试样温度与环境温度相差应不超过5 ℃。

5.2 检查冲击试验机：

a) 试验机底座应水平放置，并与试验台或基础紧密连接。

b) 试验机机身各部分应不晃动。

c) 将摆锤放在刻度值为0.07 J处释放摆钩，其自由摆动应在20次以上。

5.3 将试样放置在试样支承台上，应与半圆柱试样靠件无间隙紧靠，必要时应在试样顶端增加挡板，保证在试验过程中，试样在不受任何侧向力的情况下始终保持与半圆柱试样靠件紧密接触。

5.4 转动高度调节杆，上下调节试样支承台，使冲击锤端点位于试样的测试部位。

5.5 前后调节水平调节台，使试样表面刚刚触碰自然下垂处于静止状态的冲击锤端点。

6 试验目的和类型

6.1 冲击部位

针对试样形状可选择跟部、中部、肩部、口部等部位。

6.2 冲击点

6.2.1 对于圆形玻璃瓶罐及类似容器，在规定冲击部位等高的水平周圈上，等份确定3点为冲击点，采用同一冲击能量分别冲击已确定的3个冲击点。

6.2.2 对于方形玻璃瓶罐及类似容器，分别确定两个相邻面与冲击部位等高线的中点为冲击点，采用同一冲击能量分别冲击相邻两个面上已确定的2个冲击点。

6.2.3 对于其他异型瓶罐及容器，可另行规定冲击点的位置和数量。

6.2.4 冲击点应避开合缝线。

6.3 通过性试验

采用规定的冲击能量，冲击试样规定部位上满足6.2要求的冲击点，目视检查试样破裂情况。

6.4 递增性试验

事先确定起始冲击能量、递增间隔(步长)和最终冲击能量(必要时)。在每一个冲击能量处对同一试样进行6.3规定的试验，直至到达最终能量或试样破裂。

7 试样破裂鉴别

试样经过冲击后，如出现下列情况之一，则判定为试样破裂：

——试样碎裂成2块或2块以上；

——试样出现明显可见的裂纹。

8 试验报告

试验报告至少应包含下列内容：

a) 试样名称、规格和数量；

b) 试样描述和取样方法(如有);
c) 执行标准号和标准名称;
d) 冲击部位和试验类型;
e) 特定的冲击点或任何与6.2规定的冲击点不一致的情况;
f) 试验结果:
   1) 依据6.3进行的通过性试验:
      ——试验所用的冲击能量,以J表示;
      ——试验中试样破裂情况或破裂的试样数量;
   2) 依据6.4进行的递增性试验:
      ——试验所用的起始冲击能量、递增间隔和最终冲击能量(如有),以J表示;
      ——每个冲击能量的试样破裂情况或破裂的试样数量;
g) 试验日期、试验场所和试样人员签名。

ICS 35.040
A 24

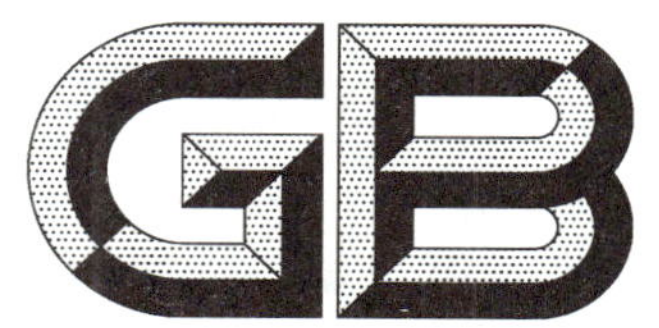

中华人民共和国国家标准

GB/T 6565—2015
代替 GB/T 6565—2009

职业分类与代码

Classification and codes of occupations

2015-09-10 发布　　2015-10-01 实施

中华人民共和国国家质量监督检验检疫总局
中国国家标准化管理委员会　发布

前　言

本标准按照 GB/T 1.1—2009 给出的规则起草。

本标准代替 GB/T 6565—2009《职业分类与代码》。本标准与 GB/T 6565—2009 相比，主要变化如下：

——在标准的结构和格式编排方面，按照 GB/T 1.1—2009 的规定进行了更新；

——代码结构由 3 位变为 5 位，且代码中不再使用字母；

——对大类、中类及小类进行了调整。

本标准与 GB/T 6565—2009 的对照见附录 A。

本标准由全国信息分类与编码标准化技术委员会(SAC/TC 353)提出并归口。

本标准起草单位：中国标准化研究院、中国就业培训技术指导中心、新一站保险代理有限公司。

本标准主要起草人：孙广芝、陈蕾、张文理、国婷丽、娄晓琳、戚菲、姚瑞波、王海清。

本标准所代替标准的历次版本发布情况为：

——GB/T 6565—1986、GB/T 6565—1999、GB/T 6565—2009。

职业分类与代码

1 范围

本标准规定了我国职业的分类结构、类别、代码及说明。

本标准适用于按职业分类的各种普查、调查统计及行政管理和国内外信息交流等。

2 术语和定义

下列术语和定义适用于本文件。

2.1

职业 occupation

从业人员为获取主要生活来源所从事的社会性工作的类别。

3 职业分类原则

按从业人员所从事工作性质的相似性进行分类。

4 职业分类及编码方法

4.1 职业分类

职业划分为大类、中类、小类三层。

8 个大类的排列顺序及名称如下：

第一大类：党的机关、国家机关、群众团体和社会组织、企事业单位负责人

第二大类：专业技术人员

第三大类：办事人员和有关人员

第四大类：社会生产服务和生活服务人员

第五大类：农、林、牧、渔业生产及辅助人员

第六大类：生产制造及有关人员

第七大类：军人

第八大类：不便分类的其他从业人员

4.2 代码结构

本标准采用线分类法对职业进行划分，编码方法采用 5 位数字层次码，第 1 位代码表示大类，第 2、3 位代码表示中类，第 4、5 位代码表示小类，见图 1。

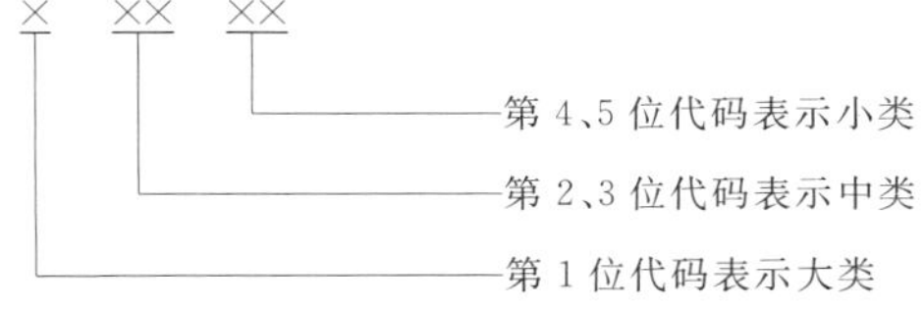

图 1 职业分类的代码结构

5 使用说明

5.1 同时从事一种以上职业的人员，以劳动时间较长的为其职业；如不能确定时间长短者，以经济收入较多的为其职业。在同一工作场所，从事一种以上职业的人员，以其技术性较高的工作为职业。

5.2 具有各类专业技术职务的人员，同时担任行政负责人的，按行政职务归类。

5.3 对同时担任党和行政职务的领导干部，按主要职务归类。

6 职业分类与代码及说明

职业分类与代码见表1。

职业分类与代码说明见表2。

表1 职业分类与代码表

代码	名　　称
10000	党的机关、国家机关、群众团体和社会组织、企事业单位负责人
10100	中国共产党机关负责人
10200	国家机关负责人
10201	国家权力机关负责人
10202	国家行政机关负责人
10203	人民政协机关负责人
10204	人民法院和人民检察院负责人
10300	民主党派和工商联负责人
10400	人民团体和群众团体、社会组织及其他成员组织负责人
10401	人民团体和群众团体负责人
10402	社会团体负责人
10403	民办非企业单位负责人
10404	社会中介组织负责人
10405	基金会负责人
10406	宗教组织负责人
10500	基层群众自治组织负责人
10600	企事业单位负责人
10601	企业负责人
10602	事业单位负责人
20000	专业技术人员
20100	科学研究人员
20101	哲学研究人员
20102	经济学研究人员

表 1（续）

代码	名　　称
20103	法学研究人员
20104	教育学研究人员
20105	历史学研究人员
20107	农学研究人员
20108	医学研究人员
20109	管理学研究人员
20111	军事学研究人员
20112	文学研究人员
20113	理学研究人员
20114	工学研究人员
20115	艺术学研究人员
20199	其他科学研究人员
20200	工程技术人员
20201	地质勘探工程技术人员
20202	测绘和地理信息工程技术人员
20203	矿山工程技术人员
20204	石油天然气工程技术人员
20205	冶金工程技术人员
20206	化工工程技术人员
20207	机械工程技术人员
20208	航空工程技术人员
20209	电子工程技术人员
20210	信息和通信工程技术人员
20211	电气工程技术人员
20212	电力工程技术人员
20213	邮政和快递工程技术人员
20214	广播电影电视及演艺设备工程技术人员
20215	道路和水上运输工程技术人员
20216	民用航空工程技术人员
20217	铁道工程技术人员
20218	建筑工程技术人员
20219	建材工程技术人员
20220	林业工程技术人员
20221	水利工程技术人员
20222	海洋工程技术人员
20223	纺织服装工程技术人员
20224	食品工程技术人员
20225	气象工程技术人员
20226	地震工程技术人员
20227	环境保护工程技术人员

表 1（续）

代码	名　　称
20228	安全工程技术人员
20229	标准化、计量、质量和认证认可工程技术人员
20230	管理(工业)工程技术人员
20231	检验检疫工程技术人员
20232	制药工程技术人员
20233	印刷复制工程技术人员
20234	工业(产品)设计工程技术人员
20235	康复辅具工程技术人员
20236	轻工工程技术人员
20237	土地整治工程技术人员
20290	兵器工程技术人员
20291	航天工程技术人员
20299	其他工程技术人员
20300	农业技术人员
20301	土壤肥料技术人员
20302	农业技术指导人员
20303	植物保护技术人员
20304	园艺技术人员
20305	作物遗传育种栽培技术人员
20306	兽医兽药技术人员
20307	畜牧与草业技术人员
20308	水产技术人员
20309	农业工程技术人员
20399	其他农业技术人员
20400	飞机和船舶技术人员
20401	飞行人员和领航人员
20402	船舶指挥和引航人员
20499	其他飞机和船舶技术人员
20500	卫生专业技术人员
20501	西医医师
20502	中医医师
20503	中西医结合医师
20504	民族医医师
20505	公共卫生与健康医师
20506	药学技术人员
20507	医疗卫生技术人员
20508	护理人员
20509	乡村医生
20599	其他卫生专业技术人员

表 1（续）

代码	名　　称
20600	经济和金融专业人员
20601	经济专业人员
20602	统计专业人员
20603	会计专业人员
20604	审计专业人员
20605	税务专业人员
20606	评估专业人员
20607	商务专业人员
20608	人力资源专业人员
20609	银行专业人员
20610	保险专业人员
20611	证券专业人员
20612	知识产权专业人员
20699	其他经济和金融专业人员
20700	法律、社会和宗教专业人员
20701	法官
20702	检察官
20703	律师
20704	公证员
20705	司法鉴定人员
20706	审判辅助人员
20707	法律顾问
20708	宗教教职人员
20709	社会工作专业人员
20799	其他法律、社会和宗教专业人员
20800	教学人员
20801	高等教育教师
20802	中等职业教育教师
20803	中小学教育教师
20804	幼儿教育教师
20805	特殊教育教师
20899	其他教学人员
20900	文学艺术、体育专业人员
20901	文艺创作与编导人员
20902	音乐指挥与演员
20903	电影电视制作专业人员
20904	舞台专业人员
20905	美术专业人员

表 1（续）

代码	名　　称
20906	工艺美术与创意设计专业人员
20907	体育专业人员
20999	其他文学艺术、体育专业人员
21000	新闻出版、文化专业人员
21001	记者
21002	编辑
21003	校对员
21004	播音员及节目主持人
21005	翻译人员
21006	图书资料与微缩摄影专业人员
21007	档案专业人员
21008	考古及文物保护专业人员
21099	其他新闻出版、文化专业人员
29900	其他专业技术人员
30000	办事人员和有关人员
30100	办事人员
30101	行政业务办理人员
30102	行政事务处理人员
30103	行政执法和仲裁人员
30199	其他办事人员
30200	安全和消防人员
30201	人民警察
30202	保卫人员
30203	消防和应急救援人员
30299	其他安全和消防人员
39900	其他办事人员和有关人员
40000	社会生产服务和生活服务人员
40100	批发与零售服务人员
40101	采购人员
40102	销售人员
40103	贸易经纪代理人员
40104	再生物资回收人员
40105	特殊商品购销人员
40199	其他批发与零售服务人员

表 1（续）

代码	名　称
40200	交通运输、仓储和邮政业服务人员
40201	轨道交通运输服务人员
40202	道路运输服务人员
40203	水上运输服务人员
40204	航空运输服务人员
40205	装卸搬运和运输代理服务人员
40206	仓储人员
40207	邮政和快递服务人员
40299	其他交通运输、仓储和邮政业服务人员
40300	住宿和餐饮服务人员
40301	住宿服务人员
40302	餐饮服务人员
40399	其他住宿和餐饮服务人员
40400	信息传输、软件和信息技术服务人员
40401	信息通信业务人员
40402	信息通信网络维护人员
40403	广播电视传输服务人员
40404	信息通信网络运行管理人员
40405	软件和信息技术服务人员
40499	其他信息传输、软件和信息技术服务人员
40500	金融服务人员
40501	银行服务人员
40502	证券服务人员
40503	期货服务人员
40504	保险服务人员
40505	典当服务人员
40506	信托服务人员
40599	其他金融服务人员
40600	房地产服务人员
40601	物业管理服务人员
40602	房地产中介服务人员
40699	其他房地产服务人员
40700	租赁和商务服务人员
40701	租赁业务人员
40702	商务咨询服务人员
40703	人力资源服务人员
40704	旅游及公共游览场所服务人员

表 1（续）

代码	名　　称
40705	安全保护服务人员
40706	市场管理服务人员
40707	会议及展览服务人员
40799	其他租赁和商务服务人员
40800	技术辅助服务人员
40801	气象服务人员
40802	海洋服务人员
40803	测绘服务人员
40804	地理信息服务人员
40805	检验、检测和计量服务人员
40806	环境监测服务人员
40807	地质勘查人员
40808	专业化设计服务人员
40809	摄影扩印服务人员
40899	其他技术辅助服务人员
40900	水利、环境和公共设施管理服务人员
40901	水利设施管养人员
40902	水文服务人员
40903	水土保持人员
40904	农田灌排人员
40905	自然保护区和草地监护人员
40906	野生动植物保护人员
40907	环境治理服务人员
40908	环境卫生服务人员
40909	有害生物防制人员
40910	绿化与园艺服务人员
40999	其他水利、环境和公共设施管理服务人员
41000	居民服务人员
41001	生活照料服务人员
41002	服装裁剪和洗染织补人员
41003	美容美发和浴池服务人员
41004	保健服务人员
41005	婚姻服务人员
41006	殡葬服务人员
41007	宠物服务人员
41099	其他居民服务人员
41100	电力、燃气及水供应服务人员
41101	电力供应服务人员

表 1（续）

代码	名　　称
41102	燃气供应服务人员
41103	水供应服务人员
41199	其他电力、燃气及水供应服务人员
41200	修理及制作服务人员
41201	汽车摩托车修理技术服务人员
41202	计算机和办公设备维修人员
41203	家用电子电器产品维修人员
41204	日用产品修理服务人员
41205	乐器维修人员
41206	印章制作人员
41299	其他修理及制作服务人员
41300	文化、体育和娱乐服务人员
41301	群众文化活动服务人员
41302	广播、电视、电影和影视录音制作人员
41303	文物保护作业人员
41304	健身和娱乐场所服务人员
41305	文化、娱乐、体育经纪代理人员
41399	其他文化、体育和娱乐服务人员
41400	健康服务人员
41401	医疗辅助服务人员
41402	健康咨询服务人员
41403	康复矫正服务人员
41404	公共卫生辅助服务人员
41499	其他健康服务人员
49900	其他社会生产和生活服务人员
50000	农、林、牧、渔业生产及辅助人员
50100	农业生产人员
50101	作物种子(苗)繁育生产人员
50102	农作物生产人员
50199	其他农业生产人员
50200	林业生产人员
50201	林木种苗繁育人员
50202	营造林人员
50203	森林经营和管护人员
50204	木材采运人员
50299	其他林业生产人员

表 1（续）

代码	名　　称
50300	畜牧业生产人员
50301	畜禽种苗繁育人员
50302	畜禽饲养人员
50303	特种经济动物饲养人员
50399	其他畜牧业生产人员
50400	渔业生产人员
50401	水产苗种繁育人员
50402	水产养殖人员
50403	水产捕捞及有关人员
50499	其他渔业生产人员
50500	农林牧渔生产辅助人员
50501	农业生产服务人员
50502	动植物疫病防治人员
50503	农村能源利用人员
50504	农村环境保护人员
50505	农机化服务人员
50506	农副林特产品初加工人员
50599	其他农林牧渔生产辅助人员
59900	其他农、林、牧、渔业生产及辅助人员
60000	生产制造及有关人员
60100	农副产品加工人员
60101	粮油加工人员
60102	饲料加工人员
60103	制糖人员
60104	畜禽制品加工人员
60105	水产品加工人员
60106	果蔬和坚果加工人员
60107	淀粉和豆制品加工人员
60199	其他农副产品加工人员
60200	食品、饮料生产加工人员
60201	焙烤食品制造人员
60202	糖制品加工人员
60203	方便食品和罐头食品加工人员
60204	乳制品加工人员
60205	调味品及食品添加剂制作人员
60206	酒、饮料及精制茶制造人员

表 1（续）

代码	名　　称
60299	其他食品、饮料生产加工人员
60300	烟草及其制品加工人员
60301	烟叶初加工人员
60302	烟用材料生产人员
60303	烟草制品生产人员
60399	其他烟草及其制品加工人员
60400	纺织、针织、印染人员
60401	纤维预处理人员
60402	纺纱人员
60403	织造人员
60404	针织人员
60405	非织造布制造人员
60406	印染人员
60499	其他纺织、针织、印染人员
60500	纺织品、服装和皮革、毛皮制品加工制作人员
60501	纺织品和服装剪裁缝纫人员
60502	皮革、毛皮及其制品加工人员
60503	羽绒羽毛加工及制品制造人员
60504	鞋帽制作人员
60599	其他纺织品、服装和皮革、毛皮制品加工制作人员
60600	木材加工、家具与木制品制作人员
60601	木材加工人员
60602	人造板制造人员
60603	木制品制造人员
60604	家具制造人员
60699	其他木材加工、家具与木制品制作人员
60700	纸及纸制品生产加工人员
60701	制浆造纸人员
60702	纸制品制作人员
60799	其他纸及纸制品生产加工人员
60800	印刷和记录媒介复制人员
60801	印刷人员
60802	记录媒介复制人员
60899	其他印刷和记录媒介复制人员
60900	文教、工美、体育和娱乐用品制作人员
60901	文教用品制作人员

表 1（续）

代码	名　称
60902	乐器制作人员
60903	工艺美术品制作人员
60904	体育用品制作人员
60905	玩具制作人员
60999	其他文教、工美、体育和娱乐用品制作人员
61000	石油加工和炼焦、煤化工生产人员
61001	石油炼制生产人员
61002	炼焦人员
61003	煤化工生产人员
61099	其他石油加工和炼焦、煤化工生产人员
61100	化学原料和化学制品制造人员
61101	化工产品生产通用工艺人员
61102	基础化学原料制造人员
61103	化学肥料生产人员
61104	农药生产人员
61105	涂料、油墨、颜料及类似产品制造人员
61106	合成树脂生产人员
61107	合成橡胶生产人员
61108	专用化学产品生产人员
61109	火工品制造、保管、爆破及焰火产品制造人员
61110	日用化学品生产人员
61199	其他化学原料和化学制品制造人员
61200	医药制造人员
61201	化学药品原料药制造人员
61202	中药饮片加工人员
61203	药物制剂人员
61204	兽用药品制造人员
61205	生物药品制造人员
61299	其他医药制造人员
61300	化学纤维制造人员
61301	化学纤维原料制造人员
61302	化学纤维纺丝及后处理人员
61399	其他化学纤维制造人员
61400	橡胶和塑料制品制造人员
61401	橡胶制品生产人员
61402	塑料制品加工人员
61499	其他橡胶和塑料制品制造人员

表1(续)

代码	名　称
61500	非金属矿物制品制造人员
61501	水泥、石灰、石膏及其制品制造人员
61502	砖瓦石材等建筑材料制造人员
61503	玻璃及玻璃制品生产加工人员
61504	玻璃纤维及玻璃纤维增强塑料制品制造人员
61505	陶瓷制品制造人员
61506	耐火材料制品生产人员
61507	石墨及炭素制品生产人员
61508	高岭土、珍珠岩等非金属矿物加工人员
61599	其他非金属矿物制品制造人员
61600	采矿人员
61601	矿物采选人员
61602	石油和天然气开采与储运人员
61603	采盐人员
61699	其他采矿人员
61700	金属冶炼和压延加工人员
61701	炼铁人员
61702	炼钢人员
61703	铸铁管人员
61704	铁合金冶炼人员
61705	重有色金属冶炼人员
61706	轻有色金属冶炼人员
61707	稀贵金属冶炼人员
61708	半导体材料制备人员
61709	金属轧制人员
61710	硬质合金生产人员
61799	其他金属冶炼和压延加工人员
61800	机械制造基础加工人员
61801	机械冷加工人员
61802	机械热加工人员
61803	机械表面处理加工人员
61804	工装工具制造加工人员
61899	其他机械制造基础加工人员
61900	金属制品制造人员
61901	五金制品制作装配人员
61999	其他金属制品制造人员

表 1（续）

代码	名　　称
62000	通用设备制造人员
62001	通用基础件装配制造人员
62002	锅炉及原动设备制造人员
62003	金属加工机械制造人员
62004	物料搬运设备制造人员
62005	泵、压缩机、阀门及类似机械制造人员
62006	烘炉、水处理、衡器等设备制造人员
62007	文化办公机械制造人员
62099	其他通用设备制造人员
62100	专用设备制造人员
62101	采矿、建筑专用设备制造人员
62102	印刷生产专用设备制造人员
62103	纺织服装和皮革加工专用设备制造人员
62104	电子专用设备装配调试人员
62105	农业机械制造人员
62106	医疗器械制品和康复辅具生产人员
62199	其他专用设备制造人员
62200	汽车制造人员
62201	汽车零部件、饰件生产加工人员
62202	汽车整车制造人员
62299	其他汽车制造人员
62300	铁路、船舶、航空设备制造人员
62301	轨道交通运输设备制造人员
62302	船舶制造人员
62303	航空产品装配、调试人员
62304	摩托车、自行车制造人员
62399	其他铁路、船舶、航空设备制造人员
62400	电气机械和器材制造人员
62401	电机制造人员
62402	输配电及控制设备制造人员
62403	电线电缆、光纤光缆及电工器材制造人员
62404	电池制造人员
62405	家用电力器具制造人员
62406	非电力家用器具制造人员
62407	照明器具制造人员
62408	电气信号设备装置制造人员
62499	其他电气机械和器材制造人员

表 1（续）

代码	名　　称
62500	计算机、通信和其他电子设备制造人员
62501	电子元件制造人员
62502	电子器件制造人员
62503	计算机制造人员
62504	电子设备装配调试人员
62599	其他计算机、通信和其他电子设备制造人员
62600	仪器仪表制造人员
62601	仪器仪表装配人员
62699	其他仪器仪表制造人员
62700	废弃资源综合利用人员
62701	废料和碎屑加工处理人员
62799	其他废弃资源综合利用人员
62800	电力、热力、气体、水生产和输配人员
62801	电力、热力生产和供应人员
62802	气体生产、处理和输送人员
62803	水生产、输排和水处理人员
62899	其他电力、热力、气体、水生产和输配人员
62900	建筑施工人员
62901	房屋建筑施工人员
62902	土木工程建筑施工人员
62903	建筑安装施工人员
62904	建筑装饰人员
62905	古建筑修建人员
62999	其他建筑施工人员
63000	运输设备和通用工程机械操作人员及有关人员
63001	专用车辆操作人员
63002	轨道交通运输机械设备操作人员
63003	民用航空设备操作及有关人员
63004	水上运输设备操作及有关人员
63005	通用工程机械操作人员
63099	其他运输设备和通用工程机械操作人员及有关人员
63100	生产辅助人员
63101	机械设备修理人员
63102	船舶、民用航空器修理人员
63103	检验试验人员
63104	称重计量人员

表 1（续）

代码	名　　称
63105	包装人员
63106	安全生产管理人员
63199	其他生产辅助人员
69900	其他生产制造及有关人员
70000	军人
80000	不便分类的其他从业人员

10000 党的机关、国家机关、群众团体和社会组织、企事业单位负责人

在中国共产党机关，国家机关，民主党派和工商联，人民团体和群众团体、社会组织及其工作机构，基层群众自治组织，企业、事业单位中担任领导职务并具有决策、管理权的人员

10100 中国共产党机关负责人

在中国共产党中央和地方各级机关及其工作机构中，担任领导职务的人员

10200 国家机关负责人

在各级人民代表大会常务委员会、国家行政机关、人民政协及其工作机构，人民法院和人民检察院中，担任领导职务并具有决策、管理权的人员

10201 国家权力机关负责人

在各级人民代表大会常务委员会及其工作机构中，担任领导职务并具有决策、管理权的人员

10202 国家行政机关负责人

在各级国家行政机关及其工作机构中，担任领导职务并具有决策、管理权的人员

10203 人民政协机关负责人

在各级人民政协及其工作机构中，担任领导职务并具有决策、管理权的人员

10204 人民法院和人民检察院负责人

在最高人民法院、最高人民检察院、地方各级人民法院以及专门人民法院、地方各级人民检察院以及专门人民检察院，担任领导职务并具有决策、管理权的人员

包括人民法院负责人、人民检察院负责人

10300 民主党派和工商联负责人

在中国国民党革命委员会、中国民主同盟、中国民主建国会、中国民主促进会、中国农工民主党、中国致公党、九三学社、台湾民主自治同盟和中华全国工商业联合会各级组织机构中，担任领导职务并具有决策、管理权的人员

包括民主党派负责人、工商联负责人

10400 人民团体和群众团体、社会组织及其他成员组织负责人

在人民团体和群众团体，社会团体、民办非企业单位、社会中介组织、基金会、宗教组织中，担任领导职务并具有决策、管理权的人员

10401 人民团体和群众团体负责人

在中华全国总工会、中国共产主义青年团、全国妇女联合会等人民团体和群众团体各级机构中，担任领导职务并具有决策、管理权的人员

包括工会负责人、共青团负责人、妇联负责人等

10402 社会团体负责人

在学术性、联合性、经济性、慈善性社会团体和专业性学术团体中，担任领导职务的人员

10403 民办非企业单位负责人

在企业事业单位、社会团体和其他社会力量以及公民个人利用非国有资产举办的从事非营利性社会服务活动的社会组织中，担任领导职务的人员

表 2（续）

职业分类及代码		说　明
10404	社会中介组织负责人	在依法成立的提供服务、沟通、公证和部分监督性质社会管理工作的非政府社会组织中，担任领导职务的人员
10405	基金会负责人	在利用捐赠的财产从事公益事业的非营利性法人机构，担任领导职务的人员
10406	宗教组织负责人	在佛教、道教、伊斯兰教、天主教、基督教等宗教组织中，担任领导职务的人员
10500	基层群众自治组织负责人	在居民委员会和村民委员会，担任领导职务的人员 包括居民委员会负责人、村民委员会负责人
10600	企事业单位负责人	在企业和教育、科技、文化、卫生等事业单位中，担任领导职务并具有决策、管理权的人员
10601	企业负责人	在企业中，担任领导职务并具有决策、管理权的人员 包括企业董事、企业经理
10602	事业单位负责人	在教育、科技、文化、卫生等事业单位中，担任领导职务并具有决策、管理权的人员
20000	专业技术人员	从事科学研究和专业技术工作的人员
20100	科学研究人员	从事社会科学和自然科学研究工作的专业人员
20101	哲学研究人员	从事自然、社会与思维一般规律研究的专业人员
20102	经济学研究人员	从事经济学理论研究，运用经济学原理对经济问题提出解决办法的专业人员
20103	法学研究人员	从事法学、政治学、社会学、民族学、马克思主义理论、公安学等理论和应用研究的专业人员
20104	教育学研究人员	从事教育学、心理学、体育学等理论和应用研究的专业人员
20105	历史学研究人员	从事考古学、中国史、世界史研究的专业人员
20107	农学研究人员	从事农业发展自然规律和经济规律研究的专业人员 包括作物学、园艺学、农业资源与环境、植物保护、畜牧学、兽医学、林学、水产、草学等研究人员
20108	医学研究人员	从事基础医学、临床医学、口腔医学、公共卫生与预防医学、中医学、中西医结合、药学、中药学、特种医学、医学技术、护理学等研究的专业人员
20109	管理学研究人员	从事管理科学与工程、工商管理、农林经济管理、公共管理、图书情报与档案管理等理论与方法研究的专业人员
20111	军事学研究人员	从事军事思想及军事历史、战略学、战役学、战术学、军队指挥学、军制学、军队政治工作学、军事后勤学、军事装备学、军事训练学等研究的专业人员
20112	文学研究人员	从事中国语言文学、外国语言文学、新闻传播学等理论和应用研究的专业人员
20113	理学研究人员	从事数学、物理学、化学、天文学、地理学、大气科学、海洋科学、地球物理学、地质学、生物学、系统科学、科学技术史、生态学、统计学等理论与应用研究的专业人员
20114	工学研究人员	从事力学、机械工程、光学工程、仪器科学与技术、材料科学与工程、冶金工程、动力工程及工程热物理、电气工程、电子科学与技术、信息与通信工程、控制科学与工程、计算机科学与技术、建筑学、土木工程、水利工程、测绘科学与技术、化学工程与技术、地质资源与地质工程、矿业工程、石油与天然气工程、纺织科学与工程、轻工技术与工程、交通运输工程、船舶与海洋工程、航空宇航科学与技术、兵器科学与技术、核科学与技术、农业工程、林业工程、环境科学与工程、生物医学工程、食品科学与工程、城乡规划学、风景园林学、软件工程、生物工程、安全科学与工程、公安技术等理论与应用研究的专业人员

表 2（续）

职业分类及代码		说　明
20115	艺术学研究人员	从事艺术学理论、音乐与舞蹈学、戏剧与影视学、美术学、设计学等研究的专业人员
20199	其他科学研究人员	未列入 20101 至 20115 的科学研究人员
20200	工程技术人员	从事矿物勘探和开采，产品开发和设计、制造，建筑、交通、通信及其他工程规划、设计、施工等的技术人员
20201	地质勘探工程技术人员	从事地质调查、矿产调查与勘查、勘查工程施工及技术管理等工作的工程技术人员 包括地质实验测试工程技术人员、地球物理地球化学与遥感勘查工程技术人员、水工环地质工程技术人员、地质矿产调查工程技术人员、钻探工程技术人员
20202	测绘和地理信息工程技术人员	从事地球整体及其表面和外层空间中的自然和人造物体与空间分布有关的信息采集、处理、存储、分析、管理、更新及利用的工程技术人员 包括大地测量工程技术人员、工程测量工程技术人员、摄影测量与遥感工程技术人员、地图制图工程技术人员、海洋测绘工程技术人员、地理国情监测工程技术人员、地理信息系统工程技术人员、导航与位置服务工程技术人员、地质测绘工程技术人员
20203	矿山工程技术人员	从事采矿、选矿与矿物加工生产工艺开发、设计并进行生产的工程技术人员 包括矿井建设工程技术人员、采矿工程技术人员、矿山通风工程技术人员、选矿与矿物加工工程技术人员、矿山环保复垦工程技术人员
20204	石油天然气工程技术人员	从事石油天然气钻井及开采技术研究、储运系统规划设计和运行的工程技术人员 包括石油天然气开采工程技术人员、石油天然气储运工程技术人员
20205	冶金工程技术人员	从事金属矿物冶炼、金属轧制、焦化、铸管、冶金热能利用及金属材料、耐火材料、炭素材料工艺技术研究、设计和生产的工程技术人员 包括石油天然气开采工程技术人员、石油天然气储运工程技术人员
20206	化工工程技术人员	从事化工产品生产的工艺实验、工艺设计和生产技术组织的工程技术人员 包括铸管工程技术人员、化工实验工程技术人员、化工设计工程技术人员、化工生产工程技术人员
20207	机械工程技术人员	从事机械设计与制造，仪器仪表设计、制造和设备管理的工程技术人员 包括机械设计工程技术人员、机械制造工程技术人员、仪器仪表工程技术人员、设备工程技术人员、医学设备管理工程技术人员、模具设计工程技术人员、自动控制工程技术人员、材料成形与改性工程技术人员、焊接工程技术人员、特种设备管理和应用工程技术人员、汽车工程技术人员、船舶工程技术人员
20208	航空工程技术人员	从事飞行器、航空动力装置及机载设备设计、制造、试验、支援的工程技术人员 包括飞行器设计工程技术人员、飞行器制造工程技术人员、航空动力装置设计工程技术人员、航空动力装置制造工程技术人员、航空产品试验与飞行试验工程技术人员、航空产品适航工程技术人员、航空产品支援工程技术人员、机载设备设计制造工程技术人员

表 2（续）

职业分类及代码		说　明
20209	电子工程技术人员	从事电子材料、电子元器件、雷达导航设备与系统工程、广播视听设备、电子仪器等研究、设计、制造和使用维护的工程技术人员 包括电子材料工程技术人员、电子元器件工程技术人员、雷达导航工程技术人员、电子仪器与电子测量工程技术人员、广播视听设备工程技术人员
20210	信息和通信工程技术人员	从事信息和通信工程研究、设计、制造、使用与维护的工程技术人员 包括通信工程技术人员、计算机硬件工程技术人员、计算机软件工程技术人员、计算机网络工程技术人员、信息系统分析工程技术人员、嵌入式系统设计工程技术人员、信息安全工程技术人员、信息系统运行维护工程技术人员
20211	电气工程技术人员	从事电机与电器、电线电缆与电工材料、光源与照明等研究、设计、制造、试验的工程技术人员 包括电工电器工程技术人员、电缆光缆工程技术人员、光源与照明工程技术人员
20212	电力工程技术人员	从事电站与电力系统的研究、设计、安装、运行、检修、管理的工程技术人员 包括发电工程技术人员、供用电工程技术人员、变电工程技术人员、输电工程技术人员、电力工程安装工程技术人员
20213	邮政和快递工程技术人员	从事邮政信息处理、邮政局所和网络建设管理、快递设备和服务以及快递网络建设管理工作的工程技术人员 包括邮政工程技术人员、快递工程技术人员
20214	广播电影电视及演艺设备工程技术人员	从事广播电视节目编播、信号传输和电影制作工艺设计及设备配置安装的工程技术人员 包括广播电视制播工程技术人员、广播电视传输覆盖工程技术人员、电影工程技术人员、演艺设备工程技术人员
20215	道路和水上运输工程技术人员	从事汽车运用、船舶运用、水上交通、道路交通、海上救助打捞、船舶检验和航标等的工程技术人员 包括汽车运用工程技术人员、船舶运用工程技术人员、水上交通工程技术人员、水上救助打捞工程技术人员、船舶检验工程技术人员、无线电航标操作与维护工程技术人员、视觉航标工程技术人员、道路交通工程技术人员
20216	民用航空工程技术人员	从事民用航空器维修与适航、空中交通管理、飞行签派、通用航空生产的工程技术人员 包括民用航空器维修与适航工程技术人员、民航空中交通管理工程技术人员、民航通用航空工程技术人员
20217	铁道工程技术人员	从事铁路研究、规划设计、运输组织、生产制造、试验检测、设备维护及管理的工程技术人员 包括铁道运输工程技术人员、铁道机务工程技术人员、铁道车辆工程技术人员、铁道电务工程技术人员、铁道供电工程技术人员、铁道工务工程技术人员
20218	建筑工程技术人员	从事城乡规划设计，建筑物、构筑物、公园、道路、桥梁、港口与航道、铁路、机场等建筑项目设计、建造及管理的工程技术人员 包括城乡规划工程技术人员、建筑和市政设计工程技术人员、土木建筑工程技术人员、风景园林工程技术人员、供水排水工程技术人员、工程勘察与岩土工程技术人员、城镇燃气供热工程技术人员、环境卫生工程技术人员、道路与桥梁工程技术人员、港口与航道工程技术人员、民航机场工程技术人员、铁路建筑工程技术人员、水利水电建筑工程、爆破工程技术人员

表 2（续）

职业分类及代码	说　明
20219　建材工程技术人员	从事建筑材料、非金属矿及制品、无机非金属新材料等产品的研究、设计并指导生产的工程技术人员 包括硅酸盐工程技术人员、非金属矿及制品工程技术人员、无机非金属材料工程技术人员
20220　林业工程技术人员	从事林业生态环境建设、森林培育、园林绿化、天然林经营与保护、野生动物繁育、森林保护和森林开发、利用的工程技术人员 包括防沙治沙工程技术人员、森林培育工程技术人员、园林绿化工程技术人员、野生动植物保护利用工程技术人员、自然保护区工程技术人员、森林保护工程技术人员、木竹藤棕草加工工程技术人员、森林采伐和运输工程技术人员、经济林产品加工工程技术人员、林业资源调查与监测工程技术人员、园林植物保护工程技术人员
20221　水利工程技术人员	从事水资源勘测利用、水生态及江河治理、防汛抗旱、水利工程管理的工程技术人员 包括水资源工程技术人员、水生态和江河治理工程技术人员、水利工程管理工程技术人员、防汛抗旱减灾工程技术人员
20222　海洋工程技术人员	从事海洋调查与监测，海洋环境预报，海洋资源开发利用和保护，海洋工程勘察设计、咨询与监理的工程技术人员 包括海洋调查与监测工程技术人员、海洋环境预报工程技术人员、海洋资源开发利用和保护工程技术人员、海洋工程勘察设计工程技术人员、海水淡化工程技术人员、深潜工程技术人员
20223　纺织服装工程技术人员	从事纺纱、织造、非织造、化学纤维制造、染整、服装加工等工艺开发、设计，以及生产指导的工程技术人员 包括纺织工程技术人员、染整工程技术人员、化学纤维工程技术人员、非织造工程技术人员、服装工程技术人员
20224　食品工程技术人员	从事食品原辅材料、工业产品、工艺技术和专用装备研发，生产流程管理，生产技术指导的工程技术人员
20225　气象工程技术人员	从事大气特性、大气现象、大气运动以及气象环境、气候变化的探测、研究、预报、预测和应用服务的工程技术人员 包括气象观测工程技术人员、天气预报工程技术人员、气候监测预测工程技术人员、气象服务工程技术人员、人工影响天气工程技术人员、防雷工程技术人员
20226　地震工程技术人员	从事地震理论和应用研究、防震减灾技术研究，地震监测和预报、应急救援和安全性评价的工程技术人员 包括地震监测预测工程技术人员、地震应急救援工程技术人员、地震安全性评价工程技术人员
20227　环境保护工程技术人员	从事环境状态和结构改变、环境质量下降、环境功能衰退等过程监督管理、调查研究、分析监测及环境污染控制、治理与环境修复的工程技术人员 包括环境监测工程技术人员、环境污染防治工程技术人员、环境影响评价工程技术人员、核与辐射安全工程技术人员、核与辐射监测工程技术人员、健康安全环境工程技术人员
20228　安全工程技术人员	从事安全防范设计评估、安全评价、安全生产管理、房屋鉴定、消防和防伪等工作的工程技术人员 包括安全防范设计评估工程技术人员、消防工程技术人员、安全生产管理工程技术人员、安全评价工程技术人员、房屋安全鉴定工程技术人员、防伪工程技术人员

表 2（续）

职业分类及代码		说　明
20229	标准化、计量、质量和认证认可工程技术人员	从事标准化和计量、质量、认证认可等管理、监督、检验及其相关理论、技术与应用研究的工程技术人员 包括标准化工程技术人员、计量工程技术人员、质量管理工程技术人员、质量认证认可工程技术人员、可靠性工程技术人员
20230	管理(工业)工程技术人员	从事集成生产与服务系统研究、规划、设计、评价和创新的工程技术人员 包括工业工程技术人员、物流工程技术人员、战略规划与管理工程技术人员、项目管理工程技术人员、再生资源工程技术人员、能源管理工程技术人员、监理工程技术人员、信息管理工程技术人员、数据分析处理工程技术人员、工程造价工程技术人员
20231	检验检疫工程技术人员	从事产品质量，出入境商品检验、卫生检疫、动植物检疫、进出口食品安全等工作的工程技术人员 包括产品质量检验工程技术人员、进出口商品检验鉴定工程技术人员、进出境动植物检验检疫人员、特种设备检验检测工程技术人员、纤维质量检验工程技术人员、卫生检疫人员
20232	制药工程技术人员	从事医药产品生产工艺设计、产品检验、技术指导的工程技术人员
20233	印刷复制工程技术人员	从事文图、音视频等信息印刷和复制技术研发、设计并指导作业的工程技术人员
20234	工业(产品)设计工程技术人员	从事制造业、服务业、移动互联网等领域工业设计和产品设计的工程技术人员 包括产品设计工程技术人员、工业设计工程技术人员
20235	康复辅具工程技术人员	从事残障者康复辅具的工艺设计、功能评测、补偿替代规划和实施等工作的工程技术人员 包括矫形器师、假肢师、听力师
20236	轻工工程技术人员	从事制浆与造纸、皮革化学、生物发酵、日用化工和塑料加工等领域的新材料、新产品、新工艺研究与开发、工程设计与实施、产品质量控制，生产技术指导的工程技术人员 包括制浆造纸工程技术人员、皮革化学工程技术人员、生物发酵工程技术人员、日用化工工程技术人员、塑料加工工程技术人员
20237	土地整治工程技术人员	从事土地开发、整理、复垦等工程的勘测、规划、设计、施工、监测、监管工作的工程技术人员
20290	兵器工程技术人员	从事兵器装备的研究、设计、制造、技术开发和推广的工程技术人员
20291	航天工程技术人员	从事导弹、运载火箭、航天器系统工程，航天控制系统工程，航天发动机与推进技术，航天电子、信息工程，航天发射与保障系统，航天材料、制造工程研制的工程技术人员
20299	其他工程技术人员	未列入 20201 至 20291 的工程技术人员
20300	农业技术人员	从事土壤肥料、植物保护、作物遗传育种、栽培和畜牧、兽医、水产养殖利用、农业技术指导和农业工程等工作的技术人员
20301	土壤肥料技术人员	从事土壤质量评价、土壤培肥与改良、肥料高效利用及相关技术研发与推广的技术人员
20302	农业技术指导人员	从事农业技术指导、咨询、培训、技术开发和信息服务的技术人员
20303	植物保护技术人员	从事植物病、虫、草、鼠等有害生物的监测预警、综合治理技术、植物保护产品开发与推广的技术人员

表 2（续）

职业分类及代码		说　　明
20304	园艺技术人员	从事园艺植物种质资源、遗传育种、栽培管理、采后处理与加工、质量安全与检测以及规划设计等研究、示范、推广和管理的技术人员
20305	作物遗传育种栽培技术人员	从事农作物新品种选育及栽培措施研究和推广的技术人员
20306	兽医兽药技术人员	从事动物疫病预防、诊断、治疗技术，动物疫情监测、动物及动物产品的检疫、检验技术，兽用生物制品、化学药品，兽用抗生素、中药及药物添加剂等技术推广应用和监督管理的技术人员 包括兽医、兽药技术人员、宠物医师
20307	畜牧与草业技术人员	从事畜禽、特种经济动物和牧草、草坪生产，品种资源保护，品种(品系)选育、改良、繁育，经营管理等技术推广应用的技术人员 包括畜牧技术人员、草业技术人员
20308	水产技术人员	从事水产养殖、渔业资源开发利用的技术人员 包括水产养殖技术人员、渔业资源开发利用技术人员
20309	农业工程技术人员	从事农业机械运用、农田水土保持、土地资源利用、农村建筑和农业生物环境调控、农副产品加工、农村能源转化、农业电气化实施等的技术人员
20399	其他农业技术人员	未列入 20301 至 20309 的农业技术人员
20400	飞机和船舶技术人员	从事飞机驾驶和领航，船舶指挥和引航，以及通信和设备运行保障等工作的技术人员
20401	飞行人员和领航人员	从事飞机驾驶与领航、通信和设备运行保障等工作的技术人员 包括飞行驾驶员、飞行机械员、飞行领航员、飞行通信员
20402	船舶指挥和引航人员	从事船舶甲板部、轮机部指挥、协调及引航等工作的技术人员 包括甲板部技术人员、轮机部技术人员、船舶引航员
20499	其他飞机和船舶技术人员	未列入 20401 至 20402 的飞机和船舶技术人员
20500	卫生专业技术人员	从事医疗、预防、康复、保健以及相关工作的专业技术人员
20501	西医医师	在医疗、预防、保健机构中，运用现代医学技术，从事人体疾病诊断、治疗、预防及康复的专业人员 包括内科医师、外科医师、儿科医师、妇产科医师、眼科医师、耳鼻咽喉科医师、口腔科医师、皮肤科医师、精神科医师、传染病科医师、急诊科医师、康复科医师、麻醉科医师、病理科医师、放射科医师、核医学科医师、超声科医师、肿瘤科医师、全科医师、医学遗传科医师、妇幼保健医师、疼痛科医师、重症医学科医师、临床检验科医师、职业病科医师
20502	中医医师	在医疗、预防、保健机构中，运用中医药传统方法和手段，从事人体疾病诊断、治疗、预防、保健和康复等的专业人员 包括中医内科医师、中医外科医师、中医妇科医师、中医儿科医师、中医眼科医师、中医皮肤科医师、中医骨伤科医师、中医肛肠科医师、中医耳鼻咽喉科医师、针灸医师、中医推拿医师、中医营养医师、中医整脊科医师、中医康复医师、中医全科医师、中医亚健康医师
20503	中西医结合医师	在医疗、预防、保健机构中，综合运用中、西医医学理论和技术方法，从事人体疾病诊断、治疗、康复和预防的专业人员 包括中西医结合内科医师、中西医结合外科医师、中西医结合妇科医师、中西医结合儿科医师、中西医结合骨伤科医师、中西医结合肛肠科医师、中西医结合皮肤与性病科医师

表 2（续）

职业分类及代码		说　　明
20504	民族医医师	运用民族医学理论，从事人体疾病诊断、治疗、康复、预防的专业人员 包括藏医、蒙医、维医、傣医、朝医、哈医、壮医等
20505	公共卫生与健康医师	从事卫生防病和公共卫生监督监测的专业人员 包括疾病控制医师、健康教育医师、公共卫生医师
20506	药学技术人员	在医疗、预防或药品供应机构中，根据医师处方进行药物配置和分发，并辅助医师合理用药的专业人员 包括药师、中药师、民族药师
20507	医疗卫生技术人员	在医疗和预防保健机构中，使用医疗、预防设备，从事临床服务的技术人员 包括影像技师、口腔医学技师、病理技师、临床检验技师、公卫检验技师、卫生工程技师、输血技师、临床营养技师、消毒技师、肿瘤放射治疗技师、心电学技师、神经电生理脑电图技师、康复技师、心理治疗技师、病案信息技师、中医技师
20508	护理人员	从事患者、社会人群的身心整体护理、辅助医疗、指导康复和预防保健、健康教育的专业人员 包括内科护士、儿科护士、急诊护士、外科护士、社区护士、助产士、口腔科护士、妇产科护士、中医护士
20509	乡村医生	在村卫生室，从事基本公共卫生和基本医疗服务的专业人员
20599	其他卫生专业技术人员	未列入 20501 至 20509 的卫生专业技术人员
20600	经济和金融专业人员	从事经济、统计、财会、审计、税务、资产和资源评估、商务和人力资源、银行、保险、证券和知识产权等业务工作的专业人员
20601	经济专业人员	从事行业经营、生产、资金、价格、项目及工作计划编制并监控实施的专业人员 包括经济规划专业人员、合作经济专业人员、价格专业人员
20602	统计专业人员	从事国民经济和社会的宏观、微观情况统计调查、统计分析，提供统计资料和统计咨询意见，实行统计监督的专业人员
20603	会计专业人员	从事国家机关、社会团体、企事业单位和其他经济组织会计核算和会计监督的专业人员
20604	审计专业人员	从事对审计单位财政、财务收支及其他经济活动的真实性、合法性、合理性、效益性进行监督、鉴证、评价等工作的专业人员
20605	税务专业人员	在税务师事务所等涉税专业服务机构中，从事税务代理、税务鉴证、税务审核、税务咨询等服务的专业人员
20606	评估专业人员	从事资产和资源状况鉴定、价值估算和咨询服务的专业人员 包括资产评估人员、房地产估价专业人员、森林资源评估专业人员、矿业权评估专业人员、海域海岛评估专业人员
20607	商务专业人员	从事市场营销、商务策划、管理咨询等商务活动的专业人员 包括国际商务专业人员、市场营销专业人员、商务策划专业人员、品牌专业人员、会展策划专业人员、房地产开发专业人员、医药代表、管理咨询专业人员、拍卖专业人员、物业经营管理专业人员、经纪与代理专业人员、报关专业人员、报检专业人员
20608	人力资源专业人员	在单位内或人力资源服务机构中，从事人力资源规划、招聘配置、培训开发、绩效考核、薪酬福利、劳动关系等工作或咨询服务的专业人员 包括人力资源管理专业人员、人力资源服务专业人员、职业信息分析专业人员

表 2（续）

职业分类及代码		说　　明
20609	银行专业人员	在储蓄性金融机构中，以货币及其衍生物为工具，从事资金筹措与资金运营、客户委托事项办理以及非资金服务的专业人员 包括银行货币发行专业人员、银行国库业务专业人员、银行外汇市场业务专业人员、银行清算专业人员、信贷审核专业人员、银行国外业务专业人员
20610	保险专业人员	从事精算和保险核保、理赔、资金运用等业务的专业人员 包括精算专业人员、保险核保专业人员、保险理赔专业人员、保险资金运用专业人员
20611	证券专业人员	从事证券发行、证券交易、理财投资等业务的专业人员 包括证券发行专业人员、证券交易专业人员、证券投资专业人员、理财专业人员、黄金投资专业人员
20612	知识产权专业人员	从事著作权、专利权与商标权等知识产权的申请、审查、核准、评估、转让、代理、管理等业务的专业人员 包括专利代理专业人员、专利审查专业人员、专利管理专业人员、专利信息分析专业人员、版权专业人员、商标代理专业人员、商标审查审理专业人员、商标管理专业人员
20699	其他经济和金融专业人员	未列入 20601 至 20612 的经济和金融专业人员
20700	法律、社会和宗教专业人员	从事律师、公证、司法鉴定、社会服务和宗教活动以及依法行使审判权、检察权等工作的专业人员
20701	法官	在最高人民法院、地方各级人民法院和专门人民法院，依法行使国家审判权的人员
20702	检察官	在最高人民检察院、地方各级人民检察院和军事检察院等专门人民检察院，依法行使国家检察权的人员
20703	律师	接受委托或者指定，依法为当事人提供法律服务的专业人员
20704	公证员	在公证机构，从事公证业务的专业人员
20705	司法鉴定人员	从事诉讼活动中涉及的专门问题检验、分析、鉴别和判断的专业人员 包括法医、物证鉴定人员
20706	审判辅助人员	在各级人民法院，协助法官履行审判职责的专业人员
20707	法律顾问	在企事业单位、社会组织内部，从事经营决策、合同、规章及规范性文件法律审核，合规管理、宣传教育和咨询服务的专业人员
20708	宗教教职人员	专门从事佛教、道教、伊斯兰教、天主教、基督教等宗教教务活动的人员
20709	社会工作专业人员	在社区、社会服务机构和社会组织中，从事社区建设、社会服务、社会组织发展等工作的专业人员 包括社会工作者、社会组织专业人员、心理咨询师
20799	其他法律、社会和宗教专业人员	未列入 20701 至 20709 的法律、社会和宗教专业人员
20800	教学人员	从事各级各类教育教学工作的专业人员
20801	高等教育教师	在高等学校，专门从事教育教学及科学研究工作的专业人员
20802	中等职业教育教师	在中等职业教育培训机构中，从事教育教学工作的专业人员
20803	中小学教育教师	在中小学，专门从事教育教学工作的专业人员 包括中学教育教师、小学教育教师
20804	幼儿教育教师	在幼儿教育机构中，专门从事幼儿教育工作的专业人员
20805	特殊教育教师	在各级各类学校，专门从事残疾儿童、残疾青少年和残疾成人教育教学工作的专业人员

表 2（续）

职业分类及代码		说　　明
20899	其他教学人员	未列入 20801 至 20805 的教学人员
20900	文学艺术、体育专业人员	从事文学、艺术和体育工作的专业人员
20901	文艺创作与编导人员	从事一种或几种艺术门类创作的专业人员 包括文学作家、曲艺作家、剧作家、作曲家、词作家、导演、舞蹈编导、舞美设计
20902	音乐指挥与演员	从事音乐指挥和电影、戏剧、舞蹈、曲艺、杂技、歌唱、乐器艺术表演等的专业人员 包括音乐指挥、电影电视演员、戏剧戏曲演员、舞蹈演员、曲艺演员、杂技魔术演员、歌唱演员、皮影戏木偶戏演员、民族乐器演奏员、外国乐器演奏员
20903	电影电视制作专业人员	从事电影、电视片拍摄、制作及发行，以及戏剧、演出管理等工作的专业人员 包括电影电视制片人、电影电视场记、电影电视摄影师、电影电视片发行人、电视导播、剪辑师
20904	舞台专业人员	从事电影、电视片拍摄、制作过程中舞台效果处理的专业人员 包括灯光师、音像师、美工师、化妆师、装置师、服装道具师、演出监督、演出制作人
20905	美术专业人员	从事造型艺术创作的专业人员 包括画家、篆刻家、雕塑家、书法家、摄影家
20906	工艺美术与创意设计专业人员	从事工艺美术造型设计和构思的专业人员 包括视觉传达设计人员、服装设计人员、动画设计人员、环境设计人员、染织艺术设计人员、工艺美术专业人员、数字媒体艺术专业人员、公共艺术专业人员、陈列展览专业人员
20907	体育专业人员	从事竞技体育运动员的培养、竞赛结果的裁定和运动项目训练、比赛、运动损伤防护的专业人员 包括教练员、裁判员、运动员、运动防护师
20999	其他文学艺术、体育专业人员	未列入 20901 至 20907 的文学艺术、体育专业人员
21000	新闻出版、文化专业人员	从事新闻采访报道、文图编辑校对、翻译、播音与节目主持、图书资料与档案管理、考古及文物保护等工作的专业人员
21001	记者	从事新闻采访和新闻报道的专业人员 包括文字记者、摄影记者
21002	编辑	从事文稿、图片等的组织、修改和编排的专业人员 包括文字编辑、美术编辑、技术编辑、音像电子出版物编辑、网络编辑、电子音乐编辑
21003	校对员	从事图书、报纸、期刊等出版物原稿和校样核对工作的专业人员
21004	播音员及节目主持人	从事广播、电视播音及节目主持的专业人员 包括播音员、节目主持人
21005	翻译人员	从事外国与中国语言和文字互译、中国各民族语言和文字互译以及听力残疾人士与非听力残疾人士之间互译的专业人员 包括翻译、手语翻译
21006	图书资料与微缩摄影专业人员	从事图书资料收集、整理、编目、保管、利用等服务的专业人员 包括图书资料专业人员、微缩摄影专业人员
21007	档案专业人员	从事档案接收、征集、整理、编目、鉴定、保管、保护、利用、编研的专业人员

表 2（续）

职业分类及代码		说　明
21008	考古及文物保护专业人员	从事考古发掘及文物保护、保管、陈列和研究的专业人员 包括考古专业人员、文物藏品专业人员、可移动文物保护专业人员、不可移动文物保护专业人员
21099	其他新闻出版、文化专业人员	未列入 21001 至 21008 的新闻出版、文化专业人员
29900	其他专业技术人员	未列入 20101 至 21099 的专业技术人员
30000	办事人员和有关人员	在公共管理和社会组织机构中，从事行政业务、行政事务、行政执法和仲裁、安全保卫、消防和应急救援等工作的人员
30100	办事人员	在公共管理和社会组织机构中，从事行政业务、行政事务、行政执法和仲裁工作的人员
30101	行政业务办理人员	在公共管理和社会组织及相关机构中，从事行政业务办理的人员 包括行政办事员、社区事务员、统计调查员、社团会员管理员、劝募员
30102	行政事务处理人员	从事公共管理和社会组织机构内部的日常行政管理事务及相关服务工作的人员 包括机要员、秘书、公关员、收发员、打字员、速录师、制图员、后勤管理员
30103	行政执法和仲裁人员	在特定国家机关依法从事行政监督和行政处罚、在仲裁机构从事争议案件仲裁工作的人员 包括行政执法员、仲裁员
30199	其他办事人员	未列入 30101 至 30103 的办事人员
30200	安全和消防人员	从事国家安全和社会治安秩序维护、公共财产与个人财产和生命安全保护，以及防火、灭火等项工作的人员
30201	人民警察	在公共安全部门，依法从事国家安全和社会治安秩序维护，公民人身安全、人身自由和合法财产保护，公共财产保护，违法犯罪预防、制止和惩治等工作的警务人员
30202	保卫人员	在国家机关、社会团体、企业和事业单位中，从事单位内部治安保卫和安全防范管理工作的人员 包括保卫管理员
30203	消防和应急救援人员	从事消防安全管理和建筑物与构筑物、水上与森林及危险品等消防及应急救援工作的人员 包括消防员、消防指挥员、消防装备管理员、消防安全管理员、消防监督检查员、森林消防员、森林火情瞭望观察员、应急救援员
30299	其他安全和消防人员	未列入 30201 至 30203 的安全和消防人员
39900	其他办事人员和有关人员	未列入 30101 至 30299 的办事人员和有关人员
40000	社会生产服务和生活服务人员	从事商品批发零售、交通运输、仓储、邮政和快递、信息传输、软件和信息技术、住宿和餐饮以及金融、房地产、租赁和商务技术辅助、生态保护、文化、体育和娱乐等社会生产服务与生活服务工作的人员
40100	批发与零售服务人员	从事生活用品、生产资料的采购与销售，贸易经纪代理、再生物资回收等工作的人员
40101	采购人员	从事生活用品、生产资料采购工作的人员 包括采购员
40102	销售人员	从事生活用品、生产资料销售工作的人员 包括营销员、电子商务师、商品营业员、收银员、摊商
40103	贸易经纪代理人员	从事商品交易、贸易经纪、销售代理等工作的人员 包括农产品经纪人、粮油竞价交易员

表 2（续）

职业分类及代码		说　明
40104	再生物资回收人员	从事废金属、废弃电器电子产品及设备等废旧物资回收挑选、再生资源加工等工作的人员 包括废旧物资回收挑选工
40105	特殊商品购销人员	从事农产品、医药商品等特殊生活用品、生产资料采购和销售工作的人员 包括农产品购销员、医药商品购销员、出版物发行员、烟草制品购销员
40199	其他批发与零售服务人员	未列入 40101 至 40105 的批发与零售服务人员
40200	交通运输、仓储和邮政业服务人员	从事客运、货运等运输服务，以及仓储和邮政服务等工作的人员
40201	轨道交通运输服务人员	从事铁路和城市轨道旅客运送，以及铁路货物运输等工作的人员 包括轨道列车司机、铁路列车乘务员、铁路车站客运服务员、铁路行包运输服务员、铁路车站货运服务员、轨道交通调度员、城市轨道交通服务员
40202	道路运输服务人员	从事客、货运汽车运输服务，以及调度、收费等运输服务工作的人员 包括道路客运汽车驾驶员、道路货运汽车驾驶员、道路客运服务员、道路货运业务员、道路运输调度员、公路收费及监控员、机动车驾驶教练员、油气电站操作员
40203	水上运输服务人员	从事水上、港口客货船舶运输服务工作的人员 包括客运船舶驾驶员、船舶业务员、港口客运员、水上救生员、航标工
40204	航空运输服务人员	从事民用航空客运、货运的空中和地面服务工作的人员 包括民航乘务员、航空运输地面服务员、机场运行指挥员
40205	装卸搬运和运输代理服务人员	从事货物装卸搬运作业和运输代理服务工作的人员 包括装卸搬运工、客运售票员、运输代理服务员、危险货物运输作业员
40206	仓储人员	从事货物的储存、保管、物流服务工作的人员 包括仓储管理员、理货员、物流服务师、冷藏工
40207	邮政和快递服务人员	从事邮件、报刊处理，集邮、邮政信息业务服务工作的人员 包括邮政营业员、邮件分拣员、邮件转运员、邮政投递员、报刊业务员、集邮业务员、邮政市场业务员、快递员、快件处理员
40299	其他交通运输、仓储和邮政业服务人员	未列入 40201 至 40207 的交通运输、仓储和邮政业服务人员
40300	住宿和餐饮服务人员	在宾馆、酒店、旅店等地和餐饮服务场所，从事宾客住宿服务与餐饮服务等工作的人员
40301	住宿服务人员	从事宾馆、酒店、旅店等前厅服务和客房服务的人员 包括前厅服务员、客房服务员、旅店服务员
40302	餐饮服务人员	在餐饮服务场所，从事顾客餐饮服务工作的人员 包括中式烹调师、中式面点师、西式烹调师、西式面点师、餐厅服务员、营养配餐员、茶艺师、咖啡师、调酒师
40399	其他住宿和餐饮服务人员	未列入 40301 至 40302 的住宿和餐饮服务人员
40400	信息传输、软件和信息技术服务人员	从事信息通信、广播电视传输、软件信息技术服务等工作的人员
40401	信息通信业务人员	从事电信营业、报务和电报投递、信息通信业务等工作的人员 包括信息通信营业员、电报业务员、信息通信业务员
40402	信息通信网络维护人员	从事信息通信网络系统安装、调测，检修、维护和故障处理等工作的人员 包括信息通信网络机务员、信息通信网络线务员、信息通信网络动力机务员、信息通信网络测量员、无线电监测与设备运维员

表 2（续）

职业分类及代码		说明
40403	广播电视传输服务人员	从事有线和无线广播电视信号传输服务工作的人员 包括广播电视天线工、有线广播电视机线员
40404	信息通信网络运行管理人员	从事信息通信网络运行维护、系统管理等工作的人员 包括信息通信网络运行管理员、网络与信息安全管理员、信息通信信息化系统管理员
40405	软件和信息技术服务人员	从事应用软件、计算机系统相关软件开发及信息咨询等服务工作的人员 包括计算机程序设计员、计算机软件测试员、呼叫中心服务员
40499	其他信息传输、软件和信息技术服务人员	未列入 40401 至 40405 的信息传输、软件和信息技术服务人员
40500	金融服务人员	从事证券、银行、期货、保险、信托及典当等金融服务业务工作的人员
40501	银行服务人员	从事银行存取款、汇兑、信贷以及银行信用卡业务等工作的人员 包括银行综合柜员、银行信贷员、银行客户业务员、银行信用卡业务员
40502	证券服务人员	从事证券交易、基金发行等金融业务工作的人员 包括证券交易员、基金发行员
40503	期货服务人员	从事实物商品或金融商品的期货交易等业务服务工作的人员 包括期货交易员
40504	保险服务人员	从事保险代理、保险保全等业务工作的人员 包括保险代理人、保险保全员
40505	典当服务人员	从事实物、财产权利质押或抵押等工作的人员 包括典当业务员、鉴定估价师
40506	信托服务人员	从事代表受益人管理信托基金、房地产账户或代理账户等业务工作的人员 包括信托业务员、信用管理师
40599	其他金融服务人员	未列入 40501 至 40506 的金融服务人员
40600	房地产服务人员	从事物业管理、房地产中介服务工作的人员
40601	物业管理服务人员	从事房屋及配套设施设备和相关场地维修、养护、管理等业务工作的人员 包括物业管理员、中央空调系统运行操作员、停车管理员
40602	房地产中介服务人员	从事房地产经纪、房地产策划等工作的人员 包括房地产经纪人、房地产策划师
40699	其他房地产服务人员	未列入 40601 至 40602 的房地产服务人员
40700	租赁和商务服务人员	从事机械设备、耐用消费品租赁和咨询、人力资源、安全保护等商务服务工作的人员
40701	租赁业务人员	从事机械设备、耐用消费品租赁服务工作的人员 包括租赁业务员
40702	商务咨询服务人员	从事科技咨询、风险管理等专业性商务咨询服务工作的人员 包括风险管理师、科技咨询师、客户服务管理员
40703	人力资源服务人员	从事职业指导、劳动关系协调、创业指导等人力资源服务工作的人员 包括职业指导员、劳动关系协调员、创业指导师
40704	旅游及公共游览场所服务人员	在风景名胜、公园等旅游、游览场所，从事宾客旅游等服务工作的人员 包括导游、旅游团队领队、旅行社计调、旅游咨询员、公共游览场所服务员、休闲农业服务员

表 2(续)

职业分类及代码		说　明
40705	安全保护服务人员	从事公共安全保护、管理、防范技术支持等服务工作的人员 包括保安员、安检员、智能楼宇管理员、消防设施操作员、安全防范系统安装维护员
40706	市场管理服务人员	从事商品监督、防损和市场管理等服务工作的人员 包括商品监督员、商品防损员、市场管理员
40707	会议及展览服务人员	在会场及展览场所,从事空间视觉化表现设计、美术制作、产品展示等服务工作的人员 包括会展设计师、装饰美工、模特
40799	其他租赁和商务服务人员	未列入 40701 至 40707 的租赁和商务服务人员
40800	技术辅助服务人员	从事气象、海洋、测绘、质验、环境保护监测、地质勘查、专业化设计等专业技术辅助服务工作的人员
40801	气象服务人员	从事气象探测、预报等服务工作的人员 包括航空气象员
40802	海洋服务人员	从事海洋环境监测及水文气象观测等工作的人员 包括海洋水文气象观测员、海洋浮标工、海洋水文调查员、海洋生物调查员
40803	测绘服务人员	从事地面点位测量和地表形态描绘等测绘服务工作的人员 包括大地测量员、摄影测量员、地图绘制员、工程测量员、不动产测量员、海洋测绘员、无人机测绘操控员
40804	地理信息服务人员	从事空间位置信息和属性信息采集、处理、应用和服务工作的人员 包括地理信息采集员、地理信息处理员、地理信息应用作业员
40805	检验、检测和计量服务人员	从事动植物、工业产品、商品的检测、检验、测试、鉴定等工作的人员 包括农产品食品检验员、纤维检验员、贵金属首饰与宝玉石检测员、药物检验员、机动车检测工、计量员
40806	环境监测服务人员	从事污染源排放的液体、气体、固体等污染物测试和监测等工作的人员 包括环境监测员
40807	地质勘查人员	从事地质调查、矿产调查与勘查、勘查工程施工及业务管理等工作的非工程技术人员及辅助工作人员 包括地勘钻探工、地勘掘进工、物探工、地质调查员、地质实验员
40808	专业化设计服务人员	从事环境、产品及其生产工艺、包装、广告、人物形象等专业化设计服务工作的人员 包括花艺环境设计师、纺织面料设计师、家用纺织品设计师、色彩搭配师、工艺美术品设计师、装潢美术设计师、室内装饰设计师、广告设计师、包装设计师、玩具设计师、首饰设计师、家具设计师、陶瓷产品设计师、陶瓷工艺师、地毯设计师、皮具设计师、鞋类设计师、灯具设计师、照明设计师、形象设计师
40809	摄影扩印服务人员	从事相片拍摄、放大冲印等服务工作的人员 包括商业摄影师、冲印师
40899	其他技术辅助服务人员	未列入 40801 至 40809 的技术辅助服务人员
40900	水利、环境和公共设施管理服务人员	从事水利设施管理维护、生态保护、环境治理、环境卫生、园林绿化等服务工作的人员
40901	水利设施管养人员	从事河道、堤防、水库等水利设施检查、维修、管理、养护的人员 包括河道修防工、水工混凝土维修工、水工土石维修工、水工监测工、水工闸门运行工

表 2（续）

职业分类及代码		说明
40902	水文服务人员	从事水文测量、记录、整理、测报等工作的人员 包括水文勘测工、水文勘测船工
40903	水土保持人员	从事水土保持、水土流失防治工作的人员 包括水土保持员
40904	农田灌排人员	从事农田灌排工程施工运行、管理和养护，调配供水等工作的人员 包括灌区管理工
40905	自然保护区和草地监护人员	从事自然保护区、草地保护和管理等工作的人员 包括自然保护区巡护监测员、草地监护员
40906	野生动植物保护人员	从事野生及濒危动植物培育、繁殖等保护工作的人员 包括野生动物保护员、野生植物保护员、标本员、展出动物保育员
40907	环境治理服务人员	从事城镇生活污水、污泥、固体废物、危险废弃物处理工作的人员 包括污水处理工、工业固体废物处理处置工、危险废物处理工
40908	环境卫生服务人员	从事公共区域保洁、生活垃圾清运、处理和相关作业的人员 包括保洁员、生活垃圾清运工、生活垃圾处理工
40909	有害生物防制人员	从事危害人类健康、影响人类生活的有害生物预防和控制工作的人员 包括有害生物防制员
40910	绿化与园艺服务人员	从事园林及城市绿化、盆景和假山制作等园林景观营造及插花艺术工作的人员 包括园林绿化工、草坪园艺师、盆景工、假山工、插花花艺师
40999	其他水利、环境和公共设施管理服务人员	未列入 40901 至 40910 的水利、环境和公共设施管理服务人员
41000	居民服务人员	从事家庭、保健、婚姻等居民生活服务工作的人员
41001	生活照料服务人员	从事家政、育婴等服务工作的人员 包括婴幼儿发展引导员、育婴员、保育员、孤残儿童护理员、养老护理员、家政服务员
41002	服装裁剪和洗染织补人员	从事个体服装制衣以及衣物洗涤、染色、织补等工作的人员 包括裁缝、洗衣师、染色师、皮革护理员、织补师
41003	美容美发和浴池服务人员	从事美容、美发、美甲以及浴池服务工作的人员 包括美容师、美发师、美甲师、浴池服务员、修脚师
41004	保健服务人员	从事保健按摩、足疗等保健服务工作的人员 包括保健调理师、保健按摩师、芳香保健师
41005	婚姻服务人员	从事婚姻介绍、婚庆典礼、婚姻咨询等服务工作的人员 包括婚介师、婚礼策划师、婚姻家庭咨询师
41006	殡葬服务人员	从事殡仪服务、遗体火化、墓地管理等服务工作的人员 包括殡仪服务员、遗体防腐整容师、遗体火化师、公墓管理员
41007	宠物服务人员	从事宠物健康护理、训导、美容服务等工作的人员 包括宠物健康护理员、宠物驯导师、宠物美容师
41099	其他居民服务人员	未列入 41001 至 41007 的居民服务人员
41100	电力、燃气及水供应服务人员	从事电力、燃气和城镇水供应服务工作的人员
41101	电力供应服务人员	从事工农业生产及居民生活电力供应服务工作的人员 包括供电服务员
41102	燃气供应服务人员	从事燃气销售、供应等服务工作的人员 包括燃气燃煤供应服务员

表 2（续）

职业分类及代码		说明
41103	水供应服务人员	从事居民家庭、企业和其他用户水销售与供应服务工作的人员 包括水供应服务员、村镇供水员
41199	其他电力、燃气及水供应服务人员	未列入 41101 至 41103 的电力、燃气及水供应服务人员
41200	修理及制作服务人员	从事家用电器和日用产品、汽车、计算机和办公设备、乐器修理，及印章制作等服务工作的人员
41201	汽车摩托车修理技术服务人员	从事汽车、摩托车维护、保养、修理、清洗等服务工作的人员 包括汽车维修工、摩托车修理工
41202	计算机和办公设备维修人员	从事计算机、复印机、信息通信网络终端等设备维修服务工作的人员 包括计算机维修工、办公设备维修工、信息通信网络终端维修员
41203	家用电子电器产品维修人员	从事电视机、空调等家用电子电器修理服务工作的人员 包括家用电器产品维修工、家用电子产品维修工
41204	日用产品修理服务人员	从事自行车、燃气具、钟表等日用产品修理服务工作的人员 包括自行车与电动自行车维修工、修鞋工、钟表维修工、锁具修理工、燃气具安装维修工、照相器材维修工
41205	乐器维修人员	从事钢琴等乐器调试、维修等工作的人员 包括乐器维修工、钢琴调律师
41206	印章制作人员	从事印章雕刻制作工作的人员 包括印章制作工
41299	其他修理及制作服务人员	未列入 41201 至 41206 的修理及制作服务人员
41300	文化、体育和娱乐服务人员	从事广播电视电影、文物保护、文化艺术、体育及娱乐等服务工作的人员
41301	群众文化活动服务人员	从事礼仪主持、社会文化指导等工作的人员 包括群众文化指导员、礼仪主持人、讲解员
41302	广播、电视、电影和影视录音制作人员	从事广播、影视内容制作、播出等工作的人员 包括影视置景制作员、动画制作员、影视烟火特效员、电影洗印员、电影放映员、音响调音员、照明工、影视服装员、电视摄像员
41303	文物保护作业人员	从事考古发掘，文物保护、修复、复制、拓印等作业的人员 包括考古探掘工、文物修复师
41304	健身和娱乐场所服务人员	从事社会体育健身、游泳救生和休闲娱乐等服务工作的人员 包括社会体育指导员、体育场馆管理员、游泳救生员、康乐服务员
41305	文化、娱乐、体育经纪代理人员	从事演艺、体育经纪等工作的人员 包括文化经纪人、体育经纪人
41399	其他文化、体育和娱乐服务人员	未列入 41301 至 41305 的文化、体育和娱乐服务人员
41400	健康服务人员	从事医疗临床、药房、咨询、康复、卫生保健等辅助服务工作的人员
41401	医疗辅助服务人员	从事患者病案管理、辅助护理等医疗辅助服务工作的人员 包括医疗临床辅助服务员
41402	健康咨询服务人员	从事社会组织或个体专业性健康咨询服务工作的人员 包括公共营养师、健康服务师、生殖健康咨询师
41403	康复矫正服务人员	从事助听器、眼镜等康复辅助器具适配工作的人员 包括助听器验配师、口腔修复体制作工、眼镜验光员、眼镜定配工、听觉口语师
41404	公共卫生辅助服务人员	从事公共卫生防疫、防病等卫生辅助服务工作的人员 包括公共卫生辅助服务员

表 2（续）

职业分类及代码		说明
41499	其他健康服务人员	未列入 41401 至 41404 的健康服务人员
49900	其他社会生产和生活服务人员	未列入 40101 至 41499 的社会生产和生活服务人员
50000	农、林、牧、渔业生产及辅助人员	从事农、林、牧、渔业生产活动及辅助生产的人员
50100	农业生产人员	从事农、牧、园艺作物种苗繁育和种植生产的人员
50101	作物种子(苗)繁育生产人员	从事农、牧、园艺作物种子(苗)和其他繁育材料生产加工工作的人员 包括种子繁育员、种苗繁育员
50102	农作物生产人员	从事大田、园艺等农作物栽培管理、收获储藏等工作的人员 包括农艺工、园艺工、食用菌生产工、热带作物栽培工、中药材种植员
50199	其他农业生产人员	未列入 50101 至 50102 的农业生产人员
50200	林业生产人员	从事森林资源管护，营林造林、木材采伐、收集运输等工作的人员
50201	林木种苗繁育人员	从事林木种子选育和繁殖，以及苗木培育等工作的人员 包括林木种苗工
50202	营造林人员	从事造林更新、森林抚育、营林试验等工作的人员 包括造林更新工
50203	森林经营和管护人员	从事森林资源防火，防止破坏森林资源行为等护林工作的人员 包括护林员、森林抚育工
50204	木材采运人员	从事林木采伐、装卸、运输等作业活动的人员 包括林木采伐工、集材作业工、木材水运工
50299	其他林业生产人员	未列入 50201 至 50204 的林业生产人员
50300	畜牧业生产人员	从事家畜、家禽及特种经济动物繁育、饲养、护理等工作的人员
50301	畜禽种苗繁育人员	从事种畜、种禽饲养、配种和繁育仔苗等工作的人员 包括家畜繁殖员、家禽繁殖员
50302	畜禽饲养人员	从事家畜、家禽喂养、护理等饲养工作的人员 包括家畜饲养员、家禽饲养员
50303	特种经济动物饲养人员	从事具有经济价值或特殊用途动物的喂养、护理等饲养工作的人员 包括经济昆虫养殖员、实验动物养殖员、特种动物养殖员
50399	其他畜牧业生产人员	未列入 50301 至 50303 的畜牧业生产人员
50400	渔业生产人员	从事鱼、贝、藻等水生动植物的繁殖、饲养和捕捞等工作的人员
50401	水产苗种繁育人员	从事鱼、贝、藻等水生动植物苗种繁育工作的人员 包括水生动物苗种繁育工、水生植物苗种培育工
50402	水产养殖人员	从事鱼、贝、藻等水生动植物饲养、栽培及质量管理等工作的人员 包括水生动物饲养工、水生植物栽培工、水产养殖潜水工
50403	水产捕捞及有关人员	从事水生动植物采集、捕捉、捞取及水产品运输等工作的人员 包括水产捕捞工、渔业船员、渔网具工
50499	其他渔业生产人员	未列入 50401 至 50403 的渔业生产人员
50500	农林牧渔生产辅助人员	从事农业生产技术推广、农机操作、农村能源利用等生产辅助工作的人员
50501	农业生产服务人员	从事农、林、牧、渔业生产、机械化服务、农副产品初加工等技术指导的人员 包括农业技术员
50502	动植物疫病防治人员	从事动植物疫病预防、检测、诊断、治疗工作的人员 包括农作物植保员、林业有害生物防治员、动物疫病防治员、动物检疫检验员、水生物病害防治员、水生物检疫检验员

表 2（续）

职业分类及代码	说　　明
50503　农村能源利用人员	从事沼气、太阳能、风电、水电等农村小型能源利用设施建造、安装与维修工作的人员 包括沼气工、农村节能员、太阳能利用工、微水电利用工、小风电利用工
50504　农村环境保护人员	从事农产品产地环境和农业资源保护、农业面源污染防控、农业生产废弃物和生活垃圾收集处理等活动的人员 包括农村环境保护工
50505　农机化服务人员	从事农业机械操作、维护、修理以及机械化中介服务工作的人员 包括农机驾驶操作员、农机修理工、农机服务经纪人
50506　农副林特产品初加工人员	从事农、林、牧、渔业产出品初级加工处理活动的人员 包括园艺产品加工工、棉花加工工、热带作物初制工、植物原料制取工、竹麻制品加工工、经济昆虫产品加工工、水产品原料处理工
50599　其他农林牧渔生产辅助人员	未列入 50501 至 50506 的农林牧渔生产辅助人员
59900　其他农、林、牧、渔业生产及辅助人员	未列入 50101 至 50599 的农、林、牧、渔业生产及辅助人员
60000　生产制造及有关人员	从事产品生产及设备制造，矿产开采，工程施工和运输设备操作的人员及有关人员
60100　农副产品加工人员	从事谷物、饲料、植物油、糖、畜禽制品、水产品，以及蔬菜、水果和坚果等农副产品加工的人员
60101　粮油加工人员	从事食用大米、面粉和食用油脂生产及精制生产加工的人员 包括制米工、制粉工、制油工
60102　饲料加工人员	从事畜禽饲料（草）和宠物食品等生产加工的人员 包括饲料加工工
60103　制糖人员	从事食用成品糖制作和精制糖生产加工的人员 包括食糖制造工
60104　畜禽制品加工人员	从事牲畜、禽类宰杀，以及肉制品、蛋类制品加工等工作的人员 包括畜禽屠宰加工工、畜禽副产品加工工、肉制品加工工、蛋类制品加工工
60105　水产品加工人员	从事水产品、水产制品等加工工作的人员 包括水产品加工工、水产品制品精制工
60106　果蔬和坚果加工人员	从事坚果（仁）、果蔬籽（仁）、水果、蔬菜的脱水、干制、熟制、冷藏、冷冻、腌制等工作的人员 包括果蔬坚果加工工
60107　淀粉和豆制品加二人员	从事淀粉及淀粉糖、植物蛋白、豆制品等加工制作的人员 包括淀粉及淀粉糖制造工、植物蛋白制作工、豆制品制作工
60199　其他农副产品加工人员	未列入 60101 至 60107 的农副产品加工人员
60200　食品、饮料生产加工人员	从事烘焙食品、糖制品、方便食品、罐头食品、乳制品、调味品、食品添加剂，以及酒、饮料、精制茶等生产加工的人员
60201　焙烤食品制造人员	从事蛋糕、饼干等焙烤食品加工制作的人员 包括糕点面包烘焙工、糕点装饰师
60202　糖制品加工人员	从事糖果、巧克力等糖制品加工制作的人员 包括糖果巧克力制造工、果脯蜜饯加工工
60203　方便食品和罐头食品加工人员	从事具有易于储藏、食用简便等特点的方便食品和罐头食品加工制作的人员 包括米面主食制作工、冷冻食品制作工、罐头食品加工工

表 2（续）

职业分类及代码		说　　明
60204	乳制品加工人员	从事原料乳或标准化物料加工，及乳品质量评判工作的人员 包括乳品加工工、乳品评鉴师
60205	调味品及食品添加剂制作人员	从事味精、酱油、食醋、精制盐等调味品及食品添加剂加工制作等工作的人员 包括味精制造工、酱油酱类制作工、食醋制作工、精制制盐工、酶制剂制造工、柠檬酸制造工、调味品品评师
60206	酒、饮料及精制茶制造人员	从事酒类酿造、饮料制作及茶叶加工、品评等工作的人员 包括酿酒师、酒精酿造工、白酒酿造工、啤酒酿造工、黄酒酿造工、果露酒酿造工、品酒师、麦芽制麦工、饮料制作工、茶叶制作工、茶叶加工工、评茶员
60299	其他食品、饮料生产加工人员	未列入 60201 至 60206 的食品、饮料生产加工人员
60300	烟草及其制品加工人员	从事原烟调制、分级、复烤，进行卷烟及其他烟草制品制造的人员
60301	烟叶初加工人员	从事烟叶调制、分级工作的人员 包括烟叶调制员、烟叶评级员
60302	烟用材料生产人员	从事烟用二醋片、烟用丝束等烟用材料加工生产的人员 包括烟用二醋片制造工、烟用丝束制造工
60303	烟草制品生产人员	从事成品卷烟制作、烟草评吸等工作的人员 包括烟机设备操作工、烟草评吸师
60399	其他烟草及其制品加工人员	未列入 60301 至 60303 的烟草及其制品加工人员
60400	纺织、针织、印染人员	从事纤维预处理及纺织、针织、非织造布、印染产品生产的人员
60401	纤维预处理人员	从事棉、毛、丝、麻等天然纤维和化学纤维机械加工或化学处理并制成纺丝纤维的人员 包括开清棉工、丝麻毛纤维预处理工、纺织纤维梳理工、并条工、粗纱工
60402	纺纱人员	从事纺织纤维加工，并制成纱、线的人员 包括纺纱工、缫丝工
60403	织造人员	从事织物经、纬纱线准备，并织造和整理织物的人员 包括整经工、浆纱浆染工、织布工、意匠纹版工
60404	针织人员	从事毛衫、袜子等针织品编织加工的人员 包括纬编工、经编工、横机工
60405	非织造布制造人员	从事非织造物成网、固结成布和后处理的人员 包括非织造布制造工
60406	印染人员	从事纱、线、丝、织物等纺织品的炼漂、染色、印花及后整理的人员 包括印染前处理工、纺织染色工、印花工、纺织印花制版工、印染后整理工、印染染化料配制工、工艺染织品制作工
60499	其他纺织、针织、印染人员	未列入 60401 至 60406 的纺织、针织、印染人员
60500	纺织品、服装和皮革、毛皮制品加工制作人员	从事纺织、皮革、毛皮、羽毛等材料加工并制成服装、服饰、鞋帽类等工作的人员
60501	纺织品和服装剪裁缝纫人员	从事纺织品和服装的制版、裁剪、缝制、绒线编织、拼接、整型等工作的人员 包括服装制版师、裁剪工、缝纫工、缝纫品整型工、服装水洗工、绒线编织拼布工
60502	皮革、毛皮及其制品加工人员	从事动物原皮、毛皮鞣制加工并制成熟毛皮、成品革及其制品的人员 包括皮革及皮革制品加工工、毛皮及毛皮制品加工工
60503	羽绒羽毛加工及制品制造人员	从事鹅、鸭等禽类羽毛加工，并填充制成羽绒制品等工作的人员 包括羽绒加工及制品充填工

表 2（续）

职业分类及代码		说　明
60504	鞋帽制作人员	从事纺织品、皮革等材料加工并制成鞋、帽的人员 包括制鞋工、制帽工
60599	其他纺织品、服装和皮革、毛皮制品加工制作人员	未列入 60501 至 60504 的纺织品、服装和皮革、毛皮制品加工制作人员
60600	木材加工、家具与木制品制作人员	从事木材、人造板、木制品、家具加工制造等工作的人员
60601	木材加工人员	从事木材制材、干燥等作业的人员 包括制材工、木竹藤材处理工
60602	人造板制造人员	从事胶合板、纤维板、刨花板、浸制纸层压板制造及人造板饰面加工工作的人员 包括胶合板工、纤维板工、刨花板工、浸渍纸层压板工、人造板饰面工
60603	木制品制造人员	从事建筑用木料和木材组件及其他木制品生产制造的人员 包括手工木工、机械木工、木地板制造工
60604	家具制造人员	从事木材、金属、塑料、竹、藤等材料加工并制成家具的人员 包括家具制作工
60699	其他木材加工、家具与木制品制作人员	未列入 60601 至 60604 的木材加工、家具与木制品制作人员
60700	纸及纸制品生产加工人员	从事制浆造纸及纸制品生产加工的人员
60701	制浆造纸人员	从事木材、竹、芦苇等原生植物纤维和废纸等再生纤维加工并制浆、造纸的人员 包括制浆工、制浆废液回收利用工、造纸工、纸张整饰工、宣纸书画纸制作工
60702	纸制品制作人员	从事纸板、纸箱、纸盒等纸制品加工制作的人员 包括纸箱纸盒制作工
60799	其他纸及纸制品生产加工人员	未列入 60701 至 60702 的纸及纸制品生产加工人员
60800	印刷和记录媒介复制人员	从事印前处理、印刷及印后制作等工作的人员
60801	印刷人员	从事图文处理、制版、印刷以及印后加工等工作的人员 包括印前处理和制作员、印刷操作员、印后制作员
60802	记录媒介复制人员	从事磁带、光盘等音像制品制作和批量翻录工作的人员 包括音像制品复制员
60899	其他印刷和记录媒介复制人员	未列入 60801 至 60802 的印刷和记录媒介复制人员
60900	文教、工美、体育和娱乐用品制作人员	从事文教办公用品、乐器、工艺美术品、体育用品和玩具制作的人员
60901	文教用品制作人员	从事笔、墨、绘图仪器等文教办公用品制作的人员 包括自来水笔制造工、圆珠笔制造工、铅笔制造工、毛笔制作工、记号笔制造工、墨制作工、墨水墨汁制造工、绘图仪器制作工、印泥制作工
60902	乐器制作人员	从事乐器制作、装配、调试和定律等工作的人员 包括钢琴及键盘乐器制作工、提琴吉他制作工、管乐器制作工、民族拉弦弹拨乐器制作工、吹奏乐器制作工、打击乐器制作工、电鸣乐器制作工
60903	工艺美术品制作人员	从事石雕、木雕、陶瓷、景泰蓝、漆器、刺绣、地毯、宝石、壁画、版画等工艺美术品制作及相关工作的人员 包括工艺品雕刻工、雕塑翻制工、陶瓷工艺品制作师、景泰蓝制作工、金属摆件制作工、漆器制作工、壁画制作工、版画制作工、人造花制作工、工艺画制作工、抽纱刺绣工、手工地毯制作工、机制地毯制作工、宝石琢磨工、贵金属首饰制作工、装裱师、民间工艺品制作工、剧装工、民间工艺品艺人

表 2（续）

职业分类及代码		说　明
60904	体育用品制作人员	从事体育用球、球拍、球网、健身器材等体育用品制作工作的人员 包括制球工、球拍球网制作工、健身器材制作工
60905	玩具制作人员	从事布绒、塑料、木制、金属玩具和童车类玩具产品制作的人员 包括玩具制作工
60999	其他文教、工美、体育和娱乐用品制作人员	未列入 60901 至 60905 的文教、工美、体育和娱乐用品制作人员
61000	石油加工和炼焦、煤化工生产人员	从事石油炼制、炼焦和煤化工生产的人员
61001	石油炼制生产人员	从事原油分馏，汽油、煤油、柴油、润滑油、润滑脂等石油制品生产的人员 包括原油蒸馏工、催化裂化工、蜡油渣油加氢工、渣油热加工工、石脑油加工工、炼厂气加工工、润滑油脂生产工、石油产品精制工、油制气工、油品储运工、油母页岩提炼工
61002	炼焦人员	从事炼焦和焦炉煤气回收的人员 包括炼焦煤制备工、炼焦工
61003	煤化工生产人员	从事煤的化学加工，将煤转化为气体、液体和固体燃料以及化工产品的人员 包括煤制烯生产工、煤制油生产工、煤制气工、水煤浆制备工、工业型煤工
61099	其他石油加工和炼焦、煤化工生产人员	未列入 61001 至 61003 的石油加工和炼焦、煤化工生产人员
61100	化学原料和化学制品制造人员	从事基础化学原料、化学肥料、合成材料等化工产品生产的人员
61101	化工产品生产通用工艺人员	从事化工产品原料准备、生产过程中的单元操作及其他化工通用工艺生产的人员 包括化工原料准备工、化工单元操作工、化工总控工、制冷工、工业清洗工、防腐蚀工
61102	基础化学原料制造人员	从事酸、碱、盐、有机化学原料等化工产品生产的人员 包括硫酸生产工、硝酸生产工、盐酸生产工、磷酸生产工、纯碱生产工、烧碱生产工、无机盐生产工、提硝工、卤水综合利用工、无机化学反应生产工、脂肪烃生产工、芳香烃生产工、脂肪烃衍生物生产工、芳香烃衍生物生产工、有机合成工
61103	化学肥料生产人员	从事氮肥、磷肥、钾肥和其他化学肥料生产的人员 包括合成氨生产工、尿素生产工、硝酸氨生产工、过磷酸钙生产工、复混肥生产工、钙镁磷肥生产工、钾肥生产工
61104	农药生产人员	从事化学农药、微生物农药、生物农药及农药制剂等生产的人员 包括农药生产工
61105	涂料、油墨、颜料及类似产品制造人员	从事涂料、油墨、颜料、染料及类似化工产品制造的人员 包括涂料生产工、油墨制造工、颜料生产工、染料生产工
61106	合成树脂生产人员	从事聚烯烃树脂、环氧树脂和酚醛树脂等合成树脂生产的人员 包括合成树脂生产工
61107	合成橡胶生产人员	从事人造橡胶或合成橡胶及高分子弹性体生产的人员 包括合成橡胶生产工

表 2（续）

职业分类及代码		说　明
61108	专用化学产品生产人员	从事催化剂、溶剂、试剂、添加剂、林化及感光等专用化工产品生产的人员 包括催化剂生产工、总溶剂生产工、化学试剂生产工、印染助剂生产工、表面活性剂制造工、化工添加剂生产工、油脂化工产品制造工、动物胶制造工、人造板制胶工、有机硅生产工、有机氟生产工、松香工、松节油制品工、活性炭生产工、栲胶生产工、紫胶生产工、栓皮制品工、植物原料水解工、感光材料生产工、胶印版材生产工、柔性版材生产工、磁记录材料生产工、热转移防护膜涂布工、平板显示膜生产工、甘油制造工、生物质化工产品生产工
61109	火工品制造、保管、爆破及焰火产品制造人员	从事火工品及爆破器材的制造、保管及烟花爆竹制造的人员 包括雷管制造工、索状爆破器材制造工、火工品装配工、火工品管理工、烟花爆竹工
61110	日用化学品生产人员	从事肥皂、合成洗涤剂、化妆品等日用化学品生产的人员 包括合成洗涤剂制造工、肥皂制造工、化妆品配方师、化妆品制造工、口腔清洁剂制造工、香料制造工、调香师、香精配制工、火柴制造工
61199	其他化学原料和化学制品制造人员	未列入 61101 至 61110 的化学原料和化学制品制造人员
61200	医药制造人员	从事化学药品原料药、药物制剂、中药、兽用药品、生物药品生产的人员
61201	化学药品原料药制造人员	从事化学药品制剂所需原料药的生产人员 包括化学合成制药工
61202	中药饮片加工人员	从事中药材加工、炮制和中成药加工生产的人员 包括中药炮制工
61203	药物制剂人员	从事人体疾病防治、诊断药物制剂生产的人员 包括药物制剂工
61204	兽用药品制造人员	从事动物疾病防治药品生产制造的人员 包括兽药制造工
61205	生物药品制造人员	从事生物化学药品、基因工程药物等生物药品生产的人员 包括生化药品制造工、发酵工程制药工、疫苗制品工、血液制品工、基因工程药品生产工
61299	其他医药制造人员	未列入 61201 至 61205 的医药制造人员
61300	化学纤维制造人员	从事合成纤维、人造纤维等化学纤维生产的人员
61301	化学纤维原料制造人员	从事合成纤维、人造纤维等化学纤维原料生产的人员 包括化纤聚合工、纺丝原液制造工
61302	化学纤维纺丝及后处理人员	从事化学纤维纺丝加工和后处理的生产人员 包括纺丝工、化纤后处理工
61399	其他化学纤维制造人员	未列入 61301 至 61302 的化学纤维制造人员
61400	橡胶和塑料制品制造人员	从事橡胶、塑料制品加工制造的人员
61401	橡胶制品生产人员	从事天然橡胶和合成橡胶制品生产的人员 包括橡胶制品生产工、轮胎翻修工
61402	塑料制品加工人员	从事塑料制品原料配制、成型制作的人员 包括塑料制品成型制作工
61499	其他橡胶和塑料制品制造人员	未列入 61401 至 61402 的橡胶和塑料制品制造人员

表 2（续）

职业分类及代码		说　明
61500	非金属矿物制品制造人员	从事水泥、玻璃、陶瓷、石墨及炭素等非金属矿物制品生产加工的人员
61501	水泥、石灰、石膏及其制品制造人员	从事水泥、石灰、石膏产品加工生产及水泥混凝土制品、石膏制品生产的人员 包括水泥生产工、水泥混凝土制品工、石灰煅烧工、石膏粉生产工、石膏制品生产工、预拌混凝土生产工
61502	砖瓦石材等建筑材料制造人员	从事砖瓦、石材、防水、保温等建筑材料生产加工工作的人员 包括砖瓦生产工、加气混凝土制品工、石材生产工、人造石生产加工工、防水卷材制造工、保温材料制造工、吸音材料制造工、砂石骨料生产工
61503	玻璃及玻璃制品生产加工人员	从事玻璃及玻璃制品配料、熔化、成型和冷热加工处理的人员 包括玻璃配料熔化工、玻璃及玻璃制品成型工、玻璃加工工、玻璃制品加工工、电子玻璃制品加工工、石英玻璃制品加工工
61504	玻璃纤维及玻璃纤维增强塑料制品制造人员	从事玻璃纤维的拉制及玻璃纤维制品生产的人员 包括玻璃纤维及制品工、玻璃钢制品工
61505	陶瓷制品制造人员	从事陶瓷制品成型、施釉、烧成、装饰等工作的人员 包括陶瓷原料准备工、陶瓷成型施釉工、陶瓷烧成工、陶瓷装饰工、古建琉璃工
61506	耐火材料制品生产人员	从事耐火材料原料加工、烧制、烧成、成品加工，生产耐火材料制品的人员 包括耐火原料加工成型工、耐火材料烧成工、耐火制品加工工、耐火纤维制品工
61507	石墨及炭素制品生产人员	从事炭、石墨原料处理、加工，并制成石墨、炭素制品等工作的人员 包括炭素煅烧工、炭素成型工、炭素焙烧工、炭素浸渍工、石墨化工、炭素制品工、炭素特种材料工
61508	高岭土、珍珠岩等非金属矿物加工人员	从事人工合成晶体、高岭土、珍珠岩、石棉制品和云母制品加工生产的人员 包括人工合成晶体工、高岭土加工工、珍珠岩加工工、石棉制品工、云母制品工
61599	其他非金属矿物制品制造人员	未列入 61501 至 61508 的非金属矿物制品制造人员
61600	采矿人员	从事固体、液体、气体等自然生成矿物采掘和加工处理的人员
61601	矿物采选人员	从事煤炭、金属、非金属等固体矿物开采、选别等作业的人员 包括露天采矿工、露天矿物开采辅助工、运矿排土工、矿井开掘工、井下采矿工、井下支护工、井下机车运输工、矿山提升设备操作工、矿井通风工、矿山安全防护工、矿山安全设备监测检修工、矿山救护工、矿山生产集控员、矿石处理工、选矿工、选矿脱水工、尾矿工
61602	石油和天然气开采与储运人员	从事石油、天然气勘探、钻井、井下作业、测试、开采、脱水、净化、集输等工作的人员 包括石油勘探工、钻井工、钻井协作工、井下作业设备操作维修工、水下钻井设备操作工、油气水井测试工、石油开采工、天然气开采工、煤层气排采集输工、天然气处理工、油气输送工、油气管道维护工、海上平台水手
61603	采盐人员	从事海盐、湖盐、井矿盐开采及制取原盐等工作的人员 包括海盐制盐工、湖盐制盐工、井矿盐制盐工
61699	其他采矿人员	未列入 61601 至 61603 的采矿人员

表 2（续）

职业分类及代码		说　　明
61700	金属冶炼和压延加工人员	从事原矿及辅料加工冶炼并制成金属材、半导体等产品的人员
61701	炼铁人员	从事铁矿粉、矿石及辅料加工并冶炼成生铁的人员 包括烧结球团原料工、粉矿烧结工、球团焙烧工、烧结成品工、高炉原料工、高炉炼铁工、高炉运转工
61702	炼钢人员	从事铁水、废钢等原料加工并冶炼成钢，浇铸成钢锭、钢坯的人员 包括炼钢原料工、炼钢工、炼钢浇铸工、炼钢准备工、整膜脱模工
61703	铸铁管人员	从事离心铸管生产线操作，生产铸铁管的人员 包括铸管备品工、铸管工、铸管精整工
61704	铁合金冶炼人员	从事硅、锰、铬、钒等原料的处理，冶炼、制取铁合金的人员 包括铁合金原料工、铁合金火法冶炼工、铁合金焙烧工、铁合金湿法冶炼工、钒氮合金工
61705	重有色金属冶炼人员	从事重有色金属原料处理、精炼铜、铅、镍等重有色金属的人员 包括重冶备料工、重金属物料焙烧工、重冶火法冶炼工、重冶湿法冶炼工、电解精炼工
61706	轻有色金属冶炼人员	从事铝土矿、镁矿石等冶炼加工并制成铝、镁等轻金属的人员 包括氧化铝制取工、铝电解工、镁冶炼工、硅冶炼工
61707	稀贵金属冶炼人员	从事稀贵金属原料处理并精炼，提取金、银等稀贵金属的人员 包括钨钼冶炼工、钽铌冶炼工、钛冶炼工、稀土冶炼工、稀土材料生产工、贵金属冶炼工、锂冶炼工
61708	半导体材料制备人员	从事多晶、单晶半导体原材料制备和制取的人员 包括半导体辅料制备工、多晶硅制取工
61709	金属轧制人员	从事金属锭、坯轧制、拉拔、挤压及处理、加工的人员 包括轧制原料工、金属轧制工、金属材酸碱洗工、金属材涂层机组操作工、金属材热处理工、焊管机组操作工、金属材精整工、金属材丝拉拔工、金属挤压工、铸轧工、钢丝绳制造工
61710	硬质合金生产人员	从事难熔金属化合物和黏结金属粉末等材料加工制取硬质合金制品的人员 包括硬质合金混合料工、硬质合金成型工、硬质合金烧结工、硬质合金精加工工
61799	其他金属冶炼和压延加工人员	未列入 61701 至 61710 的金属冶炼和压延加工人员
61800	机械制造基础加工人员	从事工件冷加工、热加工、表面处理及工装工具制造的人员
61801	机械冷加工人员	从事工件车、铣、刨、磨等冷加工操作的人员 包括车工、铣工、刨插工、磨工、镗工、钻床工、多工序数控机床操作调整工、电切削工、拉床工、下料工、铆工、冲压工
61802	机械热加工人员	从事金属材料铸造、锻造、热处理、焊接、机械加工材料切割及粉末冶金制品加工的人员 包括铸造工、锻造工、金属热处理工、焊工、机械加工材料切割工、粉末冶金制品制造工
61803	机械表面处理加工人员	从事工件表面镀层、涂装、镀膜、喷涂喷焊等加工处理工作的人员 包括镀层工、镀膜工、涂装工、喷涂喷焊工
61804	工装工具制造加工人员	从事磨料、磨具、量具、刃具等工装工具加工制造工作的人员 包括模具工、模型制作工、磨料制造工、磨具制造工、量具和刃具制造工、工具钳工

表 2（续）

职业分类及代码		说　明
61899	其他机械制造基础加工人员	未列入 61801 至 61804 的机械制造基础加工人员
61900	金属制品制造人员	从事五金制品及其他金属制品制造等工作的人员
61901	五金制品制作装配人员	从事工具五金、建筑五金和日用五金制品等加工制作的人员 包括工具五金制作工、建筑五金制品制作工、锁具制作工、金属炊具及器皿制作工、日用五金制品制作工、搪瓷制品制造工
61999	其他金属制品制造人员	未列入 61901 的金属制品制造人员
62000	通用设备制造人员	从事通用基础件、锅炉及原动设备、金属加工机械、物料搬运设备、文化办公机械等通用设备和零部件加工制造的人员
62001	通用基础件装配制造人员	从事轴承、传动部件、紧固件、弹簧等通用基础件加工制造工作的人员 包括装配钳工、轴承制造工、齿轮制造工、减变速机装配调试工、链传动部件制造工、紧固件制造工、弹簧工
62002	锅炉及原动设备制造人员	从事锅炉、内燃机、汽轮机、风电机组及其辅助设备进行装配和调试的人员 包括锅炉设备制造工、内燃机装配调试工、汽轮机装配调试工、风电机组制造工
62003	金属加工机械制造人员	从事金属切削加工机床、焊接设备等装配与调试的人员 包括机床装调维修工、焊接设备装配调试工、焊接材料制造工
62004	物料搬运设备制造人员	从事电梯等物料搬运设备制造工作的人员 包括电梯装配调试工
62005	泵、压缩机、阀门及类似机械制造人员	从事泵、阀门、真空设备、液压和气压动力机械及密封元件等产品制造的人员 包括泵装配调试工、真空设备装配调试工、压缩机装配调试工、风机装配调试工、过滤与分离机械装配调试工、气体分离设备装配调试工、制冷空调设备装配工、阀门装配调试工、液压液力气动密封件制造工
62006	烘炉、水处理、衡器等设备制造人员	从事烘炉、衡器、水处理等通用机械装配和调试等工作的人员 包括工业炉及电炉装配工、膜法水处理材料和设备制造工、电渗析器制造工、电动工具制造工、衡器装配调试工
62007	文化办公机械制造人员	从事电影机械、投影设备、复印机、照相机及器材等文化办公机械制造的人员 包括电影电教设备制造工、照相机及器材制造工、复印设备制造工、办公小机械制造工、光学零件制造工、静电成像设备耗材制造工
62099	其他通用设备制造人员	未列入 62001 至 62007 的通用设备制造人员
62100	专用设备制造人员	从事采矿、建筑、印刷、纺织、电子、农业、医疗等专用设备加工制造的人员
62101	采矿、建筑专用设备制造人员	从事矿用输送车辆、工程施工机械设备装配、制造等工作的人员 包括矿用电机车装配工、工程机械装配调试工
62102	印刷生产专用设备制造人员	从事转印图文信息至承印物上的专用生产设备制造工作的人员 包括印刷设备装配调试工
62103	纺织服装和皮革加工专用设备制造人员	从事纺织、皮革毛皮及其制品加工、缝制等专用设备制造工作的人员 包括缝制机械装配调试工
62104	电子专用设备装配调试人员	从事电子产品专用设备装配、调试等工作的人员 包括电子专用设备装调工、真空测试工
62105	农业机械制造人员	从事拖拉机和耕种机械、灌溉机械、收获机械等专业机械加工、制造的人员 包括拖拉机制造工、耕种机械制造工、灌溉机械制造工、收获机械制造工

表 2（续）

职业分类及代码		说 明
62106	医疗器械制品和康复辅具生产人员	从事医疗器械、矫形器、假肢装配与调试和医用材料产品生产的人员 包括医疗器械装配工、矫形器装配工、假肢装配工、医用材料产品生产工
62199	其他专用设备制造人员	未列入 62101 至 62106 的专用设备制造人员
62200	汽车制造人员	从事汽车零部件、饰件生产加工及汽车整车制造的人员
62201	汽车零部件、饰件生产加工人员	从事汽车零部件、饰件加工生产以及汽车零部件修复、加工再制造等工作的人员 包括汽车生产线操作工、汽车饰件制造工、汽车零部件再制造工
62202	汽车整车制造人员	从事汽车整车及部件组合装配、调试以及汽车回收拆解工作的人员 包括汽车装调工、汽车回收拆解工
62299	其他汽车制造人员	未列入 62201 至 62202 的汽车制造人员
62300	铁路、船舶、航空设备制造人员	从事铁路、船舶、航空等运输设备及其他运输设备制造的人员
62301	轨道交通运输设备制造人员	从事铁路机车车辆、动车组、铁路专用设备及器材配件等轨道交通运输设备加工制造的人员 包括铁路机车制修工、铁路车辆制修工、动车组制修师、铁路机车车辆制动钳工、道岔钳工
62302	船舶制造人员	从事船体、船舶附件制造，船舶机械、电气设备安装、调试以及船舶拆解的人员 包括金属船体制造工、船舶机械装配工、船舶电气装配工、船舶附件制造工、船舶木塑帆缆制造工、拆船工
62303	航空产品装配、调试人员	从事航空发动机、螺旋桨、电气设备等航空产品装配、调试的人员 包括飞机装配工、飞机系统安装调试工、航空发动机装配工、航空螺旋桨装配工、航空电气安装调试工、航空附件装配工、航空仪表装配工、航空装配平衡工、飞机无线电设备安装调试工、飞机雷达安装调试工、飞机特种设备检测与修理工、飞机透明件制造胶接装配工、飞机外场调试与维护工、航空环控救生装备工
62304	摩托车、自行车制造人员	从事摩托车、自行车、电动自行车零部件及整车装配与调试工作的人员 包括摩托车装调工、自行车与电动自行车装配工
62399	其他铁路、船舶、航空设备制造人员	未列入 62301 至 62304 的铁路、船舶、航空设备制造人员
62400	电气机械和器材制造人员	从事电机、输配电及控制设备、电线电缆、光纤光缆、电池、家用电力及非电力器具、照明器具等电气机械和器材制造的人员
62401	电机制造人员	从事发电机、电动机等电机设备及辅助装置加工、装配与调试工作的人员 包括电机制造工
62402	输配电及控制设备制造人员	从事变压器、电感器、电容器、配电开关控制设备、光伏组件等输配电及控制设备制造的人员 包括变压器互感器制造工、高低压电器及成套设备装配工、电力电容器及其装置制造工、光伏组件制造工
62403	电线电缆、光纤光缆及电工器材制造人员	从事电线电缆、光纤光缆、绝缘制品、电工合金电触头和电器附件制造等工作的人员 包括电线电缆制造工、光纤光缆制造工、绝缘制品制造工、电工合金电触头制造工、电器附件制造工
62404	电池制造人员	从事锂电池、镍氢电池等电池制造的人员 包括电池制造工

表 2（续）

职业分类及代码		说　明
62405	家用电力器具制造人员	从事家用电冰箱、空调器、洗衣机等家用电力器具零部件制造、整机装配、调试和检测的人员 包括家用电冰箱制造工、空调器制造工、洗衣机制造工、小型家用电器制造工
62406	非电力家用器具制造人员	从事燃气热水器、燃气灶具等非电力家用器具零部件制造、装配及安装的人员 包括燃气具制造工
62407	照明器具制造人员	从事电光源、灯用电器附件、照明灯具等制造的人员 包括电光源制造工、灯具制造工
62408	电气信号设备装置制造人员	从事电控、通信、信号等轨道交通通信信号设备加工制造的人员 包括轨道交通通信信号设备制造工
62499	其他电气机械和器材制造人员	未列入 62401 至 62408 的电气机械和器材制造人员
62500	计算机、通信和其他电子设备制造人员	从事电子元件、电子器件、计算机、通信等电子设备及配套设备制造的人员
62501	电子元件制造人员	从事电阻器、电声器件、印制电路等电子元件制造、装配、调试的人员 包括电容器制造工、电阻器制造工、微波铁氧体元器件制造工、石英晶体生长设备操作工、压电石英晶片加工工、石英晶体元器件制造工、电声器件制造工、水声换能器制造工、继电器制造工、高频电感器制造工、电器接插件制造工、电子产品制版工、印制电路制作工、薄膜加热器件制造工、温差电器件制造工、电子绝缘与介质材料制造工
62502	电子器件制造人员	从事真空电子器件、半导体分立器件、集成电路等电子器件制造、装配、调试的人员 包括真空电子器件零件制造及装配工、电极丝制造工、液晶显示器件制造工、晶片加工工、半导体芯片制造工、半导体分立器件和集成电路装调工、磁头制造工
62503	计算机制造人员	从事计算机整机及外围设备装配、调试工作的人员 包括计算机及外部设备装配调试员
62504	电子设备装配调试人员	从事通信、雷达、激光、广播电视、视听等电子设备装配、调试的人员 包括通信系统设备制造工、通信终端设备制造工、雷达装调工、激光头制造工、激光机装调工、广电和通信设备机械装校工、广电和通信设备电子装接工、广电和通信设备调试工
62599	其他计算机、通信和其他电子设备制造人员	未列入 62501 至 62504 的计算机、通信和其他电子设备制造人员
62600	仪器仪表制造人员	从事仪器仪表的零部件加工及装置等组合装配、调试工作的人员
62601	仪器仪表装配人员	从事电工、电子、计时等仪器仪表产品及元器件或控制系统，加工生产、组合装配、调试检测等工作的人员 包括仪器仪表制造工、钟表及计时仪器制造工
62699	其他仪器仪表制造人员	未列入 62601 的仪器仪表制造人员
62700	废弃资源综合利用人员	从事废弃物回收、分类、加工的人员
62701	废料和碎屑加工处理人员	从事废弃资源和废旧材料回收加工的人员 包括废旧物资加工处理工
62799	其他废弃资源综合利用人员	未列入 62701 的废弃资源综合利用人员
62800	电力、热力、气体、水生产和输配人员	从事电力、热力、气体和水生产、供输以及气、水处理的人员

表 2（续）

职业分类及代码		说　明
62801	电力、热力生产和供应人员	从事发电机组、热力生产及附属设备运行监控和电力、热力生产供应的人员 包括锅炉运行值班员、燃料值班员、汽轮机运行值班员、燃气轮机值班员、发电集控值班员、电气值班员、火电厂氢冷值班员、余热余压利用系统操作工、水力发电运行值班员、光伏发电运维值班员、锅炉操作工、风力发电运维值班员、供热管网系统运行工、变配电运行值班员、继电保护员
62802	气体生产、处理和输送人员	从事气体生产、净化、储运、输送等工作的人员 包括燃气储运工、气体深冷分离工、工业气体生产工、工业气体液化工、工业废气治理工、压缩机操作工、风机操作工
62803	水生产、输排和水处理人员	从事水净化、淡化、制备、供排和工业废水处理等工作的人员 包括水生产处理工、水供应输排工、工业废水处理工、司泵工
62899	其他电力、热力、气体、水生产和输配人员	未列入 62801 至 62803 的电力、热力、气体、水生产和输配人员
62900	建筑施工人员	从事建、构筑物和土木工程建筑施工、安装、装饰装修等工作的人员
62901	房屋建筑施工人员	从事房屋主体工程施工的人员 包括砌筑工、石工、混凝土工、钢筋工、架子工
62902	土木工程建筑施工人员	从事铁路、道路、隧道、桥梁、港口、内河、水利工程等建筑施工的人员 包括铁路自轮运转设备工、铁路线桥工、筑路工、公路养护工、桥隧工、凿岩工、爆破工、防水工、水运工程施工工、水工建构筑物维护检修工、电力电缆安装运维工、送配电线路工、牵引电力线路安装维护工、舟桥工、管道工
62903	建筑安装施工人员	从事机械、电气、管道、锅炉、电力、轨道交通、通信信号等工程建筑施工的人员 包括机械设备安装工、电气设备安装工、电梯安装维修工、管工、制冷空调系统安装维修工、锅炉设备安装工、发电设备安装工、电力电气设备安装工、轨道交通通信工、轨道交通信号工
62904	建筑装饰人员	从事建筑(古建筑除外)工程后期装饰、建筑门窗幕墙安装、照明工程施工等工作的人员 包括装饰装修工、建筑门窗幕墙安装工、照明工程施工员
62905	古建筑修建人员	从事古建筑、仿古建筑施工、维护、修复等工作的人员 包括古建筑工
62999	其他建筑施工人员	未列入 62901 至 62905 的建筑施工人员
63000	运输设备和通用工程机械操作人员及有关人员	从事公路、轨道交通、航空、水上运输设备和通用工程机械操作及辅助人员
63001	专用车辆操作人员	从事矿用重型车辆、民航特种车辆等专用车辆驾驶的人员 包括专用车辆驾驶员
63002	轨道交通运输机械设备操作人员	从事铁路、城市轨道交通运输及调度、信号等工作的人员 包括铁路车站行车作业员、铁路车站调车作业员、机车调度值班员、机车整备员、救援机械操作员、铁路试验检测设备维修工、铁路电源工
63003	民用航空设备操作及有关人员	从事民用航空飞行保障服务及相关工作的人员 包括航空通信导航监视员、民航机场专用设备机务员、航空油料员
63004	水上运输设备操作及有关人员	从事船舶甲板和机舱设备操作、船闸及升船机运营、救助打捞等工作的人员 包括船舶甲板设备操作工、船舶机舱设备操作工、船闸及升船机运管员、潜水员

表 2（续）

职业分类及代码		说　明
63005	通用工程机械操作人员	从事起重、装卸、索道运输、挖掘、铲运等通用工程机械操作的人员 包括起重装卸机械操作工、起重工、输送机操作工、索道运输机械操作工、挖掘铲运和桩工机械司机
63099	其他运输设备和通用工程机械操作人员及有关人员	未列入 63001 至 63005 的运输设备和通用工程机械操作人员及有关人员
63100	生产辅助人员	从事通用设备、专用机电设备、运输装备等维护、保养、修理，原材料、半成品、成品或产品及外购件等质量检查、检验、试验、称重计量，包装及安全生产管理等工作的人员
63101	机械设备修理人员	从事通用设备维护保养、专用机电设备修理的人员 包括设备点检员、机修钳工、电工、仪器仪表维修工、锅炉设备检修工、汽机和水轮机检修工、发电机检修工、变电设备检修工、工程机械检修工
63102	船舶、民用航空器修理人员	从事船舶、民用航空器及部件维护、修理等工作的人员 包括船舶修理工、民用航空器机械维护员、民用航空器部件修理员
63103	检验试验人员	从事原料、燃料、材料、物料、半成品、成品或产品及外购件等质量检查、检验、试验等工作的人员 包括化学检验员、物理性能检验员、生化检验员、无损检测员、质检员、试验员
63104	称重计量人员	从事物资重量称量，流体计量的人员 包括称重计量工
63105	包装人员	从事金属或非金属包装材料物品包装的人员 包括包装工
63106	安全生产管理人员	从事生产工作现场安全、监督、检查、管理的人员 包括安全员
63199	其他生产辅助人员	未列入 63101 至 63106 的生产辅助人员
69900	其他生产制造及有关人员	未列入 60101 至 63199 的生产制造及有关人员
70000	军人	军人
80000	不便分类的其他从业人员	不便分类的其他从业人员

附　录　A
（资料性附录）
2009 版职业分类代码与 2015 版职业分类代码对照表

表 A.1　2009 版职业分类代码与 2015 版职业分类代码对照表

2009 版职业代码	2009 版职业名称	2015 版职业代码	2015 版职业名称	备注
0	国家机关、党群组织、企业、事业单位负责人	10000	党的机关、国家机关、群众团体和社会组织、企事业单位负责人	
0-1	中国共产党中央委员会和地方各级组织负责人	10100	中国共产党机关负责人	
0-10	中国共产党中央委员会和地方各级组织负责人	10101	中国共产党机关负责人	
0-2	国家机关及其工作机构负责人	10200	国家机关负责人	
0-21	国家权力机关及其工作机构负责人	10201	国家权力机关负责人	
0-22	人民政协及其工作机构负责人	10203	人民政协机关负责人	
0-23	人民法院负责人	10204	人民法院和人民检察院负责人	
0-24	人民检察院负责人	10204	人民法院和人民检察院负责人	
0-25	国家行政机关及其工作机构负责人	10202	国家行政机关负责人	
0-29	其他国家机关及其工作机构负责人			2015 版在第一大类不设“其他”
0-3	民主党派和社会团体及其工作机构负责人	10300	民主党派和工商联负责人	
		10400	人民团体和群众团体、社会组织及其他成员组织负责人	
		10500	基层群众自治组织负责人	
0-31	民主党派负责人	10300	民主党派和工商联负责人	
0-32	工会、共青团、妇联、其他人民团体及其工作机构负责人	10400	人民团体和群众团体、社会组织及其他成员组织负责人	
0-33	群众自治组织负责人	10500	基层群众自治组织负责人	
0-39	其他社会团体及其工作机构负责人			2015 版在第一大类不设“其他”
0-4	事业单位负责人	10602	事业单位负责人	
0-41	教育教学单位负责人	10602	事业单位负责人	
0-42	卫生单位负责人	10602	事业单位负责人	
0-43	科研单位负责人	10602	事业单位负责人	
0-49	其他事业单位负责人	10602	事业单位负责人	

表 A.1(续)

2009 版职业代码	2009 版职业名称	2015 版职业代码	2015 版职业名称	备注
0-5	企业负责人	10601	企业负责人	
0-50	企业负责人	10601	企业负责人	
1/2	专业技术人员	20000	专业技术人员	
1-1/1-2	科学研究人员	20100	科学研究人员	
1-11	哲学研究人员	20101	哲学研究人员	
1-12	经济学研究人员	20102	经济学研究人员	
1-13	法学研究人员	20103	法学研究人员	
1-14	社会学研究人员	20103	法学研究人员	
1-15	教育科学研究人员	20104	教育学研究人员	
1-16	文学、艺术研究人员	20112	文学研究人员	
		20115	艺术学研究人员	
1-17	图书馆学、情报学研究人员	20109	管理学研究人员	
1-18	历史学研究人员	20105	历史学研究人员	
1-19	管理科学研究人员	20109	管理学研究人员	
1-21	数学研究人员	20113	理学研究人员	
1-22	物理学研究人员	20113	理学研究人员	
1-23	化学研究人员	20113	理学研究人员	
1-24	天文学研究人员	20113	理学研究人员	
1-25	地球科学研究人员	20113	理学研究人员	
1-26	生物科学研究人员	20113	理学研究人员	
1-27	农业科学研究人员	20109	农学研究人员	
1-28	医学研究人员	20110	医学研究人员	
1-29	其他科学研究人员	20199	其他科学研究人员	
1-3/1-4/1-5/1-6	工程技术人员	20200	工程技术人员	
1-31	地质勘探工程技术人员	20201	地质勘探工程技术人员	
1-32	测绘工程技术人员	20202	测绘和地理信息工程技术人员	
1-33	矿山工程技术人员	20203	矿山工程技术人员	
1-34	石油工程技术人员	20204	石油天然气工程技术人员	
1-35	冶金工程技术人员	20205	冶金工程技术人员	
1-36	化工工程技术人员	20206	化工工程技术人员	
1-37	机械工程技术人员	20207	机械工程技术人员	
1-38	兵器工程技术人员	20290	兵器工程技术人员	

表 A.1（续）

2009 版职业代码	2009 版职业名称	2015 版职业代码	2015 版职业名称	备注
1-39	航空工程技术人员	20208	航空工程技术人员	
1-41	航天工程技术人员	20291	航天工程技术人员	
1-42	电子工程技术人员	20209	电子工程技术人员	
1-43	通信工程技术人员	20210	信息和通信工程技术人员	
1-44	计算机与应用工程技术人员	20210	信息和通信工程技术人员	
1-45	电气工程技术人员	20211	电气工程技术人员	
1-46	电力工程技术人员	20212	电力工程技术人员	
1-47	邮政工程技术人员	20213	邮政和快递工程技术人员	
1-48	广播、电影、电视工程技术人员	20214	广播电影电视及演艺设备工程技术人员	
1-49	交通工程技术人员	20215	道路和水上运输工程技术人员	
1-51	民用航空工程技术人员	20216	民用航空工程技术人员	
1-52	铁路工程技术人员	20217	铁道工程技术人员	
1-53	建筑工程技术人员	20218	建筑工程技术人员	
1-54	建材工程技术人员	20219	建材工程技术人员	
1-55	林业工程技术人员	20220	林业工程技术人员	
1-56	水利工程技术人员	20221	水利工程技术人员	
1-57	海洋工程技术人员	20222	海洋工程技术人员	
1-58	水产工程技术人员	20308	水产技术人员	
1-59	纺织工程技术人员	20223	纺织工程技术人员	
1-61	食品工程技术人员	20224	食品工程技术人员	
1-62	气象工程技术人员	20225	气象工程技术人员	
1-63	地震工程技术人员	20226	地震工程技术人员	
1-64	环境保护工程技术人员	20227	环境保护工程技术人员	
1-65	安全工程技术人员	20228	安全工程技术人员	
1-66	标准化、计量、质量工程技术人员	20229	标准化、计量、质量和认证认可工程技术人员	
1-67	管理(工业)工程技术人员	20230	管理(工业)工程技术人员	
1-69	其他工程技术人员	20299	其他工程技术人员	
1-7	农业技术人员	20300	农业技术人员	
1-71	土壤肥料技术人员	20301	土壤肥料技术人员	
1-72	植物保护技术人员	20303	植物保护技术人员	
1-73	园艺技术人员	20304	园艺技术人员	
1-74	作物遗传育种栽培技术人员	20305	作物遗传育种栽培技术人员	

表 A.1（续）

2009版职业代码	2009版职业名称	2015版职业代码	2015版职业名称	备注
1-75	兽医、兽药技术人员	20306	兽医兽药技术人员	
1-76	畜牧与草业技术人员	20307	畜牧与草业技术人员	
1-79	其他农业技术人员	20399	其他农业技术人员	
1-8	飞机和船舶技术人员	20400	飞机和船舶技术人员	
1-81	飞行人员和领航人员	20401	飞行人员和领航人员	
1-82	船舶指挥和引航人员	20402	船舶指挥和引航人员	
1-89	其他飞机和船舶技术人员	20499	其他飞机和船舶技术人员	
1-9	卫生专业技术人员	20500	卫生专业技术人员	
1-91	西医医师	20501	西医医师	
1-92	中医医师	20502	中医医师	
1-93	中西医结合医师	20503	中西医结合医师	
1-94	民族医生	20504	民族医医师	
1-95	公共卫生医师	20505	公共卫生与健康医师	
1-96	药剂人员	20506	药学技术人员	
1-97	医疗技术人员	20507	医疗卫生技术人员	
1-98	护理人员	20508	护理人员	
1-99	其他卫生专业技术人员	20599	其他卫生专业技术人员	
2-1	经济业务人员	20600	经济和金融专业人员	
2-11	经济计划人员	20601	经济专业人员	
2-12	统计人员	20602	统计专业人员	
2-13	会计人员	20603	会计专业人员	
2-14	审计人员	20604	审计专业人员	
2-15	国际商务人员	20607	商务专业人员	
2-19	其他经济业务人员	20699	其他经济和金融专业人员	
2-2	金融业务人员	20600	经济和金融专业人员	
2-21	银行业务人员	20609	银行专业人员	
2-22	保险业务人员	20610	保险专业人员	
2-23	证券业务人员	20611	证券专业人员	
2-29	其他金融业务人员	20699	其他经济和金融专业人员	
2-3	法律专业人员	20700	法律、社会和宗教专业人员	
2-31	法官	20701	法官	
2-32	检察官	20702	检察官	
2-33	律师	20703	律师	

表 A.1（续）

<table>
<tr><th>2009 版职业代码</th><th>2009 版职业名称</th><th>2015 版职业代码</th><th>2015 版职业名称</th><th>备注</th></tr>
<tr><td>2-34</td><td>公证员</td><td>20704</td><td>公证员</td><td></td></tr>
<tr><td>2-35</td><td>司法鉴定人员</td><td>20705</td><td>司法鉴定人员</td><td></td></tr>
<tr><td>2-36</td><td>书记员</td><td>20706</td><td>审判辅助人员</td><td></td></tr>
<tr><td>2-39</td><td>其他法律专业人员</td><td>20799</td><td>其他法律、社会和宗教专业人员</td><td></td></tr>
<tr><td>2-4</td><td>教学人员</td><td>20800</td><td>教学人员</td><td></td></tr>
<tr><td>2-41</td><td>高等教育教师</td><td>20801</td><td>高等教育教师</td><td></td></tr>
<tr><td>2-42</td><td>中等职业教育教师</td><td>20802</td><td>中等职业教育教师</td><td></td></tr>
<tr><td>2-43</td><td>中学教师</td><td>20803</td><td>中小学教育教师</td><td></td></tr>
<tr><td>2-44</td><td>小学教师</td><td>20803</td><td>中小学教育教师</td><td></td></tr>
<tr><td>2-45</td><td>幼儿教师</td><td>20804</td><td>幼儿教育教师</td><td></td></tr>
<tr><td>2-46</td><td>特殊教育教师</td><td>20805</td><td>特殊教育教师</td><td></td></tr>
<tr><td>2-49</td><td>其他教学人员</td><td>20899</td><td>其他教学人员</td><td></td></tr>
<tr><td>2-5</td><td>文学艺术工作人员</td><td>20900</td><td>文学艺术、体育专业人员</td><td></td></tr>
<tr><td>2-51</td><td>文艺创作和评论人员</td><td>20901</td><td>文艺创作与编导人员</td><td></td></tr>
<tr><td>2-52</td><td>编导和音乐指挥人员</td><td>20902</td><td>音乐指挥与演员</td><td></td></tr>
<tr><td>2-53</td><td>演员</td><td>20902</td><td>音乐指挥与演员</td><td></td></tr>
<tr><td>2-54</td><td>乐器演奏员</td><td>20902</td><td>音乐指挥与演员</td><td></td></tr>
<tr><td rowspan="2">2-55</td><td rowspan="2">电影、电视制作及舞台专业人员</td><td>20903</td><td>电影电视制作专业人员</td><td rowspan="2"></td></tr>
<tr><td>20904</td><td>舞台专业人员</td></tr>
<tr><td>2-56</td><td>美术专业人员</td><td>20905</td><td>美术专业人员</td><td></td></tr>
<tr><td>2-57</td><td>工艺美术专业人员</td><td>20906</td><td>工艺美术与创意设计专业人员</td><td></td></tr>
<tr><td>2-59</td><td>其他文学艺术工作人员</td><td>20999</td><td>其他文学艺术、体育专业人员</td><td></td></tr>
<tr><td>2-6</td><td>体育工作人员</td><td>20907</td><td>体育专业人员</td><td></td></tr>
<tr><td>2-60</td><td>体育工作人员</td><td>20907</td><td>体育专业人员</td><td></td></tr>
<tr><td>2-7</td><td>新闻出版、文化工作人员</td><td>21000</td><td>新闻出版、文化专业人员</td><td></td></tr>
<tr><td>2-71</td><td>记者</td><td>21001</td><td>记者</td><td></td></tr>
<tr><td>2-72</td><td>编辑</td><td>21002</td><td>编辑</td><td></td></tr>
<tr><td>2-73</td><td>校对员</td><td>21003</td><td>校对员</td><td></td></tr>
<tr><td>2-74</td><td>播音员及节目主持人</td><td>21004</td><td>播音员及节目主持人</td><td></td></tr>
<tr><td>2-75</td><td>翻译</td><td>21005</td><td>翻译人员</td><td></td></tr>
<tr><td rowspan="2">2-76</td><td rowspan="2">图书资料与档案业务人员</td><td>21006</td><td>图书资料与微缩摄影专业人员</td><td rowspan="2"></td></tr>
<tr><td>21007</td><td>档案专业人员</td></tr>
<tr><td>2-77</td><td>考古及文物保护工作人员</td><td>21008</td><td>考古及文物保护专业人员</td><td></td></tr>
</table>

表 A.1（续）

2009 版职业代码	2009 版职业名称	2015 版职业代码	2015 版职业名称	备注
2-79	其他新闻出版、文化工作人员	21099	其他新闻出版、文化专业人员	
2-8	宗教职业者	20708	宗教教职人员	
2-80	宗教职业者	20708	宗教教职人员	
2-9	其他专业技术人员	29900	其他专业技术人员	
2-90	其他专业技术人员	29900	其他专业技术人员	
3	办事人员和有关人员	30000	办事人员和有关人员	
3-1	行政办公人员	30100	办事人员	
3-11	行政业务人员	30101	行政业务办理人员	
3-12	行政事务人员	30102	行政事务处理人员	
3-19	其他行政办公人员	30199	其他办事人员	
3-2	安全保卫和消防人员	30200	安全和消防人员	
3-21	人民警察	30201	人民警察	
3-22	治安保卫人员	30202	保卫人员	
3-23	消防人员	30203	消防和应急救援人员	
3-29	其他安全保卫和消防人员	30299	其他安全和消防人员	
3-3	邮政和电信业务人员	40207	邮政和快递服务人员	
		40401	信息通信业务人员	
3-31	邮政业务人员	40207	邮政和快递服务人员	
3-32	电信业务人员	40401	信息通信业务人员	
3-33	电信通信传输业务人员	40401	信息通信业务人员	
3-39	其他邮政和电信业务人员	40299	其他交通运输、仓储和邮政业服务人员	
		40499	其他信息传输、软件和信息技术服务人员	
3-9	其他办事人员和有关人员	39900	其他办事人员和有关人员	
3-90	其他办事人员和有关人员	39900	其他办事人员和有关人员	
4	商业、服务业人员	40000	社会生产服务和生活服务人员	
4-1	购销人员	40100	批发与零售服务人员	
4-11	营业人员	40102	销售人员	
4-12	推销、展销人员	40102	销售人员	
4-13	采购人员	40101	采购人员	
4-14	拍卖、典当及租赁业务人员	40505	典当服务人员	
		40599	其他金融服务人员	
		40701	租赁业务人员	

表 A.1（续）

2009 版职业代码	2009 版职业名称	2015 版职业代码	2015 版职业名称	备注
4-15	废旧物资回收利用人员	40104	再生物资回收人员	
4-16	粮油管理人员	40105	特殊商品购销人员	
4-17	商品监督和市场管理人员	40706	市场管理服务人员	
4-19	其他购销人员	40199	其他批发与零售服务人员	
4-2	仓储人员	40206	仓储人员	
4-21	保管人员	40206	仓储人员	
4-22	储运人员	40206	仓储人员	
4-29	其他仓储人员	40206	仓储人员	
4-3	餐饮服务人员	40300	住宿和餐饮服务人员	
4-31	中餐烹饪人员	40302	餐饮服务人员	
4-32	西餐烹饪人员	40302	餐饮服务人员	
4-33	调酒和茶艺人员	40302	餐饮服务人员	
4-34	营养配餐人员	40302	餐饮服务人员	
4-35	餐厅服务人员	40302	餐饮服务人员	
4-39	其他餐饮服务人员	40302	餐饮服务人员	
4-4	饭店、旅游及健身娱乐场所服务人员	40300	住宿和餐饮服务人员	
		40704	旅游及公共游览场所服务人员	
		41304	健身和娱乐场所服务人员	
4-41	饭店服务人员	40300	住宿和餐饮服务人员	
4-42	旅游及公共游览场所服务人员	40704	旅游及公共游览场所服务人员	
4-43	健身和娱乐场所服务人员	41304	健身和娱乐场所服务人员	
4-49	其他饭店、旅游及健身娱乐场所服务人员	40300	住宿和餐饮服务人员	
		40704	旅游及公共游览场所服务人员	
		41304	健身和娱乐场所服务人员	
4-5	运输服务人员	40200	交通运输、仓储和邮政业服务人员	
4-51	公路、道路运输服务人员	40202	道路运输服务人员	
4-52	铁路客货运输服务人员	40201	轨道交通运输服务人员	
4-53	航空运输服务人员	40204	航空运输服务人员	
4-54	水上运输服务人员	40203	水上运输服务人员	
4-59	其他运输服务人员	40299	其他交通运输、仓储和邮政业服务人员	
4-6	医疗卫生辅助服务人员	41400	健康服务人员	
4-60	医疗卫生辅助服务人员	41400	健康服务人员	

表 A.1（续）

2009 版职业代码	2009 版职业名称	2015 版职业代码	2015 版职业名称	备注
4-7/4-8	社会服务和居民生活服务人员	41000	居民服务人员	
4-71	社会中介服务人员	40602	房地产中介服务人员	
4-72	物业管理人员	40601	物业管理服务人员	
4-73	供水、供热及生活燃料供应服务人员	41100	电力、燃气及水供应服务人员	
4-74	美容美发人员	41003	美容美发和浴池服务人员	
4-75	摄影服务人员	40809	摄影扩印服务人员	
4-76	验光配镜人员	41403	康复矫正服务人员	
4-77	洗染织补人员	41002	服装裁剪和洗染织补人员	
4-78	浴池服务人员	41003	美容美发和浴池服务人员	
4-79	印章刻字人员	41206	印章制作人员	
4-81	日用机电产品维修人员	41203	家用电子电器产品维修人员	
4-82	办公设备维修人员	41202	计算机和办公设备维修人员	
4-83	保育、家庭服务人员	41001	生活照料服务人员	
4-84	环境卫生人员	40908	环境卫生服务人员	
4-85	殡葬服务人员	41006	殡葬服务人员	
4-89	其他社会服务和居民生活服务人员	41099	其他居民服务人员	
4-9	其他商业、服务业人员	49900	其他社会生产和生活服务人员	
4-90	其他商业、服务业人员	49900	其他社会生产和生活服务人员	
5	农、林、牧、渔、水利业生产人员	50000	农、林、牧、渔业生产及辅助人员	
5-1	种植业生产人员	50100	农业生产人员	
5-11	大田作物生产人员	50102	农作物生产人员	
5-12	农业实验人员	50199	其他农业生产人员	
5-13	园艺作物生产人员	50102	农作物生产人员	
5-14	热带作物生产人员	50102	农作物生产人员	
5-15	中药材生产人员	50102	农作物生产人员	
5-16	农副林特产品加工人员	50102	农作物生产人员	
5-19	其他种植业生产人员	50199	其他农业生产人员	
5-2	林业生产及野生动植物保护人员	40900	水利、环境和公共设施管理服务人员	
		50200	林业生产人员	
5-21	营造林人员	50202	营造林人员	
5-22	森林资源管护人员	50203	森林经营和管护人员	

表 A.1(续)

2009版职业代码	2009版职业名称	2015版职业代码	2015版职业名称	备注
5-23	野生动植物保护及自然保护区人员	40905	自然保护区和草地监护人员	
		40906	野生动植物保护人员	
5-24	木材采运人员	50204	木材采运人员	
5-29	其他林业生产及野生动植物保护人员	40999	其他水利、环境和公共设施管理服务人员	
		50299	其他林业生产人员	
5-3	畜牧业生产人员	50300	畜牧业生产人员	
5-31	家畜饲养人员	50302	畜禽饲养人员	
5-32	家禽饲养人员	50302	畜禽饲养人员	
5-33	蜜蜂饲养人员	50303	特种经济动物饲养人员	
5-34	实验动物饲养人员	50303	特种经济动物饲养人员	
5-35	动物疫病防治人员	50502	动植物疫病防治人员	
5-36	草业生产人员	20307	畜牧与草业技术人员	
5-39	其他畜牧业生产人员	50399	其他畜牧业生产人员	
5-4	渔业生产人员	50400	渔业生产人员	
5-41	水产养殖人员	50402	水产养殖人员	
5-42	水产捕捞及有关人员	50403	水产捕捞及有关人员	
5-43	水产品加工人员	60105	水产品加工人员	
5-49	其他渔业生产人员	50499	其他渔业生产人员	
5-5	水利设施管理养护人员	40901	水利设施管养人员	
5-51	河道、水库管养人员	40901	水利设施管养人员	
5-52	农田灌排工程建设管理维护人员	40904	农田灌排人员	
5-53	水土保持作业人员	40903	水土保持人员	
5-54	水文勘测作业人员	40902	水文服务人员	
5-59	其他水利设施管理养护人员	40999	其他水利、环境和公共设施管理服务人员	
5-9	其他农、林、牧、渔、水利业生产人员	59900	其他农、林、牧、渔业生产及辅助人员	
5-91	农林专用机械操作人员	50505	农机化服务人员	
5-92	农村能源开发利用人员	50503	农村能源利用人员	
6/7/8/9	生产、运输设备操作人员及有关人员	40000	社会生产服务和生活服务人员	
		60000	生产制造及有关人员	
6-1	勘测及矿物开采人员	61600	采矿人员	

表 A.1（续）

2009 版职业代码	2009 版职业名称	2015 版职业代码	2015 版职业名称	备注
6-11	地质勘查人员	61601	矿物采选人员	
6-12	测绘人员	61601	矿物采选人员	
6-13	矿物开采人员	61601	矿物采选人员	
6-14	矿物处理人员	61601	矿物采选人员	
6-15	钻井人员	61602	石油和天然气开采与储运人员	
6-16	石油、天然气开采人员	61602	石油和天然气开采与储运人员	
6-17	盐业生产人员	61603	采盐人员	
6-19	其他勘测及矿物开采人员	61699	其他采矿人员	
6-2/6-3	金属冶炼、轧制人员	61700	金属冶炼和压延加工人员	
6-21	炼铁人员	61701	炼铁人员	
6-22	炼钢人员	61702	炼钢人员	
6-23	铁合金冶炼人员	61704	铁合金冶炼人员	
6-24	重有色金属冶炼人员	61705	重有色金属冶炼人员	
6-25	轻有色金属冶炼人员	61706	轻有色金属冶炼人员	
6-26	稀贵金属冶炼人员	61707	稀贵金属冶炼人员	
6-27	半导体材料制备人员	61708	半导体材料制备人员	
6-28	金属轧制人员	61709	金属轧制人员	
6-29	铸铁管人员	61703	铸铁管人员	
6-30	炭素制品生产人员	61507	石墨及炭素制品生产人员	
6-31	硬质合金生产人员	61710	硬质合金生产人员	
6-39	其他金属冶炼、轧制人员	61799	其他金属冶炼和压延加工人员	
6-4/6-5	化工产品生产人员	61100	化学原料和化学制品制造人员	
6-41	化工产品生产通用工艺人员	61101	化工产品生产通用工艺人员	
6-42	石油炼制生产人员	61001	石油炼制生产人员	
6-43	煤化工生产人员	61003	煤化工生产人员	
6-44	化学肥料生产人员	61103	化学肥料生产人员	
6-45	无机化工产品生产人员	61101	化工产品生产通用工艺人员	
6-46	基本有机化工产品生产人员	61101	化工产品生产通用工艺人员	
6-47	合成树脂生产人员	61106	合成树脂生产人员	
6-48	合成橡胶生产人员	61107	合成橡胶生产人员	
6-49	化学纤维生产人员	61300	化学纤维制造人员	
6-51	合成革生产人员	61199	其他化学原料和化学制品制造人员	

表 A.1（续）

2009 版职业代码	2009 版职业名称	2015 版职业代码	2015 版职业名称	备注
6-52	精细化工产品生产人员	61199	其他化学原料和化学制品制造人员	
6-53	信息记录材料生产人员	61108	专用化学产品生产人员	
6-54	火药、炸药制造人员	61109	火工品制造、保管、爆破及焰火产品制造人员	
6-55	林产化工产品生产人员	61107	合成橡胶生产人员	
6-56	复合材料加工人员	61106	合成树脂生产人员	
		61199	其他化学原料和化学制品制造人员	
6-57	日用化学品生产人员	61110	日用化学品生产人员	
6-59	其他化工产品生产人员	61199	其他化学原料和化学制品制造人员	
6-6	机械制造加工人员	61800	机械制造基础加工人员	
6-61	机械冷加工人员	61801	机械冷加工人员	
6-62	机械热加工人员	61802	机械热加工人员	
6-63	特种加工设备操作人员	63099	其他运输设备和通用工程机械操作人员及有关人员	
6-64	冷作钣金加工人员	61801	机械冷加工人员	
6-65	工件表面处理加工人员	61803	机械表面处理加工人员	
6-66	磨料磨具制造加工人员	61804	工装工具制造加工人员	
6-67	航天器件加工成型人员	62502	电子器件制造人员	
6-69	其他机械制造加工人员	61899	其他械制造基础加工人员	
6-7/6-8/6-9	机电产品装配人员	61901	五金制品制作装配人员	
		62001	通用基础件装配制造人员	
		62100	专用设备制造人员	
		62202	汽车整车制造人员	
		62300	铁路、船舶、航空设备制造人员	
		62405	家用电力器具制造人员	
		62504	电子设备装配调试人员	
		62601	仪器仪表装配人员	
6-71	基础件、部件装配人员	62001	通用基础件装配制造人员	
6-72	机械设备装配人员	62101	采矿、建筑专用设备制造人员	
6-73	动力设备装配人员	62001	通用基础件装配制造人员	
6-74	电气元件及设备装配人员	62504	电子设备装配调试人员	

表 A.1（续）

2009 版职业代码	2009 版职业名称	2015 版职业代码	2015 版职业名称	备注
6-75	电子专用设备装配调试人员	62104	电子专用设备装配调试人员	
6-76	仪器仪表装配人员	62601	仪器仪表装配人员	
6-77	运输车辆装配人员	62202	汽车整车制造人员	
6-78	膜法水处理设备制造人员	62199	其他专用设备制造人员	
6-79	医疗器械装配及假肢与矫形器制作人员	62106	医疗器械制品和康复辅具生产人员	
6-81	日用机械电器制造装配人员	62405	家用电力器具制造人员	
6-82	五金制品制作、装配人员	61901	五金制品制作装配人员	
6-83	装甲车辆装试人员	62202	汽车整车制造人员	
6-84	枪炮制造人员	61901	五金制品制作装配人员	
6-85	弹制造人员	61901	五金制品制作装配人员	
6-86	引信加工制造人员	61109	火工品制造、保管、爆破及焰火产品制造人员	
6-87	火工品制造人员	61109	火工品制造、保管、爆破及焰火产品制造人员	
6-88	防化器材制造人员	62199	其他专用设备制造人员	
6-89	船舶制造人员	62302	船舶制造人员	
6-91	航空产品装配与调试人员	62303	航空产品装配、调试人员	
6-92	航空产品试验人员	62303	航空产品装配、调试人员	
6-93	导弹卫星装配测试人员	63103	导弹卫星装配测试人员	
6-94	火箭发动机装配试验人员	63103	火箭发动机装配试验人员	
6-95	航天器结构强度、温度、环境试验人员	63103	航天器结构强度、温度、环境试验人员	
6-96	靶场试验人员	63103	检验试验人员	
6-99	其他机电产品装配人员	61901	五金制品制作装配人员	
		62001	通用基础件装配制造人员	
		62199	其他专用设备制造人员	
		62202	汽车整车制造人员	
		62399	其他铁路、船舶、航空设备制造人员	
		62405	家用电力器具制造人员	
		62504	电子设备装配调试人员	
		62601	仪器仪表装配人员	
7-1	机械设备修理人员	63101	机械设备修理人员	

表 A.1（续）

2009 版职业代码	2009 版职业名称	2015 版职业代码	2015 版职业名称	备注
7-11	机械设备维修人员	63101	机械设备修理人员	
7-12	仪器仪表修理人员	63101	机械设备修理人员	
7-13	民用航空器维修人员	63102	船舶、民用航空器修理人员	
7-19	其他机械设备修理人员	63101	机械设备修理人员	
7-2	电力设备安装、运行、检修及供电人员	41101	电力供应服务人员	
7-21	电力设备安装人员	41101	电力供应服务人员	
7-22	发电运行值班人员	41101	电力供应服务人员	
7-23	输电、配电、变电设备值班人员	41101	电力供应服务人员	
7-24	电力设备检修人员	41101	电力供应服务人员	
7-25	供用电人员	41101	电力供应服务人员	
7-26	生活、生产电力设备安装、操作、修理人员	41101	电力供应服务人员	
7-29	其他电力设备安装、运行、检修及供电人员	41101	电力供应服务人员	
7-3	电子元器件与设备制造、装配、调试及维修人员	41203	家用电子电器产品维修人员	
		62404	电池制造人员	
		62500	计算机、通信和其他电子设备制造人员	
7-31	电子器件制造人员	62502	电子器件制造人员	
7-32	电子元件制造人员	62501	电子元件制造人员	
7-33	电池制造人员	62404	电池制造人员	
7-34	电子设备装配、调试人员	62504	电子设备装配调试人员	
7-35	电子产品维修人员	41203	家用电子电器产品维修人员	
7-39	其他电子元器件与设备制造、装配、调试及维修人员	41203	家用电子电器产品维修人员	
		62404	电池制造人员	
		62599	其他计算机、通信和其他电子设备制造人员	
7-4	橡胶和塑料制品生产人员	61400	橡胶和塑料制品制造人员	
7-41	橡胶制品生产人员	61401	橡胶制品生产人员	
7-42	塑料制品加工人员	61402	塑料制品加工人员	
7-49	其他橡胶和塑料制品生产人员	61400	橡胶和塑料制品制造人员	
7-5	纺织、针织、印染人员	60400	纺织、针织、印染人员	
7-51	纤维预处理人员	60401	纤维预处理人员	

表 A.1（续）

2009 版职业代码	2009 版职业名称	2015 版职业代码	2015 版职业名称	备注
7-52	纺纱人员	60402	纺纱人员	
7-53	织造人员	60403	织造人员	
7-54	针织人员	60404	针织人员	
7-55	印染人员	60406	印染人员	
7-59	其他纺织、针织、印染人员	60499	其他纺织、针织、印染人员	
7-6	裁剪、缝纫和皮革、毛皮制品加工制作人员	60500	纺织品、服装和皮革、毛皮制品加工制作人员	
7-61	裁剪、缝纫人员	60501	纺织品和服装剪裁缝纫人员	
7-62	鞋帽制作人员	60504	鞋帽制作人员	
7-63	皮革、毛皮加工人员	60502	皮革、毛皮及其制品加工人员	
7-64	缝纫制品再加工人员	60599	其他纺织品、服装和皮革、毛皮制品加工制作人员	
7-69	其他裁剪、缝纫和皮革、毛皮制品加工制作人员	60599	其他纺织品、服装和皮革、毛皮制品加工制作人员	
7-7	粮油、食品、饮料生产加工及饲料生产加工人员	60100	农副产品加工人员	
		60200	食品、饮料生产加工人员	
7-71	粮油生产加工人员	60101	粮油加工人员	
7-72	制糖和糖制品加工人员	60103	制糖人员	
7-73	乳品、冷食品及罐头、饮料制作人员	60204	乳制品加工人员	
7-74	酿酒、食品添加剂及调味品制作人员	60205	调味品及食品添加剂制作人员	
7-75	粮油食品制作人员	60200	食品、饮料生产加工人员	
7-76	屠宰加工人员	60104	畜禽制品加工人员	
7-77	肉、蛋食品加工人员	60104	畜禽制品加工人员	
7-78	饲料生产加工人员	60102	饲料加工人员	
7-79	其他粮油、食品、饮料生产加工及饲料生产加工人员	60199	其他农副产品加工人员	
		60299	其他食品、饮料生产加工人员	
7-8	烟草及其制品加工人员	60300	烟草及其制品加工人员	
7-81	原烟复烤人员	60301	烟叶初加工人员	
7-82	卷烟生产人员	60303	烟草制品生产人员	
7-83	烟用醋酸纤维丝束滤棒制作人员	60302	烟用材料生产人员	
7-89	其他烟草及其制品加工人员	60399	其他烟草及其制品加工人员	
7-9	药品生产人员	61200	医药制造人员	

表 A.1（续）

2009 版职业代码	2009 版职业名称	2015 版职业代码	2015 版职业名称	备注
7-91	合成药物制造人员	61201	化学药品原料药制造人员	
7-92	生物技术制药(品)人员	61205	生物药品制造人员	
7-93	药物制剂人员	61203	药物制剂人员	
7-94	中药制药人员	61202	中药饮片加工人员	
7-99	其他药品生产人员	61299	其他医药制造人员	
8-1	木材加工、人造板生产、木制品制作及制浆、造纸和纸制品生产加工人员	60600	木材加工、家具与木制品制作人员	
		60700	纸及纸制品生产加工人员	
8-11	木材加工人员	60601	木材加工人员	
8-12	人造板生产人员	60602	人造板制造人员	
8-13	木材制品制作人员	60603	木制品制造人员	
8-14	制浆人员	60701	制浆造纸人员	
8-15	造纸人员	60701	制浆造纸人员	
8-16	纸制品制作人员	60702	纸制品制作人员	
8-19	其他木材加工、人造板生产、木制品制作及制浆、造纸和纸制品生产加工人员	60699	其他木材加工、家具与木制品制作人员	
		60799	其他纸及纸制品生产加工人员	
8-2	建筑材料生产加工人员	61500	非金属矿物制品制造人员	
8-21	水泥及水泥制品生产加工人员	61501	水泥、石灰、石膏及其制品制造人员	
8-22	墙体屋面材料生产人员	61502	砖瓦石材等建筑材料制造人员	
8-23	建筑防水密封材料生产人员	61502	砖瓦石材等建筑材料制造人员	
8-24	建筑保温及吸音材料生产人员	61502	砖瓦石材等建筑材料制造人员	
8-25	装饰石材生产人员	61502	砖瓦石材等建筑材料制造人员	
8-26	非金属矿及其制品生产加工人员	61500	非金属矿物制品制造人员	
8-27	耐火材料生产人员	61506	耐火材料制品生产人员	
8-29	其他建筑材料生产加工人员	61599	其他非金属矿物制品制造人员	
8-3	玻璃、陶瓷、搪瓷及其制品生产加工人员	61503	玻璃及玻璃制品生产加工人员	
		61505	陶瓷制品制造人员	
		61901	五金制品制作装配人员	
8-31	玻璃熔制人员	61503	玻璃及玻璃制品生产加工人员	
8-32	玻璃纤维及其制品生产人员	61503	玻璃及玻璃制品生产加工人员	
8-33	石英玻璃制品加工人员	61503	玻璃及玻璃制品生产加工人员	
8-34	陶瓷制品生产人员	61505	陶瓷制品制造人员	

表 A.1(续)

2009 版职业代码	2009 版职业名称	2015 版职业代码	2015 版职业名称	备注
8-35	搪瓷制品生产人员	61901	五金制品制作装配人员	
8-39	其他玻璃、陶瓷、搪瓷及其制品生产加工人员	61503	玻璃及玻璃制品生产加工人员	
		61505	陶瓷制品制造人员	
		61901	五金制品制作装配人员	
8-4	广播影视制品制作、播放及文物保护作业人员	41302	广播、电视、电影和影视录音制作人员	
		41303	文物保护作业人员	
8-41	影视制品制作人员	41302	广播、电视、电影和影视录音制作人员	
8-42	音像制品制作、复制人员	41302	广播、电视、电影和影视录音制作人员	
8-43	广播影视舞台设备安装调试及运行操作人员	41302	广播、电视、电影和影视录音制作人员	
8-44	电影放映人员	41302	广播、电视、电影和影视录音制作人员	
8-45	文物保护作业人员	41303	文物保护作业人员	
8-49	其他广播影视制品制作、播放及文物保护作业人员	41302	广播、电视、电影和影视录音制作人员	
		41303	文物保护作业人员	
8-5	印刷人员	60801	印刷人员	
8-51	印前处理人员	60801	印刷人员	
8-52	印刷操作人员	60801	印刷人员	
8-53	印后制作人员	60801	印刷人员	
8-59	其他印刷人员	60801	印刷人员	
8-6	工艺、美术品制作人员	60900	文教、工美、体育和娱乐用品制作人员	
8-61	珠宝首饰加工制作人员	60903	工艺美术品制作人员	
8-62	地毯制作人员	60903	工艺美术品制作人员	
8-63	玩具制作人员	60905	玩具制作人员	
8-64	漆器工艺品制作人员	60903	工艺美术品制作人员	
8-65	抽纱、刺绣工艺品制作人员	60903	工艺美术品制作人员	
8-66	金属工艺品制作人具	60903	工艺美术品制作人员	
8-67	雕刻工艺品制作人员	60903	工艺美术品制作人员	
8-68	美术品制作人员	60903	工艺美术品制作人员	

表 A.1（续）

2009 版职业代码	2009 版职业名称	2015 版职业代码	2015 版职业名称	备注
8-69	其他工艺、美术品制作人员	60999	其他文教、工美、体育和娱乐用品制作人员	
8-7	文化教育、体育用品制作人员	60900	文教、工美、体育和娱乐用品制作人员	
8-71	文教用品制作人员	60901	文教用品制作人员	
8-72	体育用品制作人员	60904	体育用品制作人员	
8-73	乐器制作人员	60902	乐器制作人员	
8-79	其他文化教育、体育用品制作人员	60999	其他文教、工美、体育和娱乐用品制作人员	
8-8/8-9	工程施工人员	62900	建筑施工人员	
8-81	土石方施工人员	62902	土木工程建筑施工人员	
8-82	砌筑人员	62901	房屋建筑施工人员	
8-83	混凝土配制及制品加工人员	62901	房屋建筑施工人员	
8-84	钢筋加工人员	62901	房屋建筑施工人员	
8-85	施工架子搭设人员	62901	房屋建筑施工人员	
8-86	工程防水人员	62901	房屋建筑施工人员	
8-87	装饰、装修人员	62904	建筑装饰人员	
8-88	古建筑修建人员	62905	古建筑修建人员	
8-89	筑路、养护、维修人员	62999	其他建筑施工人员	
8-91	工程设备安装人员	62903	建筑安装施工人员	
8-99	其他工程施工人员	62999	其他建筑施工人员	
9-1	运输设备操作人员及有关人员	63000	运输设备和通用工程机械操作人员及有关人员	
9-11	公(道)路运输机械设备操作及有关人员	63000	运输设备和通用工程机械操作人员及有关人员	
9-12	铁路、地铁运输机械设备操作及有关人员	63002	轨道交通运输机械设备操作及有关人员	
9-13	民用航空设备操作及有关人员	63003	民用航空设备操作及有关人员	
9-14	水上运输设备操作及有关人员	63004	水上运输设备操作及有关人员	
9-15	起重装卸机械操作及有关人员	63005	通用工程机械操作人员	
9-19	其他运输设备操作人员及有关人员	63099	其他运输设备和通用工程机械操作人员及有关人员	
9-2	环境监测与废物处理人员	40806	环境监测服务人员	
		40907	环境治理服务人员	
9-21	环境监测人员	40806	环境监测服务人员	

表 A.1（续）

2009 版职业代码	2009 版职业名称	2015 版职业代码	2015 版职业名称	备注
9-22	海洋环境调查与监测人员	40806	环境监测服务人员	
9-23	废物处理人员	40907	环境治理服务人员	
9-29	其他环境监测与废物处理人员	40806	环境监测服务人员	
		40907	环境治理服务人员	
9-3	检验、计量人员	40805	检验、检测和计量服务人员	
9-31	检验人员	40805	检验、检测和计量服务人员	
9-32	航空产品检验人员	63102	船舶、民用航空器修理人员	
9-33	航天器检验、测试人员	63103	检验试验人员	
9-34	计量人员	40805	检验、检测和计量服务人员	
9-39	其他检验、计量人员	40805	检验、检测和计量服务人员	
9-9	其他生产、运输设备操作人员及有关人员	63099	其他运输设备和通用工程机械操作人员及有关人员	
9-91	包装人员	63105	包装人员	
9-92	机泵操作人员	63199	其他生产辅助人员	
9-93	简单体力劳动人员	63199	其他生产辅助人员	
X	军人	70000	军人	
X-0	军人	70000	军人	
X-00	军人	70000	军人	
Y	不便分类的基他从业人员	80000	不便分类的其他从业人员	
Y-0	不便分类的其他从业人员	80000	不便分类的其他从业人员	
Y-00	不便分类的其他从业人员	80000	不便分类的其他从业人员	

参 考 文 献

[1] 中华人民共和国职业分类大典(2015年版)

ICS 71.080.15
G 16

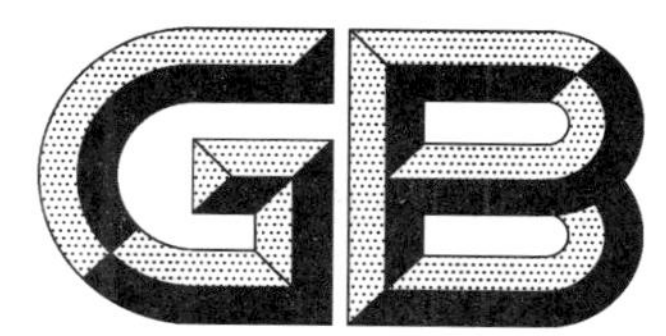

中华人民共和国国家标准

GB/T 6699—2015
代替 GB/T 6699—1998

焦　　化　　萘

Coking naphthalene

2015-10-09 发布　　2015-12-01 实施

中华人民共和国国家质量监督检验检疫总局
中国国家标准化管理委员会　发布

前　言

本标准按照 GB/T 1.1—2009 给出的规则起草。

本标准代替 GB/T 6699—1998《焦化萘》，本标准与 GB/T 6699—1998 相比，主要变化如下：

——增加了前言、规范性引用文件、安全注意事项的内容；

——修改了适用范围的内容：将“分馏高温”删除；

——修改了技术要求，增加了萘含量；

——增加了色谱分析方法。

本标准由中国钢铁工业协会提出。

本标准由全国煤化工标准化技术委员会(SAC/TC 469)归口。

本标准起草单位：上海宝钢化工有限公司、冶金工业信息标准研究院。

本标准主要起草人：施淡淡、陈国敏、陈慧萍、陈岳飞、孙伟、仇金辉、郑景须、张进莺。

本标准所代替标准的历次版本发布情况为：

——GB/T 6699—1986、GB/T 6699—1998；

——GB/T 6700—1986。

焦　化　萘

1　范围

本标准规定了焦化萘的技术要求、试验方法、检验规则、包装、运输、贮存、质量证明书及安全注意事项。

本标准适用于从煤焦油中所得的萘馏分，经洗涤、精馏或结晶等工序所得的焦化萘。

2　规范性引用文件

下列文件对于本文件的应用是必不可少的。凡是注日期的引用文件，仅注日期的版本适用于本文件。凡是不注日期的引用文件，其最新版本(包括所有的修改单)适用于本文件。

GB/T 1999　焦化油类产品取样方法

GB/T 2000　焦化固体类产品取样方法

GB/T 2295　焦化固体类产品灰分测定方法

GB/T 3069.2　萘结晶点的测定方法

GB/T 6701　萘不挥发物的测定方法

GB/T 6702　萘酸洗比色试验方法

GB/T 8170　数值修约规则与极限数值的表示和判定

3　技术要求

3.1　焦化萘包括精萘和工业萘，其技术要求应符合表1的规定。

表1　技术要求

项目		指标					
		精萘			工业萘		
		优级	一级	二级	优级	一级	二级
外观		白色 粉状、片状结晶		白色略带微红或微黄 粉状、片状结晶	白色，允许带微红或微黄粉状、片状结晶		
萘含量(质量分数)/%	不小于	99.30	98.95	98.45	96.60	96.00	95.00
结晶点/℃	不小于	79.8	79.6	79.3	78.3	78.0	77.5
不挥发物(质量分数)/%	不大于	—	0.01	0.02	0.04	0.06	0.08
灰分 (质量分数)/%	不大于	—	0.006	0.008	0.01	0.01	0.02
酸洗比色/号 按标准比色液	不深于	2	4	—	—	—	—

3.2　外观、不挥发物按生产厂出厂检验数据为准。

3.3　工业萘按液体供货时不挥发物指标由供需双方规定。

3.4 萘含量和结晶点指标任选其一,仲裁法以结晶点指标为准。

4 试验方法

4.1 外观测定:目测粉状、片状试样,记录其颜色。
4.2 萘含量的测定按附录 A 规定进行。
4.3 结晶点的测定按 GB/T 3069.2 规定进行。
4.4 不挥发物的测定按 GB/T 6701 规定进行。
4.5 灰分的测定按 GB/T 2295 规定进行。
4.6 酸洗比色的测定按 GB/T 6702 规定进行。

5 检验规则

5.1 焦化萘的质量检验和验收由供方质量监督检验部门进行。
5.2 试样的采取和制备:固体萘按照 GB/T 2000 规定进行,液体萘按照 GB/T 1999 规定进行。
5.3 数值修约按 GB/T 8170 规定进行。
5.4 检验结果即使只有一项指标不符合本标准技术要求,则整批产品为不合格品。当产品出现不合格项时,应重新取双倍样对不合格项进行检验,检验合格,本批产品判为合格,如仍不合格,则该批产品为不合格品。
5.5 液体萘以每生产槽为一批,每批不超过 1 000 t;固体萘以 300 t 为一检验批,不足 300 t 为一检验批。

6 包装、运输、贮存和质量证明书

6.1 液体萘应该装入洁净、干燥的槽车发给需方。
6.2 固体萘要用有内衬塑料薄膜的聚丙烯编织袋或复合塑料袋包装。固体萘每袋净重 25 kg±0.5 kg 或 50 kg±0.5 kg,每批产品平均每袋净重不得低于 25 kg 或 50 kg。包装袋上应标明:产品名称、产品标准编号、商标、供方名称、地址和净重。
6.3 每批产品交货时都应附有质量证明书,证明书内容包括:产品名称、产品标准编号、供方名称、地址、批号、净重和本标准规定的各项检验结果等。
6.4 萘在贮存和运输中要求隔绝火种,远离热源,应贮存于阴凉、通风、干燥的库房内,不得与食品原料、氧化剂、硝酸等同库存放。

7 安全注意事项

7.1 萘易燃、有毒。在空气中最高允许浓度为 50 mg/m^3,人吸入超浓度萘蒸气或皮肤经常接触萘能引起中毒。
7.2 工作场所应当安装排风设备、必要的消防设施、急救药箱。
7.3 应使用个人防护用品(如防护眼镜、防化手套、防尘口罩、工作服等)。
7.4 对着火的萘灭火时,可用二氧化碳、雾状水、沙土。
7.5 当沾染上萘后,应脱去被污染的衣着,用肥皂水和清水彻底冲洗。

附　录　A
（规范性附录）
焦化萘　萘含量的测定　气相色谱法

A.1　原理

用弹性毛细管色谱柱将焦化萘中的萘和其他杂质组分分离，按带校正因子的面积归一化法进行定量，计算焦化萘中萘的质量分数。

A.2　试剂和材料

A.2.1　萘、硫茚、β-甲基萘、喹啉、3,5-二甲酚：色谱纯。
A.2.2　丙酮：分析纯。
A.2.3　氢气：纯度大于99.9%。
A.2.4　氮气：纯度大于99.9%。
A.2.5　净化空气。

A.3　仪器

A.3.1　气相色谱仪：配有氢火焰检测器，FID检测限<5×10^{-10} g/s（苯或正十六烷）。
A.3.2　色谱工作站或数据处理器。
A.3.3　色谱柱：聚乙二醇石英毛细管色谱柱，ϕ0.25 mm×30 m×0.25 μm，或能达到分离要求的同类型的毛细管色谱柱。
A.3.4　分析天平：感量0.000 1 g。
A.3.5　微量注射器：10 μL。
A.3.6　容量瓶。
A.3.7　移液管。

A.4　分析步骤

A.4.1　操作条件的调节

表A.1中所列为典型的操作条件，允许根据实际情况作适当的调节，但应符合下列要求：

a)　萘、硫茚、β-甲基萘、喹啉、3,5-二甲酚相对分离度 $R\geqslant1.5$；
b)　进样量和仪器的灵敏度应控制在萘组分的线性响应范围内。

表A.1　典型操作条件

色谱柱	ϕ0.25 mm×30 m×0.25 μm	氢气流量	40 mL/min
检测器	氢火焰检测器	空气流量	400 mL/min
柱初温	90 ℃	尾吹流量	20 mL/min
第一段升温速率	5 ℃/min	FID检测限	<5×10^{-10} g/s（苯或正十六烷）
柱中温	140 ℃	最小峰面积	5 pA·s或μV·s

表 A.1（续）

第二段升温速率	3 ℃/min	斜率	5
柱终温	220 ℃	峰宽	0.1 min
气化室温度	250 ℃	进样量	1.0 μL
检测器温度	270 ℃	溶剂切割时间	3.5 min
载气	N_2	分流比	100∶1
载气线速度	25 cm/s	—	—

在上述操作条件下，焦化萘产品的典型色谱图如图 A.1 所示，各组分的相对保留值见表 A.2。

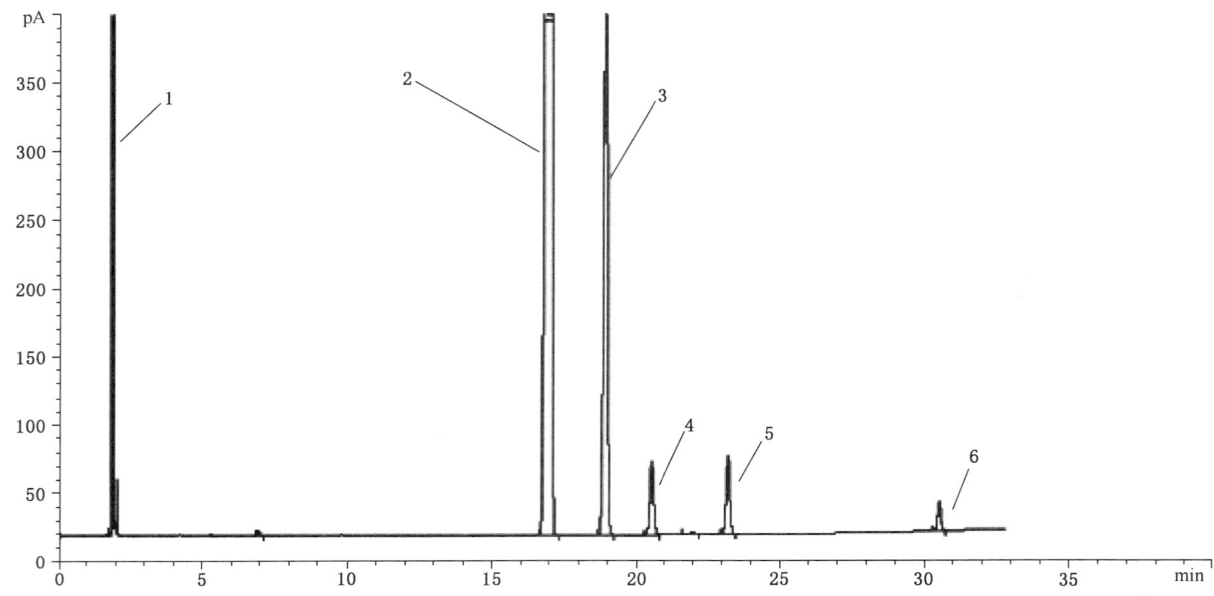

说明：
1——溶剂峰(丙酮)；
2——萘；
3——硫茚；
4——β-甲基萘；
5——喹啉；
6——3,5-二甲酚。

图 A.1 焦化萘产品的典型色谱图

表 A.2 各组分的相对保留值

序号	组分名称	相对保留值
1	溶剂峰(丙酮)	0.11
2	萘	1.00
3	硫茚	1.11
4	β-甲基萘	1.21
5	喹啉	1.36
6	3,5-二甲酚	1.80

A.4.2 校正因子的测定

A.4.2.1 标准样品的配制

配制与被测试样各组分含量相接近的标准样品。准确称量萘、硫茚、β-甲基萘、喹啉、3,5-二甲酚等标样共5 g左右(称准至0.000 1 g)于容量瓶中,加入丙酮进行稀释,混合均匀后备用(标准样品中各组分的含量按各标样的实际组成含量进行换算)。

A.4.2.2 标样的色谱分析

按A.4.1调整好色谱仪,用微量注射器注入1.0 μL标准样,平行测定3次~5次,通过色谱工作站(或色谱处理器)测量峰面积,并确保每次对萘和硫茚等组分的切割方式一致(当峰型拖尾时,推荐采用斜切方式)。

A.4.2.3 校正因子的计算

A.4.2.3.1 以萘为基准物,按式(A.1)计算各组分相对校正因子:

$$f_i = \frac{A_{萘} \times m_i}{A_i \times m_{萘}} \qquad \cdots\cdots (A.1)$$

式中:

f_i ——i 组分的相对校正因子;

A_i ——i 组分的峰面积,单位为皮安秒或微伏秒(pA·s或μV·s);

$A_{萘}$——萘的峰面积,单位为皮安秒或微伏秒(pA·s或μV·s);

m_i ——i 组分的质量的数值,单位为克(g);

$m_{萘}$——萘的质量的数值,单位为克(g)。

A.4.2.3.2 在正常条件下,校正因子每隔三个月验证一次,以保证定量的准确性。但如果色谱条件改变,则应重新验证校正因子。

A.4.3 试样的测定

A.4.3.1 称取试样约1 g于10 mL容量瓶中,以丙酮为溶剂,对试样进行稀释,作为分析试样。

A.4.3.2 按A.4.1调整好色谱仪,用微量注射器注入1.0 μL分析试样,通过色谱工作站(或数据处理器)测量各组分的峰面积,并确保对萘和硫茚等组分的切割方式与测定校正因子时的方式相一致。每个样品重复测定两次,取两次分析的算术平均值作为测定结果报出。

A.5 结果

按式(A.2)计算各组分的质量分数:

$$X_i = \frac{A_i \times f_i}{\sum_{i=1}^{n}(A_i \times f_i)} \times 100\% \qquad \cdots\cdots (A.2)$$

式中:

X_i ——i 组分的质量分数;

n ——试样中所检出组分总数。

其他不明物的校正因子以1.000计算。

A.6 精密度

重复性:精萘≤0.3%;工业萘≤0.5%。

ICS 77.150.10
H 61

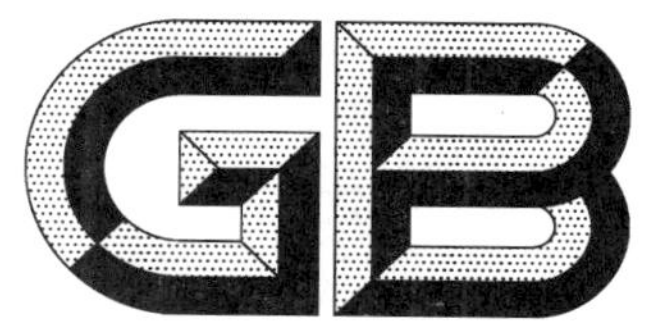

中华人民共和国国家标准

GB/T 6892—2015
代替 GB/T 6892—2006

一般工业用铝及铝合金挤压型材

Wrought aluminium and aluminium alloys extruded profiles for general engineering

2015-12-10 发布　　　　2016-07-01 实施

中华人民共和国国家质量监督检验检疫总局
中国国家标准化管理委员会 发布

前言

本标准按照 GB/T 1.1—2009 给出的规则起草。

本标准代替 GB/T 6892—2006《一般工业用铝及铝合金挤压型材》。本标准与 GB/T 6892—2006 相比，主要技术变化如下：

——删除了车辆型材；
——删除了原附录 A、附录 B 和附录 C；
——增加了 6008、6360、7021 合金；
——增加了 2014、2014A、2024、6082 合金的 H111 状态；
——修改了 2017 合金的力学性能；
——增加了 5005、5005A 合金的 0、H111 状态；
——增加了 6005 合金的 T1 状态；
——修改了 6005、6005A 合金 T5 状态的性能；
——增加了 6063、6060 合金的 T66 状态；
——针对 2A11、2A12 合金的 T4 状态，6261 合金的 T5 状态和 7A04 合金的 T6 状态的型材力学性能限定值，规定了适用型材的最大壁厚；
——增加了阳极氧化、阳极氧化＋电泳涂漆、粉末喷涂和液体喷涂的表面处理型材。

本标准由中国有色金属工业协会提出。

本标准由全国有色金属标准化技术委员会(SAC/TC 243)归口。

本标准负责起草单位：西南铝业(集团)有限责任公司、有色金属技术经济研究院、东北轻合金有限责任公司、广东豪美铝业股份有限公司、广东坚美铝型材厂(集团)有限公司、广东兴发铝业有限公司、龙口市丛林铝材有限公司、山东兖矿轻合金有限公司、西北铝加工厂、辽宁忠旺集团有限公司、山东南山铝业股份有限公司。

本标准参加起草单位：广亚铝业有限公司、福建省南平铝业有限公司、福建省闽发铝业服份有限公司、四川广汉三星铝业有限公司、广东华昌铝厂有限公司、吉林麦达斯铝业有限公司、广东凤铝铝业有限公司、广东新合铝业有限公司。

本标准主要起草人：李瑞山、葛立新、杜恒安、高新宇、项胜前、戴悦星、陈文泗、高安江、聂波、周霞、盖洪涛、彭著军、王国军、饶竹贵、程仁寨、王迎新、冯东升、陈敏、牟泳涛、唐性宇、王立臣、陈慧、冯凯、蔡月华。

本标准所代替标准的历次版本发布情况为：

——GB/T 6892—1986、GB/T 6892—2000、GB/T 6892—2006；
——GB/T 19347—2003；
——GB/T 19347.2—2005。

一般工业用铝及铝合金挤压型材

1 范围

本标准规定了一般工业用铝及铝合金挤压型材的要求、试验方法、检验规则和标志、包装、运输、贮存及质量证明书与订货单(或合同)内容。

本标准适用于一般工业用铝及铝合金型材(以下简称型材)。

2 规范性引用文件

下列文件对于本文件的应用是必不可少的。凡是注日期的引用文件,仅注日期的版本适用于本文件。凡是不注日期的引用文件,其最新版本(包括所有的修改单)适用于本文件。

GB/T 231(所有部分) 金属材料 布氏硬度试验

GB/T 3190 变形铝及铝合金化学成分

GB/T 3199 铝及铝合金加工产品 包装、标志、运输、贮存

GB/T 3246.1 变形铝及铝合金制品组织检验方法 第1部分:显微组织检验方法

GB/T 3246.2 变形铝及铝合金制品组织检验方法 第2部分:低倍组织检验方法

GB/T 6519 变形铝、镁合金产品超声波检验方法

GB/T 7999 铝及铝合金光电直读发射光谱分析方法

GB/T 8013(所有部分) 铝及铝合金阳极氧化膜与有机聚合物膜

GB/T 8170 数值修约规则与极限数值的表示和判定

GB/T 12966 铝合金电导率涡流测试方法

GB/T 14846 铝及铝合金挤压型材尺寸偏差

GB/T 15970.7 金属和合金的腐蚀 应力腐蚀试验 第7部分:慢应变速率试验

GB/T 16865 变形铝、镁及其合金加工制品拉伸试验用试样及方法

GB/T 17432 变形铝及铝合金化学成分分析取样方法

GB/T 20975(所有部分) 铝及铝合金化学分析方法

GB/T 22639 铝合金加工产品的剥落腐蚀试验方法

GB/T 22640 铝合金加工产品的环形试样应力腐蚀试验方法

YS/T 730 建筑用铝合金木纹型材

YS/T 873 铝合金抛光膜层规范

ISO 9223 金属和合金的腐蚀 大气腐蚀性 分类、测定和评估(Corrosion of metals and alloys—Corrosivity of atmospheres—Classification, determination and estimation)

3 要求

3.1 产品分类

3.1.1 型材按成分划分为两类,如表1所示。

表1　型材按成分分类

按成分分类	定义	典型牌号
Ⅰ类	1×××系、3×××系、5×××系、6×××系及镁限量平均值小于4%的5×××系合金型材	1060、1350、1050A、1100、1200、3A21、3003、3103、5A02、5A03、5005、5005A、5051A、5251、5052、5154A、5454、5754、6A02、6101A、6101B、6005、6005A、6106、6008、6351、6060、6360、6061、6261、6063、6063A、6463、6463A、6081、6082
Ⅱ类	2×××系、7×××系及镁限量平均值不小于4%的5×××系合金型材	2A11、2A12、2014、2014A、2024、2017、2017A、5A05、5A06、5019、5083、5086、7A04、7003、7005、7020、7021、7022、7049A、7075、7178

3.1.2　型材按表面类型分为未经表面处理的型材和表面处理的型材。表面处理的型材牌号、表面处理类别、膜层代号见表2。需要表面处理的型材，可参照附录A选择型材的表面处理类别及膜层代号，并在订货单(或合同)中注明。

表2　表面处理的型材牌号、表面处理类别、膜层代号

<table>
<tr><th>牌号</th><th colspan="3">表面处理类别</th><th>膜层代号</th><th>备注</th></tr>
<tr><td rowspan="8">6005、
6063、
6063A、
6060、
6061、
6463
6463A</td><td colspan="3">阳极氧化</td><td>AA5、AA10、AA15、AA20、AA25</td><td>膜层代号中：
“AA”代表阳极氧化类别；
“AA”后的数字标示阳极氧化膜最小平均膜厚限定值</td></tr>
<tr><td rowspan="2">阳极氧化+电泳涂漆</td><td colspan="2">阳极氧化+有光透明漆
阳极氧化+亚光透明漆</td><td>EA21、EA16、EA13</td><td>膜层代号中：
“EA”代表阳极氧化+有光或亚光透明漆类别
“EA”后的数字标示阳极氧化与电泳涂漆复合膜最小局部膜厚限定值</td></tr>
<tr><td colspan="2">阳极氧化+有光有色漆
阳极氧化+亚光有色漆</td><td>ES21</td><td>膜层代号中：
“ES”代表阳极氧化+有光或亚光有色漆类别
“ES”后的数字标示阳极氧化与电泳涂漆复合膜最小局部膜厚限定值</td></tr>
<tr><td colspan="3">粉末喷涂</td><td>GA40</td><td>膜层代号中：
“GA”代表粉末喷涂类别；
“GA”后的数字标示最小局部膜厚限定值</td></tr>
<tr><td rowspan="4">液体喷涂</td><td colspan="2">丙烯酸漆喷涂</td><td>LB20</td><td>膜层代号中：
“LB”代表丙烯酸漆喷涂类别；
“LB”后的数字标示最小平均膜厚限定值</td></tr>
<tr><td rowspan="3">氟碳漆喷涂</td><td>二涂(底漆加面漆)</td><td>LF2-30</td><td>膜层代号中：
“LF2”代表氟碳漆喷涂—二涂类别；
“LF2”后的数字标示最小平均膜厚限定值</td></tr>
<tr><td>三涂(底漆、面漆加清漆)</td><td>LF3-40</td><td>膜层代号中：
“LF3”代表氟碳漆喷涂—三涂类别；
“LF3”后的数字标示最小平均膜厚限定值</td></tr>
<tr><td>四涂(底漆、阻挡漆、面漆加清漆)</td><td>LF4-65</td><td>膜层代号中：
“LF4”代表氟碳漆喷涂—四涂类别；
“LF4”后的数字标示最小平均膜厚限定值</td></tr>
</table>

3.1.3 标记及示例

产品标记按产品名称和颜色(或色号)、膜层代号、本标准编号、牌号、状态、截面代号及长度的顺序表示。

示例 1:

6063 牌号、T5 状态、截面代号为 YST01100001、长度为 4 000 mm 的定尺型材,标记为:

型材　GB/T 6892-6063T5- YST01100001×4000

示例 2:

银白色、膜层代号为 AA20、6063 牌号、T5 状态、截面代号为 YST01100001、长度为 4 000 mm 的定尺型材,标记为:

型材银白色 AA20　GB/T 6892-6063T5- YST01100001×4000

示例 3:

黑色、膜层代号为 EA21、6063 牌号、T5 状态、截面代号为 YST00010004、长度为 4 000 mm 的定尺型材,标记为:

型材黑色 EA21　GB/T 6892-6063T5- YST01100004×4000

示例 4:

黄色、膜层代号为 GA40、6063 牌号、T5 状态、截面代号为 YST00010004、长度为 4 000 mm 的定尺型材,标记为:

型材黄色 GA40　GB/T 6892-6063T5- YST00010004×4000

示例 5:

红色、膜厚代号为 LB20、6063 牌号、T5 状态、截面代号为 YST00010004、长度为 4 000 mm 的定尺型材,标记为:

型材红色 LB20　GB/T 6892-6063T5- YST00010004×4000

示例 6:

绿色、膜厚代号为 LF4-65、6063 牌号、T5 状态、截面代号为 YST00010004、长度为 4 000 mm 的定尺型材,标记为:

型材绿色 LF4-65　GB/T 6892-6063T5- YST00010004×4000

3.2 化学成分

5051A、6008、6360、6261、6081、7178 牌号型材的化学成分应符合表 3 的规定,其他牌号型材的化学成分应符合 GB/T 3190 的规定。

表 3 化学成分

牌号	化学成分(质量分数)/%											
	Si	Fe	Cu	Mn	Mg	Cr	Zn	V	Ti	其他杂质[a]		Al[b]
										单个	合计	
5051A	≤0.30	≤0.45	≤0.05	≤0.25	1.4~2.1	≤0.30	≤0.20	—	≤0.10	≤0.05	≤0.15	余量
6008	0.50~0.9	≤0.35	≤0.30	≤0.30	0.40~0.7	≤0.30	≤0.20	0.05~0.20	≤0.10	≤0.05	≤0.15	
6360	0.35~0.8	0.10~0.30	≤0.15	0.02~0.15	0.25~0.45	≤0.05	≤0.10	—	≤0.10	≤0.05	≤0.15	
6261	0.40~0.7	≤0.40	0.15~0.40	0.20~0.35	0.7~1.0	≤0.10	≤0.20	—	≤0.10	≤0.05	≤0.15	
6081	0.7~1.1	≤0.50	≤0.10	0.10~0.45	0.6~1.0	≤0.10	≤0.20	—	≤0.15	≤0.05	≤0.15	
7178	≤0.40	≤0.50	1.6~2.4	≤0.30	2.4~3.1	0.18~0.28	6.3~7.3	—	≤0.20	≤0.05	≤0.15	

[a] 其他杂质指表中未列出或未规定数值的元素。

[b] 铝的质量分数为 100.00%与所有质量分数不小于 0.010%的元素质量分数总和的差值,求和前各元素数值要表示到0.0X%。

3.3 尺寸偏差

型材的尺寸偏差应符合 GB/T 14846 的普通级规定，需要高精级或超高精级时，应在图纸、订货单（或合同）中注明。对于表面处理的型材，因表面处理引起的尺寸变化应不影响其装配和使用。

3.4 力学性能

型材的室温纵向拉伸力学性能应符合表 4 规定。壁厚超出表 4 规定的型材，其力学性能由供需双方协商确定，并在订货单（或合同）中注明，无注明时附实测结果。

表 4 力学性能

牌号	状态	壁厚/mm	室温拉伸试验结果				布氏硬度参考值 HBW
			抗拉强度 R_m/MPa	规定非比例延伸强度 $R_{p0.2}$/MPa	断后伸长率[a,b]/%		
					A	$A_{50\ mm}$	
			不小于				
1060	O	—	60～95	15	22	20	—
	H112	—	60	15	22	20	—
1350	H112	—	60	—	25	23	20
1050A	H112	—	60	20	25	23	20
1100	O	—	75～105	20	22	20	—
	H112	—	75	20	22	20	—
1200	H112	—	75	25	20	18	23
2A11	O	—	≤245	—	12	10	—
	T4	≤10.00	335	190	—	10	—
		>10.00～20.00	335	200	10	8	—
		>20.00～50.00	365	210	10	—	—
2A12	O	—	≤245	—	12	10	—
	T4	≤5.00	390	295	—	8	—
		>5.00～10.00	410	295	—	8	—
		>10.00～20.00	420	305	10	8	—
		>20.00～50.00	440	315	10	—	—
2014 2014A	O、H111	—	≤250	≤135	12	10	45
	T4 T4510 T4511	≤25.00	370	230	11	10	110
		>25.00～75.00	410	270	10	—	110
	T6 T6510 T6511	≤25.00	415	370	7	5	140
		>25.00～75.00	460	415	7	—	140

表 4（续）

牌号	状态	壁厚/mm	室温拉伸试验结果				布氏硬度参考值 HBW
			抗拉强度 R_m/MPa	规定非比例延伸强度 $R_{p0.2}$/MPa	断后伸长率[a,b]/%		
					A	$A_{50\ mm}$	
			不小于				
2024	O、H111	—	≤250	≤150	12	10	47
	T3 T3510 T3511	≤15.00	395	290	8	6	120
		>15.00~50.00	420	290	8	—	120
	T8 T8510 T8511	≤50.00	455	380	5	4	130
2017	O	—	≤245	≤125	16	16	—
	T4	≤12.50	345	215	12	12	—
		>12.50~100.00	345	195	12	—	—
2017A	T4 T4510 T4511	≤30.00	380	260	10	8	105
3A21	O、H112	—	≤185	—	16	14	—
3003	H112	—	95	35	25	20	30
3103	H112	—	95	35	25	20	28
5A02	O、H112	—	≤245	—	12	10	—
5A03	O、H112	—	180	80	12	10	—
5A05	O、H112	—	255	130	15	13	—
5A06	O、H112	—	315	160	15	13	—
5005 5005A	O、H111	≤20.00	100~150	40	20	18	30
	H112	—	100	40	18	16	30
5019	H112	≤30.00	250	110	14	12	65
5051A	H112	—	150	60	16	14	40
5251	H112	—	160	60	16	14	45
5052	H112	—	170	70	15	13	47
5154A	H112	≤25.00	200	85	16	14	55
5454	H112	≤25.00	200	85	16	14	60
5754	H112	≤25.00	180	80	14	12	47

表 4（续）

牌号	状态	壁厚/mm		室温拉伸试验结果 抗拉强度 R_m/MPa	规定非比例延伸强度 $R_{p0.2}$/MPa	断后伸长率[a,b]/% A	$A_{50\ mm}$	布氏硬度参考值 HBW
				不小于				
5083	H112	—		270	125	12	10	70
5086	H112	—		240	95	12	10	65
6A02	T4	—		180	—	12	10	—
	T6	—		295	230	10	8	—
6101A	T6	≤50.00		200	170	10	8	70
6101B	T6	≤15.00		215	160	8	6	70
6005	T1	≤12.50		170	100	—	11	—
	T5	≤6.30		250	200	—	7	—
		>6.30～25.00		250	200	8	7	—
	T4	≤25.00		180	90	15	13	50
	T6	实心型材	≤5.00	270	225	—	6	90
			>5.00～10.00	260	215	—	6	85
			>10.00～25.00	250	200	8	6	85
		空心型材	≤5.00	255	215	—	6	85
			>5.00～15.00	250	200	8	6	85
6005A	T5	≤6.30		250	200	—	7	—
		>6.30～25.00		250	200	8	7	—
	T4	≤25.00		180	90	15	13	50
	T6	实心型材	≤5.00	270	225	—	6	90
			>5.00～10.00	260	215	—	6	85
			>10.00～25.00	250	200	8	6	85
		空心型材	≤5.00	255	215	—	6	85
			>5.00～15.00	250	200	8	6	85
6106	T6	≤10.00		250	200	—	6	75
6008	T4	≤10.00		180	90	15	13	50
	T6	实心型材	≤5.00	270	225	—	6	90
			>5.00～10.00	260	215	—	6	85
		空心型材	≤5.00	255	215	—	6	85
			>5.00～10.00	250	200	—	6	85

表 4（续）

<table>
<tr><th rowspan="4">牌号</th><th rowspan="4">状态</th><th rowspan="4" colspan="2">壁厚/mm</th><th colspan="4">室温拉伸试验结果</th><th rowspan="3">布氏硬度参考值 HBW</th></tr>
<tr><th rowspan="2">抗拉强度 R_m/MPa</th><th rowspan="2">规定非比例延伸强度 $R_{p0.2}$/MPa</th><th colspan="2">断后伸长率[a,b]/%</th></tr>
<tr><th>A</th><th>$A_{50\ mm}$</th></tr>
<tr><th colspan="5">不 小 于</th></tr>
<tr><td rowspan="5">6351</td><td>O</td><td colspan="2">—</td><td>≤160</td><td>≤110</td><td>14</td><td>12</td><td>35</td></tr>
<tr><td>T4</td><td colspan="2">≤25.00</td><td>205</td><td>110</td><td>14</td><td>12</td><td>67</td></tr>
<tr><td>T5</td><td colspan="2">≤5.00</td><td>270</td><td>230</td><td>—</td><td>6</td><td>90</td></tr>
<tr><td rowspan="2">T6</td><td colspan="2">≤5.00</td><td>290</td><td>250</td><td>—</td><td>6</td><td>95</td></tr>
<tr><td colspan="2">>5.00～25.00</td><td>300</td><td>255</td><td>10</td><td>8</td><td>95</td></tr>
<tr><td rowspan="7">6060</td><td>T4</td><td colspan="2">≤25.00</td><td>120</td><td>60</td><td>16</td><td>14</td><td>50</td></tr>
<tr><td rowspan="2">T5</td><td colspan="2">≤5.00</td><td>160</td><td>120</td><td>—</td><td>6</td><td>60</td></tr>
<tr><td colspan="2">>5.00～25.00</td><td>140</td><td>100</td><td>8</td><td>6</td><td>60</td></tr>
<tr><td rowspan="2">T6</td><td colspan="2">≤3.00</td><td>190</td><td>150</td><td>—</td><td>6</td><td>70</td></tr>
<tr><td colspan="2">>3.00～25.00</td><td>170</td><td>140</td><td>8</td><td>6</td><td>70</td></tr>
<tr><td rowspan="2">T66[c]</td><td colspan="2">≤3.00</td><td>215</td><td>160</td><td>—</td><td>6</td><td>75</td></tr>
<tr><td colspan="2">>3.00～25.00</td><td>195</td><td>150</td><td>8</td><td>6</td><td>75</td></tr>
<tr><td rowspan="4">6360</td><td>T4</td><td colspan="2">≤25.00</td><td>110</td><td>50</td><td>16</td><td>14</td><td>40</td></tr>
<tr><td>T5</td><td colspan="2">≤25.00</td><td>150</td><td>110</td><td>8</td><td>6</td><td>50</td></tr>
<tr><td>T6</td><td colspan="2">≤25.00</td><td>185</td><td>140</td><td>8</td><td>6</td><td>60</td></tr>
<tr><td>T66[c]</td><td colspan="2">≤25.00</td><td>195</td><td>150</td><td>8</td><td>6</td><td>65</td></tr>
<tr><td rowspan="4">6061</td><td>T4</td><td colspan="2">≤25.00</td><td>180</td><td>110</td><td>15</td><td>13</td><td>65</td></tr>
<tr><td>T5</td><td colspan="2">≤16.00</td><td>240</td><td>205</td><td>9</td><td>7</td><td>—</td></tr>
<tr><td rowspan="2">T6</td><td colspan="2">≤5.00</td><td>260</td><td>240</td><td>—</td><td>7</td><td>95</td></tr>
<tr><td colspan="2">>5.00～25.00</td><td>260</td><td>240</td><td>10</td><td>8</td><td>95</td></tr>
<tr><td rowspan="9">6261</td><td>O</td><td colspan="2">—</td><td>≤170</td><td>≤120</td><td>14</td><td>12</td><td>—</td></tr>
<tr><td>T4</td><td colspan="2">≤25.00</td><td>180</td><td>100</td><td>14</td><td>12</td><td>—</td></tr>
<tr><td rowspan="3">T5</td><td colspan="2">≤5.00</td><td>270</td><td>230</td><td>—</td><td>7</td><td>—</td></tr>
<tr><td colspan="2">>5.00～25.00</td><td>260</td><td>220</td><td>9</td><td>8</td><td>—</td></tr>
<tr><td colspan="2">>25.00～50.00</td><td>250</td><td>210</td><td>9</td><td>—</td><td>—</td></tr>
<tr><td rowspan="4">T6</td><td rowspan="2">实心型材</td><td>≤5.00</td><td>290</td><td>245</td><td>—</td><td>7</td><td>100</td></tr>
<tr><td>>5.00～10.00</td><td>280</td><td>235</td><td>—</td><td>7</td><td>100</td></tr>
<tr><td rowspan="2">空心型材</td><td>≤5.00</td><td>290</td><td>245</td><td>—</td><td>7</td><td>100</td></tr>
<tr><td>>5.00～10.00</td><td>270</td><td>230</td><td>—</td><td>8</td><td>100</td></tr>
</table>

表 4（续）

牌号	状态	壁厚/mm	室温拉伸试验结果				布氏硬度参考值 HBW
			抗拉强度 R_m/MPa	规定非比例延伸强度 $R_{p0.2}$/MPa	断后伸长率[a,b]/%		
					A	$A_{50\ mm}$	
			不　小　于				
6063	T4	≤25.00	130	65	14	12	50
	T5	≤3.00	175	130	—	6	65
		>3.00～25.00	160	110	7	5	65
	T6	≤10.00	215	170	—	6	75
		>10.00～25.00	195	160	8	6	75
	T66[c]	≤10.00	245	200	—	6	80
		>10.00～25.00	225	180	8	6	80
6063A	T4	≤25.00	150	90	12	10	50
	T5	≤10.00	200	160	—	5	75
		>10.00～25.00	190	150	6	4	75
	T6	≤10.00	230	190	—	5	80
		>10.00～25.00	220	180	5	4	80
6463	T4	≤50.00	125	75	14	12	46
	T5	≤50.00	150	110	8	6	60
	T6	≤50.00	195	160	10	8	74
6463A	T1	≤12.00	115	60	—	10	—
	T5	≤12.00	150	110	—	6	—
	T6	≤3.00	205	170	—	6	—
		>3.00～12.00	205	170	—	8	—
6081	T6	≤25.00	275	240	8	6	95
6082	O、H111	—	≤160	≤110	14	12	35
	T4	≤25.00	205	110	14	12	70
	T5	≤5.00	270	230	—	6	90
	T6	≤5.00	290	250	—	6	95
		>5.00～25.00	310	260	10	8	95
7A04	O	—	≤245	—	10	8	—
	T6	≤10.00	500	430	—	4	—
		>10.00～20.00	530	440	6	4	—
		>20.00～50.00	560	460	6	—	—

表 4（续）

牌号	状态	壁厚/mm	室温拉伸试验结果				布氏硬度参考值 HBW
			抗拉强度 R_m/MPa	规定非比例延伸强度 $R_{p0.2}$/MPa	断后伸长率[a,b]/%		
					A	$A_{50\ mm}$	
			不小于				
7003	T5	—	310	260	10	8	—
	T6	≤10.00	350	290	—	8	110
		>10.00～25.00	340	280	10	8	110
7005	T5	≤25.00	345	305	10	8	—
	T6	≤40.00	350	290	10	8	110
7020	T6	≤40.00	350	290	10	8	110
7021	T6	≤20.00	410	350	10	8	120
7022	T6 T6510 T6511	≤30.00	490	420	7	5	133
7049A	T6 T6510 T6511	≤30.00	610	530	5	4	170
7075	T6 T6510 T6511	≤25.00	530	460	6	4	150
		>25.00～60.00	540	470	6	—	150
	T73 T73510 T73511	≤25.00	485	420	7	5	135
	T76 T76510 T76511	≤6.00	510	440	—	5	—
		>6.00～50.00	515	450	6	5	—
7178	T6 T6510 T6511	≤1.60	565	525	—	—	—
		>1.60～6.00	580	525	—	3	—
		>6.00～35.00	600	540	4	3	—
		>35.00～60.00	595	530	4	—	—
	T76 T76510 T76511	>3.00～6.00	525	455	—	5	—
		>6.00～25.00	530	460	6	5	—

[a] 如无特殊要求或说明，A 适用于壁厚大于 12.5 mm 的型材，$A_{50\ mm}$ 适用于壁厚不大于 12.5 mm 的型材。

[b] 壁厚不大于 1.6 mm 的型材不要求伸长率，如有要求，可供需双方协商并在订货单(或合同)中注明。

[c] 固溶热处理后人工时效，通过工艺控制使力学性能达到本标准要求的特殊状态。

3.5 布氏硬度

型材的布氏硬度参考值如表 4 所示。

3.6 超声波探伤性能

对型材有超声波探伤性能要求时，应供需双方协商，并在订货单(或合同)中注明超声波检验及检验级别。

3.7 电导率

7075 合金 T73、T73510、T73511、T76、T76510、T76511 状态及 7178 合金 T76、T76510、T76511 状态供货的型材，其电导率应符合表 5 规定。其他合金有电导率要求时，应供需双方协商并在订货单(或合同)中注明。

表 5 电导率

牌号	供应状态	电导率指标[a]/(MS/m)	力学性能	合格判定
7075	T73、T73510、T73511	＜22.0	任何值	不合格
		22.0～23.1	符合本标准规定，且 $R_{p0.2}$＞502 MPa	不合格
			符合本标准规定，且 $R_{p0.2}$ 为 420 MPa～502 MPa	合格
		＞23.1	符合本标准规定	合格
	T76、T76510、T76511	＜22.0	任何值	不合格
		≥22.0	符合本标准规定	合格
7178	T76、T76510、T76511	＜22.0	任何值	不合格
		≥22.0	符合本标准规定	合格

[a] 电导率指标 22.0 MS/m 对应于 38.0%IACS，23.1 MS/m 对应于 39.9%IACS。

3.8 应力腐蚀性能

订货单(或合同)中注明检验应力腐蚀性能的 7075 合金 T73、T73510、T73511、T76、T76510、T76511 状态，及 7178 合金 T76、T76510、T76511 状态型材，型材的应力腐蚀性能应符合表 6 的规定。其他合金型材有应力腐蚀性能要求时，应供需双方协商并在订货单(或合同)中注明。

表 6 应力腐蚀性能

牌号	状态	壁厚[a]/mm	试样受力方向	试验应力/MPa	试验时间/d	结果要求
7075	T73、T73510、T73511	≥20.00	高向(短横向)	纵向 $R_{p0.2}$ 规定值的 75%	≥20	不出现裂纹
	T76、T76510、T76511	≥20.00	高向(短横向)	170	≥20	
7178	T76、T76510、T76511	≥20.00	高向(短横向)	170	≥20	

[a] 壁厚小于 20.00 mm 时，应力腐蚀性能由供需双方协商，并在订货单(或合同)中注明。

3.9 剥落腐蚀性能

订货单(或合同)中注明检验剥落腐蚀性能的7075、7178合金的T76、T76510、T76511状态型材,经剥落腐蚀试验时,型材不应出现EB～ED级的剥落腐蚀。其他合金型材需要剥落腐蚀性能时,由供需双方协商决定,并在订货单(或合同)中注明。

3.10 低倍组织

3.10.1 型材的低倍组织试样上不准许有裂纹、缩尾存在。

3.10.2 型材低倍组织试样上的光亮晶粒、非金属夹杂物、外来金属夹杂及白斑、初晶等点状缺陷不准许多于两点,且每点直径不大于0.5 mm。

3.10.3 型材低倍组织试样上的氧化膜应符合表7规定。

表7 型材低倍组织试样上的氧化膜要求

缺陷名称	受检面积	每点缺陷长度在下列范围时		
		≤0.3 mm	>0.3 mm～2.0 mm	>2.0 mm
氧化膜	全断面	允许存在	≤4点	不准许存在

3.10.4 型材低倍组织试样周边上的成层深度不准许超过0.5 mm。

3.10.5 空心型材的焊缝不准许存在焊合不良,但允许存在焊合痕迹(采用舌形模或分流模挤出的型材,低倍组织焊合区出现的、未破坏内部组织的、连续性的白色或暗色细道)。

3.10.6 粗晶环深度应由供需双方商定,并在图纸或订货单(或合同)中注明。

3.11 显微组织

型材的显微组织不准许过烧。

3.12 膜层性能

表面处理的型材,膜层性能应符合表8规定。

表 8 膜层性能

膜层性能项目		下列表面处理类别的型材膜层性能[a,b]													
		阳极氧化					阳极氧化+电泳涂漆				粉末喷涂	液体喷涂			
												丙烯酸漆喷涂	氟碳漆喷涂		
		AA5	AA10	AA15	AA20	AA25	EA21	EA16	EA13	ES21	GA40	LB20	LF2-30	LF3-40	LF4-65
膜厚/μm	局部膜厚	≥4	≥8	≥12	≥16	≥20	阳极氧化膜:≥9.0 电泳漆膜:≥12.0 复合膜:≥21.0	阳极氧化膜:≥9.0 电泳漆膜:≥7.0 复合膜:≥16.0	阳极氧化膜:≥6.0 电泳漆膜:≥7.0 复合膜:≥13.0	阳极氧化膜:≥6.0 电泳漆膜:≥15.0 复合膜:≥21.0	≥40[c]	≥17[c]	≥25[c]	≥34[c]	≥55[c]
	平均膜厚	≥5	≥10	≥15	≥20	≥25	—					≥20	≥30	≥40	≥65
铅笔硬度		—					≥3H			≥1H	—	≥1H			
压痕硬度		—					—				≥80	—			
干附着性		—					0 级								
湿附着性		—					0 级								
耐沸水性	沸水试验后的膜层附着性	—					0 级								
	沸水试验后的膜层外观	—					漆膜应无皱纹、裂纹、气泡、脱落及变色等现象				膜层无脱落、起泡、起皱等现象,允许颜色和光泽稍有变化				
光泽度(60°)/光泽单位		—					需方对光泽度有要求时,由供需双方商定光泽度变化的允许范围,并在订货单(或合同)中注明				光泽度值:0~30, 光泽度允许偏差:±5 光泽度值:31~70, 光泽度允许偏差:±7 光泽度值:71~100, 光泽度允许偏差:±10				

表 8（续）

膜层性能项目			下列表面处理类别的型材膜层性能[a,b]													
			阳极氧化					阳极氧化＋电泳涂漆				粉末喷涂	液体喷涂			
													丙烯酸漆喷涂	氟碳漆喷涂		
			AA5	AA10	AA15	AA20	AA25	EA21	EA16	EA13	ES21	GA40	LB20	LF2-30	LF3 40	LF4-65
耐盐雾腐蚀性[d]	CASS 试验	试验时间	8 h	16 h	24 h	48 h	72 h	Ⅰ级:16 h;Ⅱ级:24 h Ⅲ级:48 h;Ⅳ级:72 h Ⅴ级:96 h;Ⅵ级:120 h				Ⅰ级:72 h;Ⅱ级:120 h	—	Ⅰ级:72 h; Ⅱ级:120 h		
		性能要求 R_P 等级	≥9 级					非划线区域:≥9.5 级; 划线两侧的膜下:单边渗透≤2 mm					—	非划线区域:≥9.5 级; 划线两侧的膜下: 单边渗透≤2 mm		
	AASS 试验	试验时间	供需双方商定					Ⅰ级:96 h;Ⅱ级:144 h Ⅲ级:168 h;Ⅳ级:240 h Ⅴ级:480 h;Ⅵ级:720 h Ⅶ级:1 000 h				1 000 h	—	供需双方商定		
		性能要求	供需双方商定					非划线区域:R_P 等级≥9.5 级; 划线两侧的膜下:单边渗透≤4 mm				无起泡、脱落或其他明显变化。划线两侧的膜下:单边渗透≤4 mm	—	划线两侧的膜下: 单边渗透≤4 mm		
	NSS 试验	试验时间	供需双方商定									1 500 h	4 000 h			
		性能要求	供需双方商定									划线两侧膜下:单边渗透腐蚀宽度应不超过 2 mm; 划线两侧 2 mm 以外部分:膜层不应有腐蚀现象				
复合耐腐蚀性		试验时间	—					需方对复合耐腐蚀性有要求时,应在订货单(或合同)中注明复合耐腐蚀性等级,试验时间符合如下规定: Ⅰ级:荧光紫外灯照射 240 h,CASS 试验 72 h; Ⅱ级:荧光紫外灯照射 240 h,CASS 试验 120 h				—				
		性能要求	—					R_P 等级≥9 级				—				

表 8（续）

<table>
<tr><td colspan="3" rowspan="4">膜层性能项目</td><td colspan="14">下列表面处理类别的型材膜层性能[a,b]</td></tr>
<tr><td colspan="5" rowspan="2">阳极氧化</td><td colspan="4" rowspan="2">阳极氧化＋电泳涂漆</td><td rowspan="2">粉末
喷涂</td><td colspan="4">液体喷涂</td></tr>
<tr><td>丙烯酸漆
喷涂</td><td colspan="3">氟碳漆喷涂</td></tr>
<tr><td>AA5</td><td>AA10</td><td>AA15</td><td>AA20</td><td>AA25</td><td>EA21</td><td>EA16</td><td>EA13</td><td>ES21</td><td>GA40</td><td>LB20</td><td>LF2-30</td><td>LF3-40</td><td>LF4-65</td></tr>
<tr><td rowspan="6">耐
候
性</td><td rowspan="4">氙灯
加速
耐候
性</td><td>试验时间</td><td colspan="5" rowspan="4">需方对氙灯加速耐候性（仅适用于阳极氧化着色型材）有要求时，由供需双方商定试验条件和性能要求，并在订货单（或合同）中注明</td><td colspan="4">需方对氙灯加速耐候性有要求时，应在订货单（或合同）中注明耐候性等级，试验时间符合如下规定：
Ⅰ级：350 h；Ⅱ级：1 000 h；Ⅲ级：2 000 h；Ⅳ级：4 000 h</td><td colspan="5">需方对氙灯加速耐候性有要求时，应在订货单（或合同）中注明耐候性等级，试验时间符合如下规定：
Ⅰ级：500 h；Ⅱ级：1 000 h；Ⅲ级：2 000 h；Ⅳ级：4 000 h</td></tr>
<tr><td>光泽保持率/%</td><td colspan="4">≥80</td><td colspan="5">Ⅰ级：50，Ⅱ级：50，Ⅲ级：85，Ⅳ级：90</td></tr>
<tr><td>粉化程度</td><td colspan="4">0 级</td><td colspan="5">供需双方商定</td></tr>
<tr><td>变色程度</td><td colspan="9">供需双方商定</td></tr>
<tr><td colspan="2">耐紫外光性能</td><td colspan="5">需方对耐紫外光性能（仅适用于阳极氧化着色型材）有要求时，由供需双方商定试验条件和性能要求，并在订货单（或合同）中注明</td><td colspan="9">需方对耐紫外光性能有要求时，由供需双方商定试验时间和性能要求，并在订货单（或合同）中注明</td></tr>
<tr><td colspan="2">自然耐候性</td><td colspan="5">需方对自然耐候性（仅适用于阳极氧化着色型材）有要求时，由供需双方商定试验条件和性能要求，并在订货单（或合同）中注明</td><td colspan="9">需方对自然耐候性有要求时，由供需双方商定试验条件和性能要求，并在订货单（或合同）中注明</td></tr>
<tr><td colspan="3">外观质量</td><td colspan="5">表面不允许有电灼伤、氧化膜脱落等影响使用的缺陷，但距型材端头 80 mm 以内允许局部无膜</td><td colspan="4">颜色和光泽应均匀一致。不允许有皱纹、裂纹、气泡、流痕、麻面、夹杂、发黏和漆膜脱落等缺陷。具体外观要求也可由供需双方通过标样商定</td><td colspan="5">不允许有过度粗糙、流痕、气泡、夹杂、凹陷、暗斑、针孔、划伤等缺陷及任何到达基体金属的损伤。具体外观要求也可由供需双方通过标样商定</td></tr>
<tr><td colspan="3">颜色及色差</td><td colspan="9">颜色应与供需双方商定的色板基本一致，或处在供需双方商定的上、下限色标所限定的颜色范围之内。若需方要求采用仪器法测定颜色，允许色差值应由供需双方商定</td><td colspan="5">颜色应与供需双方商定的样板基本一致。当使用色差仪测定时，单色膜层与样板间的色差 $\triangle E_{ab}^{*} \leqslant 1.5$，同一批（指交货批）型材之间的色差 $\triangle E_{ab}^{*} \leqslant 1.5$</td></tr>
<tr><td rowspan="3">耐
磨
性[c]</td><td colspan="2">落砂试验结果</td><td colspan="5">磨耗系数 $f \geqslant 300$ g/μm</td><td>落砂量
≥3 300 g</td><td>落砂量
≥3 000 g</td><td>落砂量
≥2 000 g</td><td>落砂量
≥2 400 g</td><td>磨耗系数 f
≥0.8 L/μm</td><td>—</td><td colspan="3">磨耗系数 $f \geqslant 1.6$ L/μm</td></tr>
<tr><td colspan="2">喷磨试验结果</td><td colspan="5">按 GB/T 8013.1</td><td colspan="4">按 GB/T 8013.2</td><td>按 GB/T 8013.3</td><td>—</td><td colspan="3">按 GB/T 8013.3</td></tr>
<tr><td colspan="2">轮磨试验结果</td><td colspan="5">由供需双方商定性能要求</td><td colspan="9">—</td></tr>
</table>

表 8（续）

膜层性能项目	下列表面处理类别的型材膜层性能[a,b]													
	阳极氧化					阳极氧化＋电泳涂漆				粉末喷涂	液体喷涂			
											丙烯酸漆喷涂	氟碳漆喷涂		
	AA5	AA10	AA15	AA20	AA25	EA21	EA16	EA13	ES21	GA40	LB20	LF2-30	LF3-40	LF4-65
耐盐酸性	—					经耐盐酸试验后，目视检查膜层表面，不应有气泡、变色或其他明显变化								
耐砂浆性	—					需方对耐砂浆性有要求时，应在订货单（或合同）中注明，其膜层表面经耐砂浆性试验后，应无脱落或其他明显变化（目视检查）								
封孔质量	按 GB/T 8013.1					—								
耐冲击性	—									经冲击试验，膜层无开裂或脱落现象。当供需双方商定采用具有某些特殊性能而耐冲击性稍差的膜层时，允许冲击试验后的膜层有轻微开裂现象，但采用粘胶带进一步检验时，膜层表面应无粘落现象	经冲击试验后，受冲击的膜层允许有微小裂纹，但粘胶带上不允许有粘落的膜层			
耐碱性	需方对耐碱性有要求时，应在订货单（或合同）中注明，其耐碱性要求按 GB/T 8013.1					需方对耐碱性有要求时，应在订货单（或合同）中注明，其耐碱性要求按 GB/T 8013.2				需方对耐碱性有要求时，应在订货单（或合同）中注明，其耐碱性要求按 GB/T 8013.3				
马丘试验的膜下耐丝状腐蚀性	—									需方对马丘试验的膜下耐丝状腐蚀性有要求时，应在订货单（或合同）中注明，其膜层经马丘试验后，划线两侧的膜下单边渗透：≤0.5 mm	—	需方对马丘试验的膜下耐丝状腐蚀性有要求时，其膜层经马丘试验后，划线两侧的膜下单边渗透：≤0.5 mm		
盐酸蒸汽试验的膜下耐丝状腐蚀性	—									需方对盐酸蒸汽试验的膜下耐丝状腐蚀性有要求时，由供需双方商定性能要求，并在订货单（或合同）中注明	—	需方对盐酸蒸汽试验的膜下耐丝状腐蚀性有要求时，由供需双方商定性能要求，并在订货单（或合同）中注明		
抗变形破裂性	需方对抗变形破裂性（仅适用膜厚≤5 μm 的薄阳极氧化膜）有要求时，由供需双方商定性能要求，并在订货单（或合同）中注明					—								
抗热裂性	需方对抗热裂性有要求时，应在订货单（或合同）中注明，其氧化膜经抗热裂试验后，无裂纹出现					—								
光反射性	需方对光反射性有要求时，由供需双方商定性能要求，并在订货单（或合同）中注明					—								

表 8（续）

膜层性能项目	下列表面处理类别的型材膜层性能[a,b]													
	阳极氧化					阳极氧化＋电泳涂漆				粉末喷涂	液体喷涂			
											丙烯酸漆喷涂	氟碳漆喷涂		
	AA5	AA10	AA15	AA20	AA25	EA21	EA16	EA13	ES21	GA40	LB20	LF2-30	LF3-40	LF4-65
绝缘性	需方对绝缘性有要求时，由供需双方商定性能要求，并在订货单（或合同）中注明					—								
连续性	需方对连续性（仅适用膜厚＜5 μm的氧化膜）有要求时，由供需双方商定性能要求，并在订货单（或合同）中注明					—								
单位面积上的质量（表面密度）	需方对单位面积上的质量（表面密度）有要求时，由供需双方商定性能要求，并在订货单（或合同）中注明					—								
耐二氧化硫潮湿大气腐蚀性	—					需方对耐二氧化硫潮湿大气腐蚀性有要求时，应在订货单（或合同）中注明，其膜层经 24 个周期的耐二氧化硫潮湿大气腐蚀性试验后，表面无颜色变化或起泡等现象（目视检查），划线两侧的膜下单边渗透：≤1 mm					—	需方对耐二氧化硫潮湿大气腐蚀性有要求时，应在订货单（或合同）中注明，其膜层经 24 个周期的耐二氧化硫潮湿大气腐蚀性试验后，表面无颜色变化或起泡等现象（目视检查），划线两侧的膜下单边渗透：≤1 mm		
耐溶剂性	—					需方对耐溶剂性有要求时，应在订货单（或合同）中注明，其膜层耐溶剂性试验前后的铅笔硬度差值：≤1 H				需方对耐溶剂性有要求时，应在订货单（或合同）中注明，其膜层经耐溶剂试验后，不发暗，光泽降低：≤5 个光泽单位。用手指甲划该膜层，膜层无明显划伤现象	—	需方对耐溶剂性有要求时，应在订货单（或合同）中注明，其膜层经耐溶剂试验后，用手指甲划无明显划伤现象		
抗杯突性	—									膜层经压陷深度为 5 mm 的杯突试验后，应无开裂或脱落现象。当供需双方商定采用具有某些特殊性能而抗杯突性能稍差的膜层时，允许杯突试验后的膜层有轻微开裂现象，但采用粘胶带进一步检验时，膜层表面应无粘落现象	—			

表 8（续）

膜层性能项目		下列表面处理类别的型材膜层性能[a,b]													
		阳极氧化					阳极氧化+电泳涂漆				粉末喷涂	液体喷涂			
												丙烯酸漆喷涂	氟碳漆喷涂		
		AA5	AA10	AA15	AA20	AA25	EA21	EA16	EA13	ES21	GA40	LB20	LF2-30	LF3-40	LF4-65
抗弯曲性		—									目视检查弯曲试验后的膜层表面，应无裂纹或脱落现象。当供需双方商定采用具有某些特殊性能而抗弯曲性稍差的膜层时，允许弯曲试验后的膜层有轻微开裂现象，但采用粘胶带进一步检验时，膜层表面应无粘落现象	—			
耐湿热性	试验时间	—					4 000 h				1 000 h	1 500 h	4 000 h		
	性能要求						表面应无气泡、脱落或其他明显变化变化								
耐硝酸性		—											30 min 耐气相硝酸试验后，暴露试样与未暴露试样比较，颜色变化：$\Delta E_{ab}^{*} \leqslant 5$。供需双方商定采用液相硝酸试验时，目视检查试验后的膜层表面，应无颜色变化、起泡、脱落或其他明显变化		
耐洗涤剂性		—					需方对耐洗涤剂性有要求时，应在订货单（或合同）中注明，其膜层经耐洗涤剂性能试验后，表面应无起泡、脱落或其他明显变化（目视检查）								

[a] 高反射率的阳极氧化膜膜层性能按 YS/T 873。
[b] 木纹型材膜层性能按 YS/T 730。
[c] 由于挤压型材横截面形状的复杂性，在型材某些表面（如内角、横沟等）的膜层厚度允许低于表 8 的规定值，但不允许出现露底现象。
[d] 对于膜层的耐盐雾腐蚀性，阳极氧化处理产品采用 CASS 试验评价，阳极氧化+电泳涂漆处理产品采用 CASS 试验评价（耐腐蚀等级由供需双方商定，未规定时按 Ⅰ 级评价），粉末喷涂处理产品采用 AASS 试验评价，丙烯酸漆喷涂处理产品、氟碳漆喷涂处理产品采用 NSS 试验评价，需方要求采用其他试验评价时，由供需双方商定，并在订货单（或合同）中注明。
[e] 耐磨性采用落砂试验评价，需方要求采用其他试验评价时，由供需双方商定，并在订货单（或合同）中注明。

3.13 外观质量

3.13.1 未经表面处理的型材表面应清洁，不准许有裂纹和腐蚀斑点存在。型材表面上的起皮、气泡、压坑、碰伤、擦伤、划伤、表面粗糙、局部机械损伤等缺陷的深度不允许超过所在部位壁厚公称尺寸的8%，且在装饰面上不得超过0.2 mm，在非装饰面上不得超过0.5 mm。其缺陷的总面积在装饰面上不得超过型材表面积的2%，在非装饰面上不得超过型材表面积的5%。型材上需要加工的部位，其表面缺陷深度不得超过加工余量。型材的表面允许供方沿型材纵向打光至光滑表面。

3.13.2 表面处理的型材外观质量应符合表8的规定。

4 试验方法

4.1 化学成分

4.1.1 化学成分分析方法应符合GB/T 20975或GB/T 7999的规定，仲裁分析应采用GB/T 20975规定的方法。

4.1.2 对于5051A、6008、6360、6261、6081、7178牌号，仅对表3中"Al"及"其他杂质"栏之外有数值规定的元素进行常规化学分析。当怀疑非常规分析元素的质量分数超出了本标准的限定值时，生产者应对这些元素进行分析。

4.1.3 "Al"含量按GB/T 3190规定的方法计算，计算"Al"含量时，取常规分析元素与怀疑超量的非常规分析元素分析数值的和值作为"元素含量总和"。

4.1.4 分析数值的判定采用修约比较法，数值修约规则按GB/T 8170的有关规定进行，修约数位应与表3或GB/T 3190规定的极限数位一致。

4.2 尺寸偏差

4.2.1 除"阳极氧化"和"阳极氧化＋电泳涂漆"类别外的表面处理的型材，应在去掉膜层后测量尺寸偏差。

4.2.2 测量型材平面间隙时，先将型材放在平台上，当型材借自重达到稳定时，用100 mm长的直尺（或刀平尺）沿宽度方向测量型材平面与直尺间的最大间隙值（F_1），如图1所示，该值（F_1）即为型材任意100 mm宽度上的平面间隙；将长度大于型材宽度的直尺（或刀平尺）沿宽度方向靠在型材的凹面上，测量直尺与型材之间的最大间隙值（F），或将型材的凹面置于平台上，沿宽度方向测量型材与平台之间的最大间隙值（F），如图1所示，该值（F）即为型材在其整个宽度上的平面间隙。

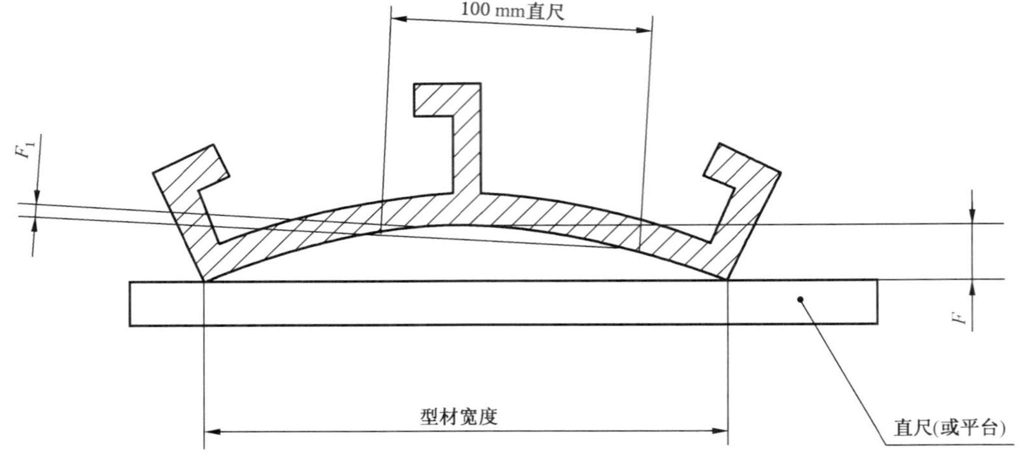

图1 型材平面间隙测量示意图

4.2.3 其他尺寸偏差的测量方法应符合 GB/T 14846 的规定。

4.3 力学性能

型材的室温纵向拉伸力学性能试验方法应符合 GB/T 16865 的规定。表面处理的型材，仲裁时应去除拉伸试样表面的膜层。

4.4 布氏硬度

型材的布氏硬度测试方法按 GB/T 231 的规定进行。

4.5 超声波探伤性能

型材的超声波检验方法按 GB/T 6519 的规定进行。

4.6 电导率

型材的电导率在拉伸试样的样坯上进行测试，测量部位按表 9 规定，测试方法按 GB/T 12966 规定进行。

表 9 电导率测量部位

型材壁厚/mm	测量部位
≤2.50	在型材的表面上测量
>2.50～12.50	在加工掉型材 10%壁厚后的表面上测量
>12.50～40.00	在接近型材断面厚度中心、且与挤压方向平行的平面上测量
>40.00	在离型材断面厚度中心大约 10 mm 左右且与挤压方向平行的平面上测量

4.7 应力腐蚀性能

4.7.1 厚度大于或等于 20 mm 的型材应力腐蚀试验试样为 C 环环形试样，试验方法按 GB/T 22640 规定的方法进行检验。

4.7.2 厚度小于 20 mm 的型材应力腐蚀试验试样为拉伸试样，试验方法按 GB/T 15970.7 的规定进行。

4.8 剥落腐蚀性能

型材的剥落腐蚀试验方法应按 GB/T 22639 的规定进行。

4.9 低倍组织

型材的低倍组织检验方法应符合 GB/T 3246.2 的规定。

4.10 显微组织

型材的显微组织检验方法应符合 GB/T 3246.1 规定。

4.11 膜层性能

膜层性能检验方法应按 GB/T 8013.1～GB/T 8013.3 的规定进行。

4.12 外观质量

未经表面处理的型材外观质量以目视检验，当缺陷深度难以确定时，可以打磨后测量。表面处理的型材，外观质量检查方法按 GB/T 8013.1～GB/T 8013.3 的规定进行。

5 检验规则

5.1 检查和验收

5.1.1 产品应由供方进行检验，保证产品质量符合本标准及订货单(或合同)的规定，并填写质量证明书。

5.1.2 需方应对收到的产品按本标准的规定进行检验。检验结果与本标准及订货单(或合同)的规定不符时，应以书面形式向供方提出，由供需双方协商解决。属于外观质量及尺寸偏差的异议，应在收到产品之日起一个月内提出，属于其他性能的异议，应在收到产品之日起 3 个月内提出。如需仲裁，可委托供需双方认可的单位进行，并在需方共同取样。

5.2 组批

产品应成批提交验收，每批应由相同牌号、相同状态、相同尺寸规格、相同膜层代号和表面处理工艺的产品组成。

5.3 计重

产品应检斤计重(除非供需双方另有约定)。

5.4 检验项目

5.4.1 每批型材出厂前均应进行化学成分、尺寸偏差、力学性能、低倍组织和外观质量的检验。

5.4.2 除 T1 状态型材和在线淬火型材外，其他淬火型材每批均应检查显微组织。

5.4.3 7075 合金 T73、T73510、T73511、T76、T76510、T76511 状态和 7178 合金 T76、T76510、T76511 状态的型材，每批均应检验电导率。

5.4.4 订货单(或合同)中注明超声波探伤的型材应进行超声波检验。

5.4.5 订货单(或合同)中注明检验应力腐蚀性能的型材，首批或工艺发生重大变化时应检验产品的应力腐蚀性能。

5.4.6 订货单(或合同)中注明检验剥落腐蚀性能的型材，首批或工艺发生重大变化时应检验产品的剥落腐蚀性能。

5.4.7 表面处理的型材膜层性能检验项目应符合表 10 的规定。每批型材出厂前，供方应对表 10 中的“出厂必检项目”进行检验；对于表 10 中的“供方定期检验项目”，供方每 3 年至少检验一次；需方要求对表 10 中的“供方定期检验项目”或“特殊要求检验项目”进行检验时，应在订货单(或合同)中注明。

表 10 表面处理型材的膜层性能检验项目

表面处理类别	出厂必检项目	供方定期检验项目	特殊要求检验项目
阳极氧化	膜厚、颜色及色差、封孔质量、外观质量	耐盐雾腐蚀性、耐磨性	耐碱性、耐候性、抗变形破裂性、抗热裂性、光反射性、绝缘性、连续性、单位面积上的质量

表 10（续）

<table>
<tr><th colspan="2">表面处理类别</th><th>出厂必检项目</th><th>供方定期检验项目</th><th>特殊要求检验项目</th></tr>
<tr><td colspan="2">阳极氧化＋电泳涂漆</td><td>膜厚、颜色及色差、铅笔硬度、干附着性、湿附着性、外观质量</td><td>耐沸水性、耐盐酸性、耐碱性、耐盐雾腐蚀性、耐磨性、耐湿热性</td><td>光泽度、耐砂浆性、耐二氧化硫潮湿大气腐蚀性、复合耐腐蚀性、耐洗涤剂性、耐溶剂性、耐候性</td></tr>
<tr><td colspan="2">粉末喷涂</td><td>膜厚、颜色及色差、压痕硬度、干附着性、湿附着性、耐沸水性、光泽度、耐冲击性、外观质量</td><td>耐盐雾腐蚀性、耐盐酸性、耐磨性、耐湿热性、抗杯突性、抗弯曲性</td><td>耐碱性、耐溶剂性、马丘试验的膜下耐丝状腐蚀性、盐酸蒸汽试验的膜下耐丝状腐蚀性、耐二氧化硫潮湿大气腐蚀性、耐砂浆性、耐候性、耐洗涤剂性</td></tr>
<tr><td rowspan="2">液体喷涂</td><td>丙烯酸漆喷涂</td><td>膜厚、颜色及色差、铅笔硬度、干附着性、湿附着性、耐沸水性、光泽度、外观质量</td><td>耐盐雾腐蚀性、耐盐酸性、耐冲击性、耐湿热性</td><td>耐碱性、耐砂浆性、耐候性、耐洗涤剂性</td></tr>
<tr><td>氟碳漆喷涂</td><td>膜厚、颜色及色差、铅笔硬度、干附着性、湿附着性、耐沸水性、光泽度、耐冲击性、外观质量</td><td>耐磨性、耐盐雾腐蚀性、耐盐酸性、耐湿热性、耐硝酸性</td><td>耐碱性、耐候性、耐砂浆性、马丘试验的膜下耐丝状腐蚀性、盐酸蒸汽试验的膜下耐丝状腐蚀性、耐二氧化硫潮湿大气腐蚀性、耐溶剂性、耐洗涤剂性</td></tr>
</table>

5.5 取样

型材的取样应符合表 11 的规定。

表 11 型材的取样规定

检验项目	取样规定	要求的章条号	试验方法的章条号
化学成分	按 GB/T 17432 的规定进行	3.2	4.1
尺寸偏差	取样数量按表 12 规定	3.3	4.2
力学性能[a]	取样数量按表 12 规定。在抽取的型材挤压前端切取 1 个拉伸试样，其他要求按 GB/T 16865	3.4	4.3
超声波探伤性能	逐根检验	3.6	4.5
电导率[a]	在每个拉伸试样样坯上切取 1 个试样	3.7	4.6
应力腐蚀性能[a]	每批(或热处理炉)抽取 1 根型材，在抽取的型材上切取 1 个样坯。在样坯上切取 3 个相邻的相同试样	3.8	4.7
剥落腐蚀性能[a]	每批(或热处理炉)抽取 3 根型材，在每根型材上切取 1 个试样	3.9	4.8

表 11（续）

检验项目	取样规定	要求的章条号	试验方法的章条号
低倍组织	取样数量按表 12 规定。在每根抽取型材的挤压尾端切取 1 个试样；空心型材还应在每根抽取型材的挤压前端切取 1 个试样检验焊缝	3.10	4.9
显微组织[a]	每批（或热处理炉）抽取两根型材，在抽取的每根型材上切取 1 个试样	3.11	4.10
膜层性能	按 GB/T 8013.1～GB/T 8013.3 的规定进行	3.12	4.11
外观质量	逐根检验	3.13	4.12

[a] 淬火型材，其力学性能、电导率、应力腐蚀性能、剥落腐蚀性能和显微组织，生产厂按热处理炉次取样，仲裁时按批取样。

表 12　尺寸、力学性能和低倍组织的取样数量表

每批（或热处理炉）数量/根	取样数量/根
≤50	2
>50～90	3
>90～150	5
>150～280	8
>280～500	13
>500～1 200	20
>1 200	40

5.6　检验结果的判定

5.6.1　任一试样的化学成分不合格时，型材能区分熔次的，判该试样代表的熔次型材不合格，其他熔次型材依次检验，合格者交货。不能区分熔次的判该批不合格。

5.6.2　任一试样的尺寸偏差不合格时，判该批型材不合格。但允许逐根检验，合格者交货。

5.6.3　任一试样的室温拉伸力学性能不合格时，应从该批（或热处理炉）型材中另取双倍数量的试样进行重复试验。重复试验结果全部合格，则判该批（或热处理炉）型材合格。若重复试验结果中仍有试样性能不合格时，则判该批（或热处理炉）型材不合格。经供需双方商定允许供方逐根检验，合格者交货。也允许供方进行重复热处理，重新取样检验。

5.6.4　任一试样的超声波探伤结果不合格时，判该根不合格。

5.6.5　任一试样的电导率不合格时，判该批（或热处理炉）不合格。但允许供方进行重复热处理，重新取样检验室温拉伸力学性能和电导率。

5.6.6　任一试样的应力腐蚀性能不合格时，判该批（或热处理炉）型材不合格。但允许供方进行重复热处理，重新取样检验室温拉伸力学性能、电导率和应力腐蚀性能。

5.6.7　任一试样的剥落腐蚀性能不合格时，判该批（或热处理炉）型材不合格。但允许供方进行重复热

处理，重新取样检验室温拉伸力学性能、电导率、应力腐蚀性能和剥落腐蚀性能。

5.6.8 任一试样的低倍组织不合格时，按如下判定：

a) 因裂纹、光亮晶粒、非金属夹杂物、外来金属夹杂及白斑、初晶及氧化膜等冶金缺陷不合格时，判该批型材不合格。但经供需双方商定，可由供方逐根检验，合格者交货。
b) 因成层、缩尾、粗晶环不合格时，允许从型材挤压尾端切去一段重复试验，直至合格，则该批中的其他型材均应按受检型材上述缺陷分布的最大长度切尾或逐根检验，合格者交货。
c) 因焊缝不合格时，允许从空心型材的挤压前端切去一段重复试验，直至合格，则该批中的其他空心型材均应按受检型材缺陷分布的最大长度切头或逐根检验，合格者交货。

5.6.9 任一试样的显微组织不合格时，判该批（或热处理炉）型材不合格。

5.6.10 任一型材的膜层性能不合格时，按 GB/T 8013.1～GB/T 8013.3 判定。

5.6.11 任一型材的外观质量不合格时，判该根型材不合格。

6 标志、包装、运输、贮存及质量证明书

6.1 标志

6.1.1 产品标志

在检验合格的型材挤压前端打印如下内容的标识（或贴含有如下内容的标签）：

a) 供方质检部门的检印（或质检人员的签名或印章）；
b) 牌号、状态及尺寸规格；
c) 产品批号或生产日期；
d) 表面处理的型材膜层代号、颜色或色号。

6.1.2 包装箱标志

型材的包装箱标志应符合 GB/T 3199 的规定。

6.2 包装

型材不涂油，不装箱，其他按 GB/T 3199 规定。需要涂油、装箱或与 GB/T 3199 不同的包装方式、方法时应经供需双方商定，并在订货单（或合同）中注明。

6.3 运输和贮存

型材的运输和贮存应符合 GB/T 3199 的规定。

6.4 质量证明书

每批型材应附有产品质量证明书，其上注明：

a) 供方名称；
b) 产品名称；
c) 牌号、状态、尺寸规格；
d) 表面处理的型材膜层代号、颜色或色号；
e) 产品批号或生产日期；
f) 净重或件数；
g) 各项分析检验结果；
h) 供方质检部门的检印；

i) 本标准编号；
j) 包装日期(或出厂日期)。

7 订货单(或合同)内容

订购本标准所列材料的订货单(或合同)内宜包括附录B的内容。

附 录 A
（资料性附录）
表面处理型材选用指南

A.1 概述

表面处理型材膜层的主要功能是保护和装饰，膜层在使用环境中的性能衰退不应导致产品腐蚀以及影响产品的外观，因此，在选择膜层类型之前，应先确定使用区域的环境类型，不同环境类型所选择的膜层类型将可能不同，在国内外相关标准中对环境类型有多种分类方法，例如我国 GB/T 15957 将大气类型分为工业大气、城市大气、海洋大气和乡村大气四大类，并按湿度分为潮湿型环境、普通型环境和干燥型环境。ISO 9223 以腐蚀性条件划分为 6 类户外环境和室内环境，具体分类如表 A.1 所示。

表 A.1 环境类型

腐蚀等级	腐蚀程度	环境条件	
		室外	室内
C1	非常低	非常低污染和润湿时间的寒冷或干燥大气环境，例如：某些沙漠、北极与南极中心	低污染低相对湿度可烘暖的空间，如：办公室、商店、学校、宾馆、博物馆
C2	低	低污染（SO_2 < 5 μg/m³）温带环境，如：农村、小城镇； 短润湿时间的寒冷或干燥大气环境，如：沙漠、亚北极区域	温度和相对湿度变化较大，低污染且较少发生冷凝的不供暖空间，如：仓库、体育馆
C3	中等	中等污染（SO_2：5 μg/m³～30 g/m³）的温带环境或者某些受氯化物轻微影响的地域，如：城市地区、低氯化物沉积的海滨地区、低污染的热带及亚热带地区	在生产过程中产生中等频次冷凝和中度的污染的空间，如：食品加工厂、洗衣店、酿酒厂、牛奶厂
C4	高	高污染的温带环境（SO_2：30 μg/m³～90 g/m³）或者某些受氯化物影响的地域，如：被污染的城市、工业区域、没有盐水喷淋或者融除冰盐强影响的滨海地区、中度污染的热带和亚热带区域	在生产过程中产生的冷凝频次非常高和高度的污染的空间，如：化工厂、游泳池、海船、造船厂
C5	很高	非常高污染的温带或亚热带地区（SO_2：90 μg/m³～250 g/m³）或者某些受氯化物严重影响的地域，如：工业区域、沿海地区、海岸线覆盖地域	工序要求的非常高冷凝频次和污染的空间，如：矿山、工业用洞窟、热带和亚热带地区不透气的工棚
C6	恶劣	极其高污染的热带及亚热带（长时间润湿）环境（SO_2 > 250 μg/m³）包括某些伴生因素及工业要求或受氯化物严重侵蚀地区，如：极端工业地区、海滨及近海地区、偶尔受盐雾影响地域	在生产过程中冷凝持续发生或者很长时间内受高潮湿影响且高污染的空间。如：室外污染物（包括空气中的氯化物及能加速腐蚀的物质颗粒）可渗入室内的潮湿热带地区的不通风的工棚

A.2 各种使用环境条件下膜层的选择

A.2.1 总则

阳极氧化膜、阳极氧化与电泳涂漆复合膜、粉末喷涂膜、氟碳漆喷涂膜和丙烯酸漆喷涂膜都具有一定的保护性和装饰性功能，适用于铝合金建筑结构部件和车辆部件等地方使用，但由于不同膜层的性能有一定差异，因此应根据不同的使用环境条件选择相适用的膜层。其中，紫外光辐射是一个重要的影响因素，在选择膜层时应加以考虑。对于银白阳极氧化膜来说，紫外光辐射对其无明显影响，而对于着色阳极氧化膜和其他有机涂层紫外光辐射对其将有不同程度的影响，在紫外光辐射强烈的区域，建议选择银白阳极氧化膜、高耐候等级的阳极氧化与电泳涂漆复合膜、高耐候等级的粉末喷涂膜和氟碳漆喷涂膜。

A.2.2 工业和城市环境

A.2.2.1 阳极氧化膜

阳极氧化膜表面湿润时由于空气中酸性物质的存在而容易出现性能衰退现象，污染严重的工业区域损害尤其突出，高温和干湿交替的气候环境也会加速其性能衰退。因此，工业和城市污染严重且温差较大的潮湿环境应选择高膜厚级别的阳极氧化膜，对于工业和城市污染严重且温差较大的干燥环境宜选择高膜厚级别的热封孔阳极氧化膜。

A.2.2.2 阳极氧化与电泳涂漆复合膜

阳极氧化与电泳涂漆复合膜是由阳极氧化膜和有机聚合物膜组成的，由于铝阳极氧化膜的存在，不易受到伤及金属基体的机械损伤，且不容易产生膜下丝状腐蚀。工业和城市污染严重的环境宜选择高质量等级的阳极氧化与电泳涂漆复合膜。

A.2.2.3 喷涂膜

喷涂膜表面湿润时由于空气中酸性物质的存在而容易出现性能衰退现象，污染严重的工业区域损害尤其突出。长时间处于湿热的环境下会加速水和有害离子对膜层的渗透性。机械损伤也会加速膜层在工业和城市环境中的侵蚀。因此，工业和城市污染较为严重的潮湿热带环境宜选择高质量等级喷涂膜，如高耐候性粉末喷涂膜或氟碳漆喷涂膜。

A.2.3 海洋环境

A.2.3.1 阳极氧化膜

在没有酸性污染的环境条件下，阳极氧化膜具有良好的耐盐水性能。然而，如果酸性环境条件导致膜层局部溶解，氯离子的存在将会加速铝基材的侵蚀。温差大的海洋环境地区宜选择高膜厚级别的阳极氧化膜。

A.2.3.2 阳极氧化与电泳涂漆复合膜

阳极氧化与电泳涂漆复合膜是由阳极氧化膜和有机聚合物膜组成的，由于铝阳极氧化膜的存在，不易受到伤及金属基体的机械损伤，且不容易产生膜下丝状腐蚀。工业和城市污染严重的环境宜选择高质量等级的阳极氧化与电泳涂漆复合膜。

A.2.3.3 喷涂膜

海洋环境中存在着氯离子，氯离子将会慢慢地渗透到铝基体表面导致膜层性能衰退。长时间处于湿热的环境下，以及其他离子的存在将会提高膜层的渗透性。机械损伤会加速氯离子对基材的侵蚀。因此，潮湿的热带海洋环境宜选择高质量等级喷涂膜，如高耐候性粉末膜喷涂膜或氟碳漆喷涂膜。

A.2.4 乡村环境

乡村环境由于气候环境条件好，不存在海洋环境中的氯离子侵蚀以及工业和城市环境污染的影响，因此各类膜层通常都可选用，然而，对于温差大且干燥的乡村环境不建议选用高膜厚等级的中温或常温封孔的阳极氧化膜，对于紫外光辐射强的乡村环境宜选用银白阳极氧化膜、电解着色阳极氧化膜、高耐候等级的阳极氧化与电泳涂漆复合膜、高质量等级喷涂膜，如高耐候性粉末膜喷涂膜或氟碳漆喷涂膜，不建议选用染色阳极氧化膜。

附　录　B
（资料性附录）
型材的订货单(或合同)宜包括的内容

B.1　普通型材的订货单(或合同)宜包括的内容

普通型材的订货单(或合同)宜包括的内容参见表B.1。

表B.1　普通型材订货单(或合同)宜包括的内容

<table>
<tr><td>标准编号</td><td colspan="3">GB/T 6892—2015</td><td>合同号</td><td></td></tr>
<tr><td>订货单位</td><td colspan="3"></td><td>订货重量/kg</td><td></td></tr>
<tr><td>牌号</td><td></td><td>状态</td><td></td><td>截面代号</td><td></td></tr>
<tr><td>每根长度</td><td colspan="5">1 □　定尺长度　　　　mm；　　　2 □　不定尺</td></tr>
<tr><td rowspan="15">供需双方协商检验项目</td><td colspan="5">曲面间隙：1 □　按标准检验；　2 □协商要求：</td></tr>
<tr><td colspan="5">平面间隔：1 □　高精级；　2 □　超高精级；　3 □　协商要求：</td></tr>
<tr><td colspan="5">纵向弯曲度：1 □　高精级；　2 □　超高精级；　3 □　协商要求：</td></tr>
<tr><td colspan="5">纵向波浪度：1 □　高精级；　2 □　超高精级；　3 □　协商要求：</td></tr>
<tr><td colspan="5">纵向侧弯度协商要求(楔形型材和带圆头的型材除外)：</td></tr>
<tr><td colspan="5">扭拧度：1 □　高精级；　2 □　超高精级；　3 □　协商要求：</td></tr>
<tr><td colspan="5">端部切斜度：1 □　高精级；　2 □　超高精级；　3 □　协商要求：</td></tr>
<tr><td colspan="5">壁厚超出表4规定型材的力学性能：1 □　附实测结果交货；　2 □　协商要求：</td></tr>
<tr><td colspan="5">超声波探伤协商要求：</td></tr>
<tr><td colspan="5">应力腐蚀协商要求(7075合金T73、T73510、T73511、T76、T76510、T76511状态，及7178合金T76、T76510、T76511状态型材只注明“按本标准检验”即可)：</td></tr>
<tr><td colspan="5">剥落腐蚀协商要求(7075、7178合金的T76、T76510、T76511状态型材只注明“按本标准检验”即可)：</td></tr>
<tr><td colspan="5">电导率协商要求(7075合金T73、T73510、T73511、T76、T76510、T76511状态及7178合金T76、T76510、T76511状态型材除外)：</td></tr>
<tr><td colspan="5">粗晶环协商要求：</td></tr>
<tr><td colspan="5">包装的协商要求：</td></tr>
<tr><td colspan="5"></td></tr>
<tr><td>其他</td><td colspan="5"></td></tr>
</table>

B.2 阳极氧化型材的订货单(或合同)宜包括的内容

阳极氧化型材的订货单(或合同)宜包括的内容参见表 B.2。

表 B.2 阳极氧化型材的订货单(或合同)宜包括的内容

标准编号	GB/T 6892—2015		合同号	
订货单位			订货重量/kg	
牌号	状态		截面代号	
表面处理类别	阳极氧化	膜层代号		
颜色	色;颜色标样号:			
每根长度	1 □ 定尺长度 mm; 2 □ 不定尺			
供需双方协商检验项目	曲面间隙	1 □按标准检验;2 □ 协商要求:		
	平面间隙	1 □ 高精级; 2 □ 超高精级; 3 □ 协商要求:		
	纵向弯曲度	1 □高精级; 2 □ 超高精级; 3 □ 协商要求:		
	纵向波浪度	1 □高精级; 2 □ 超高精级; 3 □ 协商要求:		
	纵向侧弯度	供需双方协商要求:		
	扭拧度	1 □ 高精级; 2 □ 超高精级; 3 □ 协商要求:		
	端部切斜度	1 □ 高精级; 2 □ 超高精级; 3 □ 协商要求:		
	壁厚超出表 4 规定型材的力学性能	1 □ 附实测结果交货; 2 □ 协商要求:		
	耐盐雾腐蚀性	1 □ 协商要求按 GB/T 8013.1 规定检验;2 □ 协商要求其他方法检验,规定如下:		
	耐磨性	1 □ 协商要求按 GB/T 8013.1 规定检验;2 □ 协商要求其他方法检验,规定如下:		
	耐碱性	1 □ 协商要求按 GB/T 8013.1 规定检验;2 □ 协商要求其他方法检验,规定如下:		
	耐候性	1 □ 协商要求按 GB/T 8013.1 规定检验;2 □ 协商要求其他方法检验,规定如下:		
	抗变形破裂性	1 □ 协商要求按 GB/T 8013.1 规定检验;2 □ 协商要求其他方法检验,规定如下:		
	抗热裂性	1 □ 协商要求按 GB/T 8013.1 规定检验;2 □ 协商要求其他方法检验,规定如下:		
	光反射性	1 □ 协商要求按 GB/T 8013.1 规定检验;2 □ 协商要求其他方法检验,规定如下:		
	绝缘性	1 □ 协商要求按 GB/T 8013.1 规定检验;2 □ 协商要求其他方法检验,规定如下:		
	连续性	1 □ 协商要求按 GB/T 8013.1 规定检验;2 □ 协商要求其他方法检验,规定如下:		
	单位面积上的质量	1 □ 协商要求按 GB/T 8013.1 规定检验;2 □ 协商要求其他方法检验,规定如下:		
	包装	特殊协商要求:		
其他				

B.3 电泳涂漆型材的订货单(或合同)宜包括的内容

电泳涂漆型材的订货单(或合同)宜包括的内容参见表 B.3。

表 B.3 电泳涂漆型材的订货单(或合同)宜包括的内容

标准编号	GB/T 6892—2015			合同号	
订货单位				订货重量/kg	
牌号		状态		截面代号	
表面处理类别	阳极氧化+电泳涂漆	膜层代号			
颜色	色;颜色标样号:				
每根长度	1□ 定尺长度 mm; 2□ 不定尺				
供需双方协商检验项目	曲面间隙	1□按标准检验;2□ 协商要求:			
	平面间隙	1□ 高精级; 2□ 超高精级; 3□ 协商要求:			
	纵向弯曲度	1□高精级; 2□ 超高精级; 3□ 协商要求:			
	纵向波浪度	1□高精级; 2□ 超高精级; 3□ 协商要求:			
	纵向侧弯度	供需双方协商要求:			
	扭拧度	1□ 高精级; 2□ 超高精级; 3□ 协商要求:			
	端部切斜度	1□ 高精级; 2□ 超高精级; 3□ 协商要求:			
	壁厚超出表 4 规定型材的力学性能	1□ 附实测结果交货; 2□ 协商要求:			
	耐沸水性	1□ 协商要求按 GB/T 8013.2 规定检验;2□ 协商要求其他方法检验,规定如下:			
	耐盐酸性	1□ 协商要求按 GB/T 8013.2 规定检验;2□ 协商要求其他方法检验,规定如下:			
	耐碱性	1□ 协商要求按 GB/T 8013.2 规定检验;2□ 协商要求其他方法检验,规定如下:			
	耐盐雾腐蚀性	1□ 协商要求按 GB/T 8013.2 规定检验;2□ 协商要求其他方法检验,规定如下:			
	耐磨性	1□ 协商要求按 GB/T 8013.2 规定检验;2□ 协商要求其他方法检验,规定如下:			
	耐湿热性	1□ 协商要求按 GB/T 8013.2 规定检验;2□ 协商要求其他方法检验,规定如下:			
	光泽度	1□ 协商要求按 GB/T 8013.2 规定检验;2□ 协商要求其他方法检验,规定如下:			
	耐砂浆性	1□ 协商要求按 GB/T 8013.2 规定检验;2□ 协商要求其他方法检验,规定如下:			
	耐二氧化硫潮湿大气腐蚀性	1□ 协商要求按 GB/T 8013.2 规定检验;2□ 协商要求其他方法检验,规定如下:			
	复合耐腐蚀性	1□ 协商要求按 GB/T 8013.2 规定检验;2□ 协商要求其他方法检验,规定如下:			
	耐洗涤剂性	1□ 协商要求按 GB/T 8013.2 规定检验;2□ 协商要求其他方法检验,规定如下:			
	耐溶剂性	1□ 协商要求按 GB/T 8013.2 规定检验;2□ 协商要求其他方法检验,规定如下:			
	耐候性	1□ 协商要求按 GB/T 8013.2 规定检验;2□ 协商要求其他方法检验,规定如下:			
	包装	特殊协商要求:			
其他					

B.4 粉末喷涂型材的订货单(或合同)宜包括的内容

粉末喷涂型材的订货单(或合同)宜包括的内容参见表 B.4。

表 B.4 粉末喷涂型材的订货单(或合同)宜包括的内容

<table>
<tr><td>标准编号</td><td colspan="3">GB/T 6892—2015</td><td>合同号</td><td></td></tr>
<tr><td>订货单位</td><td colspan="3"></td><td>订货重量/kg</td><td></td></tr>
<tr><td>牌号</td><td></td><td>状态</td><td></td><td>截面代号</td><td></td></tr>
<tr><td>表面处理类别</td><td>粉末喷涂</td><td>膜层代号</td><td colspan="3"></td></tr>
<tr><td>颜色</td><td colspan="5">色;颜色标样号:</td></tr>
<tr><td>每根长度</td><td colspan="5">1 □ 定尺长度 mm; 2 □ 不定尺</td></tr>
<tr><td rowspan="22">供需双方协商检验项目</td><td colspan="2">曲面间隙</td><td colspan="3">1 □按标准检验; 2 □ 协商要求:</td></tr>
<tr><td colspan="2">平面间隙</td><td colspan="3">1 □ 高精级; 2 □ 超高精级; 3 □ 协商要求:</td></tr>
<tr><td colspan="2">纵向弯曲度</td><td colspan="3">1 □高精级; 2 □ 超高精级; 3 □ 协商要求:</td></tr>
<tr><td colspan="2">纵向波浪度</td><td colspan="3">1 □高精级; 2 □ 超高精级; 3 □ 协商要求:</td></tr>
<tr><td colspan="2">纵向侧弯度</td><td colspan="3">供需双方协商要求:</td></tr>
<tr><td colspan="2">扭拧度</td><td colspan="3">1□ 高精级; 2 □ 超高精级; 3□ 协商要求:</td></tr>
<tr><td colspan="2">端部切斜度</td><td colspan="3">1 □ 高精级; 2 □ 超高精级; 3 □ 协商要求:</td></tr>
<tr><td colspan="3">壁厚超出表 4 规定型材的力学性能</td><td colspan="2">1 □ 附实测结果交货; 2 □ 协商要求:</td></tr>
<tr><td colspan="2">耐盐雾腐蚀性</td><td colspan="3">1 □ 协商要求按 GB/T 8013.3 规定检验;2 □ 协商要求其他方法检验,规定如下:</td></tr>
<tr><td colspan="2">耐盐酸性</td><td colspan="3">1 □ 协商要求按 GB/T 8013.3 规定检验;2 □ 协商要求其他方法检验,规定如下:</td></tr>
<tr><td colspan="2">耐磨性</td><td colspan="3">1 □ 协商要求按 GB/T 8013.3 规定检验;2 □ 协商要求其他方法检验,规定如下:</td></tr>
<tr><td colspan="2">耐湿热性</td><td colspan="3">1 □ 协商要求按 GB/T 8013.3 规定检验;2 □ 协商要求其他方法检验,规定如下:</td></tr>
<tr><td colspan="2">抗杯突性</td><td colspan="3">1 □ 协商要求按 GB/T 8013.3 规定检验;2 □ 协商要求其他方法检验,规定如下:</td></tr>
<tr><td colspan="2">抗弯曲性</td><td colspan="3">1 □ 协商要求按 GB/T 8013.3 规定检验;2 □ 协商要求其他方法检验,规定如下:</td></tr>
<tr><td colspan="2">耐碱性</td><td colspan="3">1 □ 协商要求按 GB/T 8013.3 规定检验;2 □ 协商要求其他方法检验,规定如下:</td></tr>
<tr><td colspan="2">耐溶剂性</td><td colspan="3">1 □ 协商要求按 GB/T 8013.3 规定检验;2 □ 协商要求其他方法检验,规定如下:</td></tr>
<tr><td colspan="2">马丘试验的膜下耐丝状腐蚀性</td><td colspan="3">1 □ 协商要求按 GB/T 8013.3 规定检验;2 □ 协商要求其他方法检验,规定如下:</td></tr>
<tr><td colspan="2">盐酸蒸汽试验的膜下耐丝状腐蚀性</td><td colspan="3">1 □ 协商要求按 GB/T 8013.3 规定检验;2 □ 协商要求其他方法检验,规定如下:</td></tr>
<tr><td colspan="2">耐二氧化硫潮湿大气腐蚀性</td><td colspan="3">1 □ 协商要求按 GB/T 8013.3 规定检验;2 □ 协商要求其他方法检验,规定如下:</td></tr>
<tr><td colspan="2">耐砂浆性</td><td colspan="3">1 □ 协商要求按 GB/T 8013.3 规定检验;2 □ 协商要求其他方法检验,规定如下:</td></tr>
<tr><td colspan="2">耐候性</td><td colspan="3">1 □ 协商要求按 GB/T 8013.3 规定检验;2 □ 协商要求其他方法检验,规定如下:</td></tr>
<tr><td colspan="2">耐洗涤剂性</td><td colspan="3">1 □ 协商要求按 GB/T 8013.3 规定检验;2 □ 协商要求其他方法检验,规定如下:</td></tr>
<tr><td></td><td colspan="2">包装</td><td colspan="3">特殊协商要求:</td></tr>
<tr><td>其他</td><td colspan="5"></td></tr>
</table>

B.5 丙烯酸漆喷涂型材的订货单(或合同)宜包括的内容

丙烯酸漆喷涂型材的订货单(或合同)宜包括的内容参见表 B.5。

表 B.5 丙烯酸漆喷涂型材的订货单(或合同)宜包括的内容

<table>
<tr><td>标准编号</td><td colspan="3">GB/T 6892—2015</td><td>合同号</td><td></td></tr>
<tr><td>订货单位</td><td colspan="3"></td><td>订货重量/kg</td><td></td></tr>
<tr><td>牌号</td><td></td><td>状态</td><td></td><td>截面代号</td><td></td></tr>
<tr><td>表面处理类别</td><td>丙烯酸漆喷涂</td><td>膜层代号</td><td colspan="3"></td></tr>
<tr><td>颜色</td><td colspan="5">色;颜色标样号:</td></tr>
<tr><td>每根长度</td><td colspan="5">1 □ 定尺长度 mm; 2 □ 不定尺</td></tr>
<tr><td rowspan="18">供需双方协商检验项目</td><td colspan="2">曲面间隙</td><td colspan="3">1 □按标准检验; 2 □ 协商要求:</td></tr>
<tr><td colspan="2">平面间隙</td><td colspan="3">1 □ 高精级; 2 □ 超高精级; 3 □ 协商要求:</td></tr>
<tr><td colspan="2">纵向弯曲度</td><td colspan="3">1 □高精级; 2 □ 超高精级; 3 □ 协商要求:</td></tr>
<tr><td colspan="2">纵向波浪度</td><td colspan="3">1 □高精级; 2 □ 超高精级; 3 □ 协商要求:</td></tr>
<tr><td colspan="2">纵向侧弯度</td><td colspan="3">供需双方协商要求:</td></tr>
<tr><td colspan="2">扭拧度</td><td colspan="3">1□ 高精级; 2 □ 超高精级; 3 □ 协商要求:</td></tr>
<tr><td colspan="2">端部切斜度</td><td colspan="3">1 □ 高精级; 2 □ 超高精级; 3 □ 协商要求:</td></tr>
<tr><td colspan="3">壁厚超出表 4 规定型材的力学性能</td><td colspan="2">1 □ 附实测结果交货; 2 □ 协商要求:</td></tr>
<tr><td colspan="2">耐盐雾腐蚀性</td><td colspan="3">1 □ 协商要求按 GB/T 8013.3 规定检验;2 □ 协商要求其他方法检验,规定如下:</td></tr>
<tr><td colspan="2">耐盐酸性</td><td colspan="3">1 □ 协商要求按 GB/T 8013.3 规定检验;2 □ 协商要求其他方法检验,规定如下:</td></tr>
<tr><td colspan="2">耐冲击性</td><td colspan="3">1 □ 协商要求按 GB/T 8013.3 规定检验;2 □ 协商要求其他方法检验,规定如下:</td></tr>
<tr><td colspan="2">耐湿热性</td><td colspan="3">1 □ 协商要求按 GB/T 8013.3 规定检验;2 □ 协商要求其他方法检验,规定如下:</td></tr>
<tr><td colspan="2">耐碱性</td><td colspan="3">1 □ 协商要求按 GB/T 8013.3 规定检验;2 □ 协商要求其他方法检验,规定如下:</td></tr>
<tr><td colspan="2">耐砂浆性</td><td colspan="3">1 □ 协商要求按 GB/T 8013.3 规定检验;2 □ 协商要求其他方法检验,规定如下:</td></tr>
<tr><td colspan="2">耐候性</td><td colspan="3">1 □ 协商要求按 GB/T 8013.3 规定检验;2 □ 协商要求其他方法检验,规定如下:</td></tr>
<tr><td colspan="2">耐洗涤剂性</td><td colspan="3">1 □ 协商要求按 GB/T 8013.3 规定检验;2 □ 协商要求其他方法检验,规定如下:</td></tr>
<tr><td colspan="2">包装</td><td colspan="3">特殊协商要求:</td></tr>
<tr><td colspan="5"></td></tr>
<tr><td>其他</td><td colspan="5"></td></tr>
</table>

B.6 氟碳漆喷涂型材的订货单(或合同)宜包括的内容

氟碳漆喷涂型材的订货单(或合同)宜包括的内容参见表 B.6。

表 B.6 氟碳漆喷涂型材的订货单(或合同)宜包括的内容

标准编号	GB/T 6892—2015			合同号	
订货单位				订货重量/kg	
牌号		状态		截面代号	
表面处理类别	氟碳漆喷涂	膜层代号			
颜色	色;颜色标样号:				
每根长度	1□ 定尺长度 mm; 2□ 不定尺				
供需双方协商检验项目	曲面间隙	1□按标准检验;2□ 协商要求:			
	平面间隙	1□ 高精级; 2□ 超高精级; 3□ 协商要求:			
	纵向弯曲度	1□高精级; 2□ 超高精级; 3□ 协商要求:			
	纵向波浪度	1□高精级; 2□ 超高精级; 3□ 协商要求:			
	纵向侧弯度	供需双方协商要求:			
	扭拧度	1□ 高精级; 2□ 超高精级; 3□ 协商要求:			
	端部切斜度	1□ 高精级; 2□ 超高精级; 3□ 协商要求:			
	壁厚超出表 4 规定型材的力学性能	1□ 附实测结果交货; 2□ 协商要求:			
	耐磨性	1□ 协商要求按 GB/T 8013.3 规定检验;2□ 协商要求其他方法检验,规定如下:			
	耐盐雾腐蚀性	1□ 协商要求按 GB/T 8013.3 规定检验;2□ 协商要求其他方法检验,规定如下:			
	耐盐酸性	1□ 协商要求按 GB/T 8013.3 规定检验;2□ 协商要求其他方法检验,规定如下:			
	耐湿热性	1□ 协商要求按 GB/T 8013.3 规定检验;2□ 协商要求其他方法检验,规定如下:			
	耐硝酸性	1□ 协商要求按 GB/T 8013.3 规定检验;2□ 协商要求其他方法检验,规定如下:			
	耐碱性	1□ 协商要求按 GB/T 8013.3 规定检验;2□ 协商要求其他方法检验,规定如下:			
	耐候性	1□ 协商要求按 GB/T 8013.3 规定检验;2□ 协商要求其他方法检验,规定如下:			
	耐砂浆性	1□ 协商要求按 GB/T 8013.3 规定检验;2□ 协商要求其他方法检验,规定如下:			
	马丘试验的膜下耐丝状腐蚀性	1□ 协商要求按 GB/T 8013.3 规定检验;2□ 协商要求其他方法检验,规定如下:			
	盐酸蒸汽试验的膜下耐丝状腐蚀性	1□ 协商要求按 GB/T 8013.3 规定检验;2□ 协商要求其他方法检验,规定如下:			
	耐二氧化硫潮湿大气腐蚀性	1□ 协商要求按 GB/T 8013.3 规定检验;2□ 协商要求其他方法检验,规定如下:			
	耐溶剂性	1□ 协商要求按 GB/T 8013.3 规定检验;2□ 协商要求其他方法检验,规定如下:			
	耐洗涤剂性	1□ 协商要求按 GB/T 8013.3 规定检验;2□ 协商要求其他方法检验,规定如下:			
	包装	特殊协商要求:			
其他					

参 考 文 献

[1] GB/T 15957 大气环境腐蚀性分类

ICS 97.120
Y 69

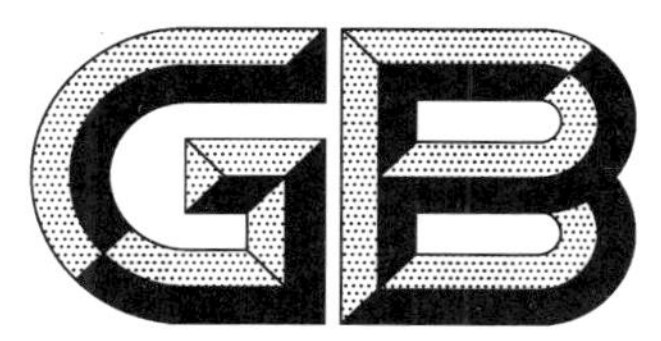

中华人民共和国国家标准

GB 6932—2015
代替 GB 6932—2001

家用燃气快速热水器

Domestic gas instantaneous water heater

2015-09-18 发布　　2017-01-01 实施

中华人民共和国国家质量监督检验检疫总局
中国国家标准化管理委员会　发布

前　言

本标准第5章中的5.1.6.1、5.1.6.2、5.2.2.2.1、5.2.2.8.1、5.2.2.8.2、5.2.2.9.1、5.2.3.1.1、5.2.3.2.1、5.2.3.3.1、5.2.3.4.1，第6章表6中黑体字部分，第8章中的8.4.1.1，第9章中的9.1.1之b)项、9.1.2之a)项、b)项、c)项、9.4.1，附录A中的A.2.2.2之a)项、b)项、A.2.2.3之b)项、A.2.3.1、A.2.3.2.3之a)项、表A.1中黑体字部分，附录B表B.1中黑体字部分，附录C中C.2.1、C.2.2、C.7.1至C.7.4的黑体字部分、C.9.1至C.9.3的黑体字部分、C.13.1至C.13.11的黑体字部分、C.14.1至C.14.5的黑体字部分，附录F中F.4.1.1、F.4.1.2、F.4.1.4第一段及a)项的黑体字部分为强制性条款，其余为推荐性条款。

本标准按照GB/T 1.1—2009给出的规则起草。

本标准参照了JIS S 2109:2008《家用燃气热水器》、EN26:1998《安装大气式燃烧器的家用燃气快速热水器》(包含修正案1、2和3)。

本标准代替GB 6932—2001《家用燃气快速热水器》。

本标准与GB 6932—2001相比，除编辑性修改外主要技术变化如下：

——修改了自然排气式热水器结构和安装要求(见5.1.6.1、5.1.6.2、5.2.2.8.1、F.4.1.1)；

——增加了自然排气式热水器防止不完全燃烧安全装置(见5.2.3.3)；

——对涉及热水器结构及使用安全的部分内容进行了完善(见5.1.1、5.1.2、5.1.5、5.2.3)；

——增加了对燃气/空气比例控制装置要求(见5.2.2.11)；

——对标准中性能要求、试验方法进行了完善(见第6章、第7章)；

——对家用供暖燃气快速热水器、家用两用型燃气快速热水器部分内容进行了修订和完善(见附录A)；

——增加了对冷凝式热水器的特殊要求(见附录B)；

——完善了使用交流电热水器的电气安全(见附录C)；

——完善了电磁兼容安全及电子控制系统的控制要求(见附录D)。

本标准由中国标准化协会、中国五金制品协会归口。

本标准起草单位：广东万家乐燃气具有限公司、青岛经济技术开发区海尔热水器有限公司、国家燃气用具质量监督检验中心(佛山)、国家日用金属制品质量监督检验中心(沈阳)、国家燃气用具质量监督检验中心(天津)、中山华帝燃具股份有限公司、能率(中国)投资有限公司、广东万和新电气股份有限公司、艾欧史密斯(中国)热水器有限公司、广东神州燃气用具有限公司、樱花卫厨(中国)股份有限公司、成都前锋电子有限责任公司、创尔特热能科技(中山)有限公司、广东美的厨卫电器制造有限公司、广东金美达实业有限公司、广东合胜金属制造有限公司、上海林内有限公司、宁波方太厨具有限公司、中山百得厨卫有限公司、中山市樱雪集团有限公司、阿里斯顿热能产品(中国)有限公司、浙江德意厨具有限公司。

本标准主要起草人：余少言、胡定钢、郑涛、张明伟、金锋、刘彤、易洪斌、张坤东、钟家淞、邱步、黎剑豪、黄国金、杨钢、张吉祥、梁国荣、朱宝华、谭六明、江华、徐德明、郭力、周玉林、季兵、浦曦安。

本标准所代替标准的历次版本发布情况为：

——GB 6932—1994、GB 6932—2001。

家用燃气快速热水器

1 范围

本标准规定了家用燃气快速热水器的术语和定义、分类及型号、材料及结构要求、性能要求、试验方法、检验规则和标志、安装、包装、运输、贮存。

本标准适用于额定热负荷不大于 70 kW 的家用供热水燃气快速热水器(以下简称供热水热水器);额定热负荷不大于 70 kW,最大供暖工作水压不大于 0.3 MPa、供暖水温不大于 95 ℃的室内型强制给排气式、室外型家用供暖燃气快速热水器(以下简称供暖热水器)和家用两用型燃气快速热水器(以下简称两用热水器),包括冷凝式的供热水热水器、供暖热水器和两用热水器的特殊要求。

本标准不适用于燃气容积式热水器。

注 1:本标准所指燃气,是 GB/T 13611《城镇燃气分类和基本特性》、GB 13612《人工煤气》规定的燃气。使用 GB/T 13611 规定以外的燃气时,试验用燃气按产品设计提供的燃气进行,压力范围参照 GB/T 13611 的有关规定。

注 2:家用供热水燃气快速热水器、家用供暖燃气快速热水器、家用两用型燃气快速热水器统称为家用燃气快速热水器(以下简称热水器)。

2 规范性引用文件

下列文件对于本文件的应用是必不可少的。凡是注日期的引用文件,仅注日期的版本适用于本文件。凡是不注日期的引用文件,其最新版本(包括所有的修改单)适用于本文件。

GB/T 191 包装储运图示标志

GB/T 2828.1 计数抽样检验程序 第1部分:按接收质量限(AQL)检索的逐批检验抽样计划

GB/T 2828.2 计数抽样检验程序 第2部分:按极限质量(LQ)检索的孤立批检验抽样方案

GB/T 3280 不锈钢冷轧钢板和钢带

GB 4208 外壳防护等级(IP 代码)

GB 4706.1—2005 家用和类似用途电器的安全 第1部分:通用要求

GB/T 5013.1 额定电压 450/750 V 及以下橡皮绝缘电缆 第1部分:一般要求

GB/T 5023.1 额定电压 450/750 V 及以下聚氯乙烯绝缘电缆 第1部分:一般要求

GB/T 5465.2 电气设备用图形符号 第2部分:图形符号

GB/T 7306.1 55°密封管螺纹 第1部分:圆柱内螺纹与圆锥外螺纹

GB/T 7306.2 55°密封管螺纹 第2部分:圆锥内螺纹与圆锥外螺纹

GB/T 7307 55° 非密封管螺纹

GB/T 12113—2003 接触电流和保护导体电流的测量方法

GB/T 12206—2006 城镇燃气热值和相对密度测定方法

GB/T 13611 城镇燃气分类和基本特性

GB 14536.1 家用和类似用途电自动控制器 第1部分:通用要求

GB 14536.6 家用和类似用途电自动控制器 燃烧器电自动控制系统的特殊要求

GB/T 16411—2008 家用燃气用具通用试验方法

GB/T 17624.1 电磁兼容 综述 电磁兼容基本术语和定义的应用与解释

GB/T 17626.4 电磁兼容 试验和测量技术 电快速瞬变脉冲群抗扰度试验

GB/T 17626.5 电磁兼容 试验和测量技术 浪涌(冲击)抗扰度试验

GB/T 17626.11 电磁兼容 试验和测量技术 电压暂降、短时中断和电压变化抗扰度试验

GB/T 17627.1 低压电气设备的高电压试验技术 第一部分:定义和试验要求

GB/T 17799.1—1999 电磁兼容 通用标准 居住、商业和轻工业环境中的抗扰度试验

GB 19212.10 变压器、电抗器、电源装置及其组合的安全 第10部分:Ⅲ类手提钨丝灯用变压器和电源装置的特殊要求和试验

CJJ 12 家用燃气燃烧器具安装及验收规程

3 术语和定义

GB 4706.1—2005、GB/T 13611、GB 14536.1、GB 14536.6、GB/T 16411—2008、GB/T 17624.1 界定的以及下列术语和定义适用于本文件。

3.1

家用供热水燃气快速热水器 domestic gas instantaneous water heater for hot water

具有水气联动装置控制燃烧燃气的开关,利用燃烧的热量快速加热通过热交换器内流动的水的器具。

3.2

低热值 net calorific value

Q_1

标准状态下 1 m^3(或 1 kg)燃气完全燃烧所放出的热量,不包括水蒸气潜热所释放的热量。

3.3

水温波动 temperature fluctuation

在出水量和设定出水温度保持不变的情况下,最大和最小出热水温度的差值。

3.4

适用水压 applied water pressure

热水器所能承受的制造商铭牌标识正常工作时的最大和最小供水相对静压力值。

3.5

热负荷(热流量) heat input

Φ

燃料在燃烧器中燃烧单位时间内所释放的热量,即在相同状态下燃气低热值和体积流量的乘积。

3.6

额定热负荷(额定热流量) rated heat input

规定的基准气条件下热负荷。该值是产品铭牌的标称值,单位为 kW(1 kW=3.6 MJ/h)。

3.7

最小热负荷(最小热流量) minimum heat input

在额定燃气压力下,处于最小的燃气流量状态下工作时的热负荷。

3.8

燃气供气压力 gas supply pressure

P

在热水器燃气入口处,运行时测得的相对静压力。

3.9

热效率 thermal efficiency

η

有效利用热量占燃气完全燃烧总放热量的百分比。

3.10

产热水能力　hot water production capacity

燃气条件为0—2，热水器工作在最大热负荷状态下，供水压力为0.1 MPa，温升折算到$\Delta t=25$ K时每分钟流出的热水量。

3.11

额定产热水能力　rated production capacity of hot water

产品铭牌的标称值，由制造商给出的产热水能力。

3.12

供水压力　water supply pressure

正常使用时在进水口处测得的相对静压力。

3.13

离焰　flame lift

火焰从燃烧器火孔全部或部分离开的现象。

3.14

回火　light back

火焰在燃烧器内部燃烧的现象。

3.15

黄焰　yellow flame

燃烧时在火焰锥体顶部(与冷体接触)形成黄色的火焰。

3.16

爆燃　explosive combustion

燃气与空气混合后的急剧燃烧现象，燃烧噪声超过85 dB。

3.17

火焰稳定性　flame stability

在燃烧器火孔处火焰既不离焰，也不回火的区域内燃烧的火焰特性。

3.18

点火燃烧器　permanent pilot

用于点燃主燃烧器的燃烧器，待机及工作期间允许不熄灭的燃烧器。

3.19

主火燃烧器　main burner

热水器运行时，用于对水进行加热的燃烧器。

3.20

熄火保护装置　flame failure device

当火焰熄灭时，自动切断燃气通路的装置。

3.21

再点火　automatic re-igniter

点火或主火燃烧器点火熄灭后，在不完全关闭燃气供应的情况下，自动再次点火的功能。

3.22

防止不完全燃烧安全装置　incomplete combustion preventive device

燃烧产物的排放达到预设的临界值时，自动切断燃气供给的装置。

3.23

水气联动装置　water section

水流动时当水压或水流量高于设定的值时燃气供应通道打开，当水压或水流量低于设定的值时关断燃气通道的装置。

3.24

防干烧安全装置　anti-dry safety device

当热水器内水温升高，在可能引起器具损坏或安全事故发生前，自动切断燃气供给的装置。

3.25

燃气/空气比例控制装置　gas/air ratio control

根据燃烧空气流量自动调节燃气流量，或根据燃气流量自动调节燃烧空气流量的气动比例控制装置。

3.26

防倒风排烟罩　draught diverter

在烟气出口处，用于减少倒风对燃烧器燃烧性能影响的装置。

3.27

密封结构　room-sealed shell

热水器燃烧系统和排烟系统与室内空气隔离的壳体结构。

3.28

燃气稳压装置　gas governor

在燃气通道中稳定喷嘴前燃气压力的装置。

3.29

燃烧室　combustion chamber

燃气在其中燃烧，与热交换器连接的腔体。

3.30

排烟系统　exhaust system

将燃烧产物排出的系统（包括排烟管、防倒风装置、烟罩、给排气管、风机等部分）。

3.31

标准状态　standard condition

温度为 0 ℃，绝对压力为 101.3 kPa 条件下的干燥燃气状态。

3.32

基准状态　reference condition

温度为 15 ℃，绝对压力为 101.3 kPa 条件下的干燥燃气状态。

3.33

实测折算热负荷　converted actual heat input

试验条件下，使用试验气时的热水器热流量折算到基准状态下的数值。

3.34

家用供暖燃气快速热水器、家用两用型燃气快速热水器　domestic gas instantaneous water heater for heating、domestic gas instantaneous water heater for heating and hot water

在本标准规定的基准条件下，利用燃气燃烧产生的热量，直接加热热交换器内流动的水，并利用加热的水进行供暖换热，或有供热水和供暖双重功能的器具。

3.35

冷凝式热水器　condensing water heater

在本标准规定的基准条件下，燃烧产物中水蒸气被部分冷凝，且在冷凝过程中释放的热量被部分有效利用的家用冷凝式供热水热水器、家用冷凝式供暖热水器、家用冷凝式两用热水器。

3.36

冷凝水 condensate

冷凝过程中燃烧产物凝结形成的液体。

4 分类及型号

4.1 分类

4.1.1 热水器根据使用燃气种类、安装位置及给排气方式、使用用途、供暖热水循环方式进行分类。

4.1.2 按使用燃气的种类分为:人工煤气热水器、天然气热水器、液化石油气热水器。各种燃气的分类代号和额定供气压力见表1。

表1 燃气分类

燃气种类	代号	燃气额定供气压力/Pa
人工煤气	3R、4R、5R、6R、7R	1000
天然气	3T、4T、6T	1000
	10T、12T	2000
液化石油气	19Y、20Y、22Y	2800

4.1.3 按安装位置及给排气方式分类见表2。

表2 安装位置及给排气方式分类

名称		分类内容	简称	代号	示意图
室内型	自然排气式	燃烧时所需空气取自室内,通过排烟管在自然抽力下将烟气排至室外	烟道式	D	图1
	强制排气式	燃烧时所需空气取自室内,在风机作用下通过排烟管强制将烟气排至室外	强排式	Q	图2a),b)
	自然给排气式	将给排气管接至室外,利用自然抽力进行室外空气供给和将烟气排至室外	平衡式	P	图3a)
	强制给排气式	将给排气管接至室外,利用风机强制进行室外空气供给和将烟气排至室外	强制给排气式	G	图3b)
室外型		只可以安装在室外的热水器	室外型	W	图4

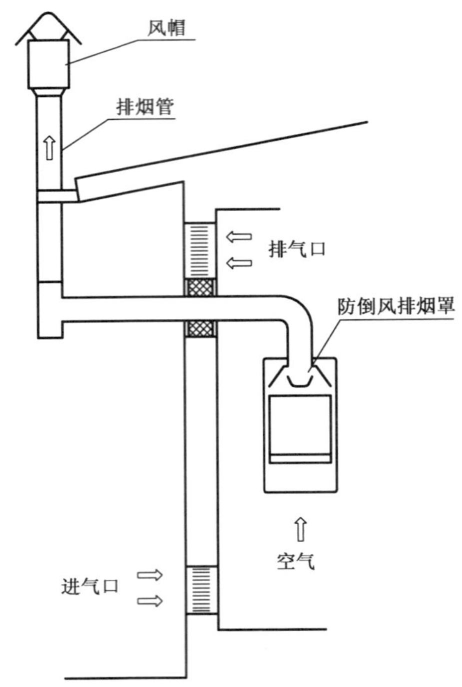

图1 室内型自然排气式

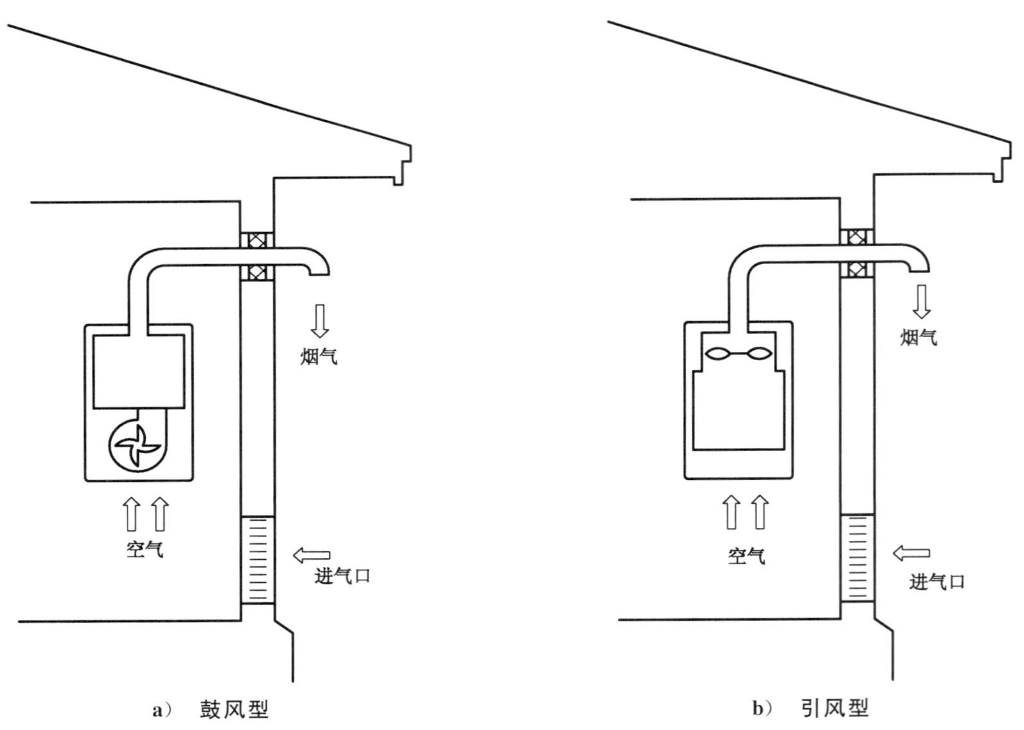

a) 鼓风型　　b) 引风型

图2 室内型强制排气式

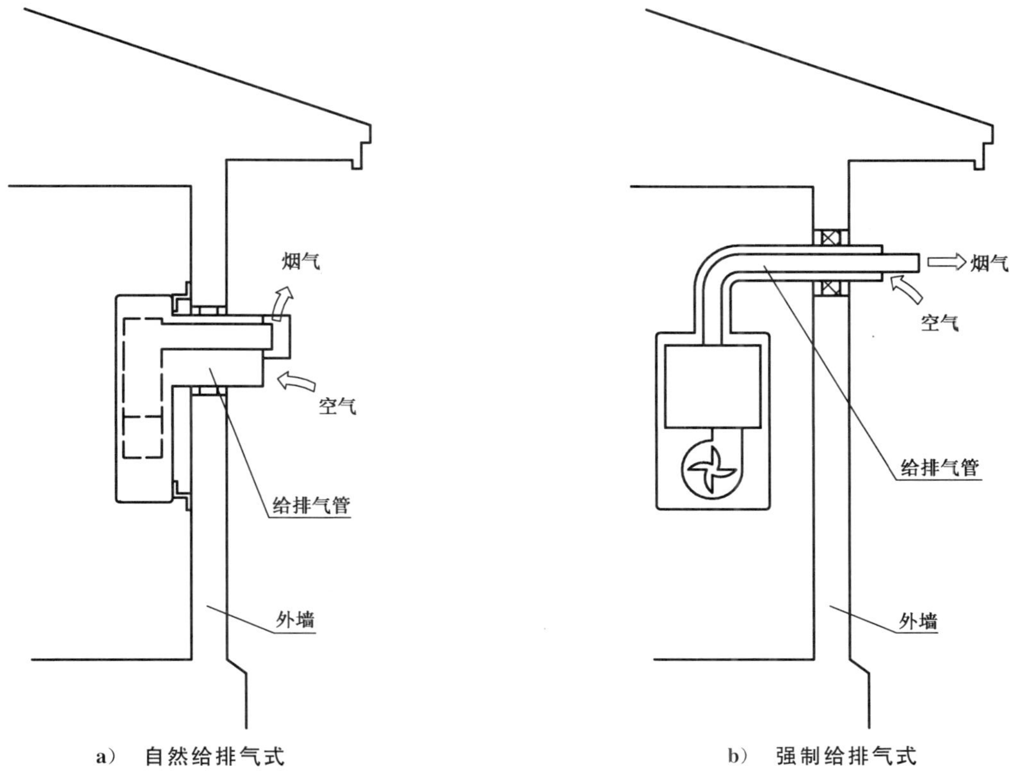

a) 自然给排气式　　b) 强制给排气式

图 3 室内型自然给排气式、强制给排气式

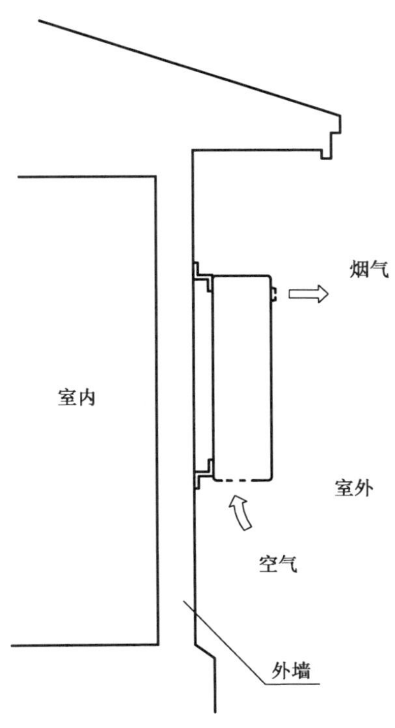

图 4 室外型

4.1.4 按使用用途分类见表3。

表3 使用用途分类

类　别	使用用途	代　号	示意图
供热水型	仅用于供热水	JS	
供暖型	仅用于供暖	JN	图5,图6
两用型	供热水和供暖两用	JL	图7,图8

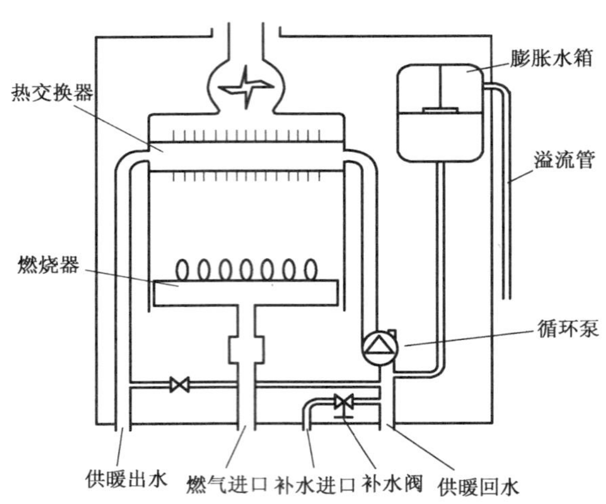

图5 供暖型开放式

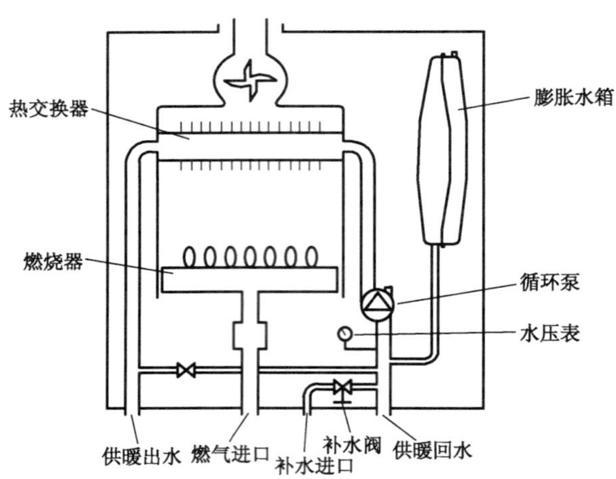

图6 供暖型封闭式

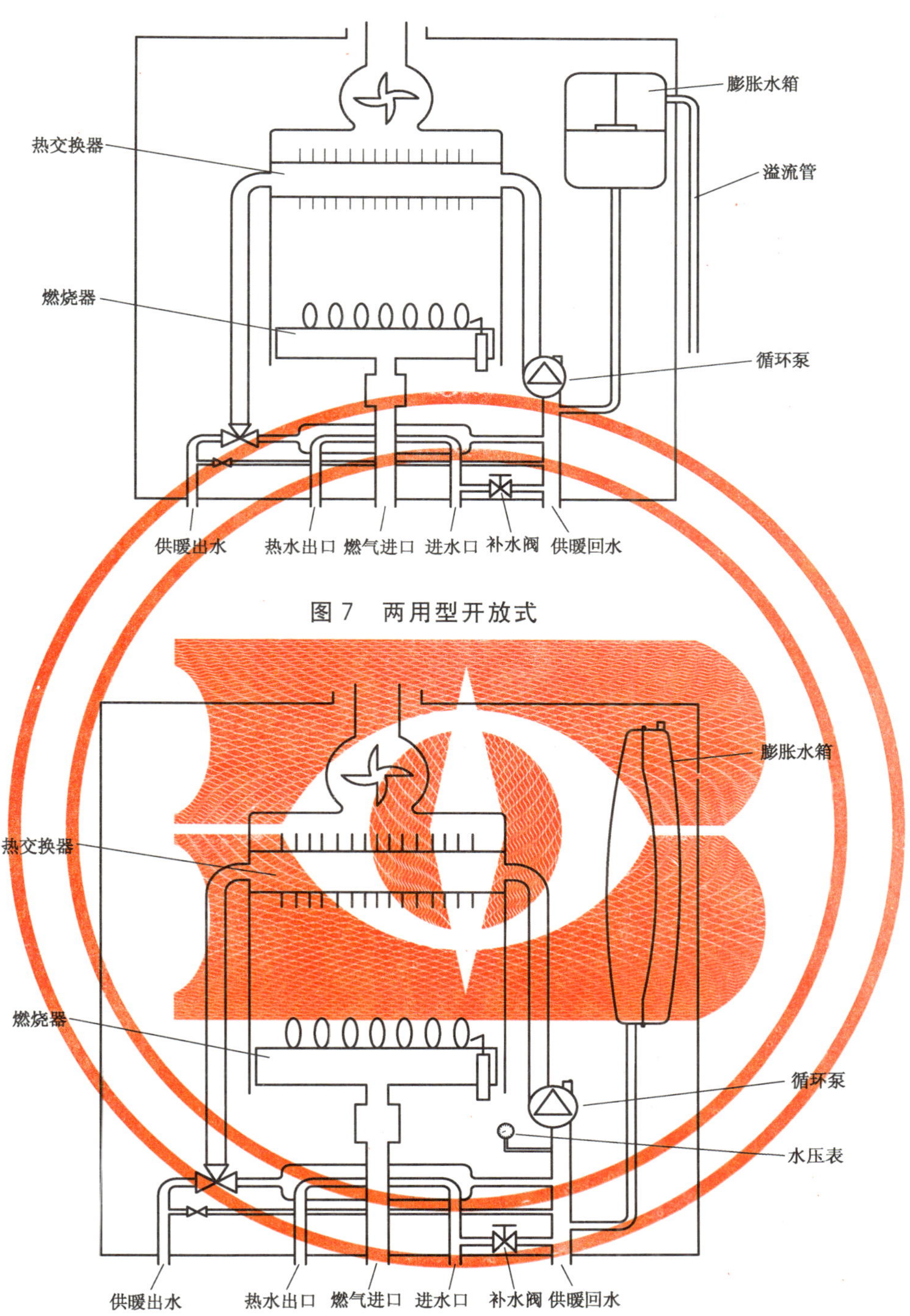

图8 两用型封闭式

4.1.5 按供暖热水循环方式分类见表4。

表4 供暖热水循环方式分类

循环方式	分类内容	代号	示意图
开放式	热水器供暖循环通路与大气相通	K	图5,图7
密闭式	热水器供暖循环通路与大气隔绝	B	图6,图8

4.2 型号

4.2.1 型号种类

热水器型号分为供热水热水器,供暖、两用热水器,冷凝式热水器。

4.2.2 供热水热水器型号

4.2.2.1 构成

代号	安装位置及给排气方式	主参数	—	特征序号

4.2.2.2 代号

JS——表示用于供热水的家用供热水燃气快速热水器。

4.2.2.3 安装位置及给排气方式

D——自然排气式;
Q——强制排气式;
P——自然给排气式;
G——强制给排气式;
W——室外型。

4.2.2.4 主参数

采用额定热负荷(kW)取整后的阿拉伯数字。

4.2.2.5 特征序号

由制造商自行编制,位数不限。

示例:

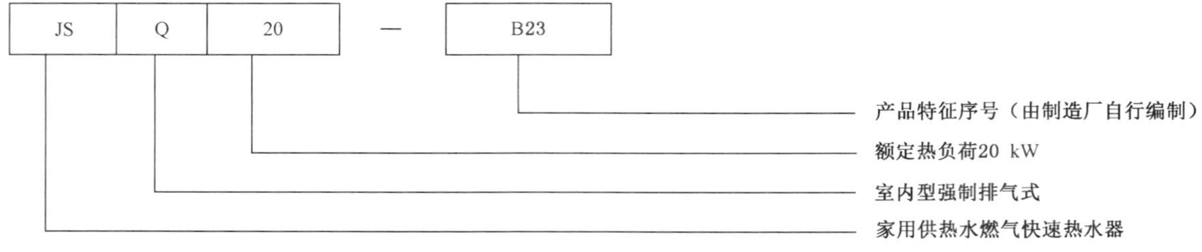

4.2.3 供暖、两用热水器型号

4.2.3.1 构成

代号	安装位置及给排气方式	循环方式	主参数	—	特征序号

4.2.3.2 代号

JN——表示用于供暖的家用供暖燃气快速热水器;
JL——表示用于供热水和供暖的家用两用型燃气快速热水器。

4.2.3.3 安装位置及给排气方式

同 4.2.2.3。

4.2.3.4 循环方式

K——开放式；
B——密闭式。

4.2.3.5 主参数

采用额定热输入(kW)取整后的阿拉伯数字。

4.2.3.6 特征序号

由制造商自行编制,位数不限。

示例：

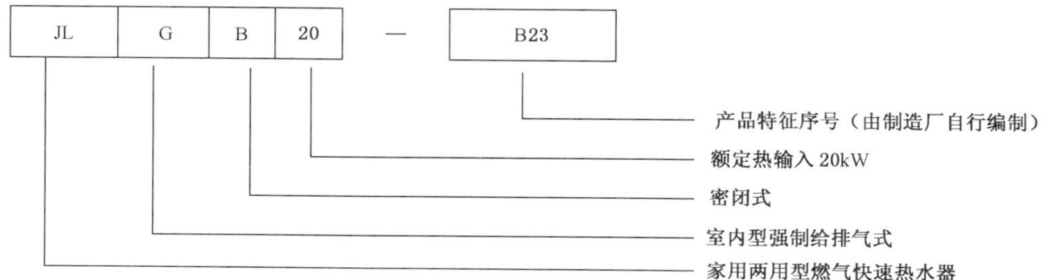

4.2.4 冷凝式热水器型号

4.2.4.1 构成

除代号外应符合 4.2.2 供热水热水器和 4.2.3 供暖、两用热水器的型号构成规则。

4.2.4.2 代号

JSL——表示用于供热水的家用冷凝式供热水燃气快速热水器；
JNL——表示用于供暖的家用冷凝式供暖燃气快速热水器；
JLL——表示用于供热水和供暖的家用冷凝式两用型燃气快速热水器。

示例 1：

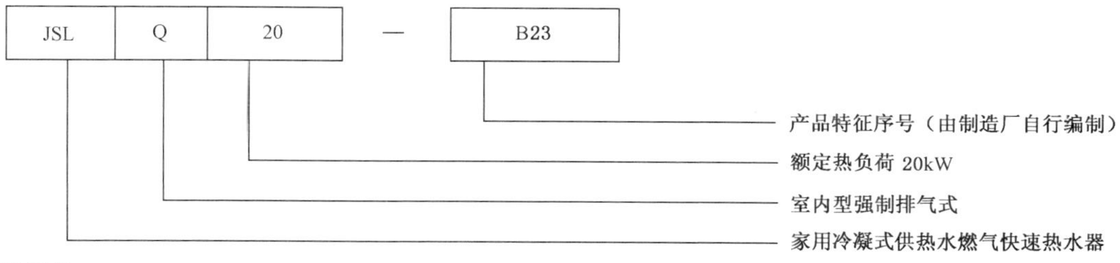

示例 2：

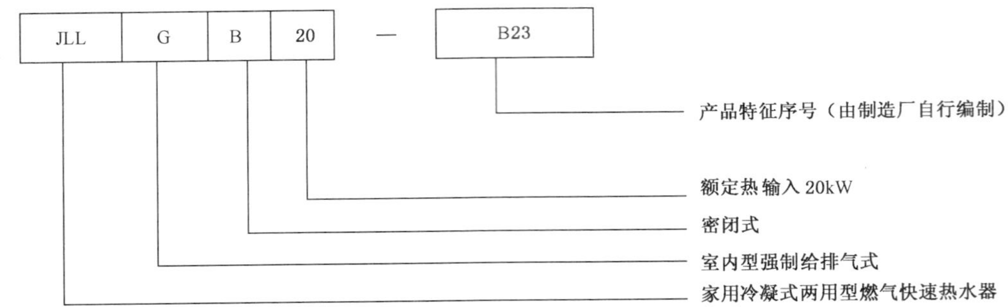

4.2.5 字体格式

型号中出现的字符全部采用大写字符。

5 材料及结构要求

5.1 材料

5.1.1 材料的通用要求

5.1.1.1 热水器在正常使用寿命期间内，其材料应能够承受可预期的机械、化学和热的影响。

5.1.1.2 与燃气和燃烧产物接触的材料，应耐腐蚀或经过耐腐蚀处理。

5.1.1.3 燃烧室的外壳应采用金属材料制造。

5.1.1.4 涉及热水器安全的材料变更，其特性应由制造商予以保证。

5.1.1.5 与酸性冷凝液接触的材料应耐腐蚀或用耐腐蚀的涂层防护。

5.1.1.6 禁止使用含石棉的材料。

5.1.2 与水接触的材料

5.1.2.1 与水接触的金属材料，在使用寿命内，材料应保证不受腐蚀影响，应能承受机械、化学和热的影响，并且不应污染水质。

5.1.2.2 与水接触的塑料材料，在使用寿命内，材料应满足机械、理化性能要求，耐紫外线、老化、腐蚀的影响，不应污染水质。

5.1.2.3 其他与水所接触非金属和辅助材料，橡胶、密封剂、粘合剂和运动部件使用的润滑油等，不应污染水质。

5.1.3 燃气管路材料

5.1.3.1 管路系统的零部件应采用耐腐蚀、熔点大于 350 ℃的金属材料或非燃性材料（密封、润滑材料除外）。

5.1.3.2 以铜或铜制内表面处理的软制管和以碳钢制成的管用于燃气输送时，管内表面应进行防腐涂层处理，以防止燃气中硫化物的腐蚀。

5.1.3.3 所采用的密封材料如油脂、密封垫等除符合密封性能规定外，还应耐燃气的腐蚀。

5.1.4 燃烧器材料

5.1.4.1 燃烧器应采用耐腐蚀、熔点大于 700 ℃的金属材料或非燃性材料，不得有影响使用的缺陷。

5.1.4.2 燃烧器火焰口部分应采用不锈钢或防腐及耐温同等级别以上的材料。

5.1.4.3 喷嘴、喷嘴托架、调风板应采用熔点大于 500 ℃的金属材料或非燃性材料，并具有耐腐蚀性能。

5.1.4.4 点火燃烧器供气管应采用内径不小于 2 mm、熔点大于 500 ℃的金属材料。

5.1.5 热交换器材料

供热水热水器与燃烧室相连的热交换器,应采用耐腐蚀、熔点大于 700 ℃的金属材料。

5.1.6 通过烟气的部件材料

5.1.6.1 自然排气式热水器的排烟管应采用耐腐蚀的金属材料或表面进行过耐腐蚀处理的金属材料,其耐腐蚀性能应满足在室外长期使用的抗紫外线和抗锈蚀能力,金属材料的厚度应满足必要的抗风能力(在排烟管侧施加 1.5 kN/m^2 的横向载荷)。不得使用铝制波纹管作为自然排气式热水器排烟管。

5.1.6.2 强制排气式、自然给排气式、强制给排气式热水器所配备的排烟管或给排气管应采用厚度不小于 0.3 mm(公称尺寸)并符合 GB/T 3280 中的奥氏体型钢的不锈钢材料,或厚度不小于 0.8 mm(公称尺寸)的碳钢板双面搪瓷处理,或与之同等级别以上耐腐蚀、耐温及耐燃性的其他材料。其密封件、垫也应采用耐腐蚀的柔性材料。

5.1.7 外壳材料

应采用耐腐蚀或表面进行过耐腐蚀处理的材料,其密封件、垫应采用耐腐蚀的柔性材料。室外型热水器的外壳同时还应符合耐紫外线的要求。

5.2 结构

5.2.1 结构的通用要求

5.2.1.1 热水器部件在设计制造时应考虑到安全、牢固和耐用性,整体结构稳定可靠,在正常操作时不应有损坏或影响使用的功能失效。

5.2.1.2 各部位的连接件(如螺栓等)应坚固、牢靠,热水器能方便地固定在墙上或地面上,使用中不得松动。

5.2.1.3 水不应渗入到燃气通路内。

5.2.1.4 能产生切屑类的自攻类螺纹不能应用在与燃气通路相通的部位。

5.2.1.5 热水器设计应易于清扫和维修,手可能接触的部位表面应光滑,必须拆卸的部位应能用一般工具拆卸。

5.2.1.6 热水器壳体应设有观火孔,可用目测观察点火状况、点火和主火燃烧器的燃烧工况。或不设观火孔的热水器壳体,控制电路应有主火燃烧器工作状况的监视功能,并能给出必要的指示信号,在去除壳体后仍有可直接观测的观火孔。

5.2.2 部件的结构要求

5.2.2.1 燃气系统气密性

5.2.2.1.1 用于安装零部件的螺钉孔、螺栓孔等不应开在燃气通路上;除测试用孔外,其他用途孔和燃气通路之间的壁厚应大于 1 mm。

5.2.2.1.2 管路系统上的所有管道、阀门、配件及连接处均应有良好的密封,其密封性能应符合表 6 规定。

5.2.2.1.3 燃气入口接头应采用管螺纹连接,螺纹符合 GB/T 7306.1、GB/T 7306.2 和 GB/T 7307 规定,端面应有平整的环形面,便于密封垫的密封。使用液化石油气且热负荷小于或等于 20 kW 的热水器,也可采用如图 9 所示的过渡燃气入口接头与燃气专用软管直接连接,软管与过渡接头连接后应有安全紧固措施固定。

单位为毫米

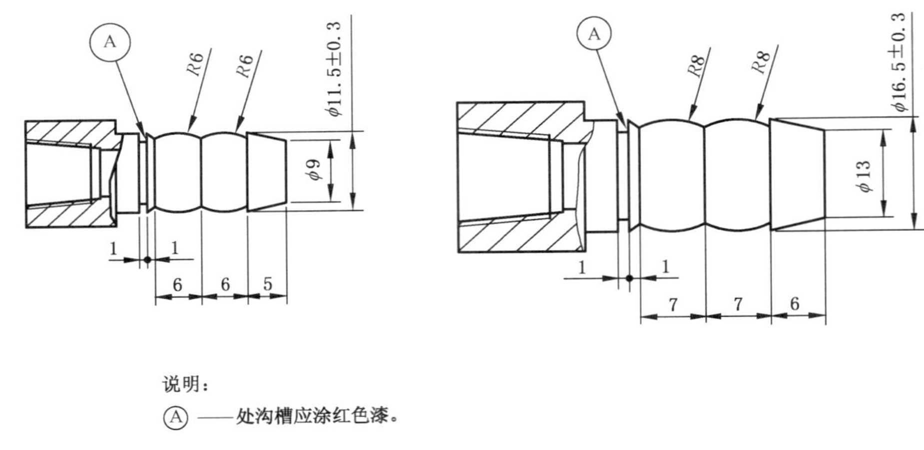

说明：

Ⓐ ——处沟槽应涂红色漆。

图 9 燃气入口接头

5.2.2.1.4 管道燃气应使用硬管(或金属软管)连接。

5.2.2.2 燃气系统的组成

5.2.2.2.1 在通往主燃烧器的任一燃气通路上，应设置不少于两道可关闭的阀门，两道阀门的功能应是互为独立的(见图 10)，点火燃烧器额定热负荷不大于 250 W，系统的气密性应符合表 6 规定要求。

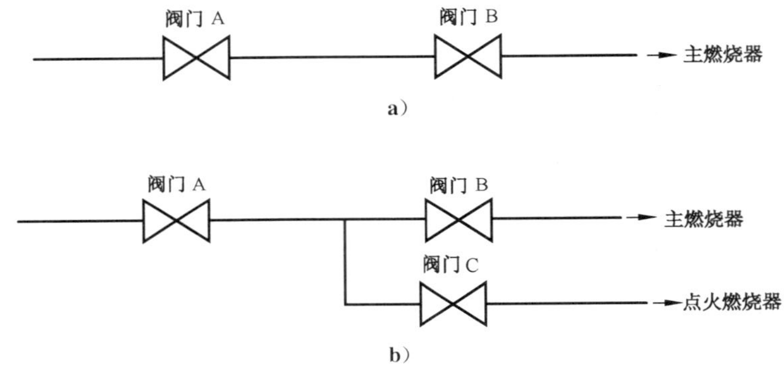

a) 中阀门 A 与 B 功能是互为独立的。

b) 中阀门 A 与 C 功能是互为独立的，阀门 A 与 B 功能也是互为独立的，在此前提下阀门 B 与 C 功能可以是联动的。

图 10 燃气通路示意图

5.2.2.2.2 热水器应设置燃气稳压装置，其稳压性能符合表 6 规定。当燃气稳压装置的隔膜破裂时，在 3 kPa 压力下，空气泄漏量应≤70 L/h，当装置与大气联通的呼吸孔直径≤0.7 mm 时，被认为是符合上述要求。

5.2.2.2.3 热水器应设有压力测试口，测试口位置应能方便检测到喷嘴前压力，测试口宜采用外径为 8.5 mm～9 mm，长度不小于 10 mm 测试孔口，测试孔口处最小孔径小于 1 mm。

5.2.2.3 燃烧系统

5.2.2.3.1 所有组件在正常运行和运输过程中，不应发生影响使用的松动和变形。

5.2.2.3.2 与燃烧器有关的部件，如喷嘴、燃烧室、点火燃烧器、点火装置和安全装置等相互间的位置应固定，在正常使用中不应松动或脱落，不应造成火焰外溢现象。

5.2.2.3.3 燃烧器引射器和喷嘴的截面应不可调节，当改变引射器和喷嘴进行燃气转换时，应有标记防止混淆。

5.2.2.4 水路系统

5.2.2.4.1 水路系统的管道、阀门、配件及连接部位应保持密封性，密封性能应符合表6规定。

5.2.2.4.2 进水口和出水口应采用管螺纹连接，管螺纹应符合GB/T 7306.1、GB/T 7306.2和GB/T 7307规定，其强度应能承受热水器耐水压试验和热水温度的作用。连接件应能使用常用工具拆卸，拆装时应不影响其密封性能。

5.2.2.4.3 热水器水路系统应设置泄压安全装置，泄压压力应大于最大适用水压并小于水路系统的耐压值(不适用于供暖、两用热水器)。

注：供暖、两用热水器的特殊要求见附录A的A.2.2.1。

5.2.2.4.4 进、出水阀应操作灵活、准确，采用旋转操作的阀门，逆时针为“大”的方向。

5.2.2.4.5 采用排水阀作为防冻装置时，应能用手或常用工具方便地进行排水的拆装。

5.2.2.4.6 水路系统应设置流量稳定或流量调节装置。

5.2.2.5 启动控制

5.2.2.5.1 应设置水气联动装置，燃气阀应能自动关闭和开启(采用控制电路控制的也可采用将水流信号转换为控制信号的方式启动，当水流量高于设定值时，通往燃烧器的燃气阀应能自动开启，当水流量低于设定值时，燃气阀应能自动关闭)。

5.2.2.5.2 水气联动装置应将水路和气路可靠分隔，当水路密封损坏发生泄漏时不会导致水进入燃气系统。

5.2.2.5.3 当启动控制装置失灵时，燃气通路上的燃气阀门应处于关闭状态。

5.2.2.6 点火装置

5.2.2.6.1 点火装置应牢固，安装位置应固定不能改变。电极之间的间隙、电极与点火燃烧器之间、主火燃烧器与点火燃烧器火孔间的位置应准确、固定，在正常使用状态下不应松动。

5.2.2.6.2 高压带电部件与非带电金属部件之间的距离应大于点火间隙，点火操作时不应发生漏电，手可能接触的高压带电部位应有良好的绝缘。

5.2.2.6.3 直接点燃主燃烧器的点火装置应遵守先点火后开阀程序，电压在额定电压的85%～110%波动时，应确保安全点火。

5.2.2.6.4 采用电池作电源或电热丝作点火源时，电池及电热丝等易损件应易于更换。

5.2.2.7 防倒风排烟罩

5.2.2.7.1 自然排气式热水器应设有防倒风排烟罩，作为热水器整体的组成部分，应可拆卸，便于清扫。

5.2.2.7.2 防倒风排烟罩的排烟口应是承接口，能与规定直径的排烟管相连接；防倒风排烟罩的排烟口可参照表5规定的排烟管内径设计，并且应有15 mm以上的承接部分。

表5 排烟管规格

单位为毫米

排烟管公称直径	50	60	70	80	90	100	110	120	130	140	160	180	200
排烟管内径	50	60	70	80	90	100	110	120	130	140	160	180	200

5.2.2.8 排烟管

5.2.2.8.1 自然排气式热水器应随热水器配备标准排烟管(室内直管、弯头、过墙管、排水三通、室外直

管、防倒风排烟罩及固定件等)。应能承受水平和垂直的载荷(在水平和垂直方向施加1.5 kN/m² 的载荷)。

5.2.2.8.2 强制排气式热水器应随热水器配备标准排烟管(排烟管末端和弯头)。排烟管的末端排气口,不应落入直径16 mm的球体(在5 N的作用力下)。

5.2.2.8.3 强制排气式热水器排烟管连接部位的承接长度应不小于30 mm。排烟管直径应符合表5的规定。

5.2.2.9 给排气管

5.2.2.9.1 自然给排气式和强制给排气式热水器应随热水器配备安装所需的标准给排气管(给排气管末端和弯头),并满足表6有风状态的性能要求。

5.2.2.9.2 自然给排气式和强制给排气式热水器的给排气管,应确保雨水不得流入燃烧室内。

5.2.2.9.3 给排气管的室外给排气口,不应落入直径16 mm的球体(在5 N的作用力下),所排出的烟气应不会直接接触到墙面。

5.2.2.10 风机

5.2.2.10.1 安装应牢固,正常使用条件下手不应直接接触到旋转部分。

5.2.2.10.2 与燃烧产物接触的风机部分应有防腐蚀保护,或由耐腐蚀材料构成,应能承受燃烧产物的温度和腐蚀影响。

5.2.2.11 燃气/空气比例控制

5.2.2.11.1 带有燃气/空气比例控制装置的全预混燃烧方式的热水器,其结构设计应满足使用的安全性。

5.2.2.11.2 燃气/空气通路应采用可机械连接的金属材料或具有同等特性的材料制造。在产生破裂、泄漏时不会导致安全事故发生。

5.2.2.11.3 燃气/空气通路的截面积应不小于12 mm²,壁厚应不小于1 mm。

5.2.2.11.4 通路应能避免冷凝液残留,并能防止出现变形、断裂或泄漏。如果制造商能提供相关证明并采取了预防措施避免在控制的通路中形成冷凝液,则通路的最小截面积可不小于5 mm²。

5.2.2.12 遥控装置

5.2.2.12.1 遥控装置应在明显位置清晰标示防水等级,允许安装在盥洗间的遥控装置应是防水的,防水等级应不低于IPX5。

5.2.2.12.2 遥控装置应采用安全特低电压或电池供电。

5.2.2.13 电源运行安全性

使用交流电源的,应确保当电源停止或恢复供电时热水器处于安全关闭状态。

5.2.3 安全装置结构要求

5.2.3.1 熄火保护装置

5.2.3.1.1 热水器应设有熄火保护装置,在正常燃烧火焰熄灭时应能安全关闭燃气供给,且不受其他装置的影响。

5.2.3.1.2 保护装置应具有外部故障和内部运行自检功能。

5.2.3.1.3 感应装置发生故障或感应装置与控制装置间的连接断路时,应确保燃气阀门关闭且不能再开启。

5.2.3.1.4　不应使用可变形的双金属热检测器作为熄火保护装置。

5.2.3.2　防干烧安全装置(不适用于供暖、两用热水器)

注：供暖、两用热水器的特殊要求见附录 A 的 A.2.3.2。

5.2.3.2.1　热水器应设有防干烧安全装置，该装置应独立于控制装置之外，在水管路内水温超过 110 ℃之前应能安全关闭燃气供给。

5.2.3.2.2　在正常情况下装置关闭设定值应不可调节、改变。

5.2.3.2.3　安全装置发生故障或与控制装置间的连接断路时，应确保燃气阀门关闭且不会再开启。

5.2.3.3　防止不完全燃烧安全装置

5.2.3.3.1　自然排气式热水器应设有防止不完全燃烧安全装置，在使用环境 CO 含量超过 0.03%之前应能安全关闭燃气供给。

5.2.3.3.2　热水器在正常情况下装置关闭设定值应不可调节、改变。

5.2.3.3.3　安全装置发生故障或与控制装置间的连接断路时，应确保燃气阀门关闭且不会再开启。

5.2.3.4　烟道堵塞和风压过大安全装置

5.2.3.4.1　强制排气式热水器应设置烟道堵塞安全装置和风压过大安全装置，在排烟管烟道被堵塞或排烟阻力过大时应能安全关闭燃气供给。

5.2.3.4.2　在正常情况下装置关闭设定值应不可调节、改变。

5.2.3.4.3　装置发生故障或与控制装置间的连接断路时，应确保燃气阀门关闭且不会再开启。

5.2.3.5　燃烧室损伤安全装置

5.2.3.5.1　热水器燃烧室内压力为正压的应设置燃烧室损伤安全装置，在燃烧室内气体向外泄漏时应能安全关闭燃气供给。

5.2.3.5.2　在正常情况下装置关闭设定值应不可调节、改变。

5.2.3.5.3　装置发生故障或与控制装置间的连接断路时，应确保燃气阀门关闭且不会再开启。

5.2.3.6　自动防冻安全装置

5.2.3.6.1　安装在有冻结地区的室外型热水器应设置自动防冻安全装置(不适用于供暖、两用热水器及冷凝式热水器)。

注：供暖、两用热水器及冷凝式热水器的特殊要求见附录 A 的 A.2.3.1 及附录 B 的 B.2.4。

5.2.3.6.2　防冻装置采用非安全特低电压加热工作的方式时，防冻装置的电路应进行安全隔离并至少应符合基本绝缘的要求。

5.2.3.6.3　在正常情况下装置启动的设定值应不可调节、改变。

5.2.3.7　再点火安全装置

5.2.3.7.1　具有再点火功能的热水器应保证在点火失败后 1 s 内进行再点火。

5.2.3.7.2　再点火之后应有火焰信号出现；否则系统应关闭燃气阀门。

5.2.3.7.3　装置发生故障时应确保燃气阀门关闭且不会再开启。

5.3　特殊要求

供暖热水器、两用热水器、冷凝式热水器的材料及结构除应满足 5.1 和 5.2 的要求外，还应满足附录 A

和附录 B 的特殊要求。

6 性能要求

6.1 热水器性能应满足表 6 要求，供暖热水器、两用热水器、冷凝式热水器的特殊要求还应满足附录 A 和附录 B 的性能要求。

表 6 性能要求

项目			性能要求	试验方法	适用机种 D	Q	P	G	W
燃气系统气密性			**通过燃气主通路的第一道阀门漏气量应小于 0.07 L/h**	表 11	○	○	○	○	○
			通过其他阀门漏气量应小于 0.55 L/h						
			燃气进气口至燃烧器火孔应无漏气现象						
热负荷准确度			实测折算热负荷与额定热负荷偏差应不大于 10%	表 12	○	○	○	○	○
热负荷限制			**实测折算热负荷不大于 16 kW**		○	—	—	—	—
燃烧工况	无风状态	火焰传递	点燃一处火孔后，火焰应在 2 s 内传遍所有火孔，且无爆燃现象	表 13	○	○	○	○	○
		火焰状态	火焰应清晰、均匀						
		积碳	不产生积碳现象						
		火焰稳定性	**不发生回火、熄火及防碍使用的离焰现象**						
		燃烧噪声	≤65 dB						
		熄火噪声	≤85 dB						
		接触黄焰	正常使用时电极与热交换器部位不应有接触黄焰						
		烟气中 CO 含量 $\varphi(CO_{\alpha=1})$	**≤0.06%**		○	○	—	—	—
			≤0.10%		—	—	○	○	○
		点火燃烧器稳定性	不发生回火或熄火、爆燃现象		○	○	○	○	○
		排烟温度(不适合冷凝式的特殊要求)	排烟温度≥110 ℃		○	○	○	○	○
		具有燃气/空气比例控制装置热水器	在最大和最小热负荷状态下(具有自动恒温功能)，烟气中 CO 含量 $\varphi(CO_{\alpha=1})$≤0.10%		○	○	○	○	○
		排烟系统	除排烟口以外不得排出烟气	表 16 表 17	○	○	—	—	—

表 6（续）

<table>
<tr><th colspan="3" rowspan="2">项　　目</th><th rowspan="2">性 能 要 求</th><th rowspan="2">试验方法</th><th colspan="5">适用机种</th></tr>
<tr><th>D</th><th>Q</th><th>P</th><th>G</th><th>W</th></tr>
<tr><td rowspan="8">燃烧工况</td><td rowspan="6">有风状态</td><td rowspan="2">主火燃烧器</td><td>无熄火、回火及影响使用的火焰溢出现象</td><td rowspan="8">表 16
表 17
表 18
表 20
表 22</td><td>○</td><td>○</td><td>○</td><td>○</td><td>○</td></tr>
<tr><td>带有烟道堵塞安全装置时保护装置应在 1 min 内动作关阀，动作前无熄火、回火及影响使用的火焰溢出现象</td><td>○</td><td>—</td><td>—</td><td>—</td><td>—</td></tr>
<tr><td>点火燃烧器</td><td>点火燃烧器无熄火、回火和爆燃现象</td><td>○</td><td>○</td><td>○</td><td>○</td><td>○</td></tr>
<tr><td>排烟系统</td><td>除排烟管末端排烟口以外，不得排出烟气</td><td>—</td><td>○</td><td>—</td><td>—</td><td>—</td></tr>
<tr><td>火焰传递</td><td>火焰传递可靠，无爆燃现象</td><td>—</td><td>○</td><td>○</td><td>○</td><td>○</td></tr>
<tr><td>烟气中 CO 含量 $\varphi(CO_{\alpha=1})$</td><td>≤0.14%</td><td>—</td><td>—</td><td>○</td><td>○</td><td>○</td></tr>
<tr><td colspan="2" rowspan="2">喷淋状态</td><td>主火和点火燃烧器无回火及熄火现象</td><td>—</td><td>—</td><td>○</td><td>○</td><td>○</td></tr>
<tr><td>壳体内应无妨碍使用的积水</td><td>—</td><td>—</td><td>○</td><td>○</td><td>○</td></tr>
<tr><td colspan="3" rowspan="8">表面温升</td><td>操作时手必须接触的部位应不大于 30 K（旋钮或类似部件）</td><td rowspan="8">表 23</td><td rowspan="8">○</td><td rowspan="8">○</td><td rowspan="8">○</td><td rowspan="8">○</td><td rowspan="8">○</td></tr>
<tr><td>操作时手可能接触的部位应不大于 65 K</td></tr>
<tr><td>操作时手不易接触的部位应不大于 105 K（不包括防倒风排烟罩、排烟管、观火孔）</td></tr>
<tr><td>燃气阀门、管路应不大于 50 K 或耐热等级温度以下</td></tr>
<tr><td>软管接头应不大于 20 K</td></tr>
<tr><td>点火装置应不大于 50 K 或耐热等级温度以下</td></tr>
<tr><td>电池表面应不大于 20 K（不适合供暖、两用热水器）</td></tr>
<tr><td>燃气稳压装置、燃气管路表面应不大于 35 K 或耐热等级温度以下</td></tr>
<tr><td colspan="3">燃气稳压装置</td><td>稳压后，稳压装置后压的压力变化应不大于额定压力的 0.05 倍加 30 Pa</td><td>7.9</td><td>○</td><td>○</td><td>○</td><td>○</td><td>○</td></tr>
<tr><td rowspan="3">点火装置</td><td colspan="2">无风状态</td><td>连续启动 10 次，着火次数应不少于 8 次，失效点火不应连续发生 2 次，且无爆燃现象</td><td rowspan="3">表 24</td><td>○</td><td>○</td><td>○</td><td>○</td><td>○</td></tr>
<tr><td colspan="2">喷淋状态</td><td>连续启动 10 次，着火次数应不少于 8 次，失效点火不应连续发生 2 次，且无爆燃现象</td><td>—</td><td>—</td><td>○</td><td>○</td><td>○</td></tr>
<tr><td colspan="2">有风状态</td><td>连续启动 10 次，着火次数应不少于 5 次，且无爆燃现象</td><td>—</td><td>—</td><td>○</td><td>○</td><td>○</td></tr>
</table>

表6（续）

项目			性能要求	试验方法	适用机种				
					D	Q	P	G	W
安全装置	熄火保护装置	点火燃烧器控制	开阀时间不大于45 s	表25	○	○	○	○	○
			闭阀时间不大于50 s						
		主火燃烧器控制	开阀时间不大于10 s						
			闭阀时间不大于10 s						
	再点火安全装置		应在1 s内启动再点火，且不发生爆燃，10 s内未点燃时，燃气供应通道应自动关断		○	○	○	○	○
	烟道堵塞安全装置（强制排气式）		排烟管堵塞，应在1min以内关闭通往燃烧器的燃气通路，且不能自动再开启；在关闭之前应无熄火、回火、影响使用的火焰溢出现象		—	○	—	—	—
	风压过大安全装置（强制排气式）		风压在小于80 Pa前安全装置不能启动。风压加大，在产生熄火、回火、影响使用的火焰溢出现象之前，关闭通往燃烧器的燃气通路		—	○	—	—	—
	防干烧安全装置		出水温度应不大于110 ℃，安全装置动作后，关闭通往燃烧器的燃气通路，且不应自动开启		○	○	○	○	○
	燃烧室损伤安全装置（适用于燃烧室为正压时）		满足各部件表面温升要求，当部件表面温升超过规定值时，关闭通往燃烧器的燃气通路，且不能自动开启		—	○	—	○	○
	防止不完全燃烧安全装置（自然排气式）	有风状态	倒吹风，在实验箱大气中实际测得的CO含量（体积分数）达到0.03%之前，关闭通往燃烧器的燃气通路		○	—	—	—	—
		排烟管堵塞	堵塞后，在实验箱大气中实际测得的CO含量（体积分数）达到0.03%之前，关闭通往燃烧器的燃气通路						
	泄压安全装置		开阀水压应大于水路系统的最大适用水压且小于水路系统的耐压值		○	○	○	○	○
	自动防冻安全装置（不适合供暖、两用热水器）		在冻结前安全装置起作用		—	—	—	—	○
电气部分（使用交流电源）	电气安全		符合使用交流电热水器的电气安全要求	附录C	○	○	○	○	○
	电磁兼容安全及电子控制系统的控制要求		符合电磁兼容安全及电子控制系统的控制要求	附录D	○	○	○	○	○

表 6（续）

项目		性能要求	试验方法	适用机种				
				D	Q	P	G	W
耐久性能	燃气阀门(不适合供暖、两用热水器)	50 000 次,符合 5.2.2.1 燃气系统气密性及本表中燃气系统气密性要求,且无失效	表 26	○	○	○	○	○
	点火、控制装置(不适合供暖、两用热水器)	50 000 次,符合 5.2.2.6 点火装置及本表中点火装置要求,且无失效		○	○	○	○	○
	水气联动装置	50 000 次,符合 5.2.2.5 启动控制要求,且无失效		○	○	○	○	○
	电磁阀(不适合供暖、两用热水器)	50 000 次,符合 5.2.2.1 燃气系统气密性及本表中燃气系统气密性要求,且无失效		○	○	○	○	○
	熄火保护装置(不适合供暖、两用热水器)	1 000 次,符合 5.2.3.1 熄火保护装置及本表中熄火保护装置要求,且无失效		○	○	○	○	○
	防止不完全燃烧安全装置(不适合供暖、两用热水器)	1 000 次,符合 5.2.3.3 防止不完全燃烧安全装置要求及本表中防止不完全燃烧安全装置要求,且无失效		○	—	—	—	—
	防干烧安全装置(不适合供暖、两用热水器)	1 000 次,符合 5.2.3.2 防干烧安全装置要求及本表中防干烧安全装置要求,且无失效		○	○	○	○	○
	燃气稳压装置	50 000 次,符合本表中燃气稳压装置要求,且无失效		○	○	○	○	○
	遥控装置	25 000 次,无失效		○	○	○	○	○
	风机(不适合供暖、两用热水器)	20 000 次,符合 5.2.2.10 风机要求,且无失效		—	○	—	○	○
	风压开关(不适合供暖、两用热水器)	50 000 次,无失效		—	○	—	—	—
	泄压安全装置	200 次,符合本表中泄压安全装置要求,且无失效		○	○	○	○	○
	燃气/空气比例控制装置(不适合供暖、两用热水器)	25 000 次,符合 5.2.2.11 燃气/空气比例控制要求,且无失效		○	○	○	○	○
连续燃烧	燃气系统的气密性	符合本表中燃气系统气密性要求	7.13	○	○	○	○	○
	燃烧工况	无熄火和回火现象,烟气中的 CO 含量 $\varphi(CO_{\alpha=1})$ 符合无风状态下的要求		○	○	○	○	○
	热交换器	无异常现象		○	○	○	○	○
密封结构的漏气量		漏气量为额定热负荷×0.43(m^3/h)/kW 以下,但对于计算漏气量超过 10 m^3/h 的热水器应按 10 m^3/h 进行判定	7.14	—	—	○	○	—
水路系统耐压性能		进水口至出热水口,施加 1.5 MPa 的水压,持续 1 min 应无渗漏、变形和破损现象	7.15	○	○	○	○	○

表 6（续）

<table>
<tr><td colspan="2" rowspan="2">项　　目</td><td rowspan="2">性 能 要 求</td><td rowspan="2">试验方法</td><td colspan="5">适用机种</td></tr>
<tr><td>D</td><td>Q</td><td>P</td><td>G</td><td>W</td></tr>
<tr><td colspan="2">耐振性能</td><td>振动以后应能满足燃气系统和水路系统的密封性能要求，零部件应不松动，并能正常操作运行</td><td>7.16</td><td>○</td><td>○</td><td>○</td><td>○</td><td>○</td></tr>
<tr><td rowspan="9">热水性能</td><td>**热效率(按低热值)**</td><td>**额定热负荷时不小于 84%**</td><td rowspan="9">表 27</td><td>○</td><td>○</td><td>○</td><td>○</td><td>○</td></tr>
<tr><td>**热水产率**</td><td>**不小于额定产热水能力的 90%**</td><td rowspan="4">○</td><td rowspan="4">○</td><td rowspan="4">○</td><td rowspan="4">○</td><td rowspan="4">○</td></tr>
<tr><td>热水温升</td><td>不大于 60 K(不适合具有自动恒温功能)</td></tr>
<tr><td>停水温升</td><td>不大于 18 K</td></tr>
<tr><td>加热时间(不适合供暖、两用热水器)</td><td>不大于 35 s</td></tr>
<tr><td>热水温度稳定时间(不适合供暖、两用热水器)</td><td>不大于 60 s(适用于具有自动恒温功能)</td><td>○</td><td>○</td><td>○</td><td>○</td><td>○</td></tr>
<tr><td>水温超调幅度(不适合供暖、两用热水器)</td><td>±5 ℃(适用于具有自动恒温功能)</td><td rowspan="3">○</td><td rowspan="3">○</td><td rowspan="3">○</td><td rowspan="3">○</td><td rowspan="3">○</td></tr>
<tr><td>最小热负荷</td><td>不大于额定热负荷 35%</td></tr>
<tr><td>水温波动</td><td>±3 ℃(适用于具有自动恒温功能)</td></tr>
<tr><td colspan="9">在高原地区使用的，应考虑海拔高度对热负荷的影响。热水器表面温升试验的基准环境温度为 35 ℃。
注：“○”表示适用，“—”表示不适用。</td></tr>
</table>

6.2　热水器烟气中氮氧化物含量 $\varphi[NO_{x(\alpha=1)}]$宜按附录 E 评价。

7　试验方法

7.1　实验室条件

实验室应符合以下条件：

a)　室温为(20±5) ℃；进水温度(20±2) ℃、进水压力(0.1±0.04) MPa；大气压力 86 kPa～106 kPa；

b)　室温的确定：在距热水器 1 m 处将温度计固定在与热水器上端大致等高位置，测量前、左、右三个点，三点平均温度即为室温，测温点不应受到来自热水器的烟气、辐射热等直接影响；

c)　通风换气良好，室内空气中 CO 含量应小于 0.002%，CO_2 含量应小于 0.2%，且不应有影响燃烧的气流(空气流速小于 0.5 m/s)；

d)　实验室使用的交流电源，电压波动范围在±2%之内；

e)　试验用燃气种类按 GB/T 13611 所规定的燃气要求，在试验过程中燃气的华白数变化应不大于 2%，热水器停止运行时的供气压力，应不大于运行时压力的 1.25 倍；

f)　燃气基准状态：温度 15 ℃、101.3 kPa 条件下的干燥燃气状态，燃气压力波动不大于±2%，燃气流量变化不大于±1%；

g)　按照安装说明书涉及的所有配件，包括排烟管、给排气管标准配置等安装，安装在垂直的木质试验板上、落地式安装在水平的木质试验板上；

h) 除非另有声明，测试应在热水器最大热负荷状态下进行；

i) 使用 GB/T 13611 规定以外的燃气时，试验用燃气按产品设计提供的燃气进行，压力范围参照 GB/T 13611 的有关规定。

7.2 试验用燃气条件

7.2.1 试验用燃气

见表 7。

表 7 试验用燃气种类

代号	试验用燃气
0	基准气
1	黄焰界限气
2	回火界限气
3	离焰界限气

7.2.2 试验用燃气压力

见表 8。

表 8 试验用燃气压力

代号	试验用燃气压力/Pa			
	液化石油气	天然气		人工煤气
1(最高压力)	3 300	3 000	1 500	1 500
2(额定压力)	2 800	2 000	1 000	1 000
3(最低压力)	2 000	1 000	500	500
注：与额定燃气供气压力相对应(见表 1)。				

7.2.3 本标准使用的试验用燃气代号

代号：燃气种类-燃气压力。

示例：0-1

表示：基准气-最高压力。

7.3 试验系统和检测仪器、仪表及试验设备

7.3.1 试验系统示意图见图 11。

单位为毫米

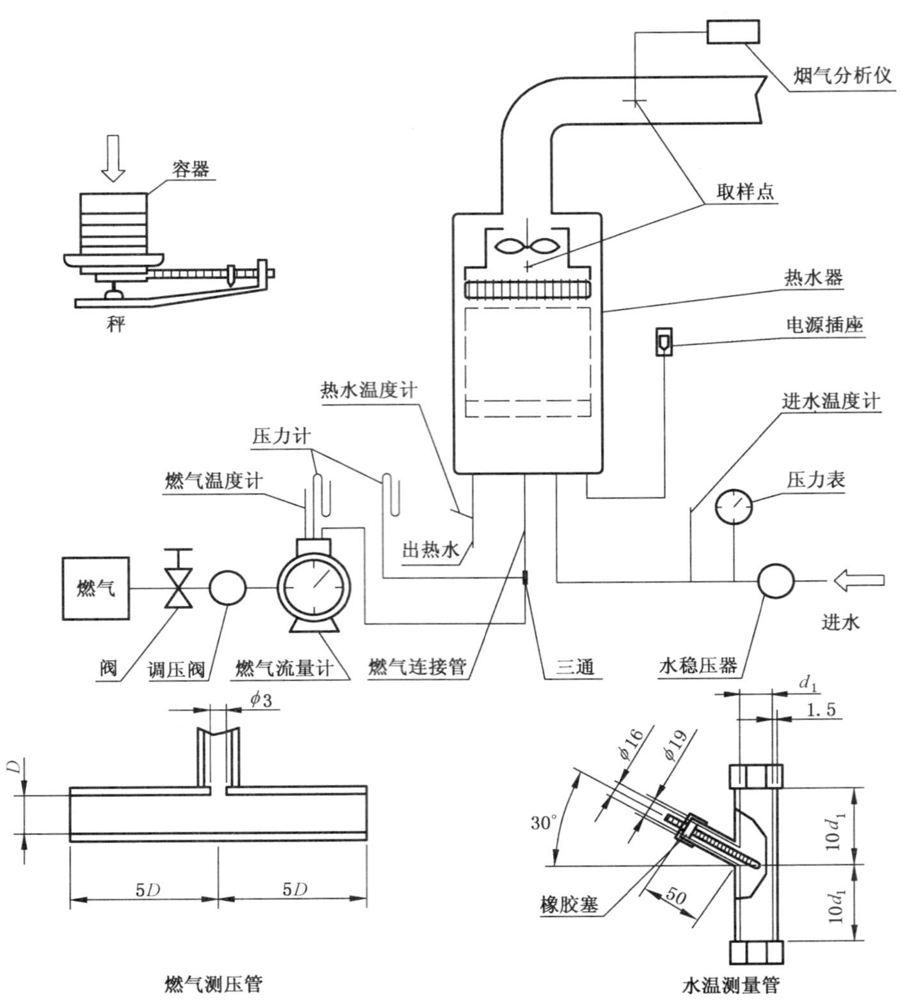

说明：

$D=(1\sim1.1)d$

D ——三通的内径；

d ——燃气管的内径；

d_1 ——出水管内径。

热水器安装为使用状态。

燃气连接管的长度和水温测量管与出热水口连接距离应小于 100 mm，不得有弯折及影响流通面积的变形。

试验过程中燃气测压管的压力变化小于±20 Pa。

图 11　试验系统示意图

7.3.2　检测用主要检测仪器仪表见表 9，试验设备见表 10。

表 9　检测仪器仪表

检测项目		仪器仪表名称	规格或范围	精度/最小刻度
温度	环境温度	温度计	0 ℃～50 ℃	0.1 ℃
	水温	低热惰性温度计，如水银温度计或热敏电阻温度计	0 ℃～50 ℃ 5 0℃～100 ℃ 100 ℃～150 ℃	0.1 ℃
	排烟温度	热电偶温度计	0 ℃～300 ℃	2 ℃
	表面温度	热电温度计或热电偶温度计	0 ℃～300 ℃	2 ℃

表 9（续）

检测项目		仪器仪表名称	规格或范围	精度/最小刻度
湿度		湿度计	0RH～100%RH	1%RH
压力	大气压力	动槽式水银气压计 定槽式水银气压计 盒式气压计	81 kPa～107 kPa	0.1 kPa
	燃气压力	U 型压力计或压力表	0 Pa～6 000 Pa	10 Pa
	燃烧室，给排气管压力	微压计	0 Pa～200 Pa	1 Pa
	水压力	压力计	0 MPa～0.6 MPa	0.4 级
			0 MPa～2.5 MPa	0.5 级
流量	燃气流量	湿式或 干式气体流量计	0 m^3/h～3.0 m^3/h	0.1 L
			0 m^3/h～6.0 m^3/h	0.2 L
			0 m^3/h～23m^3/h	1.0 级
	水流量	电子秤	0 kg～50 kg	20 g
		数字式水流量计	0 m^3/h～1.5 m^3/h	1 L/h
	空气流量	干式气体流量计	0 m^3/h～20 m^3/h	1.0 级
气密性		气体检漏仪	皂膜流量计或气密检漏仪	—
烟气分析	CO 含量	红外仪 或吸收式气体分析仪 或燃烧效率测定仪	0～0.2%	(1)≤±5%的测量/(1×10^{-6}) (2)测量值的最大波动值≤4% (3)反应时间≤10 s
	CO_2 含量	CO_2 分析仪	0～25%	±5%的测量值
	O_2 含量	热磁仪，红外仪	0～25%	±1%
空气中 CO_2		CO_2 分析仪	0～25%	0.1%
燃气分析	燃气成分	色谱仪或吸收式 气体分析仪	—	—
	燃气相对密度	燃气相对密度仪	—	—
	燃气热值	热量计或色谱仪	—	—
时间	1 h 以内	秒表	—	0.1 s
	超过 1 h	时钟	—	—
噪声		声级计	40 dB～120 dB	1 dB
微压		微压计，动压管	0 Pa～200 Pa	1 Pa
气体流速		风速仪	0 m/s～15 m/s	0.1 m/s
质量		衡器	0 kg～200 kg	20 g
力矩		手动扭力扳手	0 N·m～1.5 N·m	0.02 N·m
力		推拉型指针试测力计	0 N～100 N	0.1 N
冷凝水 pH		酸度计	0～14	±0.05

表9（续）

检测项目		仪器仪表名称	规格或范围	精度/最小刻度
电气安全	耐电压强度	耐压试验仪	—	—
	绝缘电阻	绝缘电阻测试仪	—	—
	接地电阻	接地电阻测试仪	—	—
	泄漏电流	泄漏电流测试仪	—	—
电磁兼容	电压暂降和短时中断抗扰度	电压暂降、瞬断和电压变化模拟器	符合 GB/T 17626.11 要求	
	浪涌抗扰度	浪涌/冲击模拟试验仪	符合 GB/T 17626.5 要求	
	电快速瞬变脉冲抗扰度	快速瞬变模拟器	符合 GB/T 17626.4 要求	
以上试验仪器仪表仅为试验的最基本条件，应尽量采用同等性能或更高性能的其他试验仪器仪表。				

表10 试验设备

用途(试验项目)	试验装置名称	种类及规格	
		种　类	备　注
试验气配制	配气装置	—	—
热负荷测定	燃气耗量测定装置	燃气调压器、流量计、温度计、压力计、测定压力用的三通	—
燃气系统气密性试验	气密性试验装置	气体检漏仪、试验火的燃烧器	—
耐久性试验	燃气阀门的耐久性试验装置	—	2次/min～20次/min
	电点火耐久性试验装置	—	2次/min～20次/min
	燃气稳压器耐久性试验装置	—	在2 s～3 s间隔中通、断
	熄火保护装置耐久性试验装置	—	2 min的加热，3 min的冷却
	电磁阀的耐久性试验装置	—	2次/min～30次/min
结构部件的耐热试验	恒温槽	恒温槽	70 ℃～150 ℃
振动试验	振动试验装置	振动试验台	振动频率：10 Hz，全振幅5 mm上下、左右
电气安全	耐压试验仪；泄漏电流测试仪；绝缘电阻测试仪；接地电阻测试仪	—	—
电磁兼容	电压暂降、瞬断和电压变化模拟器；浪涌/冲击模拟试验仪；快速瞬变模拟器	—	—

表 10（续）

用途(试验项目)	试验装置名称	种类及规格	
		种　类	备　注
密封结构的漏气量试验	密封结构的漏气量试验装置(图 24)	送风机,流量计,压力计,温度计	压力 0.1 kPa,流量 20 m^3/h
自然排气式热水器燃烧状态试验	排烟管试验装置(图 15、图 16)	排烟管、送风机、送风管、风速计、露点板	2.5 m/s 及 5 m/s 的上下气流,热球风速仪或叶轮风速仪
强制排气式热水器燃烧状态试验	强制排气式试验装置(图 17)	调压箱、精密压力计、流量计、温度计、压力计、露点板	—
自然给排气式与强制给排气式热水器有风状态试验	有风状态试验装置(图 18)	旋转试验台、CO_2 分析仪	—
		送风装置	吹出口直径 850 mm 以上,风速 2.5 m/s～15 m/s
喷淋状态试验	喷淋状态试验装置(图 19、图 21)	安装台、喷淋器	喷水量为 3 mm/min±0.5 mm/min
室外型热水器有风状态试验	室外型有风试验装置(图 20)	旋转试验台 送风装置	—
自然排气式热水器防止不完全燃烧状态试验	有风条件下试验装置(图 22),堵塞条件下试验装置(图 23)	试验箱、风速仪、CO 分析仪、送风机、送风管	—

7.3.3　仪器使用前应按有关规定校正。

7.4　结构外观检验

7.4.1　结构及外观可通过目测、操作或适当的量具进行检验,检查热水器及配件的外观结构、尺寸等是否符合制造商安装使用说明的规定。

7.4.2　检查水气联动装置、点火装置、燃气喷嘴、燃烧器、安全装置、温度控制调节装置等部件的安装位置是否正确、牢固,操作是否灵活,运行是否正常。

7.5　燃气系统气密性试验

见表 11。

表 11　燃气系统气密性试验

项　目	热水器状态、试验条件及方法
燃气阀门	使被测燃气阀门为关闭状态,其余阀门打开,逐道检测(并联的阀门作为同一道阀门检测)。在燃气入口连接测漏仪,通入 4.2 kPa 空气,其泄漏量符合表 6 要求,允许采用人为方式关闭或打开阀门检测
燃气进气口至燃烧器火孔	燃气条件:0-1,点燃全部燃烧器,用检查火或检漏液检查从燃气进气口至燃烧器火孔前各连接部位是否有漏气现象

7.6 热负荷准确度及热负荷限制试验

见表 12。

表 12 热负荷准确度及热负荷限制试验

序号	项目	热水器状态、试验条件及方法
1	实测折算热负荷	(1) 试验条件及状态: a) 燃气条件:0-2、供水压力为 0.1 MPa; b) 设置状态:按说明书要求,管路连接按图 11; c) 电源:使用交流电源的,将电源电压设定在额定工作电压; d) 水温调节:燃气阀开至最大位置,调节出水温度比进水温度高(40±1) ℃,当不能调节至此温度时,在热水温度可调范围内,调至最接近的温度;具有自动恒温功能的应将温度设定在最高状态,或采用增加进水压力方式使热水器在最大热负荷状态下工作
		(2) 试验方法: 热水器点燃 15 min 后用气体流量计测定燃气流量。气体流量计指针走动一周以上的整圈数,且测定时间应不少于 1 min。 实测折算热负荷按式(1)计算: $$\Phi=\frac{1}{3.6}\times Q_1\times V\times\frac{P_a+P_m}{P_a+P_g}\times\sqrt{\frac{101.3+P_g}{101.3}\times\frac{P_a+P_g}{101.3}\times\frac{288}{273+t_g}\times\frac{d}{d_r}} \quad\cdots\cdots(1)$$ 式中: Φ ——15 ℃、大气压 101.3 kPa、燃气干燥状态下的实测折算热负荷,单位为千瓦(kW); Q_1 ——15 ℃、大气压 101.3 kPa 基准气低热值,单位为兆焦每立方米(MJ/m^3); V ——实测燃气流量计流量,单位为立方米每小时(m^3/h); P_a ——试验时的大气压力,单位为千帕(kPa); P_m ——实测燃气流量计内通过的燃气压力,单位为千帕(kPa); P_g ——实测热水器前的燃气压力,单位为千帕 (kPa); t_g ——测定时燃气流量计内通过的燃气温度,单位为摄氏度(℃); d ——干试验气的相对密度; d_r ——基准气的相对密度。 使用湿式流量计时,用湿试验气的相对密度 d_h 代替式(1)中的 d,d_h 按式(2)计算: $$d_h=\frac{d(P_a+P_m-P_s)+0.622P_s}{P_a+P_g} \quad\cdots\cdots(2)$$ 式中: d_h ——湿试验气的相对密度; d ——干试验气的相对密度; P_a ——试验时的大气压力,单位为千帕(kPa); P_m ——实测燃气流量计内通过的燃气压力,单位为千帕(kPa); P_s ——在温度为 t_g 时饱和水蒸气的压力,单位为千帕(kPa); P_g ——实测热水器前的燃气压力,单位为千帕 (kPa); 0.622——理想状态下的水蒸气相对密度值。 饱和蒸气压力 P_s 与温度 t_g 的对应值见 GB/T 12206—2006 中的表 B.1。 热负荷准确度按式(3)计算。 $$\Phi_r=\frac{\Phi-\Phi'}{\Phi'}\times 100\% \quad\cdots\cdots(3)$$ 式中: Φ_r ——热负荷准确度; Φ ——实测折算热负荷,单位为千瓦(kW); Φ' ——额定热负荷,单位为千瓦(kW)
2	热负荷限制	按本表中实测折算热负荷进行

7.7 燃烧工况试验

7.7.1 无风状态燃烧工况试验见表 13。

表 13 无风状态燃烧工况试验

项目	状态、试验条件及方法
试验条件及状态	供水压力：0.1 MPa。 燃烧工况试验条件按表 14 规定
试验方法	(1) 火焰传递： 冷态下，点燃主火燃烧器一端(火焰口)着火后，记录传遍所有火孔的时间和目测有无爆燃现象
	(2) 火焰状态： 主火燃烧器点燃燃烧稳定后，目测火焰是否清晰、稳定
	(3) 积碳： 运行后，目测检查电极、热交换器部分是否有积碳
	(4) 离焰： 冷态下点燃主火燃烧器后，目测是否有防碍使用的离焰现象
	(5) 熄火： 主火燃烧器点燃 15 s 后，目测是否有熄火现象
	(6) 回火： 主火燃烧器点燃 20 min 后，目测火焰是否回火
	(7) 燃烧噪声： a) 点燃全部燃烧器，按图 12 所示三点进行试验； b) 使用声级计，按 A 计权、快速档进行测定，环境本底噪声应小于 40 dB 或比实测热水器噪声低 10 dB以上，否则按表 15 噪声修正值修正
	(8) 熄火噪声： a) 运行 15 min 后，迅速关闭燃气阀门，按图 12 所示三点进行试验； b) 使用声级计，按 A 计权、快速档进行测定，环境本底噪声应小于 40 dB 或比实测热水器噪声低 10 dB以上，否则按表 15 噪声修正值修正； c) 测定的最大噪声值应加 5dB 作为熄火噪声
	(9) 接触黄焰： 运行稳定后，目测有无黄焰。在任意 1 min 内，电极或热交换器连续接触黄焰在 30 s 以上时，视为电极或热交换器接触黄焰

表 13（续）

项目	状态、试验条件及方法
试验方法	(10) 烟气中 $\varphi(CO_{\alpha=1})$ a) 运行 15 min 后，用取样器取样。抽取的烟气样中(氧含量应不超过 14%)，测量烟气中的 CO 含量； b) 烟气取样器按图 13 制作； c) 烟气取样器的位置按图 14 安放； d) 烟气中 CO 含量计算： 测定烟气中的 CO 含量和 O_2 的含量，按式(4)计算： $$\varphi(CO_{\alpha=1})=\varphi(CO_a)\frac{\varphi(O_{2t})}{\varphi(O_{2t})-\varphi(O_{2a})} \qquad \cdots\cdots(4)$$ 对于测试中能确定气体组分时，测定烟气中 CO 含量和 CO_2 含量，按式(5)计算： $$\varphi(CO_{\alpha=1})=\varphi(CO_a)\frac{\varphi(CO_{2b})}{\varphi(CO_{2a})} \qquad \cdots\cdots(5)$$ 式中： $\varphi(CO_{\alpha=1})$——过剩空气系数等于 1 时，干燥烟气中的 CO 含量数值，体积分数(%)； $\varphi(O_{2t})$ ——供气口周围干空气中的 O_2 含量数值[室内空气 CO_2 含量小于 2%时，$\varphi(O_{2t})=20.9\%$]，体积分数(%)； $\varphi(O_{2a})$ ——干烟气中的 O_2 含量数值(测定值)，体积分数(%)； $\varphi(CO_a)$ ——干燥烟气中 CO 含量数值(测定值)，体积分数(%)； $\varphi(CO_{2b})$ ——过剩空气系数等于 1 时，干燥烟气样中 CO_2 含量计算的数值，体积分数(%)； $\varphi(CO_{2a})$ ——干烟气样中 CO_2 含量测定的数值(测定值)，体积分数(%)。 式(4)中的使用条件为烟气中 O_2 的含量小于 14%； $\varphi(CO_{2b})$的数值按实际燃气的理论烟气量计算或参照 GB/T 13611
	(11) 点火燃烧器稳定性： a) 具有点火燃烧器的，点燃点火燃烧器 15 min 后，目测单独燃烧的火焰稳定性； b) 将燃气阀开至最大，使热水器连续启动 10 次，检查主火燃烧器在点燃和熄灭时点火燃烧器是否有熄灭现象
	(12) 排烟温度： 燃气条件：0-2，将燃气阀门开至最大，连续运行 15 min 后，在热水器排烟口处或热交换器上方测定
	(13) 具有燃气/空气比例控制装置热水器： a) 供水压力：0.1 MPa；燃气条件：0-2； b) 分别在热水器最大和最小两种热负荷状态下(在最大和最小状况燃烧运行稳定情况下)，测量烟气中的 CO 含量

表 14 燃烧工况试验条件

序号	项　目	热水器状态				试验条件	
		强制排气式排烟管长度	强制给排气式给排气管长度	燃气调节方式			
				燃气量调节方式	燃气量切换方式	电压条件/%	试验气条件
1	火焰传递	短	短	大、小	全	110	3-2
2	熄火	短	短	大、小	全	90 及 110	3-3
3	离焰	短	短	大	大	90 及 110	3-1

表 14（续）

序号	项　　目		热水器状态				试验条件	
			强制排气式排烟管长度	强制给排气式给排气管长度	燃气调节方式		电压条件/%	试验气条件
					燃气量调节方式	燃气量切换方式		
4	火焰状态		短	短	大、小	全	100	0-2
5	回火		短	短	大、小	全	90 及 110	2-3
6	燃烧噪声		短	短	大	大	100	2-1
7	熄火噪声		短	短	大	大	90 及 110	2-1
8	CO 含量		长、短	长、短	大	大	100	0-2
9	黄焰和接触黄焰		长	长	大	大	90	1-1
10	积碳		长	长	大	大	90	1-1
11	小火燃烧器主火燃烧器	熄火	长	短	大	大	100	3-3
		回火	长	短	大	大	100	2-3
12	烟气从排烟口以外逸出		长	长	大、小	大、小	100	1-1

自然排气式热水器排烟管按照图 15，高度 0.5 m，排烟管排气口敞开；自然给排气式热水器给排气管按照图 18，墙体厚度小于 1m 的长度安装；室外型热水器按照图 20 设置。

注 1：“燃气量调节方式”指在调节燃气流量时，可调节的燃气量，“大”指燃气量最大状态，“小”指燃气量最小状态。

注 2：“燃气量切换方式”指调节燃烧器工作的方式，其中“大”指点燃全部燃烧器，“小”指点燃最少量燃烧器，“全”指逐档点燃每个燃烧器的状态。

注 3：“长”和“短”指在安装或使用说明书规定的排烟管或给排气管的最长长度和最短长度的安装状态。

注 4：“电压条件”是以热水器的额定工作电压为基准值。

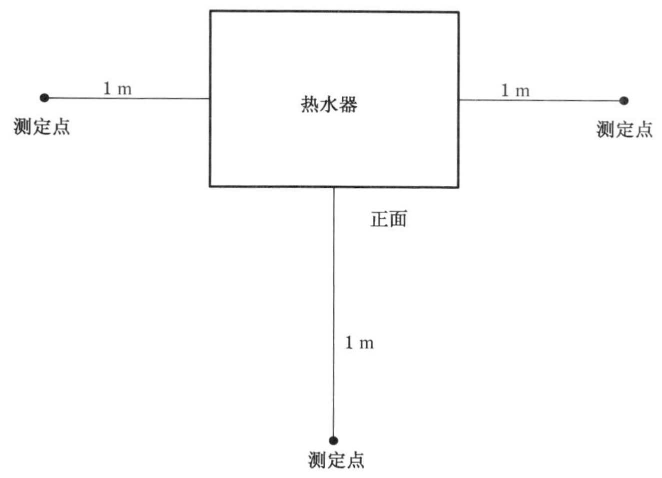

图 12　噪声测定示意图

单位为毫米

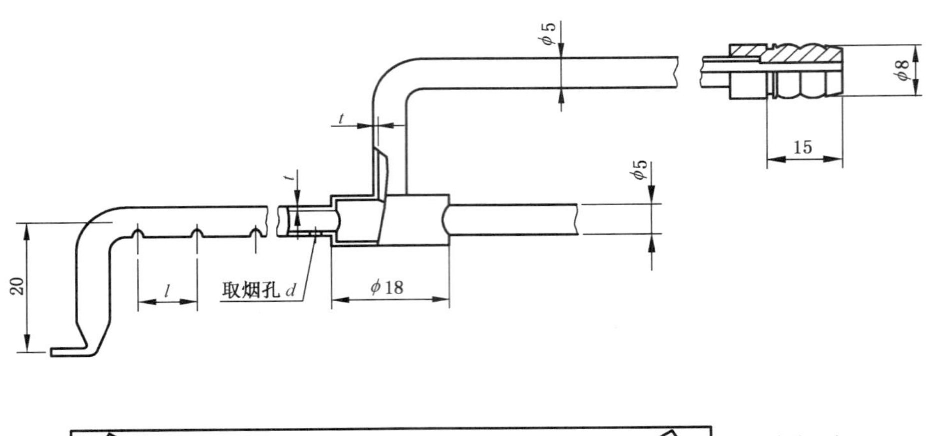

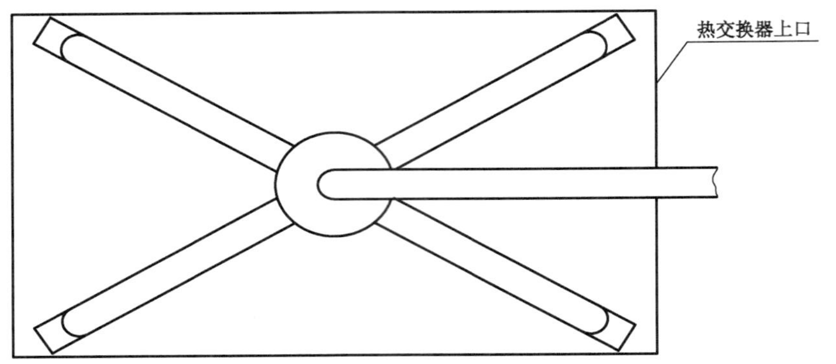

a） 取样器 1

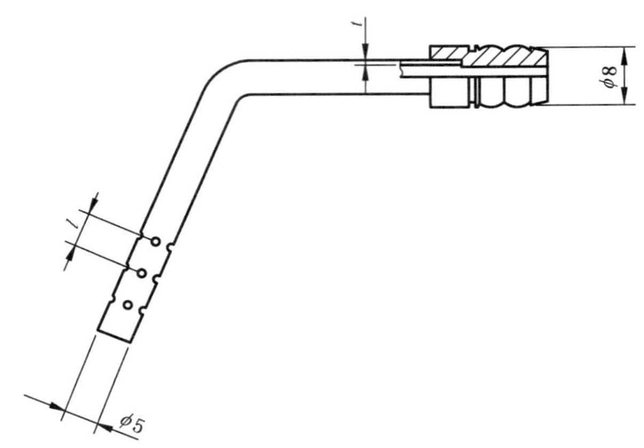

b） 取样器 2

材料为铜或不锈钢。

t＝0.5～0.8，d＝直径（0.5～1.0），l＝5～10。

图 13 烟气取样器

表 15 噪声修正值

实测噪声与环境噪声之差/dB	修正值/dB
<6	测量无效
6	−1.0
7	−1.0
8	−1.0
9	−0.5
10	−0.5
>10	0

单位为毫米

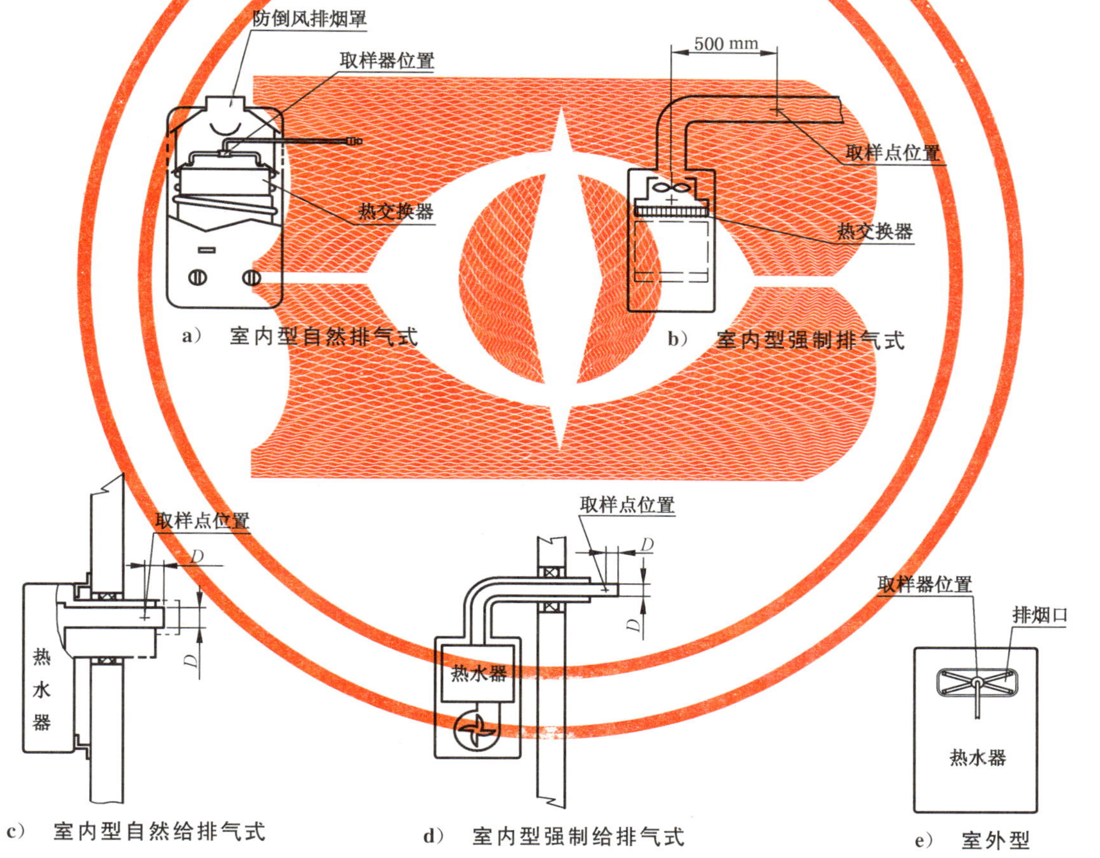

a） 室内型自然排气式

b） 室内型强制排气式

c） 室内型自然给排气式

d） 室内型强制给排气式

e） 室外型

室外型热水器取样器位置在紧靠排烟口处。

D 为排烟管内径尺寸。

图 14 取样器位置示意图

7.7.2 自然排气式热水器燃烧工况试验见表 16。

表 16 自然排气式热水器燃烧工况试验

项目	状态、试验条件及方法
无风状态	(1) 热水器状态: 将适合自然排气式热水器的排烟管按图 15 所示连接,打开排烟管的出口
	(2) 试验条件: 燃气条件 0-2,供水压力为 0.1 MPa
	(3) 试验方法: a) 燃烧状态: 按表 13 规定。 b) 排烟系统: 试验条件按表 14 中的段的要求,点燃热水器燃烧器 15 min 后,再用发烟剂或图 16 所示露点板测定从排烟出口以外的部分是否有烟气排出
有风状态	(1) 热水器状态: 按本表无风状态的规定,在排烟管前端与送风机连接
	(2) 试验条件: 燃气条件 0-2,供水压力为 0.1 MPa
	(3) 试验方法: a) 燃烧器火焰的稳定性能:点燃热水器燃烧器 15 min 后启动送风机,在排烟管内以 2.5 m/s 以及 5 m/s的风速分别向上、向下,各送风 3 min。在送风期间以目测方法检查燃烧器有无熄火、回火及妨碍使用的离焰现象。 带有烟气倒流保护装置的热水器,目测保护装置在向下送风,在发生回火及妨碍使用的离焰前是否能自动切断燃气供给。 b) 点火燃烧器的火焰稳定性能:燃气条件 3-2。仅点燃点火燃烧器,燃烧状态稳定后,或 5 min 后开始启动送风机,向排烟管内施加 5 m/s 风速,使其向上、向下送风各 1 min,以目测检查是否有熄火、回火现象

单位为毫米

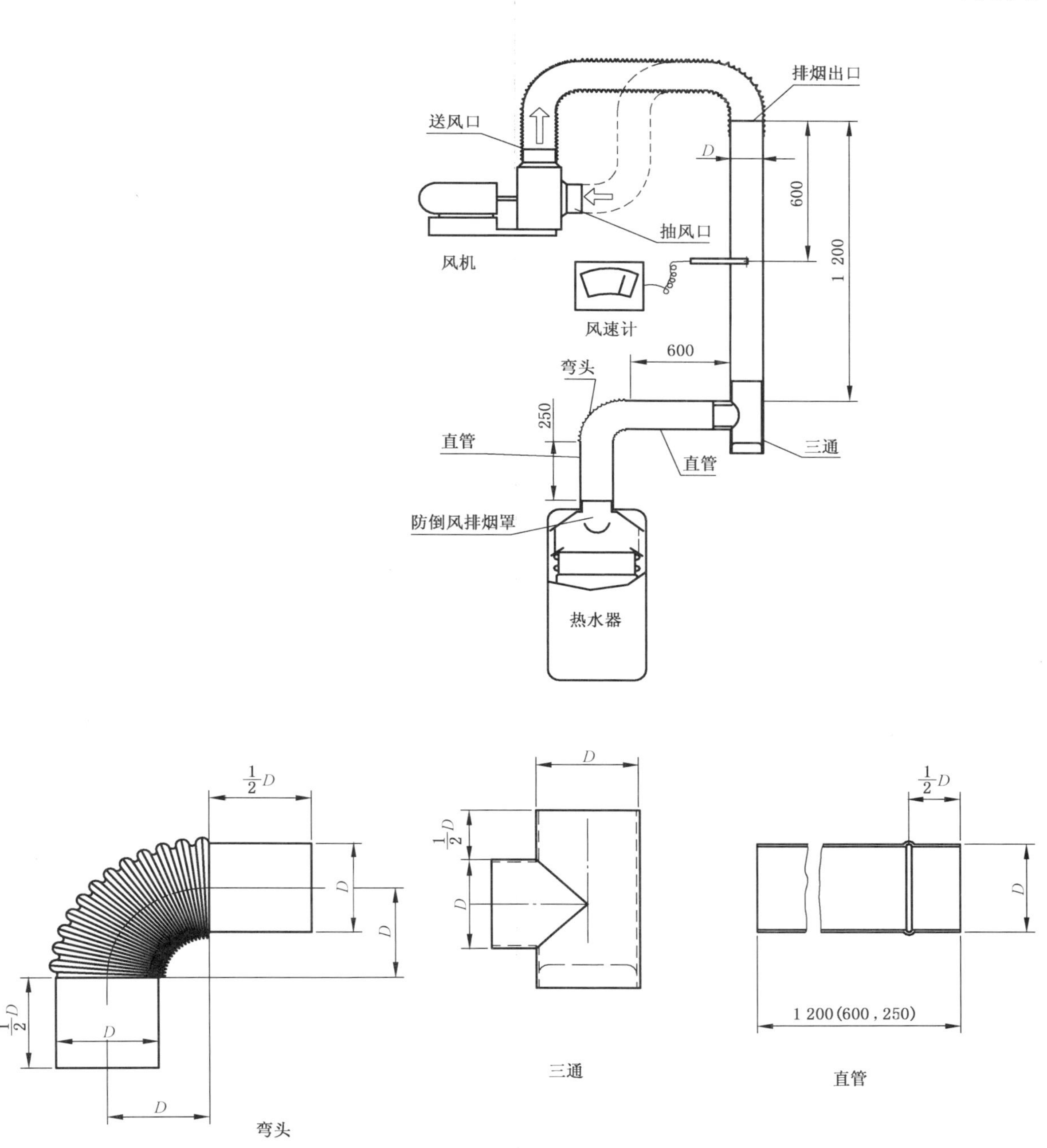

图 15 自然排气式热水器试验装置示意图

单位为毫米

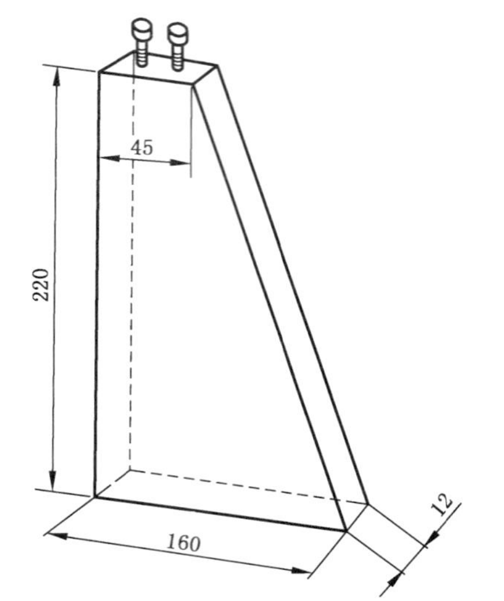

表面加工成镜面效果;内部灌满稍高于室温的水。

图 16 露点板

7.7.3 强制排气式热水器燃烧工况试验见表 17。

表 17 强制排气式热水器燃烧工况试验

项目	状态、试验条件及方法
无风状态	(1) 热水器状态: 按热水器使用说明书要求配置标准排烟管道,按表 13 要求进行
	(2) 试验条件: 按表 14 要求
	(3) 试验方法: a) 燃烧工况:按表 13 要求。 b) 排烟系统:按表 14 中序号 12 的条件,点燃燃烧器 15 min 后,使用发烟剂或图 16 所示露点板,检查从排烟口以外的部分有无烟气排出
有风状态	(1) 热水器状态: 按图 17 所示将排烟管接入调压箱内,并将热负荷设定在最大状态
	(2) 试验条件: 按表 14 中序号 11、序号 12 要求;额定电压 220 V;供水压力为 0.1 MPa
	(3) 试验方法: a) 燃烧工况: 点燃热水器燃烧器 15 min 后,调节挡板将调压箱内的压力调至 80Pa,检查以下项目: ——有点火燃烧器时,仅点燃点火燃烧器,以目测方法检查有无熄火、回火及妨碍使用的离焰现象;火焰传递可靠。 ——无点火燃烧器时,按表 13 进行。 b) 排烟系统: 按本表无风状态中 b)进行

单位为毫米

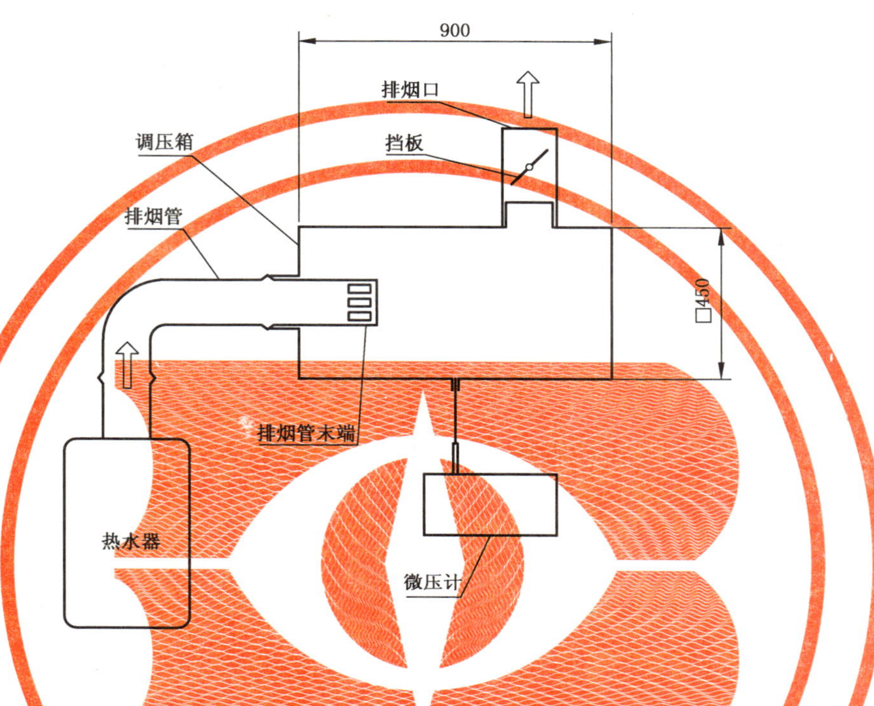

调压箱的形状及尺寸参考图中所示，应是调压箱内压力均匀情况下的形状与尺寸。

挡板应能方便的调整调压箱内的压力，并且可以封闭排烟口，如果不能封闭时，可用另外的盖来封闭。

调压箱内的压力测定，应在压力均匀时进行。

排烟管应按说明书中指定的使用。

排烟管的方向应与调压箱的方向水平一致。

图 17　强制排气式热水器试验装置示意图

7.7.4 自然给排气式热水器燃烧工况试验见表 18。

表 18 自然给排气式热水器燃烧工况试验

<table>
<tr><th>项目</th><th>状态、试验条件及方法</th></tr>
<tr><td>无风状态</td><td>按表 13 进行</td></tr>
<tr><td rowspan="3">有风状态</td><td>(1) 状态：
将热水器给排气管安装在图 18 所示试验装置或同类试验装置中</td></tr>
<tr><td>(2) 试验条件：
试验气：0-2、，供水压力为 0.1 MPa</td></tr>
<tr><td>(3) 试验方法：
a) 烟气中 CO 含量 $\varphi(CO_{\alpha=1})$
用相应的燃气点燃热水器燃烧器 15 min 后，按图 18 中所示③、④、⑤及⑧～⑬九个方向，分别给以 5 m/s风速送风，按表 13(10)求出 CO 含量 $\varphi(CO_{\alpha=1})$，再用九个方向的 CO 含量总和求平均值。
同样对图 18 中①及⑦两个方向给以 2.5 m/s 的风速，求出 CO 含量；
同时按图 18 中①及⑦两个方向给以 2.5m/s 的风速，测出 CO_2 的浓度，CO_2 含量最小值的风向称为“风向 A”，CO_2 含量最大值的风向称为“风向 B”。
b) 火焰传递：
分别对“风向 A”及“风向 B”给以 5m/s 的风速送风，按表 13 的(1)规定检查。
c) 点火燃烧器的火焰稳定性：
有点火燃烧器时，仅点燃点火燃烧器，等燃烧状态稳定后或燃烧 5 min 后，向“风向 A”送 15 m/s 的风速 1 min，以目测方法检查点火燃烧器有无熄火、回火现象。
d) 主火燃烧器的火焰稳定性：
点燃主火燃烧器 15 min 后，按表 19 规定条件，目测方法看是否有熄火、回火影响使用的火焰溢出及妨碍使用的离焰现象</td></tr>
<tr><td rowspan="3">喷淋试验</td><td>(1) 状态：
按使用说明书所示要求，设置于图 19 所示的壁板上</td></tr>
<tr><td>(2) 试验条件：
电源条件为额定电压(或电池供电)，燃气条件 3-1 或 3-3，供水压力为 0.1 MPa</td></tr>
<tr><td>(3) 试验方法：
按图 19 所求，从①和②两个方向各喷淋 5 min，用图 19 所示喷淋器向给排气管部位喷完后点燃燃烧器，立即从图 19 所示的①方向，一边喷淋同时检查，对不同的试验燃气各做 5 min 试验，以目测方法检查是否有熄火和回火现象、壳体内是否有妨碍使用的积水现象</td></tr>
</table>

单位为毫米

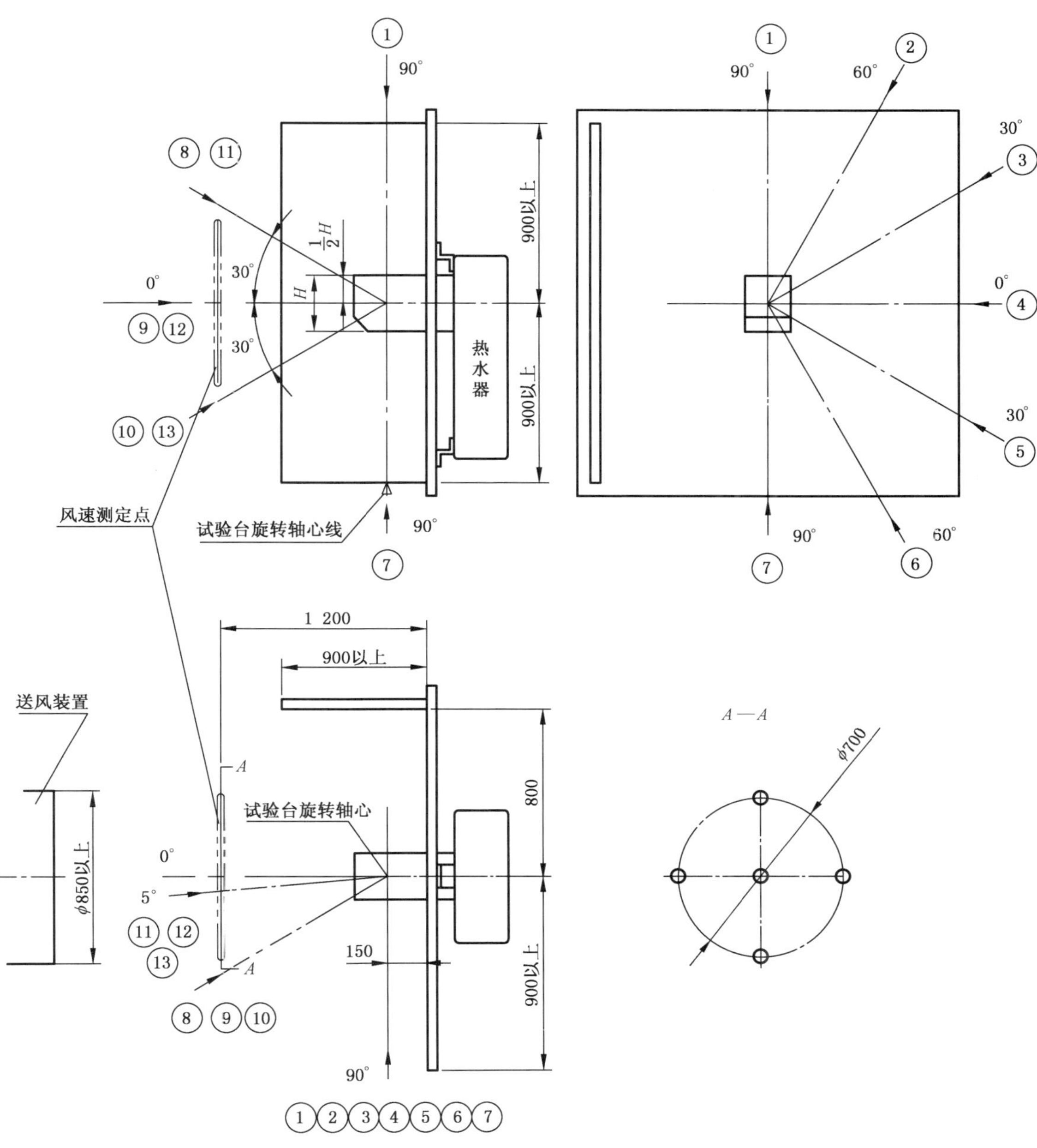

风向试验台旋转中心输送。

风速测定是在距离地面 1 200 mm 处，测定环设在送风装置中心，测定中心及上下左右 5 个点。

试验风速以 5 个点为平均速度，各测定点风速以试验风的±10%为标准。

图 18　自然给排气式、强制给排气式热水器有风状态试验装置示意图

单位为毫米

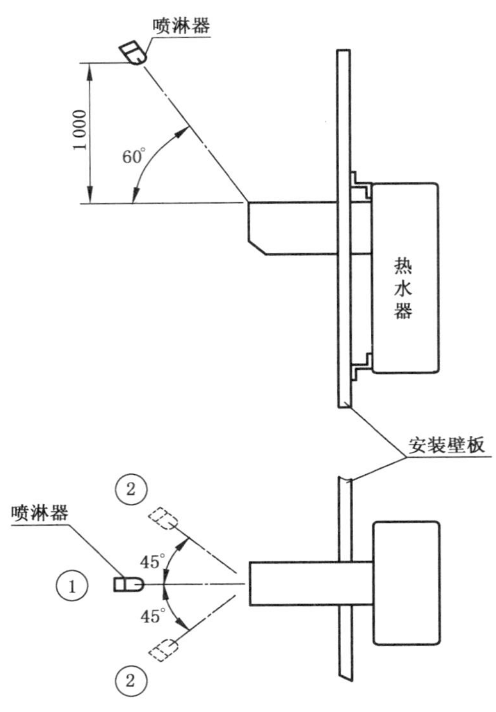

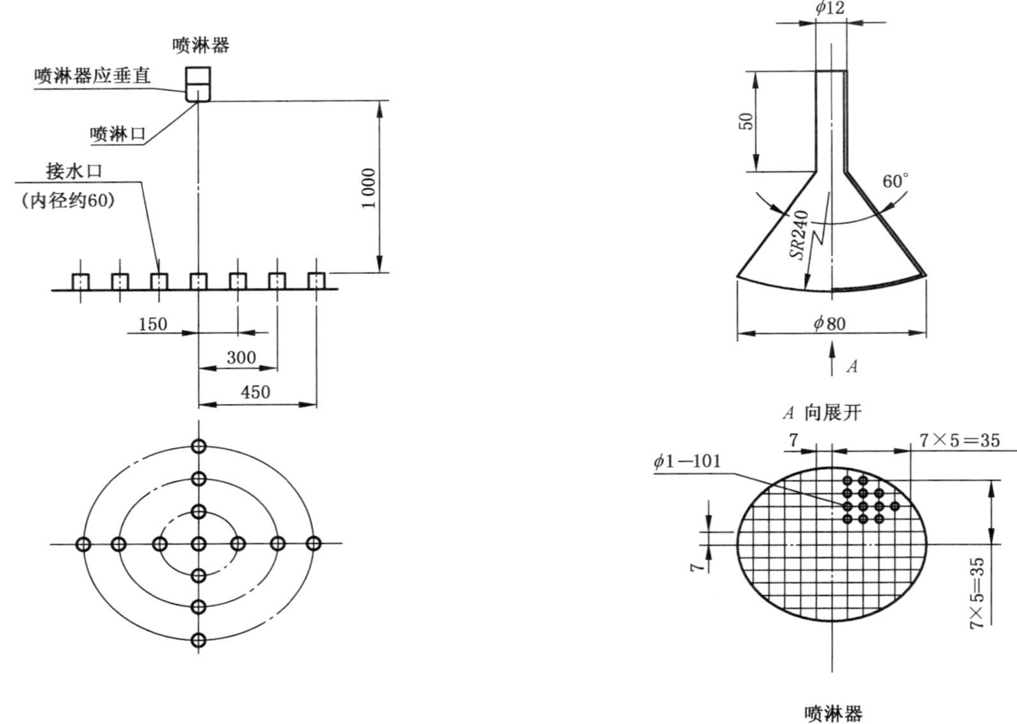

喷淋方向为①与②或②的任一种,共两个方向。

喷淋用具测定降水量时,所有接水口的平均值为(3±0.5) mm/min,各接收水口的降水量平均值误差为±30%。

图 19 自然给排气式、强制给排气式热水器喷淋状态试验装置

表 19　自然给排气式热水器有风状态试验条件

项　　目	试验用燃气条件	风向	风速/(m/s)	持续时间/min
熄火	3-3	①	2.5	3
		②		
		⑥		
		⑦		
		风向 A	15	1
	3-1	风向 B	2.5	3
		风向 A	15	1
回火	2-3	风向 A	15	1
火焰溢出或离焰	1-1	①	2.5	3
		②		
		⑥		
		⑦		
		风向 B		
		风向 B	15	1
注：风向栏中①、②等为图 18 中的风向编号。				

7.7.5　强制给排气式热水器燃烧工况试验见表 20。

表 20　强制给排气式热水器燃烧工况试验

项目	状态、试验条件及方法
无风状态	按表 13 进行
有风状态	(1) 热水器状态： 将热水器给排气管安装在图 18 所示试验装置或同类试验装置中
	(2) 试验条件： 按表 14，其中回火、熄火、火焰溢出、离焰按表 21 试验条件进行；额定电压 220 V，供水压力为 0.1 MPa
	(3) 试验方法： a)　烟气中 $\varphi(CO_{\alpha=1})$： 按表 14 规定的条件，点燃燃烧器 15 min 后，按图 18 中所示④及⑫两个方向分别以 5 m/s 风速送风，按表 13 的(10)规定求出 CO 含量 $\varphi(CO_{\alpha=1})$。同样测出上述两个方向的 CO_2 值，将最小值的风向称为“风向 A”，最大值风向称为“风向 B”。 b)　火焰传递： 分别对“风向 A”及“风向 B”以 5 m/s 的风速送风，按表 13 的(1)规定检查。 c)　点火燃烧器的火焰稳定性： 燃气条件 3-2；有点火燃烧器时，仅点燃点火燃烧器，等燃烧状态稳定后或点燃 5 min 后，向“风向 A”以 15 m/s 的风速送风 1 min，以目测方法检查点火燃烧器是否有熄火、回火现象。 d)　主火燃烧器的火焰稳定性： 点燃燃烧器 15 min 后，按表 21 规定条件，以目测方法检查燃烧器是否有熄火、回火、影响使用的火焰溢出及妨碍使用的离焰现象

表 20（续）

项目	状态、试验条件及方法
喷淋状态	(1) 热水器状态： 按使用说明书要求，设置于图 19 的壁板上
	(2) 试验条件： 电源条件为额定电压，燃气条件 3-1 或 3-3，供水压力为 0.1 MPa
	(3) 试验方法： 按图 19 所示，从①和②两个方向各喷淋 5 min，用图 19 喷淋器向给排气管部位喷淋后点燃燃烧器，立即从图 19 所示的①方向，一边喷淋同时检查，对不同的试验燃气各做 5min 试验，以目测方法检查是否有熄火和回火现象、壳体内是否有妨碍使用的积水

表 21　强制给排气式热水器有风状态下的试验条件

项　　目	试验燃气条件	风向	风速/(m/s)	持续时间/min
回火	2-3	A	15	1
熄火	3-3	A	15	1
		①	2.5	3
		⑦		
	3-1	B		
		A	15	1
火焰溢出或离焰	1-1	B	2.5	3
		B	15	1
		①	2.5	3
		⑦		
注：风向栏中①、⑦为图 18 中的风向编号。				

7.7.6 室外型热水器燃烧工况试验见表22。

表22 室外型热水器燃烧工况试验

项目	状态、试验条件及方法
无风状态	按表13进行
有风状态	(1)状态： 将热水器设置于图20所示的试验装置上
	(2)试验条件： 按表14的序号1、序号11规定，供水压力为0.1 MPa
	(3)试验方法： a) 火焰传递： 按图20所示两个方向，分别以5 m/s的风速送风，按表13中(1)规定，检查火焰传递 b) 点火燃烧器的火焰稳定性： 有点火燃烧器时，仅点燃点火燃烧器，燃烧稳定后或点燃5 min后，分别对图20所示的两个方向以15 m/s风速送风1 min，在送风期间以目测方法，检查点火燃烧器有无熄火、回火现象，燃气条件3-2。 c) 主火燃烧器的火焰稳定性： 点燃燃烧器15 min后，按图20所示的两个方向，分别以2.5 m/s风速送风3 min，以15 m/s风速送风1 min，在送风期间以目测方法检查燃烧器有无熄火、回火、影响使用的火焰溢出及妨碍使用的离焰现象
喷淋状态	(1)热水器状态： 按热水器说明书的规定安装
	(2)试验条件： 电源条件为额定电压，燃气条件3-1及3-3，供水压力为0.1 MPa
	(3)试验方法： 按图21所示，向热水器的前、后、左、右四个方向或除壁面以外的三个方向分别喷淋5 min后立即点燃燃烧器，从正面一边喷淋一边检查，对不同的试验燃气各做5 min试验，以目测方法检查是否有熄火、回火现象，壳体内是否有妨碍使用的积水

单位为毫米

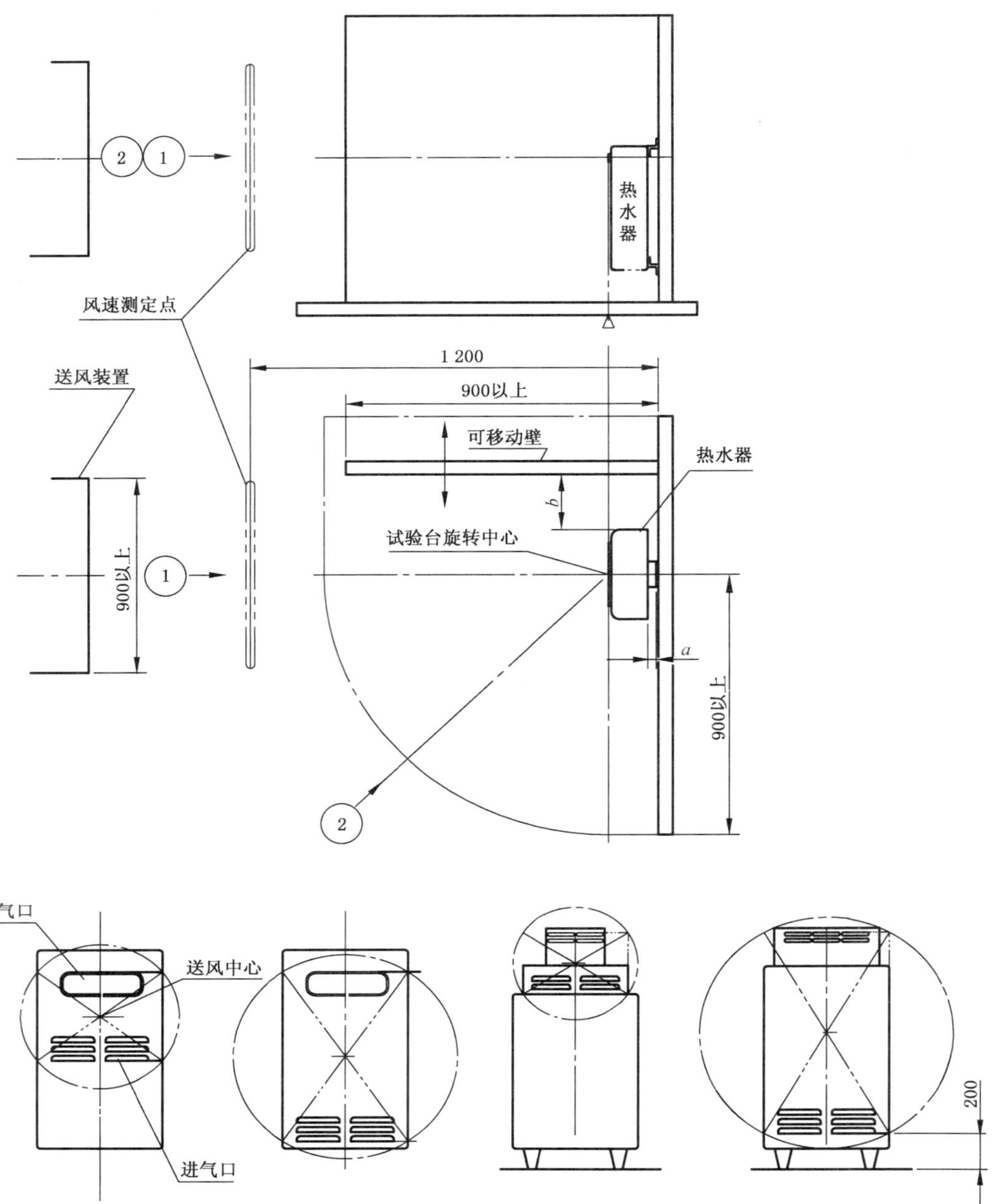

进气与排气部位承受的风力应一致。

风速的测定设为无热水器和妨碍物的状态下设定风速，选其位置距壁面 1 200 mm 的正前面，从送风机位置观看，给气部位与排气部位边界线交接长方形的中心点为中心风速，测定长方形各顶点在内的 5 个点。但开口部位下端距地面不足 200 mm 时，则由地面 200 mm 处测定。

试验风速设为 5 点的平均风速，各测定点的风速按试验风速的误差±10%设定。

图 20　室外型热水器有风状态试验装置示意图

单位为毫米

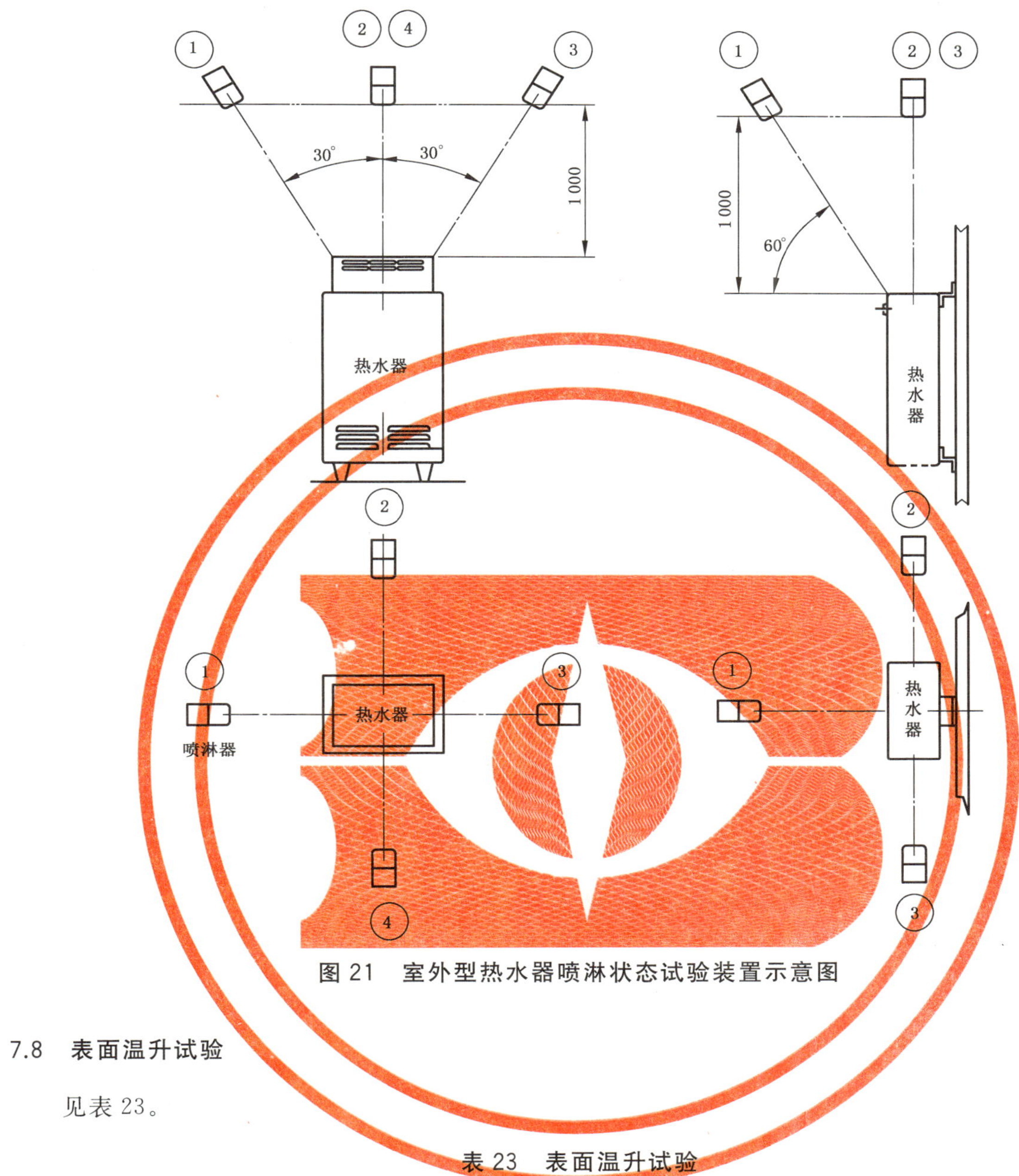

图 21 室外型热水器喷淋状态试验装置示意图

7.8 表面温升试验

见表 23。

表 23 表面温升试验

项目	要　　求
试验状态	热水器处于热负荷最大的使用状态，调节热水温度使其在额定水压下的最高出水温度 60 ℃～80 ℃，达不到 60 ℃时可调至最高使用温度进行
试验条件	a) 燃气条件：0-1； b) 电压条件：额定工作电压
试验方法	各部位的温升试验，在点燃主燃烧器后连续工作 30 min 后进行
注：各部位的测温点，指下列各部位： ① 旋钮、手柄类等在点火、熄火、调节的使用操作时，手必须接触的部位； ② 接近①项部分周围部位，进行①项操作时手有可能触及的部位； ③ 除①、②项以外的外壳表面其他部位为手不易接触的部位（不包括防倒风排烟罩、排烟管、观火孔边缘）。	

7.9 燃气稳压装置试验

使用对应气种的燃气或空气，使热水器处于热负荷最大的使用状态进行测试，调整稳压装置前输入压力为额定压力和最高压力，取喷嘴前压力处为测压口（二次压测试口），分别测出稳压装置后的压力，满足表 6 要求，额定压力和最高压力值按表 8 对应的燃气压力。

7.10 点火装置试验

见表 24。

表 24 点火装置试验

项目	状态、试验条件及方法
无风状态	（1）状态： 按制造商使用说明书规定
	（2）试验条件： 使用电池为电源时，按额定电压的 70%（全负载）。使用交流电源时按额定电压的 85%试验
	（3）试验方法： 燃气条件：3-1 和 3-3 试验气，按说明书规定的操作方法，预先点火数次，按表 6 规定检查。 试验时应使点火装置和燃烧器接近室温。 a） 单发式压电点火装置，一个操作即为一次，操作时间在 0.5 s～1 s 内； b） 旋转式压电点火装置，每一个旋转操作为一次，操作时间在 0.5 s～1 s 内； c） 使用交流电或直流电连续放电或加热电阻丝式点火装置，在“点火”位置停留 2 s 为一次
喷淋状态	（1）状态： 按制造商使用说明书规定
	（2）试验条件： 使用电池为电源时，按额定电压的 70%（全负载）。使用交流电源时按额定电压的 85%试验
	（3）试验方法： 燃气条件：3-2 a） 自然给排气式和强制给排气式热水器： 按图 19 所示的两个方向，用喷淋器向热水器的给排气烟管部位连续喷淋 5 min 后，按无风状态试验进行。 b） 室外型热水器： 按图 21 所示，对热水器的前、后、左、右四个方向，或除壁面以外的三个方向，连续喷淋 5 min 后，按无风状态试验进行
有风状态	（1）状态： 按制造商使用说明书规定
	（2）试验条件： 使用电池为电源时，按额定电压的 70%（全负载）。使用交流电源时按额定电压的 85%试验
	（3）试验方法： 燃气条件：3-2 a） 自然给排气式和强制给排气式热水器： 以 5 m/s 的风速以“风向 A”送风，按无风状态试验进行。 b） 室外型热水器： 按图 20 所示两个方向以 5 m/s 风速送风，按无风状态试验进行

7.11 安全装置试验

见表25。

表25 安全装置试验

<table>
<tr><th>序号</th><th>项目</th><th colspan="2">状态、试验条件及方法</th></tr>
<tr><td rowspan="7">1</td><td rowspan="7">熄火保护装置</td><td rowspan="3">开阀时间</td><td>(1)状态:按制造商说明书规定的设置状态</td></tr>
<tr><td>(2)试验条件:
燃气条件:3-3试验气;
供水压力:0.1 MPa;
电压条件:额定工作电压</td></tr>
<tr><td>(3)试验方法:
使热水器运行在最小负荷状态,然后停止运行,当所有部件冷却至接近室温后,重新进行点火,在燃烧器点燃的同时,用秒表测定熄火保护装置开阀时间;对于有点火燃烧器的,使其运行在最小负荷状态,然后停止运行,当所有部件冷却至接近室温后,重新进行点火,在点火燃烧器点燃的同时,用秒表测定熄火保护装置开阀时间</td></tr>
<tr><td rowspan="3">闭阀时间</td><td>(1)状态:按制造商说明书规定的设置状态</td></tr>
<tr><td>(2)试验条件:
燃气条件:1-1试验气;
供水压力:0.1 MPa;
电压条件:额定工作电压</td></tr>
<tr><td>(3)试验方法:
在主燃烧器点燃15 min后,关闭连接热水器供气阀门使其熄灭,记录从熄火到熄火保护装置关阀的时间</td></tr>
<tr><td>连接故障</td><td>使安全装置与控制装置间连接断路,是否能启动运行</td></tr>
<tr><td rowspan="3">2</td><td rowspan="3">再点火安全装置</td><td colspan="2">(1)状态:按制造商说明书规定的设置状态</td></tr>
<tr><td colspan="2">(2)试验条件:
燃气条件:0-1、0-3;
供水压力:0.1 MPa;
电压条件:额定工作电压</td></tr>
<tr><td colspan="2">(3)试验方法:
a) 对于设计时采取了再点火方式的热水器,测定再点火过程。
b) 分别在两种燃气条件下检查再点火安全装置。
c) 运行在最小负荷状态,稳定运行15 min后,人为将主燃烧器或点火燃烧器熄灭,测定从燃烧器熄灭至燃烧器自动再点火的时间,同时检查点火过程有无爆燃现象。
d) 以相同压力的空气代替试验用燃气,测定从再点火开始至燃气通路自动关闭的时间。
e) 再点火功能应在火焰消失后1 s内,点火装置点火。在再点火之后,应有火焰信号出现;否则系统应进行关闭</td></tr>
<tr><td rowspan="2">3</td><td rowspan="2">烟道堵塞安全装置(强制排气式)</td><td colspan="2">(1)状态:
按图17所示将排烟管接入调压箱内,并将热负荷设定在最大状态</td></tr>
<tr><td colspan="2">(2)试验条件:
试验气为0-2,供水压力为0.1 MPa,电源条件为额定电压</td></tr>
</table>

表 25（续）

序号	项目	状态、试验条件及方法
3	烟道堵塞安全装置（强制排气式）	(3)试验方法： a) 点着燃烧器 15 min 以后完全堵塞排烟口或强制关闭风机，检查在关闭之前应无熄火、回火、影响使用的火焰溢出现象，安全装置是否启动，燃气通道是否关闭，并测量安全装置关闭的时间。 b) 取消堵塞排烟口或恢复风机工作，燃烧器是否启动，燃气通道是否打开。 c) 使安全装置与控制装置间连接断路，是否能启动运行
4	风压过大安全装置（强制排气式）	(1)状态： 按图 17 所示将排烟管接入调压箱内，并将热负荷设定在最大状态
		(2)试验条件： 试验气为 0-2，供水压力为 0.1 MPa，电源条件为额定电压
		(3)试验方法： a) 点燃燃烧器 15 min 后，调节挡板将调压箱内的压力调至 80 Pa。 b) 以目测方法，检查以下项目： ——安全装置是否动作； ——主燃烧器有无熄火、回火现象； ——有点火燃烧器时，仅点燃点火燃烧器，以目测方法检查有无熄火、回火及妨碍使用的离焰现象。 c) 再调整挡板使调压箱内的压力慢慢上升，检查在产生熄火、回火、影响使用的火焰溢出现象之前，安全装置启动，燃气通道是否关闭。 d) 打开排气口调节挡板，燃烧器是否启动，燃气通道是否打开。 e) 使安全装置与控制装置间连接断路，是否能启动运行
5	防止不完全燃烧安全装置（自然排气式）	(1)状态： 试验箱容积 16.8 m^3
		(2)试验条件： 燃气条件 1-1
		(3)试验方法： a) 有风状态：按图 22 所示使热水器运行在最大负荷状态，燃烧 15 min 使燃烧稳定后进行检测，依次向排烟管末端吹风，风速从 0.5 m/s、1 m/s、2 m/s 增至 3 m/s 的风速吹至排烟管，检查试验箱大气中的实测 CO 浓度达到 0.03%之前安全装置是否关闭。 b) 烟道堵塞：按图 23 所示使热水器运行在最大负荷状态，燃烧 15 min 使燃烧稳定后，使用图 23 中的堵塞板在距离排烟管连接部位 1 m 高的位置堵塞排烟口，检查试验箱大气中的实测 CO 浓度达到 0.03%之前安全装置是否关闭。 c) 使安全装置与控制装置间连接断路，是否能启动运行
6	防干烧安全装置	(1)状态与试验条件按表 23
		(2)试验方法： a) 人为地使热水器出水温度慢慢升高，当防干烧安全装置动作时，检查通往燃烧器的燃气通路是否关闭，其动作温度是否符合表 6 规定；当温度恢复到正常温度时，检查通往燃烧器的燃气通路是否自动开启。 b) 使安全装置与控制装置间连接断路，是否能启动运行

表 25（续）

序号	项目	状态、试验条件及方法
7	燃烧室损伤安全装置（适用于燃烧室为正压时）	(1)状态按表 23 设置，燃气条件为 1-1，电压条件按照额定工作电压
		(2)试验方法： a) 在热水器热交换器背部，分别在燃烧室损伤安全装置最远的位置，及其他必须的位置，如安全装置的上方、下方尽可能远的位置开孔（孔的大小为能使燃烧室损伤安全装置在 10 min 内检测到动作的最小孔径）。在该损伤安全装置未动作状态下，点燃燃烧器并在最大负荷下工作，待各部温度稳定后，或者 1 h 后，测定热水器各部件表面温升。 b) 安全装置动作以后，再次点火，检查通往燃烧器的燃气通路是否再次开启。 c) 使燃烧室损伤安全装置的感应部件断路，检查通往燃烧器的燃气通路能否开启
8	泄压安全装置	热水器通水，在其充满水的状态下关闭供热水出口，然后从进水入口缓慢加压，在大于最大适用水压且小于水路系统的耐压值时安全装置开启泄放，检查达到水路系统耐压值之前安全装置是否动作
9	自动防冻安全装置	室外型热水器：将室外型热水器安装在低温试验箱内，缓慢降低温度，检查安全装置是否在温度降到 0 ℃之前启动

单位为毫米

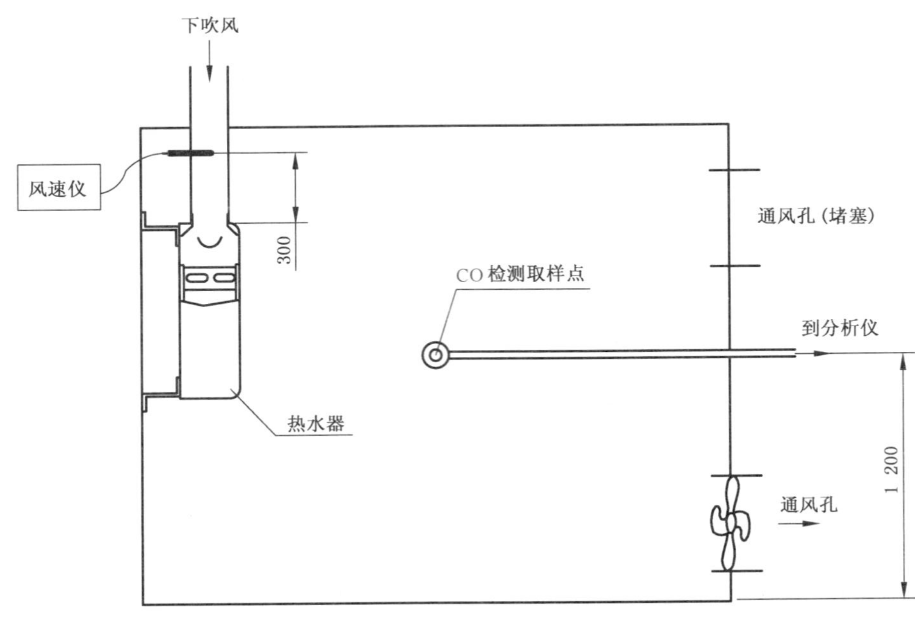

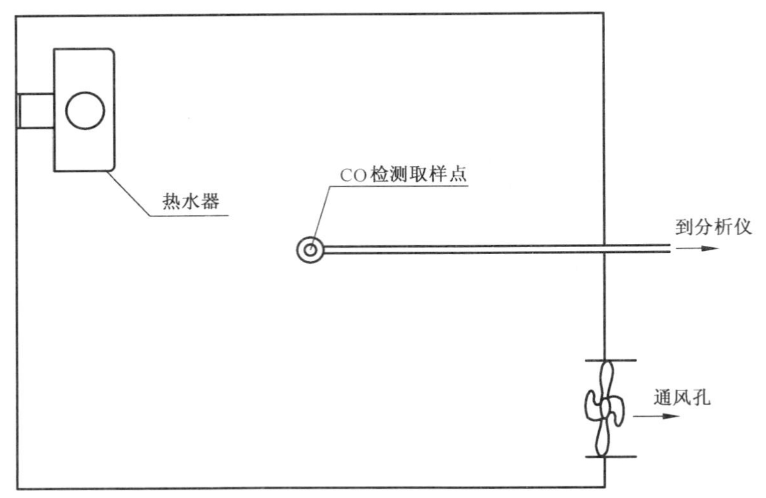

试验箱容积：16.8 m^3。

例中试验箱尺寸：2.7(*W*)×2.7(*D*)×2.3(*H*)。

堵塞通风孔。

CO浓度的取样位置应是在试验箱的中心且高度为1.2 m。

测量风速的点在距离热水器出烟口末端连接部分0.3 m的地方。

热水器按使用说明(安装说明)规定的方法安装(挂墙或座地)，安装的位置应使烟气不会直接吹向CO检测取样点。

图22　防止不完全燃烧有风状态下试验示意图

单位为毫米

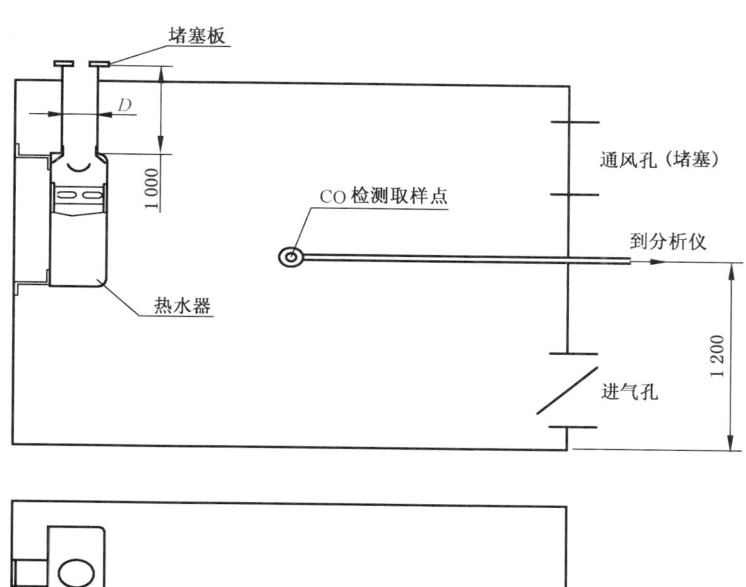

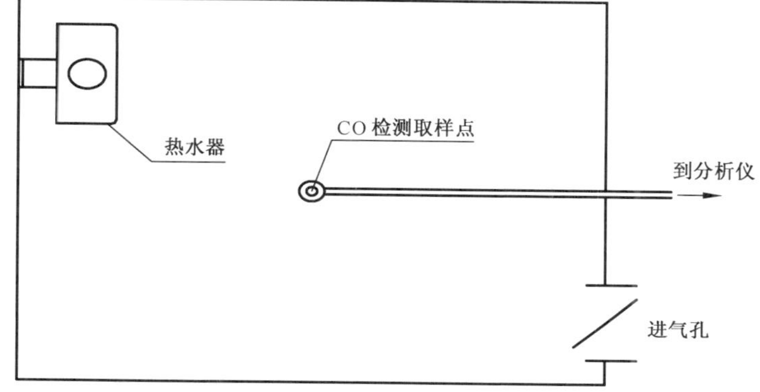

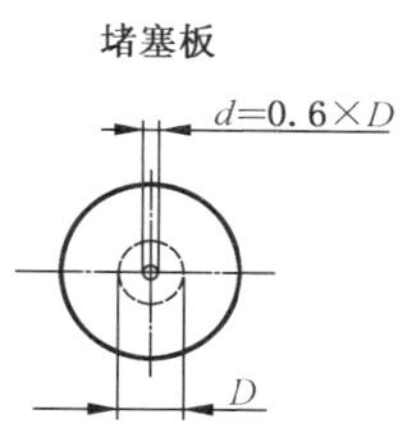

试验箱容积：16.8 m^3。

例中试验箱尺寸 2.7(*W*)×2.7(*D*)×2.3(*H*)。

堵塞通风孔。

进气孔的打开面积应和排烟管的有效横截面积相同。

CO 浓度的取样位置应是在实验室的中心且高度为 1.2m。

0.6×*D* 的堵塞板应在距离热水器出烟口末端 1 m 高的地方堵塞(*D* 是排烟管的直径)。

如果 1 m 高的位置低于天花板，排烟管的高度应增加，处于天花板之上。

热水器按使用说明(安装说明)规定的方法安装(挂墙或座地)，安装的位置应使烟气不会直接吹向 CO 检测取样点。

图 23　防止不完全燃烧烟道堵塞状态下试验示意图

7.12 耐久性能试验

见表 26。

表 26 耐久性能试验

序号	项目	热水器状态、试验条件及方法
1	燃气阀门	使用燃气条件 0-2,或采用同等压力的空气,以 2 次/min～20 次/min 速率,按照热水器正常工作、停止运行方式连续开、关。 试验次数分配如下: ——60%的试验次数在 1.1 倍额定电压下进行,在不低于 24 h 的连续工作条件下进行。 ——40%的试验次数在室温和 0.85 倍额定电压下进行。 达到表 6 规定的次数后,检查下列各项: a) 燃气通路的气密性按表 11 进行; b) 开、关操作是否灵活及有无使用障碍; c) 目测检查有无故障、破损
2	点火控制装置	以 2 次/min～20 次/min 速率,按照热水器正常工作、停止运行方式连续开、关。 试验次数分配如下: ——60%的试验次数在 1.1 倍的额定电压的条件下进行; ——40%的试验次数在室温和最低 0.85 倍的额定电压条件下进行。 达到表 6 规定的次数后,检查下列各项: a) 点火装置性能按表 24 进行; b) 控制装置是否正常,中断延迟时间小于 50 s
3	水气联动装置	使用燃气条件 0-2,或采用同等压力的空气。供水压力为 0.1 MPa,以 2 次/min～20 次/min 速率,按照热水器正常工作、停止运行方式连续开、关。 连续开、关操作,达到表 6 规定的次数后,检查下列各项: a) 燃气通路的气密性按表 11 进行; b) 水气联动装置是否满足 5.2.2.2.1、5.2.2.5.1 要求
4	电磁阀	同本表中燃气阀门项目检验后再进行下列各项: a) 燃气通路的气密性按表 11 进行; b) 目测是否有使用失效
5	风机	使用燃气条件:0-2 热水器安装按制造商说明规定,热负荷设置为最大状态下,按照热水器正常工作、停止运行方式连续开、关。 连续启动、关闭,达到表 6 规定的次数后,检查风机是否工作正常
6	风压开关	使用燃气条件:0-2 热水器的安装按制造商说明书规定,热负荷设置为最大状态下,使风压开关打开工作 1 min 后、堵塞烟道或使风压开关关闭停止为一个周期,连续启动、关闭,达到表 6 规定的次数后,检查风压开关是否工作正常
7	泄压安全装置	按制造商说明书规定,连接好管路系统,将水路系统充满水后,堵住出水口,缓慢加压,直至泄压安全装置启动,重复上述过程达到表 6 规定次数,检查是否符合规定

表 26(续)

序号	项目	热水器状态、试验条件及方法
8	熄火保护装置	使用燃气条件:0-2 在火焰检测元件接触火焰 2 min,除去火焰,吹风冷却 3 min,熄火保护装置的燃气阀门关闭为一次,连续操作达到表 6 规定的次数后,检查性能要求符合表 6(允许采用模拟火焰的方式进行)
9	防止不完全燃烧安全装置	热水器状态、试验条件、试验方法同表 25 第 5 项。 a) 防止不完全燃烧安全装置启动燃气阀门关闭一次,通风使试验箱内空气恢复正常为一次循环。连续操作达到表 6 规定的次数。 b) 对于采用 CO 感应类型的防止不完全燃烧安全装置,以上重复操作可由以下程序取代:将 $0.1^{+0.01}_{0}\%$ 的 CO 以 100 mL/min 的流量,在安全装置工作状态下,吹送到烟气感应部位持续 5 min,然后停止吹送 CO 持续 1 min、期间吹送氮气等气体以降低 CO 浓度。重复此循环 1 000 次,然后安装此传感器在热水器上,按测试燃气条件 0-2 燃烧工作,燃烧 5 min 后,进行测试,满足表 6 安全装置的性能要求
10	防干烧安全装置	使用燃气条件:0-2 热水器的安装按制造商说明书规定,热负荷设置为最大状态下,逐渐减小水量,人为使出水温度升高至安全装置启动且燃气阀门关闭,停机状态进行冷却,使安全装置复位后为一次循环,连续操作达到表 6 规定的次数(允许采用模拟水温的方式进行)
11	燃气稳压装置	使用燃气条件 0-2,或采用同等压力的空气,大于 5 s 压力保持(膜片达到最大位置状态),中断 5 s。组成一次循环。 试验次数分配如下: ——25 000 次在制造商规定的最高工作温度且不低于 60 ℃; ——25 000 次在制造商规定的最低工作温度且高于 0 ℃。 连续操作达到表 6 规定的次数后,检查下列各项: a) 燃气通路的气密性按表 11 进行; b) 稳压性能要求按表 6 进行
12	遥控装置	以 4 次/min～20 次/min 的频率正常摇控运行,停止 2 s,连续操作达到表 6 规定的次数后,检查是否有使用失效
13	燃气/空气比例控制装置	采用同等燃气压力最高值的空气试验,按燃气供给方向,流量不超过规定值的 10%,阀门交替开启,10 s 完成一次循环。燃气通路的气密性满足表 11 要求

7.13 连续燃烧试验

燃气条件 0-2,供水压力 0.1 MPa,将热水器置于正常温升试验的的工作状态,连续运行 8 h 后、检查燃气通路的气密性、燃烧工况、热交换器等是否符合表 6 的要求。具有定时自动熄火的,应累计连续运行 8 h 后进行检查。

7.14 密封结构的漏气量试验

自然给排气式、强制给排气式热水器按照图 24 所示密封结构的漏气量试验,按热水器说明书要求配置的标准给排气管进行安装,然后从给排气管的给排气口部分输入空气,并使给排气口内压力为 100 Pa,压力测口在热水器空气入口段,检查密封结构的漏气量。

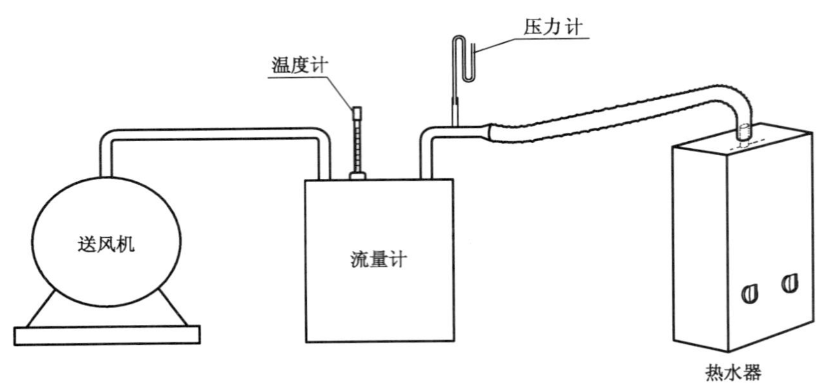

图 24 密封结构漏气试验装置

7.15 水路系统耐压性能试验

将热水器泄压安全装置拆除，使用堵头代替。将进水阀门打开充满水后关闭热水出口，从进水入口处通入冷水，将压力升高至 1.5 MPa，持续 1 min，目测有无变形和渗漏。

7.16 耐振性能试验

以运输装箱状态水平放置，固定在振动试验台上，用 10 Hz 的频率和 5 mm 的振幅，上下、左右方向各振动 30 min，然后按表 6 规定检查。

7.17 热水性能试验

见表 27。

表 27 热水性能试验

序号	项目	热水器状态、试验条件及方法
1	热效率（按低热值）	(1)额定热负荷热效率： a) 试验条件及热水器状态按表 12。 b) 试验方法：热水器运行 15 min，当出热水温度稳定后，测定在燃气流量计上的指针转动一周以上的整数时出热水量。热效率按式(6)计算。 $$\eta_t=\frac{MC(t_{w2}-t_{w1})}{VQ_1}\times\frac{(273+t_g)}{288}\times\frac{101.3}{(P_a+P_g-S)}\times 100\%\qquad(6)$$ 式中： η_t ——产热水温度 $t=(t_{w2}-t_{w1})$K 时的热效率； C ——水的比热，4.19×10^{-3} MJ/(kg·K)； M ——出热水量，单位为千克每分(kg/min)； t_{w2} ——出热水温度，单位为摄氏度(℃)； t_{w1} ——进水温度，单位为摄氏度(℃)； Q_1 ——实测燃气低热值，单位为兆焦每立方米(MJ/m^3)； V ——实测燃气流量，单位为立方米每分(m^3/ min)； t_g ——试验时燃气流量计内的燃气温度，单位为摄氏度(℃)； P_a ——试验时的大气压力，单位为千帕(kPa)； P_g ——试验时燃气流量计内燃气压力，单位为千帕(kPa)； S ——温度 t_g℃时饱和蒸气压力，单位为千帕(kPa)，(当使用干式流量计测量时，S 值应乘以试验燃气的相对湿度进行修正)

表 27（续）

序号	项目	热水器状态、试验条件及方法
1	热效率(按低热值)	(2)≤50%额定热负荷热效率(有需要时进行)： a) 试验条件及试验方法：同上； b) 在低于50%额定热负荷条件下测定效率
		(3)同一条件下做两次以上检测，连续两次热效率的差值在平均值5%以内时，取平均值为实测热效率，否则应重新测试，直到满足差值在平均值5%以内时为止
2	热水产率	(1) 产热水能力根据表12求出折算热负荷及本表求出的热效率值，按式(7)计算： $$M_t = \frac{\Phi}{C \times \Delta t \times 1\,000} \times \frac{\eta_t}{100} \times 60 \qquad (7)$$ 式中： M_t——产热水温升 $t=(t_{w2}-t_{w1})$K 时的产热水能力，单位为千克每分(kg/min)； Φ——产热水温升 $t=(t_{w2}-t_{w1})$K 时的热负荷，单位为千瓦(kW)； η_t——产热水温升 $t=(t_{w2}-t_{w1})$K 时的热效率，%； C——水的比热，4.19×10^{-3} MJ/(kg·K)； Δt——产热水温升($\Delta t=t_{w2}-t_{w1}=25$)，单位为开(K)
		(2)热水产率按式(8)计算： $$R_c = \frac{M_t}{M_{th}} \times 100\% \qquad (8)$$ 式中： R_c——热水产率； M_t——产热水温升 ΔtK 时的产热水能力，单位为千克每分(kg/min)； M_{th}——产热水温升 ΔtK 下的额定产热水能力，单位为千克每分(kg/min)
3	热水温升	(1)试验条件：燃气条件0-2，供水压力0.1 MPa，电压为额定电压，进水温度(20±2)℃
		(2)试验方法： 将热水器燃气阀开至最大位置，调温阀调至最高水温位置，待稳定运行后测定最高热水温升(具有自动恒温功能的可逐渐降低水流量测量)
4	停水温升	(1)试验条件：燃气条件0-2，供水压力0.1 MPa，电压为额定电压
		(2)试验方法： 燃气阀开至最大位置，调定热水器出水温度比进水温度高(40±5)K，运行10 min后停止进水(设有点火燃烧器的，点火燃烧器仍在工作)，1 min后再次运行，测定出热水的最高温度。 将所测定的出热水最高温度值减去调定的热水温度值，即为停水温升值
5	加热时间	(1)试验条件：燃气条件0-2，供水压力0.1 MPa，电压为额定电压，进水温度(20±2)℃
		(2)试验方法： 燃气阀开至最大位置，把热水器出热水温度设定成比进水温度高(40±1)K的温度，出热水5 min后停止供燃气，直到出、入水温相等后再重新启动，测出热水温度达到比进水温度高(40±1)K时所需的时间。对于自动恒温式，测量到达比出水温度低5℃的时间(出水温度要求高于50 ℃)

表 27（续）

序号	项目	热水器状态、试验条件及方法
6	热水温度稳定时间	(1)试验条件：燃气条件 0-2，供水压力 0.1 MPa，电压为额定电压，进水温度(20±2)℃ (2) 试验方法： a) 将热水器出水温度值设定在比进水温度高(30±2)K，当温度稳定后，用增加水压的方式调整水流量，使燃气阀门开至最大(即热负荷最大)为最大水流量 Q_{max} 逐渐降低水流量至0.8Q_{max}，温度稳定后记录温度值 t_r。在 2s 内将水流量降低至 0.6Q_{max}，同时开始测量出水温度达到(t_r±2)℃的时间；再将水流量迅速从 0.6Q_{max} 升高至 0.8Q_{max} 测量出水温度达到(t_r±2)℃的时间，取降低和升高两次时间的平均值。 b) 重复一次试验，取两次试验所测时间的平均值
7	水温超调幅度	(1)试验条件：燃气条件 0-2，供水压力 0.1 MPa，电压为额定电压，进水温度(20±2)℃ (2)试验方法： a) 按照 6 的试验方法，记录热水器水流量从 0.8Q_{max}降低至 0.6Q_{max}时出水温度的最大值和水流量从 0.6Q_{max} 升高至 0.8Q_{max}时出水温度最小值，其与 t_r值的最大水温偏差。 b) 重复一次试验，取两次试验所测水温偏差的平均值
8	最小热负荷	(1)试验条件：燃气条件 0-2、供水压力为 0.1 MPa。电压为额定电压 (2)试验方法： 将热水器燃气阀开至最小位置测定。具有自动恒温功能的应将温度设定在最小状态，当仍调不到最小状态时也可采用减少进水压力方法，在最小热负荷状态下工作。热负荷按式(1)计算
9	水温波动	(1)试验条件：燃气条件 0-2；进水温度：(20 ±2)℃；进水压力：0.1 MPa (2)试验方法： 将热水器温度调节至于 35℃～48℃中一温度，恒定水流量和进水温度，稳定后运行 5 min，连续在出水口测量出水温度，10 min 内测定出水温度的最大值和最小值，偏差应符合表 6 的规定

7.18 结构试验

结构试验按 7.16 及 GB/T 16411—2008 中第 15 章规定。

7.19 材料试验

材料试验按 GB/T 16411—2008 中第 16 章规定。

7.20 特殊要求

热水器试验方法除应按以上条款进行外，供暖热水器、两用热水器、冷凝式热水器还应符合附录 A 和附录 B 的特殊要求。

8 检验规则

8.1 出厂检验

8.1.1 检验项目

每台出厂前应检验下列各项：

a) 外观；

b) 燃气系统气密性；

c) 水路系统耐压性能；

d) 各部件操作性能；

e) 火焰传递及火焰状态；

f) 铭牌；

g) 电气安全(使用交流电源的热水器，按C.9.3、C.14.5检验)。

8.1.2 产品批量抽样检验

8.1.2.1 抽样方案

8.1.2.1.1 抽样方案按GB/T 2828.1进行，抽样方案由制造商确定，但所选的抽样方案接收概率应控制在94%～96%；对于孤立批按GB/T 2828.2执行。

8.1.2.1.2 产品抽检不合格时，本批产品判为不合格。本批产品应重新逐台检验后组批交验。

8.1.2.2 补充检验项目

除8.1.1规定外，还应检验CO、热效率、热负荷准确度、停水温升、安全装置。

8.2 型式检验

8.2.1 型式检验范围

有下列情况之一时，应进行型式检验，型式检验合格后才允许批量生产和销售：

a) 新产品试制定型鉴定；

b) 产品转厂生产试制定型鉴定；

c) 正式生产后，如结构、材料、工艺有较大改变，可能影响产品性能时；

d) 产品长期停产后，恢复生产时；

e) 出厂检验结果与上次型式检验有较大差异时；

f) 国家质量监督机构提出进行型式检验的要求时。

8.2.2 抽样方法

每次三台，其中二台试验，一台备用。

8.2.3 检验项目

材料及结构要求(第5章)、性能要求(第6章)、标志(9.1)、使用和安装说明(9.3)、包装(9.4)。

8.3 库存产品检验

库存2年以上的产品应按8.1规定复查。

8.4 单台检验判定原则

8.4.1 项目分类

8.4.1.1 强制性项目

强制性检验应包含以下项目：

a) 燃气系统气密性(在耐久试验和振动试验及5.2.2.2中部件的结构形式符合后进行)；

b) 热负荷限制；

c) 燃烧工况中火焰稳定性(包括耐久性试验和振动试验后的燃烧工况中火焰稳定性)；

d) 铭牌、包装所标示的适用燃气种类与产品是否相符，有无安全注意事项标志；

e) 防干烧安全装置；

f) 熄火保护装置；

g) 烟道堵塞和风压过大安全装置(强制排气式热水器)；

h) 防止不完全燃烧安全装置(自然排气式热水器)；

i) 烟气中 CO 含量(无风状态下的燃烧工况)；

j) 电气安全(使用交流电源的热水器)中 C.2、C.7、C.9、C.13、C.14；

k) 热效率；

l) 热水产率；

m) 排烟管(给排气管)结构及材料(见 5.2.2.8.1、5.2.2.9.1)。

8.4.1.2 非强制性项目

除强制性项目以外的全部项目。

8.4.2 判定方法

8.4.2.1 单台样品经检验，有一项达不到强制性项目要求时，该台样机为不合格。

8.4.2.2 单台样品经检验，有一项或几项非强制性项目不符合要求时，注明该台样机有一项或几项不符合国标的某条的要求。

9 标志、安装、包装、运输、贮存

9.1 标志

9.1.1 铭牌

每台热水器均应在适当的位置设有规范的铭牌，铭牌应包含以下内容：

a) 名称和型号(型号应符合 4.2 规定)；

b) 燃气种类或代号；

c) 额定燃气压力，单位为帕(Pa)；

d) 额定热负荷(适用于供热水热水器)，单位为千瓦(kW)；

e) 额定热输入(适用于供暖热水器、两用热水器)，单位为千瓦(kW)；

f) 适用水压，单位为兆帕(MPa)；

g) 供暖适用水压(适用于供暖热水器、两用热水器)，单位为兆帕(MPa)；

h) 额定产热水能力，单位为千克每分(kg/min)；

i) 额定电压及电源性质的符号(适用于使用交流电源的热水器)，单位为伏(V)；

j) 额定电功率或额定电流(适用于使用交流电源的热水器)，单位为瓦(W)或安(A)；

k) 制造商名称。

9.1.2 安全注意事项

每台热水器均应在适当的位置设有安全注意事项，安全注意事项应包含以下内容：

a) 不得使用规定外其他燃气的警示；

b) 通风换气的注意事项；

c) 使用交流电源的热水器应有接地的要求(采用Ⅱ类、Ⅲ类控制器的热水器除外);
d) 用户使用前应详细阅读使用说明;
e) 指出防冻功能工作的条件,提示用户为了避免管路冻坏,在冬季长期停机时,应将水路系统内的水排空。

9.2 安装技术要求

见附录F。

9.3 使用和安装说明

9.3.1 使用说明

每台热水器应有使用说明,使用说明应包括下列内容:

a) 产品名称、型号、性能特点。
b) 主要技术参数:燃气种类或代号,额定燃气压力,额定热负荷,额定最小热负荷,额定供暖热输入(适用于供暖热水器、两用热水器),适用水压,供暖适用水压(适用于供暖热水器、两用热水器),额定产热水能力,额定电压,额定电功率,自然排气式、强制排气和强制给排气式排烟管长度及弯头数量等。
c) 外形结构尺寸简图及主要零部件。
d) 使用方法。
e) 周围应留有空隙及防火安全注意事项。
f) 点火、熄火操作和调节方法。
g) 放出热水的操作和调节方法。
h) 注意事项:
  ——如何避免容易出现错误的使用方法或误操作;
  ——错误的使用方法或误操作可能造成的伤害;
  ——产品使用安全期限要求,应以安全警示方式标明安全使用期;
  ——不当的处理,造成对环境的污染;
  ——在使用时可能会出现的异常应采取的紧急措施(包括有关燃气、电气,热水、通风、防火和防止一氧化碳中毒等方面);
  ——对特殊使用人群(如儿童、老人、残障人等)应有安全警示,应在正常成人监督下使用;
  ——停电或移动热水器等非正常工作情况下的注意事项。
i) 清扫注意事项。
j) 故障排除及保养:
  ——故障种类和处理方法;
  ——允许使用者进行维护和保养的项目以及必须由专业人员拆卸、维护的内容;
  ——保养和维护方面的注意事项;
  ——产品售后服务事项。
k) 排水防冻的操作方法。
l) 冷凝水的排放方法,不能堵塞冷凝水的排放口(适用于冷凝式特殊要求)。
m) 冷凝水不可用于洗手、饮用、洗涤等生活用水(适用于冷凝式特殊要求)。
n) 应有冷凝水中和系统的清洁和维护说明(适用于冷凝式特殊要求)。
o) 制造商名称和地址。
p) 产品执行标准。

q) 生产许可证和编号。

r) 在封面上宜标注“使用产品前请仔细阅读使用说明,并请妥善保管”等字样。

9.3.2 安装说明

每台应配有用于安装的说明,说明中应包含以下内容:

a) 满足附录F的热水器安装技术要求,热水器及其包装上符号的含义,附件名称、数量、规格。

b) 有助于正确安装和使用的参考标准或特定的法规,必须由专业人员安装的说明。

c) 安装需要的资料:

——使用环境和安装的位置要求;

——距可燃物的最短距离;

——安装在不耐热墙壁,如木墙应采用隔热保护的措施;

——应保证安装的墙壁和热水器外侧热表面之间的最小间隙。

d) 对热水器的概括说明,需要拆除的主要零件及部件,应配有插图。

e) 电气安装:

——建筑物的配电系统应有接地线,接地线应牢固并可靠接地,插头、插座应通过认证。

——电气端子接线图(包括外部控制装置)。

——Y、Z型连接的,应写有:“如果电源软线损坏,为避免危险,应由制造商或制造商指定的维修人员进行更换”。

f) 详细地说明烟气的排放方法。

g) 安装后,安装人员应向用户介绍热水器使用及其安全装置的使用方法。

h) 应对热水器维护时间间隔提出建议。

i) 燃气系统的安装说明:

——检查供气条件是否满足要求;

——对于可用多种燃气的热水器应有燃气转换操作说明,并强调此类转换和调节只能由制造商认可的专业人员进行,调整结束后应将调节器锁定,并加贴标识。

j) 烟管的安装方法:

——如果烟管附件必须装在墙壁或屋顶上,应提供安装说明;

——烟管对接附件接头应安装在长为50cm的区间内;

——如加装烟气限温装置时,可以由制造商指定的安装人员配置,安装限温装置时应有详细的记录和存根,由安装人员和用户分别保存。

k) 详细规定排除烟气和烟管中冷凝水的方法,应注意避免烟道的水平布置,指出这些管道的最小斜度和方向。

l) 应采取措施避免从烟管连续排出烟管中冷凝水。

m) 冷凝水排出管的安装位置及安装方法(冷凝式特殊要求)。

9.4 包装

9.4.1 包装箱上应有热水器使用燃气种类或适用地区。

9.4.2 包装箱上应有如下标记:产品名称、商标、型号、质量(毛质量、净质量)、外形尺寸、生产日期、厂名、厂址、邮政编码、堆码、生产许可证号,怕湿、向上,小心轻放等标志,怕湿、向上、小心轻放等标志应符合GB/T 191的规定。

9.4.3 包装箱内的产品、合格证、使用安装说明、保修卡、装箱单、附件应与装箱单一致。

9.5 运输

9.5.1 运输过程中应防止剧烈震动、挤压、雨淋及化学物品侵蚀。

9.5.2 搬运应轻拿轻放、码放整齐、严禁滚动和抛掷。

9.6 贮存

9.6.1 成品应贮存在干燥通风、周围无腐蚀气体的仓库中。

9.6.2 热水器应按型号分类存放、堆码高度应考虑包装箱承受强度和便于取放。

附 录 A
（规范性附录）
家用供暖燃气快速热水器、家用两用型燃气快速热水器的特殊要求

A.1 概述

本附录是对家用供暖燃气快速热水器、家用两用型燃气快速热水器在材料及结构、性能要求和试验方法方面的特殊要求，是对正文第 5 章、第 6 章、第 7 章的补充。

A.2 材料及结构要求

A.2.1 材料的通用要求

保温材料应满足以下要求：

a） 保温材料应能承受 120 ℃高温且无变形产生，并应在受热和耐老化的情况下仍能保持其性能。

b） 保温材料应能承受可以预见的热和机械应力。

c） 保温材料应不可燃，如果符合以下条件，允许采用可燃材料：

——保温材料用在与水接触的表面上；

——或采用保温材料的表面温度在正常运转过程中不超过 85 ℃；

——或采用一种壁厚适当的不可燃外壳对保温层进行有效的隔离。

A.2.2 水路系统

A.2.2.1 热水器供热水水路系统和密闭式供暖水路系统应设置泄压安全装置，泄压压力应大于最大适用水压并小于水路系统的耐压值。

A.2.2.2 开放式供暖、两用热水器应满足以下要求：

a） 应有补水装置，并确保供暖系统中的循环水不会回流到供热水管路；

b） 应内置循环水泵；

c） 供暖循环水路所使用的橡胶件、塑料件均应满足其性能要求；

d） 供暖循环水路系统中的水在未充满前，热水器不应启动。

A.2.2.3 密闭式供暖、两用热水器除满足 A.2.2.2 的规定外，还应满足以下要求：

a） 供暖循环水路系统中应设有自动排气装置；

b） 供暖循环水路系统中应设有水压自动补偿装置（膨胀水箱）；

c） 供暖循环水路系统中应设有水压指示装置。

A.2.2.4 两用热水器应具有两套独立的水路系统。

A.2.3 安全装置结构要求

A.2.3.1 自动防冻功能

供暖、两用热水器应有自动防冻功能。

A.2.3.2 防干烧安全装置

A.2.3.2.1 控制装置应能在供暖水温超过 95 ℃之前使热水器进行控制关机。

A.2.3.2.2 对于开放式供暖、两用热水器，在水温控制装置失效时，不会造成安全性故障发生或损坏热水器的，则可以不设置防干烧安全装置。

A.2.3.2.3 对于封闭式供暖、两用热水器，水温控制装置应设有防干烧安全装置。

a) 该装置应独立于控制装置之外，在热水器内水温超过 110 ℃之前应能安全关闭燃气供给；

b) 供暖、两用热水器在正常情况下装置关闭设定值应不可调节、改变；

c) 安全装置发生故障或与控制装置间的连接断路时，应确保燃气阀门关闭并不会再开启。

A.2.3.3 低水位安全保护装置

A.2.3.3.1 开放式供暖、两用热水器应设置低水位安全保护装置，在热水器内水位低于设定值时应能安全关闭燃气供给。

A.2.3.3.2 在正常情况下装置动作设定值应不可调节、改变。

A.2.3.3.3 安全装置发生故障或与控制装置间的连接断路时，应确保燃气阀门关闭并不会再开启。

A.3 性能要求

见表 A.1。

表 A.1 性能要求

项目		性能要求	试验方法	适用机种	
				G	W
安全装置	**自动防冻安全装置**	**供暖循环水路系统中的水，在冻结之前安全装置动作**	表 A.2	○	○
	供暖循环水路系统泄压安全装置	泄压压力应大于最大适用水压小于耐压值		○	○
	自动排气装置	能够将供暖系统的水中气体排出		○	○
耐久性能	燃气阀门	250 000 次，符合 5.2.2.1 燃气系统气密性及表 6 中燃气系统气密性要求，且无失效	表 26 表 A.3	○	○
	点火、控制装置	250 000 次，符合 5.2.2.6 点火、控制装置及表 6 中点火装置要求，且无失效		○	○
	电磁阀	250 000 次，符合 5.2.2.1 燃气系统气密性要求及表 6 中燃气系统气密性要求，且无失效		○	○
	熄火保护装置	5 000 次，符合 5.2.3.1 熄火保护装置及表 6 中熄火保护装置要求，且无失效		○	○
	防干烧安全装置	10 000 次，符合 A.2.3.2 防干烧安全装置要求，且无失效		○	○
	燃气稳压装置	50 000 次，符合表 6 中燃气稳压装置要求，且无失效		○	○
	风机	250 000 次，符合 5.2.2.10 风机要求，且无失效		○	○
	风压开关	250 000 次，无失效		○	—
	燃气/空气比例控制装置	250 000 次，符合 5.2.2.11 燃气/空气比例控制装置要求，且无失效		○	○
	循环泵	20 000 次，无失效		○	○

表 A.1(续)

<table>
<tr><td colspan="2" rowspan="2">项　　目</td><td rowspan="2">性　能　要　求</td><td rowspan="2">试验方法</td><td colspan="2">适用机种</td></tr>
<tr><td>G</td><td>W</td></tr>
<tr><td rowspan="2">水路系统耐压性能</td><td rowspan="2">由供暖回水口至供暖出水口</td><td>按说明书规定供暖额定压力的 1.5 倍水压持续 10 min 应无渗漏和变形现象(适用于密闭式循环方式)</td><td rowspan="2">表 A.4</td><td rowspan="2">○</td><td rowspan="2">○</td></tr>
<tr><td>按说明书规定使供暖循环水路注满水,启动水泵 10 min,应无渗漏和变形现象(适用于开放式循环方式)</td></tr>
<tr><td rowspan="3">热水性能</td><td>加热时间</td><td>不大于 90 s</td><td rowspan="3">表 27</td><td rowspan="3">○</td><td rowspan="3">○</td></tr>
<tr><td>热水温度稳定时间</td><td>不大于 90 s(适用于具有自动恒温功能)</td></tr>
<tr><td>水温超调幅度</td><td>小于 10 K(适用于具有自动恒温功能)</td></tr>
<tr><td rowspan="6">供暖性能</td><td>最高出热水温度</td><td>小于 95 ℃</td><td rowspan="6">表 A.5</td><td rowspan="6">○</td><td rowspan="6">○</td></tr>
<tr><td>加热时间</td><td>不大于 90 s</td></tr>
<tr><td>水温控制偏差</td><td>小于 10 K</td></tr>
<tr><td>最低启动温度</td><td>不小于 5 K</td></tr>
<tr><td>供暖热效率(按低热值)</td><td>额定热负荷时不小于 84%</td></tr>
<tr><td>额定热输入准确度</td><td>不小于铭牌标称值的 90%</td></tr>
<tr><td colspan="6">注:“○”表示适用;“—”表示不适用。</td></tr>
</table>

A.4 试验方法

A.4.1 实验室条件

供暖性能试验设备与调试:

a) 供暖、两用热水器应安装在图 A.1 或图 A.2 所示的隔热试验台或制造商提供的其他同等条件的试验设备上。

b) 当供暖、两用热水器装有一个最高控制温度为 95 ℃的可调式控制温控器,或装有一个控制温度范围为 70 ℃～95 ℃的不可调式控制温控器时,试验时的水流温度应为(80±2)℃。当设计的最高水流温度不符合上述要求时,试验时的水流温度应符合制造商规定的最高水流温度。

c) 图 A.1 或图 A.2 中的阀门Ⅰ和阀门Ⅱ用于获得(20±1)K 的出水和回水温度差。当供暖、两用热水器的控制系统在 20 K 的温度差不能正常工作时,应按制造商规定的温度差。

A.4.2 安全装置试验

见表 A.2。

表 A.2　安全装置试验

序号	项　　目	供暖、两用热水器状态、试验条件及方法
1	自动防冻安全装置	将供暖、两用热水器连接好水电气,让供暖、两用热水器处于工作状态,缓慢降低供暖、两用热水器的环境温度,检查安全装置是否在水路系统冻结之前起动

表 A.2（续）

序号	项　　目	供暖、两用热水器状态、试验条件及方法
2	供暖循环水路系统泄压安全装置	向供暖循环水路系统中缓慢充水，直至自动泄压安全装置开始泄压，此时供暖、两用热水器上的压力实测值应符合表 A.1 中的规定
3	自动排气装置	按制造厂说明书规定进行正常工作，检查是否能够将供暖水路中的气体排出

A.4.3 耐久性能试验

见表 A.3。

表 A.3 耐久性能试验

序号	项目	供暖、两用热水器状态、试验条件及方法
1	燃气阀门	(1)试验条件：使用燃气条件：0-2，或采用同等压力的空气，额定工作电压
		(2)以 2 次/min～20 次/min 速率，连续开、关操作。 试验次数分配如下： ——60％的试验次数在 1.1 倍额定电压下进行； ——40％的试验次数在室温和 0.85 倍额定电压下进行。 达到表 A.1 规定的次数后，检查下列各项： a) 燃气通路的气密性试验按表 11 进行； b) 开、关操作是否灵活及有无使用失效； c) 目测检查有无故障、破损
2	点火控制装置	(1)试验条件：使用燃气条件：0-2，额定工作电压
		(2)以 2 次/min～20 次/min 速率，连续开、关操作。 试验次数分配如下： ——60％的试验次数在 1.1 倍的额定电压的条件下进行； ——40％的试验次数在室温和最低 0.85 倍的额定电压的条件下进行。 达到表 A.1 规定的次数后，检查下列各项： a) 点火装置性能试验按表 24 进行； b) 控制装置是否正常
3	电磁阀	(1)试验条件：使用燃气条件：0-2，或采用同等压力的空气，额定工作电压
		(2)以 2 次/min～20 次/min 速率，连续开、关操作。 试验次数分配如下： ——60％的试验次数在 1.1 倍额定电压下进行； ——40％的试验次数在室温和 0.85 倍额定电压下进行。 达到表 A.1 规定的次数后，检查下列各项： a) 燃气通路的气密性试验按表 11 进行； b) 开、关操作是否灵活及有无使用失效； c) 目测是否有障碍使用现象
4	循环泵	(1)试验条件：使用燃气条件：0-2，供水压力为 0.1 MPa
		(2)供暖、两用热水器的安装按制造商说明书规定连接供暖系统（确定供暖、两用热水器不会因水温过高而不能启动），水温均设置为最大状态下，以开 60 s、停 30 s 为一个周期，连续启动、关闭供暖、两用热水器，达到表 A.1 规定的次数后，检查循环泵是否工作正常

A.4.4 水路系统耐压性能试验

见表 A.4。

表 A.4 水路系统耐压性能试验

项 目	供暖、两用热水器状态、试验条件及方法
密闭式循环方式	(1)试验条件:使用燃气条件:0-2
	(2)使供暖、两用热水器的供暖部分处于正常运行状态下,关闭供暖出水口阀门,从供暖回水口施加说明书所规定供暖管路额定压力的 1.5 倍水压,试验持续 10 min,目测有无变形和渗漏
开放式循环方式	(1)试验条件:使用燃气条件:0-2
	(2)供暖循环水路和水箱均注满水,启动循环泵 10 min,目测检查有无变形和渗漏

A.4.5 供暖性能试验

见表 A.5。

表 A.5 供暖性能试验

序号	项目	供暖、两用热水器状态、试验条件及方法
1	最高出热水温度	(1)燃气条件:0-2,额定电压
		(2)试验状态: 供暖、两用热水器为供暖状态,供暖、两用热水器状态及试验条件应符合说明书的规定,试验燃气系统按照 7.1 和附录 A 中 A.4.1 条件,供暖系统按照图 A.3 的规定连接。打开阀门 9、17,关闭阀门 14 及出水口 6,经 17 阀通入(20±2)℃水,水压应为供暖热水输出压力的 1.5 倍以上
		(3)试验方法: 在停止工作状态,供暖出水温度设定在最高位置,使温度计 15 为(20±2)℃后启动供暖系统,运行稳定后逐渐关闭阀门 17,减小进水水流量,测出热水器运行时温度计 5 的最高值
2	加热时间	(1)燃气条件:0-2,额定电压
		(2)试验状态: 供暖、两用热水器为供暖状态,供暖、两用热水器状态及试验条件应符合说明书的规定,试验燃气系统按照 7.1 和附录 A 中 A.4.1 条件,供暖系统按照图 A.3 的规定连接。打开阀门 9、17,关闭阀门 14 及出水口 6,经 17 阀通入(20±2)℃水,水压应为供暖热水输出压力的 1.5 倍以上
		(3)试验方法: 在停止工作状态,使温度计 15 为(20±2)℃后关闭控制阀门 17,将供暖出水温度设定在最高位置,启动供暖系统,测量温度计 5 温度到达最高温度的时间
3	水温控制偏差	(1)燃气条件:0-2,额定电压
		(2)试验状态: 供暖、两用热水器为供暖状态,供暖、两用热水器状态及试验条件应符合说明书的规定,试验燃气系统按照 7.1 和附录 A 中 A.4.1 条件,供暖系统按照图 A.3 的规定连接。打开阀门 9、17,关闭阀门 14 及出水口 6,经 17 阀通入(20±2)℃水,水压应为供暖热水输出压力的 1.5 倍以上
		(3)试验方法: 启动供暖系统,将可调温控器分别设置在最高和最低位置,在系统运行稳定后逐渐关闭阀门 17,减小进水水流量,使供暖、两用热水器供暖出水温度大约以 2 K/min 缓慢上升,测出供暖、两用热水器停止工作时的供暖出水温度,测量其与可调温控器所设置的温度值的偏差

表 A.5（续）

<table>
<tr><th>序号</th><th>项目</th><th>供暖、两用热水器状态、试验条件及方法</th></tr>
<tr><td rowspan="3">4</td><td rowspan="3">最低启动温度</td><td>(1)燃气条件：0-2，额定电压</td></tr>
<tr><td>(2)试验状态：
供暖、两用热水器为供暖状态，供暖、两用热水器状态及试验条件应符合说明书的规定，试验燃气系统按照7.1和附录A中A.4.1条件，供暖系统按照图A.3的规定连接。打开阀门9、17，关闭阀门14及出水口6，经17阀通入(20±2)℃水，水压应为供暖热水输出压力的1.5倍以上</td></tr>
<tr><td>(3)试验方法：
在系统运行稳定后，将供暖出水温度设定在最低位置，供暖、两用热水器停止运行后，通过17阀通入冷水，使供暖出水温度大约以2K/min缓慢降低，测定供暖、两用热水器再次启动的温度值，测量其与可调温控器所设置的温度值的偏差值</td></tr>
<tr><td>5</td><td>供暖热效率</td><td>额定热负荷时供暖热效率：
(1)试验条件：
供暖、两用热水器安装在图A.1或图A.2或其他等效的隔热测试台上。
使用0—2气；额定电压；使供暖、两用热水器的控制温控器不工作，当供暖、两用热水器处在热平衡状态，供暖水流量稳定在±1%时，即可开始进行热效率的测量。
(2)试验方法：
a) 热水流入一个放在秤上的敞口容器内(测试前应进行称重)，同时读取燃气流量。
b) 在此期间连续测量出水温度 t_2 和回水温度 t_1，10 min为一个循环，取其平均值。
c) 在10 min的测试时间内收集到的水的量为 M_1；为了评估在测试期间水的蒸发量，等待10 min，水的量为 M_2。测试期间水的蒸发量为 $M_3=M_1-M_2$。修正后水的量为 $M=M_1+M_3$。
d) 连续两次测量热效率，如果两次的测试结果之差与其平均值不超过2%，则取两次测试平均值为测试结果。否则，应重新测试，或者进行连续十次的测试，取十次测试平均值作为测试结果。
e) 按式(A.1)计算热效率：
$$\eta_c=\frac{4.186\times M\times(t_2-t_1)+D_p}{10^3\times V_{r(10)}\times Q_i}\times 100\% \quad \cdots\cdots(A.1)$$
式中：
η_c ——供暖热效率；
M ——修正后实测出热水量的数值，单位为千克(kg)；
Q_i ——试验燃气在基准状态下的低热值的数值，单位为兆焦每立方米(MJ/m^3)；
D_p ——对应平均水流温度下的测试平台热损失，包括循环泵的热损失的数值，单位为千焦(kJ)；
$V_{r(10)}$——实测燃气消耗量折算成基准状态(15 ℃、101.325 kPa)下的数值，单位为立方米(m^3)，按式(A.2)计算。
$$V_{r(10)}=\frac{P_a+P_g-P_s}{101.325}\times\frac{288.15}{273.15+t_g}\times V \quad \cdots\cdots(A.2)$$
式中：
P_g ——试验时燃气流量计内的燃气压力的数值，单位为千帕(kPa)；
P_a ——试验时的大气压力的数值，单位为千帕(kPa)；
V ——试验燃气流量的数值，单位为立方米(m^3)；
t_g ——试验时燃气流量计内的燃气温度的数值，单位为摄氏度(℃)；
P_s ——在 t_g 时的饱和水蒸气压力的数值，单位为千帕(kPa)。</td></tr>
</table>

表 A.5（续）

序号	项目	供暖、两用热水器状态、试验条件及方法
5	供暖热效率	(3)热效率的确定条件： ——对热负荷不可调节的供暖、两用热水器，在额定热负荷条件下测试热效率； ——对热负荷可调节的供暖、两用热水器，分别在最大热负荷或在最大额定热负荷和最小额定热负荷的算术平均值下测试热效率，热效率应符合表 A.1 的要求。 注：D_p的实用测试方法： ——使用一个隔热良好的小体积(约 250 mL)容器作为供暖、两用热水器 1 的替代物(见图 A.2)，该容器内要有一个浸没式电加热器。将循环系统充满水，启动水泵使其在正常设置下工作，浸没式电加热器与可调变压器、电压表与电源相连接，用于调节浸没式电加热器温度，调节浸没式电加热器温度使循环水温度达到热平衡(这一过程需 4h 或更长时间)，记录环境温度并测量热输入。在不同温度下进行一系列测试，可得出环境温度以上的不同温度下的热损失。 ——在实际测量时，记录环境温度，根据环境温度与测试台平均温度之差确定热损失 D_p
6	额定热输入准确度	(1)燃气条件：0-2，额定电压
		(2)试验状态： 供暖、两用热水器为供暖状态，供暖、两用热水器状态及试验条件应符合说明书的规定，试验燃气系统按照 7.1 和附录 A 中 A.4.1 条件，供暖系统按照图 A.3 的规定连接。打开阀门 9、17，关闭阀门 14 及出水口 6，经 17 阀通入(20±2)℃水，水压应为供暖热水输出压力的 1.5 倍以上
		(3)试验方法： a) 热水流入一个放在秤上的敞口容器内(测试前应进行称重)，同时读取燃气流量。 b) 在此期间连续测量出水温度 t_2 和回水温度 t_1，10 min 为一个循环，取其平均值。 c) 在 10 min 的测试时间内收集到的水的量为 M_1；为了评估在测试期间水的蒸发量，等待 10 min，水的量为 M_2。测试期间水的蒸发量为 $M_3=M_1-M_2$。修正后水的质量为 $M=M_1+M_3$。 d) 按照表 12 中式(1)求出实测折算热负荷。 供暖额定热输入准确度按式(A.3)计算： $$\Phi_{cr}=\frac{\Phi_c-\Phi'_c}{\Phi'_c}\times 100\% \qquad (A.3)$$ 式中： Φ_{cr}——供暖额定热输入准确度； Φ_c——供暖实测折算热负荷； Φ'_c——供暖额定热负荷

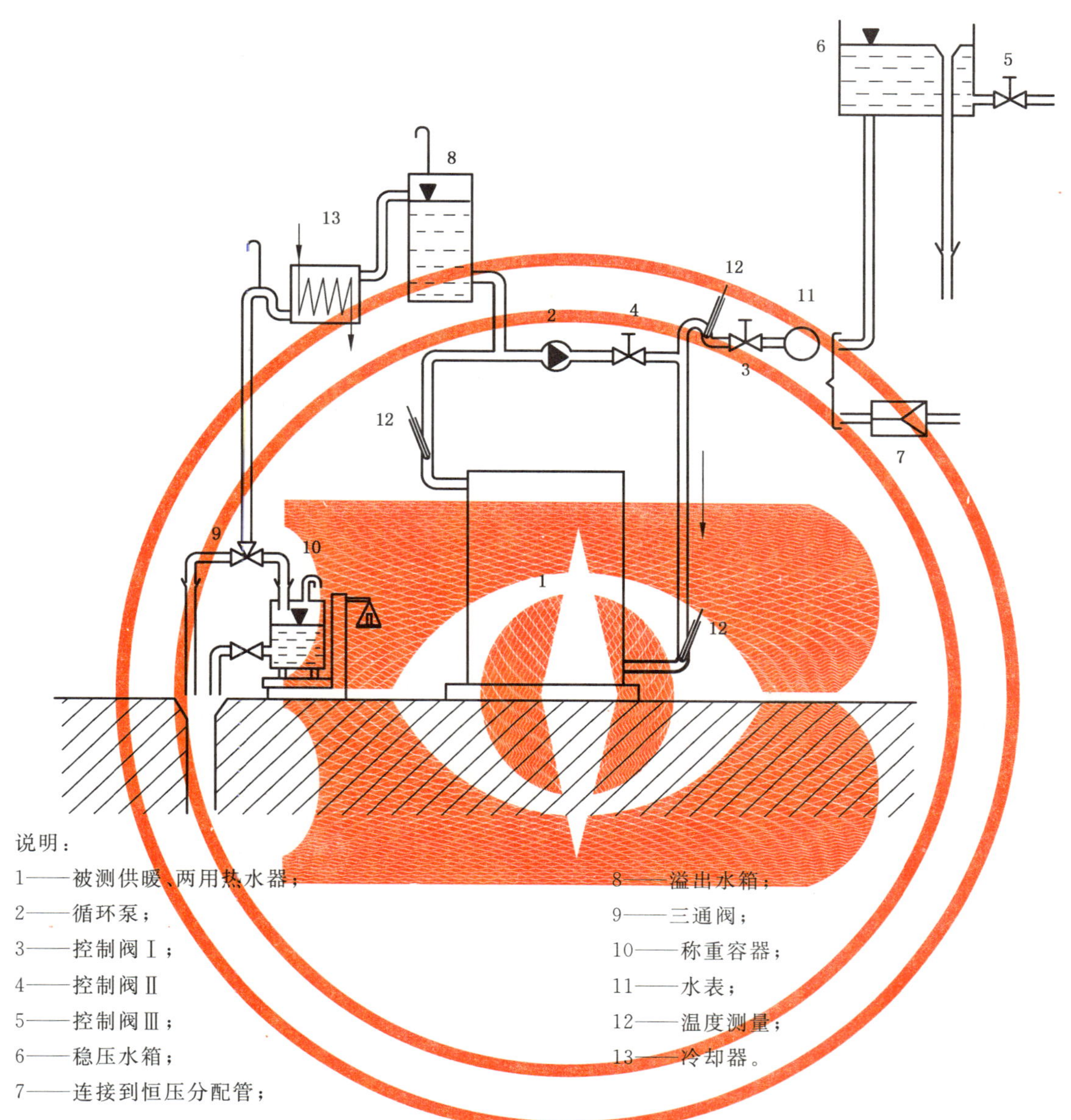

说明：

1——被测供暖、两用热水器；

2——循环泵；

3——控制阀Ⅰ；

4——控制阀Ⅱ

5——控制阀Ⅲ；

6——稳压水箱；

7——连接到恒压分配管；

8——溢出水箱；

9——三通阀；

10——称重容器；

11——水表；

12——温度测量；

13——冷却器。

图 A.1　供暖效率循环法的试验装置

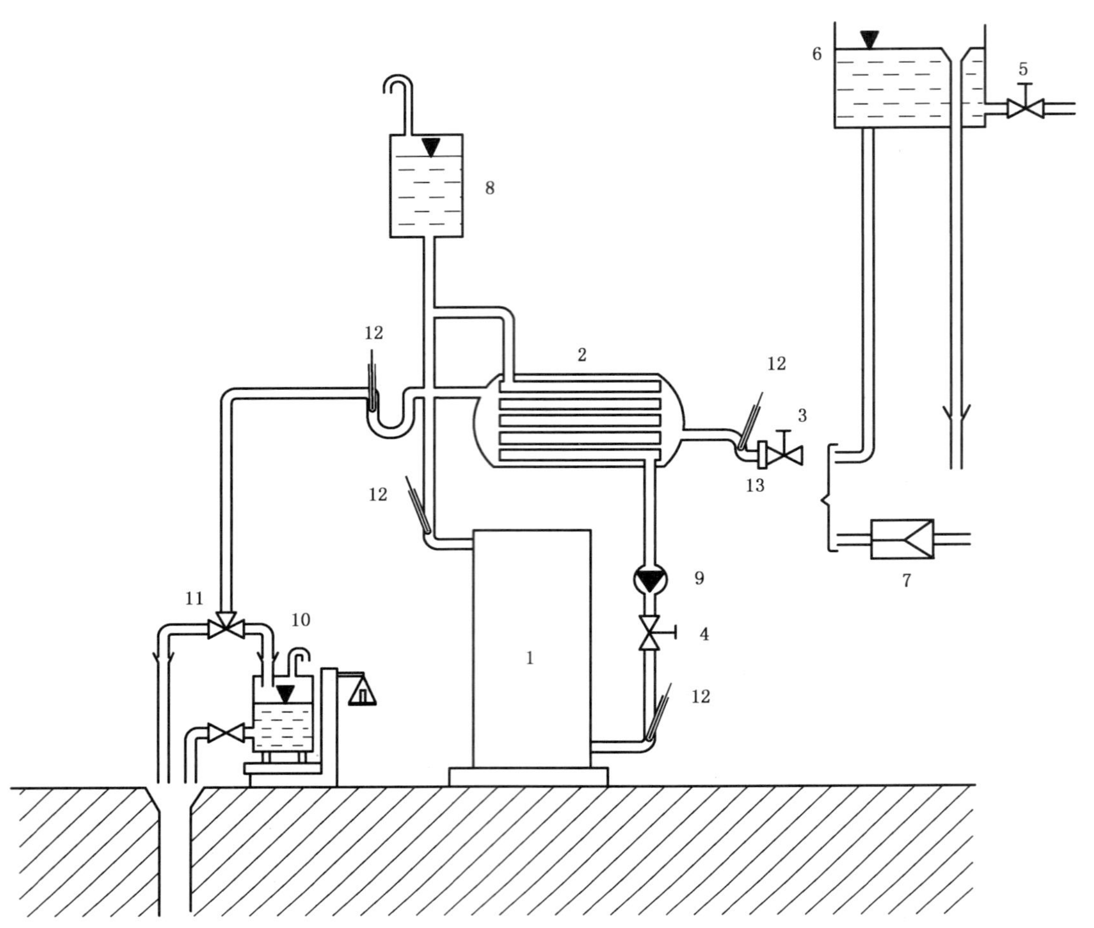

说明：

1——被测供暖、两用热水器；
2——交换器；
3——控制阀Ⅰ；
4——控制阀Ⅱ；
5——控制阀Ⅲ；
6——稳压水箱；
7——或连接到恒压分配管；
8——膨胀水箱；
9——循环泵；
10——称重容器；
11——三通阀；
12——温度测量；
13——水压表。

图 A.2　供暖效率热交换法的试验装置

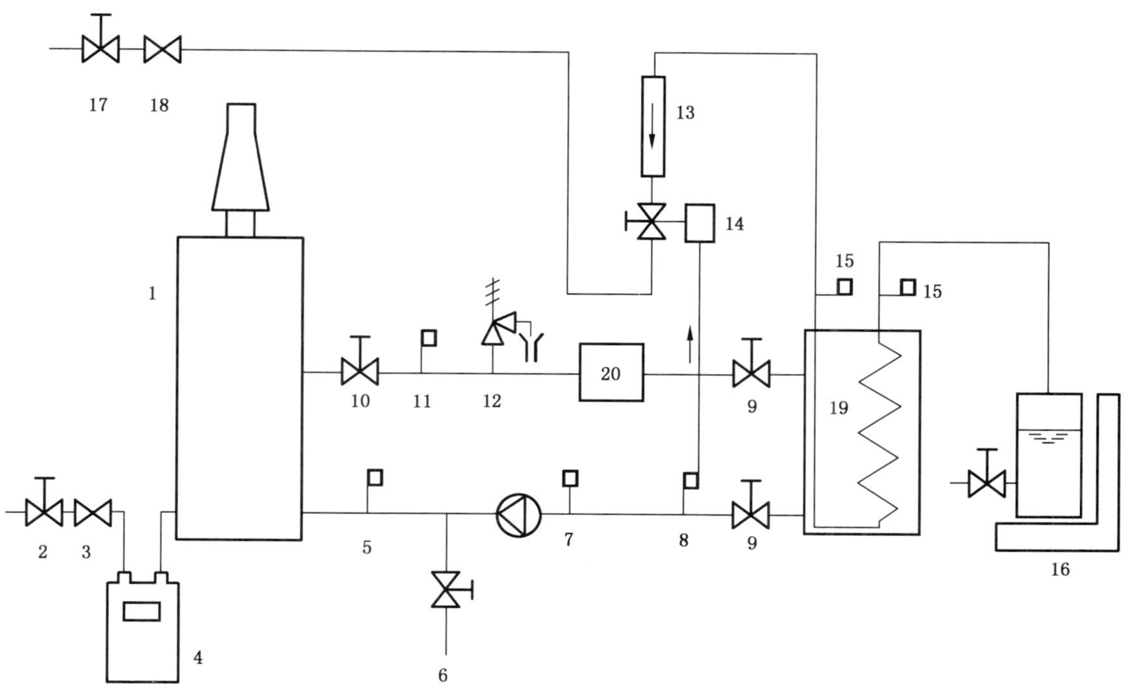

说明：

1 ——被试验供暖、两用热水器；
2、17 ——截止阀；
3 ——燃气流量调节阀；
4 ——燃气表；
5、8、11、15 ——温度计；
6 ——排水阀；
7 ——膨胀容器；
9、10 ——控制阀Ⅱ；
12——控制安全阀；
13——流量计；
14——控制阀Ⅰ；
16——带计量容器；
18——控制阀Ⅲ；
19——热交换器；
20——热缓冲器(可省略)。

图 A.3 热效率试验示意图

附 录 B
（规范性附录）
冷凝式热水器的特殊要求

B.1 概述

本附录是对家用冷凝式供热水燃气快速热水器、家用冷凝式供暖燃气快速热水器、家用冷凝式两用型燃气快速热水器在材料及结构、性能要求和试验方法方面的特殊要求，是对正文第5章、第6章、第7章及附录A的A.2、A.3、A.4的补充。自然排气、自然给排气式热水器及使用人工煤气的热水器不适用于本附录。

B.2 材料及结构要求

B.2.1 与冷凝水接触的材料

与冷凝水接触的热交换器所有部件和可能与冷凝水接触的其他部件，应使用耐腐蚀的材料或表面进行防腐处理的材料，以便保证按照制造商说明安装、使用和维护的冷凝式热水器，有合理的使用寿命。

B.2.2 冷凝水的排出

冷凝式热水器工作期间热交换器内产生的冷凝水，应用排出管排出。

B.2.3 冷凝水收集装置和排出系统的结构

B.2.3.1 冷凝水排出外部连接管内径宜不小于13 mm。
B.2.3.2 冷凝水收集装置和排出系统应方便检查和清洁。
B.2.3.3 冷凝水收集装置的水封槽深度不应低于25 mm。
B.2.3.4 冷凝水收集装置和冷凝水排出系统应方便拆卸、安装。
B.2.3.5 冷凝水收集装置应保证密封性，不应有冷凝水渗漏。
B.2.3.6 冷凝式热水器在运行期间，在燃烧室最大压力下冷凝水收集装置应能防止烟气泄漏。
B.2.3.7 与冷凝水接触的部件表面应能防止冷凝水滞留（除排水管、水封槽、中和装置和虹吸管以外的部分）的结构。

B.2.4 自动防冻安全装置

室外型冷凝式热水器（安装在有冻结的地区时）的水路系统、冷凝水收集和排出系统应设置自动防冻安全装置，应能防止水路系统、冷凝水收集和排出系统的冻结。

B.2.5 烟气限温装置

B.2.5.1 冷凝式热水器排烟管的材料如使用耐腐蚀、耐燃性的非金属材料，排烟管中含有一些受温度影响的材料（包括密封材料）时，应设置限温装置，当排出的烟气温度超过制造商规定的排烟管所能承受的最高温度时，冷凝式热水器应能安全关闭。
B.2.5.2 烟气限温装置应是不可调节的，应使用专用工具方可拆卸。

B.3 性能要求

见表 B.1。

表 B.1 性能要求

项目		性能要求	试验方法	适用机种		
				Q	G	W
冷凝式供热水热水器热效率(按低热值)		额定热负荷时不小于96%	表 27	○	○	○
		≤50%额定热负荷时不小于94%		○	○	○
冷凝式供暖热水器热效率(按低热值)		额定热负荷时不小于94%	表 A.5 B.4.2 表 27	—	○	○
		≤50%额定热负荷时不小于92%		—	○	○
冷凝式两用热水器	供暖热效率(按低热值)	额定热负荷时不小于94%		—	○	○
		≤50%额定热负荷时不小于92%		—	○	○
	供热水热效率(按低热值)	额定热负荷时不小于96%		—	○	○
		≤50%额定热负荷时不小于94%				
冷凝水的形成	只在规定的位置形成并应顺利地排出		B.4.3	○	○	○
燃烧工况	正常状态	排烟温度<110 ℃	B.4.4.1	○	○	○
	特殊状态	堵塞冷凝水排出口，当烟气中 CO 浓度≥0.2%之前应关闭冷凝式热水器，且无冷凝水从冷凝式热水器中泄漏	B.4.4.2	○	○	○
冷凝水的排放	向地表面直接排放的冷凝水应符合：pH6～8.5 的要求		B.4.5	○	○	○
注："○"表示适用，"—"表示不适用。						

B.4 试验方法

B.4.1 实验室条件

实验室空气相对湿度(70±10)%。

B.4.2 ≤50%额定热负荷时供暖热效率

B.4.2.1 概述

供暖、两用热水器设定在负荷为30%以下额定热负荷进行测试，对于额定热负荷可调节供暖、两用热水器，为最大额定热负荷和最小额定热负荷的算数平均值30%时的热效率测试值。

B.4.2.2 直接方法

B.4.2.2.1 试验条件：按照7.1及A.4.1的条件安装供暖、两用热水器，使用0-2气；额定电压；在整个测试过程中，应使水流量稳定在±1%以内，循环泵应连续运行。

B.4.2.2.2 试验方法一：

a) 将供暖、两用热水器安装在图 A.3 所示测试台上，或其他等效隔热测试台上。

b) 通过调节控制阀Ⅰ和控制阀Ⅱ，使供暖、两用热水器回水温度保持在(47±1)℃，测试期间温度变化不应超过±1 K。当供暖、两用热水器控制器不能使其在足够低的回水温度下运行时，应在供暖、两用热水器所能达到的最低回水温度下测试。

c) 按表 B.3 中的公式，计算出运行和停机时间。通过室内温控器或人工方式控制供暖、两用热水器的工作，设定 10 min 为一个循环。

d) 在尽可能接近供暖、两用热水器的出水和回水口处连续测量出水和回水温度。

e) 在测试系统达到热平衡后，按额定热负荷时供暖热效率的试验方法连续进行 3 次热效率测量，当 3 次测试结果中的任何两个结果的偏差不超过 0.5%时，按最终结果为 3 次测量值的算数平均值为准。否则，应连续测试至少 10 次，最终结果为各次测量值的平均值。

f) 对于 30%额定热负荷允许有±1%的偏差。当偏差更大且不高于±2%时，应进行两次测试，一次在高于 30%的额定热输入下测试，一次在低于 30%额定热输入下测试，然后采用算数平均值法确定对应于 30%额定热输入的热效率。

B.4.2.2.3 试验方法二：

a) 将供暖、两用热水器安装在图 A.2 或图 A.3 所示的测试台上，或其他等效隔热测试台。

b) 供暖、两用热水器进、出水温度，运行和停机均由热水器控制器控制。

c) 根据换热器入水温度，经计算后，控制给换热器的给水量，使得换热器的换热量为供暖、两用热水器额定热负荷(对于额定热负荷可调节供暖、两用热水器，为最大额定热负荷和最小额定热负荷的算数平均值)的(30±2)%。然后在尽可能接近供暖、两用热水器出水和回水处，连续测量温度。

d) 供暖、两用热水器平均出水温度应大于等于 50 ℃。当供暖、两用热水器控制器不能使其在足够低的回水温度下运行时，则应在供暖、两用热水器所能达到的最低回水温度下测试。

e) 测量在整个循环中消耗的相应的燃气和水。

f) 使用式(A.1)来计算热效率。需要连续测量换热器给水温度 t_{1i} 和出水口温度 t_{2i}，并记录每两次测温读数间隔时间段内所对应的水的消耗量 ΔM_i。此时，对一个完整的测试过程，式(A.1)中的分子为：

$$4.186\times\sum\Delta M_i\times(t_{2i}-t_{1i})+D_{\mathrm{p}}$$

g) 当连续 3 次测试结果中的任何两次结果的偏差不超过 0.5%时，就认为测试系统达到了热平衡，最终结果应为最少连续 3 次测试结果的算术平均值。否则，应连续测试至少 10 次，最终结果为各次测量值的平均值。

h) 对于 30%额定热负荷允许有±1%的偏差。当偏差更大且不高于±2%时，应进行两次测试，一次在高于 30%的额定热输入下测试，一次在低于 30%额定热输入下测试，然后采用算数平均值法确定对应于 30%额定热输入的热效率。

B.4.2.3 间接方法

B.4.2.3.1 供暖、两用热水器在水温 50℃时、额定热负荷，将出水温度设置为(60±2)℃，回水温度设为(40±1)℃，在额定热负荷(对于额定热负荷可调节供暖、两用热水器，为最大额定热负荷和最小额定热负荷的算术平均值)下的试验，将测试值定为 η_1。

B.4.2.3.2 通过控制器设定的最低热负荷下的热效率：

a) 如果供暖、两用热水器为可连续调节主燃烧器或是分两级控制主燃烧器，则将供暖、两用热水器调节到最小热输入状态，使出水温度保持在(55±2)℃，回水温度保持在(45±1)℃。按表 A.5 第 5 项(2)试验方法测量热效率，将测定值记录为 η_2。

b) 如果供暖、两用热水器为两段可连续调节或是分三段或三段以上调节主燃烧器，将供暖、两用热水器分别调节到热输入大于额定输入热量的30%和小于额定输入的30%。按表A.5第5项(2)试验方法测量热效率。

测试值分别标记为：

——对于较大的热负荷，η_{21}；

——对于较小的热负荷，η_{22}。

B.4.2.3.3 待机损失：

a) 测试系统如图B.1所示。对连接系统各部分的回路进行保温处理，并尽可能缩短回路。测试前，应预先测定在不同流量下试验装置的固有热损失和循环泵的热影响，测试方法见附录G。

b) 将供暖、两用热水器装上制造商规定的最大直径的给排气管。

c) 使供暖、两用热水器的出水温度处在高于环境温度(30±5)K的温度值。

d) 关断燃气供应阀门，使泵11和供暖、两用热水器内置循环泵停机，并将冷却系统的热交换回路12关闭。

e) 调节泵5的流量，使电热器具6和被测试供暖、两用热水器之间的水连续循环，并使供暖、两用热水器进出水之间的最大温差保持在2 ℃～4 ℃；调节电热器具6的功率，在稳定状态下，系统平均水温比环境温度高(30±5)K。

f) 试验过程中，环境温度变化不应超过2 ℃/h。

g) 记录以下测试值：

对平均水温为50 ℃，环境温度为20 ℃的待机损失 p_s(kW)，采用式(B.1)进行计算：

$$p_s = p_m \left[\frac{30}{T - T_A}\right]^{1.25} \qquad \text{(B.1)}$$

式中：

p_m——对测试装置热损失及泵5的热影响校正后，辅助电热器具6消耗的电功率，单位为千瓦(kW)；

T ——被测供暖、两用热水器进、出水平均水温，单位为摄氏度(℃)；

T_A——试验过程中的环境温度，单位为摄氏度(℃)。

h) 测试过程中供暖、两用热水器内风机的影响：

——对于待机期间风机不运行的供暖、两用热水器，在进行测试时将风机断电；

——对于待机期间风机持续运行的供暖、两用热水器，在进行测试时应保持风机以待机转速继续运行；

——对于在待机期间风机只在一定时间段内运行的(如供暖、两用热水器前后清扫或间歇运行)，分别在风机停转(p_{s1})和运行(p_{s2})的情况下进行测定。

在此情况下，表B.3计算公式中的：

$$(+0.8\Phi_3 t_3 - p_s t_3)$$

应采用如下部分来代替：

$$(+0.8\Phi_3 t_3 - p_{s1}(t_{3-} t_F) - p_{s2} t_F)$$

式中：

t_F——为待机期间风扇运行的时间，单位为秒(s)。

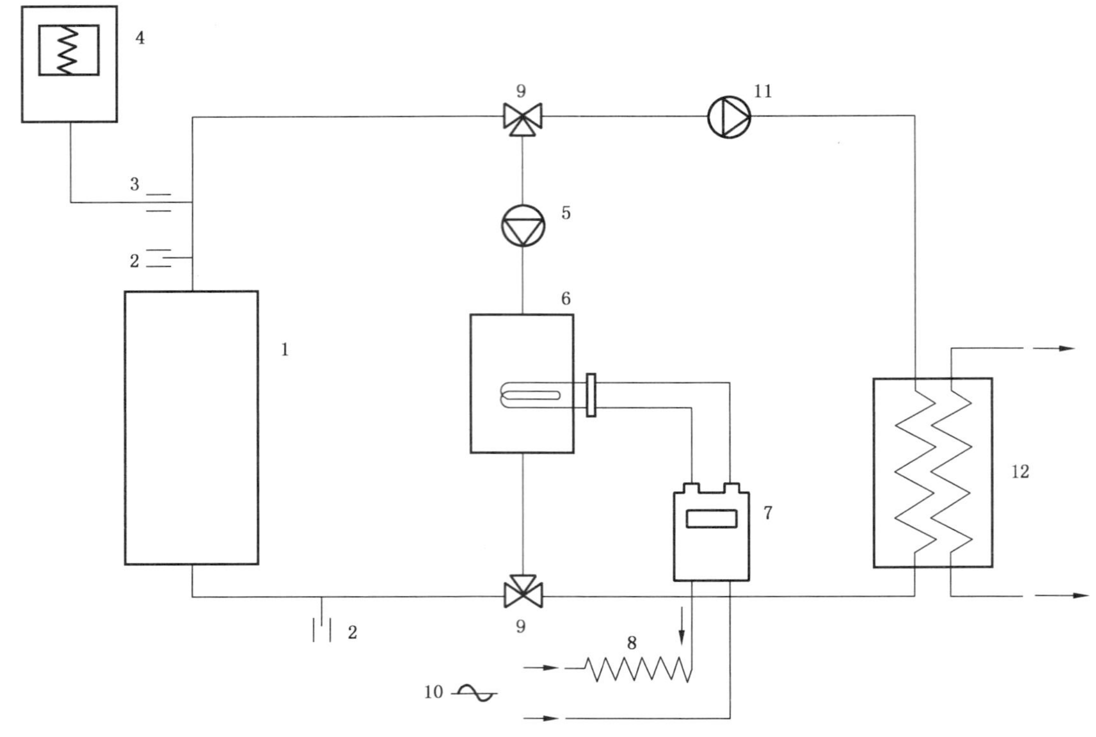

说明：

1——被测供暖、两用热水器；
2——温度探头；
3——低热惰性热电偶；
4——温度记录仪；
5——水泵(能使进出水温度差在 2 ℃～4 ℃范围内)；
6——辅助电加热装置；
7——电功率测量装置；
8——稳压器；
9——三通阀；
10——电源；
11——辅助水泵(备用)；
12——热交换器。

图 B.1 待机热损失试验装置示意图

B.4.2.3.4 带常明火点火燃烧器的热量系数：

在平均水温为 50 ℃，环境温度为 20 ℃的工况下，常明火点火燃烧器的热量 Φ_3 的热量系数为 0.8。

B.4.2.3.5 计算：

针对一个控制循环，计算在 30%的额定热负荷(对于额定热负荷可调节热水器，为最大额定热负荷和最小额定热负荷的算术平均值)和平均水温为 50 ℃时的效率，采用表 B.2 中给出的符号。

表 B.2 计算≤50%额定热负荷下的效率所需要的符号和量

主燃烧器的运行阶段	热输入/kW	运行时间/s	在 50 ℃时测定值效率/%
满负荷	Φ_1	t_1	η_1
部分负荷	Φ_2	t_2	η_2
部分负荷>$0.3\Phi_1$	Φ_{21}	t_{21}	η_{21}
部分负荷<$0.3\Phi_1$	Φ_{22}	t_{22}	η_{22}
受控停机	Φ_3	t_3	待机损失 p_s(kW)

根据在 10 min 一个循环过程中有效能量与燃气供应的能量之间的比值来计算热效率。

根据供暖、两用热水器的控制方式，与表 B.3 中的公式进行对应，可以将运行的循环方式分类如下：

a) 连续运行，$\Phi_2 = 0.3\Phi_1$（固定的部分负荷或可调到的负荷）；

b) 满负荷运行/受控停机（一个固定负荷）；

c) 部分负荷运行/受控停机（一个或多个固定的部分负荷或连续可调负荷，其中最低输入热负荷 $\Phi_{21} > 0.3\Phi_1$）（或按循环方式 f），其被设计成在满负荷下点火）；

d) 满负荷运行/部分负荷运行（一个或多个固定的部分负荷，其中的最低输入热负荷 $\Phi_{22} < 0.3\Phi_1$）；

e) 在两个部分负荷下运行（其中 $\Phi_{21} > 0.3\Phi_1$ 以及 $\Phi_{22} < 0.3\Phi_1$）；

f) 满负荷运行/部分负荷运行/受控停机（设计形式为：在满负荷 Φ_1 的条件下、在时间 t_1 内点火；具有一个或几个固定部分负荷或负荷连续可调，使得循环包括一个受控停机（$t_3 > 0$）；其他情况采用循环方式 d）。

最终按表 B.3 给出的公式计算热效率。

表 B.3 ≤50%额定热负荷热效率的计算

运转条件		输入热量	周期时间/s	测定值	有效效率
1	30%的部分负荷	$\Phi_2 = 0.3 \cdot \Phi_n$	$t_2 = 600$	η_2	$\eta_u = \eta_2$
2	满负荷控制停机	$\Phi_i = \Phi_n$[a] Φ_3＝永久点火燃烧器	$t_1 = \dfrac{180\Phi_1 - 600\Phi_3}{\Phi_1 - \Phi_3}$ $t_2 = 600 - t_1$	η_1 p_s	$\eta_u = \dfrac{\dfrac{\eta_1}{100}\Phi_1 t_1 + 0.8\Phi_3 t_3 - p_s t_3}{\Phi_1 t_1 + \Phi_3 t_3} \times 100\%$
3	部分负荷控制停机	$\Phi_2 > 0.3 \cdot \Phi_n$ Φ_3＝永久点火燃烧器	$t_{21} = \dfrac{180\Phi_1 - 600\Phi_3}{\Phi_{21} - \Phi_3}$ $t_3 = 600 - t_2$	η_{21} p_s	$\eta_u = \dfrac{\dfrac{\eta_2}{100}\Phi_{21} t_{21} + 0.8\Phi_3 t_3 - p_s t_3}{\Phi_{21} t_{21} + \Phi_3 t_3} \times 100\%$
4	满负荷部分负荷	$\Phi_i = \Phi_n$[a] $\Phi_{22} < 0.3 \cdot \Phi_n$	$t_1 = \dfrac{180\Phi_1 - 600\Phi_{22}}{\Phi_1 - \Phi_{22}}$ $t_{22} = 600 - t_1$	η_1 η_{22}	$\eta_u = \dfrac{\dfrac{\eta_1}{100}\Phi_1 t_1 + \left(\dfrac{\eta_{22}}{100}\right)\Phi_{22} t_{22}}{\Phi_1 t_1 + \Phi_{22} t_{22}} \times 100\%$
5	部分负荷 1 部分负荷 2	$\Phi_{21} > 0.3 \cdot \Phi_n$ $\Phi_{22} < 0.3 \cdot \Phi_n$	$t_{21} = \dfrac{180\Phi_1 - 600\Phi_{22}}{\Phi_{21} - \Phi_{22}}$ $t_{22} = 600 - t_{21}$	η_{21} η_{22}	$\eta_u = \dfrac{\dfrac{\eta_{21}}{100}\Phi_{21} t_{21} + \dfrac{\eta_{22}}{100}\Phi_{22} t_{22}}{\Phi_{21} t_{21} + \Phi_{22} t_{22}} \times 100\%$
6	满功率部分负荷控制停机	$\Phi_i = \Phi_n$[a] Φ_2 Φ_3＝永久点火燃烧器	t_1＝测定值（见附录 H） $t_{21} = \dfrac{(180 - t_1)\Phi_1 - (600 - t_1)\Phi_3}{\Phi_2 - \Phi_3}$ $t_3 = 600 - (t_1 + t_2)$	η_1 η_2 p_s	$\eta_u = \dfrac{\dfrac{\eta_1}{100}\Phi_1 t_1 + \dfrac{\eta_2}{100}\Phi_2 t_2 + 0.8\Phi_3 t_3 - p_s t_3}{\Phi_1 t_1 + \Phi_2 t_2 + \Phi_3 t_3} \times 100\%$

[a] 对于可设置范围的供暖、两用热水器，采用最大和最小输入热量的算数平均值 Φ_a 来代替额定热输入 Φ_n。

B.4.3 冷凝水的形成

燃气条件：0-2，冷凝式热水器在最大负荷状态下连续燃烧，并产生持续流出的冷凝水时，检验冷凝水的形成符合表 B.1 的要求。

B.4.4 燃烧工况

B.4.4.1 正常状态

燃气条件：0-2，在最大负荷状态下连续运行 15 min 后，在排烟口处测定排烟温度，符合表 B.1 的要求。

B.4.4.2 特殊状态

燃气条件：0-2，在最大负荷状态下连续运行，堵塞冷凝水出口，直至热水器关闭，验证烟气中CO浓度应符合表B.1的要求。

B.4.5 冷凝水的排放

燃气条件：0-2，正常燃烧稳定后，在冷凝水排出装置出口收集冷凝水50 mL，放置室内温度后，再进行pH检验，检验结果符合表B.1的排放要求。

附　录　C
（规范性附录）
使用交流电热水器的电气安全

C.1　试验的一般条件

C.1.1　热水器型式检验时应按本附录全部项目进行。

C.1.2　热水器例行出厂检验时每台至少应进行以下项目试验：

a)　接地连接试验：按照 C.14.5 进行；

b)　电气强度试验：按照 C.9.3 进行。

C.1.3　热水器中的任一运动部件，都应处于正常使用中可能出现的最不利的位置上进行试验。

C.1.4　带有控制器或开关装置的热水器，如果它们的整定位置可以由用户改动，则应将这些控制器或装置调到最不利的整定位置上进行。

C.1.5　试验在无强制对流空气且环境温度为(20 ±5)℃的场所进行。

C.2　防护等级

C.2.1　在电击防护方面，器具的防护等级应为Ⅰ类或Ⅱ类或Ⅲ类。

热水器应符合如下要求：

进入热水器的电压直接从电网获得，其电击防护不仅依靠于基本绝缘，而且应将易触及的导电部件连接到设施固定布线中的接地保护导体上，以使得基本绝缘失效时，易触及的导电部件不会带电。

当热水器使用的安全特低电压从电网获得时，应通过一个安全隔离变压器（或一个带分离绕组的转换器），安全隔离变压器（或带分离绕组的转换器）的绝缘应符合双重绝缘或加强绝缘的要求，安全隔离变压器应符合 GB 19212.10 技术要求的规定，安全隔离变压器（或带分离绕组的转换器）应是随机配件。

进入热水器的电压为安全特低电压，或非电网提供的特低电压，其电击防护依靠于基本绝缘。

通过视检和相关的试验确定其是否合格。

C.2.2　在防水等级方面，热水器应符合如下要求：

室内型热水器的外壳防护等级应不低于 IPX2；可以安装在浴室内的热水器外壳防护等级应不低于 IPX4；室外型热水器应不低于 IPX5。

通过视检和相关的试验确定其是否合格。

注：防水等级选择在 GB 4208 中给出。

C.3　标志和说明

C.3.1　热水器标志内容应符合 GB 4706.1—2005 中 7.1 的规定。

C.3.2　当使用符号时应符合 GB 4706.1—2005 中 7.6 的规定。

C.3.3　热水器除 Z 型连接以外，用于与电网连接的接线端子应按下述方法标示：

——专门连接中线的接线端子，应该用字母 N 标示；

——保护接地端子，应用 GB/T 5465.2 规定的符号 5019 标明。

这些表示符号不应放在螺钉、可取下的垫圈或在连接导线时能被取下的其他部件上。

通过视检确定其是否合格。

C.3.4 对于有电源软线采用 Y 型连接的热水器，使用说明应包括下述内容：

——“如果电源软线损坏，为了避免危险，应由制造商、其维修部或类似部门的专业人员更换”。

对于 Z 型连接的热水器，使用说明应包括下述内容：

——“电源软线不能更换，如果软线损坏，此热水器应废弃”。

C.3.5 热水器标志应清晰易读并持久耐用，应符合 GB 4706.1—2005 中 7.14 的规定。

C.3.6 C.3.1 规定的热水器标志，应标在热水器的主体上。

C.4 对触及带电部件的防护

C.4.1 热水器的结构和外壳应使其对意外触及带电部件有足够的防护，包括不借用工具就可打开和取下的可拆卸部件。

C.4.2 Ⅱ类器具和Ⅱ类结构，其结构和外壳对与基本绝缘以及仅用基本绝缘与带电部件隔开的金属部件意外接触，应有足够的防护。

C.4.3 与燃气管路及水路有连接的属Ⅱ类器具Ⅱ类结构的带电部件，其金属部分与燃气管路有导体性连接或与水路有任何电气接触时，都应采用双重绝缘或加强绝缘与带电部件隔离。

C.4.4 带有高压点火的脉冲发生装置，应采取预防措施，防止与高压源接触。在脉冲发生装置或热水器外表应有明显的防护性警示。

C.4.5 按 GB 4706.1—2005 中第 8 章的要求试验。

C.5 输入功率和电流

如果热水器标有额定输入电功率，热水器在正常工作温度下，其输入功率对额定输入功率的偏离不应大于表 C.1 中所示的偏差。

表 C.1 输入功率偏差

热水器类型	额定输入功率/W	偏　　差
所有热水器	≤25	＋20％
具有电加热和组合型热水器	＞25 且≤200	±10％
	＞200	＋5％或 20 W(选较大的值) －10％
含有电动器具的热水器	＞25 且≤300	＋20％
	＞300	＋15％或 60 W(选较大值)

对于组合型热水器，如果电动机的输入功率大于热水器额定输入功率的 50％，则含有电动器具的热水器偏差适用于该热水器。

C.6 电机绕组温升

热水器以 0.94 倍和 1.06 倍额定电压之间的最不利电压供电，在正常工作状态下，工作时间至最不利条件对应的时间。连续测量温升符合表 C.2 要求。

试验期间要连续监测温升，温升不得超过表 C.2 中所示的值。

保护装置不应动作，并且密封剂不应流出。

表 C.2 最大正常温升

绕组级别 （绕组[a]，如果绕组绝缘符合 IEC 60085 的规定）	最大正常温升/K
——A 级	75(65)
——E 级	90(80)
——B 级	95(85)
——F 级	115
——H 级	140

[a] 考虑到通用电动机的绕组平均温度通常高于绕组上放置热电偶各点的温度这一情况，使用电阻法测量时，温升以不带括号的数值为准；使用热电偶时，温升以带括号的数值为准，但对交流电动机的绕组，不带括号的数值对两种方法均适用。

C.7 工作温度下的泄漏电流和电气强度

C.7.1 在工作温度下，热水器的泄漏电流不应过大，并且其电气强度应满足下列规定要求：

a) 符合 C.7.2 和 C.7.3；

b) 热水器工作的时间一直延续至正常使用时最不利条件产生所对应的时间；

c) 以 1.06 倍的额定电压供电。

在进行该试验前断开保护阻抗和无线电干扰滤波器。

C.7.2 泄漏电流通过用 GB/T 12113—2003 中图 4 所描述的电路装置进行测量，测量在电源的任一极和连接金属箔的易触及金属部件之间进行。被连接的金属箔面积不超过 20 cm×10 cm，并与绝缘材料的易触及表面相接触。

对单相热水器，其测量电路在下述图中给出：

——如果是Ⅱ类器具，见 GB 4706.1—2005 中图 1 给出；

——如果是非Ⅱ类器具，见 GB 4706.1—2005 中图 2 给出。

将选择开关分别拨到 a、b 的每个位置来测量泄漏电流。

热水器工作的时间一直延续至正常使用时最不利条件产生所对应的时间之后，泄漏电流不应超过下列值：

——对Ⅱ类器具 0.25 mA；

——对Ⅰ类器具 0.75 mA。

如果热水器装有在试验期间动作的热控制器，则应在控制器断开电路之前的瞬间测量泄漏电流。

在被测表面上，金属箔要有尽可能大的面积，但不超过规定的尺寸。如果金属箔面积小于被测表面，则应移动该金属箔以便测量还表面的所有部分，此金属箔不应影响器具的散热。

注 1：GB/T 12113—2003 中图 4 所示的电压表应能测量电压的实际有效值。

注 2：开关处于断开位置来进行试验，是为了验证连接在一个单极开关后面的电容器不产生过高的泄漏电流。

注 3：推荐热水器通过一个隔离变压器供电，否则热水器应与地绝缘。

C.7.3 按照 GB/T 17627.1 的规定，断开热水器电源后，热水器绝缘立即经受频率为 50 Hz 或 60 Hz 的电压，历时 1 min。

用于此试验高压电源在其输出电压调整到相应试验电压后，应能在输出端子之间供给一个短路电流 I_s，电路的过载释放器对低于跳闸电流 I_r 的任何电流均不动作。不同高压电源的 I_s 和 I_r 值见表

C.4。

试验电压施加在带电部件和易触及部件之间，非金属部件用金属箔覆盖，对在带电部件和易触及部件之间有中间金属件的Ⅱ类结构，要分别跨越基本绝缘和附加绝缘来施加电压。

试验电压值应符合表 C.3 的规定。

表 C.3 电气强度试验电压

绝缘	试验电压/V			
	额定电压[a]			工作电压(U)
	安全电压 SELV	≤150 V	>150 V 和≤250 V[b]	>250 V
基本绝缘	500	1 000	1 000	1.2U+700
附加绝缘		1 250	1 750	1.2U+1 450
加强绝缘		2 500	3 000	2.4U+2 400

[a] 对多相热水器，额定电压是指相线与中性或地线之间的电压。对 480 V 的多相器具，试验电压按照额定电压>150 V 和≤250 V 的范围进行规定。

[b] 对额定电压≤150 V 的热水器，测试电压施加到工作电压在>150 V 和≤250 V 范围内的部件上。

在试验其间，不应出现击穿。

注 1：应注意避免电子电路元件的过应力。

注 2：可忽略不造成电压下降的辉光放电。

注 3：用于此试验的高压电源在其输出电压调到相应试验电压之后，应能在输出端子之间供给一个短路电流 I_s。电路的过载释放器对低于跳闸电流 I_r的任何电流均不动作。用来测量试验电压有效值(r.m.s)的电压表，按照 IEC 51-2 应至少是 2.5 级。各种高压电源的 I_s和 I_r值，在表 C.4 中给出。

表 C.4 高电压电源的特性

试验电压/V	最小电流/mA	
	I_s	I_r
<4 000	200	100
≥4 000 和<10 000	80	40
≥10 000 和≤20 000	40	20

注：此电流是以在该电压范围的上限，短路和释放能量分别为 800 VA 和 400 VA 为基础计算得出的。

C.7.4 对自然给排气式热水器(P 类)、强制给排气式热水器(G 类)、室外型热水器(W 类)应在进行喷淋试验后再重复 C.7.1、C.7.2 、C.7.3 试验。

C.8 耐潮湿

C.8.1 热水器外壳应按器具分类并按 GB 4208 的要求提供相应的防水等级。

C.8.2 热水器应能抵挡在正常使用中可能出现的潮湿条件，安装在浴室内和室外的热水器按 GB 4706.1—2005中 15.3 的要求进行试验。

C.9 泄漏电流和电气强度

C.9.1 热水器的泄漏电流不应过大，并且其电气强度应符合规定的要求。

通过 C.9.2 和 C.9.3 的试验确定其是否合格。

在进行试验前，保护阻抗要从带电部件上断开。

使热水器处于室温，且不连接电源的情况下进行该试验。

C.9.2 交流试验电压施加在带电部件和连接金属箔的易触及金属部件之间。被连接的金属箔面积不超过 20 cm×10 cm，它与绝缘材料的易触及表面相接触。

试验电压：

——对单相热水器，为 1.06 倍的额定电压，

在施加试验电压后的 5 s 内，测量泄漏电流。

泄漏电流不应超过下列值：

——对Ⅱ类器具 0.25 mA

——对Ⅰ类器具 0.75 mA

如果所有的控制器在所有各级中有一个断开位置，则上面规定的泄漏电流限定值增加一倍。如果为下述情况，上面规定的泄漏电流限定值也应增加一倍：

——热水器带有无线电干扰滤波器。在这种情况下，断开滤波器时的泄漏电流应不超过规定的限值。

C.9.3 在 C.9.2 试验之后，绝缘要立即经受 1 min 频率为 50 Hz 或 60 Hz 基本正弦波的电压。表 C.5 中给出了适用于不同类型绝缘的试验电压值。绝缘材料的易触及部分，要用金属箔覆盖。

表 C.5 试验电压

绝缘方式	试验电压/V			
	额定电压[a]			工作电压(U)
	安全特低电压 SELV	≤150	＞150 和≤250[b]	＞250
基本绝缘	500	1 250	1 250	$1.2U+950$
附加绝缘	—	1 250	1 750	$1.2U+1\,450$
加强绝缘	—	2 500	3 000	$2.4U+2\,400$

[a] 对多相热水器，额定电压是指相线与中性或地线之间的电压。以在＞150 V 和≤250 V 的范围内的额定电压值作为 480 V 多相热水器的试验电压。

[b] 对额定电压≤150 V 的热水器，测试电压施加到工作电压在＞150 V 和≤250 V 范围内的部件上。

对入口衬套处、软线保护装置处或软线固定装置处的电源软线用金属箔包裹后，在金属箔与易触及金属部件之间施加试验电压，将所有夹紧螺钉用 GB 4706.1—2005 表 14 中规定力矩的三分之二值夹紧。

注 1：注意金属箔的放置，以使绝缘的边缘处不出现闪络。

注 2：表 C.4 对试验用的高压电源做了规定。

注 3：对同时带有加强绝缘和双重绝缘的Ⅱ类结构，要注意施加在加强绝缘上的电压不对基本绝缘或附加绝缘造成过应力。

注 4：在基本绝缘和附加绝缘不能分开单独试验的结构中，该绝缘经受对加强绝缘规定的试验电压。

注 5：在试验绝缘覆盖层时，可用一个砂袋使其有大约为 5 kPa 的压力来将金属箔压在绝缘上。该试验可限于那些绝缘可能薄弱的地方，例如：在绝缘的下面有金属锐棱的地方。

注 6：如果可行，绝缘衬层要单独试验。

注 7：注意避免对电子电路的元件造成过应力。

试验初始，施加的电压不超过规定电压值的一半，然后平缓地升高到规定值。

注：出厂检验可以采用上述试验电压的 120% 的电压通入 1 s 代替。

在试验期间不应出现击穿。

C.10 变压器和相关电路的过载保护

热水器带有由变压器供电的电路时，其结构应使得在正常使用中可能出现短路时，该变压器内或与变压器相关的电路中，不会出现过高的温度。

注 1：例如在安全特低电压下工作的易接触及电路的裸导线或没有充分绝缘的导线的短路。

注 2：不考虑在正常使用中可能发生的基本绝缘失效。

通过施加正常使用中可能出现的最不利的短路或过载状况，来确定是否合格。热水器供电电压为 1.06 倍或 0.94 倍的额定电压，取两者中较为不利的情况。

安全特低电压电路中的导线绝缘层的温升值，不应超过 GB 4706.1—2005 表 3 中有关规定值的 15K。

绕组温升符合表 C.2 规定的值。但是，这些限制对于符合 IEC 61558-1 中 15.5 规定的无危害式变压器不适用。

C.11 结构

C.11.1 在正常使用时，其电气绝缘不受到在冷表面上可能凝结的水或从水阀、热交换器、接头和热水器的类似部分可能泄漏出的液体的影响。

通过视检确定其是否合格。

C.11.2 非自动复位控制器的复位钮，如果其意外复位能引起危险，则应防止或防护使得不可能发生意外复位。

通过视检确定其是否合格。

C.11.3 应有效地防止带电部件与热绝缘的直接接触，除非这种材料是耐腐蚀、不吸潮并且不可燃的。

通过视检确定其是否合格。

C.11.4 木材、棉花、丝、普通纸以及类似的纤维或吸湿性材料，除非经过浸渍，否则不应作为绝缘材料使用。

通过视检确定其是否合格。

C.11.5 热水器不应含有石棉。

通过视检确定其是否合格。

C.11.6 在安全特低电压下工作的部件与其他高于安全特低电压下工作的部件之间的绝缘，符合双重绝缘或加强绝缘的要求。

通过双重绝缘或加强绝缘规定的试验确定其是否合格。

C.11.7 其所有非安全特低电压下工作的部件与易触及的热水器部件和能触及到的气路及水路都应采用双重绝缘或加强绝缘隔离。

注：对触及带电部件的防护，可能会由于诸如金属导管的安装或带有金属护套的软缆的安装而受到影响。

通过视检确定其是否合格。

C.11.8 操作旋钮、手柄、操纵杆和类似零件的轴不应带电，除非将轴上的零件取下后，轴是不易触及的。

通过视检，并通过取下轴上的零件，甚至借助于工具取下这些零件后，用 GB 4706.1—2005 中 8.1 规定的试验探棒确定其是否合格。

C.11.9 对于非依靠安全特低电压防触电的结构，在正常作用中握持或操纵的手柄或旋钮等即使绝缘失效，也不应带电。如果这些手柄或旋钮是金属制成的，并且它们的轴或固定装置在绝缘失效的情况下可能带电，则应用绝缘材料充分的覆盖这些部件，或用附加绝缘将其易触及部分与它们的轴或固定装置隔开。

C.12 内部布线

C.12.1 热水器内部布线通路应光滑，而且无锐边棱边。

布线的保护应使它们不与那些可引起绝缘损坏的毛刺、冷却或换热用翅片或类似的棱缘接触。

有绝缘导线穿过的金属孔洞，应有平整、圆滑的表面或带有绝缘套管。

应有效地防止布线与运动部件接触。

通过视检确定其是否合格。

C.12.2 内部布线的绝缘应能经受住在正常使用中可能出现的电气应力。

通过下述试验确定其是否合格。

基本绝缘的电气性能应等效于 GB/T 5023.1 或 GB/T 5013.1 所规定的软线的基本绝缘，或者符合下述的电气强度测试。

在导线和包裹在绝缘层外面的金属箔之间施加 2 000 V 电压，持续 15 min，不应击穿。

注 1：如果导线的绝缘不满足这些条件之一，则认为该导线是裸露的。

注 2：该试验仅对承受电网电压的布线适用。

C.12.3 当套管作为内部布线的附加绝缘来使用时，它应采用可靠的方式保持在位。

通过视检并通过手动试验确定其是否合格。

注：如果套管只有在破坏或切断的情况下才能移动，或两端都被夹紧，则可认为属可靠的固定。

C.12.4 黄/绿组合双色标识的导线，应只用于接地导线。

通过视检确定其是否合格。

C.12.5 铝线不应用于内部布线。

注：绕组不被认为是内部布线。

通过视检确定其是否合格。

C.12.6 多股绞线在其承受接触压力之处，不应使用铅-锡焊将其焊在一起，除非夹紧装置的结构能使得此处不会出现由于焊剂的冷流变而产生不良接触的危险。

注 1：使用弹簧接线端子可满足本要求，仅拧紧夹紧螺钉不被认为是充分的。

注 2：允许多股绞线的顶端焊接。

通过视检确定其是否合格。

C.13 电源连接和外部软线

C.13.1 不打算永久连接到固定布线的热水器，应对其提供装有一个插头的电源软线。

通过视检确定其是否合格。

C.13.2 电源软线应通过下述方法之一安装到热水器上：

——Y 型连接；

——Z 型连接(如果相应的特殊要求中允许的话)。

通过视检确定其是否合格。

C.13.3 插头均不应装有多于一根的柔性软线。

通过视检确定其是否合格。

C.13.4 电源软线不应轻于以下规格:

——普通硬橡胶护套的软线为 GB/T 5013.1 中的 53 号线。

——普通氯丁橡胶护套软线为 GB/T 5013.1 中的 57 号线。

——普通聚氯乙烯护套软线为 GB/T 5023.1 中的 53 号线,热水器质量超过 3 kg。

通过视检和通过测量确定其是否合格。

C.13.5 电源软线的导线,应具有不小于表 C.6 中所示的标称横截面积。

表 C.6 导线的最小横截面

热水器的额定电流/A	标称横截面/mm^2
≤3	0.5[a] 和 0.75
>3 且≤6	0.75
>6～10	1
>10～16	1.5

[a] 只有软线或软线保护装置进入器具的那一点到进入插头的那一点之间的长度不超过 2 m,才可以使用这种软线。

通过测量确定其是否合格。

C.13.6 电源软线不应与热水器的尖点或锐边接触。

通过视检确定其是否合格。

C.13.7 带接地线热水器的电源软线应有一根黄/绿芯线,它连接在热水器的接地端子和插头的接地触点之间。

通过视检确定其是否合格。

C.13.8 电源软线的导线在承受接触压力之处,不应通过铅一锡焊将其合股加固,除非夹紧装置的结构使其不因焊剂的冷流变而存在不良接触的危险。

注 1:使用弹簧接线端子可满足本要求,仅拧紧夹紧螺钉不被认为是充分的。

注 2:允许多股绞线的顶端焊接。

通过视检确定其是否合格。

C.13.9 在将软线模压到外壳的局部时,该电源线的绝缘不应被损坏。

通过视检确定其是否合格。

C.13.10 电源软线入口的结构应使电源软线护套能在没有损坏危险的情况下穿入。除非软线进入开口处的外壳是绝缘材料制成,否则应增加不低于 1 mm 厚度的不可拆卸衬套或不可拆卸套管的附加绝缘。

通过视检确定其是否合格。

C.13.11 对 Y 型连接和 Z 型连接,应有软线固定装置,其固定装置应使导线在接线端处免受拉力和扭矩,并保护导线的绝缘免受磨损。

应不可能将软线推入热水器,以致于损坏软线或热水器内部部件的情况。

通过视检、手动试验并通过下述的试验来检查其合格性。

当软线经受 100 N 的拉力和 0.35 N·m 的扭矩时,在距软线固定装置约为 20 mm 处,或其他合适点做一标记。然后，在最不利的方向上施加规定的拉力，共进行25次，不得使用爆发力，每次持续1 s。在此试验期间，软线不应损坏，并且在各个接线端子处不应有明显的张力。再次施加拉力时，软线的纵向位移不应超过2 mm。

C.14 接地措施

C.14.1 万一绝缘失效，并可能引起触电事故，可能带电的易触及金属部件应永久并可靠地连接到热水器内的一个接地端子，或热水器输入插口的接地触点。

接地端子和接地触点不应连接到中性接线端子。

Ⅱ类和Ⅲ类器具不应有接地措施。

通过视检确定其是否合格。

C.14.2 接地端子的夹紧装置应充分牢固，以防止意外松动。

接地端子不应兼作它用，不借助工具应不能松动。热水器应设有永久性接地标志。

通过视检和手动试验确定其是否合格。

C.14.3 如果带有接地连接的可拆卸部件插入到热水器的另一部分中，其接地连接应在载流连接之前完成，当拔出部件时，接地连接应在载流连接断开之后断开。

带电源软线的热水器，其接线端子或软线固定装置与接线端子之间导线长度的设置，应使得如果软线从软线固定装置中滑出，载流导线在接地导线之前先绷紧。

通过视检和手动试验确定其是否合格。

C.14.4 打算连接外部导线的接地端子，其所有零件都不应由于与接地导线的铜接触，或与其他金属接触而引起腐蚀危险。

用来提供接地连续性的部件，应是具有足够耐腐蚀的金属，但金属框架或外壳部件除外。如果这些部件是钢制的，则应在本体表面上提供厚度至少为5 μm的电镀层。

如果接地端子主体是铝或铝合金制造的框架或外壳的一部分，则应采取预防措施以避免由于铜与铝或铝合金的接触而引起腐蚀的危险。

通过视检和测量确定其是否合格。

C.14.5 接地端子或接地触点与接地金属部件之间的连接，应具有低电阻值。

通过下述试验确定其是否合格。

从空载电压不超过12 V(交流或直流)的电源取得电流，并且该电流等于热水器额定电流1.5倍或25 A(两者中取较大者)，让该电流轮流在接地端子或接地触点与每个易触及金属部件之间通过。

在热水器的接地端子或器具输入插口的接地触点与易触及金属部件之间测量电压降。由电流和该电压降计算出电阻，该电阻值不应超过0.1 Ω。

注1：有疑问情况下，试验要一直进行到稳定状态建立。

注2：电源软线的电阻不包括在此测量之中。

注3：注意在试验时，要使测量探棒顶端与金属部件之间的接触电阻不影响试验结果。

附　录　D
（规范性附录）
电磁兼容安全及电子控制系统的控制要求

D.1　电磁兼容试验条件和判定准则

D.1.1　电磁兼容试验条件

由于热水器属于金属外壳，且外壳通过接地线与地连接，热水器的电磁兼容试验仅做符合 GB/T 17799.1—1999 表 4 交流电源输入端口抗扰度试验中的 4.2、4.3、4.4 和 4.5 试验。有外接线控装置与热水器相连接时，在热水器线控端口做符合 GB/T 17799.1—1999 表 2，信号线和控制线端口抗扰度试验中的 2.2。

D.1.2　判定准则

准则Ⅰ：进行下面试验时，热水器应工作正常（不仅能安全的关闭或锁定，还应从锁定中重新设定）。

准则Ⅱ：进行下面试验时，热水器应处于安全状态（无论将执行Ⅰ项或者在系统重新启动后进行安全关闭，或者锁定，可以进行一个系统的重新启动）。

D.2　电压暂降和短时中断的抗扰度性能要求

D.2.1　电压暂降和短时中断的抗扰度试验

D.2.1.1　试验条件和试验仪器见 GB/T 17626.11。

D.2.1.2　试验方法：

热水器的电源电压应根据表 D.1 中规定的幅度和时间减少，观察电压暂降和短时中断间隔时间至少为 10 ms。

在随机状态下，对以下每一种操作条件的电压暂降和短时中断做 3 次试验：

——等候时间；

——点火安全时间和熄火安全时间（如果采用）；

——在运行状态；

——在关闭状态。

表 D.1　电压暂降和短时中断

时间/ms	额定电压或额定电压范围平均值的百分数	
	50%	0%
10	—	√
20	—	√
50	√	√
500	√	√
2 000	√	√

注：“√”表示做试验，“—”表示不做试验。

D.2.2 判定

对电压暂降、短时中断时间小于等于 20 ms 时，热水器控制器应符合判定准则Ⅰ的要求。

对电压暂降、短时中断时间大于 20 ms 时，热水器控制器应符合判定准则Ⅱ的要求。

D.3 浪涌抗扰度性能要求

D.3.1 浪涌抗扰度试验

D.3.1.1 试验条件和试验仪器见 GB/T 17626.5。

D.3.1.2 试验方法：

热水器的操作在额定电压条件下，电源两极连接一个脉冲发生器。在热水器的电源端和有关信号端上发生表 D.2 所述的电压波动时，在不小于 60 s 时间内，热水器电源的每极施加正、负各 5 个脉冲，脉冲应符合表 D.2 的要求。

施加在每个极(正和负)上各 5 个脉冲，并按以下次序提供：

——2 个脉冲施加于器具的关闭状态；

——1 个脉冲施加于器具的运行状态；

——2 个脉冲随机的施加于起动程序阶段。

表 D.2 浪涌抗扰度(试验电压)

严酷等级	测试值峰值/kV	
	L_1-L_2(线-线)	L_1-G,L_2-G(线-地)
2	0.5	1.0
3	1.0	2.0

注：浪涌波形(开路状态下)：1.2 μs/50 μs。

D.3.2 判定

按严酷等级 2 试验时，热水器控制器应符合判定准则Ⅰ的要求。

按严酷等级 3 试验时，热水器控制器应符合判定准则Ⅱ的要求。

D.4 电快速瞬变脉冲群抗扰度性能要求

D.4.1 电快速瞬变脉冲群抗扰度试验

D.4.1.1 试验条件和试验仪器见 GB/T 17626.4。

D.4.1.2 试验方法：

在热水器运行状态后，对热水器执行 20 次的循环试验，每个循环热水器在运行状态至少应维持 30 s。在热水器处于关闭和待机状态的试验时间至少应为 2 min。试验只适用于电源的连接部分(端子)和信号、控制线端口。依制造商的规定，电缆长度可大于 3 m。

表 D.3 快速瞬变抗扰度

严酷等级	电源峰值/kV (电源端口)	重复频率/kHz (电源端口)	电源峰值/kV (信号、控制线端口)	重复频率/kHz (信号、控制线端口)
2	1	5	0.5	5
3	2	5	1	5

D.4.2 判定

按严酷等级 2 试验时,热水器控制器应符合判定准则Ⅰ的要求。

按严酷等级 3 试验时,热水器控制器应符合判定准则Ⅱ的要求。

D.5 电子控制系统的控制要求

属于燃烧控制系统、程序控制装置或火焰探测器的功能应遵守以下要求。

D.5.1 程序要求

D.5.1.1 概述

D.5.1.1.1 程序应符合制造商说明中的叙述。

D.5.1.1.2 程序涉及安全控制的不应同时执行两个或多个动作。动作的顺序应固定不可更改。

D.5.1.1.3 在点火以前,控制相关起动的燃气截止阀应处于安全关闭状态。

——在第一安全时间结束时或结束以前,点火装置应被停止。

——使用热表面点火装置时,在达到点燃燃气的足够温度之前,燃气截止阀应安全关闭。

D.5.1.1.4 当系统设有起动燃气火焰检验时间时,其检验时间应大于和等于制造商规定的时间。

D.5.1.1.5 在每个起动顺序中,系统应对火焰信号进行检验,如果没有火焰信号发生,系统应停止起动顺序的下一步或安全关闭。这项检验应发生在燃气截止阀安全关闭之前,并有足够的持续时间,以保证安全检验。

D.5.1.2 安全动作

程序中的检验应包括以下要求:

——前清扫、带风机的燃烧烟气排放的检测,如果热水器的检测气流不足或燃烧器操作期间检验信号失灵,系统应安全关闭。

——如果在第一安全时间或第二安全时间结束时,没有检测到火焰信号,系统应锁定或再启动(如果采用)。

——外部保护装置动作时,应引起安全关闭。

通过视检模拟气流不足、火焰信号消失、外部保护装置动作时判定其是否合格。

D.5.1.3 火焰故障

在燃烧器工作期间,随着火焰信号的减弱,应发生以下动作之一:

——再点火;

——再启动;

——锁定。

通过视检模拟火焰信号减弱(制造商规定值)时判定其是否合格。

D.5.1.4 再点火

有再点火功能的设计应保证在火焰消失后1 s内,点火装置点火。

在再点火之后,应有火焰信号出现;否则系统应进行关闭。

通过视检模拟再点火判定其是否合格。

D.5.1.5 在起动程序期间,对其他装置的监测

控制系统、安全装置(例如熄火保护装置、水气联动装置、防干烧安全装置、烟道堵塞和风压过大安全装置、燃气泄漏检测装置、烟气泄漏测试装置等)在每次起动程序之前或期间都应处在检验状态,只有装置被成功的检测后,起动程序才可运行。

通过视检模拟断开装置与控制器间的连接判定其是否合格。

D.5.1.6 安全关闭后的起动

引起安全关闭的条件消失后,才可进入起动程序。

通过视检模拟未关闭状况判定其是否合格。

D.5.2 时间要求

D.5.2.1 概述

允许调节前清扫、后清扫、等待和安全时间的,应使用专用工具和专业人员进行调节,不能从封装的盒外进行调节。

使用元件上有刻度调节的地方,刻度精度为±10%。调节的方式应是容易识别的(例如有颜色标记)。

额定值和时间极限(如果必要)应由制造商规定。

D.5.2.2 前清扫/后清扫和等待时间

时间不应由于损坏、破裂、调节装置中准确度的降低和类似的原因而缩短。

时间应不小于制造商指定的值。

系统有可调节的时间时,应不小于在测试条件下初始测量值。

通过视检模拟前清扫/后清扫和等待时间判定其是否合格。

D.5.2.3 火焰故障响应时间

除非另有标准规定,从火焰传感信号消失到安全截止阀门关闭的响应时间应不超过1 s。

火焰传感器灵敏度调节的最小值和最大值应由制造商规定,如果火焰传感器灵敏度调节能引起不安全情况,应对调节方式作适当的保护。

通过视检模拟火焰信号状况判定其是否合格。

D.5.2.4 达到安全关闭的动作时间

除非另有标准规定,达到安全关闭的时间不能超过1 s。

通过视检模拟安全关闭的动作时间判定其是否合格。

D.5.2.5 达到锁定的时间

应在安全关闭后30 s内锁定。

通过视检模拟判定其是否合格。

D.5.3 火焰检测装置要求

D.5.3.1 允许把火焰检测装置检测火焰作为程序的一部分。

D.5.3.2 使用光学火焰传感器的火焰检测装置应使用紫外光(波长＜400 nm)或红外光(波长＞800 nm)。

D.5.3.3 使用红外传感器的火焰检测装置只能对闪烁性火焰有反应。安装应装有一个开关,以便安装时切断电路。

D.5.3.4 离子化火焰检测装置应只利用火焰的调整特性,对火焰信号校正电流的最小值应有规定。

D.5.3.5 连续运行的系统中,火焰检测装置还应有自诊断功能。当系统处在运行状态时,自诊断功能每小时至少操作一次。

D.5.3.6 传感器或它的连接线开路时应引起火焰信号的消失。

D.5.3.7 通过视检或测量、模拟判定上述项目是否合格。

D.5.4 锁定和再设定要求

D.5.4.1 锁定功能

在每次起动顺序期间,为运行准备应检验锁定功能。属于机械动作方式的,一次检验就足够了(不包括开关接点)。

如果锁定功能检验失败,系统应着手安全关闭。

注:对检验电路元件上存在的内部故障不作考虑。

通过视检模拟判定是否合格。

D.5.4.2 再设定装置

系统应有在非易失锁定后再起动操作,再起动应是手动的方式。

通过视检模拟判定是否合格。

附　录　E
（资料性附录）
热水器燃烧烟气中氮氧化物含量 $\varphi[NO_{x(\alpha=1)}]$ 分级规定

E.1　热水器燃烧烟气中氮氧化物含量 $\varphi[NO_{x(\alpha=1)}]$ 分级规定

见表 E.1。

表 E.1　氮氧化物排放等级

$NO_{x(\alpha=1)}$ 排放等级	$NO_{x(\alpha=1)}$ 极限浓度/%
1	0.026
2	0.02
3	0.015
4	0.01
5	0.007

E.2　试验用仪器

试验用仪器宜采用化学发光式、红外烟气分析仪，范围：0～0.05%；最小刻度：0.000 1%。

E.3　试验方法

实验室湿度应为 50%～85%，其他按 7.1 规定。

E.3.1　热水器运行 15 min 后，用烟气取样器取样。在排烟出口测量烟气中氮氧化物含量。

E.3.2　烟气取样器按图 13 制作，材料为不锈钢，取样管采用聚四氟乙烯或其他不吸附氮氧化物的材料和保温措施。

E.3.3　烟气取样器的位置按图 14 安放。当室内型强制排气式热水器抽取的烟气样中 O_2 含量超过 14%时；可在热交换器上方进行取样。

E.3.4　烟气中氮氧化物含量按式(E.1)计算（在烟气分析的同时应同时测定室内空气中氮氧化物含量）：

$$\varphi[NO_{x(\alpha=1)}]=\frac{13.33-1.52}{13.33-x}\times\frac{\varphi(NO'_x)-\varphi(NO''_x)}{\varphi(CO_{2a})-\varphi(CO_{2b})}\times\alpha \qquad \text{(E.1)}$$

式中：

$\varphi[NO_{x(\alpha=1)}]$——过剩空气系数等于 1 时，干烟气中的氮氧化物含量，体积分数(10^{-6})；

$\varphi(NO'_x)$　——实测干烟气样中的氮氧化物含量，体积分数(10^{-6})；

$\varphi(NO''_x)$　——过剩空气系数等于 1 时，干烟气样中的氮氧化物含量，体积分数(10^{-6})；

α　——各种类别燃气对应的理论干烟气中 CO_2 含量数值，体积分数(%)，(见 GB/T 13611—2006表 2)；

x ——实验室实测饱和水蒸气压，单位为千帕(kPa)；
$\varphi(CO_{2b})$ ——过剩空气系数等于1时，干烟气样中 CO_2 含量数值，体积分数(%)；
$\varphi(CO_{2a})$ ——实测干烟气样中 CO_2 含量测定的数值，体积分数(%)。

E.4 试验热负荷

在额定热负荷下测定氮氧化物浓度。

E.5 等级评价

根据测定的氮氧化物浓度，按式(E.1)计算 $\varphi[NO_{x(\alpha=1)}]$ 值，与表E.1比较，确定氮氧化物排放等级。

附 录 F
（规范性附录）
热水器安装技术要求

F.1 范围

本附录适用于家用供热水燃气快速热水器、家用供暖燃气快速热水器、家用两用型燃气快速热水器、家用冷凝式供热水燃气快速热水器、家用冷凝式供暖燃气快速热水器、家用冷凝式两用型燃气快速热水器的安装。

F.2 通用要求

F.2.1 没有给排气条件的房间不得安装自然排气式和强制排气式热水器。

F.2.2 设置了抽油烟机、排气扇等机械换气设备的房间及其相连通的房间内，使用自然排气式热水器时，不得开启排气扇及抽油烟机等机械换气设备。

F.2.3 浴室内不得安装自然排气式和强制排气式热水器。

F.2.4 安装处的选择。下列房间和部位不得安装热水器：

a) 卧室、地下室、客厅；

b) 浴室（自然给排气式和强制给排气式热水器除外）；

c) 楼梯和安全出口附近（5 m 以外不受限制）；

d) 橱柜内。

F.2.5 热水器安装处不能存放易燃、易爆及产生腐蚀气体的物品。

F.2.6 热水器安装位置上方不得有明电线、电器设备、燃气管道，下方不能设置燃气烤炉、燃气灶具等燃气具。

F.2.7 热水器安装部位应是由不可燃材料建造，若安装部位是可燃材料或难燃材料时，应采用防热板隔离，防热板与墙的距离应大于 10 mm。

F.2.8 壁挂式热水器安装应保持垂直，不得倾斜。

F.3 设置给排气口的要求

F.3.1 装有自然排气式热水器的房间应设给气口和排气口。

F.3.2 给气口的截面积应大于热水器排气管的截面积，其位置应设在室内高度二分之一以下，能直通大气的地方。

F.3.3 排气口的截面积应大于排气管的截面积，其位置设在尽量接近棚顶且尽量远离排气管的能直通大气的外墙上。

F.3.4 给排气口大小，按热水器热负荷大小决定给排口的面积。热负荷与给排气口的最小面积见表F.1。

表 F.1

热负荷/kW	给排气口的最小面积/cm^2
≤12	100
12～16	130

F.3.5 直接设置给排气口，其位置与大小应符合 F.3.2、F.3.3、F.3.4 的要求。

F.3.6 利用固定式百叶窗作给排气口时应符合下列要求：

a) 百叶窗最小间隙应大于 8 mm，安装的防虫网应便于清扫。

b) 百叶窗的有效开口面积应按如下规定的开口率和公式计算。

百叶窗的有效开口面积按式(F.1)进行计算：

$$A_s = a \times A_n \qquad \text{(F.1)}$$

式中：

A_s ——百叶窗的有效开口面积，单位为平方厘米(cm^2)；

a ——百叶窗开口率，%；

A_n ——百叶窗的实际面积，单位为平方厘米(cm^2)。

c) 百叶窗的开口率见表 F.2。

表 F.2

百叶窗种类	开口率/%
钢制、塑料百叶窗	50
木制百叶窗	40

F.3.7 装有强制排气式热水器的房间应设给气口，给气口的面积、位置及设置方式按 F.3.2～F.3.6 的有关规定执行。

F.4 排烟管的安装

F.4.1 自然排气式热水器排烟管的安装

F.4.1.1 自然排气式热水器应使用随机附件的专用排烟管部件，按产品使用安装说明规定进行安装、若要加长排烟管的长度，应采用与产品所配套的排烟管的材料、尺寸相一致。

F.4.1.2 自然排气式热水器的排烟道不得安装强制排气式热水器及机械换气设备。

F.4.1.3 排烟管的安装应符合图 F.1 要求。

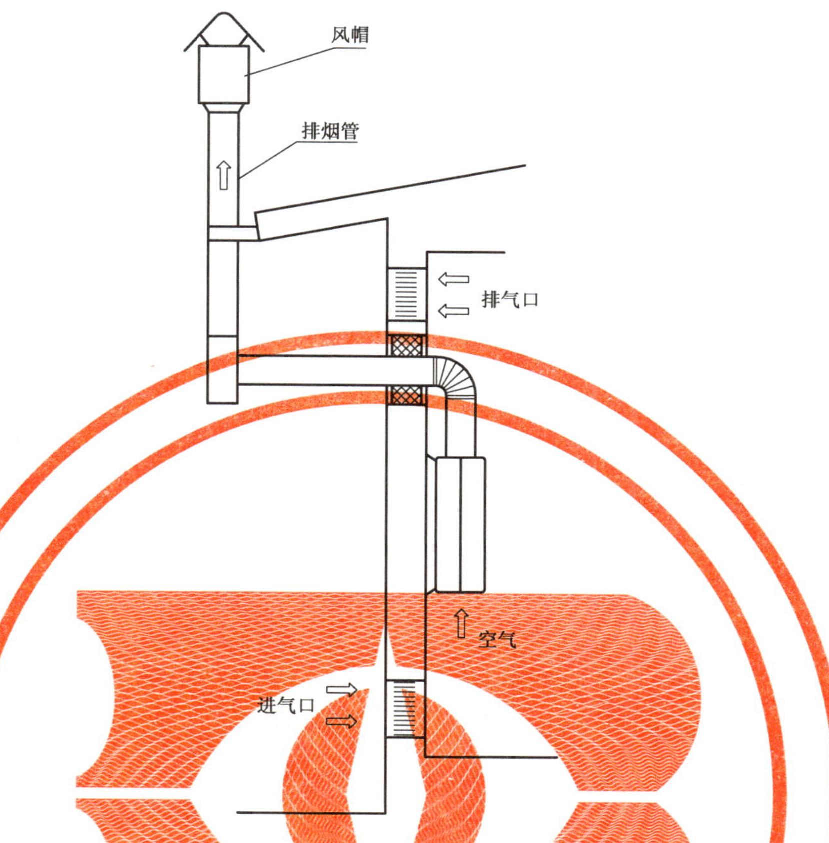

图 F.1 自然排气式热水器排烟管的安装图

F.4.1.4 热水器排烟管应有效地排除烟气，其截面积应大于与热水器连接部分的截面积。

其他要求应符合下列规定：

a) 排烟管的高度应以保证其抽力(真空度)不小于 3 Pa 为确定原则，一般不宜高于 10 m；

b) 排烟管的水平部分长度宜小于 5m，而且水平前端不得朝下倾斜，应有稍向热水器的坡度，并且在室外部分最下端设置有排冷凝水的结构；

c) 排烟管的弯头宜为 90 ℃，弯头数不应多于 4 个；

d) 防倒风排烟罩以上的排烟管室内垂直部分不得小于 250 mm；

e) 排烟管顶端应安装有效的防风、雨、雪的风帽，其位置不应处于风压带内，它与周围建筑物及其开口的距离，以及防火安全距离应符合 CJJ 12 中的规定。

F.4.2 强制排气式热水器的排烟管安装

F.4.2.1 强制排气式热水器应使用随机附件的专用排烟管部件，按产品使用安装说明规定进行安装、若要加长排烟管的长度，应采用与产品所配套的排烟管的材料、尺寸相一致。

F.4.2.2 排烟管穿墙部分与墙孔的间隙和排烟管之间的连接处应密封，排烟管连接处应牢固，不得泄漏烟气。

F.4.2.3 排烟管安装时，应防止冷凝水倒流进热水器内。

F.4.2.4 排烟口与周围建筑物及其开口的距离，应符合 CJJ 12 中的规定。

F.5 热水器的安装

F.5.1 自然排气式热水器的安装应符合下列要求：

a) 按 F.2、F.3.1 的规定设置给排气口；

b) 按产品使用安装说明规定安装，按 F.4.1 的规定安装排烟管；

c) 自然排气式热水器宜每台采用单独烟道，而且排烟管不得安装在楼房的换气风道上；

d) 如果使用公共烟道和复合烟道时，应符合 CJJ 12 中的规定。

F.5.2 强制排气式热水器的安装应符合下列要求：

a) 按 F.2、F.3.7 的规定设置给气口；

b) 按产品使用安装说明规定安装，按 F.4.2 的规定安装排烟管；

c) 排烟管不得安装在楼房的换气风道及公共烟道上。

F.5.3 自然给排气式热水器的安装应符合下列要求：

a) 给排气管应安装在直通大气的墙上；并应符合 CJJ 12 中的规定；

b) 给排气部件应采用与热水器配套的部件，并按产品使用安装说明要求安装；

c) 按产品使用安装说明规定安装。

F.5.4 强制给排气式热水器的安装应符合下列要求：

a) 给排气管应安装在直通大气的墙上；并符合 CJJ 12 中的规定；

b) 给排气部件应采用与热水器配套的部件，并按产品使用安装说明要求安装；

c) 按产品使用安装说明规定安装。

F.5.5 室外型热水器的安装应符合下列要求：

a) 应安装在不会产生强涡流的室外敞开空间；

b) 给排气口周围应无妨碍燃烧的障碍物；

c) 安装处应采取防风、雨、雪的措施，不得影响正常燃烧；

d) 在靠近公共走廊处安装时，应有防火、防落下物、防投弃物等措施；

e) 两侧有居室的外走廊，或两端封闭的外走廊，不得安装室外式；

f) 电源插座，应设置在室内。

附　录　G
（规范性附录）
间接方法试验装置的固有热损失和循环泵的热影响

G.1　供暖热水器或两用热水器安装在图 B.1 所示的试验台上，把出水和回水管直接连接起来。

——将泵 11 停止，并关闭热交换器上的阀 9；

——将泵 5 启动，并在所需要的水流量下连续运转。

G.2　在以下三种试验条件，稳定状态下测定值（$t-t_a$）：

a)　器具 6 不供电时的电热影响。

b)　器具 6 供电时的电热影响，从而使（$T-T_a$）值为（40±5）K。

c)　器具 6 供电时的电热影响，从而使（$T-T_a$）值为（60±5）K。

其中：

t——是在被试验器具 1 的回水和水流处的两个温度探头 2 的平均温度值，单位为摄氏度（℃）；

t_a——环境温度，单位为摄氏度（℃）。

G.3　将测得的值绘制出电热影响（单位为 W）与（$T-T_a$）值（单位为 K）之间的关系曲线图。该图形应为一条直线，即线性关系。

对所给定的水流量，该直线提供了试验回路的热损失和泵的影响与（$T-T_a$）之间的关系。

附 录 H
（规范性附录）
测定在满负荷下的点火时间的方法

H.1 供暖热水器或两用热水器应按图 B.1 所示进行安装。水回路应是包含一个蓄水槽的保温回路。

该装置所包含的水量至少为 6 L/kW 标称输出热量。燃气回路装有一个燃气流量表或一个测量喷嘴前压力的压力计 P_1。

H.2 初始水温为(47±1)℃,使供暖热水器运转,并测量在控制器作用下从燃烧器点火到输入热量为$(0.37\Phi_{nom}+0.63\Phi_{red})$或者喷嘴出口处的压力为$(0.37\sqrt{P_{nom}}+0.63\sqrt{P_{red}})^2$时的时间 t_1。

注：Φ_{nom}——对应于满负荷的输入热量；

Φ_{red}——对应于部分负荷的输入热量；

P_{nom}——对应于满负荷的压力；

P_{red}——对应于部分负荷的压力。

ICS 91.140.70
Q 31

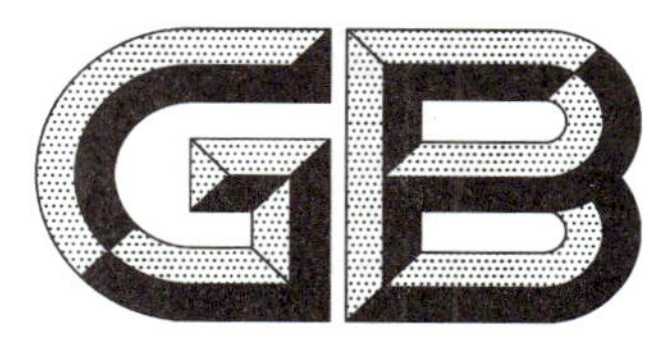

中华人民共和国国家标准

GB 6952—2015
代替 GB 6952—2005

2015-09-11 发布　　2016-10-01 实施

中华人民共和国国家质量监督检验检疫总局
中国国家标准化管理委员会　发布

前　言

本标准 5.7、5.8.1.1、5.8.1.4、5.8.1.5、6.1.4、6.2.1.3、6.2.2.5、10.1.3 为强制性的，其余为推荐性的。

本标准按照 GB/T 1.1—2009 给出的规则起草。

本标准代替 GB 6952—2005《卫生陶瓷》，与 GB 6952—2005 相比，主要技术变化如下：

——修改了产品分类(见 4.1，2005 年版的第 4 章)；

——增加了对产品标记的要求(见 4.2)；

——增加了轻量化产品单件质量的要求(见 5.6)；

——增加了净身器耐荷重性[见 5.7a)]；

——修改了便器用水量(见 6.2.1，2005 年版的 6.1.1)；

——修改了球排放要求(见 6.2.2.3.1，2005 年版的 6.1.2.2.1)；

——增加了节水型坐便器混合介质排放试验(见 6.2.2.3.3)；

——增加了幼儿型坐便器混合介质排放试验(见 6.2.2.3.3)；

——增加了普通型坐便器的管道输送特性试验(见 6.2.2.4)；

——修改了双冲式坐便器半冲水污水置换稀释率(见 6.2.2.6，2005 年版的 6.1.2.3)；

——增加了双冲式坐便器的半冲水卫生纸试验(见 6.2.2.7)；

——增加了疏通机试验(见 6.5)；

——修改了双冲式便器用水量的测试方法(见 8.8.3，2005 年版的 8.6.2)；

——取消了坐便器防溅污性(见 2005 年版的 6.1.4.3)。

本标准由中国建筑材料联合会提出。

本标准由全国建筑卫生陶瓷标准化技术委员会(SAC/TC 249)归口。

本标准负责起草单位：咸阳陶瓷研究设计院。

本标准参加起草单位：惠达卫浴股份有限公司、佛山市顺德区乐华陶瓷洁具有限公司、九牧厨卫股份有限公司、佛山市法恩洁具有限公司、山东美林卫浴有限公司、泉州中宇陶瓷有限公司、广东新明珠陶瓷集团有限公司、佛山市高明安华陶瓷洁具有限公司、佛山东鹏洁具股份有限公司、漳州万晖洁具有限公司、广东澳丽泰陶瓷实业有限公司、广东梦佳陶瓷实业有限公司、广东恒洁卫浴有限公司、广东欧美尔工贸实业有限公司、潮安县康纳陶瓷洁具有限公司、广东安彼科技有限公司、广东翔华东龙瓷业有限公司、路达(厦门)工业有限公司、厦门瑞尔特卫浴科技股份有限公司、福建省南安市华盛建材有限公司、广东四通集团股份有限公司、福建恒实陶瓷有限公司、申鹭达股份有限公司、河南蓝健陶瓷有限公司、国家建筑材料工业建筑五金水暖产品质量监督检验测试中心、中国建筑卫生陶瓷协会、工业和信息化部建筑卫生陶瓷及卫浴产品质量控制技术评价实验室。

本标准主要起草人：刘幼红、王博、段先湖、王彦庆、严邦平、林孝发、徐文龙、金震辉、蔡吉林、李列林、王瑞标、肖智勇、谢潮藩、苏锡波、谢伟藩、郑锡标、陈淑定、苏瑶炳、邱树浩、许传凯、王兵、林辉煌、蔡镇城、王威灿、洪跃进、侯保同、史红卫。

本标准历次版本发布情况为：

——GB 6952—1986、GB 6953—1986、GB/T 6952—1999、GB 6952—2005。

卫 生 陶 瓷

1 范围

本标准规定了卫生陶瓷的术语和定义，产品分类和标记，通用技术要求，便器技术要求，洗面器、净身器和洗涤槽技术要求，试验方法，检验规则，标志和标识，安装使用说明书，包装、运输和贮存。

本标准适用于在民用或公用各类建筑物内与各相应配件配套后安装于给排水管路上的各类卫生陶瓷产品的生产、销售、安装和使用。

2 规范性引用文件

下列文件对于本文件的应用是必不可少的。凡是注日期的引用文件，仅注日期的版本适用于本文件。凡是不注日期的引用文件，其最新版本(包括所有的修改单)适用于本文件。

GB/T 2828.1 计数抽样检验程序 第1部分：按接收质量限(AQL)检索的逐批检验抽样计划

GB/T 3768 声学 声压法测定噪声源声功率级 反射面上方采用包络测量表面的简易法

GB/T 9195 建筑卫生陶瓷分类及术语

GB 20810 卫生纸(含卫生纸原纸)

GB/T 23131 电子坐便器

GB/T 23448 卫生洁具 软管

GB 26730—2011 卫生洁具 便器用重力式冲水装置及洁具机架

GB/T 26750 卫生洁具 便器用压力冲水装置

JC/T 694 卫生陶瓷包装

JC/T 764 坐便器坐圈和盖

JC/T 932 卫生洁具排水配件

JG/T 285 坐便洁身器

3 术语和定义

GB/T 9195 和 GB 26730—2011 界定的以及下列术语和定义适用于本文件。为了便于使用，以下重复列出了 GB 26730—2011 中的某些术语和定义。

3.1

釉泡 glaze bubble

釉面出现的开口或闭口气泡。

3.2

棕眼 pin hole

穿透釉面的小孔眼。

3.3

针孔 pin prick

釉面上呈现的针刺状小孔。

3.4

斑点 speck

制品表面呈现的异色污点。

3.5

花斑 color spot

产品表面呈现的块状异色斑。

3.6

色斑 discoloration

产品表面呈现的不应有的异色斑点。

3.7

静压力 static pressure

进水阀完全关闭时，供水管路中的稳定压力值。

[GB 26730—2011，定义 3.10]

3.8

动压力 dynamic pressure

进水阀完全打开时，在它之前的管道中的稳定压力值。

[GB 26730—2011，定义 3.10]

3.9

工作水位 working water level；WL

满足正常冲洗过程需要时水箱中的水位高度。

[GB 26730—2011，定义 3.12]

3.10

溢流水位(水箱) overflow level；OL

水箱中的水即将从溢流口流出时的水位高度。

[GB 26730—2011，定义 3.13]

3.11

盈溢水位 spill level；SL

在动压力为 0.5 MPa，进水阀完全打开而排水阀完全关闭的情况下，水箱中的水已溢流时所能达到的最大水位高度。

[GB 26730—2011，定义 3.14]

3.12

非密封口最低水位 none-sealed water level；NL

在排水阀关闭且将溢流口堵塞状态下，可溢出水箱的最低水位。

[GB 26730—2011，定义 3.17]

3.13

节水型便器 water saving pan and urinal

名义和实际用水量不大于 5.0 L 的坐便器；名义和实际用水量不大于 6.0 L 的蹲便器；名义和实际用水量不大于 3.0 L 的小便器。

3.14

名义用水量　nominal water consumption

产品标称的用水量。

3.15

实际用水量　actual water consumption

实际测得的便器平均用水量。

3.16

炻陶质卫生陶瓷　stoneware-earthen sanitary ware

炻质卫生陶瓷和陶质卫生陶瓷统称为炻陶质卫生陶瓷。

4　产品分类和标记

4.1　产品分类

4.1.1　分类方法

卫生陶瓷按吸水率分为瓷质卫生陶瓷和炻陶质卫生陶瓷。便器按照用水量多少分为普通型和节水型。

4.1.2　瓷质卫生陶瓷

瓷质卫生陶瓷产品分类见表1。

表1　瓷质卫生陶瓷产品分类

种类	类型	结构	安装方式	排污方向	按用水量分	按用途分
坐便器 （单冲式和双冲式）	挂箱式 坐箱式 连体式 冲洗阀式	冲落式 虹吸式 喷射虹吸式 旋涡虹吸式	落地式 壁挂式	下排式 后排式	普通型 节水型	成人型 幼儿型 残疾人/老年人专用型
蹲便器	挂箱式 冲洗阀式	—	—	—	普通型 节水型	成人型 幼儿型
洗面器； 洗手盆	—	—	台式 立柱式 壁挂式 柜式	—	—	—
小便器	—	冲落式 虹吸式	落地式 壁挂式	—	普通型 节水型 无水型	—
净身器	—	—	落地式 壁挂式	—	—	—
洗涤槽	—	—	台式 壁挂式	—	—	住宅用 公共场所用
水箱	带盖水箱 无盖水箱	—	壁挂式 坐箱式 隐藏式	—	—	—
小件卫生陶瓷	皂盒、手纸盒等	—	—	—	—	—

4.1.3 炻陶质卫生陶瓷

炻陶质卫生陶瓷产品分类见表2。

表2 炻陶质卫生陶瓷产品分类

种类	类型	安装方式
洗面器、洗手盆	—	台式、立柱式、壁挂式、柜式
不带存水弯小便器	—	落地式、壁挂式
水箱	—	坐箱式、壁挂式
净身器	—	落地式、壁挂式
洗涤槽	家庭用、公共场所用	立柱式、壁挂式
淋浴盘	—	—
小件卫生陶瓷	皂盒、手纸盒等	—

4.2 产品标记

产品标记参见附录A。

5 通用技术要求

5.1 外观质量

5.1.1 釉面

除安装面(不包括炻陶质水箱)及下列所述外，所有裸露表面和坐便器及蹲便器的排污管道内壁都应有釉层覆盖；釉面应与陶瓷坯体完全结合。

a) 坐便器和蹲便器：瓷质便器水箱背部和底部、瓷质水箱盖底部和后部、瓷质水箱的内部、蹲便器安装后排污水道外隐蔽面部分。

b) 洗面器：洗面器后部靠墙部位、溢流孔后部、台上盆底部、洗面器角位和立柱后部。

c) 净身器和洗手器：正常位非可见区域及隐蔽面。

d) 其他用于防止产品烧成变形的位于非可见面区域的支撑部件。

5.1.2 外观缺陷最大允许范围

外观缺陷最大允许范围应符合表3规定。

表3 卫生陶瓷外观缺陷最大允许范围

缺陷名称	单位	洗净面	可见面	其他区域
开裂、坯裂	mm	不准许		不影响使用的允许修补

表 3（续）

<table>
<tr><th>缺陷名称</th><th>单位</th><th>洗净面</th><th>可见面</th><th>其他区域</th></tr>
<tr><td>釉裂、棕眼</td><td>mm</td><td colspan="2">不准许</td><td rowspan="7">允许有不影响使用的缺陷</td></tr>
<tr><td>大釉泡、色斑、坑包</td><td>个</td><td colspan="2">不准许</td></tr>
<tr><td>针孔</td><td>个</td><td>总数 2</td><td>1；总数 5</td></tr>
<tr><td>中釉泡、花斑</td><td>个</td><td>总数 2</td><td>1；总数 6</td></tr>
<tr><td>小釉泡、斑点</td><td>个</td><td>1；总数 2</td><td>2；总数 8</td></tr>
<tr><td>波纹</td><td>mm^2</td><td colspan="2">≤2 600</td></tr>
<tr><td>缩釉、缺釉</td><td>mm^2</td><td colspan="2">不准许</td></tr>
<tr><td>磕碰</td><td>mm^2</td><td colspan="2">不准许</td><td>20 mm^2 以下 2 个</td></tr>
<tr><td>釉缕、桔釉、釉粘、坯粉、落脏、剥边、烟熏、麻面</td><td>—</td><td colspan="2">不准许</td><td>—</td></tr>
<tr><td colspan="5">注 1：数字前无文字或符号时，表示一个标准面允许的缺陷数。
注 2：0.5 mm 以下的不密集针孔可不计。</td></tr>
</table>

5.1.3 色差

同一件产品或配套产品之间应无明显色差。

5.2 最大允许变形

卫生陶瓷产品的最大允许变形量应符合表 4 的规定。

表 4 最大允许变形

单位为毫米

产品名称	安装面	表面	整体	边缘
坐便器/净身器	3	4	6	—
洗面器、洗手盆	3	6	20 mm/m，最大 12	4
小便器	5	20 mm/m，最大 12	20 mm/m，最大 12	—
蹲便器	6	5	8	4
洗涤槽	4	20 mm/m，最大 12	20 mm/m，最大 12	5
水箱	底 3 墙 8	4	5	4
淋浴盘	—	20 mm/m，最大 12	20 mm/m，最大 12	—

注：形状为圆形或艺术造型的产品，边缘变形不作要求。

5.3 尺寸

5.3.1 尺寸允许偏差

凡是本标准中未注明卫生陶瓷产品尺寸偏差或限定值的尺寸，其允许偏差应符合表 5 的规定。

表 5　尺寸允许偏差

单位为毫米

尺寸类型	尺寸范围	允许偏差
外形尺寸	—	规格尺寸×(±3%)
孔眼直径	ϕ≤30 30<ϕ≤80 ϕ>80	±2 ±3 ±5
孔眼圆度	ϕ≤70 70<ϕ≤100 ϕ>100	2 4 5
孔眼中心距	≤100 >100	±3 规格尺寸×(±3%)
孔眼距产品中心线偏移	≤100 >100	3 规格尺寸×3%
孔眼距边	≤300 >300	±9 规格尺寸×(±3%)
安装孔平面度	—	2
下排式便器排污口安装距	—	0 −30
落地式后排坐便器排污口安装距	—	+15 −10

5.3.2　**厚度**

卫生陶瓷产品任何部位的坯体厚度应不小于 6 mm。不包括为防止烧成变形外加的支承坯体。

5.4　吸水率

瓷质卫生陶瓷产品的吸水率 E≤0.5%；
炻陶质卫生陶瓷产品的吸水率 0.5%<E≤15.0%。

5.5　抗裂性

经抗裂试验应无釉裂、无坯裂。

5.6　轻量化产品单件质量

轻量化产品单件质量如下(不含配件)：

a)　连体坐便器质量不宜超过 40 kg；
b)　分体坐便器(不含水箱)质量不宜超过 25 kg；
c)　蹲便器质量不宜超过 20 kg；
d)　洗面器质量不宜超过 20 kg；
e)　壁挂式小便器质量不宜超过 15 kg；

f) 特殊工程类产品可按合同要求。

5.7 耐荷重性

经耐荷重性测试后，应无变形、无任何可见结构破损。各类产品承受的荷重如下：

a) 坐便器和净身器应能承受 3.0 kN 的荷重；
b) 壁挂式洗面器、洗涤槽、洗手盆应能承受 1.1 kN 的荷重；
c) 壁挂式小便器应能承受 0.22 kN 的荷重；
d) 淋浴盘应承受 1.47 kN 的荷重。

5.8 配套技术要求

5.8.1 便器配套要求

5.8.1.1 冲水装置

便器类产品应配备满足用水量要求的冲水装置，并应保证其整体的密封性。

5.8.1.2 重力式冲水装置

便器类产品所配套的便器重力式冲水装置应符合 GB 26730 的规定。

5.8.1.3 压力冲水装置

便器类产品所配套的便器压力冲水装置应符合 GB/T 26750 的规定。

5.8.1.4 防虹吸功能

所配套的冲水装置应具有防虹吸功能。

5.8.1.5 安全水位

便器用重力式冲洗水箱的安全水位应符合 GB 26730—2011 中 5.4.1 规定，隐藏式水箱安全水位应符合 GB 26730—2011 中 5.4.10.2 的规定。

5.8.1.6 便器坐圈和盖

坐便器类产品应配备便器坐圈和盖，且应符合 JC/T 764 的规定，配备电子坐圈和盖还应符合 JG/T 285、GB/T 23131 的规定。

5.8.2 给水配件和排水配件

5.8.2.1 所配备的卫生洁具用软管应符合 GB/T 23448 的规定。

5.8.2.2 所配备的排水配件应符合 JC/T 932 的规定。

5.8.3 洁具机架

配套隐藏式水箱的坐便器和壁挂式产品所配备的洁具机架应符合 GB 26730 的规定。

5.8.4 存水弯

不带整体存水弯的卫生陶瓷产品应配备水封深度不得小于 50 mm 的存水弯，管道通径应符合6.1.5的规定。

注：建筑物排水管道已安装水封深不小于 50 mm 的存水弯时，不配存水弯。

6 便器技术要求

6.1 尺寸要求

6.1.1 坐便器排污口安装距

6.1.1.1 下排式坐便器排污口安装距应为305 mm,有需要时可为200 mm或400 mm。特殊情况可按合同要求。

6.1.1.2 后排落地式坐便器排污口安装距应为180 mm或100 mm。特殊情况可按合同要求。

6.1.2 坐便器和蹲便器排污口

6.1.2.1 坐便器排污口尺寸

下排式坐便器排污口外径应不大于100 mm,后排式坐便器排污口外径应为102 mm;虹吸式坐便器安装深度应为13 mm~19 mm;下排虹吸式坐便器排污口周围应具备直径不小于185 mm的安装空间,其他类型坐便器排污口周围应具备直径不小于150 mm的安装空间;冲落后排式坐便器的排污管的长度不得小于40 mm。

坐便器排污口尺寸示意图应符合图B.1。

6.1.2.2 蹲便器排污口外径

蹲便器排污口外径应不大于107 mm。

6.1.3 壁挂式便器螺栓孔

壁挂式坐便器安装螺栓孔间距应符合图B.2的规定。

壁挂式坐便器的所有安装螺栓孔直径应为20 mm~27 mm,或为加长型螺栓孔。

6.1.4 水封

6.1.4.1 水封深度

所有带整体存水弯便器的水封深度应不小于50 mm。

6.1.4.2 坐便器水封表面尺寸

安装在水平面的坐便器水封表面尺寸应不小于100 mm×85 mm。坐便器水封表面尺寸示意图应符合图B.3。

6.1.5 存水弯最小通径

6.1.5.1 坐便器存水弯水道应能通过直径为41 mm的固体球。

6.1.5.2 带整体存水弯蹲便器水道应能通过直径为41 mm的固体球。

6.1.5.3 带整体存水弯的喷射虹吸式小便器和冲落式小便器的水道应能通过直径为23 mm的固体球,或水道截面积应大于4.2 cm^2。其他类型的小便器的水道应通过直径为19 mm的固体球,或水道截面积应大于 2.8 cm^2。

6.1.6 坐便器坐圈

6.1.6.1 坐便器坐圈尺寸

坐便器坐圈尺寸应符合图 B.4 的规定,有特殊要求的按合同规定。

6.1.6.2 坐便器盖安装孔

6.1.6.2.1 安装孔直径应为 15 mm。
6.1.6.2.2 中心距应为 140 mm 或 155 mm。
6.1.6.2.3 孔眼距中心线偏移应符合表 5 规定。
6.1.6.2.4 孔眼圆度应符合表 5 规定。

6.1.6.3 坐便器盖安装孔距边

坐便器安装孔距边:成人普通型应为 419 mm;成人加长型应为 470 mm;幼儿型应为 380 mm。

6.1.6.4 坐便器坐圈宽

坐便器坐圈宽:成人型应为 356 mm;幼儿型应为 280 mm。

6.1.6.5 坐圈离地高度

坐圈离地高度:成人型应不低于 370 mm;幼儿型应不低于 245 mm;残疾人/老年人专用型应不低于 420 mm。

6.1.7 便器进水口

6.1.7.1 进水口距墙

6.1.7.1.1 用冲洗阀的坐便器进水口中心至完成墙的距离应不小于 60 mm。
6.1.7.1.2 用冲洗阀的小便器进水口中心至完成墙的距离应不小于 45 mm。

6.1.7.2 进水口内径

6.1.7.2.1 冲洗阀式坐便器进水口内径应为 32 mm 或 38 mm。
6.1.7.2.2 冲洗阀式蹲便器进水口内径应为 28 mm 或 32 mm。
6.1.7.2.3 挂箱式水箱坐便器进水口内径应为 32 mm、38 mm 或 50 mm。
6.1.7.2.4 冲洗阀式小便器进水口内径应为 13 mm、19 mm、32 mm 或 38 mm。

6.1.8 水箱进水口和排水口

水箱进水口直径应为 25 mm 或 29 mm,排水口直径应为 65 mm 或 85 mm。特殊情况可按合同要求。

6.2 便器功能要求

6.2.1 便器用水量

6.2.1.1 按 8.8.3 规定进行试验,便器名义用水量应符合表 6 规定,实际用水量应不大于名义用水量。

表 6 便器名义用水量

单位为升

产品名称	普通型	节水型
坐便器	≤6.4	≤5.0
蹲便器	单冲式:≤8.0;双冲式:≤6.4	≤6.0
小便器	≤4.0	≤3.0

6.2.1.2 双冲式大便器的半冲平均用水量应不大于全冲水用水量最大限定值的 70%。

6.2.1.3 普通型双冲式坐便器和蹲便器的全冲水用水量最大限定值(V_0)应不大于 8.0 L。

6.2.1.4 节水型双冲式坐便器的全冲水用水量最大限定值(V_0)应不大于 6.0 L。

6.2.1.5 节水型双冲式蹲便器全冲水用水量最大限定值(V_0)应不大于 7.0 L。

6.2.1.6 幼儿型便器用水量应符合节水型产品规定。

6.2.2 坐便器冲洗功能

6.2.2.1 试验项目

各类坐便器冲洗功能试验项目见表 7。

表 7 坐便器冲洗功能试验项目

试验项目		普通型坐便器		节水型坐便器	
		全冲	半冲	全冲	半冲
洗净功能		✓	✓	✓	✓
球排放试验		✓		✓	
颗粒排放试验		✓		✓	
混合介质排放试验				✓	
排水管道输送特性		✓		✓	
水封回复功能		✓	✓	✓	✓
污水置换功能	单冲式	✓		✓	
	双冲式		✓		✓
卫生纸试验			✓		✓
注:表中"✓"为应检项目。					

6.2.2.2 洗净功能

按 8.8.4.1 规定进行墨线试验,每次冲洗后累积残留墨线的总长度不大于 50 mm,且每一段残留墨线长度不大于 13 mm。

6.2.2.3 排放功能

6.2.2.3.1 球排放

按 8.8.5 进行球排放试验,3 次试验平均数应不少于 90 个。

6.2.2.3.2 颗粒排放功能

按 8.8.6 规定进行颗粒排放试验，连续 3 次试验，坐便器存水弯中存留的可见聚乙烯颗粒 3 次平均数不多于 125 个，可见尼龙球 3 次平均数不多于 5 个。

6.2.2.3.3 混合介质排放功能

节水型坐便器应按 8.8.7 规定进行混合介质排放功能试验，第一次冲出坐便器的混合介质(海绵条和纸球)应不少于 22 个，幼儿型坐便器第一次冲出数应不少于 11 个，如有残留介质，第二次应全部冲出。

6.2.2.4 排水管道输送特性

按 8.8.8 规定进行管道输送特性试验，球的平均传输距离应不小于 12 m。

6.2.2.5 水封回复功能

按 8.8.9 规定进行试验，水封回复不得小于 50 mm。若为虹吸式坐便器，每次均应有虹吸产生。

6.2.2.6 污水置换功能

按 8.8.10 进行污水置换试验，单冲式坐便器稀释率应不低于 100；双冲式坐便器，只进行半冲水的污水置换试验，稀释率应不低于 25。

6.2.2.7 卫生纸试验

双冲式坐便器应按 8.8.11 规定进行半冲水的纸球试验，测定 3 次，每次坐便器便池中应无可见纸。

6.2.3 小便器功能

6.2.3.1 洗净功能

按 8.8.4.2 规定进行墨线试验，每次冲洗后累积残留墨线的总长度不大于 25 mm，且每一段残留墨线长度不大于 13 mm。

6.2.3.2 污水置换功能

带整体存水弯的小便器按 8.8.10 进行污水置换试验，小便器的稀释率应不低于 100。

6.2.3.3 水封回复

带整体存水弯小便器应按 8.8.9 规定进行试验，水封回复不得小于 50 mm。虹吸式小便器每次应有虹吸产生。

6.2.3.4 无水小便器功能

无水小便器功能要求及试验方法参见附录 G。

6.2.4 蹲便器冲洗功能

6.2.4.1 洗净功能

按 8.8.4.3 规定进行墨线试验，每次冲洗后累积残留墨线的总长度不大于 50 mm，且每一段残留墨线长度不大于 13 mm。

6.2.4.2 排放功能

按 8.8.12 规定进行试验，测定 3 次，至少 10 个试体冲出排污口；幼儿型蹲便器应至少 7 个试体冲出排污口。

6.2.4.3 防溅污性

按 8.8.13 规定进行防溅污性试验，不得有水溅到模板上，直径小于 8 mm 的溅射水滴或水雾不计。

6.2.4.4 污水置换功能

按 8.8.10 进行污水置换试验，单冲式蹲便器稀释率应不低于 100；双冲式蹲便器，只进行半冲水的污水置换试验，稀释率应不低于 25。

6.3 坐便器冲水噪声

按 8.10 规定测定坐便器冲洗噪声，冲洗噪声的累计百分数声级 L_{50} 应不超过 55 dB(A)，累计百分数声级 L_{10} 应不超过 65 dB(A)。

6.4 连接密封性

便器按生产厂的安装说明装配冲水装置和进水管后，应按 8.11 规定进行试验，连接管路无渗漏。

6.5 疏通机试验

不带整体存水弯的坐便器采用外接存水弯时，在进行功能试验前，应按 8.12 规定进行试验，除存水弯排水口有水溢出外，其他地方不应有渗漏。

7 洗面器、净身器和洗涤槽技术要求

7.1 尺寸要求

7.1.1 排水口

排水口尺寸应符合图 B.5 的规定。

7.1.2 供水配件安装孔和安装面尺寸

洗面器和净身器供水配件安装孔和安装面尺寸应符合图 B.6 的规定。

安装孔背平面半径应至少比安装孔半径大 9 mm。

7.1.3 安装平面

水嘴安装平面至少应高于产品最低溢流水位 13 mm。

7.2 溢流功能

设有溢流孔的洗面器、洗涤槽、洗手盆和净身器按 8.9 进行溢流试验，应保持 5 min 不溢流。

8 试验方法

8.1 外观质量

8.1.1 釉面和外观缺陷

在产品表面的漫射光线至少为 1 100 lx 的光照条件下，距产品约 0.6 m 处目测检查釉面和外观缺陷，检查时应将产品翻转观察各检查面。

8.1.2 色差

在产品表面的漫射光线至少为 1 100 lx 的光照条件下，距产品约 2 m 处，对水平放置的一件产品或集中水平放置的一套产品目测检查是否有明显色差。

8.2 变形

8.2.1 测量器具

测量器具包括：

a） 精度为 1.0 mm 的钢直尺、直角尺、高度尺；

b） 精度为 0.1 mm 的塞尺或类似功能的量具；

c） 具有水平平面的检测工作台。

8.2.2 测量方法

8.2.2.1 钢直尺法

用钢直尺的直边紧贴测量面，测量其最大缝隙。

8.2.2.2 平台法

将产品的被测量面置于工作平台上，用塞尺测量上翘部分到平台垂直距离或用直角尺和钢直尺测量左右两边的高度差。

8.2.2.3 对角线法

用钢直尺测量两对角线，求其尺寸差。

8.2.3 变形部位及测量方法

各类产品的变形部位及测量方法按表 8 规定进行，测量方法示意图参见附录 C。

表 8 产品变形部位及测量方法

产品名称	变形名称	变形部位	测量方法
坐便器 净身器	安装面弯曲变形	底座平面、安装水箱口平面	平台法
	表面变形	坐圈平面	平台法
	整体变形	整体歪扭不平、坐圈倾斜	平台法

表 8（续）

产品名称	变形名称	变形部位	测量方法
洗面器 洗手盆	安装面弯曲变形	靠墙面、支架面、下水口的下平面	平台法、钢直尺法
	表面变形	洗净面以上的水平表面	钢直尺法
	整体变形	对角方向的歪扭	平台法、对角线法
	边缘弯曲变形	边缘侧面	钢直尺法
小便器	安装面弯曲变形	靠墙面和地面	平台法
	表面变形	两侧面、前平面	钢直尺法、平台法
	整体变形	对角方向的歪扭	平台法、对角线法
蹲便器	安装面弯曲变形	靠地表面	平台法
	表面变形	上表面	钢直尺法、对角线法
	整体变形	整体及水圈平面歪扭	平台法、对角线法
	边缘弯曲变形	两侧边	钢直尺法
洗涤槽	安装面弯曲变形	底面、靠墙面和支架面	钢直尺法、平台法
	表面变形	水平上表面、侧面	钢直尺法、平台法
	整体变形	整体歪扭	对角线法、平台法
	边缘弯曲变形	水圈侧边和侧面	钢直尺法、平台法
水箱	安装面弯曲变形	靠墙面、底面	平台法、钢直尺法
	表面变形	正面和侧面	钢直尺法
	整体变形	整体歪扭	对角线法
	边缘弯曲变形	水箱上口、箱盖安装面	钢直尺法
各种产品	安装孔平面度	孔眼平面	钢直尺法

8.3 尺寸

8.3.1 检测工作台

由水平工作平面和垂直工作平面组合而成的检测工作台。

8.3.2 测量工具

测量工具包括：

a) 分度值为 1 mm 钢直尺、钢卷尺；

b) 精度为 1°的直角尺；

c) 分度值为 0.02 mm 的游标卡尺；

d) 分度值为 1 mm 的水封尺；

e) 分度值为 0.5 mm 的塞尺；

f) 带尺锥台及锥台；

g) 以及类似功能的测量器具。

8.3.3 外形尺寸

8.3.3.1 长度、宽度

将被测样品放置在检测台水平工作面上，使被测的一端紧靠在垂直工作面上，将直角尺直立于水平工作面上并紧靠被测的另一端，然后用钢直尺沿中心线测其垂直工作面与直角尺之间两测量点的距离，即为产品的长度或宽度值。

8.3.3.2 高度

将样品的被测一端放置在水平工作面上，将钢直尺沿宽度方向紧靠另一被测端且使其平行于水平工作面，用直角尺测量水平工作面与钢直尺之间的距离，即为产品的高度值。

8.3.4 孔眼尺寸

8.3.4.1 孔眼直径和孔眼圆度

用游标卡尺测量孔眼直径，对于特型孔眼可用内、外圆卡配合测量。每孔测量3个点，每次测量均在上次测量位置基础上将测点旋转约60°。取最小值为该孔眼直径值，其最大半径差值为孔眼圆度值。

8.3.4.2 孔眼中心距及中心线偏移

在样品水平放置的情况下，将一个带尺锥台和一个锥台分别放入两个被测孔眼中，由锥台直尺读出并记录孔眼中心距离。继续固定锥台直尺测量位置，用钢直尺和直角尺确定中心线偏移。

8.3.4.3 安装孔平面度

将一块面积大于安装孔平面的平板平行置于被测面上，用塞尺测定两平面间的最大垂直间距。

8.3.4.4 孔眼距边及排污口安装距

被测样品放置于检测台上，用样品所测边缘靠紧直角尺，将带尺锥台放入孔眼中，读出并记录孔眼中心与直角尺之间的数值。

8.3.4.5 排污口外径

在距排污口约5 mm～10 mm处用游标卡尺测量排污口最大外径。

8.3.5 水封

8.3.5.1 水封深度

向便器存水弯加水至有溢流，停止溢流后，用水封尺或直尺或有效仪器测量由水封水表面至水道入口上表面最低点的垂直距离，并记录。

8.3.5.2 水封表面尺寸

向坐便器存水弯加水至有溢流，用游标卡尺或类似功能的量具测量水封表面的最大长度和宽度，并记录。

8.3.6 存水弯最小通径

按6.1.5的规定，将规定直径的固体球放入便器水道入口中，用冲水或摇摆的方式使固体球沿水道运动,记录该球是否由排污口排出。

8.3.7 坯体厚度

取同类同期产品(或用破损成品),用游标卡尺或内卡配合钢直尺测量产品坯体的厚度,取最小值。

8.3.8 其他尺寸

按标准规定部位或图纸所示,用钢直尺、直角尺或游标卡尺进行测量。其中产品尺寸的长度值超过1 m的情况下可用钢卷尺测量。

8.4 吸水率

8.4.1 制样

由同一件产品的3个不同部位上敲取一面带釉或无釉的面积约为3 200 mm^2、厚度不大于16 mm的一组试样,每块试片的表面都应包含与窑具接触过的点,试样也可在同批次、相同品种的破损产品上敲取。

8.4.2 试验步骤

将试样置于(110±5)℃的烘箱内烘干至恒重(m_0),即两次连续称量之差小于0.1%,称量精确至0.01 g。将已恒重试样竖放在盛有蒸馏水的煮沸容器内,且使试样与加热容器底部及试样之间互不接触,试验过程中应保持水面高出试样50 mm。加热至沸,并保持2 h后停止加热,在原蒸馏水中浸泡20 h,取出试样,用拧干的湿毛巾擦干试样表面的附着水后,立刻称量每块试样的重量(m_1)。

8.4.3 计算

试样的吸水率按式(1)计算:

$$E=\frac{m_1-m_0}{m_0}\times 100\% \qquad \cdots\cdots(1)$$

式中:

E ——试样吸水率,%;

m_1 ——吸水饱和后的试样质量,单位为克(g);

m_0 ——干燥试样的质量,单位为克(g)。

8.5 抗裂试验

在一件产品的不同部位敲取面积不小于3 200 mm^2、厚度不超过16 mm且一面有釉的3块无裂试样,浸入无水氯化钙和水质量相等的溶液中,且使试样与容器底部互不接触,在(110±5)℃的温度下煮沸90 min后,迅速取出试样并放入2 ℃~3 ℃的冰水中急冷5 min,然后将试样放入加2倍体积水的墨水溶液中浸泡2 h后查裂并记录。

8.6 轻量化产品单件质量

随机抽取3件同型号不带配件的陶瓷产品,用精度为1 kg的称量器具称量,报告3件平均值。

8.7 耐荷重性试验

8.7.1 试验一般要求

对壁挂式卫生陶瓷产品进行荷重试验时应按产品安装说明将产品安装在试验台上进行试验,如果生产厂随产品提供支撑装置，应用配套的支撑装置进行试验，支撑装置在试验中应可观察到。

试验板及各类产品的受力部位示意图见附录D。

8.7.2 坐便器、洗面器、小便器耐荷重性试验

试验板表面面积为600 mm×225 mm的钢板，且在一面贴有厚度为13 mm的橡胶垫。

将试验板平放在被测产品上且使橡胶面紧贴被测面。缓慢向试验板垂直施加荷重，使被测产品所承受的总荷重达到5.7的规定，保持10 min，观察并记录有无变形或可见结构的破损。

8.7.3 洗涤槽耐荷重性试验

试验板直径为76 mm的钢板，且在一面贴有厚度为13 mm的橡胶垫。

将试验板平放在被测产品冲洗底面中心部位，且使橡胶面紧贴被测面，垂直施加荷重，使被测产品所承受的总荷重为0.44 kN，保持10 min，观察并记录有无变形或可见结构的破损。

8.7.4 淋浴盘耐荷重性试验

试验板直径为76 mm的钢板，且在一面贴有厚度为13 mm的橡胶垫。

将试验板分别平放在被测产品冲洗底面中心部位和上边沿面，且使橡胶面紧贴被测面，垂直施加荷重，使产品所承受的总荷重为1.47 kN，保持10 min，观察并记录有无变形或可见结构的破损。

8.8 便器功能试验

8.8.1 功能试验装置

8.8.1.1 便器功能试验应采用符合E.1规定的标准化供水系统。

8.8.1.2 排水管道输送特性应采用图E.3规定的排水管道输送特性试验装置。其中与坐便器排污口连接的排水管道采用内径为100 mm的透明管，用90°弯管连接横管，排水横管的长度为18 m，顺流坡度为0.020，下排式坐便器排污口至横管中心的落差为200 mm。

8.8.1.3 排水管道输送特性试验应在符合8.8.1.2规定的装置上，采用符合8.8.1.1规定的相应标准化供水系统进行试验。便器其他功能试验应采用符合8.8.1.1规定的标准化供水系统。

8.8.1.4 应使用与该便器配套使用的冲水装置并安装成使用状态，在标准化供水系统上进行功能试验。

8.8.1.5 将供水系统按表8规定调节供水压力测定便器用水量，其他功能试验在保持测试用水量时冲水装置和供水系统的状态下，除防溅污试验按表8规定的最高压力下进行试验外，其他均在表8规定的最低试验压力下进行试验。

8.8.1.6 不带整体存水弯坐便器，应装配或采用生产商配套的符合5.8.4规定的存水弯进行功能试验；不带整体存水弯蹲便器应按8.8.12规定进行功能试验。

8.8.2 供水系统标准化调试程序

8.8.2.1 水箱式便器试验供水系统标准化调试程序

水箱式便器试验供水系统标准化调试程序，应符合图E.1的规定。具体程序如下：

a) 调节压力调节器4至静压为(0.14 ±0.007)MPa。
b) 打开截止阀10，调整阀门6，在(0.055±0.004)MPa动压下，流量计7所测的水流量为(11.4±1)L/min。
c) 保持阀门8试验时应为全开状态，调试完成后，关闭阀门8。
d) 卸掉截止阀，安装样品。

8.8.2.2 冲洗阀式便器试验供水系统标准化调试程序

冲洗阀式便器试验供水系统标准化调试程序，应符合图 D.2。具体程序如下：

a) 通过压力调节器 4 设定表 7 的静压力调至 0.24 MPa。
b) 装上配套提供的冲洗阀，供水开关处于全开状态，使供水系统的出水端和冲洗阀出水口可与大气相通。
c) 开启冲洗阀，通过调节阀门 8，使流速峰值达到(95 ± 4) L/min。如果厂商说明该冲洗阀达不到规定的最小流速，则将该冲洗阀调至全开状态。
d) 将冲洗阀连接到测试便器。
e) 记录冲洗阀装在便器上时的流量峰值和计量器 10 的动压峰值，必要时通过调节阀门 9，使流量峰值保持在±4 L/min，计算出 0.55 MPa 压力下试验的用水量。

8.8.3 便器用水量测定

8.8.3.1 便器用水量试验供水压力

在表 9 规定的供水压力下测定便器实际用水量。

表 9 便器用水量试验压力(静压力)

单位为兆帕

便器类型	坐便器和蹲便器		小便器
冲水装置	水箱(重力)式	压力式	冲洗阀
试验压力	0.14	0.24	0.17
	0.35		
	0.55		

8.8.3.2 测试方法

用水量测试方法如下：

a) 将被测便器按 8.8.1 要求安装在符合 8.8.2 要求的供水系统上，连接后各接口应无渗漏，清洁洗净面和存水弯，并冲水使便器水封充水至正常水位。
b) 在 8.8.3.1 规定的试验压力之一，按产品说明调节冲水装置至规定用水量，其中水箱(重力)冲水装置应调至水箱工作水位线标识。若生产厂对产品有特殊要求，则按产品说明和包装上的明示压力进行测定。
c) 按正常方式(一般不超过 1 s)启动冲水装置，记录一个冲水周期的用水量；保持冲水装置此时的安装状态，按 8.8.3.1 规定调节试验压力，分别在各规定压力下连续测定 3 次。双冲式便器应同时在规定压力下测定 3 次的半冲用水量。记录每次冲水的静压力、主水量、总水量、溢流水量(若有时)和冲水周期。

8.8.3.3 结果计算

8.8.3.3.1 单冲式便器用水量

单冲式便器用水量按式(2)计算，测试结果精确至 0.1 L：

$$V = V_1 \qquad \cdots\cdots(2)$$

式中：

V ——实际用水量,单位为升(L)；

V_1 ——单冲式便器用水量算术平均值,单位为升(L)。

8.8.3.3.2 **双冲式便器用水量**

双冲式便器用水量按式(3)计算，测试结果精确至 0.1 L：

$$V = \frac{V_1 + 2V_2}{3} \qquad \cdots\cdots(3)$$

式中：

V ——实际用水量,单位为升(L)；

V_1 ——全冲水用水量算术平均值,单位为升(L)；

V_2 ——半冲水用水量算术平均值,单位为升(L)。

8.8.3.3.3 **半冲水占全冲水用水量最大限定值(V_0)的比率(ρ)**

半冲水占全冲水用水量最大限定值(V_0)的比率(ρ)按式(4)计算,保留小数后一位：

$$\rho = \frac{V_2}{V_0} \times 100\% \qquad \cdots\cdots(4)$$

式中：

ρ ——半冲水占全冲水用水量最达限定值的比率,%；

V_0 ——全冲水用水量最大限定值,单位为升(L)；

V_2 ——半冲水用水量算术平均值,单位为升(L)。

8.8.4 **墨线试验**

8.8.4.1 **坐便器墨线试验**

将洗净面擦洗干净,在坐便器水圈下方 25 mm 处沿洗净面画一条连续的细墨线,启动冲水装置。观察、测量残留在洗净面上墨线的各段长度,并记录各段长度和各段长度之和。连续进行 3 次试验,报告 3 次测试残留墨线的总长度平均值和单段长度最大值。双冲式坐便器还应进行 3 次半冲水试验,并报告 3 次测试残留墨线的总长度平均值和单段长度最大值,精确至 1 mm。

8.8.4.2 **小便器墨线试验**

将洗净面擦洗干净,在小便器出水圈最低出水点至水封面垂直距离的三分之一处沿洗净面画一条连续水平细墨线,启动冲水装置。观察、测量残留在洗净面上墨线的各段长度并记录各段长度和各段长度之和。连续进行 3 次试验,报告 3 次测试残留墨线的总长度平均值和单段长度最大值,精确至 1 mm。

8.8.4.3 **蹲便器墨线试验**

将洗净面擦洗干净,将市售墨水在蹲便器冲洗水圈下 30 mm 处画一条连续细墨线,启动冲水装置,观察、测量残留墨线长度并记录,连续测试 3 次,报告 3 次测试残留墨线的总长度平均值,精确至 1 mm。

8.8.5 **坐便器球排放试验**

将 100 个直径为(19±0.4)mm、质量为(3.01±0.1)g 的实心固体球轻轻投入坐便器中,启动冲水装置,检查并记录冲出坐便器排污口外的球数,连续进行 3 次,报告 3 次冲出的平均数。

8.8.6 坐便器颗粒试验

8.8.6.1 试验介质

试验介质如下：

a) 颗粒：(65±1)g(约 2 500 个)直径为(4.2±0.4)mm、厚度为(2.7±0.3)mm、密度为(951±10)kg/m^3的圆柱形聚乙烯(HDPE)颗粒；

b) 小球：100 个直径为(6.35±0.25)mm 的尼龙球。100 个尼龙球的质量应在 15 g～16 g 之间，密度为(1 170±10)kg/m^3。

8.8.6.2 试验方法

将试验介质放入坐便器存水弯中，启动冲水装置，记录首次冲洗后存水弯中的可见颗粒数和尼龙球数。进行 3 次试验，在每次试验之前，应将上次的颗粒冲净。报告 3 次测定的平均数。

8.8.7 坐便器混合介质试验

8.8.7.1 试验混合介质

试验混合介质组成如下：

a) 海绵条：尺寸为(20±1)mm×(20±1)mm×(28±3)mm 的聚氨酯海绵条 20 个，新的干燥密度为(17.5±1.7) kg/m^3；

b) 打字纸：定量为 30.0 g/m^2，制成(190±6)mm×(150 ± 5)mm 试验用纸。

8.8.7.2 试验方法

试验方法如下：

a) 将 20 个新海绵条试验前至少在水中浸泡 10 min；

b) 将 20 个海绵条放在被测坐便器存水弯的水中，在水中用手挤压使其排出空气并浸吸水。幼儿型坐便器应采用 10 个海绵条进行试验；

c) 向坐便器存水弯内加水，确保水封为完全水封深度；

d) 将单张纸弄绉，团成直径约 25 mm 的纸球，每次试验前准备 4 组纸球，每组 8 个；

e) 每次试验前，将 8 个纸球分别放在盛水容器中，直到水完全浸透；

f) 将水浸透的 8 个纸球一个接一个放入便器中并使其随机地分布在海绵条中。幼儿型坐便器试验用纸球一组为 4 个；

g) 正常启动冲水装置冲水；

h) 完成冲水周期后，记录海绵条和纸球冲出坐便器的数量。再次冲水，记录留在便器内的海绵条和纸球数量。

重复进行 4 次试验，舍去最差的一组数据，取其余 3 组第一次冲出数量的平均值，并报告第二次冲水是否有残留介质。

8.8.8 排水管道输送特性试验

8.8.8.1 试验介质

用 100 个直径为(19±0.4)mm、质量为(3.0±0.1)g 的实心固体球进行试验。

8.8.8.2 试验方法

将坐便器安装在符合 8.8.1 规定的试验装置上，将 100 个固体球放入坐便器存水弯中，启动冲水装置冲水，观察并记录固体球排出的位置。测定 3 次。

8.8.8.3 试验记录

球在沿管道方向传送的位置分为 8 组进行记录，代表不同的传输距离。将 18 m 排水横管分为六组，由 0 m～18 m 每 3 m 为一组，残留在坐便器中的球为一组，冲出排水横管的球为一组。

试验结果的记录和计算：

加权传输距离＝每组的总球数×该组平均传输距离

所有球总传输距离＝加权传输距离之和

球的平均传输距离＝所有球总传输距离÷总球数

示例：为便于理解，在表 10 中列出一例排水管道输送特性试验结果记录表。

表 10 排水管道输送特性试验结果记录

传输距离分组	球数			3 次冲水每组总球数	平均传输距离/m	加权传输距离/m
	第一次冲水	第二次冲水	第三次冲水			
坐便器内	5	2	7	14	0	0
0 m～3 m	14	22	15	51	1.5	76.5
3 m～6 m	8	9	6	23	4.5	103.5
6 m～9 m	5	2	4	11	7.5	82.5
9 m～12 m	2	0	3	5	10.5	52.5
12 m～15 m	5	8	2	15	13.5	202.5
15 m～18 m	9	12	7	28	16.5	462
排出管道	52	45	56	153	18	2 754
总数	100	100	100	300		3 733.5
球的平均传输距离＝3 733.5 m÷300＝12.4 m						

8.8.9 水封回复试验

本项试验适用于带整体存水弯的各类便器。

单冲式便器进行全冲水试验；若为双冲式便器，则先进行半冲水试验。

若一次冲水周期完成后，排污口出现溢流，则水封回复值与水封深度值相同，记录结果，试验结束；

若无溢流出现，则应测量水封深度。再连续完成 6 个冲水周期；若为双冲式便器，则按一次全冲两次半冲的顺序继续完成 6 个冲水周期。记录每次冲水后所测回复的水封深度；

在对虹吸式便器测试过程中，应观察虹吸式坐便器每次冲水时是否产生虹吸；若有一次未发生虹吸，记录结果，试验结束。

报告水封回复的最小值；报告虹吸式坐便器是否有不虹吸发生。

8.8.10 污水置换试验

小便器、坐便器和蹲便器的污水置换试验按以下规定进行。

用约 80 ℃的自来水配制浓度为 5 g/L 的亚甲蓝溶液。

在试验条件下将坐便器或小便器冲洗干净，完成正常进水周期后，将 30 mL 染色液倒入便器水封中，搅拌均匀，由水封水中取 5 mL 溶液至容器中，按相应产品的技术要求加水稀释至 125 mL 或 500 mL（标准稀释率为 25 或 100），混均后移入比色管中作为标准液待用。

启动坐便器或小便器冲水装置，冲水周期完成后，将便器内的稀释液装入与装标准液同样规格的比色管中，目测与标准液的色差：

若比标准液颜色深，则记录稀释率小于标准稀释率；

若与标准液颜色相同，则记录稀释率等于标准稀释率；

若比标准液颜色浅，则记录稀释率大于标准稀释率。

8.8.11 双冲式坐便器的半冲卫生纸试验

8.8.11.1 试验介质

试验介质为 6 张定量为(16.0±1.0)g/m²，尺寸为(114±2)mm×(114±2)mm 的成联单层卫生纸，卫生纸应符合 GB 20810 的要求，且应符合下列条件：

a) 浸水时间不大于 3 s。应满足以下试验：将该 6 联卫生纸紧紧缠绕在一个直径为 50 mmPVC 管上。将缠绕的纸从管子上滑离。将纸筒向内部折叠来得到一个直径大约为 50 mm 的纸球。将这个纸球垂直慢慢放入水中。记录纸球完湿透所需的时间。

b) 湿拉张强度应通过以下试验：用一个直径为 50 mm 的 PVC 管来作为支撑试验用纸的支架。将一张卫生用纸放于支架上，将支架倒转使纸浸于水中 5 s 后，立即将支架从水中取出，放回到原始的垂直位置。将一个直径为 8 mm，质量为(2±0.1)g 的钢球放在湿纸的中间。支撑钢球的纸不能有任何撕裂。

8.8.11.2 试验方法

将 6 联未用过的卫生纸制成直径大约为 50 mm～70 mm 的松散纸球，每组 4 个纸球。

将 4 个纸球投入坐便器存水弯水中，或将 3 个纸球投入幼儿型坐便器存水弯水中，让其完全湿透。在湿透后的 5 s 内启动半冲水开关冲水，冲水周期完成后，查看并记录坐便器内是否有纸残留；如有残留纸，则试验结束，报告试验结果。

如没有残留纸，再重复进行第二次试验；如有残留纸，则试验结束，报告试验结果。

如没有残留纸，再重复进行第三次试验；报告试验结果。

8.8.12 蹲便器排放功能试验

按图 F.1 蹲便器排放试验用人造试体示意图的规定制备 4 个试体，将 3 个试体沿冲水方向并排放到便器冲洗面中间，若为幼儿型蹲便器则放 2 个试体，再将第四个试体成十字形横放在 3 个试体上面的中间位置，形成三竖一横的状态，见图 F.2，立即冲水，观察并记录排出便器外的试体个数，测试 4 次，报告试体全部排出便器外的次数。

对于不带整体存水弯蹲便器产品，在测试时应配接一直径为 110 mm，水封深度为 50 mm，落差为 500 mm/300 mm 的外接存水弯后进行测试。

8.8.13 蹲便器防溅污性试验

用 3 块厚度为 25 mm 的垫块将一块至少 600 mm×500 mm 的透明模板支垫在蹲便器圈面上，使其和便器圈上表面之间有 25 mm 的间隙。启动冲水装置冲水，观察并记录模板上直径大于 8 mm 的水滴数。测试 5 次，取最大值。

8.9 洗面器、净身器、洗涤槽溢流试验

将洗面器或涤槽或净身器洗按使用状态安放，调节水嘴或供水装置的供水流量调至 0.15 L/s，关闭

或堵塞排水口，从水开始流入溢流孔计时，保持5 min，记录5 min内有水开始溢出洁具的时间，若5 min无溢流，则停止试验并记录。

8.10 坐便器冲洗噪声试验

8.10.1 仪器设备及环境要求

仪器设备及环境要求包括：

a) 仪器：精度不低于0.1 dB(A)的声级计。

b) 噪声室：应符合GB/T 3768的要求且环境噪声不高于30 dB(A)。

8.10.2 试验步骤

按GB/T 3768的规定测定坐便器完整冲水周期中的冲水噪声。记录累计百分数声级 L_{50} 和 L_{10}。测定3次，报告3次算术平均值。

8.11 便器连接密封性试验

按照生产商说明连接，承受0.1 MPa水压15 min。连接管路不得有泄漏。

8.12 疏通机试验

将所配存水弯按厂商说明书安装成使用状态，将手动疏通机装入坐便器并使其穿过存水弯通过排污口，若生产商有说明，可使用蛇形疏通管。

使坐便器中充满水，疏通器每旋转5次为一个试验循环。每个试验循环之前，调至坐便器中水充满水封。每次循环试验后将疏通机取出、再插入、旋转，进行100次循环试验。观察并记录除存水弯排水口有水溢出外，其他地方是否有渗漏或损坏。

8.13 冲水装置防虹吸试验

便器重力式冲水装置防虹吸试验按GB 26730的规定进行。

便器压力冲水装置防虹吸试验按GB/T 26750的规定进行。

8.14 安全水位测定

将水箱配件安装在水箱中，按便器用水量调节进水阀至所需工作水位，用钢直尺测量水箱的有效工作水位至溢流口的垂直距离；用直角尺和钢直尺测量进水阀临界水位与溢流口水位的垂直距离；用直角尺测量水箱(重力)冲水装置的非密封口最低位与所测盈溢水位的垂直距离。并记录各测量值。

9 检验规则

9.1 检验分类

产品检验分出厂检验和型式检验。

9.2 出厂检验

9.2.1 检验项目

出厂检验的项目按表11规定进行。

表 11 出厂检验项目表

序号	检验项目	产品类型	要求	试验方法
1	外观质量	各类产品	5.1	8.1
2	最大允许变形	各类产品	5.2	8.2
3	水封	便器	6.1.4.1	8.3.5.1
4	便器用水量	便器	6.2.1	8.8.3
5	坐便器冲洗功能	坐便器	6.2.2.2 6.2.2.3.1 6.2.2.5 6.2.2.6	8.8.4.1 8.8.5 8.8.9 8.8.10
6	小便器冲洗功能	小便器	6.2.3.1	8.8.4.2
7	蹲便器冲洗功能	蹲便器	6.2.4.1 6.2.4.2	8.8.4.3 8.8.12
8	安全水位	坐便器重力式冲洗水箱	5.8.1.5	8.14
9	用水量标识	便器	10.1.3	—

9.2.2 **组批规则和抽样方案**

9.2.2.1 对出厂检验项目中的5.1、6.1.4.1进行逐件检验。

9.2.2.2 对出厂检验项目中的其他项目按GB/T 2828.1的规定进行，采用一般检验水平Ⅱ，正常检验一次抽样方案。

9.2.3 **判定规则**

出厂检验项目的接收质量限(AQL)为1.5。

经检验所要求项目均合格，则该批产品为合格，凡有一项或一项以上不合格，则判定该批产品不合格。

9.3 **型式检验**

9.3.1 **检验项目**

型式检验包括第5章、第6章、第7章要求的全部项目。

9.3.2 **检验条件**

有下列情况之一时，应进行型式检验：

a) 新产品试制定型鉴定；
b) 正式生产后，结构、材料、工艺有较大变化，可能影响产品质量时；
c) 产品停产半年以上，恢复生产时；
d) 出厂检验结果与上次形式检验结果有较大差异时；
e) 正常情况下，每年至少进行一次。

9.3.3 组批规则

以同品种同类型同型号的产品组批，每 500 件～3 000 件为一批，不足 500 件仍以一批计。

9.3.4 判定规则

型式检验的检验项目、不合格类别、样本量和判定组数按表 12 规定进行。有合同要求时，可由合同双方协商确定。

表 12 型式检验判定规则

不合格类别	项目	条款	样本量	判定组数	
				Ac	Re
A	外观质量	5.1	3	0	1
	最大允许变形	5.2	3	0	1
	尺寸	5.3	3	0	1
	便器用水量	6.2.1	1	0	1
	坐便器冲洗功能	6.2.2	1	0	1
	小便器冲洗功能	6.2.3	1	0	1
	蹲便器冲洗功能	6.2.4	1	0	1
	防虹吸功能	5.8.1.4	1	0	1
	安全水位	5.8.1.5	1	0	1
B	吸水率	5.4	1	0	1
	抗裂性	5.5	1	0	1
	溢流功能	7.2	1	0	1
	耐荷重性	5.7	1	0	1
	尺寸	6.1 和 7.1	3	0	1
	配套性[a]	5.8.1.1	3	0	1
	坐便器冲洗噪声	6.3	3	0	1
	连接密封性要求	6.4	3	0	1
	限重	5.6	3	0	1
	疏通机试验	6.5	1	0	1

[a] 除 5.8.1.4 和 5.8.1.5 之外的配套性要求。

9.3.5 综合判定

对所要求项目进行检验，经检验所有项目均合格，则判定该批产品为合格，凡有一项或一项以上不合格，则判定该批产品不合格。

9.4 抽样方法

出厂检验按 9.2.2.2 规定的样本量从所组批中随机抽取样品。

型式检验按 9.3.3 规定的样本量应由提交的合格批中随机抽取样品，可采用随机抽样数表抽样。

试验所需试片可从相同生产工艺的破损产品上敲取。

10 标志和标识

10.1 耐久性标志

10.1.1 商标应印在产品的本体可见位置,在隐蔽面应有检验标识。

10.1.2 便器用重力式冲洗水箱应有水位线标识。

10.1.3 便器名义用水量应标识在产品可见部位。

10.2 产品包装标识

10.2.1 便器类产品应明示产品的名义用水量

10.2.2 产品包装上至少应标明:

——产品名称;

——产品类别(瓷质或炻陶质);

——商标;

——产品标记;

——执行标准;

——合格;

——生产日期或批号;

——制造厂名称及厂址。

10.3 出厂检验合格证

每批出厂的产品应有出厂检验合格证,内容至少包括产品名称、制造厂名称、生产日期、便器类产品用水量、产品类别、出厂检验标识。

11 安装使用说明书

产品应有安装使用说明书,内容至少应包括:

a) 产品安装方法及冲水装置的调试、使用、维修。

b) 对水压有特殊要求的便器类产品,应说明产品使用的压力适用范围。

c) 施工注意事项。为确保便器的正确安装,防止便器底座埋入胶凝材料(水泥砂浆)中因膨胀而撑裂便器,生产厂应将便器正确安装方法的施工建议及错误安装造成损失的责任列入安装使用说明书中,或将此内容贴在便器明显处。

d) 使用注意事项。包括:

  1) 请不要向便器内冲入新闻纸、纸尿垫、妇用卫生巾等容易堵塞的物品。

  2) 请不要用重力撞击陶瓷,以防止破损漏水。

  3) 不要在 0 ℃以下环境中使用。

12 包装、运输和贮存

12.1 包装

卫生陶瓷产品的包装应符合 JC/T 694 的规定。产品随行文件应包括产品出厂检验合格证、安装使用说明书、装箱清单、装配图等。

12.2 运输

12.2.1 搬运时应轻拿、轻放，严禁摔扔，以防破损。

12.2.2 在运输和存放时应有防雨措施，防止包装受潮；防止撞击。

12.3 贮存

产品应按类别、品种、规格分别整齐堆放，在室外堆放时应有防雨设施。

附　录　A
（资料性附录）
卫生陶瓷产品标记

A.1　范围

本附录适用于编制卫生陶瓷产品的标记，为了便于采购、工程设计部门使用，推荐采用本附录。

A.2　产品分类代码

A.2.1　标记组成

GB 6952 中涉及的卫生陶瓷产品由标记来识别，标记组成形式为：

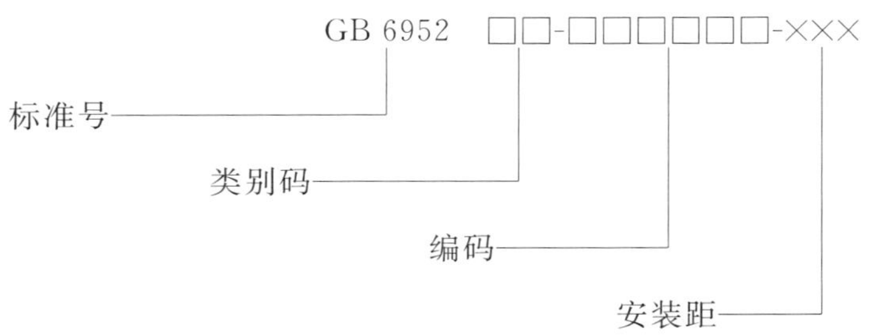

A.2.2　类别码

第一个字母表明产品类别：C＝瓷质
NC＝炻陶质
第二个字母表明产品类型：Z＝坐便器
M＝洗面器
X＝小便器
D＝蹲便器
J＝净身器
C＝洗涤槽
S＝水箱
P＝洗手盆

A.2.3　编码

产品编码按表 A.1 规定表示。

表 A.1 各类产品编码

类别	第1个编码		第2个编码		第3个编码		第4个编码		第5个编码		第6个编码	
	类型	编码	安装	编码	排污	编码	规格	编码	用途	编码	用水量	编码
	挂箱式	1	落地式	1	下排式	1	普通型	1	成人	A	普通型	P
	坐箱式	2	壁挂式	2	后排式	2	加长型	2	幼儿	B	节水型	J
坐便器	连体	3			其他	3			残疾人/老年人	C		
	冲洗阀式	4										
	类型	编码	安装	编码	龙头孔							
	台式	A	台上	1	单孔	1						
	立柱式	B	台下	2	双孔	2						
洗面器；洗手盆	壁挂式	C	平板	3	三孔	3						
	柜式	G	陶瓷柱	4								
			金属架	5								
			明挂	6								
			暗挂	7								
	安装	编码	排污	编码	用水量	编码						
小便器	落地式	1	带存水弯	1	普通型	P						
	壁挂式	2	不带存水弯	2	节水型	J						
	类型	编码	排污	编码	挡板	编码	用途	编码	用水量	编码		
蹲便器	挂箱式	1	带存水弯	1	有挡板	1	成人	A	普通型	P		
	冲洗阀	2	不带存水弯	2	无挡板	2	幼儿	B	节水型	J		
	安装	编码	龙头孔	编码								
	落地式	1	单孔	1								
	壁挂式	2	双孔	2								
净身器			三孔	3								
			四孔	4								
			无孔	5								
	类型	编码	安装	编码	挡板	编码	用途	编码				
洗涤槽	单联	1	台式	1	后挡板	1	家庭用	A				
	双联	2	壁挂式	2	无挡板	2	公共场所用	B				
	类型	编码	安装	编码	用途	编码	启动方式	编码	用法	编码	开关部位	编码
水箱	带盖水箱	1	坐箱式	1	重力式	1	机械式	1	单按	1	顶按	1
	无盖水箱	2	壁挂式	2	压力式	2	感应式	2	双按	2	侧按	2

A.2.4 安装距

便器排污口中心至安装墙面或地面的距离应标明。

壁挂式水箱底距地面的安装高度应按产品的使用要求标明。

其他产品有需要明示的安装距离也应标明。

A.3 示例

示例 1:成人用落地式后排连体加长节水型坐便器,排污口中心距地面高度为 185 mm。产品标记应为:

GB 6952 CZ-3122AJ-185

示例 2:壁挂感应式高水箱为炻陶质,与蹲便器配套使用的安装高度为 1.3 m,产品标记应为:

GB 6952 TS-223-1300

示例 3:洗面器为瓷质单孔台上盆,产品标记应为:

GB 6952 CM-A11

附 录 B
（规范性附录）
卫生陶瓷产品尺寸要求示意图

B.1 坐便器排污口尺寸

坐便器排污口尺寸见图 B.1。

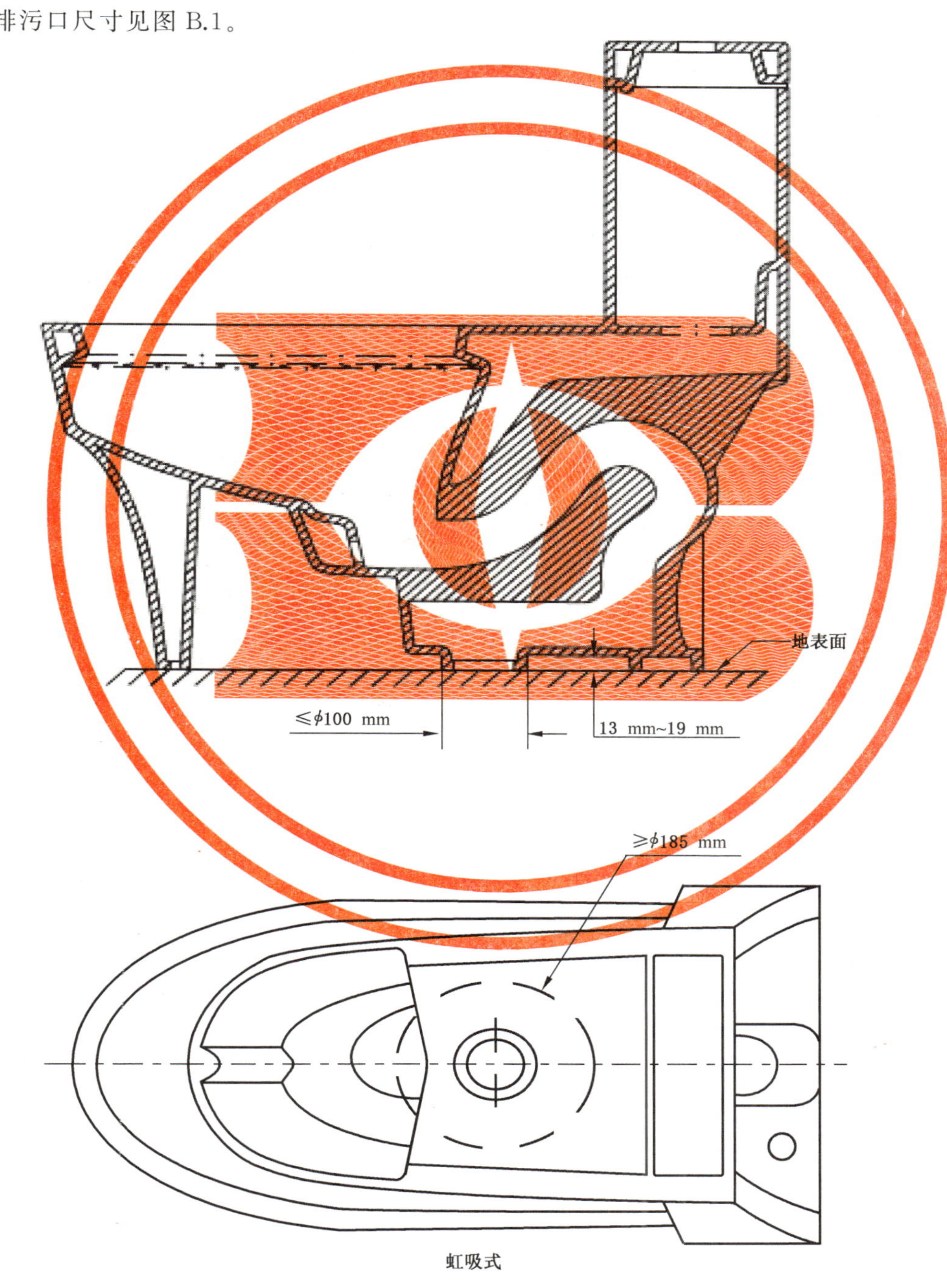

图 B.1 坐便器排污口尺寸要求示意图

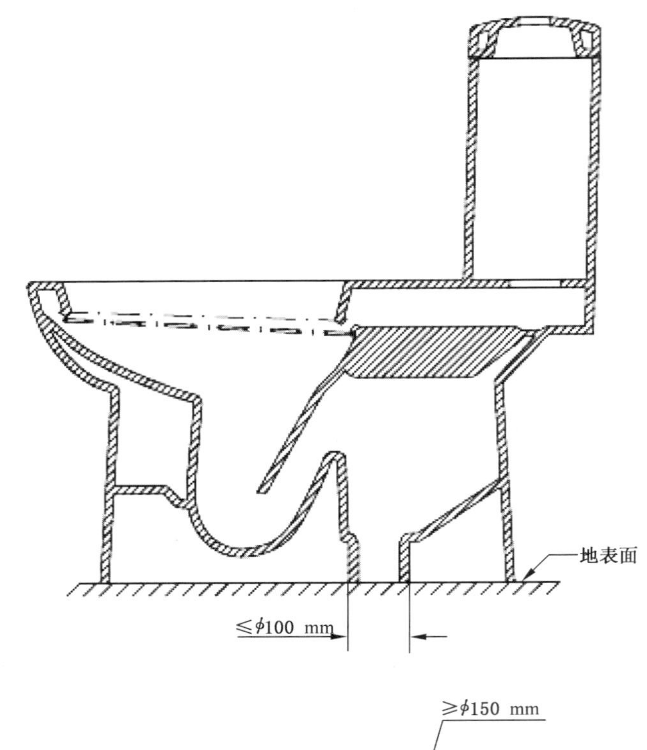

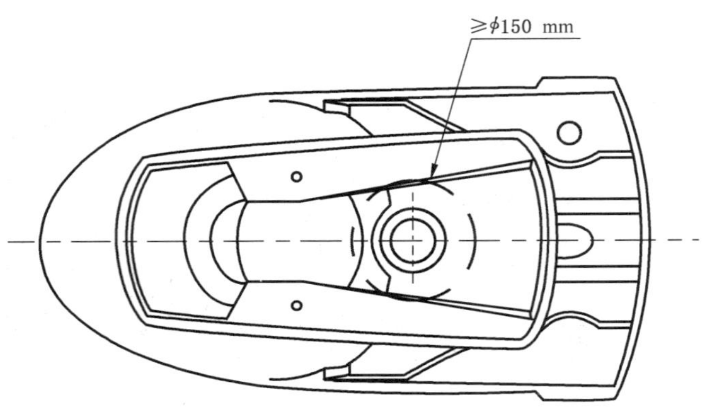

冲落式

a） 下排式坐便器排污口尺寸

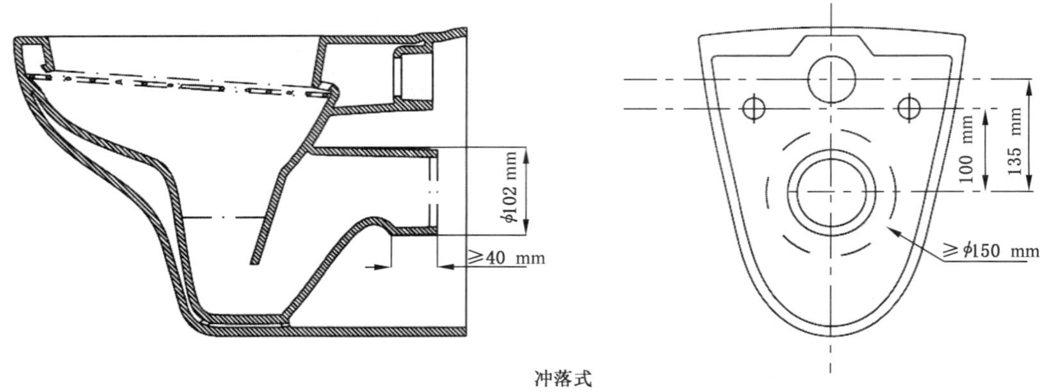

冲落式

图 B.1（续）

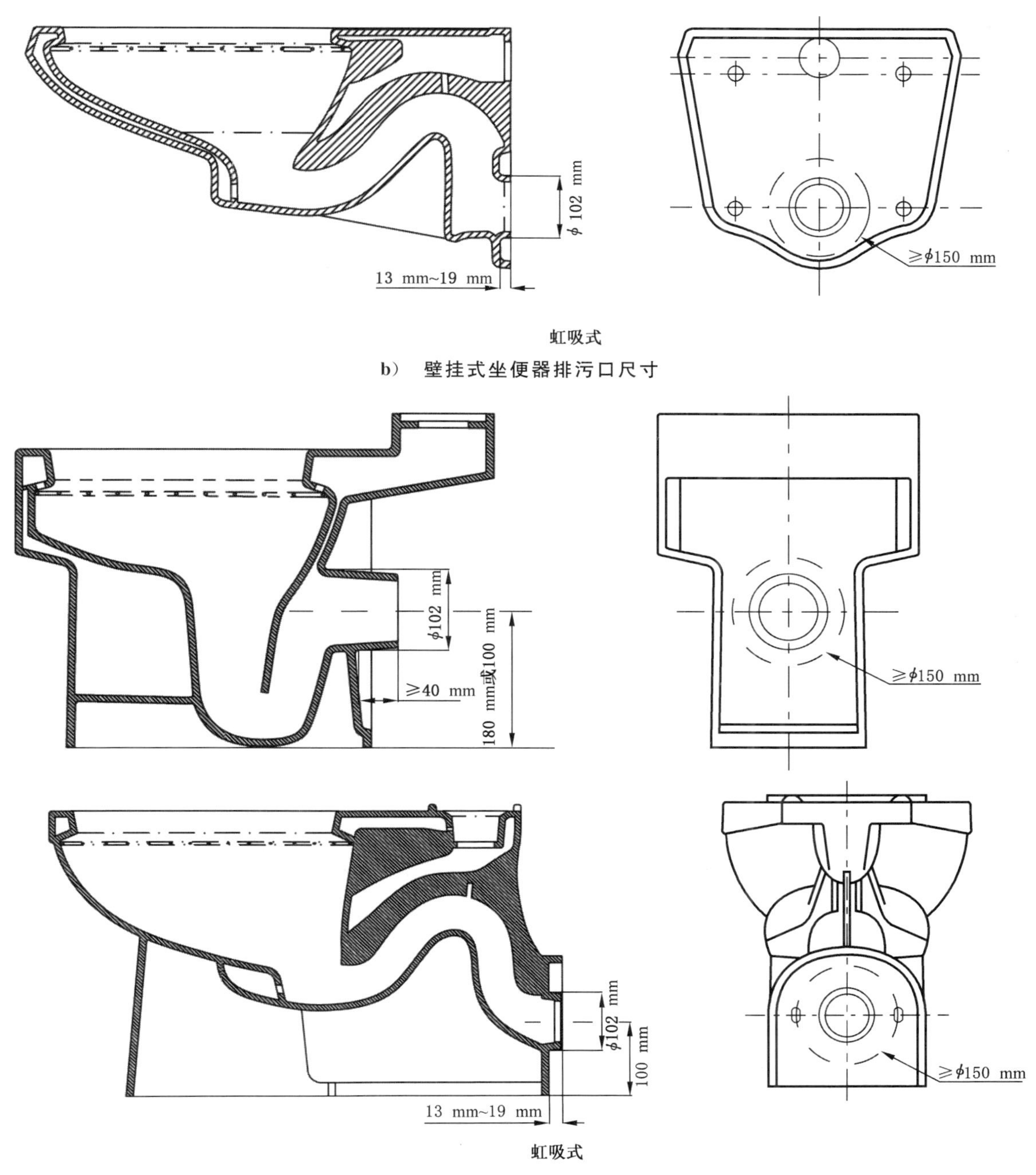

b） 壁挂式坐便器排污口尺寸

c） 落地后排式坐便器排污口尺寸

图 B.1（续）

B.2 壁挂式坐便器安装螺栓孔间距

壁挂式坐便器安装螺栓孔间距见图 B.2。

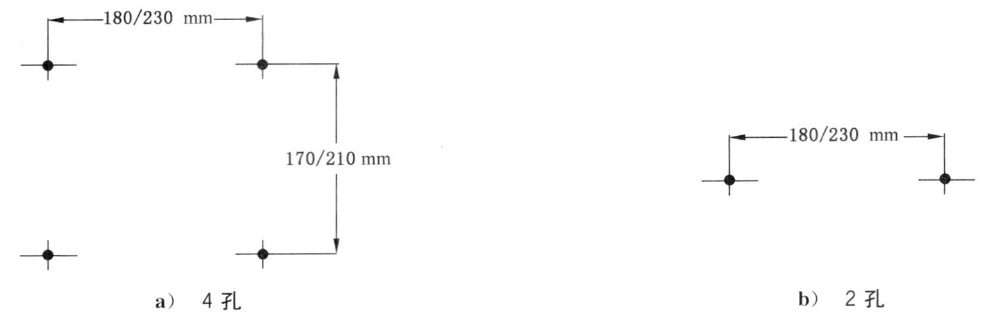

图 B.2 壁挂式坐便器安装螺栓孔间距示意图

B.3 坐便器水封深度、水封表面尺寸和坐便器坐圈离地高度示意图

坐便器水封深度、水封表面尺寸和坐便器坐圈离地高度示意图见图 B.3。

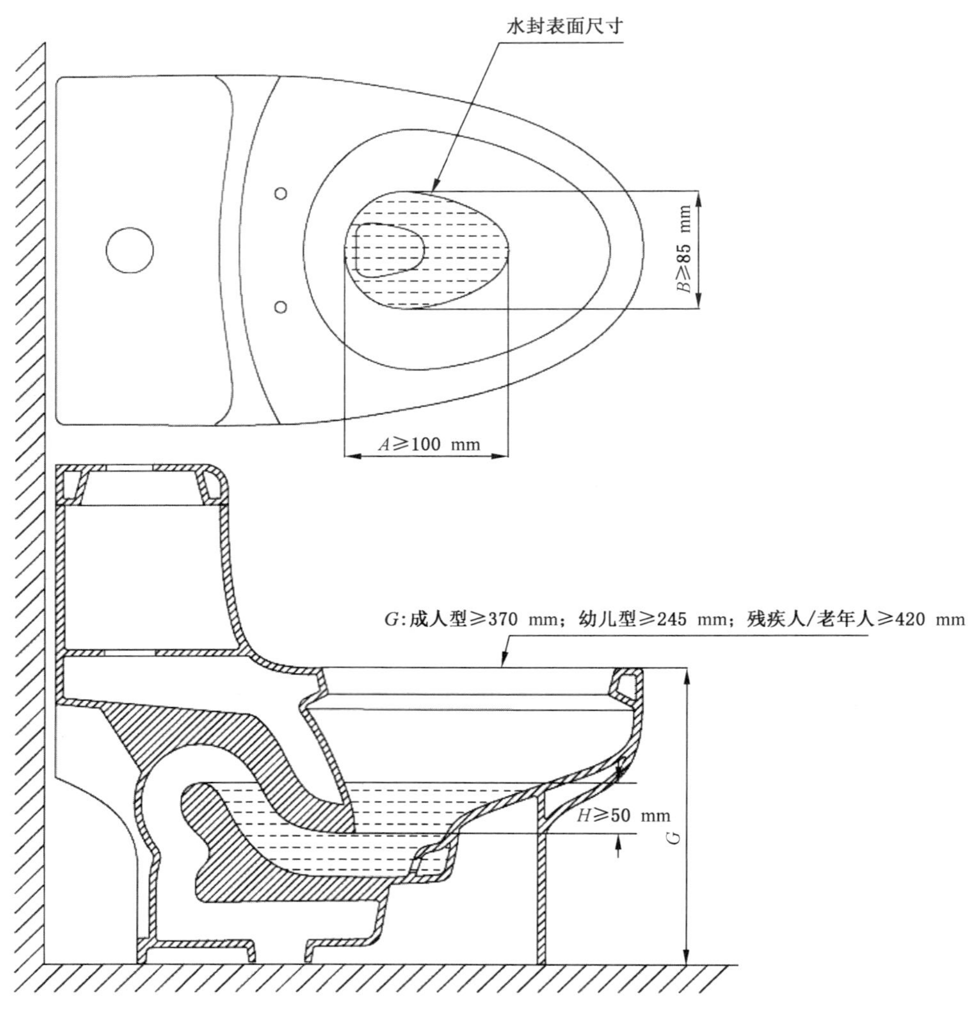

图 B.3 坐便器水封深度、水封表面尺寸和坐便器坐圈离地高度示意图

B.4 坐便器坐圈尺寸示意图

坐便器坐圈尺寸示意图见图 B.4。

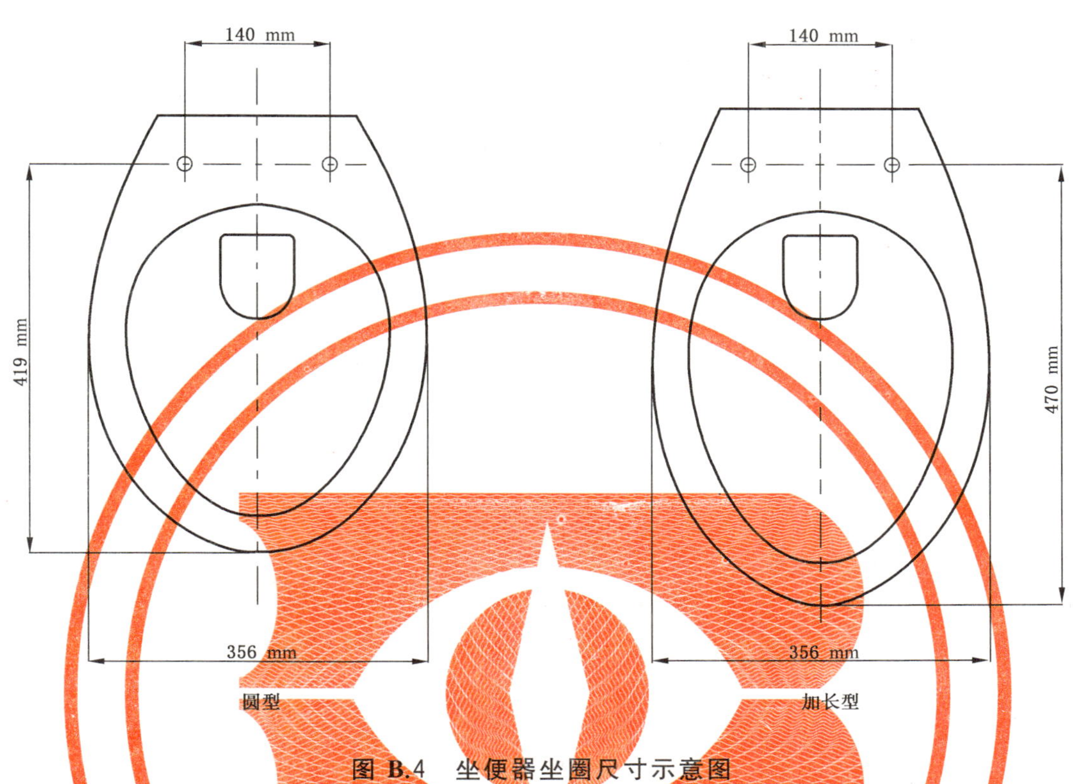

图 B.4 坐便器坐圈尺寸示意图

B.5 洗面器、净身器和水槽排水口尺寸

洗面器和净身器排水口尺寸见图 B.5。

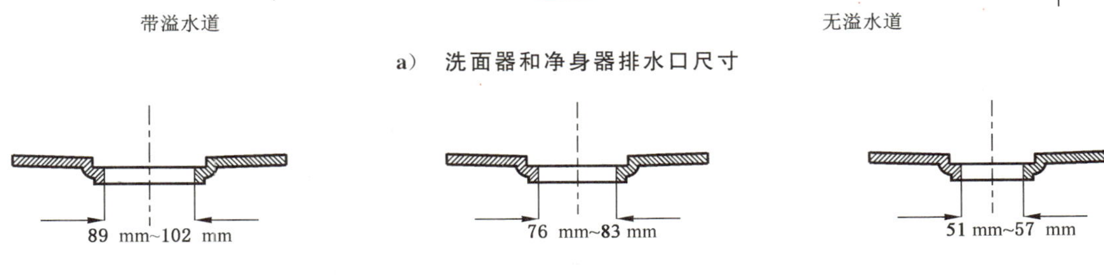

图 B.5 洗面器、净身器和水槽排水口尺寸示意图

B.6 供水配件安装孔和安装面尺寸

洗面器和净身器供水配件安装孔和安装面尺寸见图 B.6,安装孔直径为 25 mm～38 mm,安装面直径不小于 64 mm。

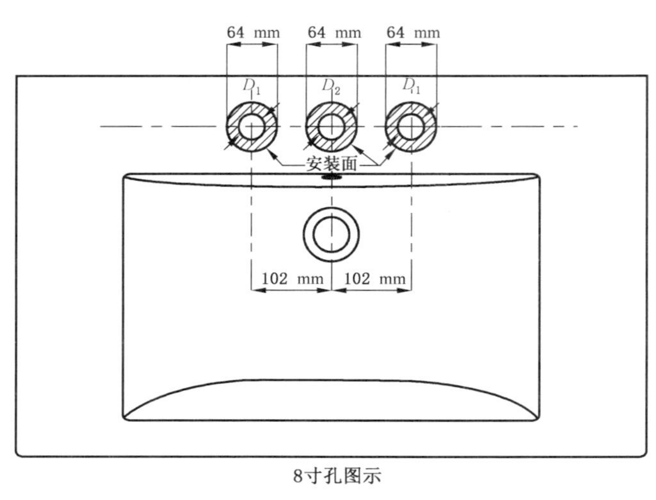

8寸孔图示

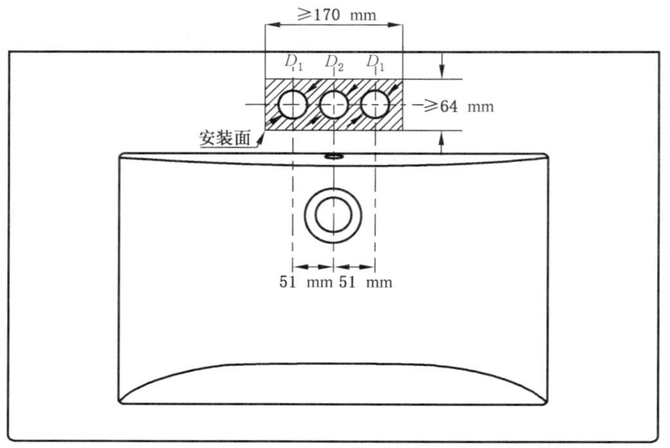

4寸孔图示

a) 组合式

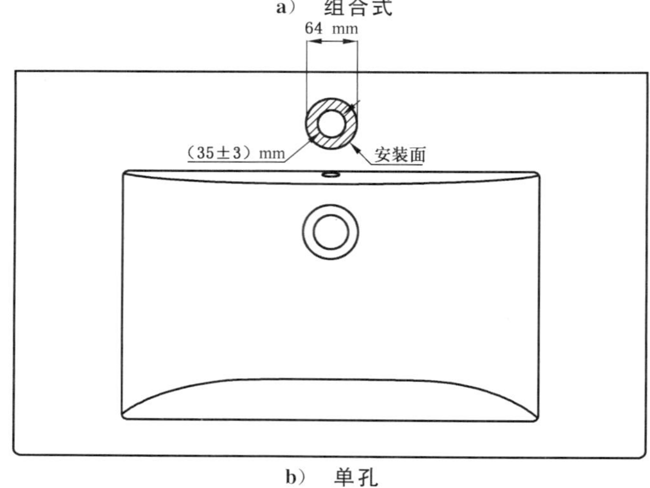

b) 单孔

图 B.6 供水配件安装孔和安装面尺寸示意图

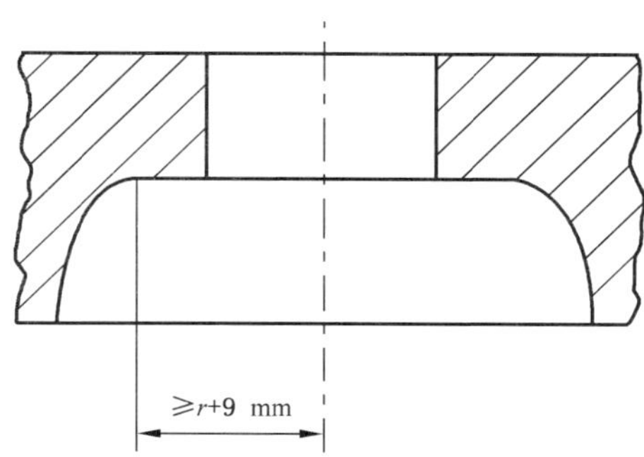

c） 洗面器背面安装平台

注 1：D_1＝32 mm～38 mm。

注 2：D_2＝25 mm～38 mm。

注 3：安装孔可不在一条直线上。

图 B.6（续）

B.7 蹲便器水封深度要求

蹲便器水封深度要求示意图 B.7。

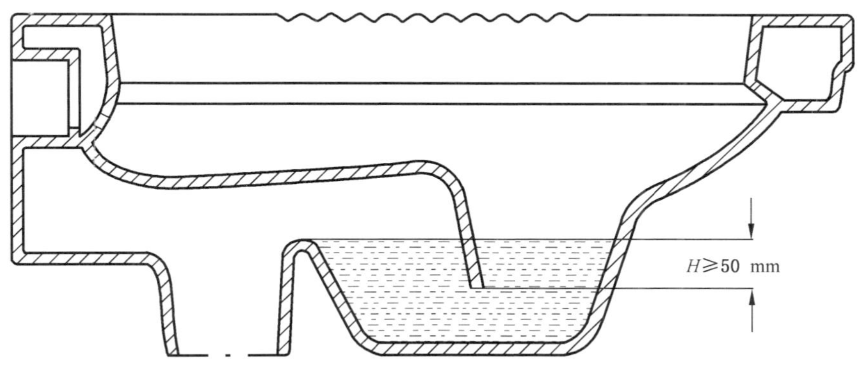

注：H 为蹲便器水封深度尺寸。

图 B.7 蹲便器水封深度示意图

B.8 小便器尺寸要求

小便器尺寸要求见图 B.8。

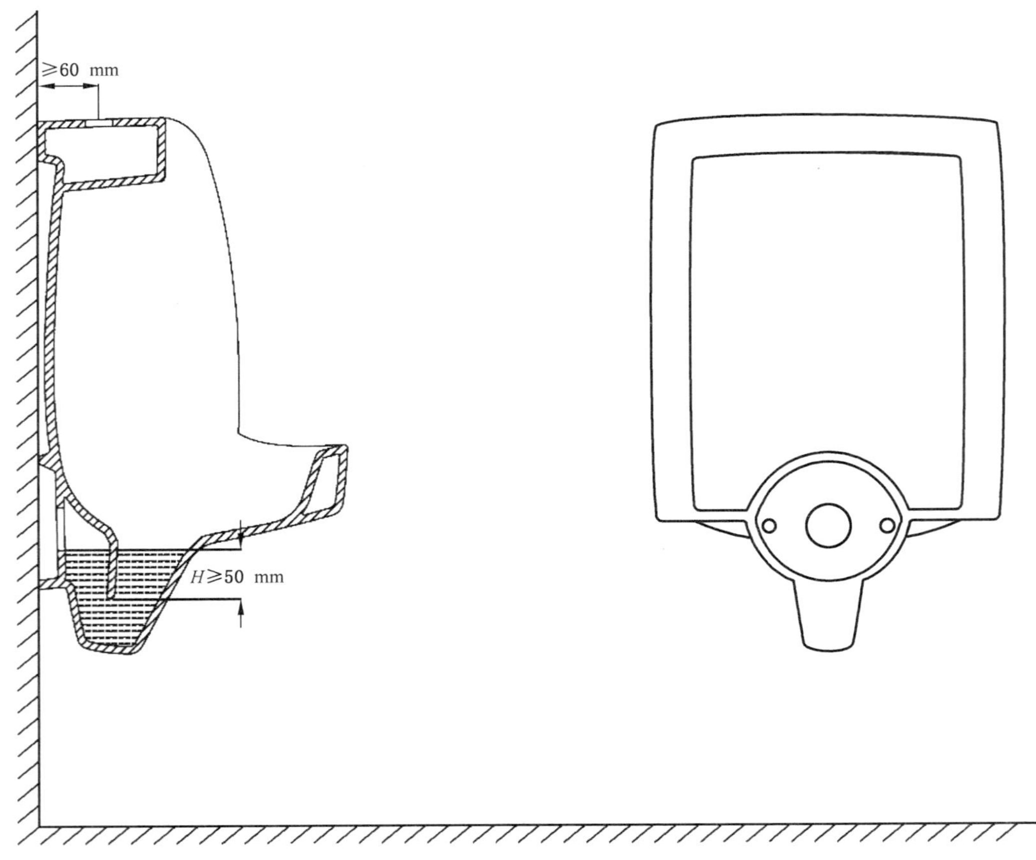

注：H 为小便器水封深度尺寸。

图 B.8　小便器水封深度示意图

附 录 C
（资料性附录）
卫生陶瓷产品变形测量方法示意图

C.1 连体坐便器

连体坐便器变形测量方法如图 C.1 所示。

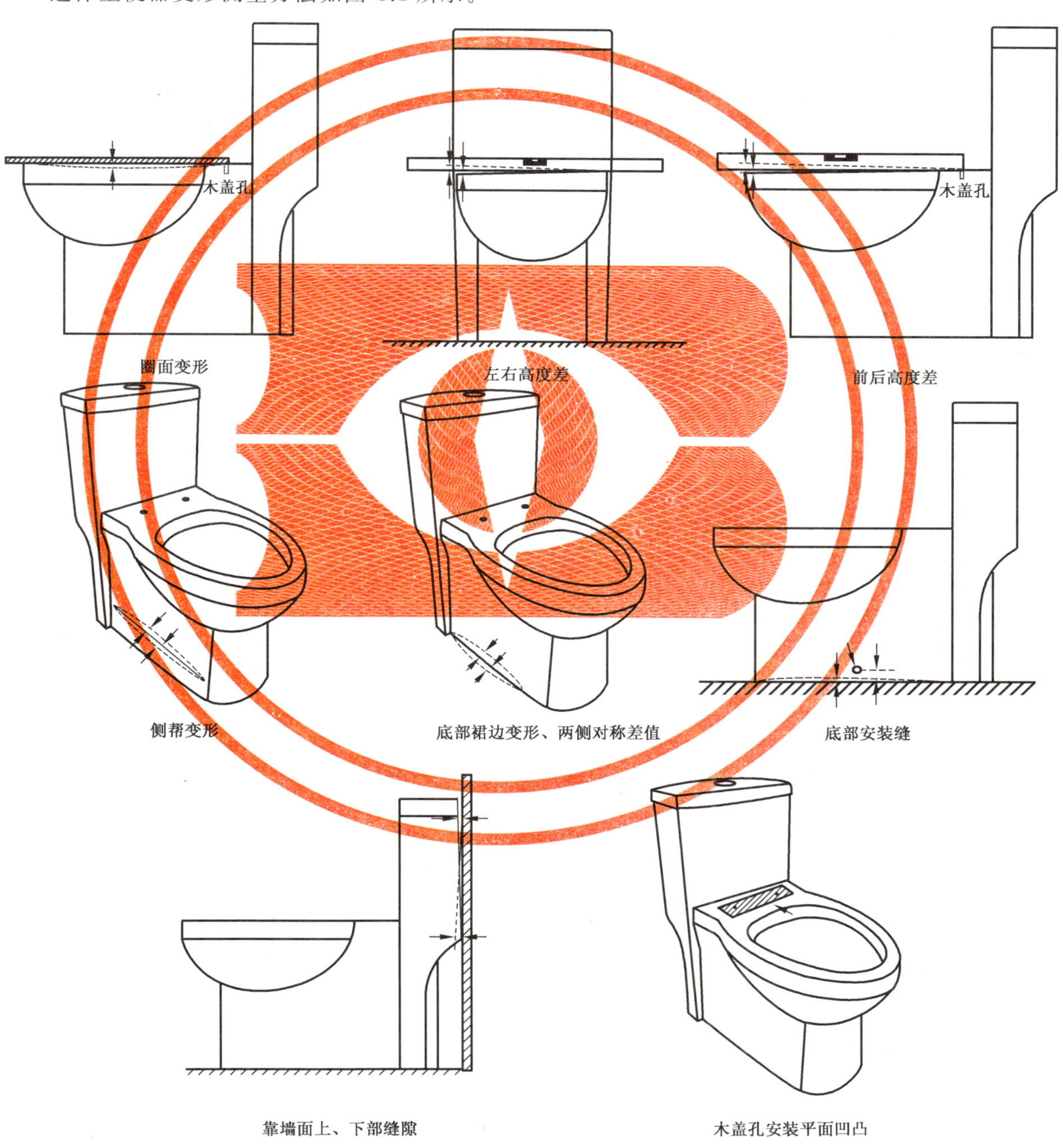

图 C.1 连体坐便器

C.2 分体坐便器

分体坐便器变形测量方法如图 C.2 所示。

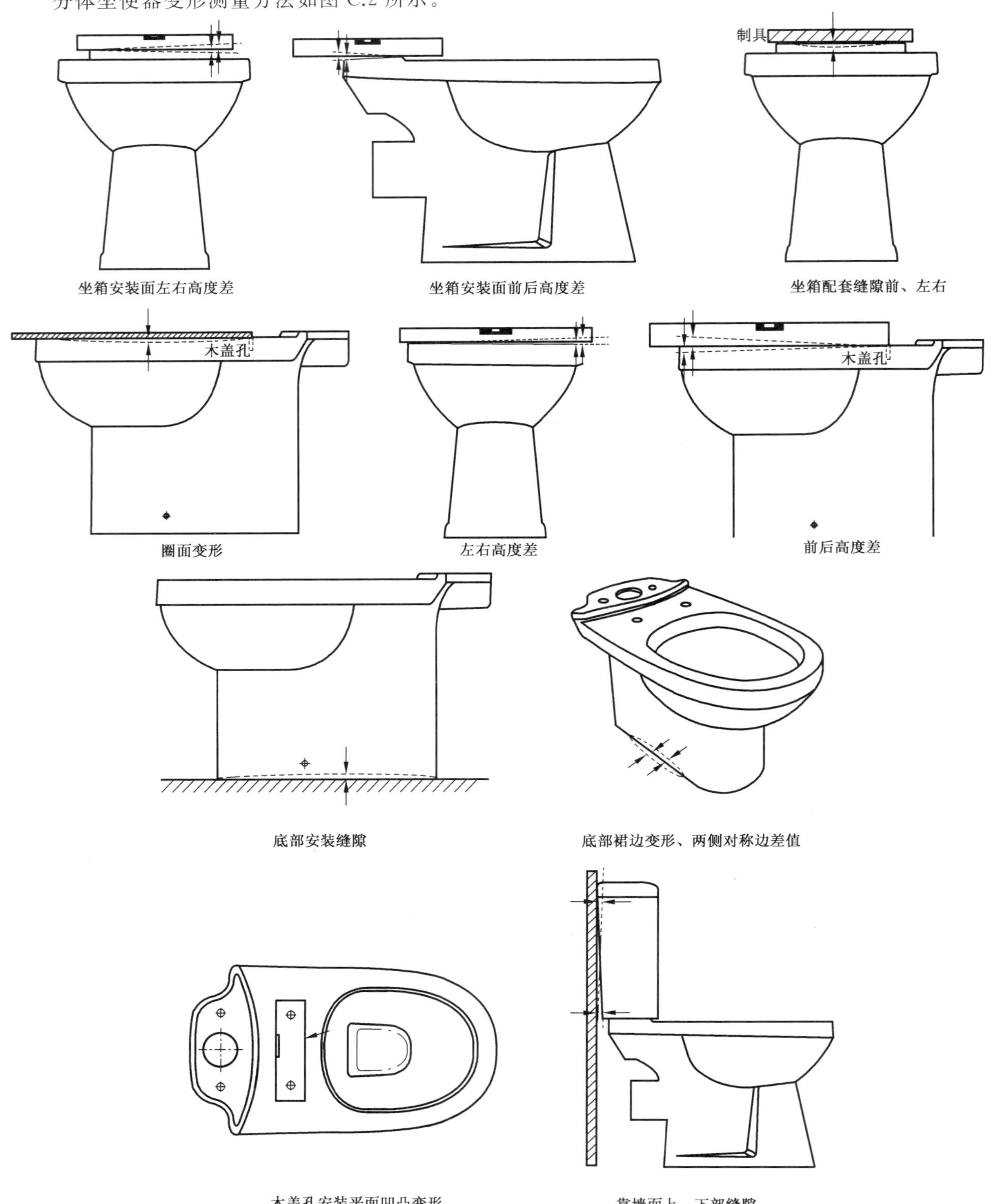

图 C.2 分体坐便器

C.3 靠墙式分体坐便器

靠墙式分体坐便器变形测量方法如图 C.3 所示。

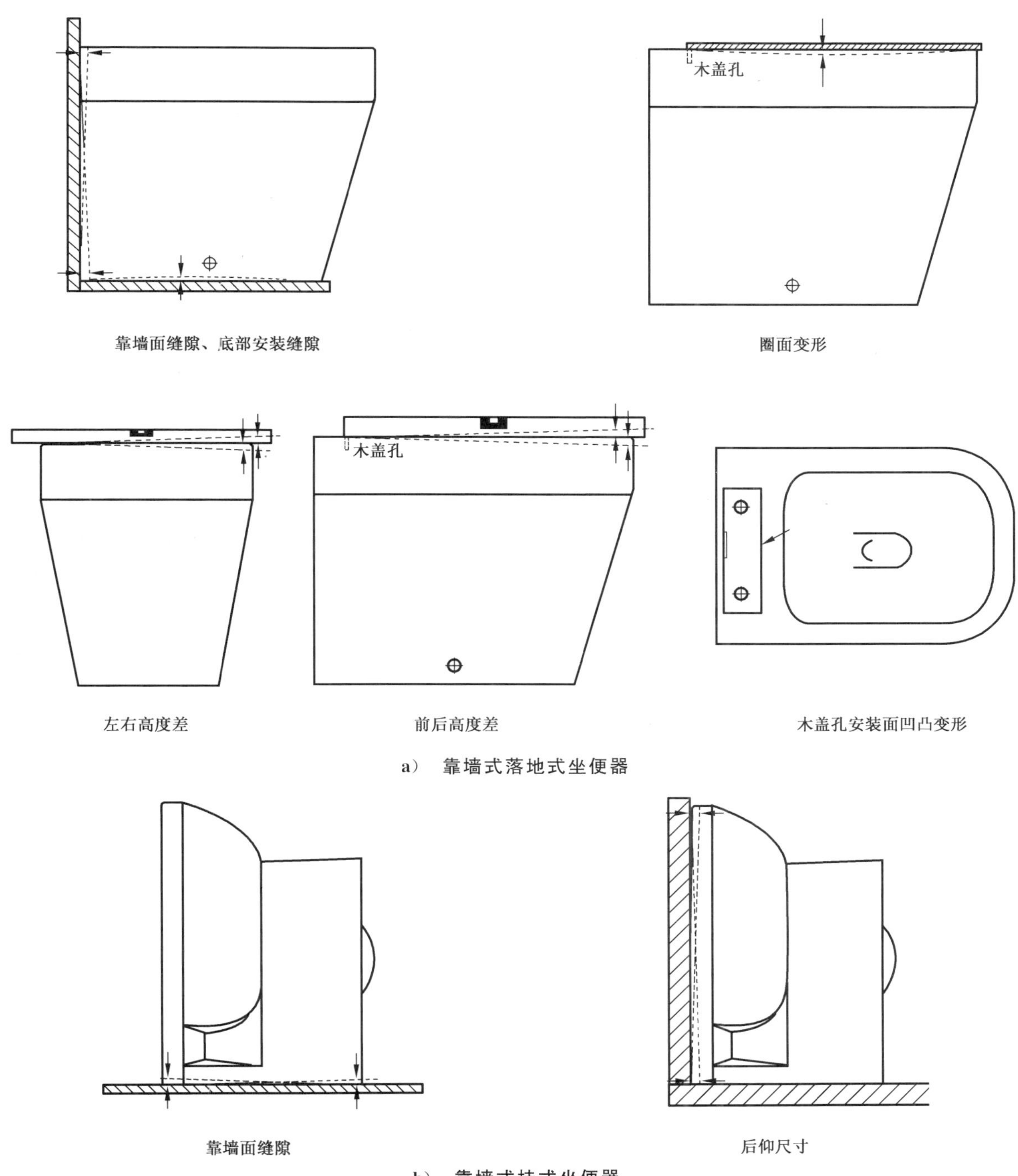

说明:后仰尺寸避开挡沿位置。

图 C.3 靠墙式分体坐便器

C.4 水箱

水箱变形测量方法如图 C.4 所示。

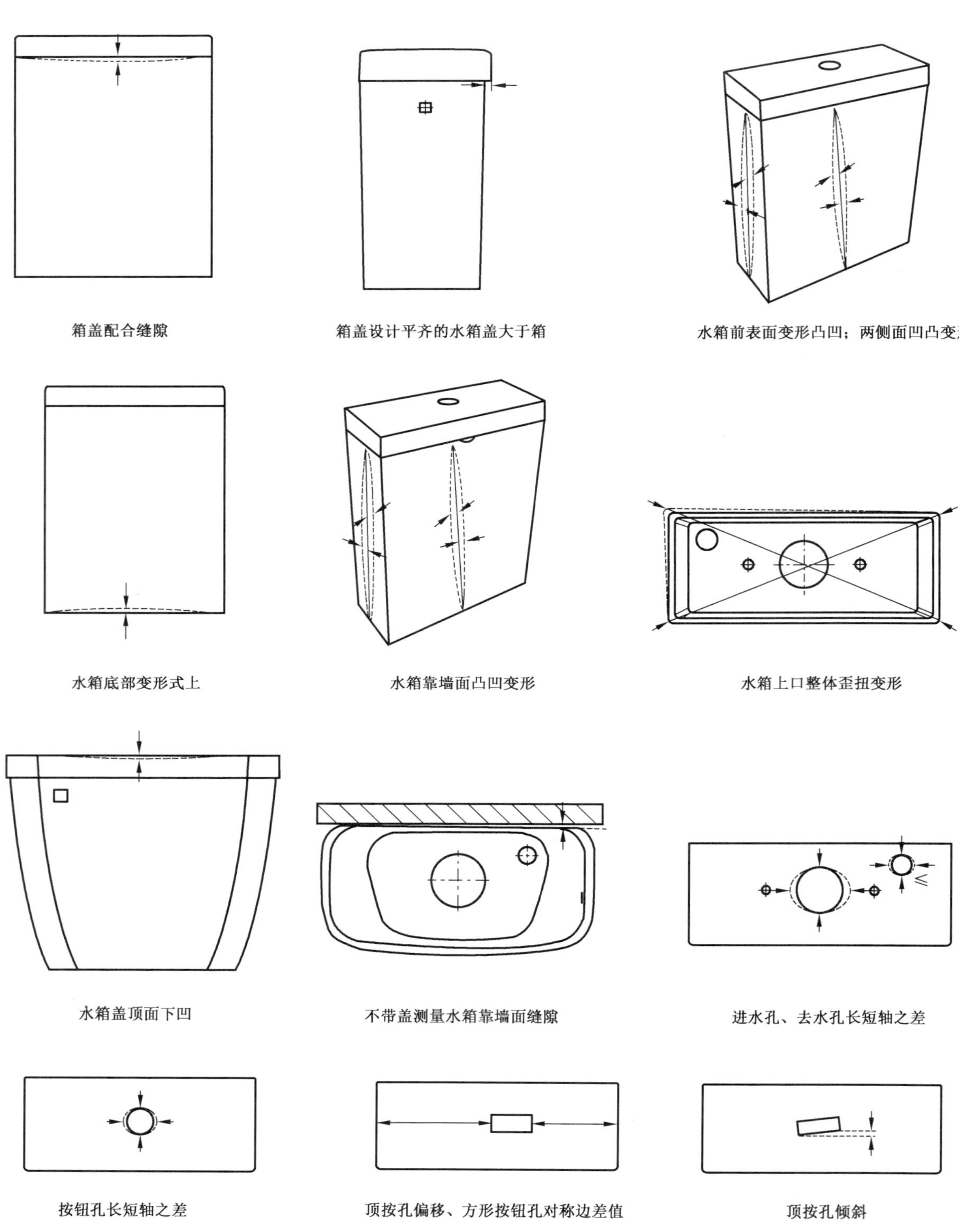

图 C.4 水箱

C.5 洗面器

洗面器变形测量方法如图 C.5 所示。

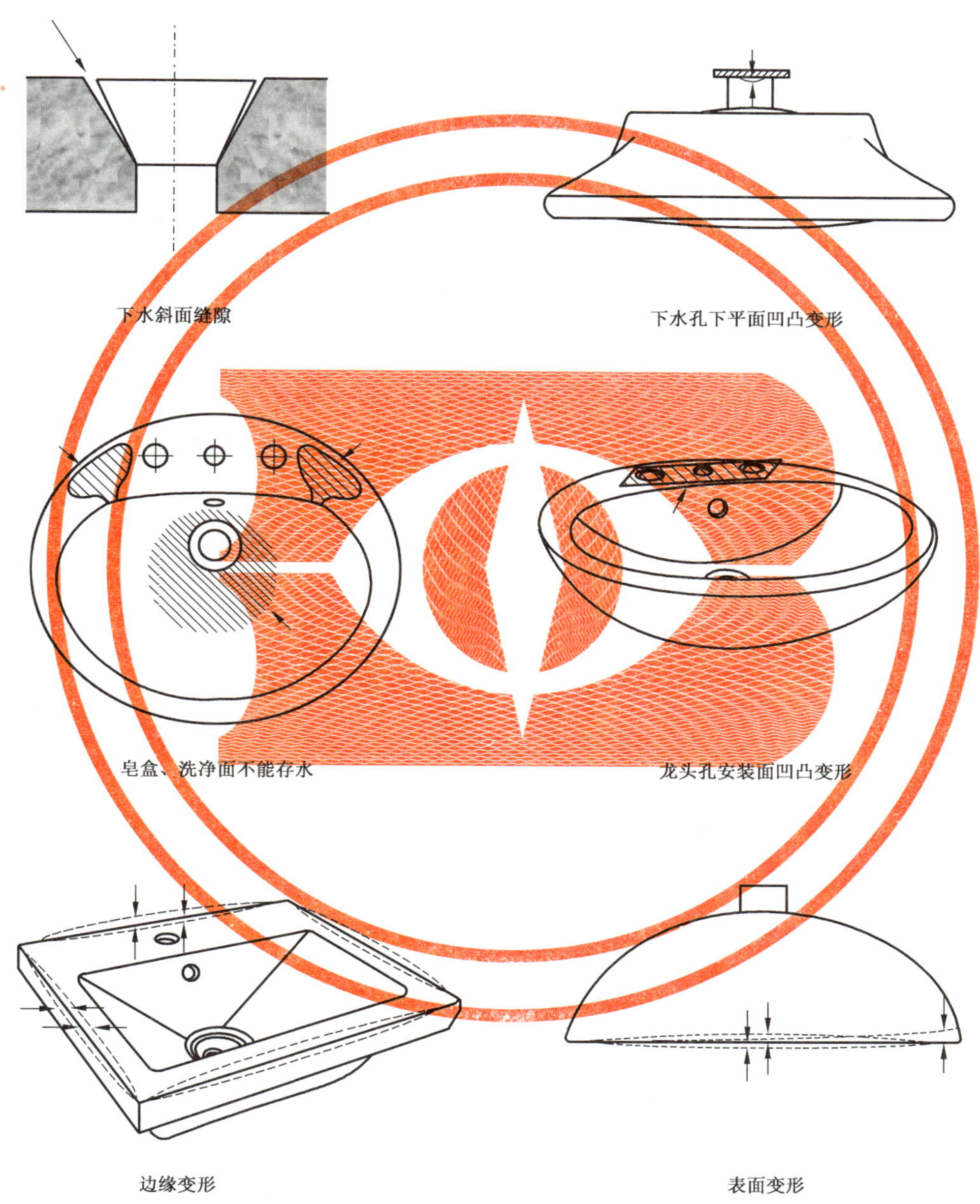

图 C.5 洗面器

水平线
下水孔下平面水平度
整体变形
台上盆安装面缝隙
台下盆安装面缝隙
台面
艺术碗安装面缝隙
艺术碗侧面竖直变形
艺术碗侧面凹凸变形
柱盆靠墙面缝隙
柱盆左右高度差

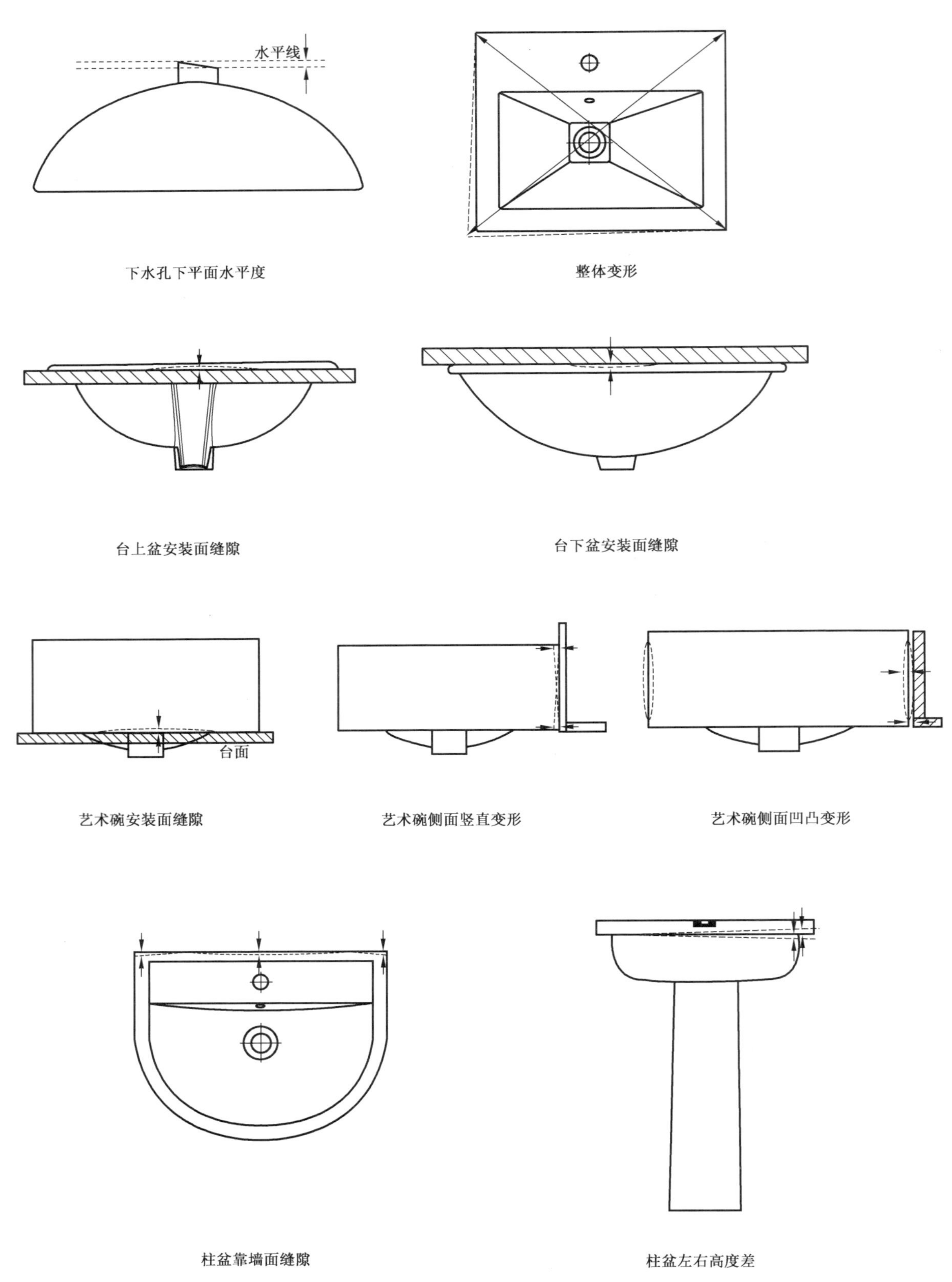

图 C.5（续）

C.6 净身器

净身器变形测量方法如图 C.6 所示。

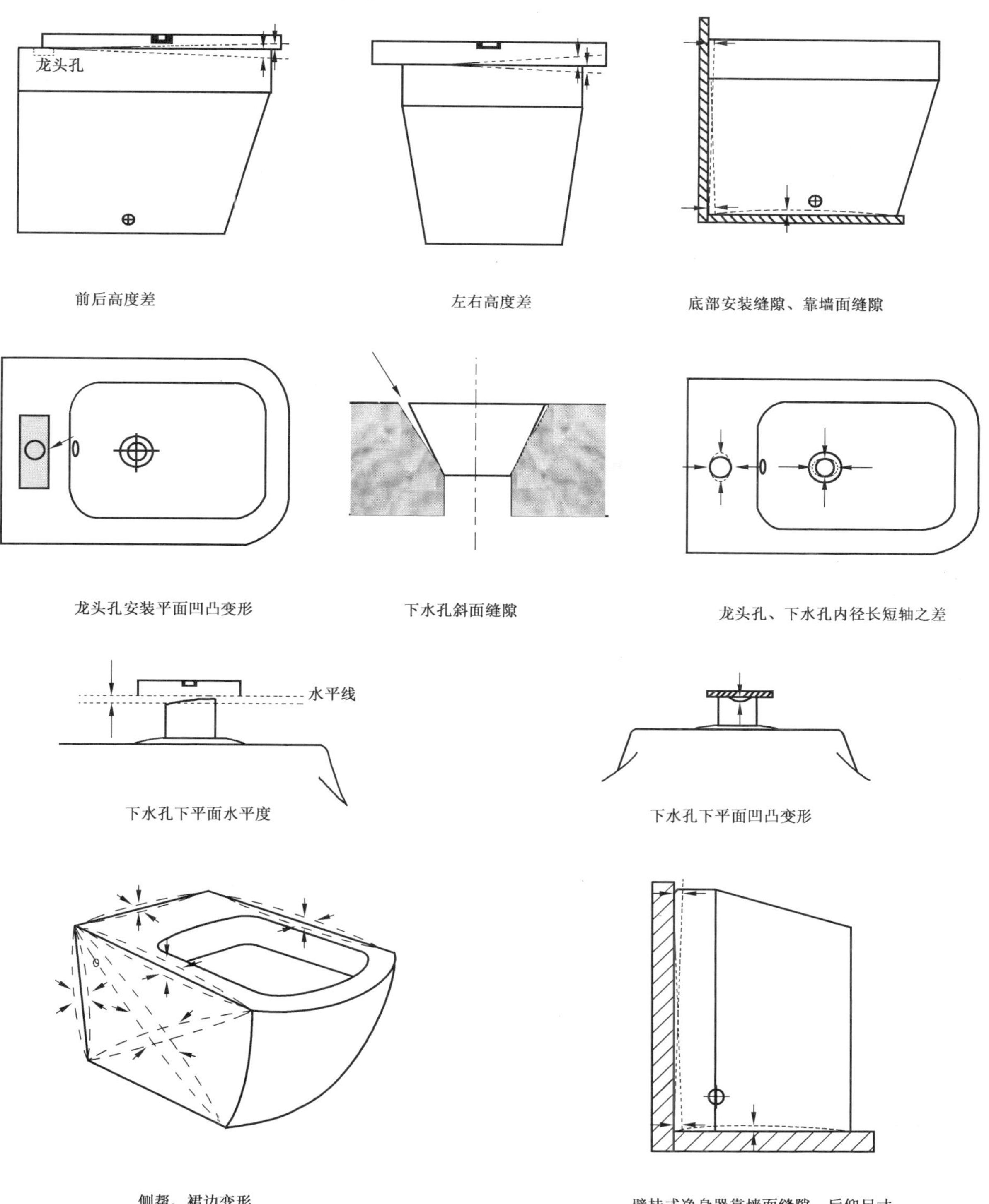

说明:壁挂式净身器避开挡沿位置。

图 C.6 净身器

C.7 蹲便器

蹲便器变形测量方法如图 C.7 所示。

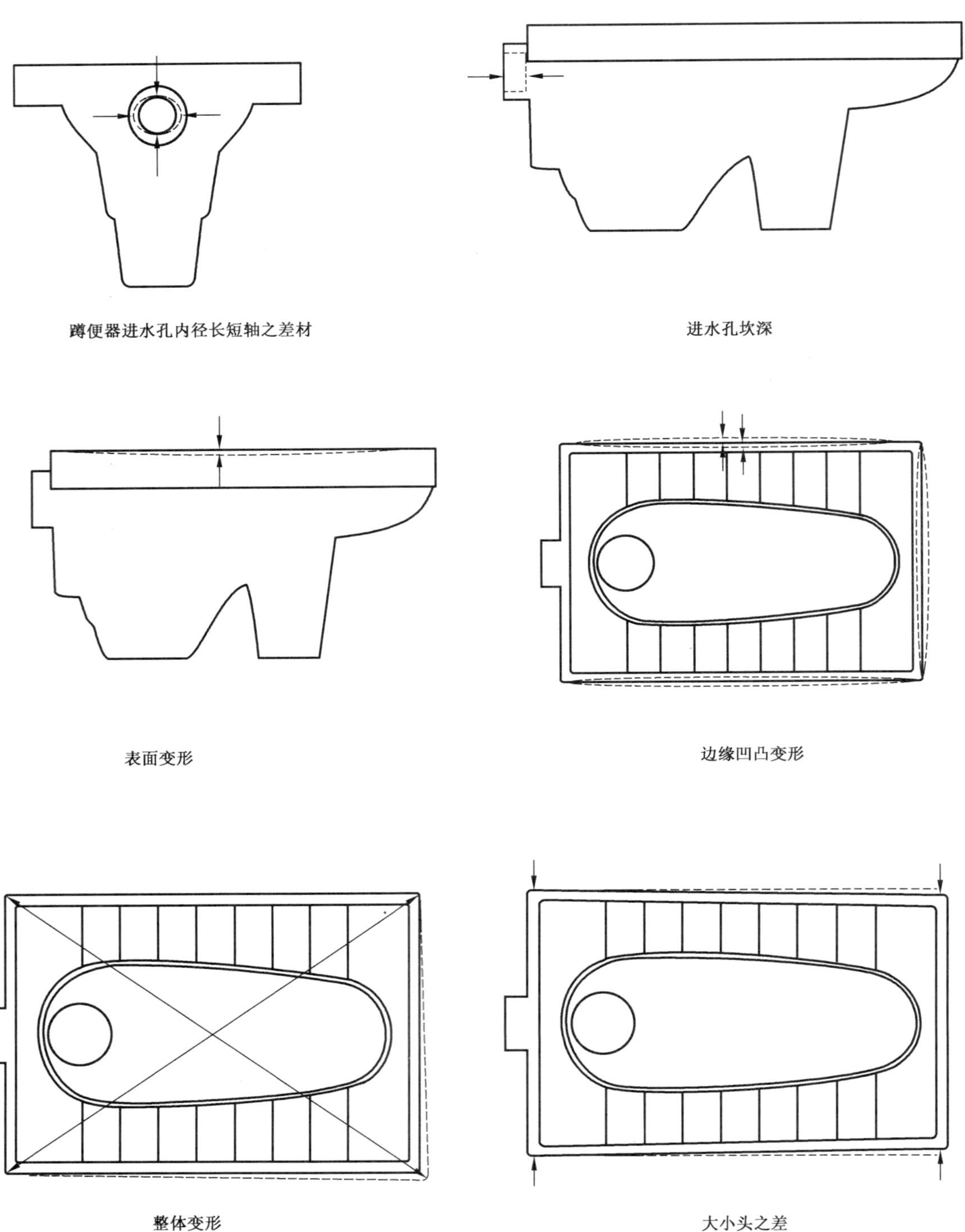

图 C.7 蹲便器

C.8 小便器

C.8.1 落地式小便器

落地式小便器变形测量方法如图 C.8 所示。

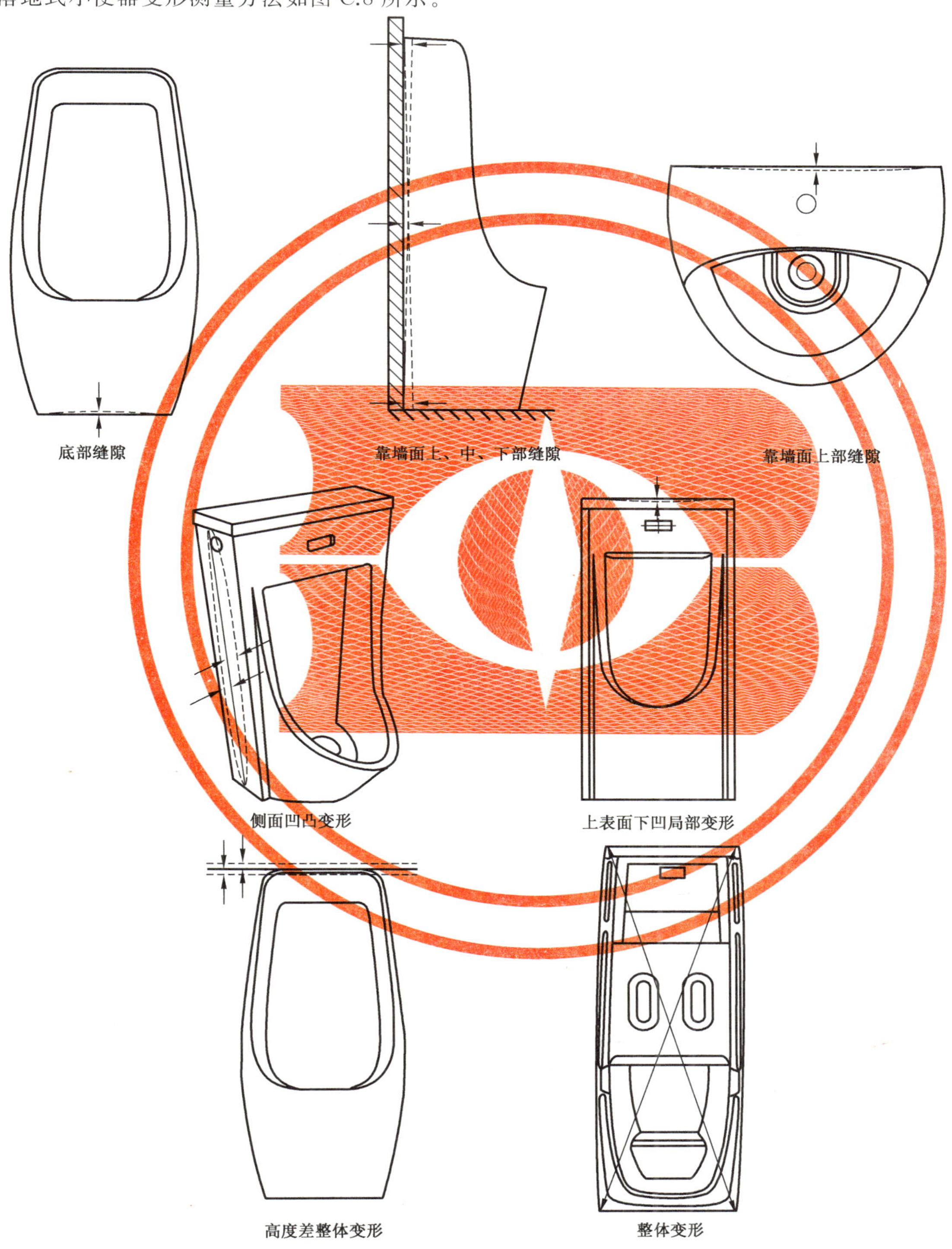

图 C.8 落地式小便器

C.8.2 壁挂式小便器

壁挂式小便器变形测量方法如图 C.9 所示。

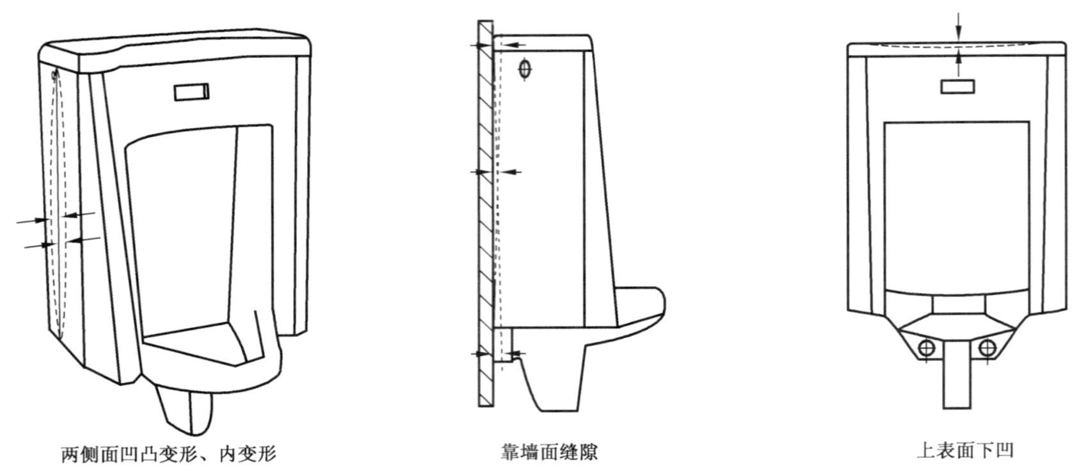

图 C.9 壁挂式小便器

C.9 洗涤槽和拖布池

C.9.1 洗涤槽

洗涤槽变形测量方法如图 C.10 所示。

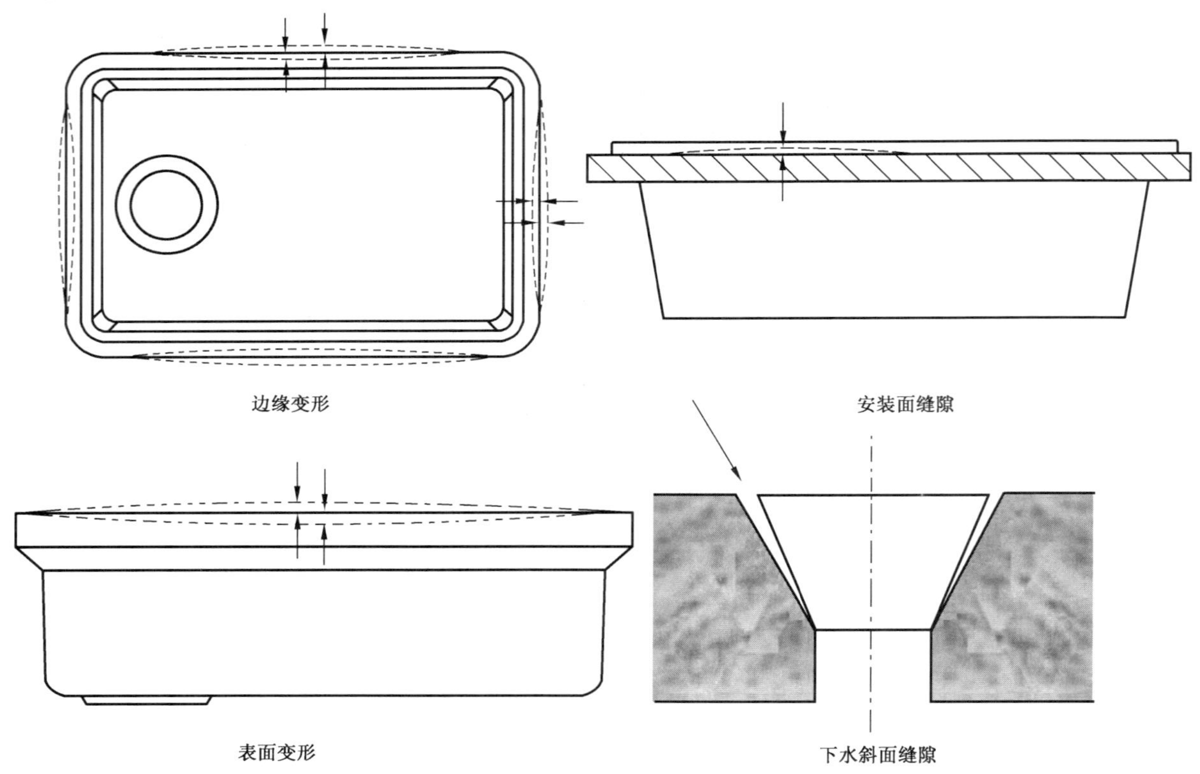

图 C.10 洗涤槽

C.9.2　**拖布池**

拖布池变形测量方法如图 C.11 所示。

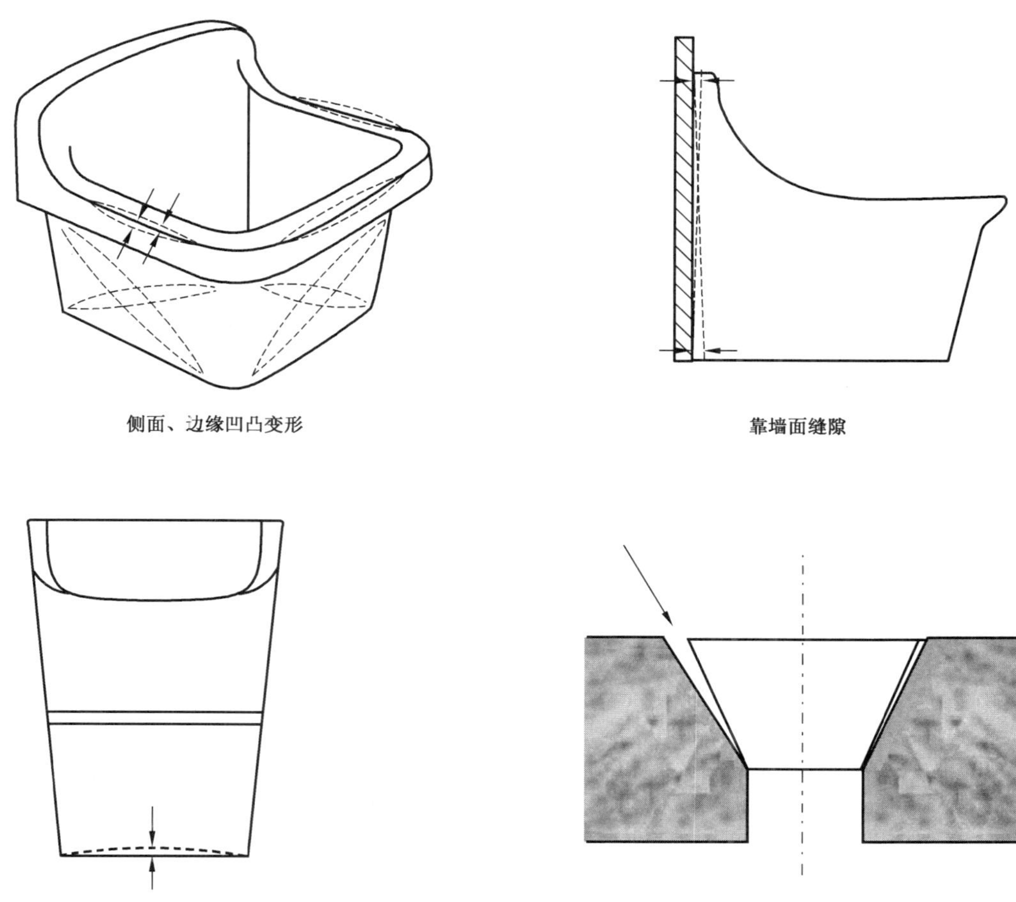

侧面、边缘凹凸变形

靠墙面缝隙

底部缝隙

下水斜面缝隙

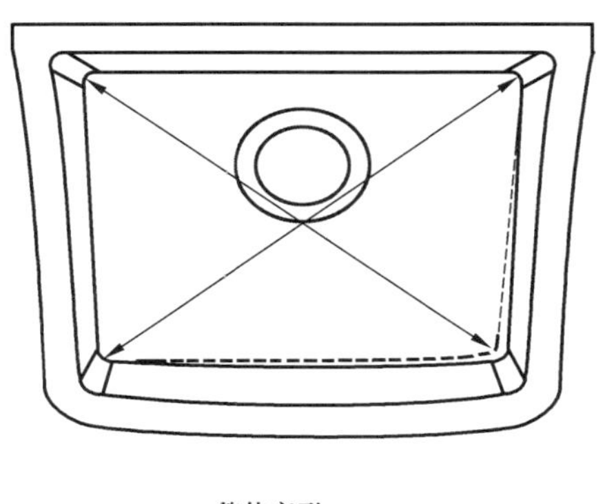

整体变形

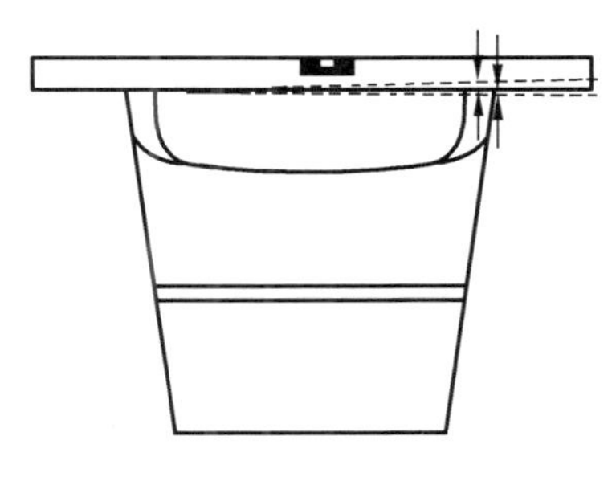

左右高度差

图 C.11　拖布池

附　录　D
（规范性附录）
耐荷重性试验示意图

D.1　试验板

试验板如图 D.1 所示。

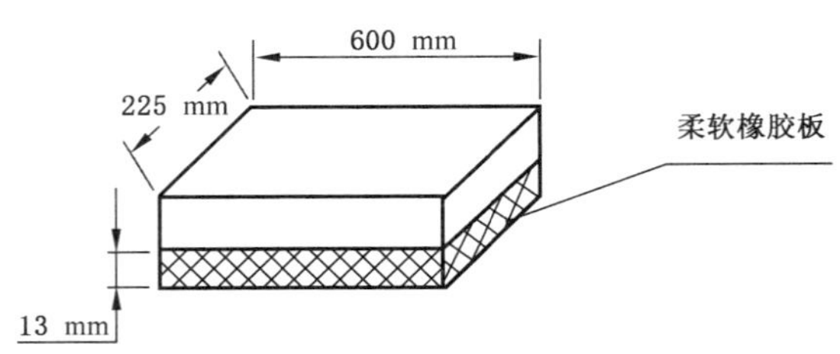

图 D.1　试验板

D.2　坐便器耐荷重性试验

坐便器耐荷重性试验如图 D.2 所示。

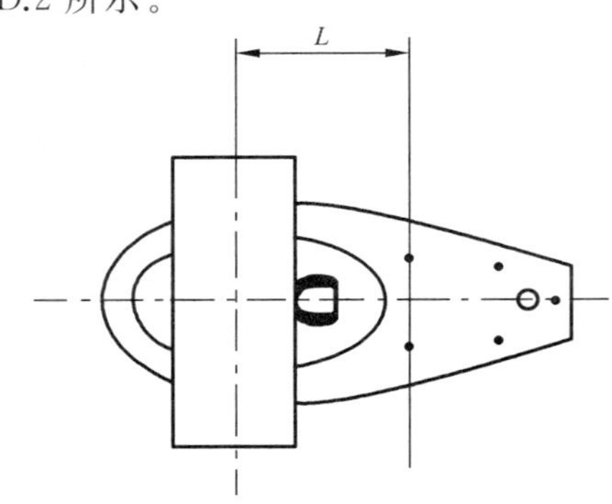

类型	L
普通型	250
加长型	300

图 D.2　坐便器

D.3　洗面器耐荷重性试验

洗面器耐荷重性试验如图 D.3 所示。

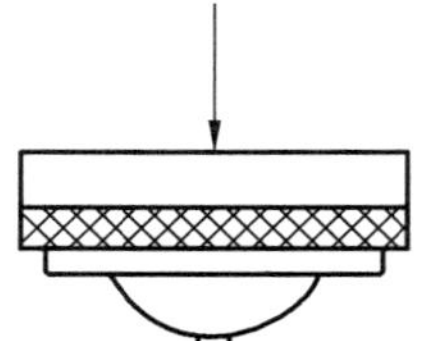

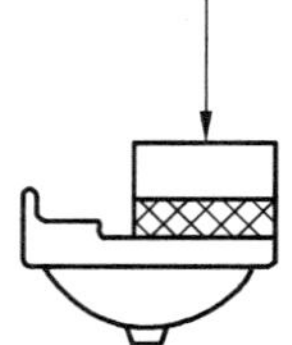

图 D.3　洗面器

D.4 小便器耐荷重性试验

小便器耐荷重性试验如图 D.4 所示。

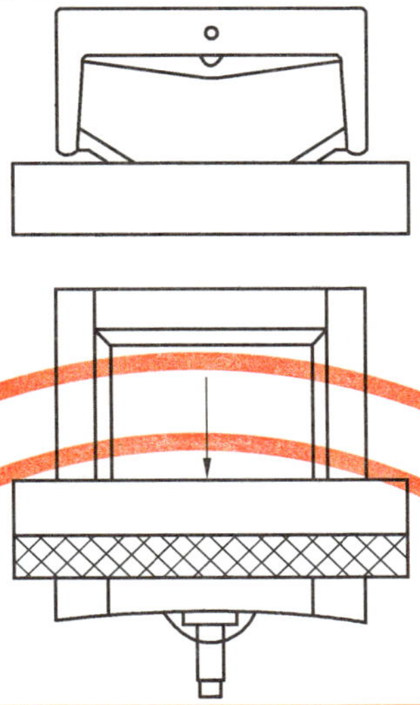

图 D.4 小便器

D.5 洗涤槽和淋浴盘耐荷重性试验

洗涤槽和淋浴盘耐荷重性试验如图 D.5 所示。

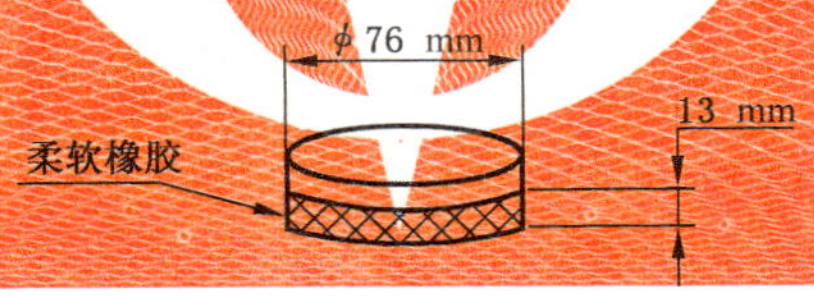

φ 76 mm
13 mm
柔软橡胶

a) 洗涤槽试验板

b) 洗涤槽

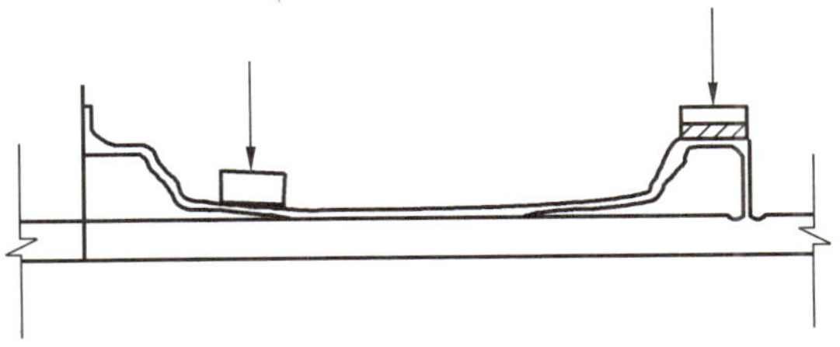

c) 淋浴盘

图 D.5 洗涤槽和淋浴盘

附 录 E
（规范性附录）
便器功能试验装置

E.1 标准化供水系统

便器标准化供水系统示意图见图 E.1 和图 E.2。

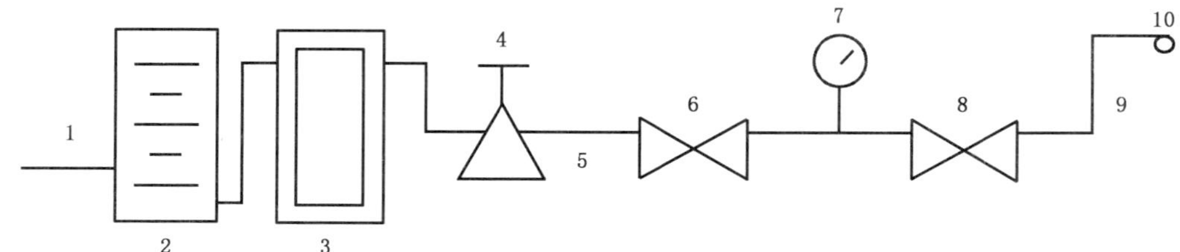

a） 标准化供水系统

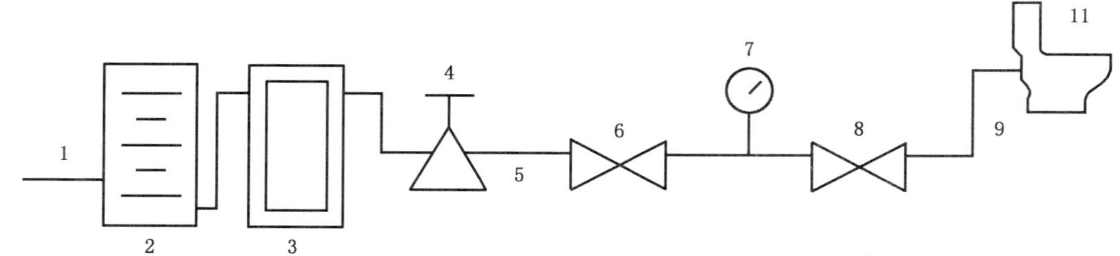

b） 水箱式便器试验供水系统

说明：

1 ——供水管道。试验应为干净水，应提供不小于 860 kPa 的静压。

2 ——过滤器。使用过滤器除去水中的颗粒和污物，防止对供水系统的运行及便器测试的影响。

3 ——流量计。流量计的使用范围应为 0 L/min～38 L/min，精度为全量程的 2%。可用变流涡轮流量计。

4 ——调压器。减压阀（稳压器）的适用范围应为 140 kPa～550 kPa，且压差不超过 35 kPa 时，流量不小于38 L/min。

5 ——供水管。应使用最小为 NPS-3/4 的供水管。

6 ——阀门。控制阀是市场上可买至的 NPS-3/4 球阀或类似便利阀。

7 ——压力表。压力表的使用范围为 0 kPa～690 kPa，刻度为 10 kPa，精度不低于全量程的 2%。

8 ——球阀或闸阀。用于通断控制（最小为 NPS-3/4）。

9 ——软管。用软管将标准化供水系统与便器联接。所用软管的内径不得小于 NPS-5/8。

10——截止阀。模拟进水阀的截止阀是 NPS-3/8，可用黄铜制 R-15 模拟阀门用于坐便器测试。

11——样品。已安装水箱及进水阀的待测样品。

图 E.1 测试水箱式便器的标准化供水系统

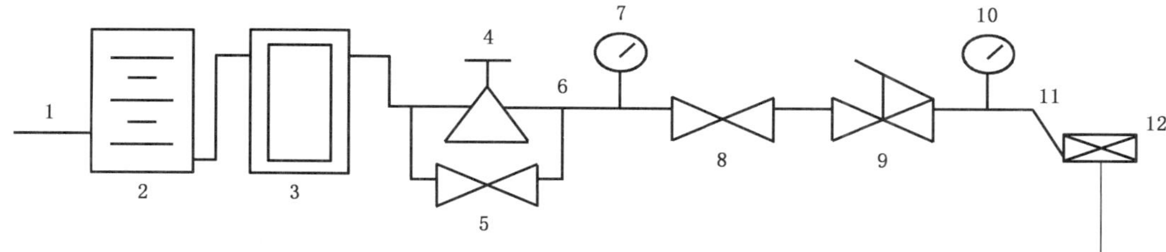

说明：

1 ——供水管道。试验应为干净水，应提供不小于 860 kPa 的静压。

2 ——过滤器。使用过滤器除去水中的颗粒和污物，防止对供水系统的运行及坐便器测试的影响。

3 ——流量计。流量计的使用范围应为 0 L/min～227 L/min，精度为全量程的 2%。可用变流涡轮流量计。

4 ——调压器。减压阀(稳压器)的适用范围应为 140 kPa～550 kPa，且压差不超过 49 kPa 时，流量应不小于 189 L/min 。可以用一个附加的调阀，用于调整进口压力。

5，8，9——阀门。控制阀是市场上可买至的 NPS-3/4 等径球阀或类似 8 的调节阀、9 为快速通断阀、5 为旁路阀门。

6 ——供水管。应使用最小管径为 NPS-1-1/2 的供水管。

7，10 ——压力表。压力表的使用范围为 0 kPa～690 kPa，刻度为 10 kPa 。精度不低于全量程的 2%。

11 ——软管。用软管将标准化供水系统与冲洗阀联接。所用软管的内径为 NPS-1-1/4 且不得长于 3 m。

12 ——冲洗阀。应提供与冲洗阀配套的截止阀。制造商或实验室应提供制造商所选择的用于试验的冲洗阀。试验所用冲洗阀应符合 GB/T 26750 的规定。

图 E.2 测试冲洗阀式坐便器、蹲便器和小便器的标准化供水系统

E.2 排水管道输送特性试验装置

排水管道输送特性试验装置见图 E.3。

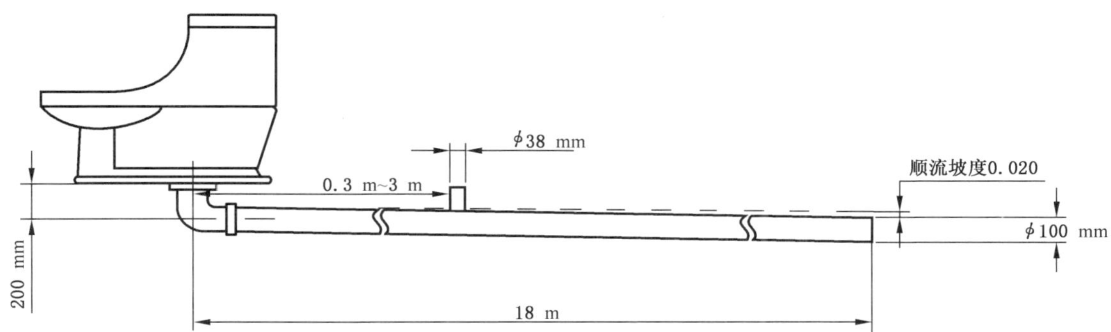

a) 下排式坐便器排水管道输送特性试验装置示意图

图 E.3 排水管道输送特性试验装置示意图

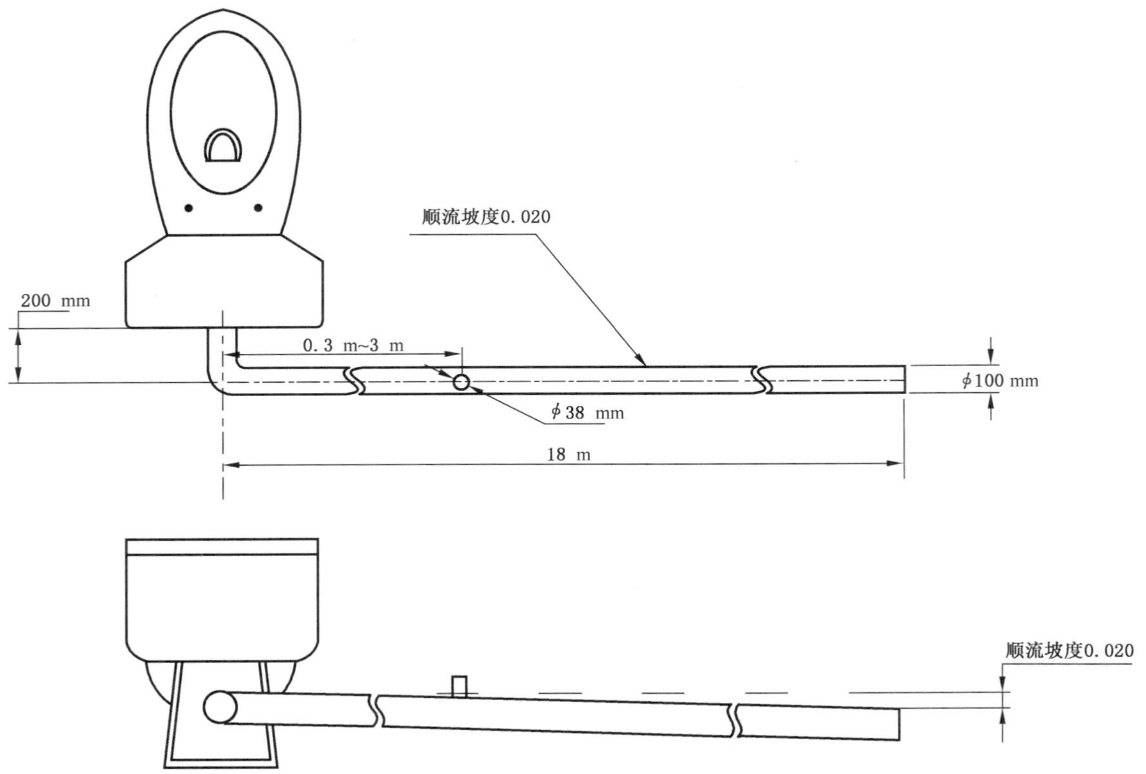

b） 后排式坐便器排水管道输送特性试验装置示意图

图 E.3（续）

附 录 F
（规范性附录）
蹲便器排放试验用人造试体示意图

F.1 蹲便器排放试验用人造试体

蹲便器排放试验用人造试体示意图见图 F.1。

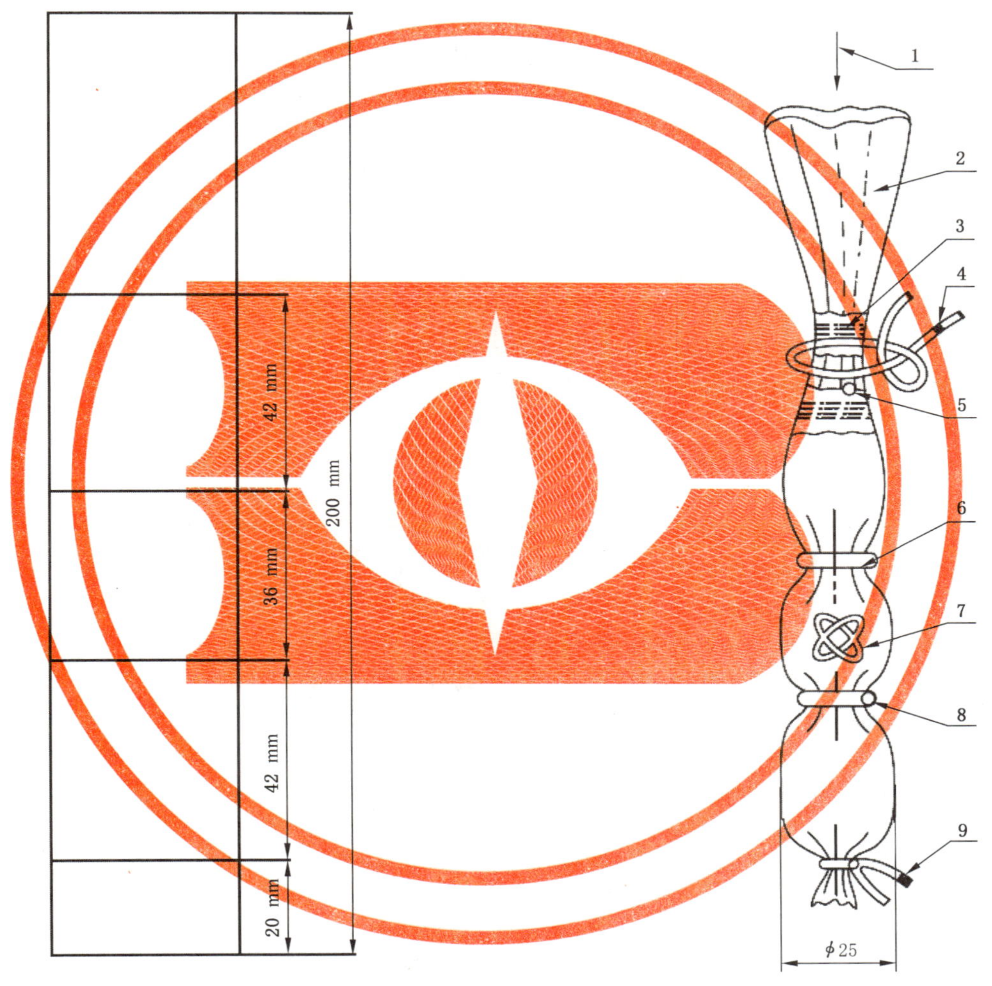

说明：

1 ——37 mL 水；
2 ——人造肠衣：长约 230 mm，直径 ϕ25 mm；
3 ——扎紧细线；
4，5 ——O 型圈：规格 10×1.8；
6 ——扎紧细线；
7 ——纱布外套：医用纱布；
8，9 ——纱布套绑线。

图 F.1 试验用人造试体示意图

F.2 蹲便器排放试验用人造试验放置

蹲便器排放试验用人造试验放置示意图见图 F.2。

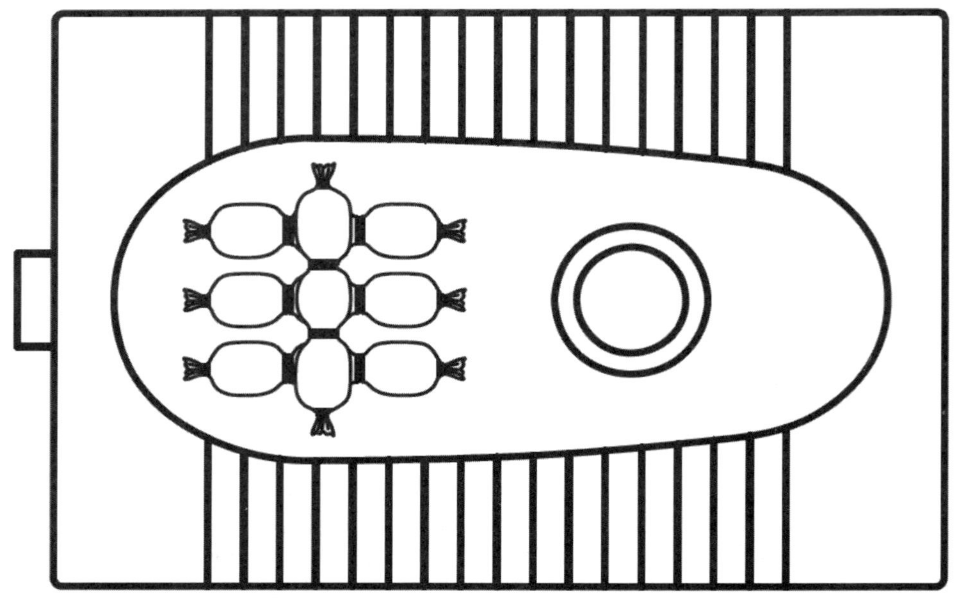

a) 前出水式蹲便器

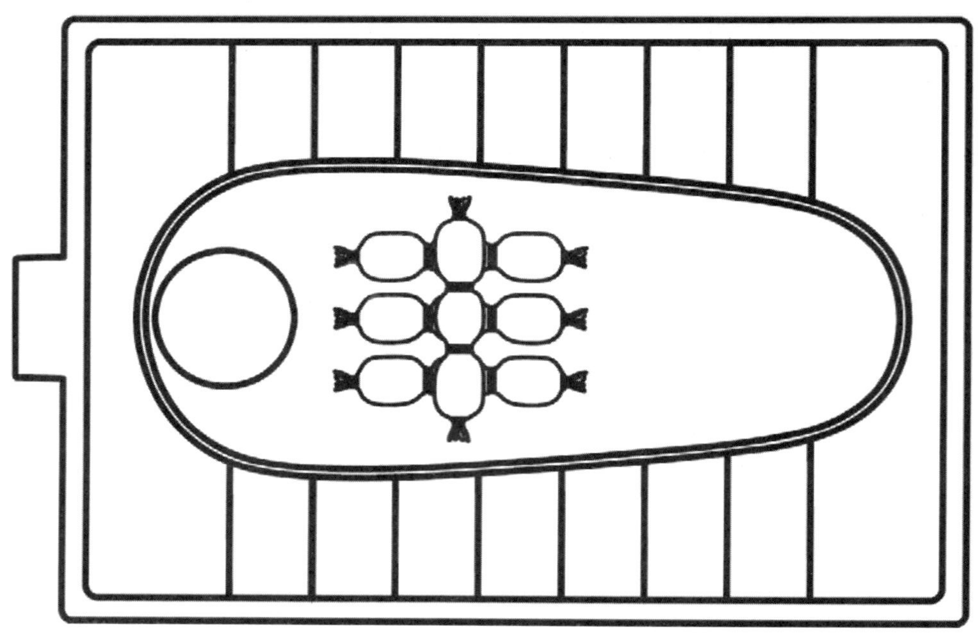

b) 后出水式蹲便器

图 F.2 蹲便器排出功能试验试件放置示意图

附　录　G
（资料性附录）
无水小便器功能要求及试验方法

G.1　概述

本附录规定的性能要求和试验方法适用于所有无水小便器。

G.2　测试样品

由同型号同批产品中随机抽取一件产品或由制造商提供的3件产品中随机抽取一件产品，该产品作为测试样品，按本标准附录规定进行所有项目的测试。

G.3　测试环境条件及测试小便器的安装

G.3.1　测试室：有一个封闭的测试室，应能隔绝实验室内部与外部的空气对流，不允许有空气流或其他变化影响样品测试数据的精度。测试室仅需一个方便测试样品和单人进出的门，并能使用室内温度控制在20 ℃～38 ℃范围之内。测试室应便于小便器的安装、测试操作，便于测试或监测试仪器设备的安置。

G.3.2　测试室可以由预制的面板组装面成，也可以是一个固定的房间。测试小便器安装面应符合相关建筑规范。应将测试小便器及支撑附件垂直安装在安装墙面的中心线上，安装后的小便器测试样品到两侧的墙面或是临近的小便器的最小距离要符合建筑规范的规定。

G.4　测试准备

小便器测试样品应垂直放置，其存水弯和排水口内应清洁无杂物。每次测试前，应用制造商说明书指定密封剂充满小便器测试样品的存水弯。若小便器测试样品使用的是可拆卸的过滤盒，应由制造商提供未使用的过滤盒，将制造商指定的密封剂填充过滤盒至制造商指定高度，按说明书要求将此过滤盒安装至小便器测试样品上。

G.5　防堵塞性

G.5.1　试验方法

将无过滤嘴的纸烟由中间折断，制成长度为38 mm±6.4 mm的测试试体20个。先将2个试体放置到小便器测试样品的坑口内。打开水嘴，以0.5 L/min的流速冲洗小便器1 min，再放入2个试体，再冲水，直至放入20个试体，冲水量为5 L，试体应全部冲出小便器；再用重复5次测试，共测试6次。其中3次测试使用制作的试体，另外3次使用揉碎的试体。

G.5.2　性能要求

每次测试过程中，不应发生故障或堵塞现象。

G.6 可拆卸存水弯的密封性

G.6.1 试验方法

用制造商提供的存水弯插件安装工具，将插件安装、拆卸 50 次后安装到测试样品上，进行气压试验，将排水口堵塞，在小便器水道进水口处输入压缩空气至 10 kPa 保持 15 min。再重复 4 次试验。

G.6.2 性能要求

每次试验，应无泄压发生。

G.7 排出性和氨含量评价的试验方法

G.7.1 试剂

G.7.1.1 清洁剂

应使用制造商建议的化学试剂和/或清洗剂。化学试剂和/或清洗剂应随机由制造商提供的定制包装中抽取。

测试样液准备。

G.7.1.2 测试液

市售无香味 3%氨水。

G.7.2 检测设备

检测设备包括：

气体检测泵；

取样管：精度为 0.1 mL；

温度记录仪(可记录当前温度、最高温度和最低温度)：精度为±1 ℃；

测试室：应是隔离的可防干扰的。

G.7.3 试验设备的安装

将温度记录仪安装在支架上，使其置于小便器测试样品右侧，距地高度为(300±50)mm 的位置。

G.7.4 试液的收集

由小便器测试样品排出的试验液体可通过安装在测试室的排水系统上的排水口收集，也可用水箱或类似容器直接收集。

G.7.5 试验记录事项

对小便器测试样品的整个测试过程中，应记录下列项目：

a) 测试样品功能；
b) 最高、最低和当前的空气温度；
c) 测试样品的日清洗时间；
d) 样品残留氨含量测定时间；
e) 取样空气中的氨含量；

f) 测试样品所安装的墙面到被测样品距离墙最远的点的水平距离。该数据在小便器样品安装后才能确定。

G.7.6 测试样品载体和基准值测定

将准备好的测试液倒入容量为 120 mL 的无盖容器内并置于小便器内(紧邻或在坑口内)。用气体检测泵按 G.7.7 规定的位置采集烟雾样,测定氨含量并记录所有测量数据。作为测定样品氨含量之前的基准值。

G.7.7 测试液排出性和氨含量测定

以(950±95)mL/min 的流速在 0.5 min±5 sec 时间内将 470 mL 测试液注入小便器的坑口,每间隔 4 min±15 s 重复加注,一共加注 3 次。通过在每个测试间隔观察小便器测试样品坑口内是否有可见的残留的测试液,记录每次测试液是否全部被排出。

连续 3 次的测试液排出测试完成后,按以下规定时间,用气体检测泵按 G.7.8 规定的位置采集烟雾取样,测定氨含量并记录所有测量数据:

a) 3 次的测试液排出测试完成后 5 min 测试氨含量;

b) 3 次的测试液排出测试完成后 15 min 测试氨含量;

c) 3 次的测试液排出测试完成后 30 min 测试氨含量;

d) 3 次的测试液排出测试完成后 60 min 测试氨含量。

在清洗小便器测试样品前,再重复两次测试。

G.7.8 取样位置

应在下述 4 个位置处采集氨气烟雾试样:

a) 小便器前沿:在小便器前沿水平处的正上方 (75±12)mm 的位置。

b) 小便器坑口:在小便器坑口内最低点的正上方 (75±12)mm 的位置。

c) 成人站立地面至鼻孔位:在与安装小便器的墙面水平距离(150±4)cm 的位置。

d) 成人坐位的地面至鼻孔位:在与安装小便器的墙面水平距离 (119±4)cm 的位置。

G.7.9 测试频率

每天测试 3 次,取 3 组样,连续测试 3 天。仅在每天测试结束后对小便器测试样品进行清洗,并记录测试结果。

G.7.10 功能要求

进行连续 3 天的测试液排出测试,9 次的测试液排出测试中,至少有 8 次测试液能全部排出,则测试液排出试验为合格。

3 次的测试液排出测试完成后 5 min 所测氨含量不应超过 G.7.6 所测基准值的 40%;

其他时间所测的氨含量所有结果的 95%不应大于 0.01 mL/L。